高等院校环境类系列教材

环境污染治理技术

（第三版）

朱亦仁　编著

中国环境出版集团·北京

图书在版编目（CIP）数据

环境污染治理技术/朱亦仁编著. —北京：中国环境出版集团，2008.8（2025.7 重印）

（高等院校环境类系列教材）

ISBN 978-7-80209-795-7

I. 环… II. 朱… III. 环境污染—污染防治—环境管理—高等学校—教材 IV. X5

中国版本图书馆 CIP 数据核字（2008）第 127475 号

责任编辑 董蓓蓓 沈 建 葛 莉 刘大溦
责任校对 扣志红
封面设计 陈 莹

出版发行 中国环境出版集团
（100062 北京市东城区广渠门内大街 16 号）
网 址：http://www.cesp.com.cn
电子邮箱：bjgl@cesp.com.cn
联系电话：010-67112765（编辑管理部）
010-67113412（教材图书出版中心）
发行热线：010-67125803，010-67113405（传真）
印 刷 北京中科印刷有限公司
经 销 各地新华书店
版 次 1996 年第 1 版 2008 年 8 月第 3 版
印 次 2025 年 7 月第 12 次印刷
开 本 787×1092 1/16
印 张 24.75
字 数 560 千字
定 价 59.00 元

第三版前言

本书第二版自 2002 年 8 月由中国环境科学出版社出版以来，得到广大读者的厚爱，并在许多学校及企事业单位得到应用。考虑到六年来在污染防治技术领域已有了长足的进步，有必要向广大读者做一介绍。因此，在中国环境科学出版社的建议下，对本书再次进行了修订。

进入 21 世纪以来，环境污染已成为影响人类可持续发展的重大问题而受到全世界的广泛关注，环境污染防治技术的发展对保护人类赖以生存的环境起着十分重要的作用，但它却并不是唯一有效的方式。当今世界的环境问题都是由于人类对环境不正确的态度而产生的，因此，环境问题的最终解决也必须依靠全人类共同努力和国民环境意识的提高，教育则是实现这一目标的重要手段之一，这也正是作者编写本书的初衷，希望本书的再版能为中国环境保护事业的发展贡献微薄之力。

此次修订对第二版中部分内容和数据进行了增补和修改，鉴于高级氧化技术及纳米材料在污染治理领域应用日益广泛深入，因此对此内容作了较详细的阐述。同时，还对人们较关注的水体富营养化、汽车尾气污染、污水灌溉以及室内电磁污染、放射性污染的防护等方面的内容也作了适当补充。

当我动笔修订此书时，正值 5·12 四川汶川特大地震灾害发生之时，悲痛之余更应引起我们的深思，也许我们目前还无力抗拒自然界所带给人类的灾难，但人类由于自己的过错对环境所造成的危害则不应该再发生了!请关爱我们的家园——地球，珍惜地球上所有的生命。

本书借鉴和参考了国内外许多学者的著作、文献及相关资料，在此表示诚挚的谢意。

此次修订过程中，洛阳理工学院的徐晓辉同志协助对本书部分内容和数据进行了核对和修改，同时参与收集整理有关新型材料和技术在污染治理领域应用的资料，在此对她认真踏实的工作表示感谢。

感谢我的夫人凌玉华在本书三次出版过程中所付出的默默无闻的艰辛劳动，她承担了全部的家务以使我能全身心地投入写作中去，并为文稿的抄写、输入及校对做了大量的工作。

最后对在本书再版过程中给予大力支持和帮助的中国环境科学出版社的各位同志，特别是对责任编辑刘大澂先生表示深深的谢意，正是有了他们辛勤的工作和宝贵的建议，才使本书质量能有所提高并及时问世。

衷心希望广大读者能对本书多提宝贵的意见和建议，对书中可能存在的错误或不足之处敬请批评指正。

朱亦仁于江苏徐州

2008 年 5 月 19 日全国哀悼日

再版前言

《环境污染治理技术》一书自 1996 年 8 月出版以来已近六年，由于环境科学的迅速发展，人们的环境保护意识和污染防治技术都有了很大进步，新的理论、方法和技术不断涌现，为了满足我国环境保护事业的发展和高等院校环境教育工作的需要，应中国环境科学出版社之约，对本书进行修订。考虑到本书出版后已被许多院校选作教材使用，因此此次修订基本维持第一版时全书的体系框架不变，仍以废水、废气、固体废物的治理技术为主线，兼顾噪声、振动、辐射污染方面的内容。鉴于我国近几年城市建设和工业生产迅速发展而产生的光污染和热污染问题，又补充了这两类污染防治的内容。对原书中显得陈旧的内容和过时的数据也进行了删除和修改，并增加了近年来新发展的污染防治技术，力图把污染防治领域内的新动向介绍给广大读者。

环境污染所引起的一系列环境问题的本质是由于人类对环境与发展的关系处理不当而造成的，单纯依靠污染治理技术的进步并不能从根本上解决全球性的环境污染问题。20 世纪 80 年代末期提出的可持续发展战略已得到世界各国的普遍认可，是解决当今环境问题的唯一正确道路，故此次再版时增添了这部分内容。考虑到清洁生产实际上是可持续发展思想在人类生产活动中的体现，所以把第一版中第十五章“清洁生产”与新增的“可持续发展概论”合并列入本书的第五篇“可持续发展概论与清洁生产”。

自 2001 年起，我和徐州师范大学化学系的部分老师承担了江苏省教育科学“十五”规划课题——高师化学专业环境教育模式研究，作为课题成果之一，望本书的再版能为高等学校非环境专业的环境教育发挥积极的作用，并衷心希望使用本书的高校师生和其他读者能对本书的不足之处多提宝贵意见，以使其更加完善。

本书在编写中引用了许多近期文献资料，因体例所限，未能在书中一一注明，仅在书后列出部分参考书籍，以供读者查阅。此次再版得到了中国环境科学出版社刘大澂编辑和出版社的大力帮助和指导，同时还承蒙徐州师范大学化学系、教务处、科技处等有关部门及课题组同仁的热情鼓励和支持，在此一并致以谢意。

此次修订再版由于时间紧迫和本人水平所限，虽已尽力为之，但仍恐有不妥之处，望广大读者批评指正。

编者

2002 年 5 月于江苏徐州

序

保护人类生存的环境已越来越引起全球更多国家和人民的关注。一个国家、一个民族的环境意识是衡量社会发展进步和民族文明程度的重要标志。环境保护，早已被列为我国的“基本国策”之一，而加强环境教育，则是提高全民族的环境意识，实现环境保护这一基本国策的基础工程。

在 1992 年 6 月联合国召开的国际环境与发展大会以后，我国在 1992 年 11 月又专门召开了全国第一次环境教育工作会议，进一步促进了我国专业环境教育和普及环境教育事业的发展，环境教育内容已逐步纳入九年制义务教育有关课程的大纲之中。作为义务教育的工作母机，不少师范院校也顺应这一客观要求，将环境教育纳入教学计划，以期培养出不但具有强烈的环境意识，而且擅长于进行环境教育并能对环境问题进行研究的、面向 21 世纪的新型师资。

阜阳师范学院是高师院校中环境教育开展较早的单位，在他们的十多年教学实践中，在化学、生物、物理等相关系科教学计划中，环境教育的课程不断加强，取得了不少成绩和经验。在 1993 年开始执行的世界银行贷款“中国师范教育发展项目”中，他们又承担了“在高师院校中开展环境教育的教学与研究”改革课题，在环境教育方面加快了步伐，增大了力度。朱亦仁副教授的《环境污染治理技术》一书就是在多年教学、研究和改革实践的基础上，在世行贷款改革课题计划的推动下，不断充实、完善所取得的成果。

本书与一般环境科学读物相比，有明显特色：

其内容选择充分适应中学环境教育相关内容的需要，对环境污染的末端治理侧重于基本原理和技术的介绍，内容广泛全面，说理深入浅出。各章节和高师院校相关专业（化学、生物、物理）现有专业课程密切联系，相互渗透，使本书既可以作为一门独立课程的教材，也可作为相关系科专业课程的参考书。本书作者多年来一直亲身从事环境污染治理的教学和研究工作，积极参与国内国际的学术交流，所以书中不少地方反映了本领域内的新技术、新发展，体现了环境与发展相协调的可持续发展思想，体现了由末端治理向全过程控制、清洁生产转移的新环境战略。

本书不仅可以作为高等师范院校相关课程的教材或教学参考书，也可以作为各级管理人员和实际工作人员丰富环境治理知识、参与环境决策的参考书。作为世界银行贷款“师范教育发展项目”改革课题计划专家组的负责人，我非常乐意在本书问世之际将它推荐给读者，并期望它在广大读者的关心与支持之下，能得到进一步的充实与提高。

屠国华

1996 年春节于南京

编者的话

本书的读者对象主要是高等师范院校的师生，同时也可作为中等学校教师的教学参考书和职业培训教材。根据高等师范院校学生的特点和中学开展环境教育的需要，全书在内容选择和体系安排上尽可能做到系统全面、简明扼要，侧重于对环境污染治理的基本原理和技术方法的介绍，力求反映出该领域内的最新成果和发展趋势，并体现出环境与经济发展相协调的可持续发展的思想以及由末端治理向全过程控制转移的新的环境保护战略，以有利于帮助人们正确认识环境、掌握解决环境问题的知识和技术，促进人们树立可持续发展观念，提高有效参与的技能。本书还注意到和师范院校相关专业现有专业课程的联系和相互渗透，使之成为某些专业课程的延伸和补充。

本书由世界银行贷款“师范教育发展项目”资助出版，“师范教育发展项目”改革课题计划专家组长、南京师范大学副校长屠国华教授对本书的编写给予很大的鼓励和支持，并亲自为之作序。阜阳师范学院外资贷款办公室负责人戴修法副院长、余颖棣处长和邹斌副处长也给予全力支持和帮助。中国科技大学李健民教授、华东理工大学黑恩成副教授、郑树亮副教授和阜阳师范学院董金庭副教授详细地审阅了书稿并提出了许多宝贵的修改意见，南京大学程树培副教授、阜阳师范学院范少华副教授、张宏永副教授、刘远浩高级实验师和吴成康副处长也提供了不少帮助。本书还得到了中国环境科学出版社责任编辑热情帮助和指导，对本书的编辑和加工做了许多工作，在此一并表示衷心的感谢。

由于编者水平有限，书中的缺点和错误在所难免，恳请广大读者批评指正。

编者

1996 年元月于安徽阜阳

目 录

第二篇 大气污染治理

第三篇 固体废物的治理

第四篇 其他污染防治技术

第五篇　可持续发展与清洁生产

概　论

一、生态系统与生态平衡

1. 生态系统

生态系统一词是英国生态学家 A.G.Tansley 于 1936 年首先提出，后来前苏联地植物学家 V.N.Sucachev 又从地植物学的研究出发，提出了生物地理群落（即生物群落本身和周围地理环境所组成的一个生态功能单位）的概念。这两个概念都把生物和非生物环境看成是互相影响、彼此依存的统一体。自然界中的生物是以生物群落而存在，生物群落是指在一定的自然区域中许多不同种群生物的总和。生物群落并不是孤立地存在的，它们与大气、水、土壤、岩石等非生物环境因素之间互相作用，关系密切，并且不断地进行着物质和能量的交换。我们把这种生物群落和非生物环境的综合体称为生态系统。世界著名的生态学家 E．P．奥德姆指出：生态系统就是包括特定地段中全部生物和物理环境的统一体，可以把它看为在一定空间内生物和非生物成分通过物质的循环、能量的流动和信息的交换而相互作用，相互依存所构成的生态学功能单位。因此，生态系统就是在一定空间中共同栖居着的所有生物与环境之间不断地进行物质循环和能量流动过程而形成的统一整体。它是在自然界客观存在的实体，是生命系统（动物、植物和微生物）和环境系统在特定空间的组合。

近几十年生态系统研究已成为生态学的主流，它和人类社会的可持续发展有密切关系。人类目前所面临的诸如温室效应、臭氧层破坏、酸雨等一系列全球性的环境问题都和生态系统的破坏密切相关。生态系统的原理也为许多学科所接受和应用，如农业上的农业生态系统、濒危物种和生物多样性保护、经济学中生态经济学的形成等。

一个完整的生态系统由以下四种组成成分构成。

（1）生产者　生产者是指可利用太阳能或其他形式能量将简单无机物制造成有机物的各类自养生物，包括绿色植物、光合细菌和化能合成细菌等。它们可以进行光合作用生产有机物，同时还能将光能转化为化学能贮存在生成的有机物中；一方面供给自身生长发育，另一方面也是其他生物食物和能源的供给者。

（2）消费者　消费者指不能利用太阳能或其他形式能量将简单无机物制造成有机物，只能直接或间接地依靠、利用生产者制造的有机物来供给自身的需要，属异养生物，主要包括各种动物（食草动物、食肉动物）。

（3）分解者　分解者是异养生物，主要指各类微生物及土壤原生动物和小型脊椎动物。它们可以将生产者和消费者的生物残体分解为简单无机物归还于自然环境中，再供给生产者。分解者对生态系统的“自净”有着十分重要的作用。分解过程常常由一系列复杂过程组成，各个阶段分别由不同的生物来完成。

（4）非生物组分　非生物组分指各种环境要素，包括能量因子和物质因子，能量因子有太阳能、风能、核能等；物质因子包括岩石、土壤、大气、水等基质和介质，光照、温度、湿度、风等气候要素，以及生物生命活动的代谢物如 CO_2、O_2、N_2 等空气成分和 N、P、K、Ca、Fe 等矿物元素及无机盐、非生物成分的有机质等。它们为生物提供了必要的生存环境和营养元素。

生态系统在空间上的范围是不确定的，小到含有微生物细胞的一滴水，大到整个生物圈都可以看作是一个生态系统；另外，一个村落、一个工厂、一座城市也能视为一个生态系统。无论生态系统是大还是小，各种生物体和非生物体之间的相互作用、相互制约的关系都是相同的。小的生态系统可以联合成大的生态系统，简单的生态系统也可以组合成复杂的生态系统，生物圈则是最大、最复杂的生态系统，所以我们也可以把生物圈称为生态圈。

2. 生态平衡

自然界中的生态系统不是静止不变的，而是处于不断的运动和变化之中，并保持着一种暂时的动态平衡，我们称之为生态平衡。具体地说，就是在一定时间内，生态系统中生物种群之间通过能量流、物质流、信息流的传递而达到相互适应、协调统一的状态，处于动态平衡之中，这种动态平衡就称为生态平衡。生物系统的各个层次都涉及生态平衡问题。

生态系统之所以能保持动态平衡，主要在于系统内部的自动调节能力。例如在一个小池塘中，浮游植物、浮游动物、鱼类、微生物、水和污泥、溶解氧构成了一个小生态系统。鱼类依靠浮游动物和浮游植物生存，鱼死了之后在微生物的作用下分解为浮游动物和浮游植物的营养物。微生物在分解过程中消耗了水中的溶解氧，而浮游植物的光合作用又产生了新的氧分来补充氧的消耗。这样，浮游植物、浮游动物、鱼类、微生物之间相互依赖，相互作用，进行系统内部的自动调节，使整个生态系统保持着一种暂时的动态平衡。由此可见，看一个生态系统是否处于平衡状态，应从三个方面去考虑：结构上的平衡，功能上的平衡及输入输出物质数量上的平衡。一个生态系统如果具备了这三个方面的平衡，我们就可以说它是处于生态平衡之中。

生态平衡是一种相当复杂的生态现象，它始终处于动态变化之中，所以说生态平衡首先是一种动态平衡。再者，生态平衡是一种有条件的、暂时的平衡。这是因为在一个生态系统内有许多彼此对立的力量在起作用，例如植物的生长和死亡，水中溶解氧的消耗和产生等。当这些对立的力量对比由于某种原因而发生变化时，就会对生态系统产生一定的干扰，但这并不会马上导致生态系统的破坏。因为生态系统可以通过对抗互解的调节机制来维持自己的存在，在新的基础上达到新的平衡，即生态系统内部具有自动调节的能力。当系统的某一部分出现异常时，就可能被其他部分的调节所抵消。但是，生态系统的调节能力是有限的，如果外界的干扰超过了它的调节限度，平衡就会遭到破坏，并产生严重后果和一系列恶性循环。例如，20 世纪初澳大利亚为了对付一种危害甘蔗的甲虫，从非洲引进了一种体重可达 1.5～2 kg 的特大型青蛙，这种青蛙到了澳大利亚以后，由于它们的胃口极大，很快将甘蔗田里的甲虫消灭干净。可是好景不长，害虫吃光之后又大吃起益虫来了，成了益虫的天敌，它们还会排出毒汁，使人畜受到伤害。由于这种非洲蛙繁殖极快，又无天敌，如何尽快地控制、消灭它们，就成了科学家们又一新的难题。

生态平衡受到破坏除了人为因素外，也受到自然界异常变化的影响，如地震、火山爆发、森林火灾等，都可能使某一区域的生态平衡受到破坏。

二、环境污染

1. 环境污染的含义

生态系统的平衡只是一种暂时的动态平衡。由于系统的内部因素或外部条件的影响，这种平衡也会遭到暂时、局部的破坏，产生我们所说的环境污染问题。生态系统受到破坏的原因有两类：一类是自然界本身变异所造成的破坏或自然环境中本来存在着对人类及其他生物生存有害的因素，这一类问题称为原生环境问题。火山爆发、地震、水旱灾害、台风、海啸、流行病等都属于这一类问题。虽然这些因素对生态系统的破坏是极其严重的，且具有突发性的特点，但这类因素通常只是局部的、出现的频率不高，对人类生存影响并不是很大。例如火山爆发会产生大量的二氧化碳、二氧化硫、火山灰等有害物质（美国华盛顿州的圣·海伦斯山在 1982 年 6 个月内就喷出 9.1×10^5 t 二氧化碳），从而破坏了自然界原有的碳、硫循环，污染了环境。另一类是由于人类活动的影响所造成的环境问题，也称次生环境问题。人类在利用自然资源进行生产活动，改善人类生活条件的同时，也向周围环境排出了大量的废弃物，其数量远远超过了生态系统的自身调节能力，正常的生态关系被打乱，造成了生态平衡的失调，产生了环境污染，这种环境污染的程度可以简单地用下式来表示。

人类活动的冲击、破坏－包括自净功能在内的自然界动态平衡恢复能力＝环境污染所造成的公害

例如，自工业革命以来由于矿物燃料的大量使用，致使每年向大气中排放的二氧化碳量高达 200 亿 t 以上，破坏了原有环境中的碳循环，加之地球上大片原始森林被采伐（地球上目前每分钟就有 20 km^2 的热带森林被砍伐），草原被开垦，绿色植物吸收二氧化碳量减少，造成大气中二氧化碳含量显著趋于增长，在环境中产生所谓的“温室效应”，促使地球变暖，这是人类有史以来共同面临的最大危机，这场危机是全球性的，也直接威胁到人类文明。

又如，现代工业的发展，特别是化学工业的发展，大量种类繁多的人工合成新物质的产生，也带来了新的环境污染问题。其中较为突出的例子就是化学农药的使用，近年来广泛使用的杀虫剂、杀菌剂、除莠剂、植物生长素等虽然对农业生产的发展起了很大作用，但也对人类和其他生物产生了不同程度的危害（如图 1 所示）。据资料统计，仅发展中国家每年就有 1 万余人死于农药中毒，受其毒害的人则更多。

由以上两例可见，由于人为因素对生态平衡的破坏而导致的对生态系统平衡的破坏是最常见的，最主要的，这种影响往往是缓慢的、长效应的，而且这种破坏作用也常常是难以扭转的。因此次生环境问题是人类更为关注的环境问题，我们所说的环境污染，主要是对次生环境问题而言。

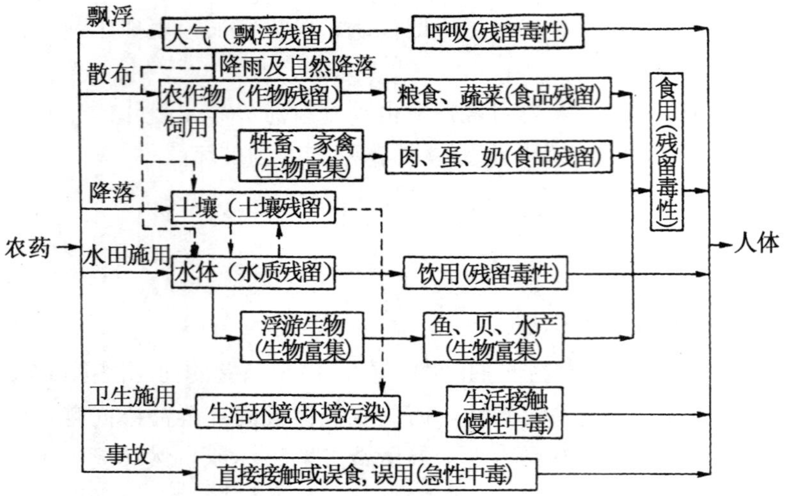

图 1 农药残留在环境中的转移和危害人类的途径

综上所述，我们可以给环境污染如下的定义：环境污染是指人类活动使环境要素或其状态发生了变化，环境质量恶化，以致破坏了生态系统的平衡和人类的正常生活条件，并对人类和其他生物产生危害的现象。简单地说，环境因为人类活动的影响而改变了原有性质或状态的现象称为环境污染。

2. 环境污染的产生和发展

环境污染的产生由来已久，可以说自从人类存在以来，人类的活动就对周围的环境产生一定的影响，即产生了污染。例如，在 100 万年以前，生活在周口店地区的北京猿人当时的生产、生活活动无疑会对周围的自然环境产生一定影响，他们在用火时不小心造成火灾，使大片草地、森林遭到破坏，产生环境问题。但这在当时并不突出，易被生态系统本身的调节所抵消。这一时期人类主要是为了自己的生存和繁衍而利用自然环境，而不是有意识地去改造自然环境。人类社会进入奴隶社会和封建社会之后，由于生产工具的改进和生产力不断得以提高，人们开始有意识地利用自然和改造自然环境，同时也产生了日益严重的环境问题。森林的大量砍伐和草原的破坏造成严重的水土流失便是一个典型的例子。黄河流域是我国古代文明的发源地。数百年之前，许多地区还是青山绿水，土地肥沃，农业十分发达。但是由于长期以来掠夺性地垦荒种田，砍伐森林，再加上长期的部落之间的战争，使自然环境遭到严重破坏，水土流失严重，土壤肥力下降，不少地方已成了荒山秃岭。

18 世纪中叶产业革命以后，由于蒸汽机的发明和广泛使用，使生产力得到极大地提高，现代工业也开始大规模发展起来。伴随着现代工业的发展，城市人口急剧增加，致使工业生产废物和人类生活废物大量地排入环境，在局部地区造成了环境污染，这比自然过程本身变化所造成的污染要强烈得多。第二次世界大战以后，社会生产力突飞猛进，许多工业发达国家普遍出现了范围更大、情况更加严重的环境污染问题，构成了所谓的社会公害。震惊世界的公害事件（见表 1）使人类的生存和发展受到更大的威胁，付出了惨重的代价。这时，环境污染达到了高峰，成为发达国家一个重大的社会问题。这一时期环境污染的主要特征是：由工业污染向城市污染和农业污染发展；点源污染向面源污染发展；局部污染向区域性和全球性污染发展，构成了第一次环境污染高潮。虽然后来发达国家普遍采取有效措施，加强了污染的治理，使 20 世纪 70 年代以来污染问题已有了很大改观，环境状况显著好转，但仍没完全恢复到过去良好的状态。同时，随着科学技术的进步和生产的进一步发展，新的环境污染问题又会不断涌现。如 50 年代日本水俣镇发生的骇人听闻的水俣病事件，致使两万余人身受其害，现在污染源虽已切断多年，但新的水俣病患者仍在不断出现。再如 1984 年 12 月 3 日发生的印度博帕尔农药厂异氰酸甲酯外泄事件，更是震惊世界的最严重的公害事件，造成 3300 余人死亡，2 万余人受到严重毒害，20 万人受到不同程度的影响，美国公司对此事件赔款 4.7 亿美元，而造成的全部损失更是无法估价。

表 1　震惊世界的公害事件

事件名称	发生时间	地点	发生原因	后果
马斯河谷烟雾事件	1930 年 12 月 3～5 日	比利时马斯河谷工业区	硫酸厂、冶炼厂、炼焦厂等工厂排放 SO_2、SO_3 等有害气体	强烈刺激人体呼吸道，造成 60 人死亡，数千人患呼吸道病
多诺拉烟雾事件	1948 年 10 月 26～31 日	美国宾夕法尼亚州多诺拉镇	硫酸厂、炼锌厂、钢铁厂排放 SO_2 及金属微粒	14 000 人小镇患病者达 5 900 多人，17 人死亡，患者咳嗽、呕吐、腹泻
伦敦烟雾事件	1952—1962 年多次发生	英国伦敦	大气中煤烟、SO_2、Fe_2O_3 粉尘浓度高久积不散	居民呼吸困难、咳嗽、头痛、呕吐，死亡人数达 4 千余人，受害者万余人
洛杉矶光化学烟雾事件	1936 年起至 50 年代	美国洛杉矶	汽车排气中的大量石油废气、CO、PbO 等在紫外线作用下产生光化学烟雾	刺激眼、喉等器官引起眼病及喉炎，严重时使人致死，还造成家畜患病，影响农作物生长，损坏建筑物
水俣病事件	1953—1956 年	日本九州南郡熊本县水俣镇	工厂以氯化汞、硫酸汞为催化剂，含甲基汞废水、废渣排入水体	患水俣病的病人精神失常、耳聋眼瞎、全身麻木，严重时死亡（1953—1960 年有 43 人死亡）
痛痛病事件	1931—1972 年	日本富山县	炼锌厂含镉废水排入水体	患痛痛病的患者关节痛、神经痛到全身骨痛，骨骼软化萎缩、骨折，死亡 81 人
四日事件	1955 年起	日本四日市（蔓延几十个城市）	石油工业废水排入海湾在鱼体内富集，烟囱排放大量 SO_2 及 Pb、Mn、Ti 等粉尘	患“四日气喘病”，蔓延全国，患者达 6 376 人，死亡 36 人
米糠油事件	1968 年	日本九州爱知县等 23 个府县	生产中使用的热载体多氯联苯泄漏，混入米糠油中	患者眼皮发肿、呕吐、肝功能下降、肌肉疼痛，直至死亡，病患者 5 000 余人，死亡 16 人

近几十年来，由于世界人口的剧增，人类对各种能源和其他自然资源的大量耗用，生产活动的扩大和新的化学物质的应用，造成了大气、水体、土壤的严重污染和生态系统的破坏，带来了许多全球性的环境问题。如核试验所产生的放射性物质、二氧化硫等气体污染物排入大气后的扩散、积累和长距离迁移所形成的大面积酸雨；由于大气中二氧化碳含量不断增加造成的"温室效应"；氟氯烃化合物对大气臭氧层的破坏；农药、石油等对海洋的污染；生物物种的不断灭绝及森林面积减少、土地沙化等全球范围内的问题，构成了第二次世界环境问题高潮，同时也使人们开始认识到这样一个严峻的事实：人类在利用自然，改造自然以发展经济和创造文明的同时，也在破坏人类赖以生存的自然界，使人类失去生存和发展的物质基础，保护人类赖以生存的环境已成为摆在我们面前的一个严峻而不容忽略的任务。

环境问题总是随着社会的发展而发展，在生产力不断发展和社会不断进步的同时，环境问题也在不断地产生和发展，老的环境问题尚未完全解决，新的更严重的环境问题又在不断产生。要使全球性的环境问题得到根本的解决，还需全人类长期不懈的共同努力。

3. 环境污染的特征

不同种类的污染物所造成的环境污染也不完全相同，但总体来说，它们都具有以下共同特征。

（1）影响范围大　环境污染所涉及的地域十分广阔，例如由于二氧化碳浓度增高而产生的"温室效应"将会对全球性气候产生巨大影响。另外，环境污染一旦产生，不但影响到人类健康，也会影响到动物、植物、微生物等其他生物物种的生存和发展。

（2）作用时间长　环境一旦被污染，所有生存在该环境内的生物体每时每刻都受到作用，随着时间的推移，它对生物体的危害也逐渐显示出来，并可能产生严重后果。

（3）污染物浓度低，情况复杂　污染物进入环境以后，由于受到大气、水体的稀释，一般浓度都比较低，多数在 10^{-6}（百万分之一）级。但是它们可以通过生物或物理化学作用发生转化、代谢、降解、富集，从而改变了原有的性质、状态和浓度，甚至产生新的污染物，这些污染物作用于生物体，往往产生复杂的联合作用，危害更大。

（4）污染容易，治理难　环境一旦被污染，要想使其恢复到原有的状况，不但费力大、代价高，而且在很长时间内都难以奏效。有些污染物如重金属和部分难以降解的有机物污染土壤或水源后，能长期残留。例如 1986 年瑞士某化工厂仓库发生爆炸，大量硫化物、磷化物流入莱茵河，使河水受到严重污染，造成鱼类和其他水生生物死亡。据专家估计，要使河水恢复到污染前的状况，至少需要 20 年的时间。

三、环境污染对人体健康的危害

人每时每刻都在一定的环境中生活，并和环境进行物质和能量的交换，因此环境质量的好坏将直接关系到人体的健康。

未受污染的环境对人体的功能是合适的，人们能正常吸收环境中的物质而进行新陈代谢的生命活动。一旦外界环境发生异常变化，必然会影响到人体正常的生理功能。虽然人类具有调节自己的生理功能来适应不断变化着的环境的能力（如人体可以通过体温调节来适应环境中气候的变化），但是，这种调节是有一定限度的。如果环境的异常变化超过了人类正常生理调节的限度，环境污染物就会以各种方式进入人体，引起人体某些功能和结构发生异常，甚至造成病理性变化，引起疾病。使人体发生病理变化的环境因素称为环境致病因素，它们可分为三大类：一是化学性因素，如有毒气体、重金属、农药、化肥及其他对人体有害的有机和无机化合物；二是物理性因素，如噪声、放射性物质的辐射作用、恶臭、电磁波、热污染等；三是生物性因素，如细菌、病毒等。这些因素大都与环境污染有关，因此人类疾病的产生很大程度上是由环境污染引起的。例如，统计资料表明，对人类威胁最大的疾病之一——癌症的发生与环境污染密切相关，其中90%以上与化学污染物质有关。迄今为止，人们已经知道有上千种化学致癌物，表 2 所给出的只是其中很少一部分。虽然这些化学致癌物的致癌机理目前尚不清楚，但是研究结果表明，这些化学物质可能会和病毒相互作用而加强致癌作用，导致癌症发病率的提高。

表 2　主要化学致癌物

类型	主要致癌物
无机化合物	砷、铍、钴、镍、石棉等
芳烃、杂环化合物	4～6 环化合物
芳胺、硝基和偶氮化合物	4-氨基联苯、联苯胺、2-萘胺、*N*,*N*-双（2 氯乙基）-2-萘胺
脂族肼、偶氮和氧化偶氮类	NH_2—NH_2 等
N-亚硝基化合物	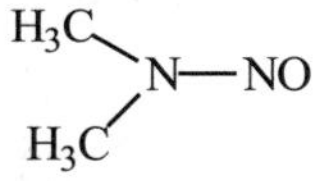 等
烷化剂	$(CH_3O)_2SO_2$、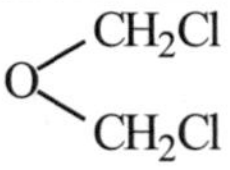 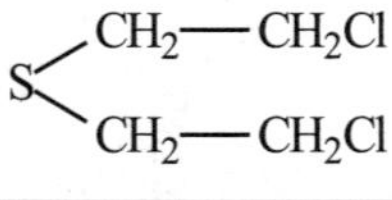 等
天然化合物	黄曲霉素等

由环境污染而引起的疾病，多数无明显的临床症状，但是当微量毒物进入人体内并产生蓄积时，最终将会产生功能性变化，导致疾病的发生。因此，我们不能以人体是否已出现临床症状来评价环境污染的严重程度，而应全面了解多种环境因素对人体正常生理和生化功能的作用，及早发现临床的前期变化。所以，在评价环境污染对人体健康的影响时，必须从以下几方面来考虑。

（1）是否引起急性或慢性中毒；

（2）是否有致癌、致畸和致突变作用；

（3）是否会引起寿命的缩短；

（4）是否会引起生理功能的降低。

环境污染与人体健康的关系极其复杂，这是环境医学领域中一个很重要的研究课题。污染物在人体内的吸收、代谢、蓄积、转移、排泄过程及污染物中毒症状之间的相应联系也还没被充分认识。目前，许多国家已经投入了大量的人力、物力，开展环境污染与人体健康的研究，重点是研究心血管病、癌症、呼吸道疾病及畸胎、突变与环境污染的关系。大量的动物实验和癌瘤流行病学的调查已经证实，世界癌症发病率的提高，临床罕见病种的出现，与环境污染关系十分密切。因此，保护环境，减少污染，不断改善环境质量是提高全人类健康水平的重要措施。

四、环境污染物及其来源

人类在生产和生活过程中不断地耗用自然界的物质，同时也向周围环境排出各种各样的物质，其中能引起环境污染或导致环境破坏的物质叫环境污染物。它们进入人类生存的环境分别造成了大气污染，水体污染和土壤污染。然而，这三个方面的污染并不是彼此孤立的，而是相互联系，相互影响的。例如，大气中的二氧化硫（SO_2）和氮的氧化物（NO_x）可以转化为酸雨，对水体和土壤产生污染；水体中的腐败动植物及易挥发性物质又会产生各种气体污染大气；土壤中的细小尘粒可能被风吹入大气并形成气溶胶，从而对大气中污染物的转化产生重要影响。

按照污染物的来源，可以把污染物分为两大类，即生产性污染物和生活性污染物。

1. 生产性污染物

生产性污染物来自人类的各种生产活动，使大量自然界原来不存在的人工合成化合物（近 200 万种）及固体废物、放射性物质、噪声等进入环境，造成环境污染。生产性污染物主要有以下几类。

（1）工业“三废”　工业生产中排出的废水、废气、废渣称为工业“三废”。它们在生产性污染物中所占比例最大。

据 2006 年中国环境状况公报统计，全国废水排放总量为 537.0 亿 t，比上年增长 2.4%；化学需氧量排放量为 1 428.2 万 t，比上年增长 1.0%。其中工业废水排放量为 239.5 亿 t，占总排放量的 1.8%；全国废气排放中二氧化硫排放量为 2 588.8 万 t，烟尘排放量为 1 078.4 万 t，其中工业烟尘 854.8 万 t，工业粉尘排放量为 807.5 万 t；全国工业固体废物产生量为 15.20 亿 t，工业固体废物排放量为 1 303 万 t。

我国有污染的工业企业共 16.8 万家，其中污染较严重的有 3 000 多家，主要分布在化工、建材、造纸、电力、食品、冶金、矿山、机电、制药、纺织、印染、林业、橡胶、制革、陶瓷 15 个行业。

废气主要来自燃料的燃烧，其次则是某些工矿企业排出的各类有害气体和细小粉尘等，如碳的氧化物（CO、CO_2）、硫的化合物（SO_2、SO_3、H_2S、有机硫化物）、氮的化合物（NO_x、HNO_3 等）、碳氢化合物等。

绝大多数生产过程都离不开水，在工业生产中，水可以用来做传热的介质、工艺过程中的溶剂、洗涤剂、吸收剂、萃取剂、生产原料或反应物的反应介质。生产中大量使用水，也不可避免地排出大量废水，造成水体污染。废水中的有害成分很多，如有毒的有机物、酸、碱、重金属盐类、氰化物、氮和磷的化合物，难生物降解的物质、油类及其他飘浮物质、易挥发性物质等。

任何一个生产过程都不可能将原料全部转化为我们所需要的产品，产品以外的固体剩余物就是我们所说的废渣。如采矿业排出的煤矸石、废石、尾矿；冶金业的高炉炉渣、钢渣、赤泥；燃料燃烧时排出的煤灰渣、粉煤灰；化工行业排出的硫铁矿渣、磷石膏、盐泥以及各种各样的工业垃圾等。

（2）农业生产污染物　生产性污染物另一个来源是农业生产活动，化肥的大量使用（1967—1987 年 20 年间，世界化肥消费量增加了 1.6 倍，我国则高达 5.2 倍）虽使农作物产量大大提高，但同时也造成了农村地下水和饮用水源的污染及湖泊等水体的富营养化。农药的使用在防治农作物病虫害方面发挥很大作用，但过量的使用不仅造成水体、土壤污染，还使病虫抗药性增强，病虫天敌死亡，导致病虫害猖獗。近年来我国生产农药品种 200 多个，原药生产量约 40 万 t（折纯），排名世界第二位，年使用农药达 45 亿亩次。长期大量施用化学农药，还对生态系统结构和功能产生严重危害，使生物物种退化，多种生物种群濒临灭绝，因农药污染所造成的损失也逐年增加。由于农用地膜在自然环境中难以降解，地膜的大量使用已经造成了农田的“白色污染”，成为破坏土壤结构的一种新型污染物。大量粪杂肥未经处理而排放也会造成农村水源、土壤、空气的污染。我国仅 1990 年畜禽粪便产生量即高达 24.48 亿 t，利用率仅为 60%，有 9.79 亿 t 排入环境，严重污染了环境。

（3）放射性污染物　造成放射性污染的人工污染源主要有核武器试验、核燃料循环中排放的各种放射性废物、供医疗诊断用的电离辐射源、放射性同位素及带有辐射源的各种装置、设备等。

核试验是全球性放射性污染的主要来源。在大气层进行核试验时，放射性沉降物会造成对大气、地面、海洋、动植物和人体的污染。其中部分放射性污染物还会在高层大气中长期停留，随后缓慢地向全球扩散并散落在世界各地造成全球性的污染。这些放射性污染物主要是核裂变材料的裂变产物，如锶-90、铯-137、碘-131、氘、碳-14、钚-239等。

核能工业的中心问题是核燃料的产生、使用和回收。核燃料循环（如图 2 所示）中的铀矿的开采和冶炼、净化与转化，铀-235 的浓缩，燃料的制备与加工，核燃料的燃烧，废核燃料的运输、后处理和回收以及核废物的贮存和处置等阶段中均会对周围环境带来一定程度的核污染。

就整个核工业而言，在正常情况下核工业企业对环境的污染不会超过国际辐射防护委员会规定的有关标准，对人体也不会构成危害。但是个别核设施可能由于意外的事故，逸出大量的放射性物质，也会造成严重的放射性污染。如 1986 年苏联切尔诺贝利核电站的意外爆炸事故就是一个典型的例子，这次事故造成了 30 亿美元的经济损失，当场死亡 31 人，还有数万人在今后几十年内很可能由于受辐射作用的结果而患病甚至死亡。

放射性物质在医学、工农业生产及科学研究中的应用也在不断发展中，其中在医学中的应用最为广泛，主要用于对某些疾病的诊断和治疗。例如用钴-60 照射治癌、碘-131 治疗甲状腺机能亢进、X 射线的透视，等，所有这些过程都会有一定量的放射性物质排入环境，给病人和医务人员带来一定的影响。

（4）噪声污染　随着人类的文明及与人类文明相协调的工业技术的发展，也增加和增强了自然界里的声音，其中有些是不和谐的声音或对人体有害的、人们不需要的声音，这叫噪声。噪声污染也成了当今世界的公害之一。

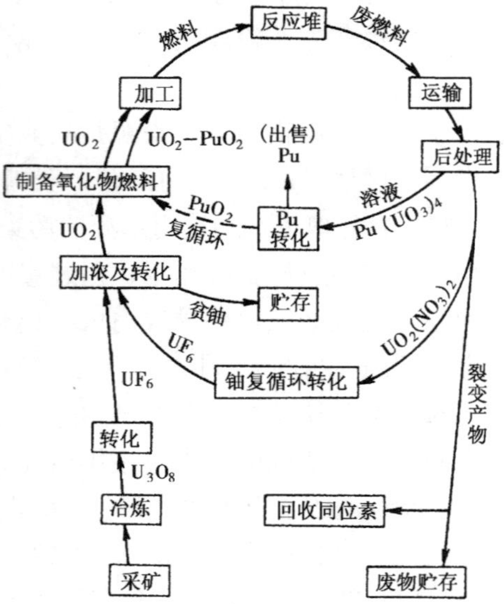

图 2 反应堆的核燃料循环

噪声的来源有交通噪声（机动车辆、火车、船舶发出的噪声）、工业噪声（工业生产过程中各类机械设备发出的噪声）、建筑噪声（城市建筑施工所产生的噪声）等。

人们在社会生活中也常出现噪声，称为社会噪声，如人群的喧闹声、沿街的高音喇叭、文化娱乐场所的高强度声响，等。

2. 生活性污染物

进入 20 世纪以来，随着生产力的发展，城市的规模不断扩大，特别是人口的急剧增长及人们生活水平的不断提高，粪便、垃圾、污水等生活性废物的排出量已达到惊人的数字，如处理不当，也会对环境产生污染。仅就垃圾一项而言，世界人均发生量为 440～500 kg/a，其数量之多，处理难度之大，已经成了世界各国面临的一大难题。我国人均垃圾排放量也大体处于这一水平，并且以每年 10%的速度增长。据估计，2000 年我国城市垃圾发生量已高达 2 亿 t，而无害化处理率只占 10%，城市污水排放量已达 221 亿 m^3，而处理率仅为 30%。由于城市垃圾和污水得不到应有的处理，城市卫生受到很大影响，破坏了人们的正常生活，严重影响到人民的身体健康。例如，我国过去肝炎发病率只有万分之几，而目前局部地区已高达百分之几。

综上所述，环境污染物可以以气态、液态、固态、胶态、声波和辐射线等几种状态存在，被污染的对象则是大气、水体、土壤和生物（包括人类本身），图 3 便是环境污染物主要来源的示意图。

五、环境保护

环境一旦受到污染，将直接影响到整个人类和生物的生存，因此，保护和改善人类赖以生存的环境是一件“利在当代，功荫后世”的千秋大业。随着社会生产力的提高和科学技术的进步，在人类征服自然能力不断增加的同时，也要运用先进的科学技术，研究和寻找破坏生态平衡的原因，避免和减轻对环境的污染。

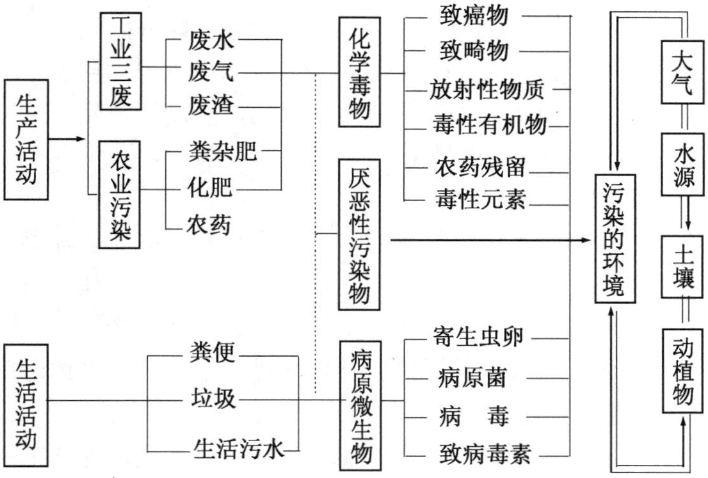

图 3 环境污染物的主要来源

自 20 世纪 80 年代后期开始，全球的环境保护进入了一个新阶段，环境保护已成为全球共同关注的热点，特别是 1992 年 6 月联合国在巴西召开了环境与发展大会以后，世界上出现了一个前所未有的环境保护热潮，这是人类面对严重、复杂的环境问题所做出的一种清醒、聪明和理智的选择。自 1972 年联合国第一次人类环境会议以来的几十年中，全球环境保护已有了很大的发展，不少国家不断地增大对环境保护的投入，大力开展环境科学研究工作，研究和推广低污染和无污染的生产工艺以及先进的污染物治理技术，使环境污染问题在一定范围内得到较好的解决，改善了环境质量。例如，80 年代伦敦上空烟尘平均浓度只有 20 年前的 1/8，使人记忆犹新的“烟雾事件”将再也不会重演。美国 80 年代初和 10 年前相比烟尘和粉尘排放量减少了 50%，大气质量明显提高；70 条河流的水质有了很大改善，一度面临“死湖”威胁的五大湖也得到治理。

我国政府历来十分重视环境保护工作，80 年代中期国家就明确规定环境保护是中国的一项基本国策。《中华人民共和国环境保护法》则明确指出：必须切实做好环境保护工作；在发展国民经济的同时，必须对环境的保护和改善统筹安排，并认真组织实施；对已经造成的环境污染和其他公害，必须做出规划，有计划、有步骤地加以解决。近 30 年来，我国在环境保护方面已经取得了令世人瞩目的成就：工业污染防治取得初步成效，城市环境状况有了一定改善，自然生态环境保护取得一定进展，环境质量恶化的趋势初步得到控制。

环境保护的内容很多，主要有保护自然环境和防治污染及其他公害两大部分，后者是由于人类生产性活动和生活性活动对环境所产生的污染和破坏，与我们的关系较为密切，它主要包括以下几个方面。

1. 大气污染及防治

人类和生物生存一时一刻也离不开大气，因此它对人类特别重要。对大气污染威胁较大的污染物主要有下述几种：粉尘、硫化合物（SO_2、SO_3、H_2SO_4 雾、H_2S、硫醇等）、氮化物（NO、NO_2、NH_3 等）、卤化物（Cl_2、F_2、HCl、HF 等）及有机化合物等，它们主要来自矿物燃料的燃烧及工厂排出的废气。这些污染物造成的危害极大，前面所介绍的国外八大公害事件中就有 5 件是由于大气污染而造成的。

对大气污染的防治方法主要有：合理的工业布局；改变燃料构成，提高能源利用率，改进燃料燃烧方法和烟气净化技术；改革生产工艺，控制和消除工业废气的排放，加强大气污染物的净化技术；搞好城市绿化，改善居住环境。

2. 水体污染及防治

水是人类赖以生存的必不可少的物质，人类生活和生产活动都离不开水。当外来污染物进入水体的数量达到破坏水体原有用途的程度时则产生水体污染。产生水体污染的原因主要有：工业生产排放的废水，城市生活污水、农业生产排水、固体废物中有害物质经水溶解后流入水体、大气中的污染物随雨水进入水体等。水体污染的危害也很大，日本水俣事件和富山事件即是两个突出的例子。

水体污染的防治措施主要有以下几方面：改进生产工艺，降低工业用水量，提高水的重复使用率；管理好各种含污染物的废水，对废水进行净化处理；减少农业用水，改进灌溉方式；节约生活用水等。

3. 土壤污染及防治

土壤是生命营养物质的提供者，人和各种生物的营养物质都是直接或间接地从土壤中取得。土壤一旦被污染，就会使土壤性质恶化，团粒结构遭到破坏，肥力降低，影响农作物生长；有毒物质还能通过农作物蓄积，被食用后就会危害人畜健康。因此，保护土壤不受污染也是十分重要的环境保护内容。

土壤污染的防治，关键在于防治水体、大气和固体废物污染，因为它们之间是密切相关的。

4. 食品污染及防治

食品污染是指食品中原来含有的或加工过程中人为添加的某些生物性（如霉菌及霉菌毒素）或化学性（如各类食品添加剂）物质对人体所造成的急性或慢性的危害。食品污染已愈来愈引起人们的重视，因为它直接影响到人类的身体健康。

国内外食品原料的污染问题相当严重，据联合国有关资料报道，不少国家每年都有数以千吨计的畜、禽产品因农药或抗菌素残留量超过规定而不能食用，由于食品污染而产生的急性中毒事件也时有发生。

防治食品污染主要从防治水和大气及土壤污染几方面入手。此外，工厂的环境、厂房布置、设备容器、工艺操作等方面都要符合有关的食品卫生要求，严格执行食品管理的各项制度，加强检验和卫生监督都是防治食品污染的有力措施。

环境保护所涉及的内容很多，还有海洋的污染及防治、噪声污染防治、自然资源的充分利用和保护、生物多样性保护等，但与人类关系比较密切的还是大气、水体、土壤、食品这四个方面，其余或多或少都与这四个方面有一定的联系。

环境保护的根本任务是为全人类造就一个清洁、优美、适宜的生活和劳动环境，随着生产力的发展和科学技术的进步，保护人类的生存环境已成为劳动力再生产的必要条件，是可持续发展的物质基础。我国是一个发展中国家，更应重视环境保护工作，促进经济与环境的协调发展。

当前，我国的环境污染和自然资源的破坏依然十分严重。据 2006 年中国环境状况公报报道，全国地表水总体水质属中度污染。七大水系的 197 条河流中，珠江、长江水质良好，松花江、黄河、淮河为中度污染，辽河、海河为重度污染。四大海区中，南海、黄海近岸海域水质良好，渤海近岸海域水质为轻度污染，东海近岸海域水质为中度污染。城市空气质量总体有所好转，部分城市污染依然严重，二氧化硫排放量为 2 588.8 万 t，烟尘排放量为 1 078.4 万 t，工业粉尘排放量为 807.5 万 t。全国工业固体废物产生量为 15.20 亿 t，综合利用量只为 9.26 亿 t。农村环境形势严峻，点源污染与面源污染共存、生活污染和工业污染叠加、各种新旧污染与二次污染相互交织，工业及城市污染向农村转移，土壤污染日趋严重，已成为中国农村经济社会可持续发展的制约因素。大部分农村垃圾未经处理，直接堆放在田头、路旁，甚至抛掷到沟渠、水塘，影响农村环境卫生和景观。绝大部分生活污水未经处理直接渗入地下或直排沟渠、水塘。乡镇工业布局不当，工业污染突出。化肥、农药使用不合理造成局部地区面源污染突出。综合利用措施滞后，畜禽养殖污染日益凸显。全国特大、重大环境污染事件时有发生，其中水污染事件 95 起、大气污染事件 57 起、土壤污染事件 7 起。因此，随着我国经济的不断发展和人民生活水平的提高，环境污染的防治仍然是一个十分突出的问题。生产建设和生态平衡之间的协调是经济建设中的战略性问题，我们不能再走西方国家“先污染，后治理”的老路，而应使社会经济和环境保护协调发展，走一条具有中国特色的环境保护的道路。应持之以恒地搞好环境保护和生态建设工作，解决生态环境保护和建设方面存在的突出问题，为人民创造更加良好的生产生活环境。通过长期不懈的努力，使人与自然的关系更加和谐。温家宝总理在第六次全国环境保护大会上强调：做好新形势下的环境保护工作，关键是要加快实现三个转变：一是从重经济增长轻环境保护转变为保护环境与经济增长并重；二是从环境保护滞后于经济发展转变为环境保护和经济发展同步；三是从主要用行政办法保护环境转变为综合运用法律、经济、技术和必要的行政办法解决环境问题。这三个转变是方向性、战略性、历史性的转变，标志着中国环境保护工作进入了以保护环境优化经济增长的新阶段，主要目标是建设环境友好型社会，主要任务是推进历史性转变，总体思路是全面推进重点突破，主要措施是抓落实、抓实干、抓细节、抓基层。

开展环境教育也是环境保护事业的重要组成部分，是社会文明进步的重要标志。国务院在有关决定中明确提出：“中小学要普及环境科学知识，大学和中等专业学校的理、工、农、医、经济、法律等专业要设置环境保护课程。”1992 年联合国环境与发展大会提出 21 世纪是环境世纪，我国政府也把“努力提高全民的环境意识，加强环境教育”列为环境与发展十大对策中一项长期性的战略任务。环境问题的根本解决，很大程度上取决于人们环境意识的提高，而提高公民环境意识的根本手段则是环境教育。进入 80 年代以来，许多发达国家都把环境教育放在十分重要的地位，取得了较好的效果。俄罗斯、美国等国的学校新学年的第一节课就是生态环境课，目的在于引起正在成长的新一代对环境保护的重视；德、美、日等国还制定了实施全民教育的发展纲要，对提高全民的环境意识和普及环境科学知识起了很大的促进作用。

我国的环境教育工作是随着环保事业的开创而起步，又随着环保事业的发展而成长，已形成了一个多层次、多形式、专业齐全的环境教育体系。环保知识的学校教育已经得到重视，除了在大中专学校设立相应的环保专业之外，在其他学校的相关科目中也加入了环境保护的内容。除此之外，环境保护的社会教育工作也在蓬勃开展。电视、广播、报刊等新闻媒介的宣传和教育以及丰富多彩的社会宣传活动对全民环境意识的提高，环境保护知识的普及和保护环境自觉性的增强都起着积极的作用。加强全民族的环境教育，使公民的环境意识和素质的提高和我国经济高速发展的要求相适应是我国环境教育今后发展的方向。

复习思考题

1. 什么是生态系统？它由哪几个基本部分所组成？
2. 何谓生态平衡？试举例说明。
3. 何谓环境污染？它有哪些基本特征？
4. 何谓环境污染物？主要的环境污染物有哪几类？
5. 简述环境保护的主要内容。

第一篇

废水治理技术

第一章　水污染及其治理的基本概念

第一节　水资源与水资源危机

一、水资源及其利用

水是极其宝贵的自然资源，它是人类生产和生活活动中不可缺少的物质，也是一种不可替代的宝贵资源，它又是地球上一切生物赖以生存的物质基础。

地球表面的 71%覆盖着水，但绝大部分是咸水，淡水只占其中的 2.7%。地球上的淡水相当一部分为冰川、高山所封冻或渗入地下深处，人们可以利用的淡水量还不足世界总贮量的 0.01%，地球上各种水的储量如表 1-1 所示。

表 1-1　地球上各种水的储量　　单位：km^3

		最好的估计	已发表的估计数量范围	滞留时间
海洋		1.35×10^9	（1.32～1.37）$\times10^9$	2 500 年
大气		13 000	10 500～15 500	8 天
陆地	河流	1 700	1 020～2 120	16 天
	湖泊	100 000	30 000～177 000	17 年
	内海	105 000	85 400～125 000	
	土壤含水量	70 000	16 500～150 000	1 年
	地下水	8.2×10^6	（7～330）$\times10^6$	1 400 年
	冰川和冰帽	27.5×10^6	（16.5～48.02）$\times10^6$	山地冰川 1 600 年 极地冰帽 9 700 年
	生物水	1 100	600～50 000	几小时

从整体上看，全球的总水量是平衡的。地表水、地下水、大气含水和生物水都可以循环或补给，是一个紧密联系、相互作用的整体。但是，由于不同地区外界条件的差异，水资源在时间和空间上的分布又是很不均匀的。例如我国占地面积 50%的北方只有 10%的地表径流和 30%的地下径流，致使北方地区水资源严重不足，在西北干旱地区，有时连人的饮用水都发生困难。因此我们说水并不是“取之不尽，用之不竭”的自然资源。

水和人类的关系极其密切，人们的日常生活和生产活动都离不开水。城市居民每人每天生活用水量在 40～350 L，某些发达国家人均用水量更是远远超过这个数字（美国芝加哥和华盛顿市人均日用水量高达 700～800 L），可见水对于人类的日常生活是何等的重要。

工业企业历来是用水大户，工业企业的各个生产工序如清洗、溶解、冷却、加热、加工、传送等都需要大量的水。例如生产 1 t 电炉钢需水 18～25 m^3；生产 1 t 纸需水 130～165 m^3；生产 1 t 化学纤维需要 1 000～2 000 m^3；生产 1 t 氮肥需要 600 m^3；一个年处理 300 万 t 原油的炼油厂，若不重复循环使用水，每小时耗水量高达 1 000 m^3。

农业生产用水所占比重最大，主要是灌溉用水。在我国，种一亩蔬菜年耗水量 25～35 m^3，种一亩小麦需 40～50 m^3。我国是一个农业大国，由于年降水量在时间和地域上的分布不均匀，致使我国有将近一半的国土处于干旱和半干旱地区，全国有 45%的耕地需要经常性的灌溉，1993 年我国的耕地灌溉面积已达 7.47 亿亩*，消耗了全国每年总用水量的 80%以上。

二、水资源危机

1977 年 3 月，在联合国水资源会议上，科学家们曾断言："水不久将成为一个深刻的社会危机。"这一预言已被无情的现实所证实，水资源短缺和水质恶化已成为当前世界性的议题。

水资源危机产生的原因主要有以下几个方面。

1. 水资源分布的不均匀性及气候变化的影响

地球上极其有限的淡水分布很不均匀，部分国家和地区水资源相当丰富，如冰岛、新西兰等国每公顷土地占有淡水量为（1.5～1.7）×10^4 m^3；而另一部分国家和地区水资源则相当贫乏，如南非、肯尼亚等国，每公顷土地占有淡水量仅为 300～400 m^3，特别是埃及和沙特阿拉伯只有 10 m^3 左右，与水资源丰富的国家相比，相差 1 000 余倍。由于气候条件的不同，干旱炎热地区降雨量极少而蒸发量很大，热带雨林地区雨水又极其充足，这些都是水资源分布不均匀性较为典型的例子。

2. 人口的急剧增长和生产力的提高

近百年来人口的迅猛增长和生产力的极大提高，造成水资源消耗增长过快，致使局部地区水资源供水能力严重不足。例如日本东京、长崎等市 1964 年以来先后发生 8 次缺水，限制供水时间最长高达 280 天。

3. 水体污染

人们的生产活动和生活活动都会产生大量的废水，这些未经处理的废水排入受纳水体或土壤，会造成地表水和地下水的污染，严重时使得水体完全不能利用，这是许多地区严重缺水的最主要因素。污染最严重的地区，也往往是严重缺水的地区。

我国是一个水资源相当贫乏的地区，平均年水资源总量为 2.7 万亿 m^3，居世界第六位，但人均占有量只有 2 630 m^3，相当于世界人均占有量的 1/4，居世界第 88 位（见表 1-2）。

---

* 1 hm^2=15 亩。

表 1-2　世界上几个主要国家年径流量、人均、公顷均水量比较

国家	年径流量/亿 m^3	人口/亿人	人均水量/（m^3/人）	耕地/亿 hm^2	公顷均水量/（m^3/hm^2）
巴西	51 912	1.23	42 200	0.323	160 515
苏联	47 140	2.64	17 860	2.267	20 775
加拿大	31 220	0.24	130 080	0.436	71 565
美国	29 702	2.20	13 500	1.893	15 690
印度尼西亚	28 113	1.48	19 000	0.142	198 000
中国	27 115	10.30	2 630	1.004	27 000
印度	17 800	6.78	2 625	1.647	10 815
日本	5 470	1.16	4 716	0.043	126 930
全世界	46 800	43.35	10 800	13.26	35 295

注：引自马光等编著《环境与可持续发展导论》第 77 页。其中外国人口是 1979 年统计数，中国是 1982 年统计数。

我国水资源分布也具有时间和空间上的不均匀性。若以年降水量 400 mm 划分，全国有一半国土处于干旱、半干旱地区。例如华北地区是我国经济、政治、文化中心地区，面积占全国的 4%，而水资源只占全国总量的 1%。特别是海河流域水资源相当贫乏，人均占有量只为全国人均占有量的 1/9。据分析，目前全国一年大致缺水 350 亿 m^3。根据对全国 669 个城市的调查，有 400 个城市常年供水不足。其中 110 个城市严重缺水，居民用水不得不限量供应。另外据专家预测到 2030 年我国人口增至 16 亿时，人均水资源量将降低到 1 760 m^3（按国际上一般承认的标准，人均水资源占有量少于 1 700 m^3 时为用水紧张国家），因此我国未来水资源的形势也并不乐观。

第二节　水体污染及污水水质指标

一、水体污染

水体是海洋、湖泊、河流、沼泽、水库、地下水的总称。人们在日常生产和生活活动中会排出大量废水及其他污染物，它们排入水体后使水体中污染物含量超过了水体的本底含量和水体的自净能力，造成水体污染。

水体污染主要来自三个方面。

1. 工业生产废水

工业生产废水是最重要的污染源，它有以下几个特点。

（1）排放量大，污染范围广，排放方式复杂　工业生产用水量大，相当一部分生产用水中都携带原料、中间产物、副产物及产物等排出厂外。工业企业遍布全国各地，污染范围广。不少产品在使用中又会产生新的污染，如全世界化肥施用量约 5 亿 t，农药 200 多万 t，使遍及全世界广大地区的地表水和地下水都受到不同程度的污染。工业废水的排

放方式复杂，有间歇排放，有连续排放，有规律排放和无规律排放的区别，给污染的防治造成很大困难。

（2）污染物种类繁多、浓度波动幅度大　由于工业产品品种多，故工业生产过程中排出的污染物也是数不胜数。不同污染物性质有很大差异，浓度也相差甚远，高的可达几万毫克/升以上，如生产酚醛树脂时排出的含酚废水可达 4 万 mg/L；低的仅在几毫克/升以下，有的甚至不含任何污染物，只是温度发生变化。

（3）污染物质有毒性、刺激性、腐蚀性、pH 值变化幅度大，悬浮物和富营养物多　被酸碱类污染的废水有刺激性、腐蚀性，而有机含氧化合物如醛、酮、醚等则有还原性，能消耗水中的溶解氧，使水缺氧而导致水生生物死亡。工业废水中含有大量的氮、磷、钾等营养物，使藻类大量生长耗去水中溶解氧，造成水体富营养化污染。工业废水中悬浮物含量也很高，最高可达 3 000 mg/L，为生活污水的 10 倍。

（4）污染物排放后迁移变化规律差异大　工业废水中所含各种污染物的物理性质和化学性质差别很大，有些还有较强毒性，较大的蓄积性及较高的稳定性。一旦排放，迁移变化规律很不相同，有的沉积水底，有的挥发转入大气，有的富集于生物体内，有的则分解转化为其他物质，甚至造成二次污染，使污染物具有更大的危险性。例如，某些有机氮在水中经微生物作用可分解为硝酸盐，然后进一步还原为亚硝酸盐进入人体后与仲胺作用生成亚硝胺，有强烈的致癌作用。

（5）恢复比较困难　水体一旦受到污染，即使减少或停止污染物的排放，要恢复到原来状态仍需要相当长的时间。

2. 生活污水

生活污水的排放量比工业废水要少得多，而且在组成上也有很大不同，其中固体悬浮物含量很少（不到 1%），而且多为无毒物质，主要是日常生活中的各种洗涤水，生活污水有如下几个特点：

（1）含氮、磷、硫高；

（2）含有纤维素、淀粉、糖类、脂肪、蛋白质、尿素等，在厌氧性细菌作用下易产生恶臭物质；

（3）含有多种微生物如细菌、病原菌，易使人传染上各种各样疾病；

（4）由于洗涤剂的大量使用，使它在污水中含量增大，对人体有一定危害。

3. 农业生产污水

农业生产污水主要是农村污水和灌溉水。由于化肥和农药的大量使用，致使灌溉后排出的水或雨后径流中常含有一定量的农药和化肥，造成水体污染和富营养化，使水质恶化。

二、污水中的主要污染物及对人体的危害

污水中所含污染物种类很多，总体来说可以分两大类：化学污染物和生物性污染物。

1. 化学污染物

化学污染物种类较多，当其在水体中达到一定浓度并破坏了人的生理功能之后才会影响人体健康，废水中的化学污染物可分为以下几类：

（1）重金属及其化合物　汞、镉、锰、铬、锌、铜、镍、铅等重金属及其化合物在工业生产中用途广泛，它们都可通过食物链富集，直接使人体中毒，使危害加剧，它们的毒害作用举例如下：

汞：慢性汞中毒能使汞被血液吸收并送到大脑，严重损害了中枢神经系统。急性汞中毒会危害呼吸系统、消化系统和泌尿系统。无机汞的中毒是可逆的，一定时间后可以通过各种途径从体内排出，危害较轻。有机汞对人类健康危害极大，其中以烷基汞毒性最大（如甲基汞、乙基汞），这类化合物易溶入细胞膜和脑组织的类酯中，一旦进入脑细胞则很难排出，从而损伤中枢神经系统。烷基汞还有遗传性损害功能，它们可以穿过胎盘屏障进入胎儿组织，毒害胎儿。

镉：镉极易被植物吸收，但对植物本身伤害不明显。它通过农作物及饮用水而影响人类身体健康。镉中毒会对人的肝脏和肾脏造成损害，引起贫血、肾机能衰退、高血压等病。除此之外还有致癌、致畸胎等危害。长期饮用受镉污染的水，还可导致痛痛病。镉的毒性还与品种有关，氧化镉、硫酸镉、氯化镉、硝酸镉等毒性较大，而硫化镉毒性较小。

锰：过量的锰长期蓄积体内，会引起神经系统功能障碍、神经衰弱等症，对植物也有明显毒害作用。

铬：铬的毒性与其存在形式有关，一般认为六价铬的毒性比三价铬高 100 倍。铬的化合物对消化道和皮肤具有强刺激和腐蚀作用，铬污染还会导致畸胎、致突变和致癌作用。

镍：金属镍无毒性，但镍盐毒性强，尤其是羰基镍，急性中毒时则可导致呼吸困难，直至死亡，亦可能导致鼻腔癌和肺癌。

铜：铜的化合物会损害人的肝、肾等器官；对水生动、植物毒性较大，对农作物也有危害作用。

铅：铅是一种蓄积性毒物，它的毒性作用主要会损害造血系统、神经系统及肾脏，也可能会产生致癌、致突变、致畸作用。

（2）有机污染物　有机污染物多为人工合成物质，它们可通过各种途径进入人体，损害人的健康，以下只举几类常见的有机污染物。

酚类：酚类化合物的毒性以苯酚为最大，苯酚、甲酚都能对人的神经系统造成很大危害。环境中的酚中毒呈慢性状态，使人出现神经症状（头昏、头痛、精神不安等）及慢性消化道症状（呕吐、腹泻等）。高浓度酚可引起急性中毒，以至昏迷死亡。

芳烃及其衍生物：如苯、二甲苯、苯酐等会损害人的中枢神经，造成神经系统障碍，危害造血器官和生殖系统。

氰及腈化物：如丙烯腈、乙腈、氰醇等，急性中毒时造成细胞氧化作用障碍，引起组织缺氧使人窒息，意识丧失直至死亡。

有机氧化物：酸、醇、醛、酯、环氧化合物等属于此类，有刺激作用。如甲醛可引起皮肤炎、鼻炎、支气管哮喘等。

有机氯化物：不少有机氯化物都有致癌作用。多氯联苯（PCB）的急性中毒会造成人的死亡，还可通过胎盘造成胎儿中毒。

农药：按化学类别可分为有机氯农药、有机磷农药、有机汞农药、有机砷农药、氨基甲酸酯及苯酰胺类农药。它们对环境、各种农畜产品、食用性植物会造成普遍性污染，并通过食物链进入人体，损害人体健康。例如，有机氯农药会造成中枢神经及肝脏、肾脏的损害，并能产生致癌作用，目前已发现有十余种农药有致癌、致畸作用。

（3）油类污染物　石油及其加工产品的应用十分广泛，因此含油废水的排出和石油产品的泄漏使石油成为污染水体的重要物质。石油及其产品一旦排入水体，便会浮在水面上形成油膜，进一步扩展成薄膜，每升石油扩展面积可达 100～1 000 m^2。油膜覆盖海面，不仅影响海洋生物生长，破坏海岸设施，还可能影响局部地区的水文气象条件和降低海洋的自净能力。

（4）无机污染物　工业生产排出的废水中常含有酸性污染物、碱性污染物及各种无机盐。酸、碱性污染物污染水体使 pH 值发生变化，当 pH＞8.5 或 pH＜6.5 时，则会消灭或抑制微生物的生长，妨碍了水体的自净能力，对水生生物也是有害的。例如当 pH＜5 时，鱼类则难以生存，从而对生态系统发生不良影响。无机盐的存在能增加水的渗透压，对淡水生物和植物生长不利，还会造成水的硬度增长，增加工业用水的处理费用。某些无机盐类如砷的化合物、氰化物、氟化物等也都是毒性较大的污染物。

（5）氮、磷、钾等营养物质　氮、磷、钾等营养物质是植物生长所必需的物质，但水体中营养物质含量过多，就会产生“富营养化”现象，导致水生生物主要是各种藻类的大量繁殖和旺盛生长，使水中溶解氧大量消耗，水体处于严重缺氧状况，造成鱼类死亡。水中的硝酸盐超过一定量时会产生毒性，亚硝酸能在人体内与仲胺作用合成亚硝胺，这是一种公认的致癌物质。

（6）放射性物质　放射性物质主要来自核电站放射性废水处理不当时所造成的泄漏，核试验产生的放射性尘埃的降落以及放射性同位素在化学、冶金、医学、农业等部门的广泛应用而随污水排入水体、污染水体的放射性物质主要有锶-90、铯-137 等，这些物质经水和食物进入人体以后，能产生积累，增加对人体的放射性辐射，引起遗传变异或癌症。

2. 生物性污染物

生物性污染物主要是病原微生物，来自生活污水和医院废水，制革、食品加工等工业废水及牲畜污水，病原微生物有以下三类：

（1）病菌　病菌是可以引起疾病的细菌，如大肠杆菌、痢疾杆菌等。

（2）病毒　病毒是一种一般无细胞结构，但有遗传、变异、共生、干扰等生命现象的微生物，如麻疹、流行性感冒、传染性肝炎病毒等。

（3）寄生虫　寄生虫是动物寄生物的总称，如疟原虫、血吸虫、蛔虫等（有些不属于微生物）。

病原微生物对人体健康影响很大，造成传染病发病率和死亡率的提高。例如印度德里市 1955—1956 年发生的一次传染性肝炎，发病率高达全市人口的 10%左右。

三、水质指标

为了准确地反映出水体被污染的程度，常用水质指标来衡量水质好坏，水质指标项目繁多，主要可分为三类：

第一类，物理性水质指标：温度、色度、嗅和味、浑浊度、总固体、悬浮固体、溶解固体、可沉固体、导电率等。

第二类，化学性水质指标：pH 值、碱度、硬度、各种阴阳离子、含盐量、氰化物、多环芳烃、各种农药等。

第三类，生物学水质指标：细菌总数、大肠菌群数，各种病原细菌、病毒等。

在上述的各项指标中，比较重要的和常用的有以下几种。

1. 悬浮固体（SS）

悬浮固体是水中呈固体状的不溶性物质，可以利用重力或其他物理方法与水分离。它的性质较为复杂，种类繁多，如淤泥、黏土、微生物体、不溶性有机物和无机物等。这些物质在沉淀过程中还可能吸附或夹带其他物质如重金属离子等。悬浮固体的量用 mg/L 来表示。

2. 有机物

天然水体中有机物含量不高，当污水排入水体后，其中有机物将会在微生物作用下进行氧化分解，这一过程会消耗水中的溶解氧，如果水体中有机物含量较多，就能使水中溶解氧耗尽使水生生物无法生存，水体也会发黑发臭。同时，有机物也是微生物生长繁殖的食物来源，有些有毒有机物还会直接危害人体健康。因此水体中有机物含量多少也是一项重要的水质指标。

由于有机物种类繁多，成分复杂，很难直接测定出每种有机物的准确含量，所以在水质指标中常用生物化学需氧量和化学需氧量两个综合性的间接指标来表示水体中有机物含量的多少。

（1）生物化学需氧量（BOD）　生物化学需氧量简称生化需氧量，它是一个反映水中可生物降解的含碳有机物的含量多少以及排入水体后产生耗氧影响的指标。生化需氧量不反映具体的有机物的含量，只是间接地反映出能为微生物分解的有机物的总量，用单位体积污水中有机污染物经微生物分解所需氧的量（mg/L）来表示。BOD 的值越高，表示需氧有机物越多。

（2）化学需氧量（COD）

化学需氧量表示在一定条件下用化学氧化剂（通常为高锰酸钾或重铬酸钾）氧化水中有机污染物时所需氧的量，它可反映出一定条件下用化学方法所能氧化的有机物的量。

COD 测定能反映几乎所有有机物，但有些难分解的有机物（如苯）在测定条件下也无法被氧化；另外，污水中的还原剂、氧化剂也会影响 COD 的值。

（3）总有机碳（TOC）和总需氧量（TOD）

总有机碳 TOC 是以碳的数量表示水体中有机物质总量，它是把水样中所有的有机碳转化成二氧化碳后测定二氧化碳的量，从而确定水样中碳的含量，以碳的 mg/L 数来表示。

总需氧量 TOD 是指水中能被氧化的物质，主要是有机物在燃烧中变成稳定氧化物时所需的氧量，以 O_2 的 mg/L 表示。TOD 能反映出几乎全部有机物燃烧后生成 CO_2、H_2O、NO、SO_2……时所需 O_2 量，它比 BOD 和 COD 更接近于理论需氧量。

TOC 和 TOD 都是近年来发展起来的间接表示水中有机物含量的一种综合性指标，可用专门的仪器测定。它们不能真正反映有机物对水体耗氧的影响，多用于进行理论研究，所用仪器也较为昂贵，国内应用尚不普及。

3. pH 值

pH 值是反映污水酸碱性大小的一个指标，它对污水处理及利用以及水中生物生长繁殖都有很大影响。

pH 值是氢离子浓度的一种表示方法，它表示氢离子浓度负对数的值，即

$$pH=-\log[H^+]=\frac{1}{\log[H^+]}$$

4. 其他有害化学物质

主要指对生物体有害的有毒化合物、重金属的含量，如酚类、氰化物、汞、铬等。

5. 细菌污染指标

指对生物体有害的细菌的多少，一般用以下两种指标来表示：

（1）细菌总数　指 1 毫升水样在营养琼脂培养基中于 37℃经 24 小时培养后所生长的细菌菌落总数。

（2）大肠菌群数　指每升水样中所含有的大肠菌群的数目。

以上五个指标是表示水体污染程度的主要指标，其他还有温度、色度、浊度、放射性物质浓度等指标。

第三节　废水处理技术概述

废水处理的基本任务是将污染物从废水中分离出来或是将其转化为无害物质。

一、废水处理的分类及基本方法

根据污染物质在处理过程中的变化特征，可以将废水处理分为三种类型，即分离处理、转化处理和稀释处理。

1. 分离处理

分离处理是通过各种力的作用使污染物从废水中分离，在分离过程中一般不改变污染物的化学本性，故属于物理处理法或物理化学处理法。

污染物在废水中的存在状态可分为离子分散态、分子分散态、胶体分散态和悬浮物分散态四种。由于不同分散态的粒子大小及所受的作用力不同，因此所采用的分离方法也各不相同。

离子分离方法包括离子交换法、离子吸附法、离子浮选法、电解沉积法、电渗析法等。这些过程都要借助一定的分离介质如离子交换树脂、吸附剂、离子交换膜等进行。

分子分离法包括吹脱法、汽提法、萃取法、蒸馏法、吸附法、浮选法、结晶法、蒸发法、冷却法、反渗透法等。前六种属溶质分子扩散法，后五种属溶剂分子扩散法。

胶体分离方法包括化学絮凝法、生物絮凝法、机械絮凝法、电泳法和胶粒浮选法等。

悬浮物分离方法包括重力分离法、离心分离法、阻力截留法、粒状介质截留法、磁力分离法等。阻力或粒状介质截留法又统称过滤法。按滤料的形式又分为格栅、筛网、

微孔材料过滤、粒状介质过滤及超滤。超滤及前面所提到的反渗透、电渗析都是借助于膜的分离作用，统称膜分离法。

2. 转化处理

转化处理是通过化学的或生物化学的作用改变污染物的化学本性，使其转化为无害的物质或可分离的物质，然后再进行分离处理的过程。转化处理又分成三种基本类型，即化学转化、生物化学转化和消毒转化。

化学转化方法包括 pH 调节法（含中和法、酸化处理法、碱化处理法）、氧化还原法、电化学法、化学沉淀法、水质稳定法、自然衰变法等。

生物化学转化法属生物化学处理法范畴，包括好氧处理法、厌氧处理法及土地处理系统等。其中好氧处理法又分活性污泥法、生物膜法、生物接触氧化法及氧化塘法。

消毒转化法包括药剂消毒法和能源消毒法两类。

3. 稀释处理

稀释处理即不能把污染物分离，也不能改变污染物的化学性质，而是通过高浓度废水和低浓度废水或天然水体的混合来降低污染物的浓度，使其达到允许排放的浓度范围，以减轻对水体的污染。

稀释处理可以分为水体（江河湖海）稀释法和废水稀释法两类。废水稀释法又有水质均和法（不同浓度的同种废水自身混合稀释）和水质稀释法（不同种废水混合稀释）之分。

经过各种治理方法处理后的废水有的仍含有一定浓度的有害物质，因此还有必要对废水进行最终处置。目前国外采用的最终处理法主要有焚烧法、注入深井法、排入海洋法等。但后两种方法并不完全可靠，不论从经济角度或是从卫生角度上看，都不是最好的方法，因为它们并没有从根本上消除了污染，故不宜广泛采用。

4. 污泥处理

上述不少废水处理方法在处理过程中都会产生污泥，污泥中仍可能含有部分污染物，也需进行妥善处理。

污泥处理的主要内容是稳定处理、去水处理和最终处置。

污泥的稳定处理是防止有机污泥腐败的措施，它包括化学稳定法（投加石灰或氯等化学物质杀灭微生物，暂时使污泥不腐败）和生物稳定法（通过微生物的作用将有机物分解成无机物或稳定的有机物）。

去水处理是为了降低污泥的含水率，使污泥便于贮存、运输和最终处置。

最终处置方法有填埋、投海、焚烧和综合利用等。

以上介绍的各种处理方法的处理对象及适用范围可综合在表 1-3 中，表中的分类是按处理方法的作用原理而区分的。

表 1-3　废水处理的基本方法

分类	处理方法	处理对象	适用范围
物理法	稀释法 调节法 重力分离法	污染物浓度小，毒性低或浓度高 水质、水量波动大	最终处理、预处理 预处理

分类	处理方法	处理对象	适用范围
物理法	沉淀	可沉固体悬浮物	预处理
	隔油	大颗粒油粒	预处理
	气浮（浮选）	乳化油及相对密度近于1的悬浮物	中间处理
	离心分离法		
	水力旋流	密度大的悬浮物如铁皮、砂等	预处理
	离心机	乳状油、纤维、纸浆、晶体等	预处理或中间处理
	过滤法		
	格栅	$d>15$mm 粗大悬浮物	预处理
	筛网	较小的悬浮物、纤维类悬浮物	预处理
	砂滤	细小悬浮物、乳油状物质	中间处理或最终处理
	布滤	细小悬浮物、沉渣脱水	中间处理或最终处理
	微孔管	极细小悬浮物	最终处理
	微滤机	细小悬浮物	最终处理
	热处理法		
	蒸发	高浓度废液	中间处理（回收）
	结晶	有回收价值的可结晶物质	中间处理（回收）
	冷凝	吹脱、汽提后回收高沸点物质	中间处理（回收）
	冷却、冷冻	高浓度有机或无机废液	中间处理（回收）
	磁分离法	可磁化物质	中间或最终处理
化学法	投药法		
	混凝	胶体、乳化油	中间或最终处理
	中和	稀酸性废水或碱性废水	中间或最终处理
	氧化还原	溶解性有害物如 CN^-、S^{2-}	最终处理
	化学沉淀	溶解性重金属离子如 Cr^{3+}、Hg^{2+}、Zn^{2+}等	中间或最终处理
	电解法	重金属离子	最终处理
	水质稳定法	循环冷却水	中间处理
	自然衰变法	放射性物质	最终处理
	消毒法	含细菌、微生物废水	最终处理
物理化学法	传质法		
	蒸馏	溶解性挥发物质如酚	中间处理
	汽提	溶解性挥发物质酚、苯胺、甲醛	中间处理
	吹脱	溶解性气体如 H_2S、CO_2 等	
	萃取	溶解性物质，如酚	中间处理
	吸附	溶解性物质如汞盐、有机物可离	中间处理
	离子交换	解物质，如金属盐类	中间或最终处理
	膜分离法		
	电渗析	可离解物质，如金属盐类	中间或最终处理
	反渗透	盐类、有机物油类	中间或最终处理
	超滤	分子量较大的有机物	中间或最终处理
	扩散渗析	酸碱废液	中间或最终处理

分类	处理方法	处理对象	适用范围
生物法	天然生物处理		
	氧化塘法	胶体状和溶解性有机物	最终处理
	土地处理法	胶体状和溶解性有机物、N、P 等	最终处理
	人工生物处理		
	生物膜法	胶体状和溶解性有机物	最终或中间处理
	生物滤池	水量大，水质波动小，连续排水	最终或中间处理
	生物转盘	水量小，水质波动大，间隔排水	最终或中间处理
	活性污泥法	胶体状和溶解性有机物	最终或中间处理
	生物接触氧化	胶体状和溶解性有机物	最终或中间处理
	厌氧消化	高浓度有机废水或有机污泥	最终或中间处理

二、废水处理系统

废水处理的方法很多，废水中所含污染物的种类也是多种多样的，不能预期只用一种方法就可以将所有的污染物都去除干净，而要根据废水的性质、数量、需要达到的排放标准，选用几种处理方法组成一定的处理系统，才能达到预定的处理要求。

根据不同处理程度，废水处理系统可分为一级处理、二级处理和三级处理（深度处理、高级处理）等不同处理阶段。

一级处理主要解决悬浮固体、胶体、悬浮油类等污染物的分离，多采用物理法。一级处理的处理程度低，一般达不到规定的排放要求，尚需进行二级处理，可以说一级处理是二级处理的预处理阶段。

二级处理主要解决可分解或氧化的呈胶状或溶解状的有机污染物的去除问题，多采用较为经济的生物化学处理法，它往往是废水处理的主体部分。经过二级处理之后，一般均可达到排放标准，但可能会残存有微生物以及不能降解的有机物和氮、磷等无机盐类，它们数量不多，对水体的危害不大。

三级处理是近 20 年来逐渐发展起来的深度处理方法，主要用以处理难以分解的有机物和溶液中的无机物等污染物，使处理后的水质达到工业用水和生活用水的标准。

三级处理方法多属于化学和物理化学法，处理效果好但处理费用较高。随着对环境保护工作的重视和“三废”排放标准的提高，三级处理在废水处理中所占的比重也正在逐渐增加，新技术的使用和研究也愈来愈多。

各级处理系统的处理对象如表 1-4 所示。

表 1-4　废水的分级处理

处理级别	污染物质	处理方法
一级处理	悬浮或胶态固体、悬浮油类、酸、碱	格栅、沉淀、过滤、混凝、浮选、中和、均衡
二级处理	溶解性可降解有机物	生物化学处理
三级处理	难降解有机物 可溶性无机物	吸附、离子交换、电渗析、反渗透、超滤、化学处理法等

三、废水处理方案的选择

由于废水的组分复杂，常需几种方法配合使用，因此，废水处理的总体方案的选择是个很复杂的问题。一般都要经过这样几个处理程序：澄清→毒物处理→回用或排放。

对于某种废水处理过程的选择，首先要从下述几个方面进行全面考虑，综合分析比较，应用最优化原理确定最佳方案。

1. 废水特性：主要指污染物存在的形态即是悬浮的、胶态的还是可溶性的，种类、变化规律、净化的难易程度、毒性大小、排放量等几个方面。

2. 对出水水质的要求：要了解有关部门制定的排放标准，使出水水质能达到要求。

3. 了解有关的环境因素：如企业的现状和发展规划；现有的下水流道情况；当地的水文、地质、气象情况；农渔业状况、技术设备水平及动力供应状况等，因为这些因素都会对治理方案产生影响。

4. 进行详细的处理费用分析。

总之，废水治理方案的选择应十分慎重，要全面综合社会、经济、技术设备等各方面的因素，以制定出经济、有效、合理的治理方案。图 1-1 及图 1-2 即是两个较好的处理方案。

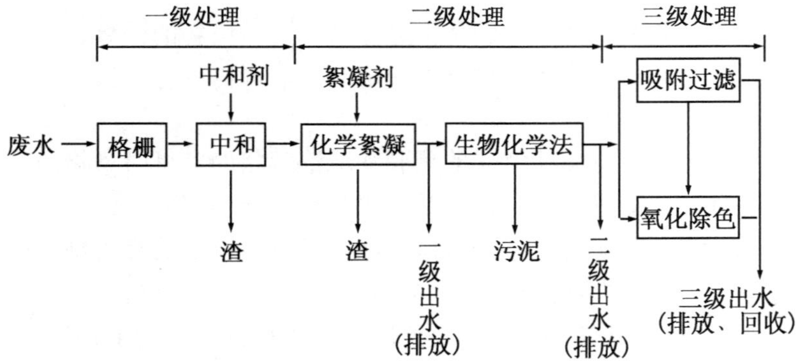

图 1-1 合成染料废水处理工艺流程

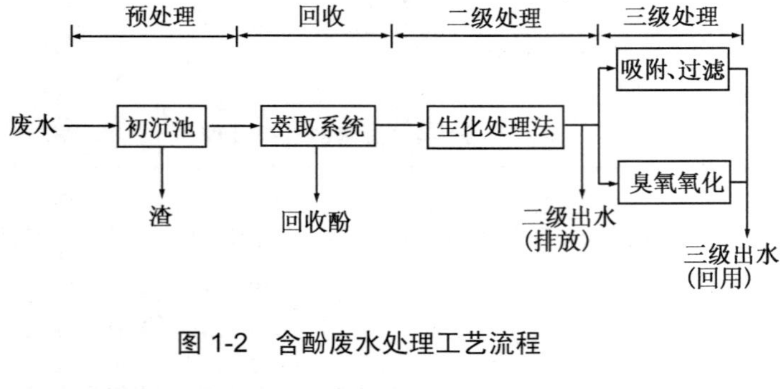

图 1-2 含酚废水处理工艺流程

四、水污染的综合防治

20 世纪 60 年代以来，城市污水及工业废水的排放量迅速增加，造成水体污染日益严重。特别是工业废水比例较大，带着大量有害有毒物质进入水体，经过种种方法处理之后，虽然能得到一定程度的净化，但在成本和能源上消耗巨大，效果也不理想，特别是对城市雨水径流、农田排水等面污染源还缺乏有效的控制方法，地下水的污染也成为一个突出的问题。因此，单纯采用对排放污水进行处理的方法，并不能从根本上解决水体污染问题，而应采用综合防治技术，建立综合防治体系。

水体污染的综合防治包括：人工处理和自然净化相结合；无害化处理和综合利用相结合；推行工业用水的闭路循环和区域用水循环系统，发展少废水或无废水工艺。水污染的综合防治主要有以下技术和措施。

1. 减少废水及污染物排放量

解决水污染最有效的方法是发展工业和区域用水循环系统，这种方法对缺水的城市和工矿区效果特别显著。在防治工业废水污染方面，不仅是处理已排放的废水，更重要的是消除产生废水的污染源。可采取的主要措施有节约用水，规定用水定额，用经济手段加强用水和排污管理；减少新鲜用水量，尽可能做到废水的重复利用，或将废水经处理后注入地下以补充地下水；改善生产工艺和管理制度，发展不用水或少用水的清洁生产过程，采用无污染或少污染的新工艺。

2. 发展区域性水污染防治系统

发展区域性水污染防治系统包括制定区域性水质管理规划，合理利用自然净化能力，实行排放污染物的总量控制。污水经处理后用于农业生产实行污水土地处理是实现污水资源化的重要途径。通过科学管理，可以充分发挥土壤的强大净化能力，有效地去除多种污染物。此外，还可以在不污染地下水的情况下建立地下污水库，调节排污负荷，对污水进行有控制的排放和稀释。

3. 综合考虑水资源规划、水体用途、经济投资和自然净化能力

根据地面水环境质量标准进行水环境功能区划，按水域功能划定保护级别，并制定相应的污水综合排放标准，实行总量控制，以保持功能区水域的环境目标值。

要用系统工程方法选择合理、经济的处理措施和处理新技术，充分利用生物塘、氧化渠等自然净化手段，帮助处理污水、降低处理成本。防治水污染要研究工业用水闭路循环和生活用水系统，并按区域或流域，根据技术经济、自然环境、卫生等因素以及各种污染源的情况、制定统一的区域水质管理规划，把生产和生活活动对自然资源的需要纳入能量和物质转化的总循环中去。

20 世纪 70 年代以来，水污染的综合防治已引起世界各国的普遍重视，改进水的处理技术，提高处理效率，降低费用和能耗，仍是重要的研究内容。为了充分利用水资源和节约能源，一些新的分离技术、循环用水技术、土地处理法和污水省能生物处理技术等是今后水污染防治技术的重要发展方向。

复习思考题

1. 试分析目前水资源危机产生的主要原因。
2. 水体污染的主要污染源和主要污染物是哪些？
3. 常用的水质指标有哪些？
4. 废水处理可分为哪几种类型？各包含哪些处理方法？
5. 如何合理选择废水处理的总体方案？

第二章　废水的物理处理法

天然水体及人类活动所排放的废水中常含有一些不溶性悬浮物，它们通常可以用物理作用和机械力来加以分离或回收，在处理过程中不改变其化学性质，称为物理处理法。

水的物理处理方法主要分为两大类，即分离（如沉淀、浮上和磁分离等）和隔滤（如格栅、筛网、过滤、离心分离等）。

物理处理法一般较为简单，多用于废水的一级处理中，以保护后续处理工序的正常进行并降低其他处理设施的处理负荷。

第一节　均衡和调节

一、均衡和调节的作用

不少废水的水质、水量常常是不稳定的（如工业企业排出废水就是如此），具有很强的随机性，尤其是当操作不正常或设备产生泄漏时，废水的水质就会急剧恶化，水量也大大增加，往往会超出废水处理设备的处理能力，给处理操作带来很大的困难，使废水处理设施难以维持正常操作，特别是对生物处理设备净化功能影响极大，甚至使整个处理系统遭到破坏。

调节的作用是尽可能减少废水特征上的波动，为后续的水处理系统提供一个稳定和优化的操作条件。在调节的过程中通常要进行混合，以保证水质的均匀和稳定，这就是均衡。

通过调节和均衡作用主要达到下述目的：

1. 提供对废水处理负荷的缓冲能力，防止处理系统负荷的急剧变化；

2. 减少进入处理系统废水流量的波动，使处理废水时所用化学品的加料速率稳定，适合加料设备的能力；

3. 控制废水的 pH 值，稳定水质，并可减少中和作用中化学品的消耗量；

4. 防止高浓度的有毒物质进入生物化学处理系统；

5. 当工厂或其他系统暂时停止排放废水时，仍能对处理系统继续输入废水，保证系统的正常运行；

6. 控制向城市排水系统污水的排放，以缓解废水负荷分布的变化。

调节和均衡作用可以通过设在废水处理系统之前的调节池来实现。

二、调节池

调节池主要有长方形和圆形两类，为了使废水更快地混匀，池内还设有搅拌装置，以加强废水的混合作用。

图 2-1 即是长方形调节池的一种，它的特点是在池内设有若干折流隔墙，使废水在池内来回折流，配水槽设在调节池上，废水通过许多孔口溢流到池内前后各位置而得以均匀混合。起端入口流量一般为总流量的 1/4 左右，其余通过各投配孔口等量流入池内。

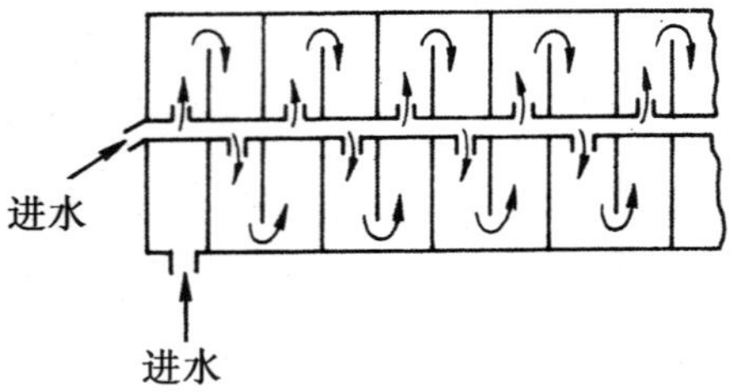

图 2-1　折流式调节池

图 2-2 所示的是一种圆形的水质调节池，废水经入水槽进入并通过配水槽均匀分配在由同心圆隔墙所分隔成的环形通道内。由于废水在通道内流动时流向不断在改变，处于湍流状态，从而能得到均匀的混合，然后再经集水槽排出。

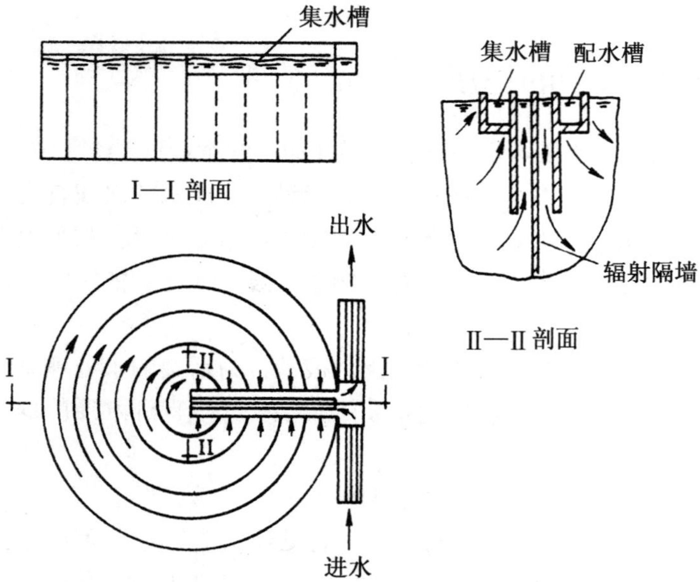

图 2-2　圆形水质调节池

调节池容积大小可视废水的浓度、流量变化、要求的调节程度及废水处理设备的处理能力来确定，做到既经济又能满足废水处理系统的要求。

第二节　沉 淀 法

沉淀法也称澄清法，它是利用废水中悬浮物比重比水大，可借助重力作用产生下沉的原理而达到液固分离目的的一种处理方法。

沉淀法处理工艺可以作为唯一的处理方法用于废水处理，更多的是和其他处理方法配合，用于废水处理系统的不同工序。例如，在生物化学处理法中，常在生化处理装置的前后各设一沉淀池，装置前的沉淀池称初级沉淀池，目的是去除相当一部分固体悬浮物（如呈悬浮物状的有机物和其他不溶性固体颗粒），以减轻生化处理装置的负荷，保证生化处理装置功能的正常发挥，提高处理能力，有效的初级沉淀池可除去废水中 90%的杂质及部分悬浮态有机物。在生化处理装置后的沉淀池称为二次沉淀池，主要用于进一步去除残留的固体物质以及生化处理过程中产生的微生物脱落物、活性污泥等，以进一步改善出水水质。

一、沉淀的类型

废水中悬浮物的沉淀现象可分为三种类型：自由沉淀、拥挤沉淀和压缩沉淀。

1. 自由沉淀

自由沉淀一般发生在悬浮物含量较低的场合，这时各悬浮颗粒之间不产生相互聚合，而是互不干扰地各自单独进行沉淀。沉淀的轨迹呈直线状。在沉淀过程中，颗粒的形状、大小、密度都不发生变化，砂粒及密度较大的无机物颗粒的沉淀即是此类沉淀过程。

2. 拥挤沉淀

拥挤沉淀可有两种情况：一种是悬浮物含量不高，但在沉淀过程中悬浮颗粒之间会发生互相聚合作用，形成较大的颗粒，加快了沉淀过程，其运动的轨迹呈曲线，如图 2-3 所示，这种沉淀称为絮凝沉淀。在沉淀过程中，颗粒的形状、大小、密度及沉淀速度不断发生变化。经过化学混凝的水及生活污水在初次沉淀池中的后期沉淀过程就是典型的絮凝沉淀过程。

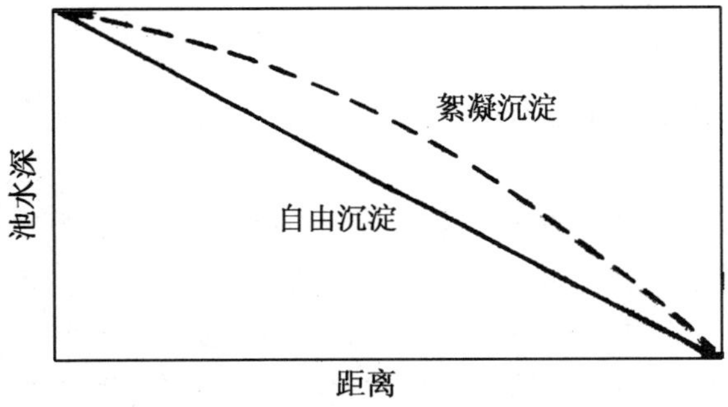

图 2-3　污水中颗粒的沉淀轨迹

拥挤沉淀的另一种情况是悬浮物含量比较高，每个颗粒在沉淀过程中都会受到周围颗粒的影响，挤成一团形成一种网格状的绒体，以大块面积方式沉降。这种沉淀使所有的颗粒都聚合成一个整体各自保持相对不变的位置共同下沉，在沉淀的过程中出现了一个清水和浊水的交界面，沉降过程表现为整个界面的等速下沉过程，所以又称为成层沉淀。活性污泥法中的二次沉淀池中后期的沉淀过程即属于这种类型的沉淀。

3. 压缩沉淀

压缩沉淀发生在高浓度的悬浮颗粒沉淀过程中，它的浓度比拥挤沉淀更高。在沉淀中颗粒已经聚集成团块状的结构，互相接触，互相支承，沉降过程只是这种团块结构的进一步压缩。上层颗粒的重力作用可以将下层颗粒间的空隙水挤出，使颗粒群被压缩。活性污泥在二次沉淀池污泥斗中的浓缩以及在污泥浓缩池中的浓缩均属于这一类型的沉淀。

二、影响沉淀的因素

废水中悬浮颗粒的沉淀效率主要取决于污水在沉淀池中的运动速度、悬浮颗粒的沉淀速度、沉淀池的结构尺寸及水力条件等几个方面。

1. 污水的流速 v（m/s）

沉降池中水的水平流速愈小，沉降效果越好，对平流式沉砂池一般控制在 0.2～0.4 m/s 为宜，流速的大小可按下式计算：

$$v=\frac{Q}{s} \tag{2-1}$$

式中：Q——池内废水的流量，m^3/s；

s——垂直于流向的池的横截面积，m^2。

2. 颗粒的沉降速度 u（m/s）

在自由沉降中，单个颗粒在静水中的沉降速度可由斯托克司（Stokes）公式计算：

$$u=\frac{g(\rho_S-\rho_L)d^2}{18\mu} \tag{2-2}$$

式中：u ——沉降速度，m/s；

g ——重力加速度，m/s^2；

ρ_S ——固体颗粒的密度，kg/m^3；

ρ_L ——液体的密度，kg/m^3；

μ ——液体的黏度，$N \cdot s/m^2$；

d ——固体颗粒的直径，m。

该式只适用于小颗粒固体物质（粒径小于 0.13 mm）并且颗粒与流体之间的相对运动为滞流时的情况，对于过渡流和湍流时的计算公式可参考化学工程方面的书籍。废水处理一般均处于滞流状态，故可以先按滞流状态计算，然后再核对流型。

应当指出，上述的自由沉淀速度计算式是在以下几个假定下推导出来的：

（1）颗粒是直径均匀的球体；

（2）沉淀过程中颗粒的大小、形状、密度均不发生变化；

（3）液体是静止且不可压缩的；

（4）颗粒只受重力作用，不受壁面及其他颗粒的影响；

（5）颗粒的运动是等速的。

实际上的沉淀过程与上述的假定出入很大，而且悬浮物是在流动的水中沉淀，水中任一颗粒的沉淀速度应该是在垂直方向的重力沉降速度和在水平方向上的水流速度的合速度。如果，用式（2-2）来计算沉淀速度必然会产生较大的误差。因此用上式所得的结果只能作为设计沉淀池时的参考，实际上所采用的沉降速度一般需通过沉淀试验来了解悬浮颗粒的总体沉淀情况，从中获得有实际使用价值的设计参数。

3. 悬浮颗粒在水中的停留时间 T（s）

为使悬浮颗粒在从沉淀池入口到出口这段时间内能沉到池底，必须保证其在池内有一定的停留时间 T：

$$T=\frac{H}{u} \tag{2-3}$$

式中：H ——沉淀池的有效深度，m；

u ——沉降速度，m/s。

上式表明，在保证最小沉淀速度 u 不变的情况下，随着沉淀池有效深度的减少，沉淀时间缩短。但为了防止已被沉淀的颗粒再次被水流冲起而带出池外，故必须保持一定的池深。长方形水平式沉淀池的深度通常为 3～6 m，圆形沉淀池的深度可由下式计算：

$$V=d^2(0.011d+0.785h) \tag{2-4}$$

式中：V——沉淀池的容积，m^3；

d ——沉淀池的直径，m；

h ——沉淀池的深度，m。

4. 温度、沉淀池的表面积，壁面的影响

悬浮液的温度高，液体的黏度小，提高了沉降速度，但悬浮粒子的凝聚状态也会受到影响，故不能简单地做出推论。

沉淀池的表面积过大，则由于风、雨等外界条件的干扰，使水流紊乱而不利沉降。沉淀池表面积大小一般可由表面负荷 q_0 来确定，它表示单位沉淀池表面积在单位时间内所能处理的水量[$m^3/(m^2 \cdot s)$ 或 $m^3/(m^2 \cdot h)$]，它是沉淀池设计中的一个重要参数。

$$q_0=\frac{Q}{A} \tag{2-5}$$

式中：Q ——进水流量，m^3/s；

A——池的表面积，m^2。

如果假定沉淀池的容积为 W（m^3），指定的颗粒沉淀速度为 u_0，在深为 h 的沉淀池中所需的沉淀时间为 T_0，则有：

$$W=h \cdot A=Q \cdot T_0 \tag{2-6}$$

所以 $u_0=\frac{h}{T_0}=\frac{QT_0}{AT_0}=\frac{Q}{A}$

比较式（2-5）和式（2-6）可得，q_0在数值上等于u_0，u_0是指在沉淀池中应能去除的最小颗粒的沉降速度。可见，q_0愈大，虽然沉淀池的容积和表面积可以减少，但所要求的u_0也愈大，沉淀效率也愈低。所以，选择合适的表面负荷率是很重要的。

池的壁面也会增加颗粒沉降时的曳力，使实际沉淀速度小于理论计算值，故池的内表面应尽可能光滑，以减小对沉淀速度的影响。

三、沉淀池

沉淀池是一种分离悬浮颗粒的构筑物，根据它们的构造可分为普通沉淀池和斜板斜管沉淀池，其中应用较广泛的还是前者，下面做一简单介绍。

1. 普通沉淀池

沉淀池按池内水流方向的不同，可分为平流式、竖流式和辐射式三种。

（1）平流式沉淀池 平流式沉淀池为一长方形池子，多用于大型处理厂中。图 2-4 所示的是一种带刮泥机的平流式沉淀池。废水由进水槽通过进水孔流入池中，进口流速一般应低于 25mm/s，进水孔后设有挡板能稳流使废水均匀分布，沿水平方向缓缓流动，水中的悬浮物沉至池底，由刮泥机刮入污泥斗，经排泥管借助静水压力排出。沉淀池出水处设置浮渣收集槽及挡板以收集浮渣，清水溢过沉淀池末端的溢流堰，经出水槽排出池外。

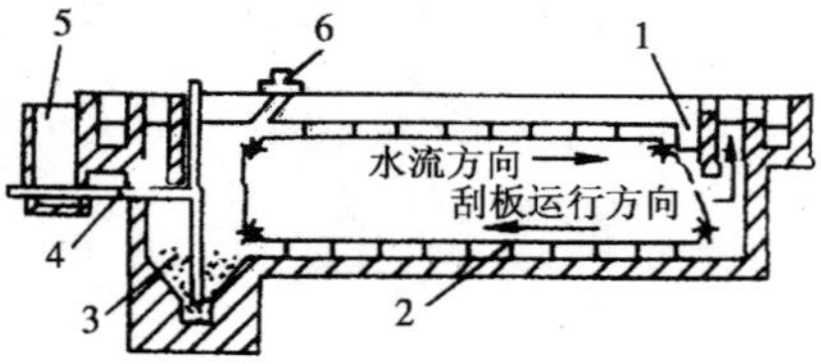

图 2-4 带有刮泥机的平流式沉淀池

1—漂浮物收集槽；2—刮板；3—污泥斗；4—污泥管；
5—截门井；6—集渣器驱动装置

平流式沉淀池长宽比以 4～5 为宜，否则池内的均匀性差。沉淀池的长深比一般为 8～12。为了防止已沉淀的污泥被水流冲起，在有效水深下面和污泥区之间还应设一缓冲区。

平流沉淀池的优点是构造简单、沉淀效果好、性能稳定。缺点是排泥困难、占地面积也较大。

（2）竖流式沉淀池 竖流式沉淀池平面形状一般为圆形或方形，如图 2-5 所示的是一种圆形竖流式沉降池。废水由中心管下部流出，由反射板的拦阻向四周均匀分布，然后沿沉淀池截面缓缓上升，水中的悬浮物由于颗粒大小的不同在水流的作用下发生下沉、悬浮或上升现象。同时颗粒间还会发生碰撞、凝聚形成较大的颗粒下沉到污泥斗中，澄清后的水由池子的四周堰口流出。沉淀池的上部是沉淀区，下部是污泥斗，斗的倾斜角为 45°～60°，排泥管依靠 1.5～2 m 的静水压力排泥。池子直径一般为 4～

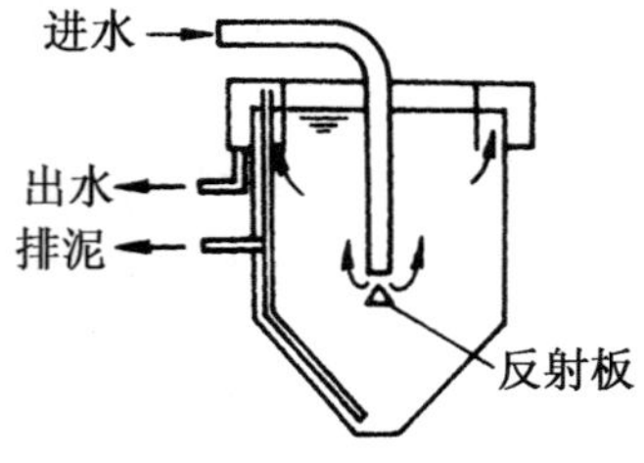

图 2-5 竖流式沉降池

7 m，最大可达 10 m 池径与池深之比一般小于 3∶1，中心管水的流速不大于 30 mm/s。

竖流式沉淀池的优点是排泥容易、无需机械刮泥设备、占地面积也较小。缺点是池子深度大、造价高、单池容量小，当废水处理量大时，需多个池子并列使用，故只适用于小型污水处理厂。

（3）辐流式沉淀池 辐流式沉淀池是大直径、水浅的池子。池直径一般在 20～30 m 以上，最大可达 100 m，池深在中心为 2.5～5 m，池边为 1.5～3 m。

图 2-6 为中央进水的辐流式沉淀池示意图。废水入口设在池中心，入流管周围用穿孔挡板围成入流区，在挡板的作用下使废水沿池子半径向四周辐射流动，流速逐渐变小，固体颗粒沉淀在池底，然后通过机械刮泥机把污泥沿着坡度为 0.05～0.10 的池底刮到中央，靠静水压力或泥浆泵排走。澄清后的水在池周顶部通过锯齿形溢流堰或淹没式溢流孔溢出，通过水槽流出池外。

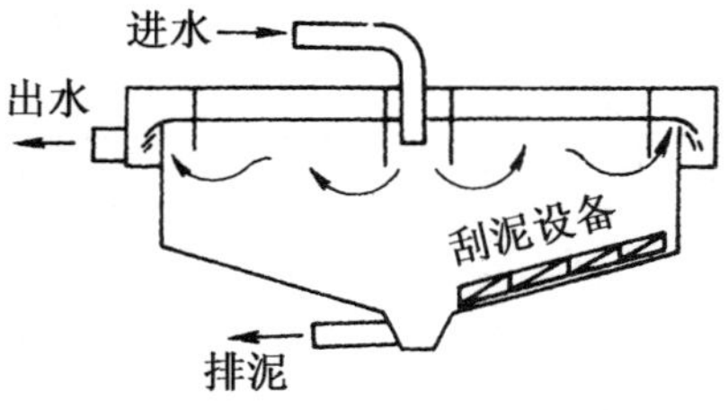

图 2-6 辐射式沉淀池

2. 沉淀池类型的选择

选择沉淀池类型时应综合考虑以下几个因素：

（1）废水流量大小；

（2）废水中悬浮物的性质和沉降特征；

（3）废水处理厂的总体布局和地质情况。

废水处理量大时，一般选用平流式或辐射式。

含无机悬浮物废水的沉淀速度大，沉渣湿度小，排泥困难，须采用机械刮泥机排泥，故应选用平流式或辐射式。

含有机悬浮物废水污泥含水率较高，适宜用静水压力排泥，若废水处理量不大，可采用竖流式，否则也应采用平流式或辐射式。

处理厂地下水位高时，应采用平流式或辐射式沉淀池。

表 2-1 和表 2-2 分别给出了不同种类沉淀池的特点和适用条件以及有关的设计参数，可供选择和设计沉淀池时参考。

表 2-1 各种沉淀池的特点及适用条件

池型	优点	缺点	适用条件
平流式	对冲击负荷和温度变化的适应能力强；施工简单，造价低	采用多斗排泥时，每个泥斗均需单独设立排泥管各自排泥，工作量大，采用机械排泥时，机件设备浸于水中，易锈蚀	地下水位较高及地质较差地区；大、中、小型污水处理厂
竖流式	排泥方便，管理简单，占地面积小	池子深度大，施工困难；对冲击负荷及温度变化的适应能力差；造价高，池径不宜大	处理水量不大的小型污水处理厂
辐射式	采用机械排泥，运行较好，管理简单，排泥设备已有定型产品	池水水流速度不稳定；机械排泥设备复杂，施工质量要求高	地下水位较高的地区；大、中型污水处理厂

表 2-2　沉淀池的设计参数

项目	平流式	竖流式	辐射式	备注
过流率/[m^3/（m^2·d）]	30～45	25～30	≯45	城市污水
	14～22	20～25	14～22	混凝沉淀
	22～45		22～45	石灰软化
	20～24	20～24	20～24	活性污泥
停留时间/h	1.5～2.0	1.5～2.0	1.5～2.0	城市污水
	2～4		2～4	给水
堰顶溢流率/[m^3/（m·d）]	300～450	100～130	<300	污水初沉池
	100～150		100	絮凝物
悬浮物去除率/%	40～65	60～65	50～65	城市污水

第三节　隔　油

隔油法用于含油废水的处理，这些废水主要来源于石油开采及石油加工业（炼油厂、石油化工厂）、固体燃料的热加工（焦化厂、煤气厂）。例如，一个年处理 250 万 t 原油的炼油厂每小时排出含油废水 600 m^3 左右，其中仅常减压蒸馏工序每小时排出含油废水就高达 80～100 m^3。焦化厂废水含油量可达 500～800 mg/L，而煤气发生站的全封闭循环系统中的焦油含量可达 2 000～3 000 mg/L。

油类污染物按其组成成分可分成两种，第一种是动植物的脂肪，由不同链长的脂肪酸和丙三醇之间形成的甘油三酸酯组成。第二种是原油或矿物油的液体部分，由各种碳氢化合物组成。

含油废水对环境的污染主要表现在它可以在水面形成一层薄油膜，妨碍空气中的氧进入水体，使水体缺氧，引起水中生物的死亡。油中一些低沸点芳香烃化合物对水中生物有直接毒害作用，而多环芳烃的存在还会导致人类癌症发病率的提高，水中的油会使水质变坏变臭，影响人体健康。

一、废水中油品的存在状态

废水中的油品以四种状态存在。

1. 浮油

浮油，一般指在 2 h 静置状态下可浮于水面的油珠，直径在 100～150 μm，在废水中呈悬浮状态，可以依靠它与水的密度差而很容易从水中分离出来。浮油是含油废水中的主要组分，例如炼油厂废水中浮油的含量就占废水中总含油量的 60%～80%。

2. 分散油

悬浮于水中的微小油珠，粒径一般在 10～100 μm，不稳定，静止一定时间后往往形成浮油。

3. 乳化油

油品是非常细小的油滴，油珠粒径小于 10 μm，常以乳化状态存在，即使长期静置也难以从水中分离出来。这是由于油滴表面存在双电层或受乳化剂的保护而阻碍了油滴的合并，使其长期保持稳定状态。乳化油必须先经过破乳处理转化为浮油，然后再加以分离。

4. 溶解油

在水中呈溶解状态的油微粒称溶解油，油珠粒径有的可小到几个纳米，其溶解度很小，如脂肪烃的溶解度一般仅为 5～15 mg/L。此类废水的处理方法视溶解油的种类及物理化学性质来决定。

二、隔油法及设备

隔油主要用于对废水中浮油的处理，它是利用水中油品与水密度的差异与水分离并加以清除的过程。

隔油过程在隔油池中进行，目前常用的隔油池有两大类——平流式隔油池与斜流式隔油池。

1. 平流式隔油池

平流式隔油池的构造如图 2-7 所示，废水自进水管流入，经配水槽进入澄清区。密度小的油品上浮在水面，经池另一端的集油管收集并导出池外。密度大的固体杂质则沉到池底，然后经污泥斗排出。大型隔油池内还设有链带式刮油泥机，利用链带上刮板的作用，将水面的浮油和池底的污泥分别刮到集油管和污泥斗中。

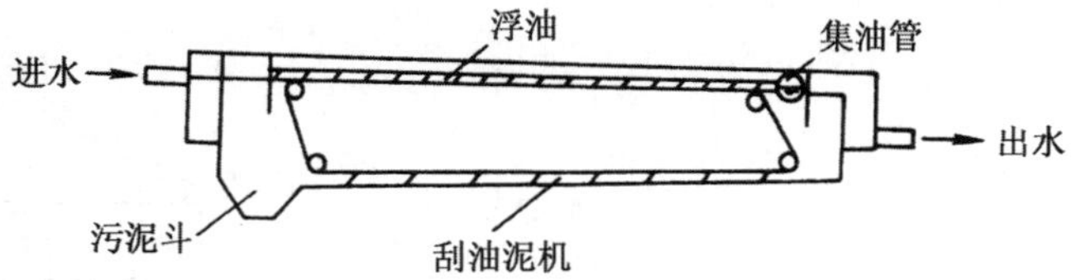

图 2-7　平流式隔油池

废水在池内停留时间一般为 1.5～2 h，水平流速很低，一般为 2～5 mm/s，最大不超过 10mm/s，以利于油品的上浮和泥渣的沉降。池长与池深之比不小于 4，池上应加盖板，以防止石油气味的散发，同时还起着防雨、防火和保温的作用。

平流式隔油池除油率一般为 60%～80%，粒径 150 μm 以上的油珠均可除去。它的优点是构造简单，运行管理方便，除油效果稳定。缺点是体积大、占地面积大、处理能力低、排泥难，出水中仍含有乳化油和吸附在悬浮物上的油分，一般很难达到排放要求。

2. 波纹板式隔油池

如图 2-8 所示的是一种 CPI 型波纹板式隔油池。池中以 45°倾角安装许多由聚酯玻璃钢制成的波纹板，废水在板中通过，使所含的油和泥渣进行分离。斜板的板间距为 20～50 mm，层数为 24～26 层。设计中采用的雷诺数为 Re＝360～400，这样即使水处理量突然增大数倍，板间水流仍然处于层流状况。

经预处理（除去大的颗粒杂质）后的废水，经溢流堰和整流板进入波纹板间，油珠上浮到上板的下表面，经波纹板的小沟上浮，然后通过水平的撇油管收集，回收的油流到集油池。污泥则沉到下板的上表面，通过小沟下降到池底，然后通过排泥管排出。经处理后的废水从隔油池上部的出水管排出。

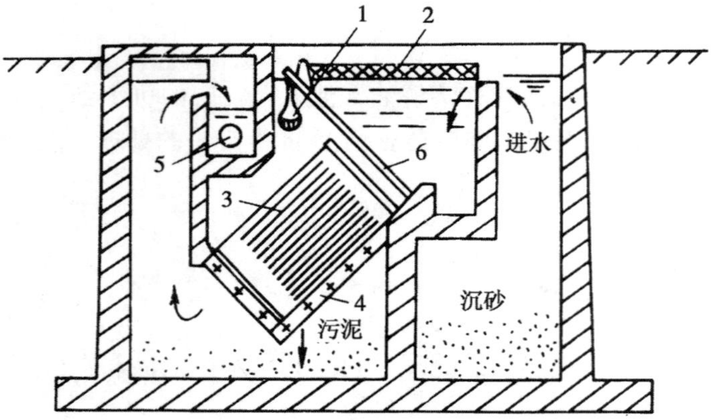

图 2-8 波纹板式隔油池

1—撇油管；2—泡沫塑料浮盖；3—波纹板；4—支撑；
5—出水管；6—整流板图

波纹板隔油池可分离油滴的最小直径约 60 μm，废水在池中停留时间一般不大于 30 min。

3. 隔油技术的进展

近年来，国内外对含油废水处理又取得不少新进展，出现了一些新型的除油技术和设备。

（1）粗粒化装置　粗粒化装置是一种小型高效的油水分离装置，目前已广泛用于化工、交通、海洋、食品等行业含微量油或含乳化油废水的处理。

粗粒化的原理是让废水通过一种耐油、耐腐蚀的粗粒化材料组成的填充层，在特定的条件下使油水混合液中油粒子的物理吸附、黏附、凝聚等过程急速进行，使得微油油粒（粒径为 1～2 μm）粗粒化，并能促使乳化油破乳进而聚集成大的油滴，使油水得以分离。粗粒化的机理较为复杂，目前尚不能准确地描述整个过程。

粗粒化装置分为固定床和流化床两种类型，图 2-9 便是固定床粗粒化装置的示意图。

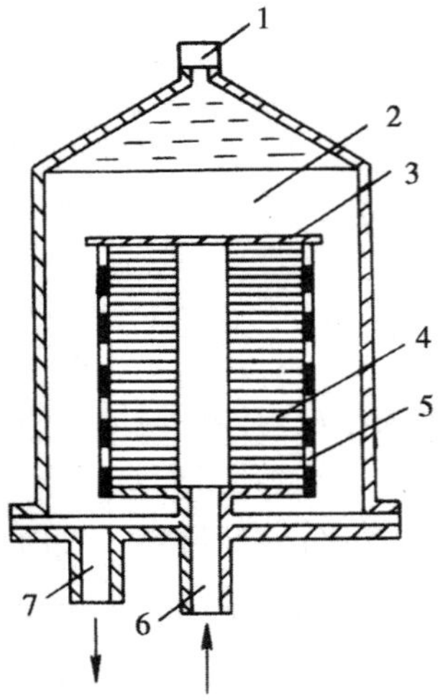

图 2-9 粗粒化油水分离器

1—净化水出口；2—油水分离空间；
3—盖；4—亲油性纤维填料；5—小孔；
6—废水入口；7—净化水出口

将粗粒化材料组成的填充层固定在筒体内，含油废水从下部进入，通过填充层，油分被吸附并粗粒化形成油滴，经收纳箱的小孔流出并上浮到装置上部，积聚后定期排出，净化后的水由装置底部排出。

在流化床粗粒化装置中，粗粒化材料处于流化状态，被处理水与床层内的粗粒化材料充分接触，完成吸附和粗粒化过程。

固定床结构简单，较常使用。流化床设备复杂，但粗粒化床与被处理废水接触充分，粗粒化效率较高。

粗粒化材料可分无机物和有机物两类。无机物有硅砂、分子筛、沸石、活性炭、硅藻土、活性白土、石棉、玻璃纤维等。有机物主要是合成高分子聚合物，如聚烯烃、尼龙、维尼纶、聚酯、聚苯乙烯、聚氨酯等。

粗粒化装置除油率高，出水含油量可降至 20 mg/L 以下，设备占地面积小，药剂、动力消耗少，不产生二次污染，是一种很有发展前途的除油装置。

我国长岭炼油厂和抚顺石油研究所研制的一种高效除油器如图 2-10 所示。它是用钢丝、蜡料及合成纤维等亲油疏水材料作粗粒化材料，先使分散在水中的微小油滴聚结为大油滴，然后通过多层波纹板组使其聚结为更大的油滴，最后利用波纹板组出口处的微孔曝气管喷出的小气泡，通过气浮使油滴上浮至水面而达到分离目的。使用该装置出水中油含量可降至 20 mg/L，并使废水中的油品得到回收。

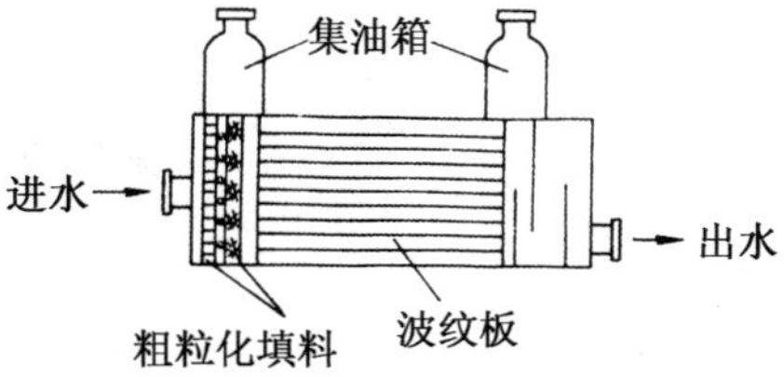

图 2-10　粗粒化除油设备示意图

（2）多层波纹板式隔油池（MWS 型）

该装置设计原理与 CPI 型波纹板式隔油池相同，但它是用多层波纹板把水池分成许多相同的小水池，而不是分成带状空间，油滴上浮和油泥的沉降分别在池的两端进行，避免了返混，使出水保持干净。多层波纹板式隔油池结构如图 2-11 所示。

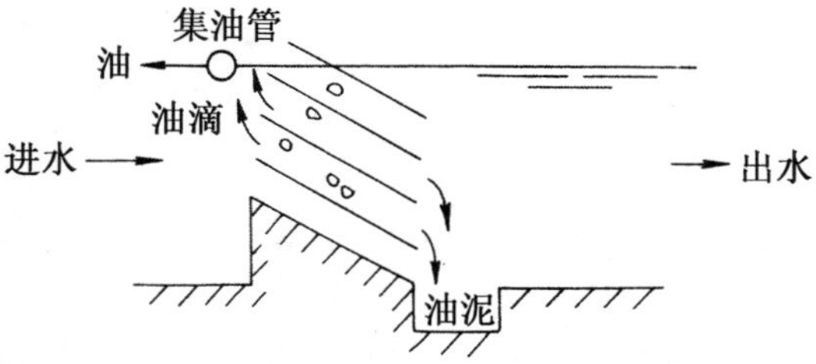

图 2-11　多层波纹板式（MWS 型）隔油池

多层波纹板式隔油池装置结构简单，占地面积小，易管理，能除去水中粒径为 15 μm 以上的油粒。

（3）聚结斜板除油罐　图 2-12 是苏联东方石油设计院设计的聚结斜板除油罐。它利用粗粒化材料和斜板隔油的双除油作用对含油废水进行治理。含油废水先经预沉室初步处理后进入聚结室，室内装有 $d=7\sim12$ mm，$\delta=0.6$ m 的粗粒化材料（蛇纹石或聚乙烯塑料）使小油珠粗粒化形成油滴再进入斜板沉降室进一步处理。废水在罐中总停留时间为 1 h，当进水含油 120～1 400 mg/L 时，出水含油量可降至 5～10 mg/L。

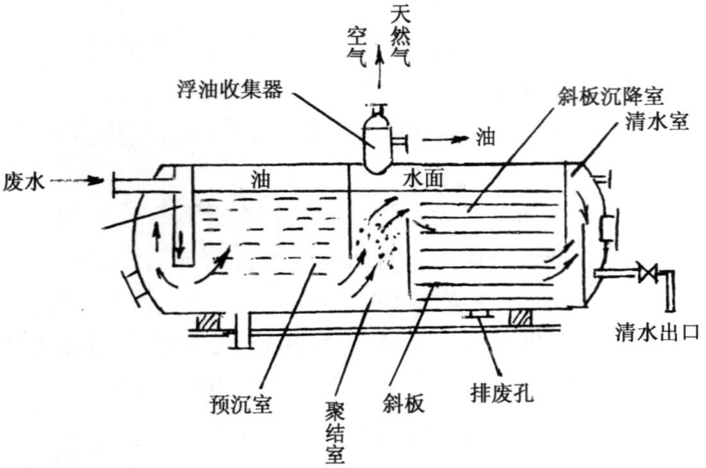

图 2-12 聚结斜板除油罐示意图

第四节 隔 滤 法

隔滤法用于废水处理中的预处理，它的目的是去除废水中粗大的悬浮颗粒以防止其损坏水泵、堵塞管道和管件。

隔滤的实质是让废水通过有微细孔道的过滤介质而将悬浮物截留，然后用人工、机械或反冲法除去。

根据悬浮颗粒的大小和性质，可以选用格栅、筛网、滤布、粒状滤料及微孔管等过滤介质。

一、格 栅

格栅是用于去除污水中那些较大的悬浮物，以保证后续处理设备正常工作的一种装置。

格栅通常由一组或多组平行金属栅条制成的框架组成，倾斜或直立地设立在进水渠道中，以拦截粗大的悬浮物。

根据格栅上截留物的清除方法不同，可将格栅分成两大类：人工清理格栅和机械格栅。

1. 人工清理格栅

人工清理格栅只适用于处理量不大或所截留的污染物量较少的场合。此类格栅用直钢条制成，与水平面成 45°～60°倾角放置。栅条间距视废水中固体颗粒大小而定，废水从间隙中流过，固体颗粒被截留，然后用人工定期清除。

图 2-13 为人工清理格栅的示意图。

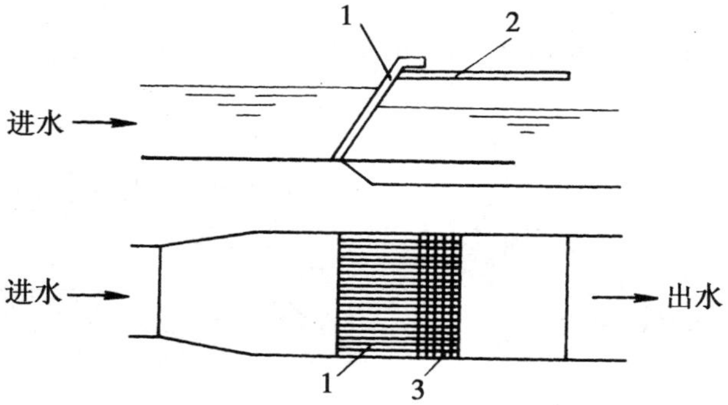

图 2-13 人工清理格栅示意图

1—格栅；2—操作平台；3—滤水板

2. 机械格栅

机械格栅适用于大型污水处理厂，需要经常清除大量截留物的场合。格栅一般与水平面成 60°～70°角安置，有时也成 90°角安置。

机械格栅可分成两大类，一类是格栅固定不动，截留物用机械方法清除，如移动式伸缩臂机械格栅，图 2-14 是它的示意图；另一类是活动格栅，如钢丝索格栅和鼓轮格栅。

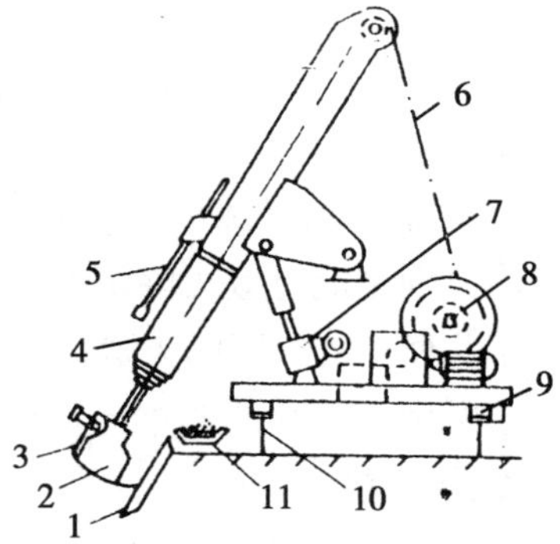

图 2-14 移动式伸缩臂机械格栅

1—格栅；2—耙斗；3—卸污板；4—伸缩臂；5—卸污调整杆；6—钢丝绳；7—臂角调整机构；8—卷扬机构；9—行走轮；10—轨道；11—皮带运输机

钢丝索格栅由一组在滚轴上转动的钢丝索套构成，废水从钢丝索空间流过将固体颗粒截留并随着钢丝索的转动而带出筛滤室，并在钢丝索回到筛滤室之前被刷除。

鼓轮格栅是一种筛网过滤装置，由一个周边用金属网覆盖的旋转鼓轮构成，鼓轮部分浸入筛滤室，一端封闭，从另一端进入废水，通过金属网过滤流出鼓外，截留在鼓内的悬浮物被转鼓带到上部时，被喷射出的水反冲到排渣槽内。

二、筛 网

某些工业废水（如毛纺、化纤、造纸行业）中含有大量细小纤维状杂质，无法用格栅加以去除，也难用沉淀法达到处理目的，筛网则是一种能截留此类悬浮物的装置。

用于废水处理的筛网有两种形式，即振动筛网和水力筛网，它们的示意图如图 2-15 所示。振动筛网如图 2-15（a）所示，污水流在振动筛网上，在这里进行水和悬浮物的分离，并利用机械振动将倾斜的运动筛网上的截留物卸到固定筛网上然后再加以清除。水力筛网如图 2-15（b）所示。运动筛网呈截顶圆锥状，筛网中心轴成水平状态。废水从圆锥筛网小端进入，在流动过程中，水中纤维状污染物和其他悬浮固体被筛网截留。由于筛网呈圆锥体，被截留的污染物则沿筛网的倾斜面卸到固定筛上并加以清除。

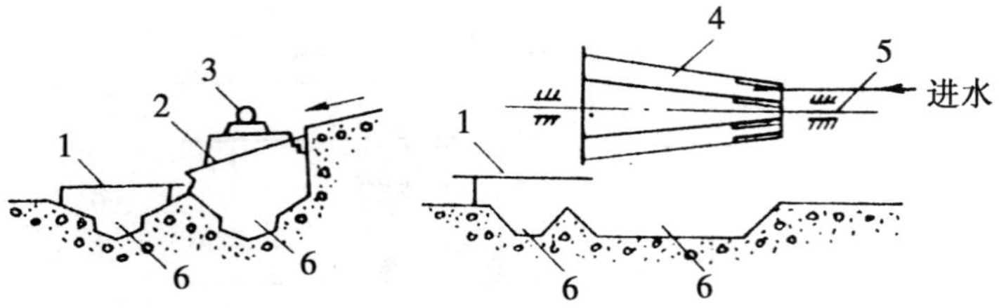

（a）振动式筛网 （b）水力筛网

图 2-15 筛网处理废水示意图

1—固定筛网；2—振动筛；3—电动机；

4—水力旋转筛网；5—转动轴；6—水沟

三、过 滤

过滤是以某种多孔物质作为介质来处理悬浮液的操作，废水中的悬浮物通过介质孔道时被截留而达到分离废水中固体杂质的目的。过滤的作用主要是去除水中的悬浮或胶态物质，特别是能有效去除沉淀法不能去除的微小固体悬浮物和细菌等，而且对 BOD_5 和 COD_{Cr} 等也有一定程度的去除效果。

根据所用过滤介质的不同，可以将过滤操作分成以下几类。

1. 织物介质过滤

织物介质也称滤布，包括由棉、毛、麻、丝、化纤等制成的织物以及由玻璃丝、金属丝织成的网。

图 2-16 是一种最简单的织物过滤装置，污水自上而下流经滤布使水中悬浮物被截留。当滤布上的截留物达到一定量后应及时清除，否则会影响过滤速度。此类装置操作过程是间歇的，只适用于少量污水的处理。

采用滤布（或滤网）的过滤机械还有板框压滤机、转筒真空过滤机、加压叶滤机等。这些过滤机械在我国都有生产，可以根据需要加以选择。

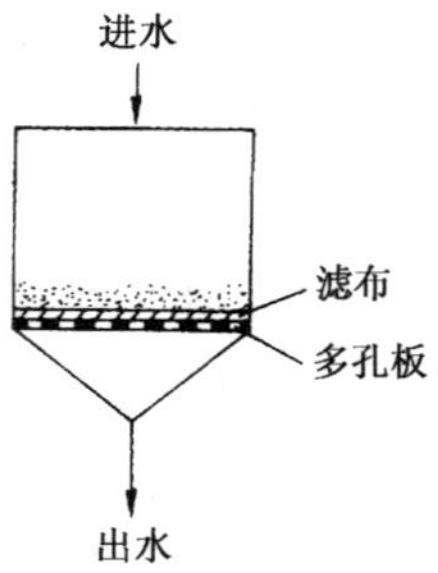

图 2-16 织物过滤装置

2. 滤料过滤

滤料过滤是以具有孔隙的粒状滤料层（如细砂等）将废水中的固体杂质等截留下来使废水得以澄清的处理过程。

滤料的种类很多，如细砂、木炭、硅藻土等细小坚硬的颗粒状物质，多用于深床过滤。

滤料过滤常用来作为吸附法、离子交换法等物理化学处理法前的保护装置，以防止吸附剂或交换剂的堵塞而影响处理效果。

影响过滤效率的因素很多，如滤料的大小及级配，滤料的配置层序，滤料层的孔隙率、高度，过滤速度，水头损失，废水中悬浮物的数量及性质，出水水质要求等。在进行滤池设计时，必须对这些因素加以综合考虑。

滤料过滤在过滤池中进行，过滤池的型式有很多种，其中以细砂为滤料的普通快速过滤池使用最为广泛，它的结构如图 2-17 所示。

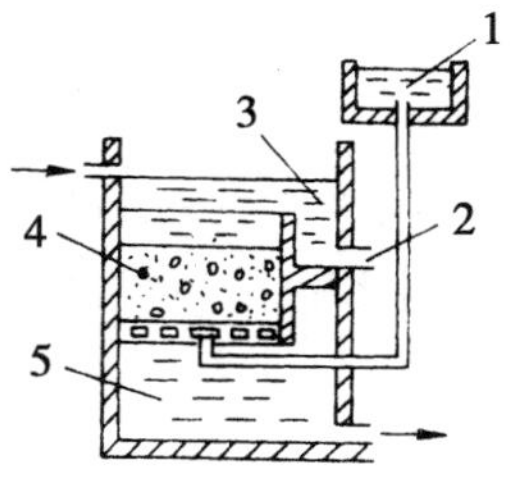

图 2-17　快速过滤池

1—反冲洗水贮槽；2—排污管；3—排污槽；4—滤料层；5—集水室

这种滤池多为矩形钢筋混凝土池子，过滤的过程包括过滤和反冲洗两个阶段。过滤时废水自上而下通过滤料层、垫料层（承托层）入集水室收集并由清水管排出。滤料层为细砂层，而垫料层是由粗砂或砾石层组成，起着承托细砂的作用。过滤进行到一定程度以后，由于滤料层为悬浮物质所阻塞，水头损失增大，致使出水量锐减。同时，由于水流的冲刷又会使已被截留的悬浮物从滤料表面脱落而被带出，影响出水水质。这时，则应停止过滤，进行反冲洗使滤床层更新，恢复过滤能力。

快滤池的反冲洗水量、流速必须能使滤料层体积膨胀至原先的 1.4～1.5 倍，才能使悬浮物便于冲去。反冲洗的时间、水量、流速应根据污染物的性质、滤料的密度、粒径来确定。对于单层砂滤池，单位面积滤层上所通过的冲洗水量可控制在 0.7～1.0 m^3/min 左右，反冲洗时间为 5～8 min，反冲洗用水量一般为过滤量的 1%～6%。经反冲洗后的滤池恢复了过滤截污能力则可重新投入使用。

四、离心分离

废水中的悬浮物借助离心设备的高速旋转，在离心力作用下与水分离的过程叫离心分离。由于在离心力场中悬浮物所受的离心力远大于它所受的重力，所以能获得很好的分离效果，远超过重力沉降法。

1. 离心分离原理

含固体悬浮物的废水在离心设备中做快速旋转运动时，质量大的固体颗粒由于受到离心力作用而被抛到外圈，与壁面碰撞而沉降，达到与废水分离的目的。

固体颗粒在离心力场中所受离心力为：

$$F_c = m\frac{u_T^2}{r} \tag{2-7}$$

式中：F_c ——离心力，N；

m ——颗粒质量，kg；

u_T ——距转动中心距离为 r 处的切向速度，m/s；

r ——与转动中心的距离，m。

同样的颗粒在重力场中所受到的重力 F_g 为：

$$F_g = mg$$

对同一颗粒而言，它所受的离心力和重力之比为：

$$K_c = \frac{F_c}{F_g} = \frac{u_T^2 / r}{g} = \frac{r\omega^2}{g} \tag{2-8}$$

式中：ω——颗粒做圆周运动的角速度，弧度/s；

K_c——称为离心分离因数，它是反映离心分离设备性能的重要指标。

若离心机的每分转速为 n，则$\omega = 2\pi n/60$，代入式 2-6 则可得：

$$K_c = \frac{\pi^2 n^2 r}{900g} \tag{2-9}$$

由式（2-7）可见，分离因数的大小取决于离心机的转速和离心机转鼓半径的大小，n 和 r 值越大，设备的分离性能越好。但 r 越大，表明悬浮颗粒在分离过程中所经历的路程越长，所需分离时间也越长。另外，当转速 n 增大时，K_c 值提高更快。例如，当 r=0.5m，n_1=1 000 r/min 时，K_{c1}=560；当 n_2=3 000 r/min 时，K_{c2}=5 030。因此，当离心设备的转速提高时，分离效率也会大大提高。

2. 离心分离设备

用于水处理中的离心分离设备有：水力旋流器、旋流池和离心机等。

（1）水力旋流器　水力旋流器又称旋流分离器，它的离心力是由废水在水泵的压力或进出水的压头差作用下以切线方向进入设备，造成快速旋转而产生的。根据产生水流旋转能量的来源，又可分为压力式水力旋流器和重力式水力旋流池两种。

① 压力式水力旋流分离器　图 2-18 是一种压力式水力旋流分离器的示意图。

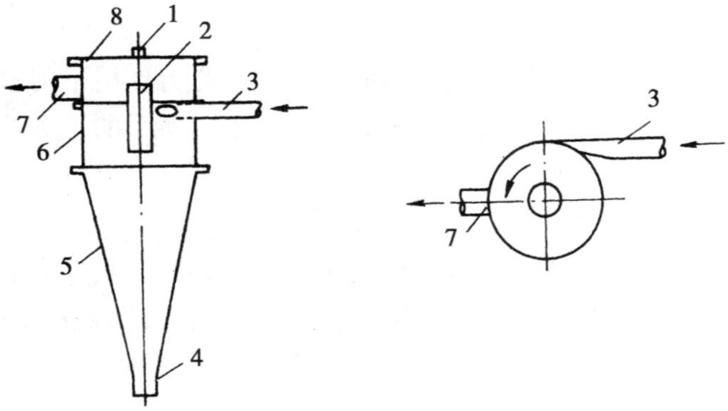

图 2-18　压力式水力旋流分离器

1—通风管；2—中心管；3—进水管；4—排泥管；
5—圆锥体；6—圆筒；7—出水管；8—顶盖

待处理废水经水泵加压从上部以切线方向进入旋流器后发生高速旋转。首先沿器壁的切线方向自上而下旋转（称一次涡流），然后再自下而上旋转（二次涡流）。废水中粗大的固体颗粒在旋转过程中由于离心力的作用而被甩向器壁，并在本身重量作用下沿器壁下滑，在底部的排泥口排出，而较清的液体则形成内层旋流自下而上螺旋上升，从中心溢流管流出后再经排水管排出。

水力旋流器中旋流的角速度取决于入流的流速，不可能很高，因此它的分离因数不太高。用水力旋流器处理废水，较小的悬浮颗粒不可能被全部甩向器壁，而是残留水中，并随二次涡流出水管排出，故处理效果差。目前水力旋流器都用来去除液体中比重较大的砂粒等悬浮颗粒，而它的分离效率又与悬浮粒直径密切相关。如图 2-19 所示为某一废水中悬浮颗粒直径与分离效率的关系曲线。

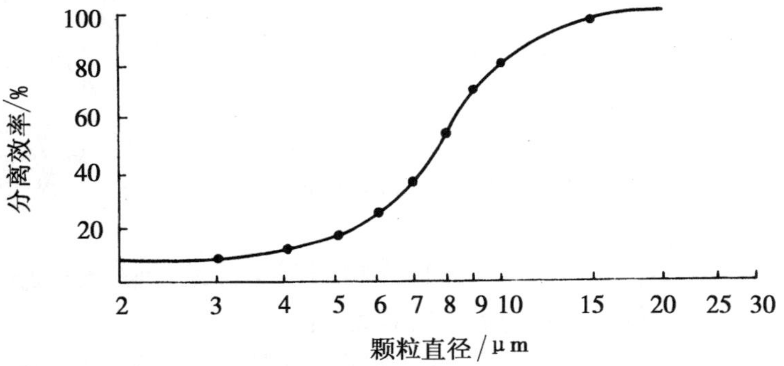

图 2-19　颗粒直径与分离效率的关系

由图可见，当颗粒直径≥20 μm 时，分离效率接近 100%，而颗粒直径为 8 μm 时，分离效率只有 50%，即在这一颗粒直径的悬浮颗粒，只有 50%能被分离从排渣口排出，其余则由二次旋流从清液排出口排出。一般认为：分离效率是 50%的颗粒直径称为极限直径，它是判别水力旋流器分离程度的主要标准之一。关于计算极限直径的经验公式很多，式（2-8）所介绍的公式便是常用的经验公式之一，可以作为设备估算时的参考。

$$\delta = 0.75\frac{d^2}{\varphi}\sqrt{\frac{\pi\mu}{Qh(\rho-\rho_0)}} \tag{2-10}$$

式中：δ ——颗粒的极限直径，cm；

d ——进水管直径，cm；

φ ——环流速度变化系数，与分离器构造有关，可取$\varphi \cdot \frac{d}{D} \approx 0.1$，其中 D 为分离器上部圆筒直径，cm；

μ ——水的动力黏度，Pa·s；

Q ——进水流量，cm^3/s；

h ——中心流速的高度，大致等于旋流器的总高度减去圆锥部分高度的 1/3，cm；

ρ ——废水的密度，g/cm^3；

ρ_0 ——悬浮颗粒的密度，g/cm^3。

压力式水力旋流器优点是体积小、单位容积处理能力高、构造简单、易安装维修，广泛用于废水澄清及浓缩处理。缺点是设备易磨损，动力消耗大。

② 重力式水力旋流沉淀池　图 2-20 为处理轧钢废水的重力式水力旋流沉淀池构造示意图。

含有氧化铁屑和润滑油的轧钢废水由进水管沿切线方向进入水力旋流池内，并形成旋流，在离心力与重力的双重作用下，在池的下半部起旋流分离作用，而在池的上半部起重力澄清作用。氧化铁皮落入池底，定期用抓斗清除，而废水中油品则浮在池的表面，用油泵收集。

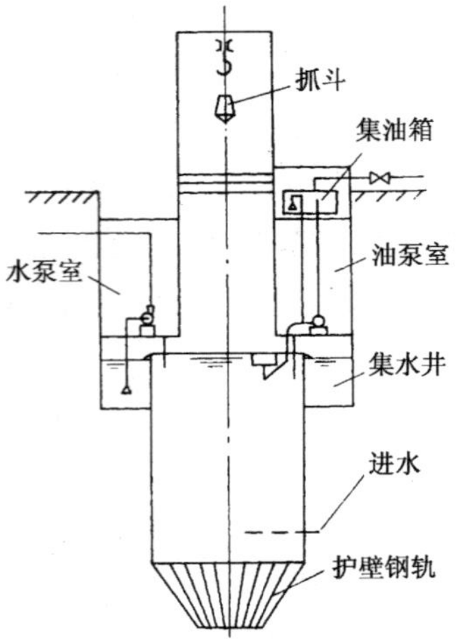

图 2-20　重力式水力旋流沉淀池

水力旋流沉淀池表面负荷一般取 25～30 $m^3/(m^2 \cdot h)$，废水在池内停留时间取 15～20 min，池的有效深度 $H_0=1.2D$。

重力式水力旋流池设备容积大，由于它是靠进出水的水头差为动力，故能耗低，但表面负荷也低得多。

（2）离心机　离心机是利用惯性离心力来分离液态非均相混合物的机械，它和旋流分离器最大的不同在于后者无转动部分，而离心机的主要部件则是一高速旋转的转鼓。转鼓安装在竖直或水平的轴上，由电动机带动旋转，同时也带动要处理的液体一起旋转。由于液体中悬浮固体颗粒和液体的密度不同而产生力的差异从而达到分离的目的。

离心机的种类很多。按其离心因数的大小来区分有常速离心机（$K_c<3\,000$），主要用于一般悬浮液的分离和污泥的脱水；高速离心机（$K_c>3\,000$），主要用于分离细粒状悬浮液；超速离心机（$K_c>12\,000$），主要用于分离颗粒极细的乳化液，油类。

下面介绍几种废水处理中常用的离心机。

① 三足式离心机　如图 2-21 所示的是三足式离心机的结构图。它是采用较早、应用最广泛的一种间歇操作、人工卸料的立式离心机。

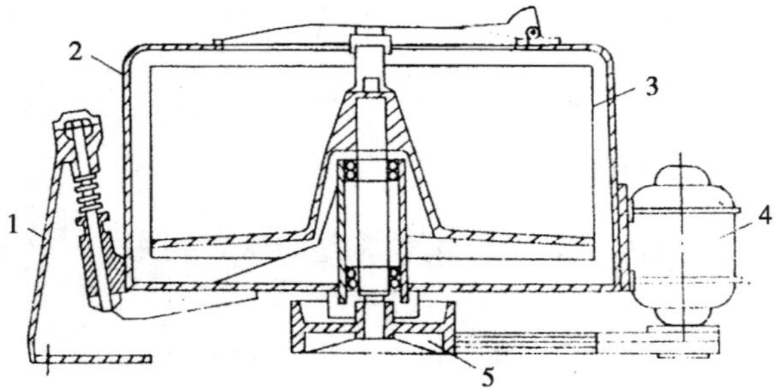

图 2-21　三足式离心机结构简图

1—支脚；2—外壳；3—转鼓；4—马达；5—皮带轮

三足式离心机有两种，一种转鼓壁上有孔，并衬有滤布，工作时液体在惯性的作用下穿过滤布和转鼓壁上的小孔排出，而固体则留在滤布上，叫过滤式离心机。另一种转鼓壁上无孔，工作时固体贴在转鼓内壁上，清液从紧靠转轴的孔隙或导管连续排出，叫沉降式离心机。

三足式离心机结构简单，运转平稳，适应性强，适用于处理量不大，要求滤渣含液量低的场合，如污泥的脱水。其缺点是操作周期长，生产能力低。近年来已在卸料方式等方面做了不少改进，出现了自动卸料连续生产的三足式离心机。

② 活塞推料离心机　这种离心机的结构如图 2-22 所示。

活塞推料离心机为过滤式离心机，工作时加料、分离等操作同时连续进行，滤渣由一个往复运动的活塞推动器脉动地推送出来。

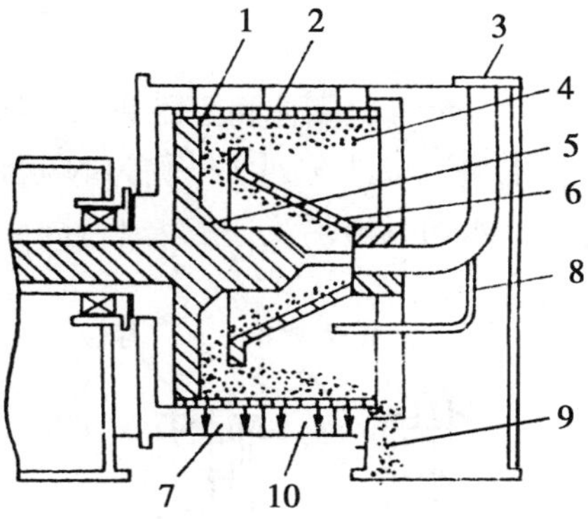

图 2-22　活塞推料离心机

1—转鼓；2—滤网；3—进料管；4—滤饼；5—活塞推进器；6—进料斗；7—滤液出口；8—冲洗管；9—固体排出口；10—污水出口

这种离心机主要用于处理浓度适中并能很快脱水和失去流动性的悬浮液。此种离心机可以连续操作，控制简单，功率消耗均匀，但对悬浮液浓度变化敏感，不适于废水中悬浮物量波动较大的场合。

离心机设备紧凑、效率高，但由于高速旋转，设备复杂，只适用小批量和很难用一般过滤方法处理的废水。

第五节　磁力分离

一、磁力分离的基本原理

磁分离是利用磁场力截留和分离废水中污染物的方法，主要用于去除废水中磁性及非磁性悬浮物和重金属离子，同时对废水中的有机物，油类物质和生活污水中的细菌和病毒也有一定去除作用。

要处理的废水通过磁场时，水中的颗粒物质同时受到磁场吸引力和外力、重力、惯性力、黏滞力及颗粒间相互作用力的共同作用。如果磁力大于外力，磁性粒子即可被捕获而从水中分离。磁场力同时还可以起到促进絮凝作用，我们称之为磁凝聚。磁凝聚是一种促进固液分离的手段，是提高沉淀分离或磁力分离效率的一种预处理方法。磁凝聚就是使废水通过磁场，水中磁性颗粒被磁化，形成具有南北极的磁体，由于磁场梯度为零，因此它受大小相等、方向相反力的作用，合力为零，颗粒不被磁体捕集。但颗粒之间相互吸引而凝聚成大颗粒，比较容易沉淀分离。对于钢铁废水，通过这样的预磁处理，沉淀效率可提高 40%～80%。

二、磁力分离方法及设备

1. 磁凝聚

磁凝聚装置结构如图 2-23 所示，由磁体和磁路两部分组成。磁体可以是永久磁铁或电磁铁。磁凝聚装置的每一侧磁块同极性排列（一侧为 N 极，另一侧为 S 极），构成均匀磁场。为防止磁体表面积污，废水通过磁场流速应大于 1 m/s。

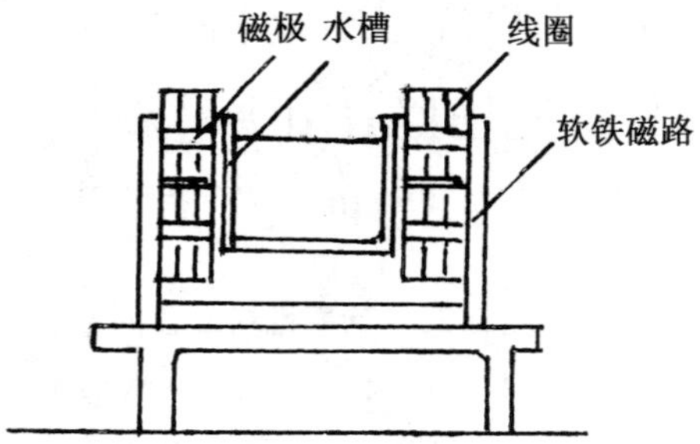

图 2-23 磁凝聚装置

磁凝聚法不需投加化学絮凝剂，效果稳定，便于管理，不产生二次污染，污泥易脱水便于回收利用。

2. 磁盘法

磁盘法是借助浸没部分磁盘磁力将废水中磁性颗粒吸在缓慢转动的磁盘上，随着磁盘的转动而将泥渣带出水面后表面泥渣即被刮除。

磁盘用非导磁材料（不锈钢、铝、硬塑料等）制作，上面粘结数百块极性交错排列的永久磁铁。

磁盘法设置结构简单、效率高，处理时间短（处理钢铁废水，废水在工作区只需停留 2～5 s，净化率可达 94%～99%），占地面积小，为一般沉淀池的 5%，处理后污泥含水量低易脱水，但刮泥方法尚待改进。

3. 高梯度磁分离

对水中弱磁性或反磁性物质，可以通过提高磁场梯度的办法来增大磁力使之分离，称为高梯度磁分离。

高梯度磁分离法常用的设备为磁过滤器，其结构如图 2-24 所示。

直流电通过电磁线圈使过滤筒体产生强磁场，钢毛被磁化并在磁场中使磁力线紊乱，造成磁通疏密不均，形成高磁场梯度。水中磁性粒子则受到较强磁力作用而吸附在钢毛表面从水中分离。当钢毛滤料层被吸附粒子堵塞后，切断电源，磁场磁力消失，被捕集的杂质便可以从钢毛中冲洗出来。

高梯度磁分离工艺简单、占地少，但基建及运行费用高，能耗大。

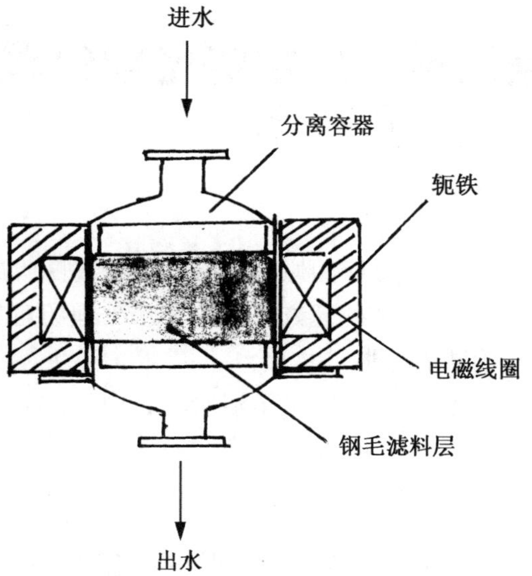

图 2-24　高梯度磁分离器示意图

复习思考题

1. 废水通过均衡和调节作用可达到什么目的？
2. 沉淀有哪几种类型？各有何特点？
3. 选择合适的沉淀池类型时应从哪几个方面加以考虑？
4. 废水中的油品以哪几种状态存在？各用什么方法来处理？
5. 格栅、筛网的主要功能是什么？各用于什么场合？
6. 过滤操作的基本原理是什么？它可分为哪几种类型？
7. 离心分离的基本原理是什么？常用的离心分离设备有哪些，它们有什么共性和区别？
8. 磁力分离的主要原理是什么？它主要有哪几种方法？

第三章 废水的化学处理法

废水的化学处理是利用化学反应的原理及方法来分离回收废水中的污染物，或是改变它们的性质，使其无害化的一种处理方法。化学法处理的对象主要是废水中可溶解的无机物和难以生物降解的有机物或胶体物质。

本章主要介绍化学处理法中常用的化学混凝法、中和法、化学沉淀法、氧化还原法和电化学法。

第一节 化学混凝法

化学混凝法简称混凝法，在废水处理中可以用于预处理、中间处理和深度处理的各个阶段。它除了除浊、除色之外，对高分子化合物、动植物纤维物质、部分有机物质、油类物质、微生物、某些表面活性物质、农药，汞、镉、铅等重金属都有一定的清除作用，所以它在废水处理中的应用十分广泛。

混凝法的优点是：设备费用低、处理效果好，操作管理简单。缺点是要不断向废水中投加混凝剂，运行费用较高。

一、混凝法的基本原理

废水中的微小悬浮物和胶体粒子很难用沉淀方法除去，它们在水中能够长期保持分散的悬浮状态而不自然沉降，具有一定的稳定性。混凝法就是向水中加入混凝剂来破坏这些细小粒子的稳定性，首先使其互相接触而聚集在一起，然后形成絮状物并下沉分离的处理方法。前者称为凝聚，后者称为絮凝，一般将这两个过程通称为混凝。具体地说，凝聚是指使胶体脱稳并聚集为微小絮粒的过程，而絮凝则是使微絮粒通过吸附、卷带和架桥而形成更大的絮体的过程。

1. 胶体微粒的稳定性

水中胶体微粒的稳定性主要是由于三个原因所造成：微粒的布朗运动、胶体颗粒间的静电斥力和颗粒表面的溶剂化作用。胶体的稳定性实际上是上述三种原因的综合结果，但对不同类型的胶体，造成其稳定的主要因素又略有不同。

水中的胶体微粒可分为两大类——憎水胶体和亲水胶体。憎水胶体是指与水分子间缺乏亲和力的胶体，如水中的黏土及某些无机混凝剂在水中所形成的胶体等无机物质都属于憎水胶体。亲水胶体是与水分子能结合的胶体，它是靠其特有的极性基团来吸附水分子，故能吸附大量的水分。如蛋白质、淀粉及胶质等有机物质都属于亲水胶体。亲水胶体的一个特殊性质是它可以在吸水自动分散为胶体溶液之后，又可脱水恢复成原来的物质，并还可再次分散于水中形成胶体，故又称可逆胶体。而憎水胶体则不具有上述性质，它的分散需借外力作用，而且一旦脱水则不能重新自然地分散于水中，所以又称不可逆胶体。

憎水胶体的稳定性主要是由胶体颗粒间的斥力所造成，这可以通过它的双电层结构来说明。

分散在废水中的胶体微粒由于具有巨大的比表面积而产生很强的吸附力，吸附了大量的离子，形成了如图 3-1 所示的双电层结构。

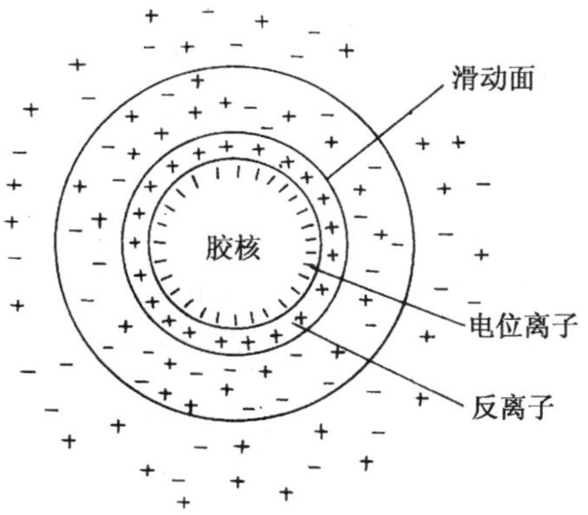

图 3-1　胶体结构和双电层示意图

胶体微粒的中心是由数十个到数千个不溶于水的胶体分子聚合成的胶核，表面有选择地吸附了一层带有同号电荷的离子，称为电位离子。这些离子可以由胶核表层分子离解产生，也可以是水中原先存在的 H^+、Na^+等阳离子或 OH^-等阴离子。电位离子决定了胶粒电荷的多少和正负电性，构成了双电层的内层。由于电位离子的静电引力作用，在它的周围又会吸附大量的异性离子，形成反离子层，构成了双电层的外层。外层内的异性离子又可分为两部分，紧靠电位离子的异性离子被牢固地吸引着，当胶核运动时，它会随之一起运动，组成了吸附层。它和电位离子一起组成胶团的固定层。其他的离子只是被松散地吸附着，在适当的条件下可以从胶团结构中分离出来，具有向水中扩散的趋势，这部分离子形成扩散层。这样，当胶体微粒做布朗运动时，胶团就不能做整体运动，必然会把扩散层中那些吸附很弱的离子甩掉。另外，如果把胶体溶液置于直流电场的作用下，胶核及固定层和扩散层中的部分异性离子组成一个与胶核电荷同性的带电粒子，向电场的某一极运动，而扩散层的其他异性离子则向相反方向运动，产生电泳现象。由此可见，无论是布朗运动或者是电泳现象，在扩散层中都会产生一个分界面，分界面内的部分和胶核及固定层做整体运动，分界面以外的部分则不随胶核一起运动，这个分界面称为滑动面。滑动面以内的部分称为胶粒，它是带电的微粒。胶粒和扩散层一起组成了电中性的胶团。当胶粒运动时，由于滑动面以外的异性离子脱离了胶粒向液相主体扩散，使胶粒产生剩余电荷（它的电性与电位离子相同，数量等于脱离了胶粒的异性离子所带电荷数值）。因此，在胶粒与扩散层之间存在着一电位差，叫做胶体的电动电位，又称ζ电位。而胶核表面的电位离子与溶液主体之间的电位则称为总电位或热力学电位ψ。总电位一定时，扩散层愈厚，ζ电位愈高。

从以上的描述可知，同一物质的胶粒都带有相同电荷，它们在布朗运动中相碰时，由于ζ电位引起的静电斥力会阻止它们互相接近和接触碰撞，因而不能结成较大的颗粒下沉。虽然在胶粒间也存在相互吸引力——范德华力，由于胶核外面所包扩散层厚度较大，使得胶粒间距离较大，而布朗运动的动能还不足以将两胶粒推近到范德华力发生作用的距离，因而引力的影响可以忽略。静电斥力的大小与两个因素有关，一是ζ电位的大小，二是胶粒间的距离。ζ电位愈高或是胶粒间距离愈近，则静电斥力愈大。正是由于这种静电斥力的存在，使胶粒不能相互聚结而长期保持稳定的分散状态。

对亲水胶体而言，使其保持稳定性的主要原因是胶体的水化作用。带电胶粒可吸引极性水分子形成一层水化膜，从而阻止了胶粒间的相互接触而保持其稳定性。

2. 混凝的原理

废水中的胶粒具有一定的稳定性，要使它们凝聚成大的颗粒下沉，必须设法破坏其稳定性，向废水中投加混凝剂的混凝过程就是一个破坏胶体颗粒稳定性的过程。混凝是混合、反应、凝聚、絮凝等几种过程综合作用的结果，它是一个非常复杂的过程。由于混凝过程涉及的因素很多，关于化学混凝的机理至今也未完全弄清，根据所用混凝剂的不同，目前有以下几种解释。

（1）压缩双电层作用　水中胶粒的ζ电位是其保持稳定的分散状态的主要原因，如能消除或降低胶粒的ζ电位，使扩散层厚度被压缩（又称压缩双电层），胶粒间的距离变近，范德华力占有优势，当胶粒相碰时，就会互相吸引而脱稳发生凝聚。向水中投加电解质即可达到此目的，下面以低分子电解质 $Al_2(SO_4)_3$ 为混凝剂时的作用来加以说明。

当硫酸铝投入废水之后，将会对胶体颗粒产生两种电离子中和作用。

① 带电离子的中和作用：$Al_2(SO_4)_3$ 在水中离解，生成带电荷的 Al^{3+} 和 SO_4^{2-}：

$$Al_2(SO_4)_3 \rightleftharpoons 2Al^{3+} + 3SO_4^{2-}$$

Al^{3+} 是高价离子，它使废水中阳离子浓度增加，并被废水中带负电的胶体颗粒（一般水质中，黏土、细菌、病毒等都是带负电的胶体）所吸附，使 Al^{3+} 进入扩散层甚至吸附层，而使胶体的ζ电位降低，带电的胶体微粒趋向电中和。当大量正离子进入吸附层致使扩散层完全消失时，ζ电位为零，胶体间的静电斥力消失，相互碰撞时则会凝聚为较大的颗粒沉淀。

各种电解质压缩双电层的能力不同，在浓度相同的情况下，电解质离子压缩双电层，破坏胶体稳定的能力，随离子价的增高而加大。根据 Schulze-Hardy 法则，这种能力大致与离子价数的 2～6 次方成比例。例如，要使负电荷胶粒脱稳，所需＋1、＋2 和＋3 价离子的投加量之比，大致为 $1:10^{-2}:10^{-3}$。

② 带电胶体的电中和作用：Al^{3+} 分步水解，最终形成 $Al(OH)_3$ 胶体，反应式如下：

$$Al^{3+} + H_2O \rightleftharpoons Al(OH)^{2+} + H^+$$
$$Al(OH)^{2+} + H_2O \rightleftharpoons Al(OH)_2^+ + H^+$$
$$Al(OH)_2^+ + H_2O \rightleftharpoons Al(OH)_3\downarrow + H^+$$

当 $pH<8.2$ 时，$Al(OH)_3$ 胶体带正电荷，它与废水中带负电荷的胶体微粒互相吸引，中和其电荷，凝结成较大颗粒而沉淀下来。

由以上二种电离子中和作用使胶体颗粒聚结的现象称凝聚。

压缩双电层作用没有很好地考虑吸附作用，只能解释低分子电解质较简单的凝聚作用，而不能很好地解释高分子聚合物在废水处理中的凝聚和絮凝作用，对于混凝过程中某些与双电层作用原理相矛盾的现象和实践中混凝效果最佳时的ζ电位不是等于零，而常常大于零也无法作出合理解释。

（2）吸附架桥作用　聚合物和聚合电解质对胶体溶液及悬浊液的凝聚作用常用吸附架桥作用来解释，这种理论主要是考虑到胶体微粒对高分子物质的强烈吸附作用。当向废水中投入高分子聚合物之后，它即被吸附在胶体微粒的表面。首先是高聚物分子的链节占据微粒表面的一个或数个吸附位，而分子的其余部分伸展到溶液中去，然后伸展出的分子链节又结合到另一微粒的空白吸附位上，形成颗粒间的化学架桥，使颗粒逐渐结大，形成可见的粗大凝聚体称之为絮凝，如图 3-2 所示。由此可见，在吸附架桥作用中，微粒不一定必须实现电离子中和或降低ζ电位（对与胶体异电的离子型高分子絮凝剂的吸附有电离子中和作用，而对非离子型及与胶体同种电性的离子型高分子絮凝剂的吸附则不必实现电离子中和）。

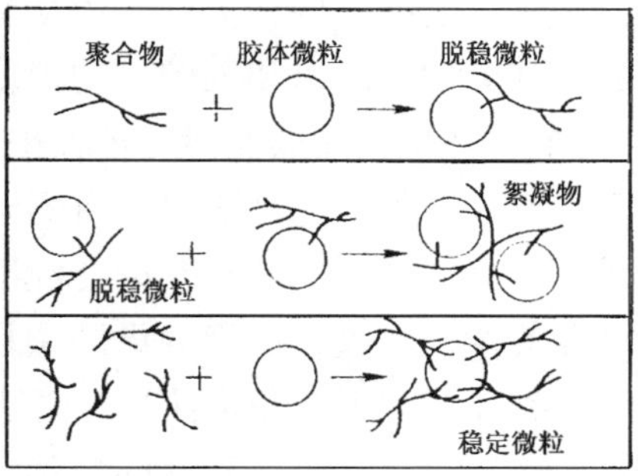

图 3-2　高分子混凝剂的絮凝模式

投入聚合物的量必须适当，当投入量过大时，废水中含有大量的聚合物，反而会把胶体微粒包围，使它们失去了彼此之间架桥的可能，胶体颗粒仍处于稳定状态（如图 3-2 下图所示）。

（3）沉淀物网捕作用　如果采用金属盐或金属氧化物和氢氧化物（如 $FeCl_3$、CaO 等）作凝聚剂时，若投加量较大，可以迅速形成金属氢氧化物或金属碳酸盐沉淀，水中胶粒则可能被这些沉淀物在形成过程中吸附和网捕而共同沉降下来。

上述几种作用产生的微粒凝结现象——凝聚和絮凝总称为混凝。产生混凝的几种机理在水处理中往往是综合在一起共同发挥作用。混凝作用原理并不是截然分开的，只不过对不同的混凝剂有所侧重罢了。对高分子混凝剂，吸附架桥可能起着主要作用，对低分子无机混凝剂以压缩双电层作用所产生的凝聚为主。但也不排除架桥作用的可能。如无机混凝剂 $Al_2(SO_4)_3$ 在水中水解产生的带正电的水解聚合物具有线状结构，就可能将废水中两个较大的带负电的胶体颗粒（如黏土颗粒）连在一起而起架桥作用。当 $Al_2(SO_4)_3$ 加入水中之后，首先是三价铝离子的水解中间产物——带电聚合物起着降低或消除胶体ζ电位作用，使胶粒脱稳相互凝聚。同时，随着水解聚合物聚合度的不断增大，形成的高聚物产生吸附架桥作用，使脱稳胶体形成大的絮凝体而沉淀。因此对三价铝盐而言，它的水解产物将同时起着压缩双电层和吸附架桥两种作用。

3. 影响混凝效果的因素

（1）废水的 pH 值　水的 pH 值能影响颗粒表面的电荷和絮体的沉淀过程，它是一个很重要的参数。经验表明，对某一种废水，每一种混凝剂都有一个合适的 pH 值范围，在此范围内，经混合凝聚后废水的残余浊度最小，所以 pH 值对混凝的影响视混凝剂品种而异。例如，以硫酸铝为混凝剂时，当 pH 在 5.7～7.8 范围内时，形成带正电荷的离子和胶体，如 $Al(OH)^{2+}$、$Al(OH)_2^+$、$Al(OH)_3$ 等，有较好的混凝效果。若 pH 值>8.2 时，则会使 $Al(OH)_3$ 胶体溶解，产生负离子，$Al(OH)_3+OH^-=AlO_2^-+2H_2O$，对含有负电荷胶粒的废水则不起凝聚作用，影响处理效果。而用三价铁盐时，pH 值在 6.0～8.4 之间都有较好的处理效果。

（2）水温　水温对混凝效果有明显的影响，无机盐类混凝剂的水解是吸热反应，水温低不利于水解进行，特别是硫酸铝，当水温低于 5℃时，水解速度极慢。同时水温低，黏度大，也不利于脱稳胶粒的相互絮凝，影响处理效果。这时可投加高分子助凝剂以改善处理效果，或用气浮法代替沉淀法作为后续处理过程。

（3）废水中杂质成分、性质、浓度　例如天然水中含黏土类杂质为主，需投加混凝剂量较小，而废水中含大量的有机物时，需加入较多的混凝剂才有混凝效果。废水中杂质的影响较为复杂，实际应用时，还应以实验结果为依据来选择混凝剂和确定投加量。

（4）搅拌　搅拌对混合、反应、凝聚几个阶段都有影响，因此，搅拌一定要适度。一般在混凝剂混合阶段，要求快速、剧烈地搅拌，以使混凝剂迅速、均匀地扩散到全部水中，创造良好的水解和聚合条件，使胶体脱稳并借助颗粒的布朗运动和湍动的水流凝聚，此阶段不要求形成大的絮凝体。在混凝反应阶段，要求形成大而具有良好沉淀性能的絮凝体，此时过于激烈的搅拌反而会打碎已凝聚的絮状沉淀物，不利于混凝沉淀，所以此阶段搅拌的强度和水流速度应随絮凝体的结大而降低。

（5）混凝剂的影响

a. 混凝剂种类的影响

混凝剂的选择主要取决于胶体和细微悬浮物的性质、浓度。若水中污染物主要呈胶体状态，且ζ电位较高，则应先投加无机混凝剂使其脱稳凝聚。如絮体细小，还需投加高分子混凝剂或配合使用活性硅酸等助凝剂。很多情况下，将无机混凝剂与高分子混凝剂并用，可明显提高混凝效果，扩大应用范围。

b.混凝剂投加量的影响

投加量除与水中微粒种类、性质、浓度有关外，还与混凝剂种类、投加方式及介质条件有关。对任何废水的混凝处理，都存在最佳混凝剂和最佳投药量的问题，一般应通过试验来确定。

c.混凝剂投加顺序的影响

使用多种混凝剂时的最佳投加顺序可通过试验来确定。当无机混凝剂与有机混凝剂并用时，一般先投加无机混凝剂，再投加有机混凝剂。但当处理的胶粒在 50 μm 以上时，常先投加有机混凝剂吸附架桥，再加无机混凝剂压缩扩散层而使胶体脱稳。

二、混凝剂

1. 混凝剂的分类

混凝剂可分为无机混凝剂、有机混凝剂和高分子混凝剂三类。国内多采用铝、铁盐类无机混凝剂。有机和高分子混凝剂近年来也有很大发展，作用远比无机混凝剂优越，特别是高分子混凝剂由于具有以下优点而日益受到重视。

① 生成的絮凝物大、易沉降分离；
② 生成的絮凝物强度大、不易被破坏；
③ 生成的污泥量少，污泥的沉降、脱水性能良好；
④ 用量小（为无机凝聚剂的 1/30～1/200）；
⑤ 不易受 pH、温度、共同存在的其他盐类的影响；
⑥ 和无机混凝剂并用，可取得更好的效果。

各种类型的混凝剂如表 3-1 所示。

表 3-1　各种类型的混凝剂

分类			混凝剂
无机混凝剂	无机盐类		硫酸铝 $Al_2(SO_4)_3\cdot 18H_2O$、硫酸亚铁 $FeSO_4\cdot 7H_2O$、硫酸铁 $Fe_2(SO_4)_3$、铝酸钠 $Na_2Al_2O_4$、氯化亚铁、氯化锌、四氯化钛
	碱类		碳酸钠、氢氧化钠、氧化钙
	金属电解产物		氢氧化铝、氢氧化铁
	固体细粉		高岭土、膨润土、酸性白土、炭黑、飘尘
有机混凝剂	阴离子型		月桂酸钠、硬脂酸钠、油酸钠、十二烷基苯磺酸钠、松香酸钠
	阳离子型		十二烷胺醋酸、十八烷胺醋酸、松香胺醋酸、烷基三甲基氯化铵、十八烷基二甲基二苯乙二酮氯化铵
高分子混凝剂	低聚合度（分子量一千至数万）	阴离子型	藻朊酸钠、羧甲基纤维素钠盐
		阳离子型	水溶性苯胺树脂盐酸盐、聚硫脲醋酸盐、聚乙烯氨基三氮茂、聚乙烯亚胺
		非离子型	淀粉、水溶性尿素树脂
		两性型	动物胶等
	高聚合度（分子量数十万至数百万）	阴离子型	聚丙烯酸钠、水解聚丙烯酰胺、磺化聚丙烯酰胺
		阳离子型	聚丙烯酰胺曼尼希变性物 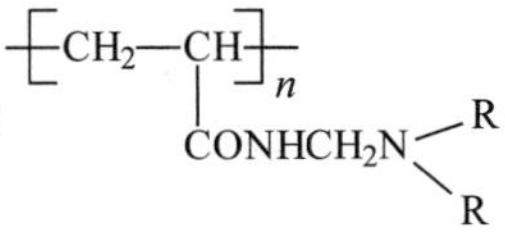
			聚乙烯吡啶季铵盐 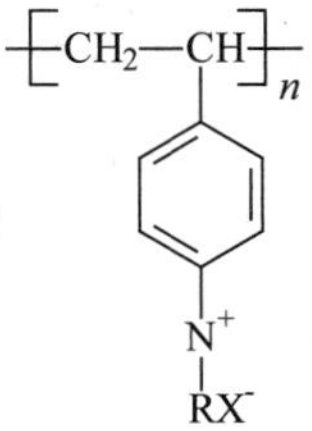
			聚二丙烯季铵盐 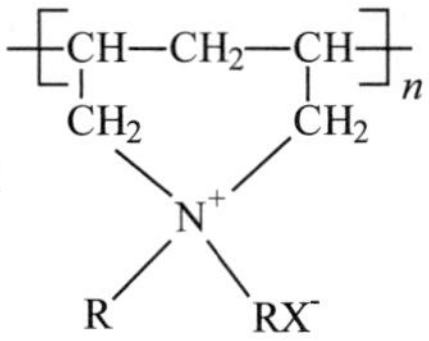
		非离子型	聚丙烯酰胺 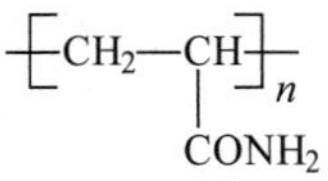
			聚氧化乙烯 $-\!\!\left[CH_2-CH_2-O\right]\!\!-$

2. 混凝剂的选择及应用条件

混凝剂的选择及使用量要根据废水的具体性质而定，总的原则是所用的混凝剂必须价廉、易得，使用量少，效率高。生成的絮凝物易沉降分离。使用无机混凝剂时要注意其适用的 pH 值范围，一般在投加无机盐混凝剂后再添加 pH 值调节剂。对高分子混凝剂，为了充分发挥其在水中的化学架桥作用，应选用能在水中均匀分散，溶解，具有吸附活性基因（非离子型、阳离子型和阴离子型三类）的高分子化合物、水溶性高分子化合物。为了使其在水中处于较大的分散状态，一般先用纯水或软水溶解配成一定浓度的溶液，然后再加到待处理废水中去。因为这些高分子化合物往往会受到水质（如含有钙、铁盐和氧化剂的废水）的影响。使分子的扩散和离子基的离解受到抑制，处理效果下降。

铝盐、铁盐和聚丙烯酰胺是常用的几种混凝剂，下面做一简单介绍：

（1）硫酸铝　分子式为 $Al_2(SO_4)_3 \cdot 18H_2O$，价格便宜，用于脱除废水的浊度、色度、悬浮物均有较好的效果。硫酸铝在水中通过逐级水解形成氢氧化铝沉淀而起混凝作用，所以废水必须含一定碱性物质，当废水酸性较强时，应适当加入碳酸氢钠，烧碱或消石灰，这时则出现下述反应：

$$Al_2(SO_4)_3 \cdot 18H_2O + 6NaHCO_3 \longrightarrow 2Al(OH)_3 + 3Na_2SO_4 + 6CO_2 + 18H_2O$$

$$Al_2(SO_4)_3 \cdot 18H_2O + 6NaOH \longrightarrow 2Al(OH)_3 + 3Na_2SO_4 + 18H_2O$$

$$Al_2(SO_4)_3 \cdot 18H_2O + 3Ca(OH)_2 \longrightarrow 2Al(OH)_3 + 3CaSO_4 + 18H_2O$$

硫酸铝适用的 pH 值范围较窄，一般为 5.7～7.8，对碱度较高的水，则以 pH 为 7.2～7.8 时最佳。若水中含碱量较多，氢氧化铝絮凝物微细，几乎成胶体状态，这时应增加硫酸铝用量。硫酸铝使用时的适宜温度为 20～40℃，当水温较低时（例如 4℃以下），水解困难，凝聚作用不完全，这时可加入活性硅酸来改善。这里活性硅酸是作为助凝剂使用，可以改善絮凝体的结构，使其容易沉降。上面提到的 $Ca(OH)_2$、NaOH 等也是助凝剂，只不过它们是用来调整 pH 值，使废水达到混凝剂使用的 pH 值而已。

对废水处理，根据废水类型和要求的净化度其用量为 100～300 g/m^3。

（2）硫酸亚铁（$FeSO_4 \cdot 7H_2O$）　硫酸亚铁混凝效果比硫酸铝差，脱色性也差，但价格低廉，故在用量大的染色、造纸废水处理中广泛采用。它能很快形成较重的絮凝体，沉淀时间短并能去除臭味和一定的色度。

硫酸亚铁虽能与废水中的碱反应，但反应速度慢，须加入石灰或其他碱性物质，由于 Fe^{2+} 不具有三价铁盐的良好混凝作用，所以使用时还应将其氧化，生成 $Fe(OH)_3$，反应式如下：

$$2FeSO_4 \cdot 7H_2O + 2Ca(OH)_2 + \frac{1}{2}O_2 \longrightarrow 2Fe(OH)_3 + 2CaSO_4 + 6H_2O$$

$$2FeSO_4 \cdot 7H_2O + Ca(HCO_3)_2 + \frac{1}{2}O_2 \longrightarrow 2Fe(OH)_3 + 2CaSO_4 + 4CO_2\uparrow + 6H_2O$$

$$2FeSO_4 \cdot 7H_2O + 4NaOH + \frac{1}{2}O_2 \longrightarrow 2Fe(OH)_3 + Na_2SO_4 + 6H_2O$$

$$2FeSO_4\cdot 7H_2O+4NaHCO_3+\frac{1}{2}O_2\longrightarrow 2Fe(OH)_3+2Na_2SO_4+4CO_2\uparrow+6H_2O$$

硫酸亚铁用量为 200～400g/m^3 废水，使用 pH 值范围为 8～12，适用于含悬浮物浓度高、碱度大的水。

（3）聚合硫酸铁（PFS）　聚合硫酸铁$[Fe_2(OH)_n(SO_4)_{3-\frac{n}{2}}]_m$是一种新型高效无机高分子絮凝剂，1976 年由日本首次研制成功。它具有用量少，处理效率高，沉降速度快，污泥脱水性能好，无毒，腐蚀性小，应用广泛等优点。

聚合硫酸铁对水中悬浮物、硫化物、有机物、重金属盐都有良好的去除性能，具有脱色除臭、破乳及污泥脱水等功能。对低温低浊水处理效果更理想。它在矿山、食品、皮革、毛纺、印染、化工、电力、冶金等工业废水处理上都有较好的效果。例如：

① 处理选洗煤厂废水、悬浮物去除率可达 95%以上；

② 处理食品工业及生活废水，COD 去除率可达 80%以上；

③ 对含油废水的处理，有强烈的破乳作用，能去除大部分悬浮油，处理后可达到排放标准（＜10mg/L）。

（4）聚合氯化铝（PAC）　即碱式氯化铝$[Al_2(OH)_{6-n}Cl_n]_m$

PAC 有优良的凝聚能力，投加后快速搅拌，可大大缩短絮凝体形成时间，对高浑浊度水也能充分处理。适宜 pH 值范围宽，为 5～9，受水温影响小。它是一种多价电解质，故能显著降低水中黏土类杂质（多带负电荷）胶体电荷，且其分子量较一般无机混凝剂大，吸附力强，形成的絮凝体大且重，由于其凝聚力大，用量只为硫酸铝的一半，但其价格昂贵且品质不稳定。

（5）聚丙烯酰胺（PAM）　其结构式为$\left[CH_2-\overset{\overset{CONH_2}{|}}{CH}\right]_n$，为非离子型高聚物，常和其他混凝剂一起使用作为助凝剂而发挥其化学架桥作用，获得理想的效果。PAM 可以通过在微小的絮凝颗粒之间架桥，使之迅速聚集成粒径大、强韧、黏着力强并能迅速沉降的絮体。PAM 本身毒性极低，但絮凝过程中残留的 PAM 单体可溶于水，会损伤神经系统功能。但丙烯酰胺易为微生物分解，只要在使用时加以注意，一般不会发生由单体而造成的水污染。

聚丙烯酰胺高分子絮凝剂有粉末状（或颗粒状）和液体状两种，前者含量为 90%以上，后者含量为 5%～10%。考虑到运输和贮存的方便，一般都使用粉末状的产品。使用时应先用加料设备使其在一定量水中分散溶解搅拌之后，再注入废水之中。

使用 PAM 时应注意：当废水浊度低时，宜先投加其他混凝剂，再投加聚丙烯酰胺，使胶体颗粒先脱稳到一定程度，为聚丙烯酰胺的絮凝作用创造有利条件；当废水浊度高时，应先投加聚丙烯酰胺，再投加其他混凝剂，以让聚丙烯酰胺先在高浊度水中充分发挥作用，吸附部分胶粒，使浊度下降，其余胶粒由其他混凝剂脱稳，再由聚丙烯酰胺吸附，这样可以降低其他絮凝剂的用量。

（6）活化硅酸　活化硅酸实质上是硅酸钠（水玻璃）用酸（硫酸）中和并熟化，使硅酸钠转化成硅酸单体，聚合成高分子物质。对胶体的混凝是通过吸附架桥使粒子粘连而完成的。活化硅酸优点是絮凝体形成快且粗大、密实，在低水温、低碱度条件下也能良好絮凝，适用 pH 值范围宽。与其他的混凝剂配合使用，特别是与铝盐和铁盐混合使用，可缩短沉降时间，节省混凝剂用量。

3. 助凝剂

有时当单用混凝剂不能取得较好的效果时，可以投加某种称为助凝剂的辅助药剂来调节、改善混凝条件，提高处理效果。助凝剂主要起以下几个作用：①通过投加酸性或碱性物质来调整 pH 值；②投加活化硅胶、骨胶、PAM 等改善絮凝体结构，利用高分子助凝剂的吸附架桥作用以增强絮凝体的密实性和沉降性能；③投加氯、臭氧等氧化剂，在采用 $FeSO_4$ 时，可将 Fe^{2+}氧化为 Fe^{3+}，当废水中有机物过高时，也可使其氧化分解，破坏其干扰或使胶体脱稳，以提高混凝效果。

常用的助凝剂有 PAM、活化硅胶、骨胶、海藻酸钠、氯气、氧化钙等。

三、混凝工艺过程及设备

混凝处理工艺为一个综合操作过程，包括药剂的制备、投加、混凝、絮凝、沉淀分离等几个过程，其简单工艺流程如图 3-3 所示。

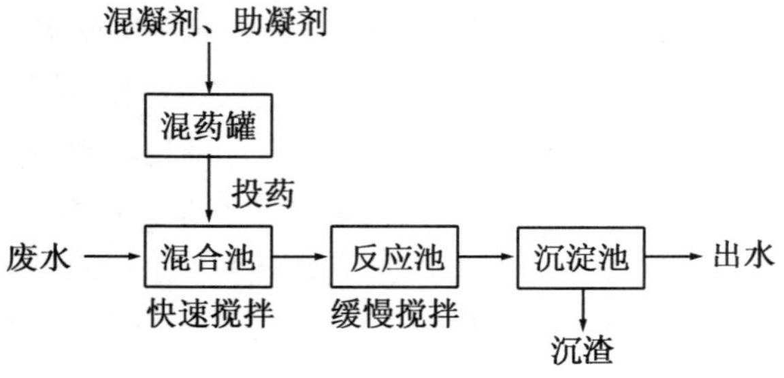

图 3-3 混凝沉淀工艺流程

1. 药剂的制备与投加

投药方法有干投法和湿投法两种，干投法是把经过破碎易于溶解的药剂直接投入废水中。干投法占地面积小，但对药剂的粒度要求较严，投加量难以控制，对机械设备的要求较高，同时劳动条件也较差，目前较少应用。湿投法是将混凝剂和助凝剂配成一定浓度的溶液，然后按处理水量大小定量添加。混凝剂的湿法投加包括药剂的配制、药剂的计量和药剂的投加三个过程。

混凝剂（包括助凝剂）多采用湿式加料，铝、铁盐一般配成 10%～20%的溶液，高分子凝聚剂黏度高，配成 0.5%以下溶液，碱多配成 5%左右溶液。当药剂使用量小时，可在桶、池内人工调制。若用量大，则应用水力法、机械法、压缩空气法等调制，图 3-4 是这几种调制方法的示意图。

图 3-4b-（Ⅱ）是一种较好的机械调制方法，药剂由加料器 1 加入负压容器 3，由于搅拌机 2 的叶轮所产生的负压作用而被吸至底部。抽吸造成的压力降可防止药剂下落时形成灰分（如活性炭）。药剂和大量的水一起循环，以保证达到充分的混合，并在槽内有足够的流速，以免形成沉积物。溶液或悬浮液可用重力或泵来输送。该装置适于溶解硫酸铝、碳酸氢钠和聚电解质之类，并可使难以悬浮的产品（如粉末状活性炭和石灰）呈悬浮状态。

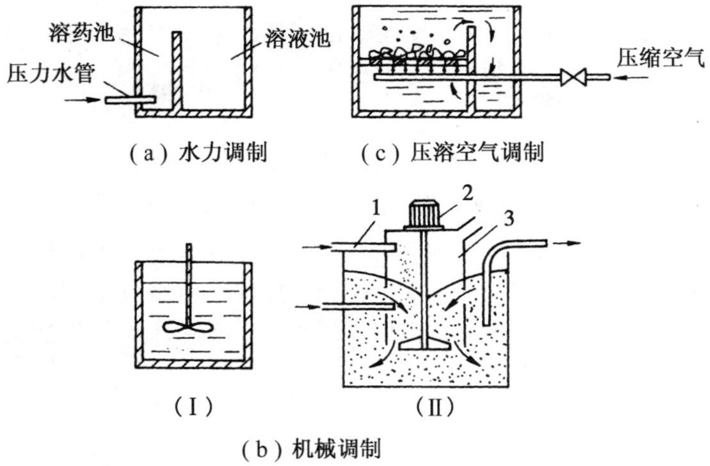

图 3-4　药剂调制方式

1—加料器；2—搅拌机；3—负压容器

用石灰调节碱度时，石灰乳的配制要用机械或水泵搅拌。

配制混凝剂或助凝剂的溶液池一般可采用两个，交替使用。出水管应离池底 100mm 以上，以防沉渣带出。

对干粉状混凝剂可选择合适的加料器来投加，如旋转叶片加料器、螺旋式加料器、电磁振动加料器等。

药剂的投加有重力投加和压力投加两种方法。均通过各种类型的投加设备来投加，各种设备都包括投加和计量两部分，它们的比较见表 3-2 所示。

表 3-2　各种投加方法及设备比较

方式	投加方法	投加设备	适用范围	特点
重力投加	重力投加	溶液槽、提升泵、高位槽、投药箱、计量设备	投入水池、水井或泵出水管路	操作简单方便
	泵前重力投加	同上	泵前管路中	操作简单，利用水泵叶轮使药液与废水混合
压力投加	泵投加	计量加药泵，溶液槽	投入压力管路中	不需另设计量设备，加入量可在一定范围内调节
		耐酸水泵、溶液槽、转子流量计	投入压力管路中	设备易得，使用普遍，操作简单
	水射器投加	溶液槽、投药箱、水射器高压水管	投入压力管路中，加药点距离较远时	设备简单、使用方便、工作可靠、效率较低

2. 混合

混合的目的是使混凝剂迅速而均匀地分布在废水中，以有利于混凝和沉淀。混合要求速度尽可能快，并使水体产生强烈湍动，通常采用两种型式：

（1）泵前或泵后混合　泵前混合是借水泵吸入管混合，药剂加入吸水管，然后通过泵的叶轮转动而混合，效果较好，但某些混凝剂（如 $FeCl_3$）对叶轮有腐蚀作用，且吸水管多时，投药设备要增加，安装和管理设备都麻烦。泵后混合是在压出管内混合，可将药剂投入处的水管收缩成文氏管的形式，利用所形成的负压将药剂吸入，其优点是设备简单，压头损失小，但混合效果差。

（2）槽内混合　在混合槽内混合，混合槽主要有两大类：一类是机械混合槽，即在钢筋混凝土槽内安置快速转动的搅拌装置来达到混合的目的，搅拌的强度可以调节，机动性比较大。图 3-5（a）为浆板混合池结构示意图。另一类是隔板式混合槽，如图 3-5（b）所示，槽用钢筋混凝土或钢板制成，中间设若干隔板，水在隔板间的通道中流动时产生收缩和扩散，形成涡流，使废水和药剂得以充分混合。操作时池内平均流速不小于 0.6m/s，混合时间一般为 10～30 s。

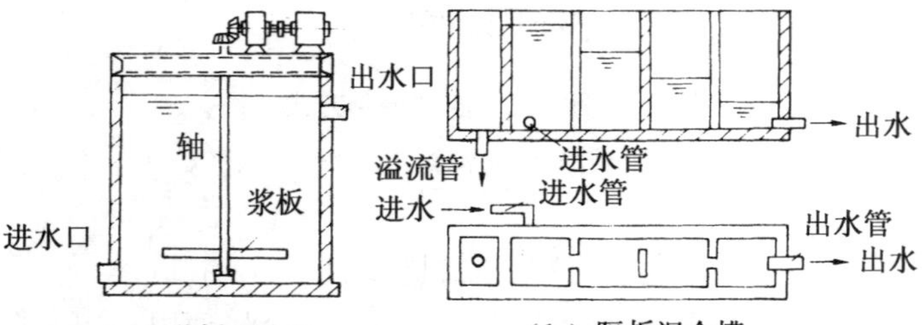

（a）浆板混合池　（b）隔板混合槽

图 3-5　混合槽结构示意图

3. 絮凝反应

经混合后的废水与药剂的均匀混合物进入反应池进行反应。反应池按由大到小的变流速设计：在较大的反应流速时，使水中胶体颗粒发生碰撞吸附；在较小的反应流速下，使碰撞吸附后的颗粒结成更大的絮凝体，以利于沉降。要使反应过程得以充分，必须使废水在池内有足够的停留时间。

常用的反应池有隔板反应池、涡流反应池、机械反应池等，平流式隔板反应池如图 3-6 所示，它是一个钢筋混凝土制池子，内设隔板，水流沿廊道回转流动，可形成很好的絮凝体。改变隔板间距，则可达变速的要求，反应时间为 20～30 min，隔板间距大于 0.5～0.7 m，池底有 0.02～0.03 的坡度并设有排泥管。隔板间的流速，起端部分取 0.5～0.6 m/s，末端部分取 0.15～0.2 m/s。

隔板反应池构造简单，易管理，处理效果好，但占地面积大，适于大型水处理厂。

涡流反应池如图 3-7 所示，水自圆锥底部流入，形成涡流扩散后，缓慢上升，流速也逐渐降低，有利于絮凝体的形成。它的优点是反应时间短、容积小，但处理能力比隔板式反应池小些。

机械反应池如图 3-8 所示，有水平轴式及垂直轴式两种，优点是大小水量均适用，能适应水质变化，压头损失小，但需一套传动搅拌装置，维修保养工作量大，动力消耗大，较少使用。

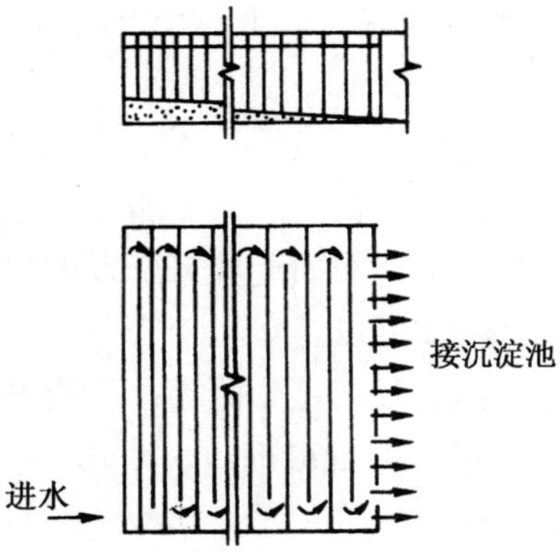

图 3-6　隔板反应池

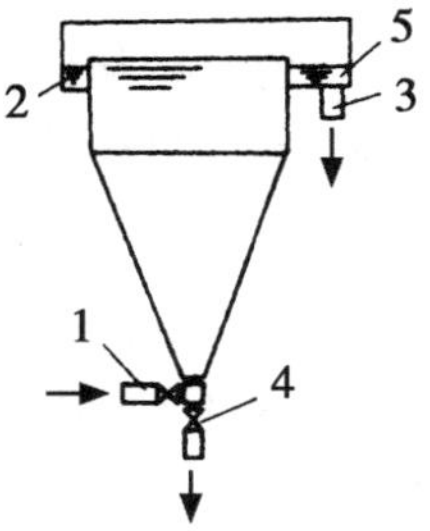

图 3-7　涡流式反应器

1—进水管；2—圆周集水槽；3—出水管；4—放水阀；5—栅条

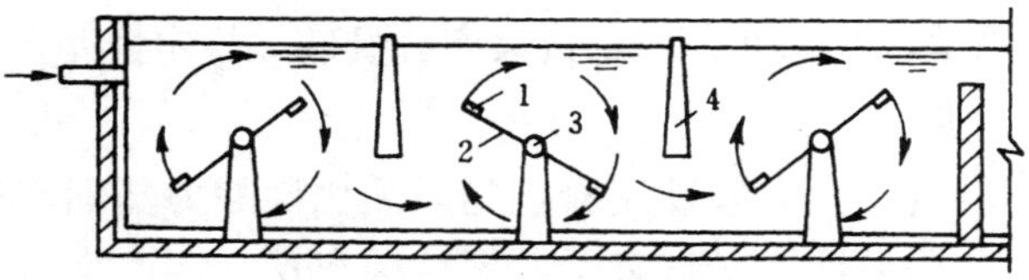

(a) 水平轴式机械搅拌反应池

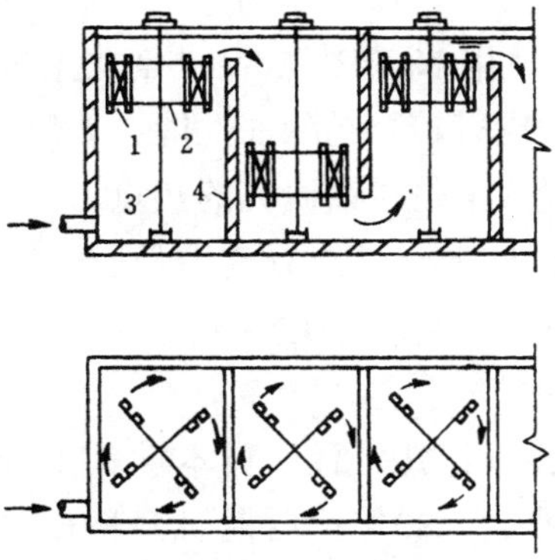

(b) 垂直轴式机械搅拌反应地

图 3-8　机械搅拌反应池

1—桨板；2—叶轮；3—旋转轴；4—隔墙

4. 沉淀

反应池内生成的絮状体进入沉淀池，与水分离，沉淀在沉淀池内进行，这在物理机械法中已有介绍。

四、混凝技术的新进展

近年来由于混凝技术的广泛应用，它在废水处理和给水等工艺过程中发挥了越来越大的作用，因此也推动了混凝技术的发展，目前主要表现在以下几个方面。

1. 研制高效能新型混凝剂

目前对新型混凝剂的研究多集中于开发高效复合多功能型混凝剂，它是将两种或多种单组分混凝剂通过化学反应形成高分子量的共聚复合物，从而克服了单组分混凝剂的不足，又保留了各自的优点，产生了显著的互补作用。例如近年来开发的聚硅酸金属盐便是其中一类很有应用前景的新型混凝剂，它主要有以下几种。

（1）聚硅酸铝混凝剂　国内外开发的聚硅酸铝混凝剂可分两类：一类是聚合硅酸硫酸铝絮凝剂（PASS），另一类是活化硅酸铝盐（聚硅铝）混凝剂。

PASS 化学名为碱式硅酸硫酸铝，平均化学组成为

$Al_A(OH)_B(SO_4)_C(SiO_X)_D(H_2O)_E$。它实际上是将聚合硫酸铝和无机高分子阴离子活化硅酸助凝剂合成一种新的高分子混凝剂。PASS 利用活化硅酸阴离子增加聚合硫酸铝的稳定性同时又得保持了聚合硫酸铝及活化硅酸自身优良性能，强化了吸附架桥作用，可形成高密度絮凝物，易于沉降，对脱色、COD 去除等方面的效果优于硫酸铝。

PASS 制备工艺简单，成本低，但有效浓度含量低，稳定性差，仅适合于现场制备投入，从而限制了它的使用。

（2）聚硅酸铁混凝剂　聚硅酸铁混凝剂是以活化硅酸为基础，加入铁盐后制成的产品。它的优异的混凝作用可看成是铁离子、聚硅酸和铁水解产物对悬浊胶体颗粒的电中和，吸附架桥和吸附卷扫等综合作用的结果。

聚硅铁除浊、脱色性能优良，且稳定性也较好，对于它的研究目前还在进行中。

（3）聚硅铝铁混凝剂　聚硅铝铁混凝剂是将一定摩尔比的铁、铝盐（$AlCl_3$ 和 $FeCl_3$）混合液用 Na_2SiO_3 碱化聚合或用 NaOH 与 Na_2SiO_3 复合碱化聚合而制成的高分子混凝剂，这种混凝剂在较低投加量时也有较高的除浊性能。如何深入研究并选择适宜的 Al/Fe 及硅酸比例，使之达到最佳絮凝效果是目前研究的热点。

此外，无机—有机复合型高分子混凝剂也是研究较多的一类新型混凝剂，其中最具代表性的是 PAC 中加聚丙烯酰胺，此类混凝剂同时具有电中和和吸附架桥性能，从而有较好的混凝效果和吸附活性。

（4）微生物絮凝剂　20世纪70年代，日本学者在研究肽酸酯生物降解过程中发现了具有絮凝作用的微生物培养液，80年代后期研究和开发了第三代絮凝剂——微生物絮凝剂。微生物絮凝剂是一类由微生物产生并分泌到细胞外具有絮凝活性的代谢产物，一般由多糖、蛋白质、DNA、纤维素、糖蛋白、聚氨基酸等高分子物质构成，分子中含有多种官能团，能使水中胶体悬浮物相互凝聚、沉淀。由于微生物絮凝剂可以克服无机和有机高分子絮凝剂成本高、絮凝效果有限、存在二次污染且对人体有害的缺陷，所以微生物絮凝剂的研究已成为絮凝剂领域的热点问题。国外已经有工业化生产的微生物絮凝剂，国内目前对微生物絮凝剂的研究大部分处于实验室阶段。

与无机或有机高分子絮凝剂相比，微生物絮凝剂具有许多独特的性质：

① 微生物具有比表面积大、转化能力强、繁殖速度快、易变异、分布广等特点，且生物絮凝剂的来源广，所以生物絮凝剂的生产周期短且效率高；

② 高效　与常用的铁盐、铝盐、聚丙烯酰胺相比，微生物絮凝剂对活性污泥的絮凝速度最高，而且絮凝沉淀物容易过滤；

③无毒且无二次污染　微生物絮凝剂为微生物菌体或菌体外分泌的生物高分子物质，属天然有机高分子絮凝剂，安全无毒；微生物絮凝剂是微生物的分泌物，不会危害它自身，不会影响水处理效果，且絮凝后的残渣可被生物降解，不会造成二次污染；

④应用范围广泛，脱色效果独特　微生物絮凝剂能处理的对象有活性污泥、粉煤灰、墨水、泥水、河底沉积物、高岭土、印染废水等，而且生物絮凝剂对悬浊液絮凝速度快、用量少，对胶体、溶液均有较好的絮凝效果，对富含有机物的屠宰废水和血水也有较好的去色效果；

⑤价格低　无论从生产成本还是处理费用，微生物絮凝剂的价格都低于化学絮凝剂。

但生物絮凝剂的效果容易受到有毒物质的干扰，被处理的废液中必须无妨碍菌体生长的因素。寻找高效微生物絮凝剂产生菌、提高絮凝活性、降低絮凝剂用量、降低生物絮凝剂的生产成本是微生物絮凝剂能否在工业上推广的关键。

2. 新型高效的混凝设备

为了使胶体快速脱稳和絮体颗粒增大密实，并降低能耗、药耗，就需要对混凝设备结构构造进行深入研究，开发出新型高效的混凝设备。根据涡流理论设计的多极涡流管式混合器和通过设置一系列格网以增加水流紊动度来提高絮凝效果的竖流往复折流式絮凝反应器便是其中效果较好的两种混凝设备。

3. 微絮凝-过滤工艺

传统的水处理技术是将混凝和过滤分别作为两个独立的单元操作分别进行，即先将水中胶体经混凝处理形成大的絮体沉淀去除，余下的微细絮体颗粒再通过过滤去除。而微絮凝-过滤技术则是将混凝与过滤有机结合成一体而形成新的单元处理过程。该工艺采用管道凝聚絮凝，通过管内水力湍流作用使混凝剂与原水快速混合生成的微絮体在管道中逐渐增大，然后再进入深层滤床。使絮凝过程部分地在滤床内完成，并使絮体被截留。简化了处理工艺，不需要建造絮凝反应池和沉淀池，且深床过滤中絮体颗粒也不需很大，节省了絮凝剂的投入量，另外滤池絮体微粒浓缩脱水较容易，后续处理简单，从而大大降低了操作费用。

微絮凝-过滤工艺目前已在西方发达国家得到广泛应用，目前美国、欧洲、澳大利亚等地新建水厂基本都采用此工艺。

第二节　中和法

工业废水中常含有一定量的酸性物质或碱性物质，浓度在 4%以下的含酸废水和浓度在 2%以下的含碱废水在没有找到有效的回收利用方法时，均应进行中和处理，将废水的 pH 值调整到工业废水允许排放的标准（pH＝6～9）后才能排放。

常用的废水中和法有两种，即均衡法和 pH 值控制法。

一、基本原理

酸性废水和碱性废水的中和处理，都是中和反应，其离子方程式为：

$$H^+ + OH^- \longrightarrow H_2O$$

反应的终点，即达到等当点时，溶液的 pH 值随酸碱强弱不同而不同。强酸强碱中和，等当点时溶液的 pH 值等于 7，而弱酸与强碱中和时，等当点时溶液的 pH 值大于 7；强酸与弱碱中和等当点溶液 pH 值小于 7。

从理论上讲，中和处理所需投加的中和剂量可以按化学反应方程式来计算，但由于废水成分复杂，可能会有一些干扰因素。例如，酸性废水中若含有 Fe^{3+}、Cu^{2+}等金属离子，用碱中和时，则会生成相应的氢氧化物沉淀，消耗部分碱。

$$Fe^{3+} + 3OH^- \longrightarrow Fe(OH)_3$$
$$Cu^{2+} + 2OH^- \longrightarrow Cu(OH)_2$$

所以中和剂的投加量一般应通过实验得出中和曲线来确定。

二、均衡法

在均衡池中将酸性废水和碱性废水直接混合，使混合废水的 pH 值接近中性的过程称为均衡。所用的设备要根据酸碱废水排放情况具体考虑。若酸碱废水均为均匀排出，且所含酸碱能相互平衡，可直接在管道内混合反应，不需设中和池。若排出的酸碱浓度和流量经常变化，波动，则应设置中和池以进行中和反应。

三、pH 值控制法

该法是利用投加中和剂来中和酸性或碱性废水，最常用的有以下几种方法：

碱性废水处理
- 石灰石中和
- 石灰乳中和
- 碱中和（NaOH 或 Na_2CO_3、NH_3 等）
- 碱性废渣中和（电石渣、碳酸钙渣等）

酸性废水处理
- 投酸（H_2SO_4）中和
- 烟道废气中和
- CO_2 气体中和

1. 酸性废水的处理

按处理方法及所用处理设备可将其处理方法划分成两大类。

（1）投药中和　即将石灰、石灰石、电石渣、苛性钠、苏打等碱性物质，直接投入废水中，使废水得以中和，投药中和可处理任何性质、任何浓度的酸性废水。投药方法可分为干投和湿投两种，通常采用湿投。

图 3-9 是将石灰直接投入废水管道中的干投法示意图。石灰自料斗经振动加料设备投

入，废水经混合槽反应 1 min 左右进入澄清池。干投法设备简单，但反应慢而不完全，投药量也大，投药量为理论值的 1.4～1.5 倍。

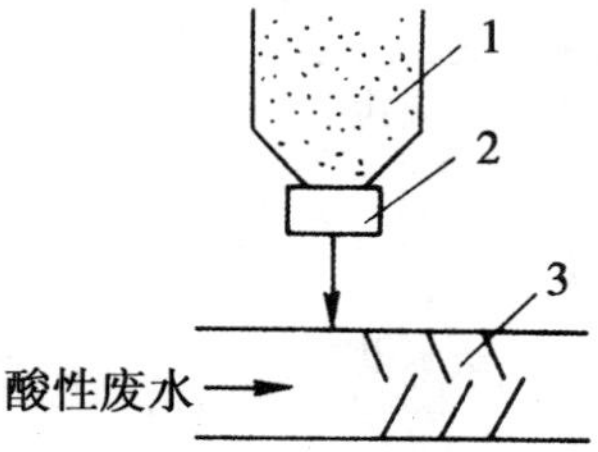

图 3-9　石灰干投法示意图

1—石灰粉料斗；2—电磁振动加料器；3—隔板混合槽

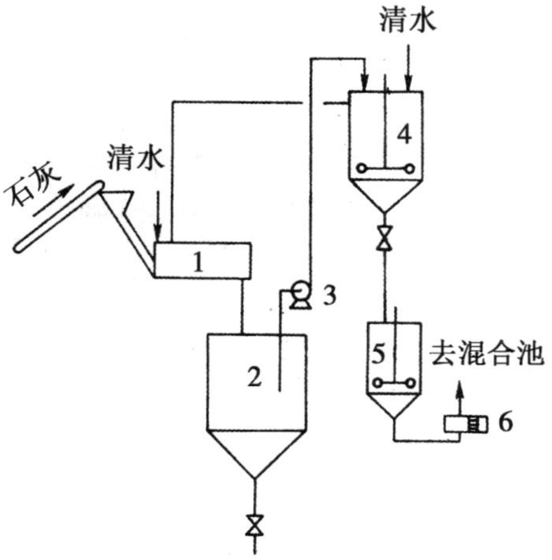

图 3-10　石灰湿投法工艺流程

1—石灰消解机；2—石灰乳槽；3—泵；4—石灰乳贮槽；5—投药箱；6—计量泵

图 3-10 是投入石灰乳的湿投法工艺流程图，整个过程由石灰消化、乳液制备和投配三部分组成。乳液槽必须用螺旋桨搅拌器搅拌，而不应用压缩空气搅拌，以防产生碳酸钙沉淀增大石灰的消耗。

石灰、清水入石灰消解机 1 经搅拌消解，生成浓度为 40%～50%的石灰乳，经筛网筛后入石灰乳槽 2，沉淀分离其中的灰、砂杂质后，用泵 3 打入贮槽 4，加水配制成 5%～15%的石灰乳液，再经投药箱 5，计量泵 6 送入混合池进行混合及中和反应，中和反应速度较快，中和时间 2～4 min。中和时若有沉淀产生，应再设沉淀池进一步分离沉淀物。

湿投法效果比干投法好、投药量也少（理论值的 1.05～1.07 倍）且石灰乳价廉易得，故得到广泛应用。但该法工艺复杂，沉渣体积较大，脱水处理困难。

（2）反应器中和　即过滤中和，是将酸性废水通过反应器中具有中和能力的碱性滤料层（如石灰石、大理石、白云石等）进行中和反应，在过滤的同时达到中和的目的。该法适用于处理较清洁的含盐酸、硝酸或低浓度的硫酸废水。废水中硫酸浓度高于 2g/L 时，则不宜采用石灰石滤料，因为此时将产生不溶性的硫酸钙沉淀，使滤床阻力增大或覆盖在滤料层的表面影响中和反应的进行。但若以白云石 $CaMg(CO_3)_2$ 为滤料时，H_2SO_4 含量则可放宽到 5g/L，因为它与 H_2SO_4 产生的 $CaSO_4$ 沉淀量少，但反应速度比石灰石慢。

$$2H_2SO_4+CaMg(CO_3)_2 \longrightarrow CaSO_4\downarrow+MgSO_4+2H_2O+2CO_2\uparrow$$

$$2H_2SO_4+CaCO_3 \longrightarrow 2CaSO_4\downarrow+2CO_2\uparrow+2H_2O$$

反应器中和所用的设备有固定床、流化床和滚筒式三种。

① 固定床中和滤池　图 3-11 是固定床中和反应器，亦称普通过滤中和池，可分为升流式和降流式两种。由于在升流式反应器中，产生的 $CaSO_4$ 沉淀能被上升水流带走而不会沉降于滤床层内，而且生成的 CO_2 气体也易逸出，故它的效果优于降流式。操作中滤

速一般取 1～1.5 m/h，滤料粒径 3～8 cm，滤层高度 1～1.5 m。此类反应器滤料粒径大，滤速低，中和反应时间长，故滤池容积大，清理滤料难，只适用处理较洁净含硝酸、盐酸及很稀的硫酸废水。

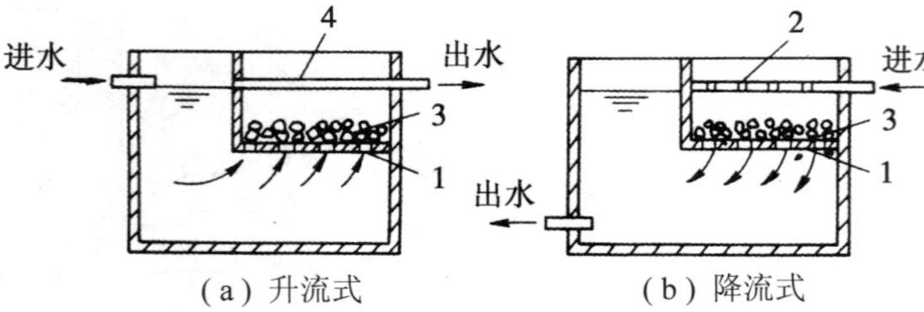

图 3-11 固定床中和反应器

1—穿孔底板；2—配水管；3—滤料；4—受水槽

② 流化床中和反应器 图 3-12 是流化床中和反应器示意图，亦称升流式膨胀中和滤池。这类反应器采用小粒径滤料（0.5～3 mm），增大了滤料与酸性废水的接触面积，提高了反应速度（只需几分钟，而固定床需 1 h），操作中采用了高滤速（50～70 m/h），使滤料呈悬浮态，互相碰撞，阻止了 $CaSO_4$ 和 CO_2 对滤料的覆盖，并被水流带出反应器，可以改善含 H_2SO_4 废水的中和处理。流化床中和反应器设备体积小，处理量大，操作管理简单，出水 pH 值稳定，由于饱含 CO_2，pH 值一般为 4.2～5.0，经压缩空气曝气赶走 CO_2 后，pH 值可达 6～6.5，当出水 pH 值<4.2 时，则应投加新的滤料。为了降低成本，滤料可采用石灰厂下脚料。升流式膨胀中和滤池要求布水均匀，池子直径不宜太大，多采用 1.5～2.0 m。运转初期滤层厚度可采用 1 m，滤料膨胀率采用 50%，池上部保持 0.5 m 的清水区，池底设 0.15～0.2 m 的卵石承托层（粒径 20～40 mm）。

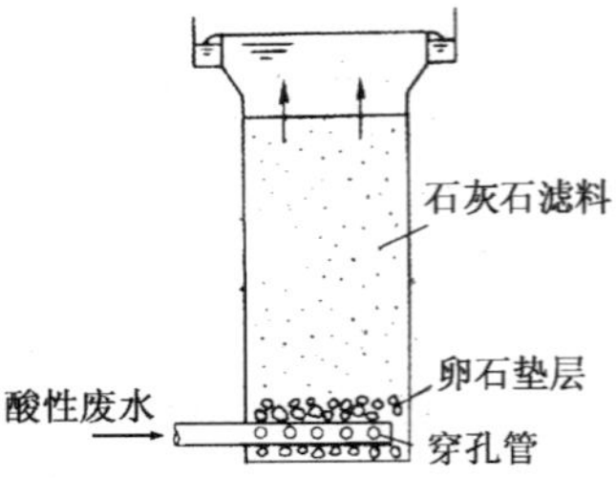

图 3-12 流化床中和反应

③ 滚筒式过滤中和反应器 滚筒式过滤中和反应器结构如图 3-13 所示。滚筒 1 用钢板制成，旋转轴向出水方向倾斜 0.5°～1°，转速约 10 r/min。废水自筒左端进入，在筒内随筒一起转动，并与筒中滤料相互作用，中和后的水从右端经多孔滤板 2 流出。筒内壁焊有数条纵向挡板，带动滤料翻滚。筒内有效装料容积为总容积的一半。这种设备的优点是处理高浓度含 H_2SO_4 废水时，滤料也不会堵塞，但设备腐蚀问题还有待改进。

2. 碱性废水的处理

碱性废水可用酸性物质中和，常用的中和剂有硫酸、盐酸和酸性废气等。工业生产中排出的含酸废水也是一种良好的中和剂。

碱性废水的中和处理设备与酸性废水中和处理设备基本相同，一般应设有投药装置，混合反应池。如反应中有沉淀产生，还应设置沉淀池。

烟道气中含有少量的 CO_2、SO_2 和 H_2S 等酸性气体，可以用来中和碱性废水，同时也净化了废气，是一种值得推广的好方法。

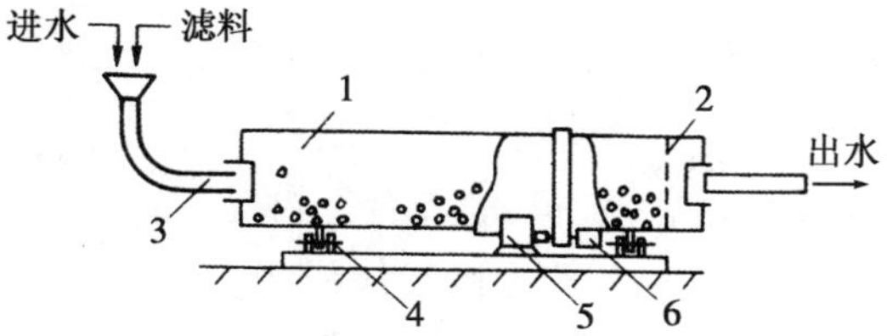

图 3-13　滚筒式中和滤池

1—滚筒；2—穿孔隔板；3—进料口；4—支承轴；5—减速器；6—电机

烟道气中和碱性废水常和烟道气除尘同时设计，通常有两种方法，一是在水膜除尘器（中和塔）或是填料塔中以碱性废水做喷淋用水和烟道气逆流接触而发生中和反应。二是将烟道气除尘后加压鼓泡通过碱性废水。烟道气中和法处理碱性废水降低 pH 值效果明显，一般可将废水的 pH 值由 10～12 降低到 5～7，同时烟道气中的 H_2S 气体去除率也可达 90%以上。但是，处理后出水中的硫化物、耗氧量、色度都有增加，必要时还应对出水进行处理。

第三节　氧化还原法

氧化还原法是利用氧化还原反应将废水中的有害物质转化为不溶解的或无毒的新物质，达到无害化的目的。下面介绍氧化还原法中几种常用的方法。

一、氧化法

1. 空气氧化法

空气氧化法以空气为氧化剂，是一种简单而经济的处理方法。由于空气的氧化能力弱，故该法主要用于处理含还原性较强物质的废水。例如在处理炼油厂废水时，硫化物可以被氧化为危害性较轻的硫代硫酸盐和硫酸盐。

$$2HS^- + 2O_2 \longrightarrow S_2O_3^{2-} + H_2O$$

$$2S^{2-} + 2O_2 + H_2O \longrightarrow S_2O_3^{2-} + 2OH^-$$

$$S_2O_3^{2-} + 2O_2 + 2OH^- \longrightarrow 2SO_4^{2-} + H_2O$$

有机硫化物则与氧生成难溶二硫化物而从水中分离出去。

$$RSNa + R'SNa + \frac{1}{2}O_2 + H_2O \longrightarrow RS-SR' \downarrow + 2NaOH$$

炼油厂的含硫污水经此法处理，含硫量可由 2 000 mg/L 降至 30 mg/L 以下。

空气氧化法脱硫的工艺流程如图 3-14 所示。待处理污水经热交换器预热至 95℃，与蒸汽和压缩空气混合后进入空气氧化塔。塔内设四个气液混合分配器（喷嘴），空气和污水经窄缝在其中混合，再经四周若干个ϕ6 mm 的喷嘴喷出，空气形成小气泡，增大了两相接触面积，加快反应速度。塔顶排出的水气混合物在气液分离器中分离，液体进入热交换器与进水换热后排入含油污水管道进行进一步处理。

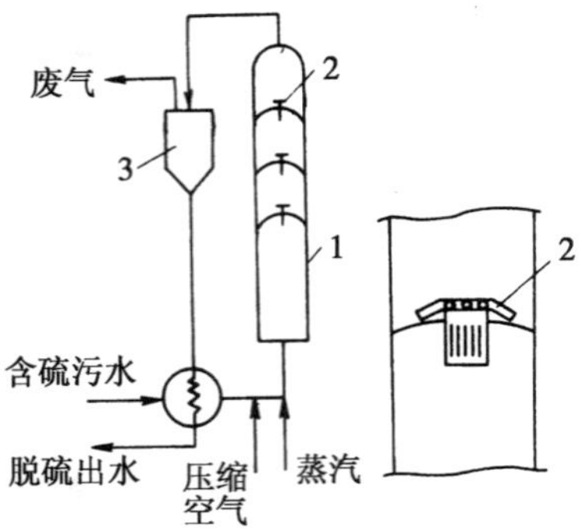

图 3-14 空气氧化法脱硫流程

1—空气氧化塔；2—喷嘴；3—分离器

2. 氯氧化法

氯氧化法在自来水厂中常用来做消毒处理，用于杀死水中的细菌。在工业废水的处理中可以用来治理含氰、酚、硫化物废水及染料废水等。

氯氧化法常用的药剂有液氯、漂白粉、次氯酸钠、二氧化氯等。

含氰废水处理　含氰废水主要来自电镀行业，废水中的致毒物质是氰化物，可以将其完全氧化为氮和二氧化碳而失去毒性。

处理时先用石灰或烧碱将废水的 pH 值调至 8.5～11，然后通入氯气或加入次氯酸钠，漂白粉等氧化剂，使 CN^-氧化，以加氯气为例，则发生如下反应：

$$NaCN+2NaOH+Cl_2 \longrightarrow NaCNO+2NaCl+H_2O$$

此反应速度较快，一般数分钟即可完成，反应必须在碱性条件下进行，若 pH<8.5，则可能产生剧毒的中间产物 CNCl 气体，同时反应速度也会大大降低。反应生成的氰酸钠 NaCNO 的毒性比氰化物小得多（约为其 0.1%）。

为了进一步净化水质，通常加入过量的氯，使氰酸钠进一步被氧化为 CO_2 和 N_2，化学反应式如下：

$$2NaCNO+4NaOH+3Cl_2 \longrightarrow 2CO_2\uparrow +6NaCl+N_2\uparrow +2H_2O$$

这一反应速度较慢，在 pH 为 8～8.5 时约需 1 h，pH 值愈高，反应愈慢，若水中还存在 Fe^{2+}、Mn^{2+}、Zn^{2+}等离子时，会生成络合物干扰对氰的氧化，这时应将投氯量增加，若存在其他还原性物质，也应如此。

使用漂白粉做氧化剂，可不加碱、反应式如下：

$$2NaCN+5CaOCl_2+H_2O \longrightarrow 2CO_2\uparrow +N_2\uparrow +Ca(OH)_2+4CaCl_2+2NaCl$$

由于漂白粉有效氯成分只有 20%～25%，杂质多，反应后生成泥渣也多，只适用处理水量不大，浓度不高的含氰废水。

国外从 20 世纪 70 年代起研究和应用了新的加氯氧化法，它是把光催化作用和氧化剂的氧化作用相结合的一种高效氧化分解法，基本原理如下：

$$Cl_2+H_2O \rightleftharpoons HOCl+HCl \qquad HOCl \xlongequal{光} HCl+O^*$$

氯气溶于水形成次氯酸、盐酸，次氯酸吸收光而分解生成新生态氧 O^*。

$$C_mH_n+\left(2m+\frac{n}{2}\right)O^* = mCO_2+\frac{n}{2}H_2O$$

新生态氧与有机组分 C_mH_n 反应，将其氧化分解为 CO_2 和 H_2O。

该法用波长为 150～400 nm 的紫外光、氧化剂以 Cl_2 或者 NaClO 较好。此法氧化能力强，不产生污泥，脱色能力强，设备紧凑（反应槽内设置一个或几个光源），处理速度可调（通过调节氧化剂量和光量）。缺点是耗电量大，每小时处理 100 m^3 废水时，电耗高达数百千瓦小时。

3. 臭氧氧化法

臭氧是一种强氧化剂，应用于废水处理始于 20 世纪 50 年代。由于臭氧氧化能力强，应用范围很广。可用于除臭、脱色、除酚、氰、铁、锰等过程中，在降低 COD、BOD，提高废水的可生化性方面也有广阔的应用前景。特别是臭氧与紫外光的配合，效果更为明显。臭氧在水中分解为氧，不会造成二次污染，氧化产物毒性低。它可以用电和空气就地制取，使用方便，特别适于处理低含量可氧化物质的废水。因此，近年来在废水处理中应用日益广泛。

对于臭氧的氧化作用，过去曾认为是由于分解时产生新生态的原子氧的作用，目前研究认为，更主要的原因是臭氧分子中的氧原子本身就是强烈亲电子或亲质子的。

因为臭氧是不稳定的，水处理所用的臭氧必须在处理现场发生，工业上常用干燥空气或氧气经无声放电制取臭氧。

$$3O_2 \xrightarrow{\text{无声放电}} 2O_3-288.4\ \text{kJ}$$

废水的臭氧处理在混合反应器内进行，反应器应促使臭氧和水充分接触、扩散、混合，使之与水中杂质充分反应。因此，应尽可能使臭氧化空气在水中形成微细气泡，并采用两相逆流操作，以强化传质过程。对扩散速度大的污染物，反应器多采用微孔扩散板式，对反应速度快的污染物，反应器多采用喷射式，此外还有采用机械搅拌及螺旋混合器等。

臭氧处理废水的成本目前还比较高，故一般用于处理水量不大的场合。我国对臭氧处理废水的研究始于 20 世纪 70 年代初，已经有了一些较为成熟的处理技术，下面介绍几种工业废水的臭氧化处理。

（1）含酚废水的处理　臭氧容易破坏酚，其氧化能力比 H_2O_2 大 1 倍，用臭氧处理含酚 600 mg/L 的石油废水，当 pH=12 时，添加 1 000 μl/L 的臭氧即可将酚类完全分解，表 3-3 给出了几个工厂排出的含酚废水臭氧氧化处理的结果。

由表中数据可见，对于高浓度含酚废水，只需投加较少的臭氧即可获得好的结果，但对低浓度含酚废水，则要投加高比例的臭氧才能达到净化要求。

（2）含氰废水的臭氧处理　臭氧可代替氯处理氰化物废水，氧化作用按下式分两个阶段进行。

第一阶段：$CN^-+O_3 \longrightarrow CNO^-+O_2$

第二阶段：$2CNO^-+3O_3+H_2O \longrightarrow 2HCO_3^-+N_2+3O_2$

表 3-3 几种含酚废水臭氧处理结果

废水源	酚的最初浓度/(mg/L)	臭氧用量/(mg/L)	$\frac{臭氧}{酚}$比	残留酚/(mg/L)	去除率/%
炼焦厂	1 240	2 500	2.0	1.2	99.9
炼焦厂	38	700	18	0.1	99.7
化工厂	290	400	1.4	0.3	99.9
炼油厂 A	3 000～15 000	10 000～25 000	3.3～1.7	0.6～1.2	>99.9
炼油厂 B	120 000	110 000	0.92	2.5	>99.9
炼油厂 C	11 600	11 000	1.0	2.5	>99.9
炼油厂 D	605	750	1.3	0.3	>99.9
炼油厂 E	0.38	20～40	53～106	0.012	96

华东理工大学曾试验用该法处理腈纶废水，当废水中丙烯腈为 200 mg/L，CNS^-为 50～100 mg/L，COD 为 400～500 mg/L 时，每立方米废水投加 1.2～1.6 kg 臭氧，就可使出水的丙烯腈降至 0.2 mg/L，CNS^-基本上测不出，COD 可低于 100 mg/L。后来对该法进一步改进，先用水蒸气将 95%的丙烯腈汽提回收，然后每吨废水只要投加 150 g 左右臭氧，出水即达排放标准。

（3）脱色 臭氧具有很强的脱色和去浊能力，特别适用于印染厂废水的处理。如日本对某人造丝厂的印染废水采用混凝—过滤—臭氧处理流程，取得了良好的效果。先投加 Fe^{2+} 12.5 mg/L 进行混凝，过滤后再加入 22 g/m^3 的臭氧，除色率达 90%以上。

还有许多利用臭氧处理废水的方法，这里不再一一列举，但总的来说，单独使用臭氧处理，臭氧消耗量大，效果也差，若能和适当的预处理（过滤、沉降、pH 调整、混凝、生化处理）、并行处理（活性炭吸附）、后处理（主要是活性炭吸附）互相配合，则能发挥出较好的效益。

（4）紫外辐射下的臭氧处理 对臭氧处理机理的研究证明，游离基型链式反应进行的臭氧化反应具有更强的氧化降解能力，使某些极难被臭氧单独氧化的化合物在紫外光存在时能被氧化，而紫外辐射下的臭氧处理则是保证游离基反应的最佳条件。

在紫外光照射下，臭氧水溶液的光化学反应首先是 HO 游离基的生成：

$$O_3 \xrightarrow{h\nu} O\cdot + O_2 \qquad O\cdot + H_2O \longrightarrow 2HO\cdot$$

也有人认为首先生成的是 H_2O_2

$$O_3 + H_2O \xrightarrow{h\nu} O_2 + H_2O_2$$

$$H_2O_2 \xrightarrow{h\nu} 2HO\cdot$$

以后的游离基反应如下式

$$RH + HO\cdot \longrightarrow R\cdot + H_2O$$

$$R\cdot + \cdot OH \longrightarrow ROH$$

如果 ROH 为甲醇，则以后的反应可用下式表示

$$CH_3OH \longrightarrow HCHO \longrightarrow HCOOH \longrightarrow CO_2 + H_2O$$

甲醇、乙醇、乙酸等均被认为是难分解的物质，特别是乙酸，在单独臭氧处理条件下，不能被氧化分解。但在紫外辐射配合下，可以氧化分解，生成一系列中间产物直至

氧化为 CO_2，如下式所示：

$$CH_3COOH \longrightarrow \begin{matrix} CH_2OH \\ | \\ COOH \end{matrix} \longrightarrow \begin{matrix} CHO \\ | \\ COOH \end{matrix} \longrightarrow \begin{matrix} COOH \\ | \\ COOH \end{matrix} \longrightarrow CO_2+H_2O$$

紫外光配合下的臭氧处理，由于其特别强的氧化能力，对含难分解物质较多的工业废水更为适用。但是目前这种方法费用较高，工艺也较复杂，只适于处理量不大的场合。

二、化学还原法

采用一些还原剂使其与废水中污染物发生反应，把有毒物转变成低毒、微毒或无毒物质的方法称化学还原法，由于废水中某些金属离子在高价态时毒性较大，可用化学还原法将其还原为低价态，然后分离除去，目前此法多用于处理含六价铬和汞化合物的废水。

常用的还原剂有如下几种：

（1）电极电位较低的金属，如铁、锌等；

（2）带负电的离子，如 SO_3^{2-}；

（3）带正电的离子，如 Fe^{2+}；

（4）含 H_2S、SO_2 的工业废气。

1. 含铬废水的处理

电镀、制革、冶炼、化工等工业废水中的六价铬以 CrO_4^{2-}或 $Cr_2O_7^{2-}$形式存在，含六价铬的废水，可用硫酸亚铁、焦亚硫酸钠、二氧化硫、亚硫酸钠、亚硫酸氢钠等为还原剂将其还原为 Cr^{3+}，化学反应式如下：

$$H_2Cr_2O_7+6H_2SO_4+6FeSO_4 \longrightarrow 3Fe_2(SO_4)_3+Cr_2(SO_4)_3+7H_2O$$

$$2H_2Cr_2O_7+3H_2SO_4+3Na_2S_2O_5 \longrightarrow 3Na_2SO_4+2Cr_2(SO_4)_3+5H_2O$$

$$H_2Cr_2O_7+3SO_2+3H_2O \longrightarrow Cr_2(SO_4)_3+4H_2O$$

$$2H_2Cr_2O_7+6NaHSO_3+3H_2SO_4 \longrightarrow 2Cr_2(SO_4)_3+3Na_2SO_4+8H_2O$$

反应通常在反应池中进行，反应过程中 pH 值不应大于 4.5，最好使 pH＜3。反应生成的 Cr^{3+}可投加石灰或其他碱性物质使其生成 $Cr(OH)_3$ 沉淀出来。

$$Cr_2(SO_4)_3+3Ca(OH)_2 \longrightarrow 2Cr(OH)_3\downarrow+3CaSO_4\downarrow$$

2. 含汞废水的处理

氯碱、炸药、制药等工业废水中常含有 Hg^{2+}，可以将其还原为 Hg 而分离回收。常用的还原剂有活泼金属（铁、铝、锌等）、硼氢化钠、甲醛、联胺等。对废水中的有机汞可先将其氧化为无机汞然后再还原。

采用活泼金属如锌粉做还原剂，则发生如下反应。

$$Zn+Hg^{2+} \longrightarrow 2Hg\downarrow+Zn^{2+}$$

析出的汞附在金属表面，可用干馏法加以回收，为了加快反应速度，增大金属与废水的接触，置换用的金属常制成粒状或粉状，放在过滤床中，让废水从中流过而发生反应。

图 3-15 是青海电化厂用还原—吸附法处理含汞废水的工艺流程：

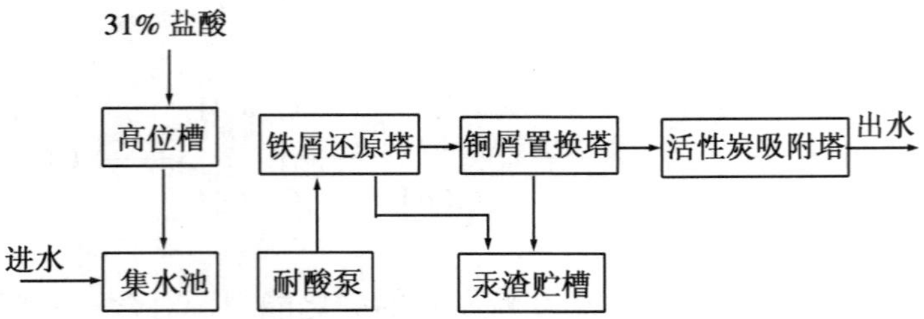

图 3-15 还原吸附法处理含汞废水流程

含汞废水入集水池，用泵抽取上层清液，由计量装置加入盐酸调节 pH 值至 3～6 后先进入铁屑还原塔，然后再进入铜屑置换塔处理，最后经活性炭吸附塔处理后排入下水道。还原塔和置换塔底部汞沉渣定期排入汞渣贮槽，送至汞渣处理工序处理。含汞废水经还原处理后出水汞浓度接近排放标准，再经吸附处理，排水中汞浓度可降至 0.05 mg/L 以下，去除率达 99.5%。

第四节 化学沉淀法

利用某些化学物质为沉淀剂，使其与废水中的某些可溶性污染物发生化学反应，生成难溶于水的化合物从废水中沉淀出来的水处理方法称为化学沉淀法，该法多用于去除废水中重金属离子及含硫、氰、氟、砷的有毒化合物。

一、基本原理

水中的化合物能否产生沉淀从水中分离出来，除了决定于物质本身的结构性质以外，对难溶电解质而言，还取决于它的溶度积 K_{sp} 的大小。在温度一定时，对某一难溶电解质而言，K_{sp} 为一常数。如果某给定溶液中离子浓度的乘积（离子积）大于它的溶度积 K_{sp}，则会有沉淀产生。

化学沉淀法即是利用这一原理，向废水中加入一种沉淀剂，使其和要沉淀的离子生成某一难溶物质，并且使它的离子浓度乘积大于它的 K_{sp} 值，从而从废水中沉淀出来，废水中的许多无机化合物离子都可以采用以上原理使其从水中去除。

要使沉淀趋于完全，必须加入过量的沉淀剂。例如用 $BaCl_2$ 沉淀溶液中的 SO_4^{2-}时，$BaCl_2$ 的用量应大于理论值。显然，溶液中的 Ba^{2+}越大，残余的 SO_4^{2-}越小，$BaSO_4$ 沉淀得更完全。但沉淀剂用量也不宜过多，一般过量 20%左右即可。

二、化学沉淀法的应用

1. 中和沉淀法

中和沉淀法是国内外重金属废水处理普遍采用的方法，在酸性重金属废水中加入中和剂，使酸中和并使重金属离子生成金属氢氧化物沉淀然后分离去除。

常用的中和沉淀剂有石灰、苛性钠、碳酸钠、碳酸钙、电石渣等。苛性钠具有组成均匀、易于贮存和投加，反应迅速，污泥量少等优点，但其价格较贵，限制了它的使用。

石灰是目前最为广泛使用的中和剂，它的优点是来源广泛，价格便宜，其缺点是产生污泥量较大。

图 3-16 是中和法处理重金属废水时广泛采用的一种流程。废水先进入调节池，然后再进入反应池与石灰乳进行中和反应后进入沉淀池，沉淀池上部清液经过滤后排放或回用，污泥进浓缩池脱水后外运。

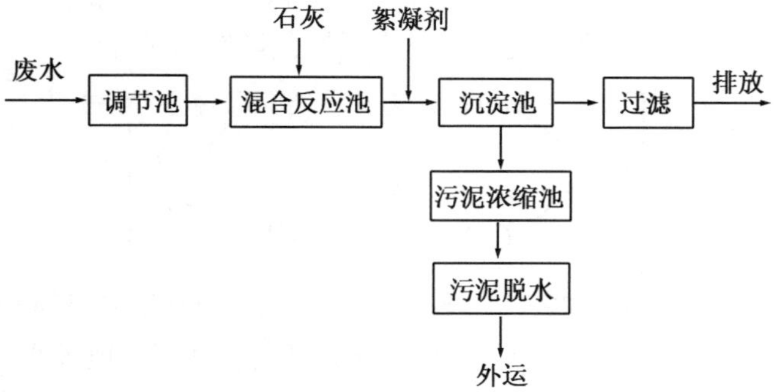

图 3-16　中和沉淀法处理废水流程

2. 硫化物沉淀法

硫化物沉淀法通常选用硫化钠做沉淀剂，由于金属离子与 S^{2-}有很强亲和力，形成金属硫化物的溶度积比相应的金属氢氧化物的溶度积小得多，因此对废水中的金属离子去除更加彻底。该法还具有沉淀物少，含水量低，沉淀物的处理和重金属回收容易等优点，但所用沉淀剂 Na_2S 价格高，生成的沉淀颗粒细小难以沉淀。因此使用此法并不广泛，同时还应注意避免造成硫化物的二次污染。

图 3-17 为某厂用硫化物沉淀法处理含汞废水的流程。废水在立式沉淀池中与加入的 Na_2S（投加量为废水含汞量的 1.5～2.0 倍）在空气搅拌（搅拌时间为 5 min）的作用下充分混合反应，然后静止沉淀 1～2 h，经砂滤柱过滤，为了进一步减少废水中硫化物含量，砂滤后废水再经铁屑滤柱过滤。经处理后的水含汞量低于 0.01 mg/L，可以直接排放。

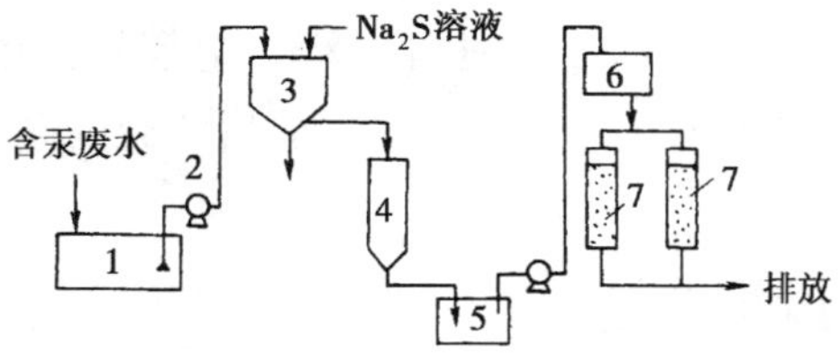

图 3-17　硫化法处理含汞废水流程

1—废水池；2—水泵；3—立式沉淀池；4—砂滤柱；

5—中间水池；6—高位水池；7—铁屑滤柱

3. 铁氧体共沉淀法

铁氧体共沉淀法是向废水中加入适量的 $FeSO_4$、加碱中和后再通入热空气，使金属离子形成铁氧体晶粒而沉淀析出的方法。铁氧体是具有铁离子、氧离子及其他金属离子所组成的一种复合氧化物沉淀，最常见的是磁性氧化铁（FeO 和 Fe_2O_3 的混合物）和 Fe_3O_4。此种沉淀粒径大，密度大，具有磁性、易分离，如采用磁性分离，效果更佳。铁氧体能同时与多达 7～10 种高浓度金属离子作用，吸附水中悬浮物、细菌等随沉淀一起去除。

铁氧体沉淀法处理工厂含铅废水已取得良好的效果。处理时可将一定量 $FeCl_3$ 溶于含铅废水，并加入铁屑使部分 Fe^{3+} 还原为 Fe^{2+}，使$[Fe^{3+}]:[Fe^{2+}]=2:1$，然后用 NaOH 调节 pH＝10，几分钟后即发生下述反应，形成黑棕色铁氧体沉淀。

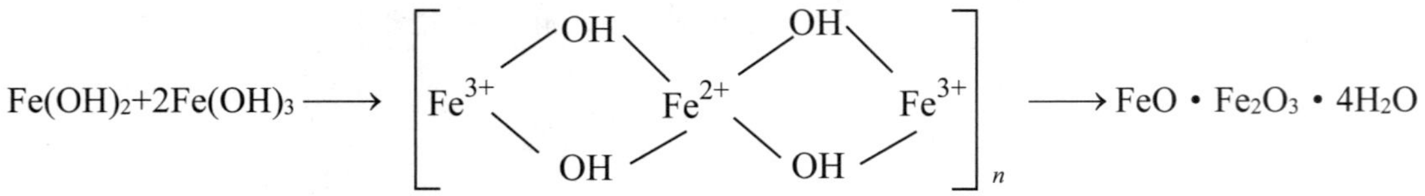

废水中的 Pb^{2+} 可置换铁氧体中的 Fe^{2+}，生成磁铅石铁氧体 $PbO\cdot 6Fe_2O_3$，铅进入铁氧体晶格之后，结合牢固，难以溶解，很容易从溶液中沉淀，使废水得以净化。

铁氧体沉淀法的主要特点是在形成铁氧体的过程中，废水中的重金属离子被结合进入铁氧体内，而沉淀析出。铁氧体具有磁性，它不溶于酸、碱和盐的溶液，也不溶于水，其沉降速度快，易于分离，特别是采用磁力分离器进行固液分离则效率更高。

第五节 电 解 法

电解法又称电化学法，是废水中的电解质在直流电的作用下发生电化学反应的过程。

电解过程在电解槽中进行，槽中与电源正极相连接的电极叫阳极，与电源负极相连接的电极叫阴极。接通直流电源之后，在电场力的作用下，废水中的正、负离子则分别向二极移动，并在电极表面发生氧化还原反应，生成不溶于水的沉淀或气体从水中分离出来，从而降低了废水中有害物的浓度或是使其转化为无毒或低毒物质。

电解法主要适用于处理含重金属离子、含油废水的脱色，近年来也开始应用于工业有机废水的处理中。

废水的电化学处理可分为电极表面处理过程、电解氧化还原过程、电解浮选和电凝聚处理过程四类，前两类属于电化学—化学法，而后两类则属于电化学—物理法。

一、电极表面处理过程

废水中的可溶性污染物在电极表面得到或失去电子发生氧化还原反应，生成不溶性沉淀物、气体或是转化为低毒无毒化合物的过程叫电极表面处理过程。

含氰废水的电化学氧化处理便是一个典型的例子。

含氰废水在碱性条件下进入电解槽，水中的 CN^- 在电场力的作用下向阳极移动，并在石墨阳极表面失去电子发生电解氧化作用，最终被氧化为无毒的 CO_2 和 N_2。

$$CN^- + 2OH^- - 2e \longrightarrow CNO^- + H_2O$$

$$2CNO^- + 4OH^- - 6e \longrightarrow 2CO_2\uparrow + N_2\uparrow + 2H_2O$$

同时还发生 CNO^- 的水解反应。

$$CNO^- + 2H_2O \longrightarrow NH_4^+ + CO_3^{2-}$$

用该法除氰时，常向废水中投加少量的食盐，它电离后产生的 Cl^- 在阳极上放出电子形成游离氯[Cl]，它可促进阳极附近 CN^- 的氧化分解，同时本身又形成 Cl^- 移向阳极，重复上述反应。

$$2[Cl^-] - 2e \longrightarrow 2[Cl]$$

$$CN^- + 2[Cl] + 2OH^- \longrightarrow CNO^- + 2Cl^- + H_2O$$

$$2CNO^- + 6[Cl] + 4OH^- \longrightarrow 2CO_2\uparrow + N_2\uparrow + 6Cl^- + 2H_2O$$

对于废水中的重金属离子，则可发生电化学还原反应，在阴极上得到电子发生重金属的沉积。

$$Zn^{2+} + 2e \longrightarrow Zn\downarrow$$

$$Cu^{2+} + 2e \longrightarrow Cu\downarrow$$

二、电极氧化还原过程

电极氧化还原过程采用的电极为“可溶性”电极，电极本身在电解过程中生成氧化或还原产物，与废水中的污染物发生氧化还原反应而使废水得以净化。

例如，在处理含六价铬废水时，采用铁板作为阳极，铁阳极在电流作用下产生电化学腐蚀，失去电子形成 Fe^{2+} 进入废水，在酸性条件下，Fe^{2+} 作为强还原剂，将六价铬还原为三价铬离子。

$$Fe - 2e \longrightarrow Fe^{2+}$$

$$6Fe^{2+} + Cr_2O_7^{2-} + 14H^+ \longrightarrow 2Cr^{3+} + 6Fe^{3+} + 7H_2O$$

$$3Fe^{2+} + CrO_4^{2-} + 8H^+ \longrightarrow Cr^{3+} + 3Fe^{3+} + 4H_2O$$

随着电解的进行，大量 H^+ 被消耗，最后使废水中剩下大量$[OH^-]$，而使 Cr^{3+} 生成 $Cr(OH)_3$ 沉淀下来。Fe^{3+} 也同样生成 $Fe(OH)_3$ 而沉淀。

$$Cr^+ + 3OH^- \longrightarrow Cr(OH)_3\downarrow$$

$$Fe^{3+} + 3OH^- \longrightarrow Fe(OH)_3\downarrow$$

用上述方法除铬，效果稳定可靠。当进水含六价铬 25～150 mg/L 时，经电解还原后，出水中六价铬降到 0.1 mg/L 以下，极板消耗量 Cr^{6+}：Fe=1：4～5。

三、电解浮选和电解凝聚法

废水在电解过程中，若采用不溶性电极，电解时电极上析出大量小气泡，如水的电解可产生 H_2 和 O_2，有机物和氯化物的电解氧化也会产生 CO_2、N_2、Cl_2 等气体，它们都会形成气泡从废水中逸出。这些气泡直径都很小（小于 60 μm），分散度高，对废水中的悬浮物，油类有很强的捕获能力和浮载力。可将它们夹带浮升至水面而除去，处理后的水质较好。图 3-18 为脱除重金属离子的电解气浮示意图。调整 pH 后的废水在电解凝聚槽进行氧化还原处理，阳极溶蚀产生的氢氧化铁（或氢氧化铝）胶体同时起凝聚共沉作用，然后废水进入电解浮上槽，借助电解产生的大量气泡进行电气浮处理。

如果电解时使用可溶性阳极（铁、铝等），使其产生 Fe^{3+}、Al^{3+}等离子，经水解聚合反应可形成一系列活性凝聚体——絮凝剂，对废水中污染物起凝聚、吸附作用，形成絮状颗粒而沉降分离，这种方法称电解凝聚法，上述电解凝聚槽中就同时起电解凝聚作用。

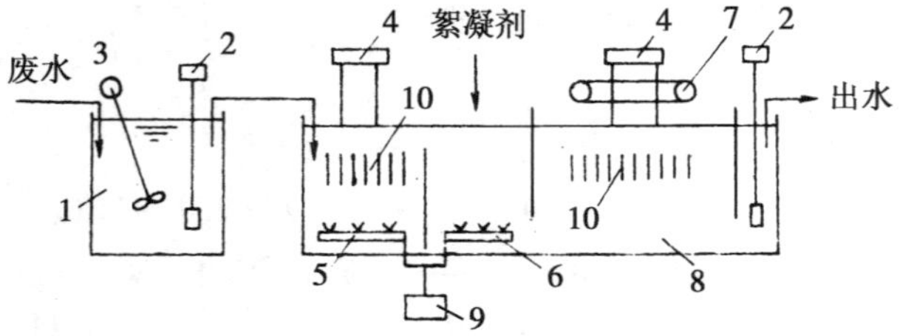

图 3-18 电解气浮工艺流程

1—pH 调整槽；2—pH 计；3—搅拌机；4—整流器；5—电解槽；6—凝聚槽；7—刮沫机；8—电解浮上槽；9—压气罐；10—电极

电凝聚处理法的优点是不需外加混凝剂，而且电解生成的絮凝剂具有很强的吸附能力，能有效地去除废水中的胶体和悬浮物。该法一般用于含油及表面活性物质废水、含重金属离子废水、造纸制浆废水的处理，对染色废水也有较好的处理效果，能使 BOD、COD 及色度大大降低。

电解法处理废水是一种较为简单、经济、有效的方法，它有以下几方面的特点：

（1）适应性强：不受废水水质限制，且适用范围广泛；

（2）处理效果好：电解法处理废水是一个综合的复杂过程，即包括电极上和溶液中的氧化还原过程，又存在着吸附、絮凝和气浮等多种物理化学过程，处理效果好。处理过程中污泥浮渣少，一般不会产生二次污染；

（3）设备简单、易管理：电解法主要设备为直流电源和电解槽，操作很易管理；

（4）处理费用低：除使用可溶性阳极需消耗一定量铁或铝外，一般不需消耗其他材料和药品，只需消耗一些电力，运转费用低。例如用电解法处理含酚废水，处理费用只是臭氧氧化的一半，是活性炭吸附法的四分之一。

综上所述，电解法处理废水是一种很有发展前途的方法。

第六节 高级氧化技术

高级氧化法（Advanced Oxidation Processes）的概念由 Glaze 等首次提出，泛指氧化过程中有大量羟基自由基参与的化学氧化过程，高级氧化法是运用电、光辐照结合催化剂或氧化剂，在反应中产生一系列高活性的自由基，再通过自由基与有机化合物之间的加成、取代、电子转移、断键等反应而使水体中的难降解有机物降解成低毒或无毒的小分子物质，甚至直接分解成为 CO_2 和 H_2O，接近完全矿化。该方法具有使用范围广、处理效率高、反应迅速、二次污染小等优点，使其在废水深度处理中有较好的应用。

高级氧化法主要包括湿式催化氧化法（Catalysis Wet Oxidation，CWO）、超临界水氧化法（Supercritical Water Oxidation，SCWO）、电催化氧化法（Electric Catalysis Oxidation，ECO）、超声波氧化（Ultrasonic Oxidation）、光催化氧化法（ Photo-catalytic Oxidation）等。

一、湿式氧化法

湿式氧化法是从 20 世纪 50 年代发展起来的处理有毒、有害、高浓度有机废水的方法，其基本原理是在高温（150～350℃）高压（5～20 MPa）下用氧气或空气作为氧化剂，氧化水中溶解态或悬浮态的有机物或还原态的无机物使之生成二氧化碳和水的一种处理方法。按处理过程有无催化剂可分为湿式氧化法（Wet Air Oxidation，WAO）和催化湿式氧化法（Catalytic Wet Air Oxidation，CWAO）两类。

一般认为，不论是均相或是非均相湿式氧化反应均属于自由基反应，经历诱导期、增殖期、退化期以及结束期四个阶段。在诱导期，分子氧与有机物反应形成烃基自由基 R •；在增殖期，烃基自由基继续与分子氧反应，产生的酯基自由基 ROO•继续与有机物作用生成低分子酸和羟基自由基 HO •；在退化期，低分子酸分解形成醚基自由基 RO •、羟基自由基 HO•以及烃基自由基 R •，羟基自由基有强氧化性再去氧化有机废物；在结束期，自由基之间结合能量湮灭反应停止。

在国外这一技术已经实现了工业化，如美国 Zimpro 公司开发的湿式空气氧化法（Wet Air Oxidation）已成功地用于城市污水污泥、造纸黑液等高浓度有毒有害废水的处理。日本等发达国家把 WAO 技术视为第二代工业废水处理技术，专用于解决第一常规技术（如生物、物理、物理化学处理等）难以解决或无法解决的高浓度工业废水的处理。我国用湿式均相催化氧化、多相催化氧化处理废水的研究也取得了一定的进展。如张秋波以 $Cu(NO_3)_2$ 为催化剂的湿式氧化法处理煤气化废水，酚、氰、硫的去除率接近 100%，COD_{Cr} 去除率达 65%～90%，且对多环芳香烃类有机物有明显的降解作用。

二、超临界水氧化法

超临界水氧化法（Supercritical Water Oxidation，SCWO）是湿式空气氧化法的强化和改进，由美国 MODAR 公司于 1982 年开发成功，是一种能够彻底破坏有机物结构的新型氧化技术。其原理是利用超临界水作为介质来氧化分解有机物。它以水为液相主体，以空气中的氧为氧化剂，把温度和压力升高到水的临界点（T_c=374℃，P_c=22.1MPa）以上，使水处于一种既不同于气态，也不同于液态和固态的新的流体态，即超临界态。该状态的水称为超临界水。在超临界状态下水的密度、介电常数、黏度、扩散系数、电导率和溶剂化学性能等都发生了极大的变化，水的介电常数减少至近似于有机物，从而使气体和有机物能完全溶于水中，相界面消失，形成均相氧化体系，消除了在湿式氧化过程中存在的相际传质过程，提高了反应速率，同时在均相体系中氧化态自由基的独立活性更高，氧化程度也随之提高，在超临界的状态下水成为非极性有机物和氧的良好溶剂，这样有机物的氧化反应就可以在富氧的均一相中进行，不受相间转移的限制而且废水中所含的有机物被氧气分解成水、二氧化碳等简单无害的小分子化合物。同时较高的温度也使反应速度加快，甚至几秒内就能完成对大部分有机物的破坏。因此几乎所有的有机物在极短的时间内就可以完全分解，被氧化降解为 CO_2、H_2O、N_2 及其他无害小分子。

超临界水氧化技术提出近二十年来，该技术已在欧、美、日等发达国家受到广泛重视和深入研究。早在 20 世纪 80 年代国外一些机构就对 SCWO 处理实际工业废水完成了小试和中试实验。美国 Huntsman 公司于 1994 年在 Texas 建立了第一家利用 SCWO 技术的民用污水处理厂。德国、瑞典、西班牙和日本等国也相继建立了 SCWO 污水处理厂，实现了国防工业废水、空军工业废物、放射性污染的树脂、造纸工业废水及生活污水等的有效处理。目前我国的 SCWO 技术尚处于实验研究阶段。

超临界水氧化法在某种程度上与简单的燃烧过程相似，氧化过程中放出大量的热，一旦开始，反应就可以自己维持，无须外界继续提供能量。但是由于反应是在高温高压的特殊条件下进行，所以大规模工业化应用面临的关键问题是耐高温、耐腐蚀性反应器材的研制。另外寻找能够缓和反应条件，提高反应效率的催化剂，也是未来超临界水氧化法的主要发展方向之一。超临界水氧化法还存在盐沉积易堵塞问题，所以含有大量盐分的废水不可用这种技术处理。

三、光催化氧化

光催化氧化（Photocatalytic Oxidation，PCO）是指有催化剂参与的光化学降解过程，一般可分为有氧化剂直接参加反应的均相光化学催化氧化和有固体催化剂存在，在紫外光或可见光与氧或过氧化氢作用下的非均相（多相）光化学催化氧化两大类。其最大的特点是：使用范围广、处理效率高、反应速度迅速、二次污染小、可回收能量及有用物质。

均相光化学催化氧化主要是指 Fenton 试剂法。Fenton 试剂是一种强氧化剂，当辅助以紫外线或可见光辐射，极大地提高了传统的 Fenton 氧化还原的处理效率，同时减少了 Fenton 试剂用量。

非均相光化学催化氧化主要是指用光敏半导体材料作催化剂（如 TiO_2、ZnO、CdS、Fe_2O_3 等）通过光催化作用氧化降解有机物。该技术处理废水方面有诸多优点如工艺过程简单、能耗低，在紫外光照射下或暴露在太阳光下即可发生光催化反应；如是反应速度快，性能良好的催化剂，废水停留时间一般仅需几个小时；反应条件温和，降解没有选择性，几乎能降解任何有机物；无二次污染，有机物一般可彻底降解为二氧化碳和水等。

1. 均相光化学催化氧化法——Fenton（芬顿）试剂法

1881 年，法国人 H.J.Fenton 发表了一篇关于过氧化氢和亚铁盐混合后具有强氧化性的文章。他发现这种试剂可以氧化蚁酸、羟基乙酸、乳酸、羟基丙二酸、苹果酸、糖二酸、甘油、苯甲酸、苦味酸等一些有机酸。后人为纪念 Fenton 的贡献将过氧化氢与亚铁盐的混合物称为 Fenton 试剂，其发生的氧化反应称为 Fenton 反应。近年来人们又把光（紫外或可见光）、电、氧气、无机配离子、其他金属离子引入 Fenton 试剂，对 Fenton 试剂的氧化能力起到了增强的效果。这些改进的 Fenton 试剂法如 UV/Fenton 法、UV-Vis/$Fe(C_2O_4)_3^{3-}$/H_2O_2 法、Fe^{2+}/Mn^{2+}/H_2O_2 法、铁屑/H_2O_2 法、电 Fenton 法等统称为类 Fenton 试剂法。

（1）反应机理

自从 Fenton 试剂发现以来，其反应机理一直是争论的焦点。在众多机理中，自由基理论被认为是最传统的。美国犹他州立大学的研究人员使用顺磁共振的方法和一种自由基的捕获剂研究了 Fenton 反应中生成的氧化剂碎片，成功地捕获了羟基自由基的信号，提出了可能的自由基和氧化剂碎片的生成机理。

Fenton 试剂的氧化过程是一个链式反应过程，Fenton 试剂催化分解 H_2O_2，产生·OH 自由基引发连锁反应从而产生更多的其他自由基和反应中间体构成了链的节点。这些自由基进攻有机分子，与之发生反应直至转化为 CO_2，H_2O 等无机小分子。各种自由基之间或自由基与其他物质的相互作用使自由基逐步消耗，直到反应链终止。整个反应体系的反应十分复杂，关键是通过 Fe^{2+}在反应中起激发和传递作用，使反应链可以持续进行。在反应过程中，起主要作用的是·OH 自由基。

Walling 和 Kato 的研究还发现，Fenton 试剂中的亚铁离子与 H_2O_2 反应，还可产生多种铁水络合物，它们均具有一定的絮凝功能。这种絮凝/沉淀功能是 Fenton 试剂降解 COD 的重要组成部分。

综上所述，Fenton 试剂处理效果可能是由·OH 自由基和絮凝沉淀共同作用的结果。

（2）影响 Fenton 反应的主要因素

① pH 值　Fenton 试剂一般是在酸性条件下发生作用的，在中性和碱性的环境中，Fe^{2+}不能催化 H_2O_2 产生·OH，因为 Fe^{2+}在溶液中的存在形式受制于溶液的 pH 值。按照经典的 Fenton 试剂反应理论，pH 值升高不仅抑制了·OH 的产生，而且使溶液中的 Fe（Ⅱ）以氢氧化物的形式沉淀而失去催化能力。但当 pH 值低于 3 时，溶液中的 H^+浓度过高，反应受到抑制，Fe（Ⅲ）不能顺利地被还原为 Fe（Ⅱ），催化反应受阻，可见 pH 值的变化直接影响到了 Fe^{2+}、Fe^{3+}的络合平衡体系，从而影响 Fenton 试剂的氧化能力。pH 值对光助类 Fenton 氧化处理的影响非常大，pH 值大小决定了溶液中 Fe^{3+}物种的形态分布和对体系内多种反应的竞争，影响 Fe^{2+}和 Fe^{3+}的络合平衡体系，从而决定体系中活性物种 H_2O_2 和·OH 自由基的产率和生成速率，最终影响到氧化降解有机物的能力大小。低 pH 值有利于 Fe^{2+}的再生及·OH 自由基的产生。随着 pH 值的升高，铁离子逐渐转化为 $Fe_2O_3 \cdot H_2O$ 无定形沉淀，失去催化活性与光化学活性，抑制了 H_2O_2 的分解和·OH 自由基的产生。但当 pH 值过低时，由于 H^+是·OH 自由基的清除剂，同样导致废水处理效果下降。因此，pH 值对 Fenton 试剂处理系统有较大影响，是影响处理效果的重要因素之一。

② H_2O_2 投量和 Fe^{2+}投量的比值　在 Fenton 法反应系统中，H_2O_2 投量和 Fe^{2+}投量的比值对·OH 的产生有重要的影响。当 H_2O_2 和 Fe^{2+}投量比较低时，·OH 产生的数量相对较少。但 H_2O_2 又是·OH 的捕捉剂，H_2O_2 投量过高又会使反应产生的·OH 大大减少，并且过量 H_2O_2 的还原性从一定程度上增加了出水中的 COD 值。反之，如果 Fe^{2+}投量过高，那么在反应开始阶段，H_2O_2 在高浓度催化剂作用下，迅速产生大量的活性·OH，但是·OH 与有机物的反应速度有限，使得未参加反应的游离·OH 积聚，彼此反应生成 H_2O，致使一部分最初产生的·OH 被浪费掉，所以 Fe^{2+}投量过多也不利于·OH 的产生。而且，Fe^{2+}投量过高也会使水的色度增加。在实际应用当中应严格控制 Fe^{2+}投量与 H_2O_2 投量之比。

③ 催化剂（Fe^{2+}）浓度 Fe^{2+}是催化产生自由基的必要条件，在无 Fe^{2+}条件下，H_2O_2难以分解产生自由基。当 Fe^{2+}的浓度过低时，H_2O_2 分解反应速度极慢，因此自由基的产生量和产生速度都很小，降解过程受到抑制；当 Fe^{2+}过量时，它还原 H_2O_2 且自身氧化为 Fe^{3+} 的能力加大，消耗药剂的同时增加出水色度。

④ 待处理水水质 水体中所含污染物的类型对处理效果有很大影响，对于在光照条件下进行的 Fenton 反应，还要求待处理水水质应有良好的透光性。

⑤ 反应时间 在 Fenton 体系中，• OH 的产生量与链反应进行的时间有一定的关系，因此反应时间对反应的影响应该被考虑。完成反应所需要的时间与许多因素均有关系，对简单的有机污染物的降解，一般在 30～60 min 内可完成，而对复杂的污染物则可能需要几个小时的时间。

（3）Fenton 法的应用

Fenton 法具有设备简单、反应条件温和、操作方便、高效等优点，能使废水中绝大部分有机物得到降解。在去除废水中一般氧化剂难氧化或难生物降解的有机污染物时具有优势，是一种具有实用潜力的废水处理技术。如 Joseph J. Pignatello 等研究发现 Fenton 试剂可完全去除除草剂 2,4-D 和 2,4,5-T，有机物降解为 CO_2 的程度依赖于 H_2O_2 浓度而与 Fe 的氧化态无关；引入紫外光后，除草剂完全降解为 CO_2 的时间缩短、消耗的 H_2O_2 也大为减少。刘红等人采用 Fenton 试剂结合自制聚硅硫酸铝对焦化废水进行了催化氧化—混凝实验，结果表明，在最优条件下废水的去除率达到了 96.7%，同时研究还发现，Fenton 试剂具有将废水的 pH 值自动调解成 2.5～3 的特性。

但 Fenton 法也存在一定的缺点，如反应要消耗一定量过氧化氢，普通 Fenton 法必须在 pH 值为 3 左右的酸性介质中进行，极低的酸性要求增加了水质调节处理的成本，这些都会使处理费用提高。由于体系中 Fe^{3+}存在造成出水色度加深，故此方法一般适用于低浓度、少量废水的处理。

（4）Fenton 法的发展

① UV/Fenton 法 针对普遍 Fenton 法过氧化氢的利用率低，有机物降解不充分等缺点，人们把紫外光引入 Fenton 体系，形成了 UV/Fenton 法。UV/Fenton 法实际上是 Fe^{2+}/H_2O_2 与 UV/H_2O_2 两个系统的结合。美国环保局的 Zepp 和瑞士水资源与水污染控制研究所的 Holgne 对正辛醇、硝基苯等采用 UV/Fenton 处理，发现在紫外光照的作用下，Fenton 试剂对有机物的降解速度大大提高。

② $UV\text{-}Vis/Fe(C_2O_4)_3^{3-}/H_2O_2$ 法 为了提高 Photo-Fenton 反应体系对有机物的降解效率，人们把草酸盐引入 Fenton 体系中形成 $UV\text{-}Vis/Fe(C_2O_4)_3^{3-}/H_2O_2$ 法。水中草酸铁络合物具有很高的光化学活性，可有效地提高 Photo-Fenton 反应体系对紫外线和可见光的利用效果。目前，国内外用 $UV\text{-}Vis/Fe(C_2O_4)_3^{3-}/H_2O_2$ 法已成功降解了氯仿、偶氮染料、甲苯、三氯乙烯、苯胺等。

③ 电 Fenton 法 电 Fenton 法的实质是利用电解法产生的 Fe^{2+}与 H_2O_2 作为 Fenton 试剂的持续来源，从而解决普通 Fenton 试剂法在实际工程应用中产生大量化学污泥和 H_2O_2 需要运输等实际问题，节约了处理成本。

④ 非均相 Fenton 反应技术 近十年来，人们开始研究采用含铁的固体物质或载体固定铁离子，构成非均相 Fenton 体系或类 Fenton 体系降解有机污染物。如氧化铁/H_2O_2 体

系、Nafion（一种新型交换树脂）-Fe/H_2O_2 体系、无机载体-Fe/H_2O_2 体系等。这些反应体系可在一定程度上解决均相 Fenton 体系要求 pH 低，产生铁泥沉淀等问题，从而成为一个新的发展方向。

2．非均相光化学催化氧化法

1972 年 Fujishima 和 Honda 发表了关于 TiO_2 电解水的论文，标志着光催化反应新时代的开始。1976 年 Frank 等将此技术应用于降解水中的污染物，并取得了突破性的进展。目前非均相光化学催化氧化处理废水的研究主要集中在催化剂的改造上，希望通过改造可以得到活性更高、易于回收、有利于太阳光吸收的催化剂，为进一步工业化奠定理论基础。

（1）基本原理

非均相光催化氧化是以半导体做催化剂的氧化过程。半导体的能带结构由一个不连续的、充满电子的低能价带（Valent Band，VB）和空的高能导带（Conduction Band，CB）构成，价带和导带之间被禁带隔开。光催化剂在等于或大于其禁带宽度能量的光照射下，价带上的电子（e^-）被激发，越过禁带进入导带并在电场作用下迁移到粒子表面，在价带上形成了空穴（h^+），从而产生了具有高度活性的空穴-电子对。它们能够在电场作用下或通过扩散的方式运动，与吸附在半导体催化剂粒子表面上的物质发生氧化还原反应。半导体的光催化降解过程中生成的中间产物·OH、·O_2^-、HO_2·、H_2O_2 都具有一定的氧化性，特别羟基自由基·OH 和常见的强氧化剂如：O_3、H_2O_2、$KMnO_4$、ClO_2、Cl_2 等（其电极电位分别是：2.07 V、1.77 V、1.51 V、1.50 V、1.30 V）相比有更强的氧化性（·OH 的氧化电极电位为 2.80 V），能够无选择地与废水中的有机污染物发生反应，并最终将这些污染物氧化成二氧化碳、水、或盐而不产生新的污染物。

（2）影响半导体光催化作用的主要因素

① 催化剂晶型　如 TiO_2 主要有两种晶型，即金红石型和锐钛矿型。不少研究结果表明，锐钛型有较高的光催化活性。但近年来有报道称锐钛矿型和金红石型的混晶有更高的活性，如商品催化剂 P—25 即为锐钛型和金红石型的混合物（其组成为 70∶30）。

② 半导体颗粒粒径　粒径越小，比表面积越大，发生反应的几率就增大。纳米级颗粒量子尺寸效应能导致带隙变宽，从而提高光生电子和空穴的氧化-还原能力。但光生电子和空穴的复合机会也会增多，出现光催化活性随量子化增加而下降的现象。因此，在应用中必须选择一个合适的粒径范围。

③ 光源　光源的影响主要指光的波长和光强两种因素。光源发射的光能量应等于或大于半导体光催化剂禁带宽度的能量。Ollis 等认为，纳米 TiO_2 的降解率与光强度成正比，然而 Al-Sayyed 等则认为，随着光的强度加大，其降解率与光强成二次方根变化的关系。

④ 催化剂浓度　光催化降解的初始速率与催化剂质量 M 成正比关系。当 M 高于某一临界值时，其反应速率趋于均衡。Chen 等发现：当 TiO_2 浓度为 0.1～5.0 g/L 时，其催化降解有机物的效率最佳。其他催化剂在光催化降解有机物时也都有一个合适的用量。这可能是催化剂浓度较小时随着催化剂颗粒的增加使更多的光子被吸收，从而反应速率变大；但是催化剂过多，则会因悬浮颗粒对光的散射作用致使辐射光强度在溶液中明显衰减，从而降低光催化剂的降解速率。

⑤ 溶液 pH 值　pH 值的影响主要是通过影响催化剂表面特性、表面吸附和化合物存

在形态起作用。另外，pH 值还可以通过改变反应物的氧化还原电位和改变有机弱酸或碱的电离，从而改变其在催化剂表面的吸附来影响反应速度。

⑥ 外加氧化剂　外加氧化剂 H_2O_2、O_2、O_3 等可作为电子捕获剂加入，有利于产生羟基自由基并使电子-空穴复合几率减少。如加入 H_2O_2 可以作为电子接受体阻止大量光生电子-空穴的复合，并且产生利于降解的羟基自由基。同时 H_2O_2 本身会分解产生 $\cdot OH$，而且也能与空穴作用生成 O_2 或 $\cdot O_2H$。其中 $\cdot O_2H$ 能作为活性氧类与有机物作用，但同时又会消耗 $\cdot OH$，对光催化反应不利，所以 H_2O_2 对光催化反应的影响是多方面的。

⑦ 反应液中盐类　反应液中的各种溶解性盐类会对光催化降解反应的影响复杂，它与盐的种类有关，可能既存在竞争性吸附，又存在竞争性反应，并与反应的具体条件有关。

（3）光催化氧化技术的应用与发展

光催化氧化技术的应用始于 1972 年。Fujishima 和 Honda 报道了在光电池中光辐射 TiO_2 单晶电极可分解水，持续地发生氧化还原反应，并产生氢气。1976 年 Carey 等人最早报道了在 TiO_2 悬浊液中，联苯及氯化联苯的光催化分解，被认为是光催化技术在消除环境污染物方面的首创性工作。1977 年 Frank 和 Bard 首次报道了用氙灯作光源，以多种催化剂 TiO_2、ZnO、CdS、Fe_2O_3、WO_3 等对 CN^- 和 SO_3^{2-} 的溶液进行光降解研究，发现 TiO_2、ZnO、CdS 等能有效催化 CN^- 为 CNO^-，TiO_2、ZnO、CdS 和 Fe_2O_3 能有效催化 SO_3^{2-} 为 SO_4^{2-}，从而将半导体催化氧化技术引入到废水处理当中。在 Frank 的开拓性工作的基础上，光催化氧化的研究工作已经推广到金属离子，其他无机物和有机物的光催化降解，尤其在有机物的催化降解方面开展了大量的研究工作。美国、日本、英国等科学家已有将纳米 TiO_2 光催化技术实际应用于水处理的报道。初步计算，采用纳米技术处理废水同当前我国通用的生化法相比，可节省投资 50%，节约运行费用 40%，具有很高的经济价值。Matthews 等人曾对水中有机污染物的光催化分解进行了系统的研究，结果表明光催化氧化法可将水中的烃类、卤代物、羟酸、表面活性剂、染料、含氮有机物、有机磷杀虫剂等较快地降解。值得指出的是，尽管采用纳米材料对有机污染物光催化氧化降解的反应历程极其复杂，涉及的中间体种类多，因而反应条件不同其产物也不尽相同，但整个降解过程一般都非常彻底，最终生成 CO_2、H_2O 和一些简单的无机物。迄今为止，已经发现有 3 000 多种难降解的有机化合物可以在紫外线的照射下通过纳米光催化剂而迅速降解，特别是当水中有机污染物浓度很高或用其他方法很难降解时，这种技术有着明显的优势。

由于纳米材料的特殊性能，使其在废水处理方面会有更好的效果，特别是纳米 TiO_2 的应用受到广泛的关注。纳米 TiO_2 具有优良的性能，但在实际应用中却存在一些缺点，如热稳定性和机械强度差、带隙较宽仅能吸收紫外光、受光照产生的电子一空穴对易复合从而降低催化活性等。

为了提高催化剂活性、改善催化剂性能，目前，大量研究工作集中在以下几方面：

① 减小粒子大小　纳米 TiO_2 粒子光催化活性明显优于相应的体相材料，一般认为主要由两个原因所致：一是量子尺寸效应—禁带宽度 E_g 由于粒子粒径的减小而增大，使导带电位变得更负，而价带电位变得更正，纳米粒子获得了更强的氧化及还原能力；二是粒径越小，光生电子与空穴从粒子内部扩散到表面越快，复合的几率越小，从而提高其

量子产率。另外，纳米粒子的比表面积大，表面活性原子增多，使粒子吸附能力增强，对催化反应十分有利。

② 过渡金属离子掺杂 适当的过渡金属离子掺杂可以使半导体形成更多的光催化活性位，并减少了 TiO_2 表面光生电子 e^-和光生空穴 h^+的复合，从而使 TiO_2 表面产生更多的·OH，提高催化剂的活性。但过多的掺杂量会增加催化剂表面载流子—光生电子、空穴的复合几率，从而使活性下降。

③ 半导体复合 将 TiO_2 与其他半导体化合物或绝缘体复合也是提高其催化活性的措施之一。TiO_2 与绝缘体复合时，绝缘体起载体的作用。这些载体（如 Al_2O_3、SiO_2、炭黑等）具有良好的孔结构和较大的比表面积，并具有一定的机械强度。由于不同的半导体禁带宽度不同，将 TiO_2 与不同的半导体进行复合造成能级交错，可以提高系统的电荷分离效果，有效地扩展其光谱响应范围，扩大其对太阳光中可见光部分的吸收。

④ 光敏化 将光活性物质吸附于光催化剂表面，这些活性物质在可见光下有较大的激发因子，扩大半导体激发波长范围，增加光催化反应的效率，这一过程就是催化剂表面光敏化作用。有机染料、叶绿素、腐殖酸、不饱和脂肪酸等都可吸收可见光作敏化剂。

⑤ 贵金属沉积 在 TiO_2 表面沉积适量的贵金属（如 Pt、Pd、Au、Ru 等）相应减小了 TiO_2 表面电子密度，从而抑制了电子和空穴的复合，提高 TiO_2 的光催化活性。

⑥ 外场作用 各种外场，如热场、电场、微波场和超声波场等，也对 TiO_2 的光催化作用有促进作用。

四、超声波氧化技术

1. 基本原理

超声波是指频率在 20 kHz～10 MHz 人的听觉无法感知的的声波，它可以在气体、液体或固体中传播。当超声波在液体中传播时，超声波与液体之间的相互作用主要依靠其空化现象。所谓超声空化现象，是指液体中微小空化泡（真空泡或含气体和蒸汽的气泡）在声波作用下的振荡、生长、收缩直至崩溃的一系列过程。在空化气泡崩溃的极短时间内，在其周围极小的空间范围内产 1 900～5 200 K 的高温和超过 50 MPa 的高压，并伴有强烈的冲击波和速率为 110 m/s 的强冲击微射流等现象。超声波的这种空化作用带来巨大的机械效应和热效应使得液体内有机物受自由基氧化、热解、机械剪切、絮凝作用等而被降解。在这些极端的条件下，产生的高温高压极端条件足以使进入空化气泡的水分子发生如下热分解反应：

$$H_2O \longrightarrow H\cdot + \cdot OH$$

产生有高度化学活性的·OH 促使溶液中的有机污染物得到氧化分解。

国外开展这方面的工作比较早，处理对象已经从简单的小分子、无机物向大分子、复杂结构的有机物过渡，尤其是对废水中难降解有机污染物的治理，已取得了满意的结果。

从超声波的作用机理和光催化反应的机理可以看出，两者是通过不同的途径，利用产生的活性极高的自由基作为反应的氧化剂，反应条件也相当相近。如能将这两者结合起来，发挥各自的特点，实现不同作用功能的相互耦合，将会为水溶性有机物降解率的提高提供一条新途径。如利用超声波结合厌氧生化法处理废水比单一的厌氧法处理 COD 去除率提高，而且污泥活性增强。

目前，超声波的研究大部分停留在处理单一的物质，而且集中在动力学和机理的方面，而对其他水溶性有机物的存在对目标污染物的转化影响却很少研究；同时，通过声处理过的污水可能产生 NO_x，亚硝酸盐等产物可能对水生生物产生毒害作用。因此，超声波处理废水的研究应首先解决这些问题。

2. 超声波氧化法在水处理中的应用

早在 1950 年 Weissler 等就已发现超声辐射可引起水中四氯化碳分解。超声波对含卤化合物的脱卤、氧化效果显著，氯代苯酚、氯苯、CH_2Cl_2、$CHCl_3$、CCl_4 等含氯有机物最终被降解为 HCl、H_2O、CO、CO_2 等。超声降解对硝基化合物的脱硝基也很有效，Inez Hua 等的研究表明硝基苯酚在超声波作用下的降解产物为 NO_2^-、NO_3^-、对苯二酚、碳酸盐、草酸盐等。另外，添加 O_3、H_2O_2、Fenton 试剂等氧化剂将进一步增强超声降解效果。

与其他水处理技术相比，超声化学氧化法具有高效率，低成本的特点，但目前仍处在基础性研究阶段，其工业化应用还有许多问题尚需解决。

五、其他氧化技术

为了处理造纸等工业废水人们还开发了许多新的氧化技术，如微波、高能电子辐射、高压脉冲放电等离子体技术等。这些技术是利用不同的物理化学方法使有机物失去电子被氧化生成二氧化碳和水，从而达到消除污染的作用，已取得一定的研究成果，但其机理还有待深入研究。

复习思考题

1．化学混凝法的基本原理是什么？影响混凝效果的主要因素有哪些？

2．混凝过程由哪几个阶段所组成？每个阶段各起什么作用，对搅拌的要求有何不同？

3．采用过滤中和处理高浓度硫酸废水时为什么不宜采用石灰石滤料？为了得到理想的处理效果此时应采取哪些措施？

4．臭氧氧化法处理废水有何优点？它在哪些方面已得到应用，试举例说明。

5．化学沉淀法和化学混凝法在原理上有何不同？使用的药剂有何不同？

6．废水的电化学处理可分为哪几类？它们对水中污染物的处理各起什么作用？

7．电化学法处理废水的特点是什么？

第四章　废水的物理化学处理法

利用物理化学的原理和化工单元操作来除去水中杂质的方法称物理化学法。常用的有吸附、浮选、萃取、汽提、电渗析、反渗透、离子交换、蒸馏、蒸发、冷冻、结晶等。

第一节　吸附法

吸附法是利用多孔性固体吸附剂来处理废水的方法。吸附剂有很强的吸附能力，可以把废水中的可溶性有机物或无机物吸附到它的表面而除去，对废水中的细菌、病毒等微生物也有一定的去除作用。

一、基本原理

吸附是发生在固—液（气）两相界面上的一种复杂的表面现象，它是一种非均相过程，一相是固体吸附剂，另一相是流体（液体或气体），在吸附过程中，被吸附到表面上的物质称吸附质，吸附吸附质的固体物质称吸附剂。

在吸附剂的内层，分子在各方面所受周围分子的吸引力相同，而在吸附剂的表面层的分子，受内层分子的引力与受外界分子的引力是不同的，即表面层分子受力不均匀，存在着剩余的表面自由力场。水中溶质的分子在碰撞到固体表面时，则会在表面力场的作用下被吸附，不断地从溶液中转移到吸附剂表面，直到表面力场全部被抵消为止。

根据吸附剂和吸附质之间发生吸附时作用力性质的不同，可以将吸附过程分为三类——物理吸附、化学吸附和交换吸附。

（1）物理吸附　由分子间作用力（范德华力）而产生的吸附，它的选择性不强，热效应也比较小（约 42 kJ/mol 或更小），其吸附速率较大，受温度影响也较小，但吸附的牢固程度低，是一个可逆过程。影响物理吸附的主要因素是吸附剂的比表面积和微孔的分布。

（2）化学吸附　由化学键力引起的吸附过程，有选择性，热效应比较大，与化学反应的反应热相近，为 84～420 kJ/mol。化学吸附受温度影响较大，温度上升吸附速率也迅速上升。由于化学吸附的化学键力远远超过物理吸附的范德华力，所以一般是不可逆的。

（3）交换吸附　溶质的离子由于静电引力作用而聚集在吸附剂表面的带电点上并置换出原先固定在这些带电点上的其他离子。影响交换吸附的主要因素是离子电荷数和水合半径大小。

在废水处理过程中，吸附过程往往是上述几类过程的综合作用，其中主要是物理吸附。

大多数吸附过程是可逆的，即吸附过程进行的同时也存在解吸过程，当两者速度相等时，就达到一种动态平衡——吸附平衡。此时，单位质量吸附剂所吸附的溶质质量 M，与水中吸附质的剩余浓度 C 之间的关系可用以下两个等温吸附方程式来描述。

1. 朗格缪尔（Longmuir）等温吸附方程式

假定吸附剂表面所吸附的溶质为单分子层且吸附剂表面吸附能量均匀分布，吸附分子间无相互作用力，则可导出下列方程式：

$$M = M_{\max}\frac{\mathrm{a}C}{1+\mathrm{a}C} \tag{4-1}$$

式中：a——与吸附能量有关的实验常数；

C——溶液中溶质浓度；

$M_{\max}$——吸附剂表面被单分子层溶质完全覆盖时，单位质量吸附剂的饱和吸附量。

2. 弗里得里希（Freundlich）等温吸附方程式

假定吸附剂表面吸附能量不均匀分布，由实验可得下述经验公式：

$$M=K \cdot C^{n} \tag{4-2}$$

式中：K——常数，表示 $C=1$ 时吸附剂的吸附量；

n——反映出浓度对吸附性能影响的常数。

以上两常数均由实验测出，与温度、吸附剂的种类、性质、吸附质的性质、溶液的初始浓度有关。

用吸附法处理废水时，由于废水中溶质浓度较低，可以用以上式来估算吸附容量的近似值，以用来粗略估计所需要吸附剂的用量。

表 4-1 给出了用活性炭吸附废水中酚、醋酸等物质的 K 和 n 值的大小，可供设计计算时参考。

表 4-1 活性炭在水溶液中吸附某些物质时的 K、n 值

吸附质	温度/℃	K	n
酚	20	17.18	0.23
	70	2.19	0.47
甲酚	20	2.00	0.48
醋酸	20	0.97	0.40
	50	0.08	0.66
醋酸戊酯	20	4.80	0.49

二、吸附剂

废水处理中常用的吸附剂有白土、硅藻土、硅胶、焦炭、矾土、活性炭、大孔径吸附树脂等。

1. 几种常用的吸附剂

（1）白土　白土分为漂白土和酸性白土两种。

漂白土是天然黏土的一种，主要成分是硅铝酸盐。将这种天然黏土加热、干燥、碾碎、筛分，即可制成吸附剂。SiO_2 和 Al_2O_3 比值较低的白土没有吸附活性，必须用硫酸或盐酸处理，然后经洗涤、干燥、碾碎，即可得到酸性白土。

（2）硅藻土　硅藻土是硅藻的硅质细胞壁组成的生物化学沉积岩，易磨成粉末，多孔质轻，有较强的吸水和脱色性能。

（3）硅胶　硅胶为粒状无晶形氧化硅，分子式为 $SiO_2 \cdot nH_2O$。用酸处理硅酸铝所得胶状物经老化、洗涤、干燥后即可得到一种硬质玻璃状多孔物质——硅胶。硅胶对水分和某些极性化合物有较强的吸附能力。

（4）活性炭　活性炭是用途最广的一种吸附剂，它可由木材（木屑）、果壳、木质素、煤、焦炭、骨、石油残渣等含碳物质制成。其中煤是制造活性炭最主要原料。活性炭的制造由两个过程组成。首先使含碳物质在 170～600 ℃的温度下隔绝空气加热，使原料脱水炭化，然后再用活化剂水蒸气与碳反应使之活化。反应中产生 CO 和 H_2 组成的混合气，用以燃烧加热。炭化物到一定温度（800～1 000 ℃），烧除其中可分解物质，则可产生发达的微孔结构和巨大的比表面积，得到可供使用的活性炭。活性炭的比表面积可达 800～2 000 m^2/g，有很强的吸附能力。目前已研制出以石油为原料制成的活性炭，比表面积可达 2 500 m^2/g。

活性炭可有效地去除色、嗅、味及许多有机物，如农药、除草剂、表面活性剂、有机染料、酚类、芳香族化合物等。它对无机物的吸附也有一定的能力，如粒状活性炭对 Ag^+、Cd^{2+}及 CrO_4^{2-}等的吸附去除率可达 85%以上，对水中的大多数金属（如 Sb、As、Sn、Hg、Co、Pb、Ni、Fe）的化合物均有很好的吸附能力，对卤族分子也有较好的吸附作用。因此，它在废水处理上已得到广泛的应用。

用于废水处理的活性炭有两种——粉状炭和粒状炭。粉状炭粒径为 10～50 μm、吸附力强、易制造、价格低。但它对污染负荷变动的适应性差，如和污泥相混，分离困难，再生问题尚未解决。即使不加混凝剂单独使用，并采用流化床现代再生技术，损失量也很大，致使在用量大的情况下处理费用昂贵，因此它只适用于间歇处理或用炭量小的场合，如高纯工业用水（冷凝水处理、电子工业用水）的精制处理。

粒状炭粒径为 0.5～1.5mm，虽然它的吸附速度低于粉状炭且价格较贵，但它易与水分离，可以再生重复使用，有效寿命长。用粒状活性炭还可作为良好的滤料滤除悬浮物，它的过滤通水性能良好，在较大的滤速下工作也有较好的吸附效果，而且阻力损失也不大。例如，美国某水厂填装 90cm 厚 Hydrodarco1030 型粒状活性炭罐在 22 $m^3/(m^2 \cdot h)$ 的滤速下工作，硫化氢的脱除率依然很高。

（5）合成沸石　亦称沸石分子筛，对极性分子（如 H_2O）有较强吸附能力。它具有热稳定性和化学稳定性高，微孔尺寸大小一致因而具有筛分性能且选择性强。合成沸石是人工合成的结晶硅酸盐多水化合物，其通式为：

$$Me_{x/n}[(AlO_2)_X(SiO_2)_Y] \cdot mH_2O$$

式中：Me——阳离子，主要是 Na^+、K^+、Ca^{2+}等碱金属和碱土金属离子；

x/n——价数为 n 的可交换金属阳离子 Me 的数目；

m——结晶水的摩尔数。

2. 吸附剂的再生

吸附剂的吸附达到饱和以后必须进行再生。采用特定的方法将被吸附物从吸附剂的孔隙中清除，使之恢复活性，重复使用，常用的再生方法有如下几种。

（1）水蒸气吹脱法　向吸附剂层通入水蒸气，使被吸附物质脱除并随水蒸气一起离开床层，并能去掉颗粒表面阻塞物，该法只限于再生吸附易挥发性物质的活性炭。

（2）加热法　升高温度有利于脱附的实现。因此，将吸附剂加热到一定温度（如活性炭的活化可加热到 700～900 ℃），即可使被吸附物质脱附。在高温时，还可使有机物质分解。该法应用最广泛，但应防止炭的着火，且炭的损失也较高，每再生一次，可损失 7%～10%。

（3）化学氧化法　使被吸附物质发生化学反应生成一种不易被吸附的物质而脱附。例如，对活性炭上吸附的有机物，可以用蒸汽和空气的混合物，使其氧化为 CO_2 而脱附。

（4）溶剂萃取法　吸附质在某种溶剂中溶解度较大，而吸附剂对该溶剂吸附作用较弱的情况下，可以使该溶剂做萃取剂将吸附物溶解下来。

三、影响吸附的因素

吸附是一个复杂的表面现象，影响因素也很多，主要有吸附剂的性质、废水中的污染物性质和吸附过程的操作条件三方面。

1. 吸附剂的性质

吸附剂的物理和化学性质均会影响吸附效果，具有良好吸附性能的吸附剂应具有较大的比表面积，合适的孔隙结构，良好的再生能力、机械强度、热稳定性及化学稳定性。

2. 废水中污染物的性质

（1）污染物的溶解度　溶解度越小的污染物，越容易被吸附。

（2）污染物的极性　极性的吸附剂容易吸附极性物质，而非极性的吸附剂容易吸附非极性物质。

（3）污染物的分子大小　只有分子直径小于吸附剂孔径的分子才能进入孔隙而被吸附。当吸附速率由内扩散控制时，吸附质分子大小的影响更加明显。

（4）污染物的组成　不同污染物被吸附剂吸附的先后顺序、吸附量的多少、吸附的牢固程度都不相同，这些情况较为复杂，一般通过实验来确定。

3. 吸附过程的操作条件

（1）温度　废水的吸附处理主要是物理吸附过程。因此，温度变化影响较小。不少污染物低温时溶解度降低，有利于吸附，但低温时废水黏度增大，又不利于吸附质向微孔扩散。一般是在常温下吸附，高温下解吸。

（2）接触时间　要保证吸附剂与吸附质有适当的接触时间，影响接触时间的因素是废水流速与吸附剂床层高度，流速越大所需要的高度也越大，吸附装置的高径比也越大，一般比值为 2～6。

（3）pH 值　吸附剂能吸附水中的 H^+和 OH^-，因此影响了对其他离子的吸附，而且

pH 值又常常影响某些化合物的离解度和溶解度，也会影响吸附效果。操作时的最佳 pH 值可通过实验来确定，对废水处理一般应呈酸性。

四、吸附流程及设备

吸附的操作流程分为两类——间歇式和连续式。间歇式是将吸附剂和废水按一定比例在吸附池内搅拌混合一段时间（一般 30 min 左右）后静置沉淀，然后将澄清液排除。吸附池一般需用两个，交替工作。间歇式操作一般只用于少量废水的处理，多数情况下都采用连续式。连续式吸附可以采用固定床、移动床和流化床三种不同的设备进行。

（1）固定床　固定床是废水处理中最常用的一种方式，吸附剂固定填放在吸附柱中，一般采用 2～4 个吸附柱串联。待处理废水从上部自上而下顺流进行（逆流进行时，效果较差）当截污过多和吸附剂达到饱和失去吸附能力时，出水水质变坏，则应进行反冲洗和再生，反冲洗和再生时间视废水性质而定。为防止吸附剂层的堵塞，含悬浮物的废水一般先经砂滤，再进行吸附处理，固定床多床操作流程如图 4-1（a）所示。

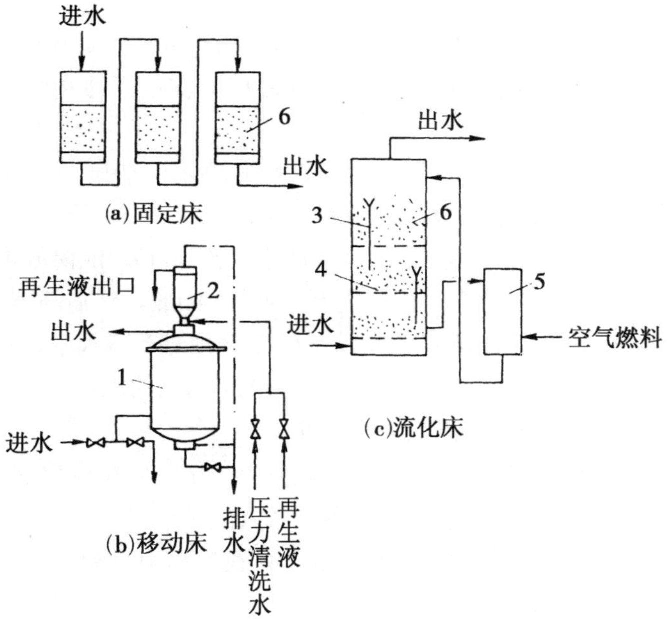

图 4-1　吸附装置示意图

1—吸附塔；2—再生清洗器；3—溢流管；4—塔板；5—再生器；6—吸附剂

（2）移动床　在吸附塔内待处理废水自塔底向上流动，吸附剂自塔顶向下流动，两者逆流接触并发生吸附作用。从塔底排出的吸附剂已失去活性，送往再生塔再生，使其恢复活性再返回吸附塔内使用，移动床吸附操作装置如图 4-1（b）所示。

（3）流化床　吸附塔内设若干层塔板（多孔板），类似流化床反应器。底层塔板为活性较小的吸附剂，送入再生器内再生后再由塔顶送入，然后由各层的溢流管依次向下流动，并与废水发生吸附作用使水得到净化，其流程如图 4-1（c）所示。

流化床和移动床处理过程复杂，在废水处理中较少使用。

五、吸附法处理废水的应用实例

1. 含汞废水处理

活性炭吸附法多和其他方法配合使用，置于二级处理后面，作为废水的深度处理。例如，可用于处理重金属废水，主要用于除汞和六价铬。图 4-2 是某厂处理含汞废水的流程示意图。

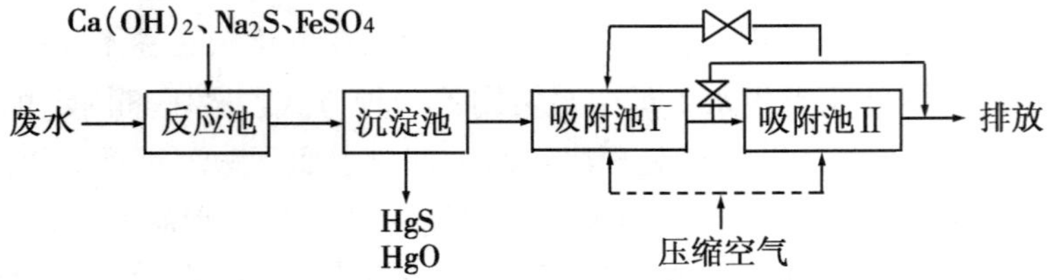

图 4-2 吸附法处理含汞废水流程

废水经 Na_2S 化学沉淀和 $FeSO_4$ 混凝处理后，仍含有金属汞及其化合物（如 $HgCl_2$）含汞量为 1～2 mg/L，达不到排放标准（0.05 mg/L），需经活性炭进一步吸附处理，吸附处理部分由三个池子组成。

（1）沉淀池 其作用是调节水量，水质，同时将水中杂质、砂及在反应中形成的沉淀物沉降分离，沉淀池体积为 1～2 天的废水总量。

（2）吸附池 共 2 个，各可容纳 2～3 天废水（约 40 t），池内放置活性炭，废水加入 1 号池到 40 t 后，用 3～4 个大气压的压缩空气搅拌 30 min，然后静置 2 h，取样测定，若含汞量小于 0.05 mg/L，则直接排放，否则进入 2 号池进一步吸附处理。一般经 2～3 次吸附处理即可达排放标准，第一个池子可以吸附 95%以上的汞。

压缩空气用量按 0.4 m^3/m^2（池底面积）计。

活性炭的再生：再生周期由实验确定，该厂为一年。将待活化的活性炭置于活化炉，在 1 000 ℃时加热半小时，金属汞变为汞蒸气（汞的沸点为 357℃），汞化合物也分解成汞蒸气，Cl_2 等再导入冷凝系统回收，有一部分汞在气相中重新结合成氯化汞可进入水封系统回收，然后再加入铁屑置换出汞。

利用活性炭处理废水的处理效果取决于废水中汞的形态和浓度、活性炭的种类和用量以及活性炭和废水的接触时间。使用该法处理高含汞量的废水，可得到很高的去除率（85%～99%），对低含汞量的废水，虽然去除率不高，但可得到含汞量很低的出水。如进水含汞 5～10 μg/L，经处理后，去除率为 80%，出水含汞仅为 2 μg/L 以下。

2. 臭氧氧化—生物活性炭处理技术

将活性炭的吸附处理与其他处理方法结合起来净化废水可以取得更好的处理效果，臭氧氧化—生物活性炭法就是其中的一种。该法是 1969 年由德国不来梅供水公司首次采用。它是在活性炭滤池之前投加臭氧，使水中微量有机污染物氧化降解，其中一部分变成 H_2O 和 CO_2 除去，其余的降解为易吸附或易生物降解的物质，从而减轻了活性炭滤床的有机负荷，改善了活性炭滤床的吸附性能。另外，水中的剩余臭氧和充分的氧，使滤床处于富氧状态，导致好氧微生物在活性炭颗粒表面繁殖生长形成生物膜，通过生物吸附氧化作用，提高了活性炭去除有效污染物的能力，延长了使用寿命。

图 4-3 所示的是联邦德国缪尔赫姆市多奈水厂所采用的臭氧氧化—生物活性炭处理流程。受污染的河水用泵打入预臭氧氧化混合接触池，池中装有旋桨，将臭氧氧化接触池中的臭氧尾气抽引进来并将其破碎分布，同时投入聚合氯化铝与原水急骤混合后流进脉冲澄清池，絮凝沉淀后，出水依次流经臭氧氧化池，双层过滤池和活性炭滤池，再注入注水井和慢砂滤池，最后从抽水井抽出，经安全投氯后入配水管网。

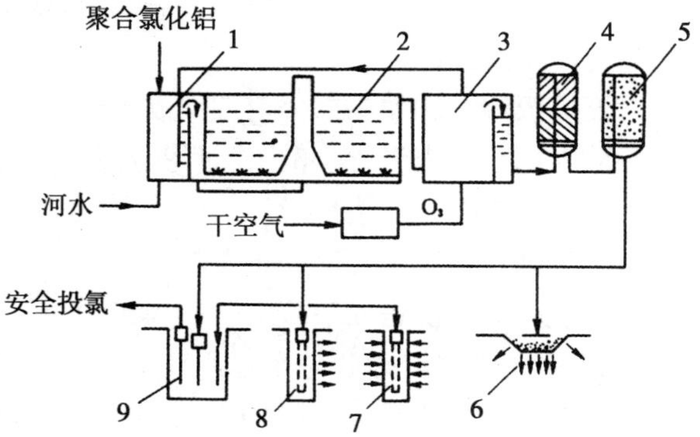

图 4-3　缪尔赫姆市多奈水厂处理流程示意图

1—混合池；2—脉冲澄清池；3—臭氧氧化池；4—双层滤池；5—活性炭滤池；
6—慢速砂滤；7—抽水井；8—注水井；9—集水井

第二节　离子交换法

离子交换法是利用离子交换剂来分离废水中有害物质的方法，这是一种特殊的物理化学方法——在固体物质上吸附离子并进行离子交换，它可改变所处理液体的离子成分，但不改变交换前后废水中离子的总电荷数。目前离子交换法已成为实验室研究工作和化工过程中的一个重要的分离手段，但其最广泛应用的还是在水处理方面，它能有效去除废水中重金属离子（如 Cu、Ni、Zn、Hg、Ag、Au 等）和磷酸、硝酸、有机物和放射性物质等。

一、离子交换原理

离子交换剂是一种带有可交换离子（阳离子或阴离子）的不溶性固体物，由固体母体和交换基团两部分组成，交换基团内含有可游离交换的离子。离子交换反应就是这种可游离交换的离子与水中同性离子间的交换过程，它也是一种特殊的化学吸附过程。

典型的阳离子交换反应可表示为：

$$B^+ + \underline{R^-A^+} \rightleftharpoons \underline{R^-B^+} + A^+$$

典型的阴离子交换反应可表示为：

$$D^- + \underline{R^+C^-} \rightleftharpoons \underline{R^+D^-} + C^-$$

式中：R——交换剂的母体

A^+，C^-——交换剂上所带的可交换离子；

B^+，D^-——废水中待交换的离子。

（分子式下的横线表示固相。）

离子交换过程是可逆的，其逆反应也称“再生”，因此交换剂经再生后可反复使用。

离子交换过程通常分为五个阶段：

（1）待交换离子从溶液扩散通过颗粒表面外层的液膜——膜扩散；

（2）进入颗粒，在颗粒内部孔隙内进行扩散——粒扩散；

（3）达到交换位置后进行交换——交换反应；

（4）交换下来的离子经过微孔扩散到达交换剂颗粒外表面——粒扩散；

（5）从交换剂表面穿过液膜而扩散进入溶液中——膜扩散。

上述过程中，交换速度是很快的，因此整个过程的速率主要决定于扩散速率。对强酸、强碱性树脂而言，一般情况下粒扩散速度较大，所以在稀的电解质溶液中，起决定作用的常常是膜扩散的速率，当浓度逐渐增大时，膜扩散和粒扩散将同时产生影响，当浓度很高时，粒扩散起决定性的作用。

离子交换剂是一种具有多孔性海绵状结构的物质，它带有电荷，并与反离子相吸引，离子交换的反离子与溶液中符号相同的反离子在两相之间进行再分配，这就是离子交换动力学的一种扩散过程。但是离子交换剂又具有选择性，它对某些离子具有更高的亲和性，所以离子交换过程又与一般的扩散过程有所不同。

离子交换的机理与吸附有相似之处，即交换剂和吸附剂都能从溶液中吸取其溶质，但也有不同之处，离子交换是一个化学计量过程，交换剂能从溶液中与一定量的符号相同的反离子进行交换，从而取代出原存于交换剂的一定量的反离子，吸附则不是一个化学计量过程。

二、离子交换剂

离子交换剂的种类很多，20 世纪初，天然和合成的沸石即开始应用于水的软化。30 年代出现了由煤经磺化而成的磺化煤。1945 年英国人 Adams 和 Holmas 首先合成了离子交换树脂，由于其具有稳定性高，交换容量大的特点而得到广泛的应用。

人工合成的离子交换树脂由树脂本体（又称母体）和活性基团两个部分组成。树脂母体通常是由具有线型结构的高分子有机化合物——聚苯乙烯和一定数量的二乙烯苯所组成。二乙烯苯也称交联剂，它的作用是使线状聚合物之间相互交联，成立体网状结构。活性基团由固定离子和活动离子组成，固定离子固定在树脂的网状骨架上，活动离子（又称交换离子）则依靠静电引力与固定离子结合在一起，两者电性相反，电荷数相等。

1. 离子交换树脂类型

离子交换树脂种类很多，按其性能和孔结构的不同可有以下两种分类方法。

- 按性能分
  - 阳离子交换树脂
    - 强酸性：活性基团 磺酸基（—SO_3H）
    - 弱酸性：磷酸基（—PO_3H_2）、砷酸基（—AsO_3H_2） 羧酸基（—COOH）、酚基（—OH）
  - 阴离子交换树脂
    - 强碱性：季铵基[—$N^+(CH_3)_3OH^-$、—$N^+(CH_3)_2OH^-$（N 上连 CH_2CH_2OH）
    - 弱碱性：伯胺基（—NH_2）、仲胺基（—NHR） 叔胺基（—NR_2）

- 按孔隙分
  - 微孔型（凝胶型）：网孔小（孔径 0.5～5 nm），溶胀度大，溶胀后呈凝胶状
  - 大孔型：网孔大（20 nm 以上）吸水后溶胀小

2. 离子交换树脂的基本性能

（1）含水量和密度　树脂交联网孔内，都含有一定量的结合水分，树脂交联度愈小，内部孔隙率则愈大，含水率也大。含水率也与官能基的性质有关，并随着空气湿度变化而改变。

树脂的密度有几种表达方法；干真密度、湿真密度和视密度。干真密度是在干燥状态下树脂合成材料本身的密度。

$$干真密度=\frac{干燥树脂的质量}{减去树脂内空隙的真体积}\ g/cm^3$$

阳离子交换树脂的干真密度约为 1.4g/cm^3，阴离子交换树脂的干真密度为 1.2g/cm^3。

湿真密度是指按产品要求的含水率的商品树脂颗粒本身的密度。

$$湿真密度=\frac{商品树脂质量}{树脂本身所占体积}\ g/cm^3$$

视密度指树脂在水中充分膨胀时（树脂工作状态）的堆积密度。

$$视密度=\frac{湿树脂质量}{树脂层所占体积}\ g/cm^3$$

（2）粒度　粒度指树脂颗粒大小，它对树脂交换能力、树脂层中水流分布的均匀程度、水通过树脂层的压力降及交换和反冲洗的流失等均有影响。

通常使用的树脂，颗粒半径为 0.3～1.2mm。

表示粒度方法有两种，一种是颗粒半径表示，另一种是以筛子目数表示，标准筛有两种，美国筛和英国标准筛（BSS）其换算关系如表 4-2 所示。

（3）交联度　带有离子团的直链碳氢大分子可溶于水，为使之不溶于水，须用交联剂使之交联（如聚苯乙烯树脂以二乙烯苯为交联剂），合成时所用单体中含有交联剂质量百分比称为树脂的交联度。如聚苯乙烯树脂的交联度为 8%DVB，则表示这种树脂合成时，单体中苯乙烯占 92%，二乙烯苯（DVB，交联剂）占 8%。

交联度与树脂的许多性质（溶解度、交换容量、含水量、膨胀性、选择性、稳定性）

都有关。因此适当的交联度是有利的，但交联度过高，结构过分紧密，则水溶液中高分子量离子难以进入，且渗透的速率也小。

表 4-2 标准筛与颗粒半径的关系

美国筛目数	半径/mm	BSS 筛目数	半径/mm	美国筛目数	半径/mm	BSS 筛目数	半径/mm
8	2.38	10	1.500	70	0.21	90	0.155
12	1.68	20	0.735	80	0.177	100	0.136
16	1.19	30	0.485	100	0.149	120	0.125
20	0.84	40	0.360	200	0.074	140	0.093
30	0.59	50	0.286	325	0.044	160	0.079
40	0.42	60	0.235			180	0.069
50	0.297	70	0.200			200	0.061
60	0.25	80	0.173				

（4）溶胀性　离子交换树脂能吸水溶胀，这是由于树脂上的活性基团能够电离，其固定离子与活动离子均有溶剂化作用的缘故。

离子交换树脂的溶胀取决于所接触的介质（空气、水、溶剂）、树脂本身的结构特征、电荷密度（离子团的性质、浓度）、活动离子的种类（价数、离子半径）等。

从交换柱的设计来说，要掌握再生前后树脂的体积差，这个溶胀变化通常在实验室进行测定。

由于树脂在交换和再生时，体积发生胀、缩，从而引起树脂的老化，故生产中应尽量减少树脂的再生次数，以延长其使用寿命。

（5）交换容量　交换容量可反映出树脂交换活动离子能力的大小，是离子交换树脂最重要的性能。通常按每克干树脂所能交换离子的毫摩尔数来表示，记为 mmol/g。生产上常用单位体积树脂所能交换的摩尔数表示。它是设计离子交换过程和装置时所必需的数据。

交换容量的表示方式主要有以下两种：

理论交换容量：树脂交换基中所有可交换离子全部被交换的交换容量。

工作交换容量：实际操作条件下的交换容量，与操作条件有关。

交换容量可通过实验来测定，但测定值并不能与理论值完全符合，这是因为合成时有副反应及交换程度不可能达 100%。

（6）选择性　由于交联剂的加入使树脂结构具有一定的孔隙：网孔，只有比网孔小的离子才能穿过网孔，进入内部进行交换。另外，交换剂对不同离子的亲和力也不相同，使得离子交换树脂具有一定的选择性。

离子交换树脂的选择性与许多因素都有关系，除了树脂本身的物理化学性质之外，温度和浓度的影响也很大。交换树脂的选择性可用离子交换势顺序来表示，不同离子交换势大小目前尚不能从理论上给予很完善的解释，下述的一些规律可供参考。

① 常温低浓度水溶液中，阳离子原子价愈高，交换势愈大；同价阳离子的交换势随原子序数的增大而增大，例如：

$$Th^{4+} > Al^{3+} > Ca^{2+} > Na^{+}$$

$$Rb^{+} > K^{+} > Na^{+} > Li^{+}$$

② H^+对阳离子交换树脂的交换势，决定于树脂的性质。对强酸性阳离子交换树脂，H^+的交换势介于 Na^+和 K^+之间；但对弱酸性阳离子交换树脂，H^+的交换势最强，居于首位。

③ 常温低浓度水溶液中，不同类型树脂对各种离子的交换势顺序归纳如下：

i. 弱碱性阴离子交换树脂选择性顺序

$OH^->Cr_2O_7^{2-}>SO_4^{2-}>CrO_4^{2-}>$柠檬酸根$^{3-}>$酒石酸根$^{2-}>NO_3^->AsO_4^{3-}>PO_4^{3-}>MoO_4^{2-}>AC^-$、$I^-$、$Br^->Cl^->F^-$

ii. 强碱性阴离子交换树脂的选择性顺序为：

$Cr_2O_7^{2-}>SO_4^{2-}>CrO_4^{2-}>NO_3^->Cl^->OH^->F^->HCO_3^->HSiO_3^-$

iii. 弱酸性阳离子树脂的选择性顺序为：

$H^+>Fe^{3+}>Cr^{3+}>Al^{3+}>Ca^{2+}>Mg^{2+}>K^+$、$NH_4^+>Na^+>Li^+$

iv. 强酸性阳离子树脂的选择性顺序为：

$Fe^{3+}>Cr^{3+}>Al^{3+}>Ca^{2+}>Mg^{2+}>K^+$、$NH_4^+>Na^+>H^+>Li^+$

位于顺序前列的离子可以取代位于顺序后列的离子。

在高温高浓度时，处于顺序后列的离子也可以取代位于顺序前列的离子，这是树脂再生的依据之一。

3. 离子交换剂的选用

离子交换剂的选用除根据离子交换平衡即交换容量，离子交换选择性、交换动力学及物化性能和机械性能外，还要根据废水的水质和处理要求、工艺条件、再生条件和投资运行费用等综合考虑选择合适的交换剂。如对无机阳离子和有机碱性物质的分离可选用阳离子交换树脂，对无机阳离子和有机酸的分离宜采用阴离子交换树脂，对某些有毒重金属离子分离可选择螯合树脂。

三、离子交换的工艺和设备

1. 离子交换的操作方式

（1）间歇式　把交换剂与被处理溶液混合加以适当搅拌，使之达到交换平衡。设备简单，操作要求不严，常用于实验室及小批量废水处理中。

（2）连续式固定床　交换剂置于交换柱内不动，被处理液不断流过，此法设备简单，操作方便，适用范围广，是最常用的一种方式。缺点是交换剂利用率低，再生费用大，阻力损失大。

（3）连续式移动床离子交换　把树脂输送在不同装置中分别完成交换、再生、清洗等过程。优点是提高了树脂利用率，降低了树脂投资、减少再生剂消耗。缺点是设备多、投资大、管理复杂。

（4）连续式流动床离子交换　树脂和被处理的溶液，再生剂、洗水都处于流动状态。树脂呈“沸腾状”，在不同部位连续进行交换，再生及清洗作用。该法的优点是效率高、装置小、树脂利用率高、投资少、再生剂用量少、易管理。缺点是设计及操作条件要求高，树脂磨耗量大。

2. 固定床离子交换法

（1）固定床离子交换法工艺流程　在固定床离子交换法中，树脂不动，交换液通过树脂层（交换带）进行交换，在一根柱内的交换相当于多次或无数次静态交换。当树脂失去交换能力后，需进行反洗和再生。其工艺流程如图 4-4 所示，各步骤作用如下：

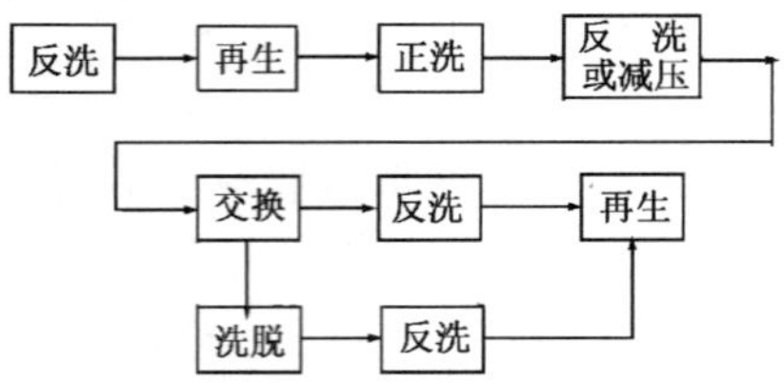

图 4-4　固定床离子交换法工艺过程

① 反洗：松动床层（可使树脂层膨胀 40%～60%）并除去床层内的杂质、碎粒和气泡。

② 正洗：用净水清洗床层内残留的再生废液直至水质符合要求。清洗水量一般为树脂体积的 4～13 倍。

③ 反洗或减压：将未再生完全的树脂赶离柱底，使未再生区得以稀释，并避免漏泄。

④ 交换：将废水通过床层进行交换反应。

⑤ 再生：交换过程的逆过程，选择合适的再生液流过床层，使先前吸附的离子置换出来，达到恢复床层交换能力的目的。

⑥ 洗脱：用于回收操作。

上述的交换过程是周期性进行的，效果受树脂的选择性、再生程度、树脂层高度，交换液的流速及所含离子浓度等因素的影响。

（2）树脂的再生　树脂使用到一定程度就失去了交换能力，必须进行再生，在废水处理中，再生还起回收有用物质的作用。

碱是 OH^-型阴离子交换树脂的再生剂。强碱性阴离子交换树脂必须用强碱溶液再生（如 NaOH），而弱碱性阴离子交换树脂除用 NaOH 作再生剂外，还可用弱碱性物质如 Na_2CO_3 和氨水作再生剂。

酸是 H^-型阳离子交换树脂的再生剂，如盐酸、硫酸等。若树脂上吸着有能与 Cl^-、SO_4^{2-}形成沉淀物的金属离子时，应用硝酸为再生剂，或先用硝酸淋洗、再生，后用盐酸、硫酸完全再生。

表 4-3 所提供的数据可供再生时参考。

表 4-3　各种再生剂的浓度和用量

树脂类型	欲得型式	再生剂	再生剂质量分数/%	用量比（质量比）		备注
				再生剂	树脂	
强酸性	H—型	HCl	4～7	4～5	1	*用 NaOH 时，用量与未再生前树脂型式有关，再生前为盐型，需 3～5 倍量 NaOH；再生前为 H^+型时，需 2 倍量
		H_2SO_4	5～10	4～5	1	
	Na—型	NaCl	6～11	3～5	1	
		NaOH	4～8	*	1	

树脂类型	欲得型式	再生剂	再生剂质量分数/%		用量比（质量比）		备注
					再生剂	树脂	
弱酸性	H—型	HCl	4	7	1.5～2	1	
		H_2SO_4	5	10	1.5～2	1	
	Na—型	NaOH	4	8	2～3	1	
强碱性（Ⅰ型）	HO—型	NaOH	4	8	≥5	1	
	Cl—型	NaCl	6	11	3～5	1	
		HCl	4	7	3～5	1	
	SO_4—型	Na_2SO_4	7	13	3～5	1	
		H_2SO_4	5	10	3～5	1	
强碱性（Ⅱ型）	HO—型	NaOH	4	8	3～4	1	
	盐型	同 1 型	—	—	—	—	
弱碱性	游离碱	NaOH	4	8	1.5～2	1	
		NH_4OH	1	2	1.5～2	1	
		Na_2CO_3	10	—	1.5～2	1	
	Cl—型	HCl	4	7	2～3	1	
	SO_4—型	H_2SO_4	5	10	2～3	1	

离子交换树脂的再生方法有动态法和静态法两种。

静态法可在容器内或柱内进行，树脂经清水洗涤，然后加入再生剂溶液搅拌混合后倒出废再生液，反复多次最后用清水反复洗涤。

动态法可在柱内进行，再生液自柱内自上而下流过，操作过程通常由反洗、再生、正洗、反洗四步组成。

（3）离子交换设备——离子交换柱　离子交换在交换柱内进行，交换柱可由有机玻璃、塑料或钢（内衬塑料或涂防腐层）制成，一般都有定型产品，其结构如图 4-5 所示。按操作方式的不同，交换柱也有单床、多床、复床、混合床、联合床之分。

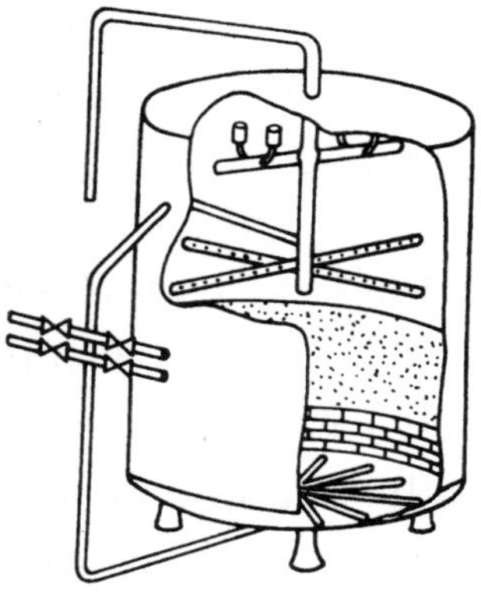

图 4-5　离子交换柱剖视图

单床：只有一根交换柱、内装一种树脂（阳离子型或阴离子型）。

多床：多个单床串联，较单床交换的效率高、效果好。

复床：阳离子交换柱与阴离子交换柱串联使用，排列的先后次序根据具体情况确定，适于除去离子型杂质。

混合床：在一个柱内装有按一定比例混合的阳离子交换树脂和阴离子交换树脂的混合物。它与复床的区别是交换过程在中性或近中性条件下进行，除离子效率高，但再生时混合树脂需经分离，操作复杂。

联合床：复床和混合床联合使用，如图 4-6 所示。

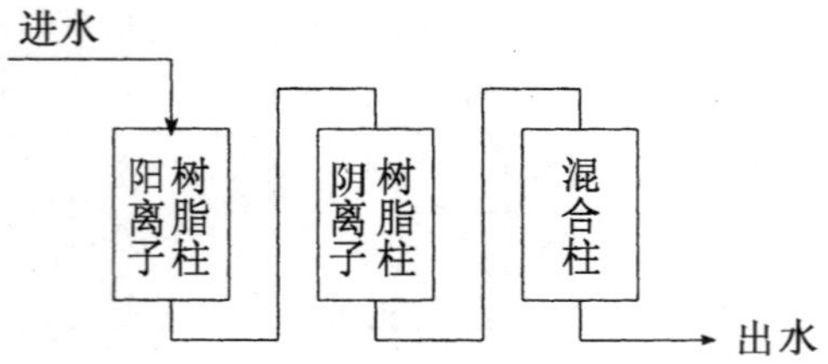

图 4-6 联合床示意图

四、离子交换装置的设计计算

在进行离子交换装置的设计时，一般按以下几个步骤进行：

（1）对待处理废水进行全面分析——阳离子、阴离子的种类、数量和废水的 pH 值；

（2）根据废水性质设计合适的工艺流程，选择所用树脂种类；

（3）确定主要设备及辅助设备的结构、尺寸；

（4）计算树脂用量及交换柱的工作周期；

（5）估计正、反洗水量及再生剂消耗量。

下面以一个具体的实例来加以说明：

例题：试设计一个离子交换系统来处理某电镀工厂的废水，已知该厂的废水流量为 545 500 L/d，废水中主要金属离子为铬，相当于 120mg/L 的 CrO_3（以 CrO_4^{2-}形式存在），其他离子浓度为 Cu^{2+}30mg/L、Zn^{2+}15mg/L、Ni^{2+}20mg/L。

解：第一步 选择树脂再生剂种类并确定工艺流程。

（1）由于废水内含有的阴离子 CrO_4^{2-}和阳离子 Cu^{2+}、Zn^{2+}、Ni^{2+}均需加以除去。故选择强酸型阳离子交换树脂去除 Cu^{2+}、Zn^{2+}、Ni^{2+}，用强碱型阴离子交换树脂去除 CrO_4^{2-}，采用两个交换柱串联的复床形式发生以下交换反应。

阳离子交换器：

$H_2R+M^{2+} \rightleftharpoons MR+2H^+$　　　　$M^{2+}=Cu^{2+}$、Zn^{2+}、Ni^{2+}

阴离子交换器：$R(OH)_2+H_2CrO_4 \rightleftharpoons RCrO_4+2H_2O$

（2）再生：根据表 4-2，对阳离子交换器采用 5% H_2SO_4 为再生剂，对阴离子交换器采用 10%的 NaOH 溶液再生，则发生如下交换反应：

阳离子交换器：$MR+H_2SO_4 \rightleftharpoons H_2R+MSO_4$

阴离子交换器：$RCrO_4+2NaOH \rightleftharpoons R(OH)_2+Na_2CrO_4$

（3）回收：由于废水中铬离子浓度较大，应设法将其回收，故可将阴离子再生时产生的含 Na_2CrO_4 的废水再引入一阳离子交换器使其以 H_2CrO_4 的形式加以回收，交换反应式为：

$$H_2R+Na_2CrO_4 \rightleftharpoons Na_2R+H_2CrO_4\text{（回收）}$$

（4）其他再生废水的处理：两个阳离子交换器用 H_2SO_4 再生，产生一定量的酸性废水，同时含有 Cu^{2+}、Zn^{2+}、Ni^{2+}等离子，可设一中和处理系统以碱中和其酸性然后排放。

（5）根据以上考虑，可设计废水处理工艺流程如图 4-7 所示。

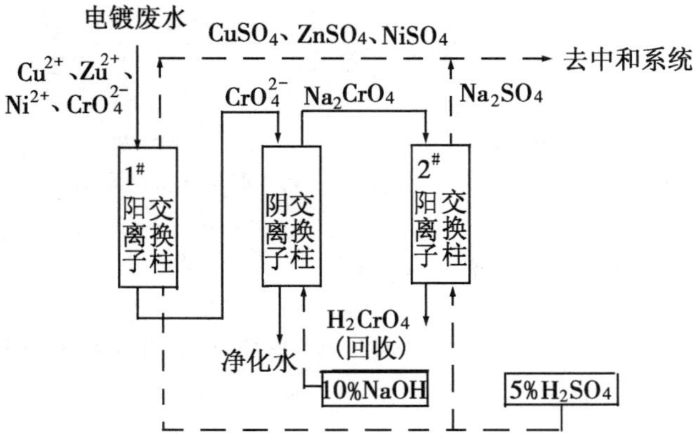

图 4-7　电镀废水处理工艺流程

第二步　确定阳离子和阴离子交换树脂的特性——确定设计参数。

交换柱的有关设计参数如树脂的交换容量（工作交换容量），再生剂的需要量，清洗水量，一般应通过实验室小型实验来确定。有时也可从树脂厂提供的资料获得或从有关的设计手册中查出。但由于实验条件的不同，查取的参数往往不能完全代表真实的操作状态，故最好以实验测得值为准。

可用模型试验在小型实验装置中以与生产规模类似的操作条件进行试验，设模型试验所得的典型数据如下表：

		阳离子	阴离子
树脂交换容量		1.235 mol/L	0.056 kg CrO_3/L
再生剂	种类	H_2SO_4（纯）	NaOH（纯）
	需要量（kg/L）树脂	0.176 6	0.075 3
	浓度（质量分数）/%	5	10
	流率/（L/min・m^2）	40.74	40.74
	清洗水量（L/L）树脂	20.87	16.05

第三步　设计离子交换柱。

（1）1#阳离子交换柱的设计

① 计算待去除离子的数量（见下表）

离子种类	浓度	
	mg/L	mmol/L
Cu^{2+}	30	30/63.5＝0.47
Zn^{2+}	15	15/65.4＝0.23
Ni^{2+}	20	20/58.7＝0.34

② 确定每天要去除的阳离子总量

（0.47＋0.23＋0.34）mmol/L×545 500（L/d）＝570 048 mmol/d

③ 计算树脂的总需要量

设再生周期为 6 天，由前面的实验结果知树脂交换容量为 1.235 mmol/L。

则树指需要量$=\dfrac{每天要去除的阳离子总量\times 再生周期}{树脂交换容量}=\dfrac{570\,048\times 6}{1.235}=2\,758.29\ (L)$

④ 确定交换柱尺寸

取交换柱直径为 0.8m，则横断面积 $S=\dfrac{\pi}{4}\times 0.8^2=0.502\,4\ m^2$

$\therefore$柱高 $H=\dfrac{2\,758.29/1\,000}{0.502\,4}=5.49$ （m）

考虑到反冲洗及清洗时交换床的膨胀，以及交换柱顶部和底部应留的空间，应附加50%的自由空间，则所需柱高 $H'=H\times(1+50\%)=8.23$ m

采用三个柱串联，则每个柱高为 8.23/3＝2.75 m

每个柱装填树脂高度为 5.49/3＝1.83 m

⑤ 计算再生剂需要量

由前实验数据，再生剂为 5% H_2SO_4，每升树脂需 0.176 6 kg 纯 H_2SO_4，则每次再生所需纯 H_2SO_4 量为：

0.176 6（kg/L）×2 758.29（L）＝487.10 kg

需 5% H_2SO_4 量为：487.1÷5%＝9 742.2 kg

⑥ 计算清洗水量

由前实验数据，清洗每升树脂需水 20.87 L，则清洗水量为 20.87 L/L×2 758.29 L=57 565.5 L。

（2）阴离子交换柱的设计

阴离子交换柱的设计可仿照上面进行。

① 每天去除的总铬量（以 CrO_3 计）

120 mg/L×545 500 L/d＝65 460 000 mg/d＝65.460 kg/d

② 树脂的总需要量再生周期为 6 天，树脂交换容量为 0.056 kg CrO_3/L 树脂，

树脂总需要量$=\dfrac{65.46\times 6}{0.056}=7\,013.6$ L

③ 设计阴离子交换柱的尺寸

取柱直径 0.8 m，横断面积 $S=0.502\,4\ m^2$，考虑到 50%的自由空间，柱高 $H=\dfrac{7\,013.6/1\,000}{0.502\,4}\times 1.5=20.94$ m，取 6 个柱串联使用，每个柱高为 $\dfrac{20.94}{6}=3.49$ m

④ 再生剂需要量

由实验数据，每处理 1 L 树脂需 0.075 3 kg 纯 NaOH，$\therefore$所需 10%NaOH：$\dfrac{0.075\,3}{10\%}\times 7\,013.6=5\,281.2$ kg

⑤ 清洗水量

由实验数据，每清洗 1 L 树脂需水 16.05 L

$\therefore$总需水量：16.05×7 013.6＝112 568.3 kg

2#阳离子交换柱的设计可参照 1#阳离子交换柱的设计进行。

五、离子交换法处理废水的实例
——电镀废水的处理方案

某厂电镀废水中的镀铬漂洗水含铬酸 100mg/L，而国家标准规定，车间排出口废水六价铬浓度不得超过 0.5mg/L。漂洗水中六价铬以 CrO_4^{2-}形式存在，因此，选用强碱型阴离子树脂，考虑到废水中还含有金属阳离子，会对阴离子产生不利影响，还必须增加一个阳离子交换柱，选用 732 强酸型树脂，整个工艺流程安排如图 4-8 所示。

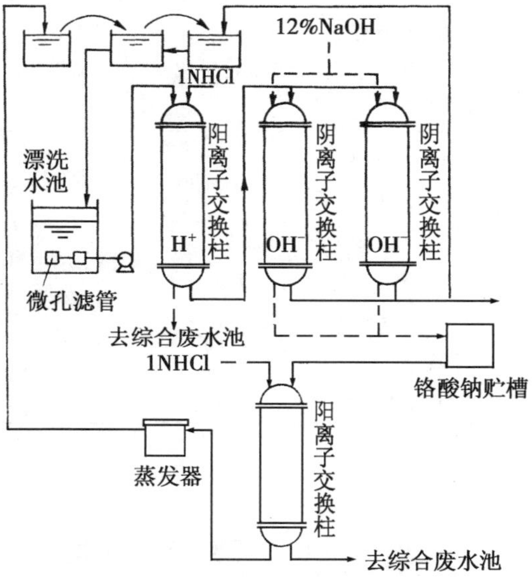

图 4-8　镀铬废水处理回收流程

第一根交换柱是阳离子交换柱，有两个作用，一是去除废水中的金属阳离子杂质，减少对阴离子树脂的氧化和污染（微量的重金属将促使阴离子树脂氧化）；二是使水呈酸性（pH＜4～5），这是因为随着 pH 值的不同，废水中的 CrO_4^{2-}与 $Cr_2O_7^{2-}$之间存在如下平衡：

$$2CrO_4^{2-}+2H^+ \rightleftharpoons Cr_2O_7^{2-}+H_2O$$

$$Cr_2O_7^{2-}+2OH^- \rightleftharpoons 2CrO_4^{2-}+2H_2O$$

当废水呈酸性时，水中只有 $Cr_2O_7^{2-}$存在，反之若 OH^-过量，则只有 CrO_4^{2-}存在，同样交换一个二价的阴离子，$Cr_2O_7^{2-}$比 CrO_4^{2-}多一个铬离子，就使树脂交换吸附的六价铬量增大一倍，并且强碱型阴离子树脂对 $Cr_2O_7^{2-}$具有更强的亲和力，因而在交换中 $Cr_2O_7^{2-}$可以更多地取代树脂上被交换的离子（如 SO_4^{2-}，Cl^-）。

第二、第三根交换柱是阴离子交换柱，除去水中的六价铬，两根交换柱可以轮换使用（一根工作时另一根再生），此流程可使回收液中六价铬下降到 0.12%，可返回漂洗槽中重复利用。

第四根交换柱是阳离子交换柱，处理用 12%NaOH 洗脱阴离子交换柱时所生成的铬酸钠，经阳离子柱交换钠离子，形成铬酸，并蒸发浓缩后即可送回镀铬槽使用。

离子交换法在废水处理方面已得到广泛的应用，表 4-4 提供的只是其中的一部分。

表 4-4 离子交换法在废水处理方面的应用

废水种类	有害离子或化合物	离子交换树脂类型	废水出路	再生剂	再生液出路	备注
电镀（铬）废水（镀件清洗水）	CrO_4^{2-}	大孔型阴离子交换树脂	循环使用	食盐或烧碱	用氢型阳离子交换树脂除钠后回用	
电镀废水	Cr^{6+}、Cu^{2+}	氢型强酸性阳离子交换树脂	循环使用	18%、20%硫酸	蒸发浓缩后回用	
含汞废水	Hg^{2+} $HgCl^{(x-2)}$	氯型强碱性大孔型阴离子交换树脂	中和后排放	盐酸	回收汞	
黏胶纤维废水	Zn^{2+}	强酸性阳离子交换树脂	中和后排放	硫酸	回用于生产	
放射性废水	各种放射性离子	强酸性阳离子和强碱性阴离子交换树脂	排放	硫酸、盐酸和烧碱	进一步处理	本法只起浓缩作用
氯苯酚废水	氯苯酚	弱碱性大孔型离子交换树脂	排放	2%NaOH 甲醇	回收酚及甲醇	

第三节 膜分离法

膜分离法是利用特殊的薄膜对液体中的某些成分进行选择性透过的一类方法的总称。溶质透过膜的过程称为渗析，溶剂透过膜的过程称为渗透。膜可以是气相、液相和固相，废水处理中应用最广泛的膜常是固相，常用的膜分离法有反渗透法、电渗析法、超过滤法、微孔过滤、隔膜电解法和液膜法等。

一、反渗透法

反渗透法是 20 世纪 60 年代发展起来的一项新型隔膜分离技术，最早用于海水淡化，以后发展到软水制备、废水处理及化工、制药、食品工业上的分离、提纯、浓缩技术。因其具有设备简单、能耗低、相态不变、易于操作等优点而得到广泛应用。

1. 基本原理

反渗透是自然渗透的逆过程，它的原理，如图 4-9 所示。若将两种不同浓度的溶液用一种只能透过水而不能透过溶质的半透膜隔开，淡水则会自然地从低浓度溶液一侧透过膜渗透到高浓度溶液的一侧，这一现象叫渗透，渗透达到平衡时的平衡压力称渗透压。若在高浓度一侧加上一大于渗透压的压力，其中的水分则会透过半透膜反向渗透，这一过程叫反渗透。

反渗透的透过理论，至今尚有不同看法，提出了不少机理，但都只反映了部分实验事实，还有待进一步研究和充实。醋酸纤维素膜是广泛使用的一种反渗透膜，对它的透过机理，一般用选择性吸附——毛细管流理论来解释。

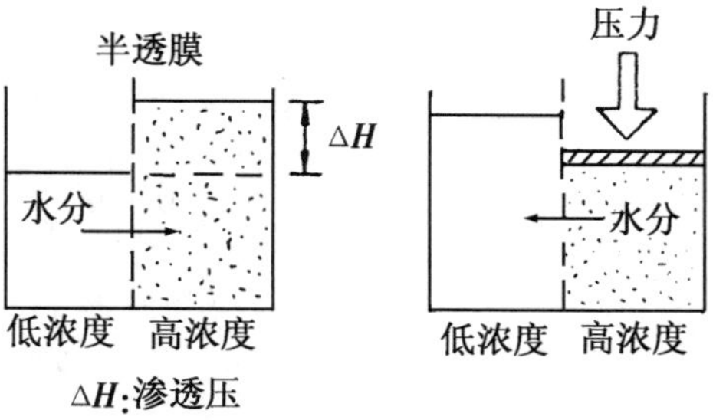

图 4-9　渗透和反渗透示意图

该理论认为，醋酸纤维素膜表面层上布满了许多极细孔隙，它具有亲水性，因而有选择吸附水分子而排斥某些溶质分子的作用。当其和水溶液接触时，把水分子吸附在其表面，形成一薄纯水分子层（约有 2 个水分子厚度，1 nm），溶质分子或离子则被排斥，仍留在溶液中，化合价越高的离子排斥越远。当在溶液上施加压力时，纯水分子薄层的纯水则通过薄膜的毛细管渗出，而溶质分子或离子不能通过而被截留。一般认为，膜的致密层孔径小于纯水分子薄层厚度 t 的 2 倍时，只有纯水可以通过；若膜的致密层孔径大于 $2t$，则溶质分子或离子也可能透过。可见，膜的孔径越大，渗透性也愈大，分离效果就差；反之则效果好，但渗透性小。对有机物的脱除，则纯属筛分机理，因此脱除效果与有机物分子量大小和形状有关。有机物分子不会被膜的表面排斥，又由于有机物倾向于降低溶液与膜之间的界面的张力，一些小分子有机物（分子量＜100）最容易聚在膜的表面上，因而容易通过孔隙，分子量在 100～200 的有机物可脱除一部分，分子量在 200 以上的有机物基本全部脱除。

2. 反渗透膜

反渗透膜是一种半透膜，所谓半透膜是指只能通过溶液中某种组分的膜，水处理中所用的半透膜要求只能通过水分子，但也可能有少量的其他离子或小分子通过。半透膜的厚度一般为几μm 到 0.1 μm，分平膜和中空纤维膜两种。中空膜的外径为 45 μm，内径为 25 μm，单位体积中空纤维膜所提供的过滤面积比平膜要大 15～50 倍，但其透过通量要比平膜低。

反渗透膜的好坏，是进行反渗透分离的关键，一般要求它应具有下列多种性能。

（1）单位膜面积透水量大，分离效率高；

（2）机械强度好，多孔支撑层压实作用小；

（3）化学稳定性好，耐酸、碱和微生物侵蚀；

（4）结构均匀，寿命长；

（5）易制造，价格便宜。

但是，要制备具有上述多种性能的膜目前还做不到。当前最广泛使用的是醋酸纤维素膜（CA 膜），它对水有较大渗透性，而对大多数水溶性化合物渗透性低，且易于制造。

CA 膜是一种不对称膜，厚 100 μm 左右，乳白色，膜分两层——表面致密层和多孔支持层。表面致密层厚 0.25 μm，它具有微孔结构，孔隙率 12%，为结合水占满，孔径小于 0.8 nm，具有脱盐能力。致密层下部为多孔支持层，是一种凝胶体的海绵状结构，孔隙率为 60%，含有结合水及毛细管水，但孔径大（有的可达几百纳米）只起支持致密层和使水流通作用。CA 膜结构可由图 4-10 表示。

CA 膜具有以下一些特性：

（1）方向性　由于 CA 膜是不对称膜，因此使用时必将致密膜作为高压侧才有分离作用。

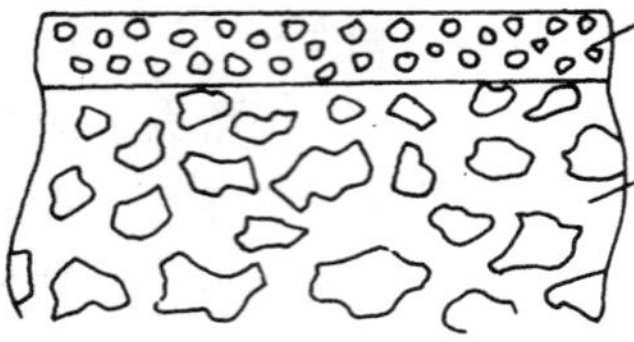

图 4-10　醋酸纤维膜结构示意图

（2）选择性　CA 膜对无机电解质和有机物具有选择透过性。对电解质高价离子较易脱除，同价离子水合半径越大越易脱除。对有机物，水溶性好、非解离性、分子量小的脱除效果差。

（3）压密效应　CA 膜在压力作用下厚度会减少 1/4～1/2，透水性及溶质脱除率也随之降低，称为压密效应。

（4）水解作用和生物分解作用　CA 膜易水解，适用的 pH 值为 3～7。CA 膜可以作为微生物的营养基质，因而微生物可在膜体上生长破坏致密层，使用时必须对待处理废水进行灭菌处理。在膜的贮存中也应采取防止微生物污染的措施如将其保存在 $CuSO_4$ 溶液中。

3. 反渗透工艺及工艺条件的选择

反渗透工艺主要有一级法和二级法（二级以上的很少采用），一级法是通过一次反渗透就达到处理的目的，二级法则是将经过一级处理后的水再送入第二个反渗透器进行再次处理。

图 4-11 是典型的一级法处理工艺流程。在这一流程中，除了反渗透器和进行反渗透过程中的高压泵之外，为了防止杂质对膜的堵塞，还应设立过滤装置，流程中的涡轮是用于回收高压浓缩水的部分能量的。

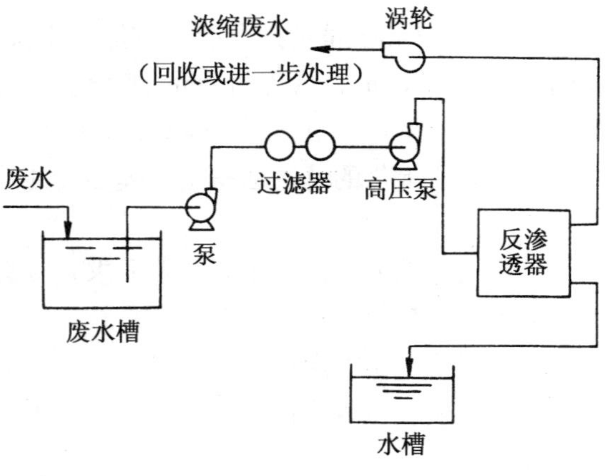

图 4-11　一级反渗透水处理工艺流程

为了选择合适的工艺条件，应先测定待处理水的性能（含盐量、酸碱度、温度、悬浮物、细菌等），然后决定应采取的预处理措施（加氯杀菌、调 pH 值、凝聚过滤等），选择合适的膜材，根据处理水量计算所需的膜面积，还要考虑合适的反渗透装置，水质要求等。总之，应全面考虑加以确定，在装置及工艺流程已确定时，操作条件应从以下几方面考虑。

（1）pH 值范围　CA 膜使用的范围为 pH＝3～7；

（2）操作压力　操作中透水量随压力的提高而增加，但压力过高又会使膜压实而使透水量下降，因此应根据膜的性能，原液浓度，水的回收率等几方面综合考虑；

（3）温度　膜透水量随温度上升而增加，但温度过高，会加快膜的水解速度，且膜会变软，压力也随之增加，故一般控制在 20～30℃；

（4）提高待处理液进料流速，使其保持湍流状态，以避免发生浓差极化现象。

浓差极化是指在反渗透过程中，由于水不断透过膜，引起膜表面溶液浓度的升高，从膜表面到进料液之间形成一浓度梯度，即浓差极化。浓差极化引起了膜表面溶液渗透压大大增加，使过程的有效推动力变小，导致水透过膜的阻力增大，使透水量和分离效率下降。且有些难溶盐如 $CaSO_4$ 会在膜表面析出，这就衰减了反渗透器的功能，使其寿命明显缩短，直接导致生产成本的提高，甚至带来严重的后果。

4. 反渗透装置

对反渗透装置的要求是：单位容积中具有的膜面积大，耐高压性能好，便于装卸和清洗膜面上的黏着物，进水流速稳定，浓差极化小。

常用的反渗透装置有四种型式——板式、管式、卷式和空心纤维式。

（1）板式反渗透器　板式反渗透器类似板框压滤机，其结构如图 4-12 所示，它是由几块或几十块圆形承压板（用不锈钢或环氧玻璃钢制成）组成，承压板外环有密封圈支撑，使内部组成压力容器，两板之间是多孔性材料用以支撑膜并引出分离出的水，每块板面都装有反渗透平膜。高压废水以湍流状态通过反渗透膜表面，分离出的水由承压板中流出。这类装置结构简单、体积小但装卸复杂，单位体积膜表面积小。

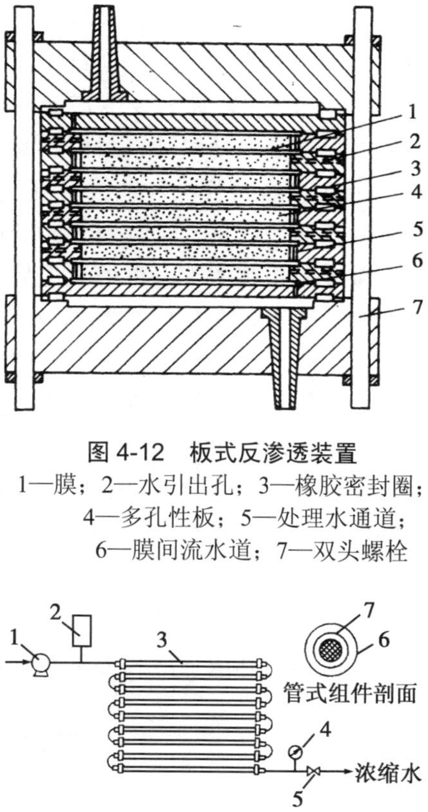

图 4-12　板式反渗透装置

1—膜；2—水引出孔；3—橡胶密封圈；4—多孔性板；5—处理水通道；6—膜间流水道；7—双头螺栓

（2）管式反渗透器　管式反渗透器类似排管式热交换器，由若干直径 10～20mm，长 1～3m 反渗透管状膜装入多孔高压管内，膜与高压管之间衬以尼龙布或其他纤维网，组成管状膜单元，然后将多根管状膜单元装入高压容器内成为内压管式。管式反渗装置还有套管式，其结构如图 4-13 所示。

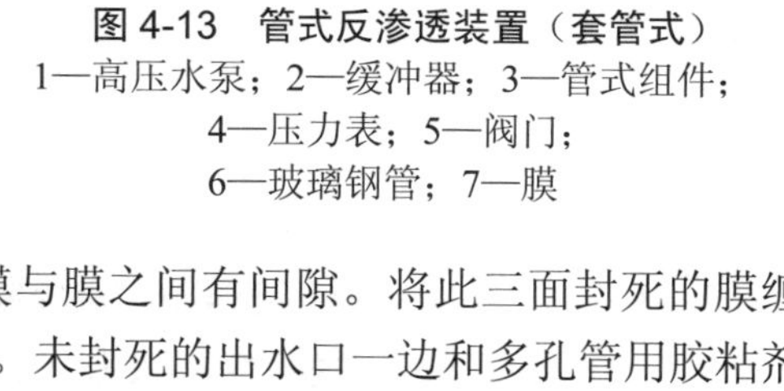

图 4-13　管式反渗透装置（套管式）

1—高压水泵；2—缓冲器；3—管式组件；4—压力表；5—阀门；6—玻璃钢管；7—膜

管式反渗透装置的特点是水力条件好，安装、清洗、换膜维修方便，但膜的有效面积小，装置的体积大，建造费用高。

（3）螺旋卷式反渗透器　螺旋卷式反渗透装置，结构如图 4-14 所示，它是由多层半渗膜配合其他材料制成卷筒，装置于耐压容器中，卷筒的两层膜之间有多孔性透水垫层，膜周边用粘胶剂密封，膜外面有细网间隔层，使膜与膜之间有间隙。将此三面封死的膜缠绕在多孔集水管上而成一个组件如图 4-14a 所示。未封死的出水口一边和多孔管用胶粘剂密封，使整个卷筒（组件）对外界是密封的，然后将其放入耐压管式容器中，组成反渗透器如图 4-14（b）所示。

待处理水自一端进入沿轴线方向在细网间隔层中流动，分离水则透过膜面经多孔支承垫沿螺旋线方向流入中心集水管后引出，浓缩液由筒的另一端引出。

螺旋卷式装置优点是单位体积有较大的膜面积、透水量大、湍流效果好、不易产生浓差极化现象、安装更换容易。缺点是清洗困难、不能处理含悬浮物的液体、阻力损失大。

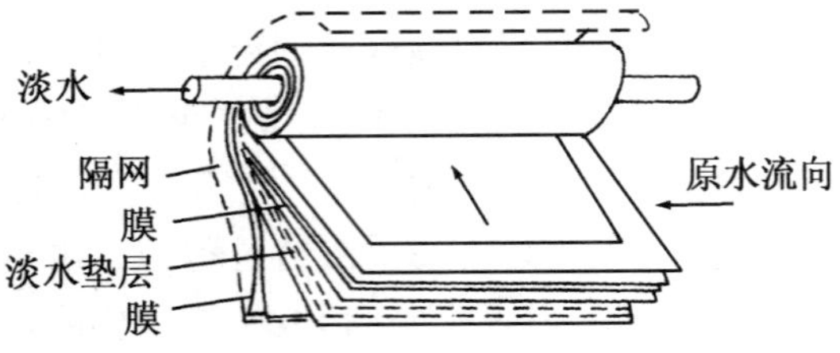

（a）螺旋卷式组件

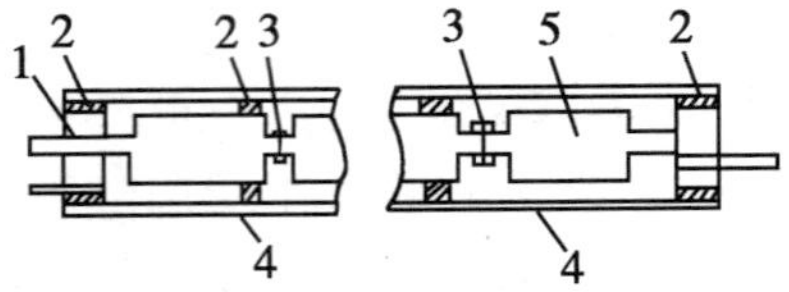

（b）卷式反渗透装置结构

图 4-14 卷式反渗透装置

1—密封端帽；2—密封圈；3—密封连接；4—管式压力容器；5—反渗透膜

（4）中空纤维式反渗透器 中空纤维式反渗透装置类似 U 形管式热交换器，结构如图 4-15 所示。它是将许多根头发粗细的中空细管状膜（空心纤维丝）捆在一起弯成 U 形，装入反渗透器内，把纤维束开口端装在环氧塑料封内，此塑料封相当于换热器的管板（花板），阻止进水或浓缩液通过。进入纤维内径的净化水则由纤维束开口端引出，浓缩液由另一端排出。该装置单位体积膜面积大，安装方便，可在低压下运行，膜的寿命长，但压力损失大，不能处理含悬浮物的液体。

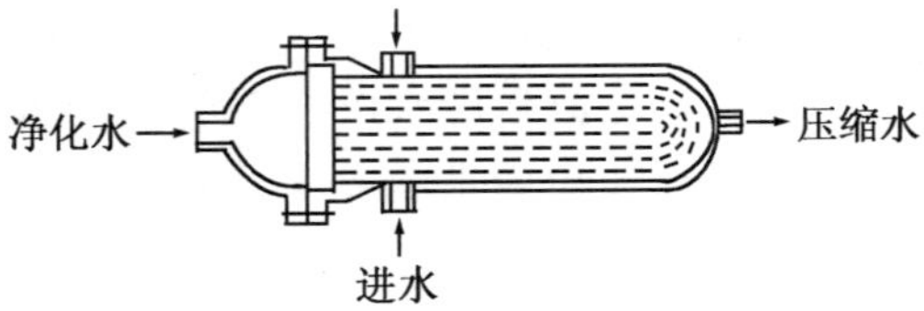

图 4-15 空心纤维式反渗透装置

5. 反渗透法的应用

反渗透法过去多用于海水，苦咸水脱盐，用于废水处理时间不长，特别是对反渗透膜的研究还很不成熟，但今后随着新型高效反渗透膜的研制和发展，在废水的处理方面定会得到更广泛的应用。

目前，反渗透法在电镀废水的处理上应用较为普遍。图 4-16 为镀镍废水的反渗透封闭循环流程，其浓缩液和渗透水分别进镀槽和漂洗槽，使整个工艺无废水排出。

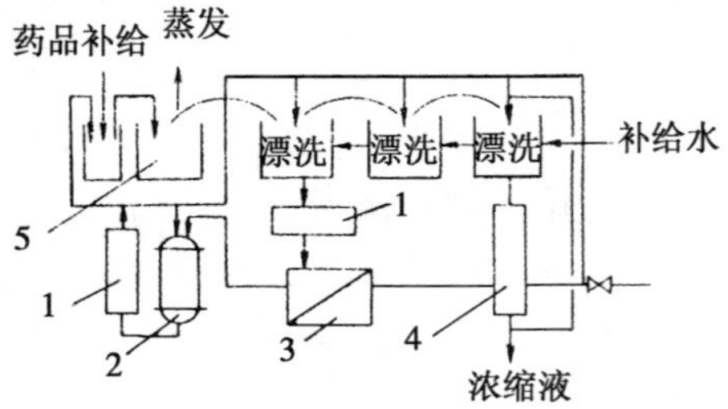

图 4-16 镀镍废水反渗透封闭循环处理流程

1—过滤器；2—蒸发器；3—反渗透装置；4—离子交换柱；5—镀槽

6. 反渗透膜技术的新进展*

反渗透膜技术自 20 世纪 70 年代进入海水淡化市场之后，发展十分迅速，工艺过程也逐渐成熟，能量回收效率都高达 90%以上，从而使反渗透法海水淡化（SWRO）能耗在 3 kW·h/m^3 淡水以下，成为从海水制取饮用水最廉价的方法。目前，反渗透膜技术的新进展主要在以下几方面：

（1）不对称膜和复合膜的研发

① 不对称膜　Loeb 和 Sourirajan 于 1960 年制得了世界上第一张不对称醋酸纤维素（CA）反渗透膜，以往的膜皆为均相致密膜，传质速度极低，无实用价值，而不对称膜仅表皮层是致密的，使传质速度提高了近 3 个数量级。

② 复合膜　复合膜是在 1963 年提出的，膜的脱盐层和支撑层分别由优选的材料来制备，如脱盐层（约 0.2μm 厚）是芳香族聚酰胺，支撑层是聚砜，这使膜的性能进一步提高。

（2）反渗透装置的发展

① 中空纤维反渗透器　1975 年美国 Dupont 公司推出 B-10 型海水脱盐用聚酰胺中空纤维反渗透器；1980 年日本 Toyobo 公司推出 Hollosep 型海水脱盐用 CTA 中空纤维反渗透器，特点是一只反渗透器内可含几十万到几百万条中空纤维，具有较高的膜面积堆砌密度。

② 卷式反渗透元件　卷式元件是 1964 年提出的，20 世纪 70 年代中商品化生产。它是数个膜片对和流道隔网绕中心多孔产水管卷呈筒状，使用时几个元件以串接方式放入一压力容器中。目前，复合膜广泛用于卷式元件的大规模生产中，元件的直径为 4 英寸、8 英寸、16～18 英寸等，以 8 英寸的居多。

③ 关键设备的改进　SWRO 用的关键设备如高压泵和能量回收装置也得到快速的发展，除高压泵的品种和型号不断增多，容量不断增大以及效率不断提高（达 80%以上）之外，特别应提及的是能量回收装置。第一代能量回收装置是与高压泵电机主轴相连的涡轮机，之后是水力涡轮增压器，效率在 60%～70%。新一代产品为功或压力交换器，直接将压力由浓海水传给新进的海水，效率大于 90%，这样反渗透海水淡化的本体耗电降至约 3 kW·h/m^3。

④ 开发新的工艺过程　20 世纪 70 年代商用 RO 膜脱盐率仅在 95%～98%时。为了从海水中制取饮用水而采用二级海水淡化工艺，第一级的产水再经第二级进一步淡化为饮用水；第二级的浓水返回第一级作为部分进水，该过程能耗约 10 kW·h/m^3 淡水。

为了进一步提高水回收率，近年来提出高压一级海水淡化新工艺。通常一级的操作压力多在 515 MPa，水回收率为 30%～35%；而若将操作压力提高到 8.4 MPa，则可达 60%的水回收率。

高效两段法也是提高回收率的新工艺，它是一级两段工艺的改进，在两段间设增压部分，第一段的浓海水经增压和最终的能量回收部分相结合进入第二段，也可使回收率达 60%。

20 世纪 90 年代，提出 RO 与纳滤（NF）结合的海水淡化新工艺，但集成的工艺有

---

* 反渗透膜分离技术的创新性进展。高从土皆（中国海洋大学）《膜科学与技术》Vol.26 No.6

不同，一种是纳滤在 RO 之前，纳滤的产水为 RO 的进水，这对 RO 很有利；另一种是将纳滤放在 RO 之后，RO 的浓水为纳滤的进水，纳滤的产水返到 RO 之前，作为 RO 的进水，这可大大提高回收率。

SWRO 要求严格的预处理以防止难溶盐类的结垢和膜污染，以微滤（MF）或超滤（UF）作为 SWRO 的预处理是近几年来提出的。经 MF 或 UF 预处理后的水质比常规预处理的要好得多，这样 SWRO 的回收率可大大提高，膜的使用寿命也可延长。

除 SWRO 淡化之外，RO 广泛用于苦咸水淡化以及纯水和超纯水的制备，并成为其最经济的制备工艺过程。纯水和超纯水的制备在电子、电力、化工、石化、医药、饮料、食品、冶金等各行业广泛采用；苦咸水淡化在西部大开发中将进一步发挥作用。RO 预浓缩技术是在膜下游获得淡水的同时，上游料液被浓缩，这已在化工、医药、食品和中草药等领域得以应用；在环保方面，RO 也用于电镀、采矿、放射性、垃圾渗滤等废水的浓缩处理，水回用或达标排放等。

（3）国内反渗透技术的发展

我国于 1965 年开始反渗透膜的实验研究，20 世纪 70 年代进行中空纤维和卷式 RO 元件的研究开发，80 年代初步产业化并推广应用；同时还进行复合反渗透的研究开发，并中试放大成功。近年来与引进相结合，进行复合反渗透的规模化生产，性能达到海水淡化要求。

1997 年在浙江舟山用国外的膜组件建成 500 m^3/d 的海水 RO 淡化示范站。至今已建 20 多处 SWRO 淡化站，能耗约为 4 kW · h/m^3 淡水，总产淡水约 5 万 m^3/d。目前我国已经具备万吨级海水淡化的工程能力，吨水成本已经从 10 年前的 7 元左右降至 5 元左右，随着装置规模的扩大、技术的进步和集成，造水成本仍有降低的空间。海水淡化技术在 2003 年颁布的《全国海洋经济发展规划纲要》和 2005 年颁布的《全国海水利用专项规划》中已被列为重点发展技术之一。

二、电渗析

电渗析是在直流电场作用下，以电位差为推动力，利用离子交换膜的选择透过性把电解质从溶液中分离出来的过程。我国对于这一技术的研究始于 1958 年，到 1966 年上海化工厂开始工业化生产离子交换膜。电渗析主要用于海水淡化、制取饮用水和工业纯水，目前也开始在重金属废水、放射性废水处理中得到应用。

1. 电渗析的基本原理

电渗析的原理可用图 4-17 来说明。在电渗析槽中交错放置两种类型的交换树脂膜——阳离子膜和阴离子膜。阳离子膜带有固定的负电荷，它只允许阳离子通过而排斥阴离子；阴离子膜带有固定的正电荷，允许阴离子通过而排斥阳离子。在两电极接上直流电源之后，则形成电场，槽内各室中的阴阳离子在电场力的作用下发生定向移动。在一、三两室中，阳离子向左移动，穿过阳离子膜分别进入阴极室和二室。而阴离子向右移动穿过阴离子膜分别进入二室和阳极室内。总的结果则使一、三两室离子浓度大大降低，使其中水得以“淡化”。在二室则相反，阳离子向左移动但受到阴离子膜阻挡而留在室内，阴离子向右移动但受到阳离子膜阻挡也留在室内，同时第一、三两室的阴阳离子还要进入二室，总结果便造成了二室的离子的积聚，使水得以“浓缩”，将待处理水不断送入二室（浓室），从一、三两室（淡室）便可排出处理过的废水。

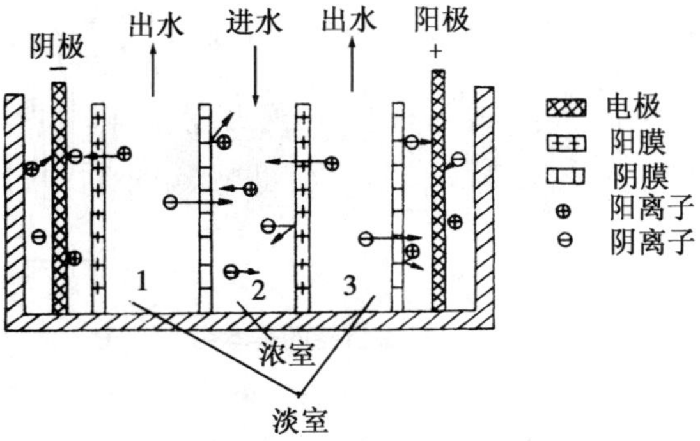

图 4-17　电渗析原理示意图

由上可见，电渗析法必须以两个条件为基础，一是水中离子带电因而能在直流电场中做定向移动；二是离子交换膜必须有选择透过性。

2. 电渗析器

电渗析器有板框型（压滤型）和螺旋卷式两种。目前国内外广泛使用的是板框型，它由交换膜、隔板、电极、板框及压紧装置所组成，两端为电极，中间为阴、阳膜和用隔板间隔交替排列的浓、淡室，电极与膜之间设置极框。

（1）离子交换膜　离子交换膜是一种由高分子材料制成的、具有离子交换基因的薄膜，内有一定数目的孔隙，以供离子通过。离子交换膜可分为阳离子交换膜和阴离子交换膜两种，简称阳膜和阴膜。

阳离子交换膜，常有酸性活性基团（如 $R\text{-}SO_3H$）在水中可离解成固定在高分子膜上带负电的阴离子 $R\text{-}SO_3^-$ 和可移动阳离子 H^+，膜中固定基团 $R\text{-}SO_3^-$ 构成了足够强的负电场，因此能吸引阳离子让其通过而排斥阴离子，阻止其通过。

阴离子交换膜，带有碱性活性基团，如 $R\text{-}CH_2N^+(CH_3)_2OH$，固定在高分子膜上的是带正电的阳离子 $R\text{-}CH_2N^+(CH_3)_2$ 和可移动的 OH^-，固定基团构成强烈正电场，故它能吸引阴离子让其通过而排斥阳离子。

可见离子交换膜所发生的作用并不是离子交换，而是离子的选择性透过。因此，离子交换膜应称为离子选择性透过膜更为合适。

（2）隔板和隔网　隔板的用处是使阴、阳膜间保持一定距离，并使布水均匀，上面有配水孔、布水槽、流水道、填充网。网的作用是使液体产生湍流，提高效率。隔板可由聚氯乙烯硬板、聚丙烯、合成橡胶等材料制成，厚度为 0.5～2.5 mm。根据隔板在膜堆中使用的情况，又分为浓室隔板和淡室隔板，它们和阴阳离子交换膜交替排列，构成了淡水室和浓水室。

（3）电极　电极的作用是直接连接电源，位于膜堆两侧。它的质量直接影响电渗析效果。常用的有石墨电极、铅板电极、钛涂钌电极、不锈钢电极（只能做阴极）等，国外还有钛镀铂或钽涂铂电极。

（4）电极框　电极框用以保持电极与膜堆间的距离，是极水的通道，它必须保持电极室内水流均匀流畅，及时排除电极反应产生的气体及沉淀，以防止电极和膜的腐蚀。

板框型电渗析器的组装形式如图 4-18 所示。

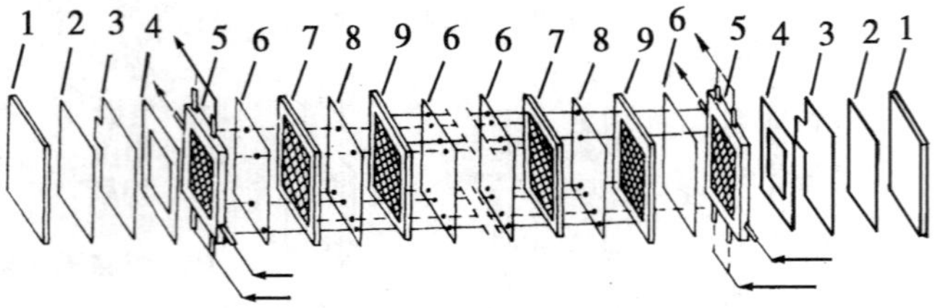

图 4-18 电渗析器的基本组装形式

1—压紧板；2—垫板；3—电极；4—垫圈；5—导水、极水板；

6—阳膜；7—淡水隔板框；8—阴膜；9—浓水隔板框

3. 电渗析在废水处理中的应用

电渗析法可有效地浓缩工业废水中的无机酸、碱、金属盐及有机电解质等。即使废水得到净化，又可回收有用物质。与反渗透法相比，它的优点是膜对热和化学作用的稳定性更好，并可得到较高浓度的浓缩比。它的应用主要有以下几个方面。

（1）回收酸洗废水中的酸　金属加工及钢铁工业使用酸来清洗钢铁工件表面，排出大量废酸含 $FeSO_4$12%～30%，$H_2SO_4$5%～10%。可用电渗析法加以回收。其原理如图 4-19 所示。在两电极间装入阴离子交换膜，把电渗析槽分成阳极室和阴极室。向阴极室通入废酸液，阳极室中通入稀 H_2SO_4。由于阴膜的选择透过性，在电场作用下发生下列反应。

阳极：$4OH^- - 4e \longrightarrow O_2\uparrow + 2H_2O$

阴极：$2H^+ + 2e \longrightarrow H_2\uparrow$，

$Fe^{2+} + 2e \longrightarrow Fe$

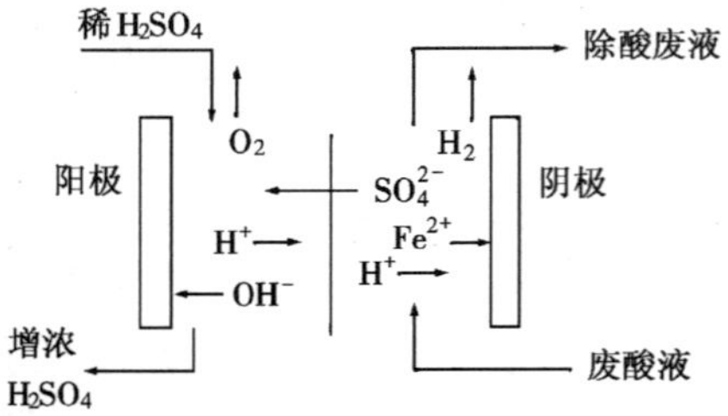

图 4-19 电渗析法回收酸原理

SO_4^{2-}由阴极室穿过阴膜进入阳极室，而阳极室中 H^+向阴极移动但由阴膜的阻挡而留下，与 SO_4^{2-}形成 H_2SO_4，使 H_2SO_4浓度增加，回收了 H_2SO_4。阴极室内 H^+和 Fe^{2+}分别在阴极被还原，在阴极放出 H_2，析出 Fe。

同理，用阳膜也可达到相同的目的。

（2）回收重金属离子　含铬、铜、镍、镉等重金属离子和氰化物的废水也可用电渗析法来回收，并使洗涤水循环使用。

例如对电镀镍废水的回收，可将电镀回收液通入电渗析器的淡室，使回收液不断淡化，而其中的镍离子及其他成分通过电渗析作用迁移到浓室中，浓缩至一定浓度后循环回到电镀槽中使用。此法可回收镍 95%以上，若要全部回收，可和离子交换法配合使用。该法的工艺流程如图 4-20 所示。废液进入电渗析设备前先经过滤等预处理，除去悬浮杂质，然后进入电渗析器。经电渗析处理后，浓水中镍浓度增高，返回电镀槽重复使用。淡水中镍浓度减少，返回水洗槽补充清洗水。电渗析法还可用于从合成纤维工业废水中回收硫酸盐，从亚硫酸纸浆废液中回收未反应的亚硫酸盐等。

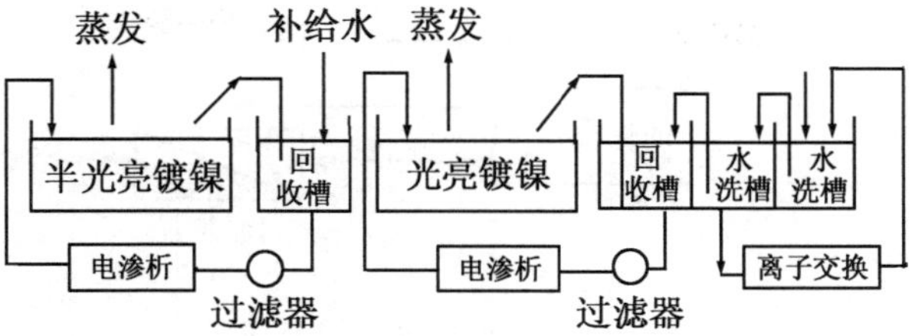

图 4-20 电渗析法处理镀镍废水回收镍的流程

电渗析法虽可以用来处理各种废水，但其成本高，且只能除去水中盐分，对有机物不能去除，某些高价离子和有机物还会污染膜因而应用受到一定限制，改进制膜技术，降低膜的成本，生产新型的离子交换膜是这一方法的发展方向。

三、超滤法

超滤是利用孔径在 2～20 nm 的半透膜，让流体以一定压力和流速通过膜的表面将流体中的高分子和低分子分开。超滤法与反渗透法相似，也是以压力差为推动力的液相膜分离过程。但是两者的作用实质并不完全相同。超滤的机理目前尚不完善，一般认为，超滤是一种筛孔分离过程。超滤膜具有选择性表面层的主要因素是它具有一定大小的孔隙，比孔隙小的分子和粒子可以在压力差的作用下，从高压侧透过膜到低压侧，而大粒子则被膜所阻拦，从而达到选择性分离的目的。

超滤膜是超滤工艺的关键，要求它有较好的分离性能，高透水率，化学稳定性好，强度高。大多数超滤膜都是聚合物或共聚合物的合成膜，如醋酸纤维素和芳香聚酰胺等，在膜材料的选择和制备上和反渗透膜有许多类似的地方。所以有人认为超滤膜就是具有较大平均孔径的反渗透膜。

超滤法所截留的污染物粒子比反渗透法所截留的粒子要大得多，前者为 2～10 000 μm，而后者仅为 0.4～600 μm。超滤法也要加压，以使废水能克服滤膜的阻力而透过滤膜，但这个压力比反渗透法要小，一般为 101.3～709.3 kPa。

超滤设备同反渗透相似，主要有板框式、管式、螺旋卷式和中空纤维式。

用超滤法进行废水处理，既可做到水的循环使用，又可回收其中有价值的产品，它已在食品、印染、电镀、造纸、金属加工等部门的废水处理中得到研究和应用。例如在人造纤维生产中油洗工段产生的含油废水可使用超滤法将其中的油剂大部分回收利用，图 4-21 为它的过程示意图。据报道，超滤液的油剂浓度及 COD 的去除率均可达到 90%以上，浓缩油回用效果也很好。

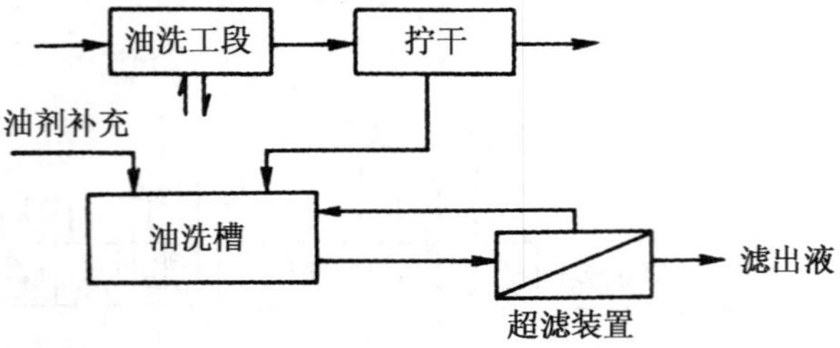

图 4-21　超滤法回收纤维处理油流程

四、微孔过滤

微孔过滤与反渗透、超滤类似，均属于以压力为推动力的膜分离过程，它所分离的组分直径一般为 0.03～15 μm，操作静压差为 0.01～0.2 MPa。微孔过滤的分离机理主要是筛分效应，利用筛网状过滤介质膜的“筛分”作用进行分离，与普通过滤类似，只是过滤的微粒较小，故又称精密过滤，是过滤技术的发展。

微孔过滤膜常用纤维素脂或工程塑料制成，是均一连续的高分子多孔体，孔隙率为 70%～80%，可将液体中大于微孔直径的微粒全部阻拦。膜的质地薄，阻拦作用主要发生在膜的表面，极易被堵塞，因此使用时必须对废水进行预过滤才能延长膜的使用寿命。近十年来无机微孔滤膜也取得长足进展。

微孔过滤设备也有板框式、管式、卷式和中空纤维式等多种结构形式。工业上应用的多为板框式，大都仿效普通过滤器的概念而设计。

微孔过滤主要应用于电子、医药、原子能、精细化工、生物工程、饮料等行业中。日本等国家也将此技术作为深度处理手段用于城市污水处理系统中，使处理后的水达到中水标准而回用，其工艺流程如下：

残渣（筛网过滤）　　油，泥渣（加压浮选）

城市污水→筛网过滤→调整槽→加压浮选→接触氧化→微孔过滤→灭菌→中水贮槽

我国微滤技术起步于 20 世纪 70 年代末，近十年来发展较快，并在纯水制造上广泛应用，生产的微孔膜仍以纤维素体系的滤膜为主。

五、隔膜电解法

隔膜电解法是把电渗析和电解组合起来的一种方法。它是利用一定性质的隔膜将电解装置的阳极和阴极隔开而进行电解，根据所用膜的性质可分为非选择透过膜电解与选择透过膜电解。

实际应用时要选择不同性质的隔膜来有效地隔离两个电极室，使两个电极的反应物不会互相混淆。利用阳极和阴极反应的特异性来保证一极的生成物不会在另一极上遭到破坏。也可利用膜对离子的选择性透过，顺利完成电极反应，回收各电极的产物。

隔膜电解法的应用有以下两个方面。

1. 回收重金属

用化学沉淀法处理含金属离子废水时会产生大量含有毒重金属的泥浆，可用隔膜电解法处理泥浆回收重金属。其工艺过程如图4-22所示。

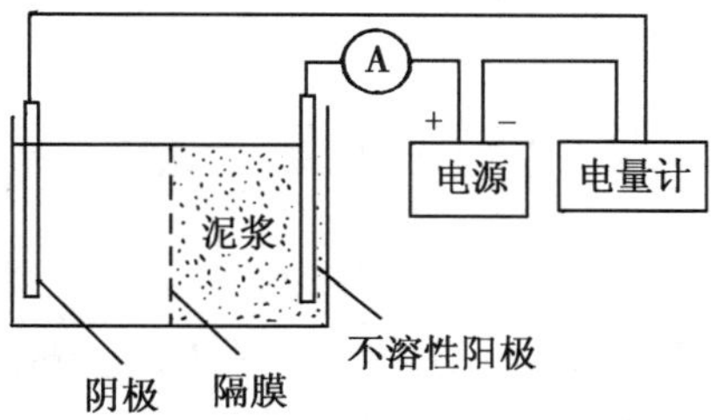

图4-22　隔膜电解法从泥浆中回收金属

将泥浆放入隔膜电解槽阳极室，阴极室放入适当的电解液，利用不溶性阳极进行电解，发生如下反应：

阳极：氧化反应 $H_2O \longrightarrow \frac{1}{2}O_2 + 2H^+ + 2e$

阳极室：溶解反应 $M(OH)_2 + 2H^+ \longrightarrow M^{2+} + 2H_2O$

阴极：还原反应 $M^{2+} + 2e \longrightarrow M$

式中 M^{2+}为二价重金属。阳极反应产生的游离酸用于溶解泥浆，产生金属离子通过隔膜移至阴极室，在阴极上还原为金属析出，使重金属得到回收。

2. 再生镀铬废液

镀铬过程中，由于杂质阳离子的积蓄，使镀铬液中六价铬浓度降低，三价铬浓度增加。当三价铬和杂质离子达到一定浓度时，电镀液就不能正常使用。如能把三价铬氧化为六价铬，并把金属杂质除去，就可使废镀液得到再生。

采用隔膜电解法就可达到这一目的。该法的原理如图4-23所示。

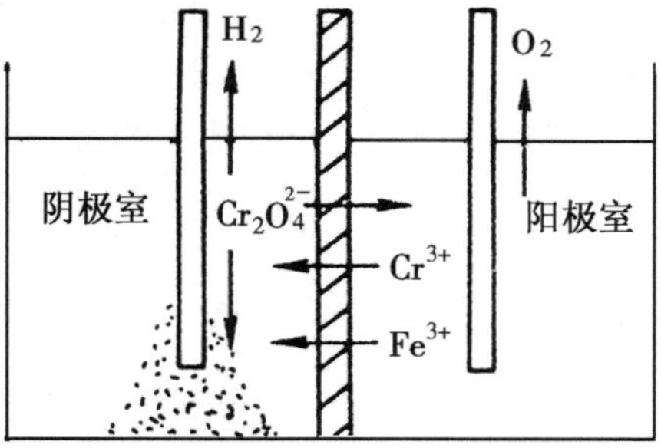

图4-23　隔膜电解法回收镀铬废液

在隔膜电解中，发生如下电化学反应：

阴极上 $2H_2O + 2e \longrightarrow 2OH^- + H_2\uparrow$

阴极室中 Fe^{3+}等杂质离子发生沉淀

$Fe^{3+} + 3OH^- \longrightarrow Fe(OH)_3\downarrow$

$Cr^{3+} + OH^- = Cr(OH)_3$

阳极上 Cr^{3+}被氧化成 $Cr_2O_4^{2-}$，同时，阴极室的 $Cr_2O_4^{2-}$在电场力作用下，通过膜进入阳极室，从而在阳极室达到富集。

各种固体膜技术存在的主要问题是膜经过一段时间的运行会发生堵塞,从而引起水通量和产水品质的下降，分离效果降低，称之为膜污染。

膜污染的可能原因为：废水中的悬浮质和有机胶体在水透过膜时被膜截流沉淀；废水中的无机盐类如碳酸盐、磷酸盐在水透过膜后浓度提高变成饱和状态在膜上析出或由于浓差极化使溶质在膜面上析出，造成吸附污染，另外废水中微生物在膜上的黏附和生长会造成生物污染。

受污染的膜可用清洗方法来处理，包括物理法和化学法。物理法是用淡水或空气与淡水混合液来冲洗，或用预处理后的原水代替淡水来冲洗；化学法是采用一定的化学清洗剂在一定压力下冲洗。另外膜表面改性和提高膜面光洁度均可减少膜污染。

六、液膜分离

液膜分离技术是 20 世纪 60 年代问世的一种新型膜分离技术，它是将液体固定成膜状用于选择性分离。由于液膜分离技术具有分离速度快、效率高、设备简单而在湿法冶金、化工、医药、环保等领域得到广泛研究，有的已进入实用阶段。

1. 液膜的分类及组成

液膜是悬浮在液体中很薄的一层乳液微粒，通常由溶剂（水或有机溶剂）、乳化剂和内相试剂所组成。它可以把两个组成不同而又互溶的溶液内相与外相隔开，并通过渗透现象起着分离作用。当被隔开的溶液为水相时，液膜为油型；当被隔开溶液为有机相时，液膜为水型。

液膜按其组成和膜形可分为水膜和油膜，水膜型适于分离有机化合物混合物，油膜型适于从水溶液中分出有机物和无机物。液膜按其结构来分可分为乳化液膜和支撑液膜两类。乳化液膜是由美籍华人黎念之博士于 1968 年首次开发并用于烃类分离，也是目前研究和应用最为广泛的一种。乳化液膜是液滴直径小到呈乳化状的液膜（液滴直径为 0.05～0.2 cm）。它先由两个不相溶相形成乳液然后将乳液加入到第三相（外相）中而形成。支撑液膜是将起分离作用的液相借助于毛细管作用固定在多孔性高分子膜中，起支撑作用的固体膜应薄而多孔，有较大的传质面积和较小的传质阻力。这两类液膜的结构如图 4-24 所示。

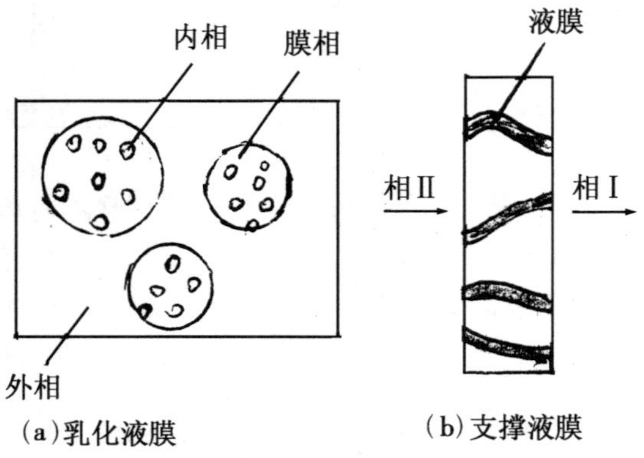

图 4-24 液膜结构示意图

液膜溶液由成膜的基体物质膜溶剂和用于稳定膜形、固定油水界面的表面活性剂所组成。为了提高液膜的选择性和传递速率，有些液膜还需加入一定量的流动载体以负责指定溶质或离子的选择性迁移。

2. 液膜分离机理

液膜分离机理较为复杂，目前正在深入研究之中，一般认为可能有以下几种如图 4-25 所示。

（1）选择性渗透　待分离混合液中的 A 和 B 在液膜中渗透速度不同，A 能透过而 B

不能透过从而达到分离目的。

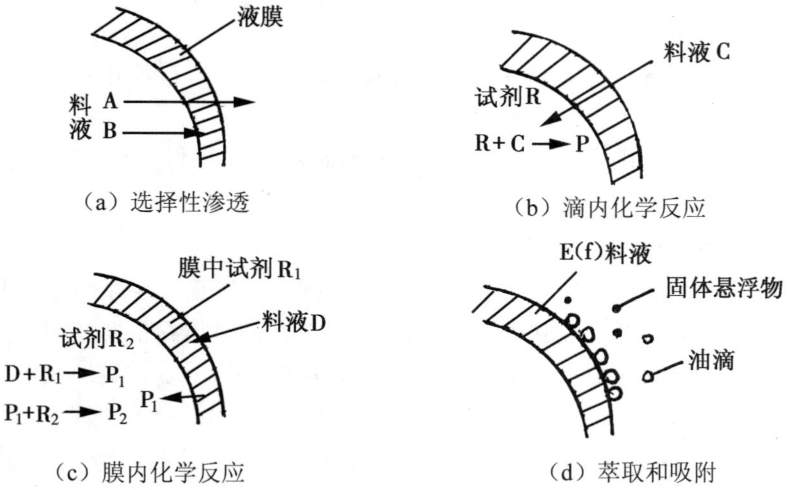

图 4-25　液膜分离机理

（2）滴内化学反应　待分离物 C 穿过液膜进入滴内与内相试剂 R 发生反应生成不能透过液膜的 P。

（3）膜内化学反应　被分离物 D 与膜内载体 R_1 反应生成络合物 P_1，P_1 进入滴内又与内相试剂 R_2 反应生成 P_2。

（4）萃取和吸附　膜相界面具有选择性吸附或萃取作用，使料液中的悬浮物或油类被分离。

上述机理可以单独或联合起作用。

3. 液膜分离的工艺流程

由于乳状液膜是应用最为广泛的液膜分离方法，这里介绍它的处理流程如图 4-26 所示。

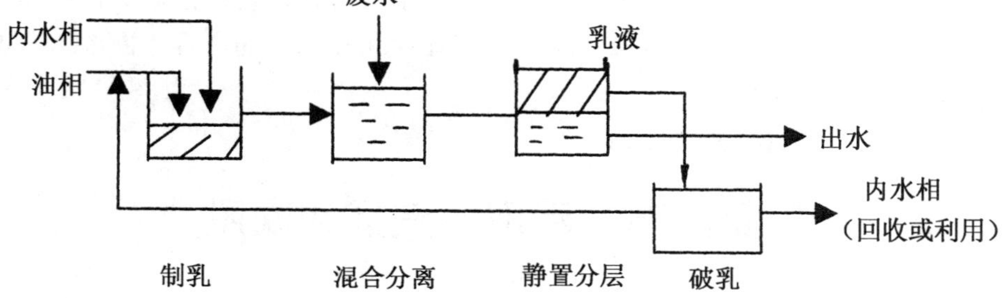

图 4-26　液膜分离法的工艺流程

（1）制乳　将膜溶剂表面活性剂（有时还需加流动载体）和内相试剂经高速搅拌或

超声波等方法制成乳状液。

（2）混合分离 将乳液与废水按一定比例在槽内混合搅拌使废水中待分离物被分离。

（3）静止分层 将分离后废水静置分层，上层为乳液下层为处理后废水可进一步处理或排放。

（4）破乳 将分离后的乳液采用化学法或物理法破乳所得油相可回用重新制乳，内水相回收利用或进一步处理。

从上述工艺流程可以看出，液膜处理废水有机相可反复利用且基本无二次污染产生，因此它是一种低成本、无污染、高效的处理方法。

4. 液膜法在废水处理中的应用

（1）含金属离子废水处理 冶金、电镀、电解、金属加工及某些金属化合物生产常排出大量含金属离子废水，液膜分离法在这类废水处理中起着重要作用。澳大利亚学者采用乳状液膜从粘胶纤维纺丝废水中回收锌已达到实用化规模，奥地利学者和我国王士柱等人用液膜法处理含锌废水可达到很高浓缩倍数（40～100 倍）处理后废水基本符合排放标准。对含 Hg^{2+}、Cd^{2+}废水的处理也可获得满意的结果。例如用液膜法对某碱厂含 Hg^{2+} 废水进行二级提取，使出水中 Hg^{2+}达 0.5 g/L 以下，达到排放标准。

（2）含阴离子废水处理 采用液膜法处理含 PO_4^{3+}、NO_3^-、S^{2-}、CN^-、F^-的废水都可得到较为满意的处理效果。例如对含 HCN 和 H_2S 的废水可使其与内相试剂中的强碱 NaOH 进行反应生成不可逆向渗透的离子化合物而除去。

（3）含酚废水处理 液膜法处理含酚废水国内已做了不少工作，从原理、膜组成、工艺条件等方面都进行广泛研究，有的已达到工业化应用水平。华南理工大学环境科学研究所用液膜法进行除酚实验，除酚率可达 97%～99%，出水含酚量可达到排放标准。

（4）分离废水中有机酸、无机酸 美国科罗拉多矿业大学用液膜法去除水中多种有机酸，如安息香酸可去除 95%左右。

液膜分离技术是一种新兴的分离手段，通过 30 余年的研究及开发应用证明它在废水处理方面有广泛的应用前景。它不仅适用面广，技术上可行，工艺过程简单，处理成本低，不易产生二次污染，因而在废水处理方面有极强的竞争力。

目前对于液膜分离技术用于废水处理还多处于实验阶段，工业化应用的例子还不多，一个很重要的原因就在于还缺乏可达工业化应用的高效破乳手段，另外在寻求新型分离设备、完善处理工艺方面还有不少工作要做。但不管怎样，乳状液膜分离技术在废水处理方面的应用已显示出光明的前景。随着它在理论和技术上的研究不断深入，必将在废水处理领域发挥更大的作用。

第四节 萃取、汽提和吹脱

萃取、汽提和吹脱都是化工生产中的单元操作，是质量传递过程，目前也用于废水处理操作中。

一、萃取法

萃取法也称液—液萃取法，它是利用与水不相溶解或极少溶解的特定溶剂（萃取剂）与废水充分混合接触，由于萃取剂对废水中的某些杂质有更高的亲和力而使它们重新分配转入溶剂，然后将溶剂与已脱除污染物的废水分离，从而达到净化废水和回收污染物两个目的。这里被萃取的污染物称溶质，萃取后的萃取剂称萃取液（萃取相），残余液为萃余液（萃余相）。

萃取法主要由三个步骤所构成：①使废水与萃取剂充分接触；②将萃取液与萃余液分离；③分离出萃取液中的污染物并回收萃取剂以重复利用。

关于萃取法的基本原理在有关的课程中已有论述，这里不再重复。

既然萃取过程是一个质量传递过程，所以萃取的速率也可用传质速率方程式来表示：

$$dG/dt=kA\ (C^*-C)$$

式中：dG/dt——单位时间内被萃取物质的量，kg/h；

C——萃取液中溶质的浓度，kg/kg；

C^*——相界面上溶质的浓度，kg/kg；

A——两相接触面积，m^2；

k——传质系数，kg/（h·m^2）。

根据这一方程式，要提高萃取过程的速率，可采取以下措施：

① 增大两相接触面积，采用喷淋、鼓泡、产生泡沫等方式；

② 提高推动力，增大浓度差，增大萃取剂量和采用逆流萃取方式；

③ 增大流体的湍动程度，加强搅拌，以达到提高传质系数的目的。

1. 萃取剂的选择

选择合适的萃取剂是萃取法的关键，它不仅影响到废水的处理效果，也影响到萃取混合物的分离性能和过程的经济性。萃取剂的选择一般从以下几方面考虑。

（1）有较高的选择性　萃取剂的选择性是指萃取剂对被萃取的废水中污染物溶解能力的大小。若它对污染物的溶解能力大而与水相互溶解度很小或者完全互不相溶，则其选择性就好。

萃取剂的选择性通常用选择性系数β表示。

$$\beta=\frac{Y_{AE}/X_{AR}}{Y_{BE}/X_{BR}}$$

式中：β——萃取剂的选择性系数；

Y——组分在萃取相E中的浓度（重量%）；

X——组分在萃余相R中的浓度（重量%）；

A、B——分别表示两种不同组分。

由式可见，若$\beta=1$，则$Y_{AE}/Y_{BE}=X_{AR}/X_{BR}$，说明组分$A$和$B$在两平衡液相$E$及$R$中比例相等，没有分离作用，即所选用的萃取剂是不适用的。

（2）与待处理废水有较大的密度差，这样才能迅速分离，提高生产能力；

（3）表面张力要适当　萃取剂的表面张力小，易产生乳化现象，影响两相分离。反之，若张力过大。虽分离迅速，但分散度差，影响两相间的充分接触；

（4）萃取剂与被萃取溶质间沸点差别应尽量大，这样才易于从萃取剂中分离出溶质，便于萃取剂的回收。溶剂回收的难易关系很大，必须充分考虑；

（5）萃取剂应具有化学稳定性、热稳定性和抗氧化稳定性，对设备腐蚀小并不和被萃取物质起化学反应，否则萃取剂无法回收重复使用；

（6）经济性 萃取剂在循环使用过程中总有一定的损耗，因此所选用的萃取剂应价廉易得，否则也难以在废水处理中应用。

萃取剂选择的范围是较宽的，要求某种萃取剂完全满足上述所要求也是很难达到的，最后的选择还应从对废水的处理要求和经济效果两方面进行权衡，决定取舍。

废水处理中常用的萃取剂有以下几种：

① 含氧萃取剂，如仲辛醇；

② 含磷萃取剂，如磷酸三丁酯（TBP），主要用于处理含重金属离子废水；

③ 含氮萃取剂，如三烷基胺，在酸性条件下能有效地萃取染料中间体废水中的苯、萘与蒽醌系带磺酸基的染料中间体，有较高的脱色效果；

④其他 如苯（萃取橡胶加工废水中的噻唑类化合物）、甲苯、轻油（处理含酚废水）等。

2. 萃取操作流程

萃取法处理废水，一般由三个步骤组成：①使萃取剂与废水充分混合接触，废水中的污染物作为萃取物转移到萃取剂中；②把萃取剂与处理后的废水分开；③把萃取物从萃取剂中分离出来加以回收或进一步处理，而萃取剂则回用于萃取新的废水，这一过程也称萃取剂的再生。上述的萃取过程可用图 4-27 来表示。

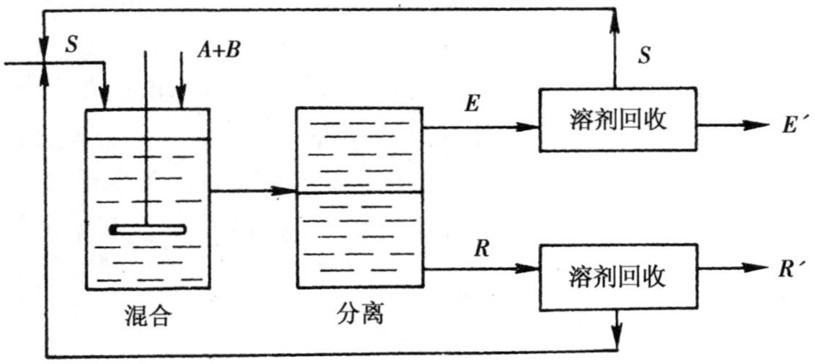

图 4-27 萃取过程示意图

A—溶质；*B*—原溶剂；*S*—溶剂；*E*—萃取相；

E′ —萃取液；*R*—萃余相；*R*′ —萃余液

萃取操作流程依原料液和萃取剂的接触方式可分为级式接触和连续式接触两类。

（1）级式接触 级式接触由两个步骤组成，第一步是萃取剂与废水充分接触，发生萃取并接近平衡。第二步再将它们静置澄清分离，将萃取相和萃余相分别从系统中排除。

“级”就是一个单元设备，如果混合接触的两相达到了平衡，则称为一个理论级。

级式接触分单级和多级两种，如图 4-28 所示。单级式为间歇式生产，推动力大，效果好，设备简单，但溶剂消耗大，常需萃取多次才能达到分离目的，操作麻烦。多级式萃取多采用逆流操作，可合理使用萃取剂，但级数多，工艺复杂，一般多采用三级萃取。

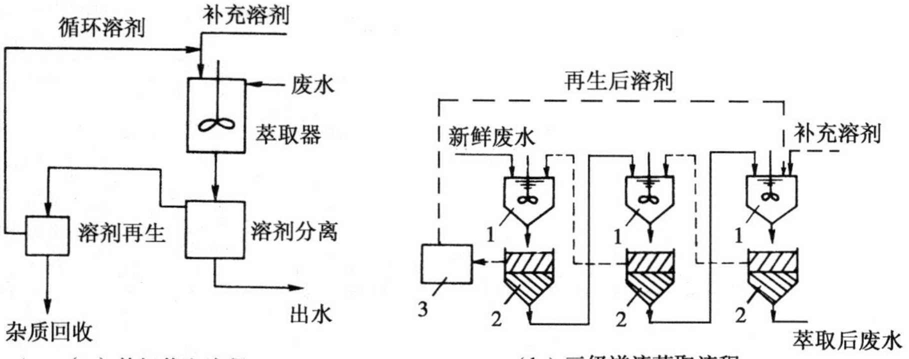

（a）单级萃取流程　　（b）三级逆流萃取流程

图 4-28　级式接触萃取操作流程

1—两相混合槽；2—澄清槽；3—反取槽

（2）连续逆流接触　连续逆流接触萃取也称微分接触萃取，它是利用萃取剂与废水密度的差别，使它们逆向流过一个塔或其他设备的萃取过程。如图 4-29 所示的是在塔式设备中的萃取过程。

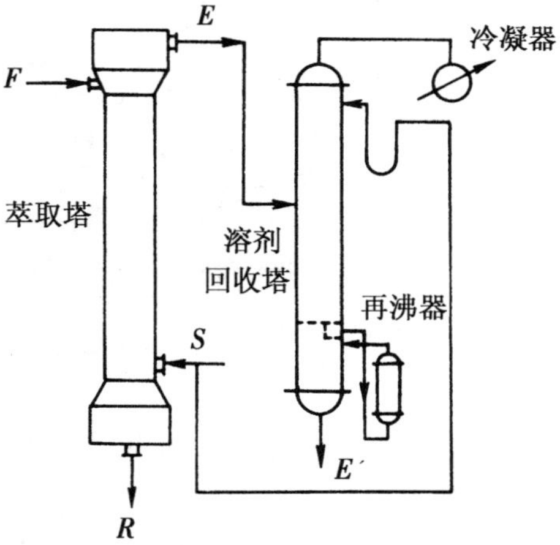

图 4-29　塔式液-液萃取设备流程图

密度大的废水 F 自塔顶加入，连续向下充满全塔从底部排出。密度小的萃取剂 S 由塔底以特殊方式进入，均匀分散于 F 中，两者充分混合接触并发生萃取，使废水中污染物转移到萃取剂中形成萃取相 E 从塔顶排出，处理后的废水形成萃余相从塔底排出。萃取相 E 中的溶剂经溶剂回收塔（精馏塔）分离后回收返回萃取塔重复使用。

连续逆流萃取过程效率高，操作方便，较为经济合理。

3. 萃取设备

萃取设备的必要条件是保障两相液体间有较大的相际界面和较大的相对速度，并使其易于分层分离。

工业上已有 30 余种不同型式的萃取设备在运转，有关萃取设备的分类方法也很多。按两相接触方式分有分级接触式和微分接触式；按操作方式分有间歇式和连续式；按设备萃取级数分有单级和多级；按有无能量加入分有外加能量加入和无外加能量加入等。这些分类如表 4-5 所示。

表 4-5 萃取设备的分类

		分级接触式	微分接触式
无外加能量		筛板塔	喷洒萃取塔 填料萃取塔
有外加能量	搅拌	混合澄清器 搅拌填料塔	转盘塔 搅拌挡板塔
	脉动		脉冲填料塔 脉冲筛板塔 振动填料塔
离心力		逐级接触离心机	连续接触离心机

各种萃取设备的示意图如图 4-30 所示。

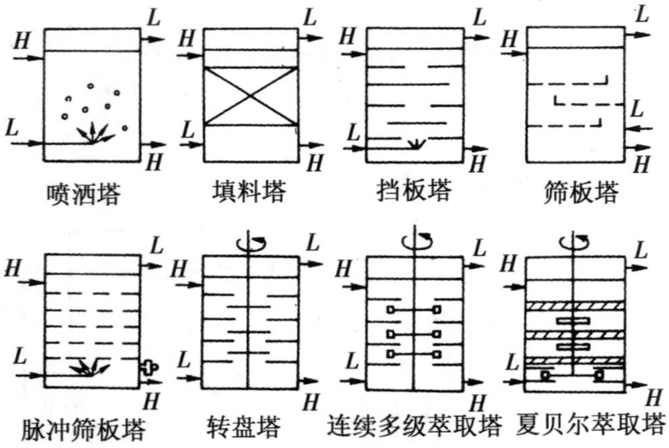

图 4-30 各种萃取设备示意图

近年来，一种新型萃取设备——离心萃取机在废水处理中也得到应用。特别是在含酚废水处理上，由于体积小，脱酚率高而引起人们的重视，在美国、日本、德国等国已应用于生产。如德国海因里奇•罗伯特焦化厂用离心萃取机脱酚。当废水含酚 2 000 mg/L 时，萃取后废水含酚量可降至 100 mg/L，脱酚率为 96%～98%。

4. 萃取法在废水处理中的应用

萃取法目前的应用主要在两个方面：①从废液中回收苯酚；②从含有其他水溶性化合物的有机溶液中回收卤化烃溶剂。萃取法在钢铁制造业、有机化工、石油精制业、农药工业的废水处理中都有应用，主要是萃取酚类物质。例如，钢铁工业的炼焦部门常用萃取法去除废液中的酚，它是利用含苯的轻质油或其他合适溶剂将废水中的酚类化合物萃取出来，然后用氢氧化钠反萃含酚溶剂，分离出苯酚钠，溶剂再用于回收系统。萃取法在农药废水处理中应用最多的是高浓度含酚农药废水的处理，传统的萃取剂有苯、轻油、醋酸乙酯等，这类萃取剂由于本身的毒性或分配系数低等因素，在应用中有一定的局限性。近年来，一系列高沸点，低毒性、高分配系数的酚萃取剂得到开发，目前应用较多的是醋酸丁酯和 N503（中国科学院上海有机所研制的新的酰胺型酚萃取剂），国内用 N503—煤油体系处理速灭威等高浓度含酚农药废水已取得良好效果，脱酚率达 99%以上，且损耗低，毒性小，可长时间运转而不需再生。

萃取法的最主要优点是可以作为一种循环技术来应用，它能将有价值的溶剂回收后再重复利用于工业生产过程中，技术上也比较成熟，并不会产生固体废物。它的缺点主要是处理成本高，从经济上讲，处理低浓度废水时，远不及生化法及吸附法；回收中等或低浓度废水中的挥发性溶质时，萃取法也不如汽提法。另外对高浓度废水的处理，出水很难达到排放标准，还需要进一步处理。

二、汽提法

汽提法是利用易挥发性杂质在水溶液和水蒸气中的分配作用来去除或回收杂质，使废水达到净化目的的方法。这种方法常用于处理含挥发性物质的废水。

汽提就是水蒸气蒸馏过程。将废水加热后送入汽提塔，塔底通入水蒸气，当废水的总蒸汽压（为挥发性物质的蒸汽压与水蒸气压的总和）超过外压时，废水便开始沸腾，加速了挥发性杂质由液相转入气相的过程，并随蒸汽一起逸出液面，然后再加以回收，并使蒸汽得到再生以重复利用。

汽提法所用的设备为汽提塔，有填料塔、筛板塔、浮阀塔等形式。

如图 4-31 所示的是用于处理含酚废水的两段填料汽提塔的结构和流程示意图。该流程采用逆流操作，上段脱酚，下段碱洗。待处理含酚废水自塔顶进入向下喷淋，在脱酚段与再生蒸汽逆流接触。废水中酚从液相挥发进入气相，在塔顶冷凝后由泵加压从塔下段的底部送入，在下段用蒸汽加热汽化，先与循环碱液，后与新鲜碱液逆流接触，洗涤脱酚，蒸汽脱酚后再进入上段循环使用。处理后的污水自上段底部引出，脱酚段形成的酚钠盐从循环液中按一定比例排出并加以回收。

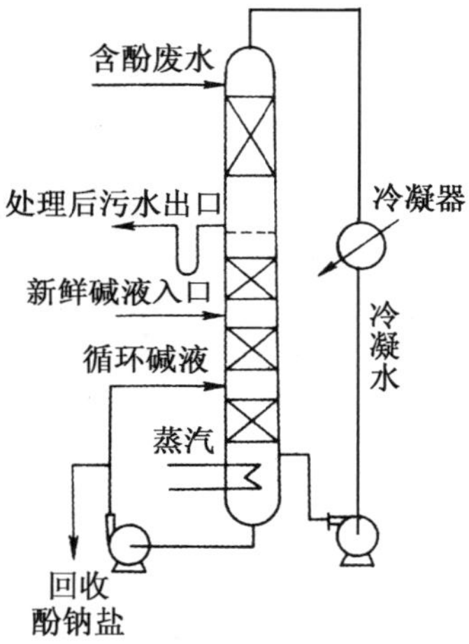

图 4-31　含酚废水填料汽提塔

三、吹脱法

吹脱也称曝气，它是通过改变与废水相平衡的气相组成，使废水中易挥发性污染物转入气相，达到脱除的目的。通常采用向废水中通入空气或烟道气的方法来改变气相组成，使废水中溶解气体如 H_2S、NH_3、HCN、CO_2、SO_2 之类的污染物随空气一起逸出而得以分离。这些气体排入大气易造成二次污染，因此必须采取相应的废气治理方法来处理这些气体。

有些吹脱过程伴有化学反应发生，称为化学吹脱。例如，将空气通入含 H_2S 的废水时，则发生下述反应：

$$H_2S+\frac{1}{2}O_2 \longrightarrow H_2O+S\downarrow$$

化学吹脱的过程较为复杂，它的速率受解吸速率和化学反应速率的共同影响。

吹脱设备有吹脱池和吹脱塔两种。前者占地面积大且易污染大气，故对有毒气体的吹脱多采用塔式设备，如填料塔、筛板塔等。吹脱塔的流程如图 4-32 所示，废水自塔顶喷淋，空气自塔底进入，气液两相逆流接触，使废水中气态污染物进入气相从塔顶吹出，然后加以处理。

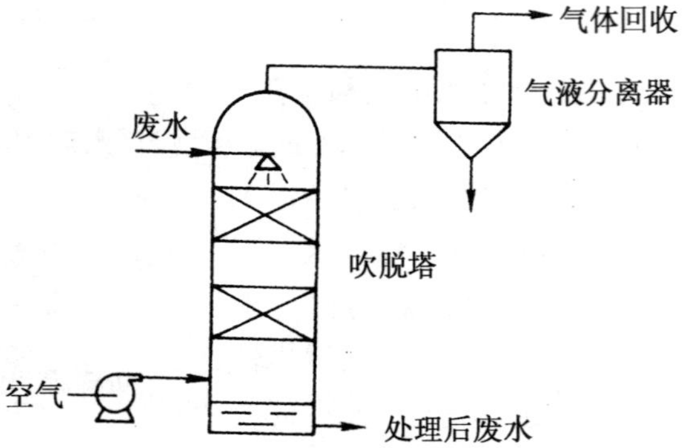

图 4-32 吹脱塔流程示意图

复习思考题

1. 物理化学处理法与化学处理法相比，在原理上有何不同？处理的对象有何不同？
2. 吸附法处理废水的基本原理是什么？影响吸附的因素有哪些？
3. 臭氧氧化—生物活性炭处理技术有何优点？
4. 离子交换法和吸附法的处理原理有何异同？
5. 试叙述固定床离子交换工艺的操作程序。
6. 反渗透装置主要有哪几种？各有什么特点？
7. 电渗析法必须以哪两个条件为基础？它在废水处理中主要应用在哪些方面，试举例说明。
8. 萃取剂的选择应从哪几个方面考虑？
9. 萃取法目前主要应用于哪些方面？它最主要的优点是什么？
10. 试举例说明汽提和吹脱在废水处理中的应用。
11. 简述液膜法处理废水的基本过程。

第五章　生物化学法

生物化学处理法简称生化法。生化法是利用自然环境中的微生物，并通过微生物体内的生物化学作用来氧化分解废水中的有机物和某些无机毒物（如氰化物、硫化物），使之转化为稳定无毒物质的一种水处理方法。

1916 年在英国出现了第一座人工处理的曝气池，利用人工培养的微生物来处理城市生活污水，开始了生化处理的新时代。由于生化法处理废水效率高、成本低、投资省、操作简单，因此在城市污水和工业废水的处理中都得到广泛的应用。生化法的缺点是有时会产生污泥膨胀和上浮，影响处理效果；该法对要处理水的水质也有一定要求，如废水成分、pH 值、水温等，因而限制了它的使用范围；另外，生化法占地面积也较大。

属于生化处理法的有活性污泥法、生物过滤法、生物膜法、生物塘法和厌氧生物法等。

第一节　废水处理中的微生物学基础

一、微生物的种类

微生物是极微小的生物，一般需借助显微镜才能看到。水处理中所涉及的微生物种类很多，大体可分类如下。

- 微生物
  - 植物型
    - 菌类：细菌、真菌
    - 藻类
  - 动物型
    - 原生动物
    - 后生动物

1. 细菌

细菌是废水处理中最重要的一类微生物。它是一种类似植物的生物，大小为 0.5～5 μm，分为下等细菌和高等细菌两类。下等细菌简称细菌，是单细胞生物，它的数量最多，氧化分解有机物的能力较大，在废水处理中所起的作用最主要。下等细菌按其形态来分可分为球菌、杆菌和螺旋菌三类，其中对净化污水有重要作用的细菌有：无色杆菌属（*Achromobacter*）、产碱杆菌属（*Alcaligenes*）、芽孢杆菌属（*Bacillus*）、黄杆菌属

（*Flavobacterium*）、微球菌属（*Micrococcus*）、甲烷杆菌属（*Methanobacterium*）、甲烷球菌属（*Methanococcus*）及假单孢菌属（*Pseudomonas*）等。其中假单胞菌属是最有代表性的污水处理活性细菌之一，该菌属约有 200 多种细菌，各自具有特殊的代谢过程，可以分解各种不同的有机物，包括一些较复杂而又不易为其他微生物所利用的化合物，在自然界的物质转化中起着重要作用。假单胞菌属属需氧性细菌。

高等细菌有单细胞的，形成细长分支丝状体，称为放线菌。大多数放线菌是好氧性的，其中诺卡氏菌属（*Nocardia*）有分解氧化无机氰化物和烃类化合物的能力，在处理含烃类和无机氰化物的废水中起重要作用。高等细菌也有是多细胞的，由单个细胞连成丝状体，称为丝状细菌。废水处理中常见的丝状菌主要为球衣菌属（*Sphaerotilus*）、铁细菌属（*Crenothrix*）、贝日阿托氏菌属（*Beggiatoa*）和发硫菌属（*Thiothirx*）。球衣菌分解有机物能力强，是构成生物膜的重要菌种。在废水处理中保持一定数量的球衣菌有利于有机物的去除，但其大量繁殖会引起污泥膨胀，影响处理效果。贝日阿托氏菌和发硫细菌在处理含硫废水时有重要的作用，但过量繁殖也会造成污泥的膨胀。因此在废水处理中控制丝状菌的一定数量是非常必要的。

2. 真菌

真菌也是类似植物的低等生物，是一种丝状无叶绿素的微生物，不能进行光合作用，是寄生的或腐生的。从生理特征上说，真菌很接近细菌，但结构比细菌复杂。两者的主要区别在于真菌的细胞大，有明显的细胞核；而细菌的细胞小，无明显的细胞核。真菌形态有单细胞和多细胞两种形式，水处理中常见的真菌有酵母菌和霉菌两种。

酵母菌是单细胞的真菌，个体比细菌大几倍至几十倍：主要以出芽增殖。酵母菌培养条件要求不高，繁殖迅速，目前已广泛应用于无毒的高浓度有机工业废水的处理及综合利用。

霉菌是微小的腐生或寄生丝状真菌，用孢子繁殖。霉菌可分解碳水化合物、脂肪、蛋白质及其他含氮有机化合物，在废水处理过程中数量、种类均不多，是需氧微生物。霉菌若大量繁殖，会引起污泥的膨胀，但可形成网状组织，可能是结合成生物膜的一种材料。某些霉菌如镰刀霉能有效分解无机氰化物。因此，利用霉菌处理含氰废水已受到国内外广泛的重视。

3. 藻类

藻类是含有能进行光合作用的叶绿素的低等植物。自然界已发现的藻类有成千上万种之多，它们可分为单细胞的、群体的和多细胞的三类。藻类结构简单，无根、茎、叶的分化（海洋大型藻类除外），多数都很微小。它能利用光能、CO_2、PO_4^{3-}、NH_3 等产生新细胞并放出氧气而增加水中的溶解氧，在生物氧化塘中对有机物的氧化起重要作用。藻类和细菌可共生水内而不互相竞争食物，细菌分解有机物时的最终产物可被藻类利用并释放出氧气，这又有利于需氧性细菌的繁殖，两者起着协同作用。由于光在废水中的透过性能差，不利于藻类的光合作用，所以它在废水处理中所能起的作用是有限的。

废水处理中具有代表性的藻类有绿球藻科、水网藻科、栅藻科和联球藻科。

4. 原生动物

原生动物是单细胞动物或以细胞群体（独立细胞的集合体）而存在。有些原生动物只有在完全需氧的环境中才能生活，但也有在厌氧条件下生长和在厌氧需氧条件下均能生活的原生动物。

在废水处理过程中，原生动物的数量及重要性仅次于细菌。它在废水处理中所起的作用主要是吞食细菌，这不但起了净化废水的作用，而且也控制了细菌的增殖速度，保持了微生物群体的生态平衡。同时，它还可以吞食废水中的固体有机物及溶解的有机物，直接起着净化作用。有些原生动物还可分泌黏液，促进生物污泥的絮凝。当运行条件和水质发生变化时，水中原生动物的种类也会随之变化，所以它还起着指示生物的作用。

废水处理中常见的原生动物有：肉足纲、鞭毛纲、纤毛纲和吸管纲。

5. 后生动物

后生动物是多细胞动物，如轮虫、甲壳虫、线虫等，它们多存在于活性污泥和生物膜中，通过对其种类、数量和活动规律的观察可以推测废水处理进行的程度、效果。轮虫是后生动物的典型代表，它可以有效地消耗分散和絮凝的细菌及颗粒较小的有机物。轮虫喜欢生活在清洁的水中，它若在废水中出现，则表明废水处理已有明显效果。因此，它是好氧生物净化程度的有效指标。

二、微生物的生长规律

掌握微生物特别是细菌的生长规律对废水的生化处理十分重要。细菌的生长规律可用其生长曲线来表示，它表示了微生物在不同的培养环境下的生长情况及微生物的整个生长过程。

细菌的繁殖是靠分裂的方法，即每一个菌体成熟后即分裂为两个幼体细胞。将少量的细菌接种到适宜的培养基上培养，间隔地定时取样测定细菌数目，并以细菌数的对数对时间作图，即可得到如图 5-1 所示的细菌生长曲线。

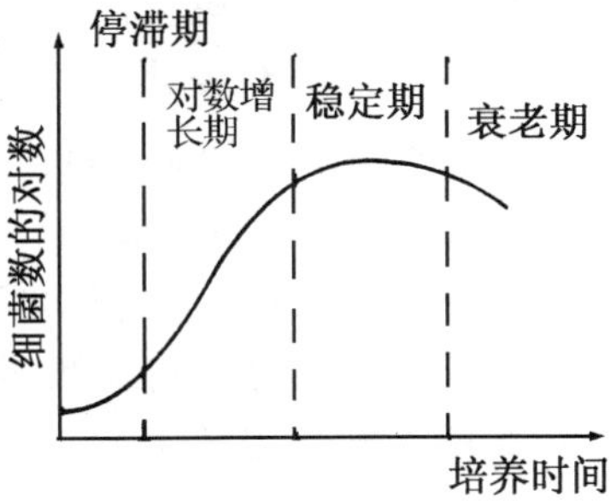

图 5-1　细菌的生长曲线

由图可见，细菌的生长经历四个时期——停滞期、对数增长期、稳定期和衰退期。

1. 停滞期

停滞期也称迟缓期或调整期，这是细菌为适应新的营养环境的过渡阶段，还不能马上发生分裂增殖，但幼龄菌体内物质增加显著，单个细胞个体增大，代谢功能活跃，正在合成新的原生质。停滞期内也可能有些细菌因不适应新的环境而死亡，故细菌的总数没有大的提高或略有减少。停滞期的长短与细菌菌种、菌龄和培养条件有关。

2. 对数增长期

细菌经停滞期的调整适应后，活力增强，这时由于水中营养物的含量超过细菌生长的需要，细菌的裂殖速度迅速提高，细胞生长也进入了旺盛期，此时细菌的生长速率最大，细菌数目以几何级数增加。它的增长关系可用下式表示：

$$B=B_0\times 2^n \quad (5\text{-}1)$$

式中：n——世代数；

G——世代时间；

t——培养时间；

B_0、B——培养起始时及 t 时的细菌数。

$\because n=\dfrac{t}{G}$　　$\therefore B=B_0\times 2^{t/G}$

两边取对数 $\lg B=\lg B_0+\dfrac{t}{G}\cdot\lg 2$

设 $\dfrac{\lg 2}{G}=\mathrm{k}$　　　则 $\lg B=\lg B_0+\mathrm{k}t$　　（5-2）

由此可知，细菌数的对数和培养时间成直线关系，故称为对数增长期。

在对数期内，细菌的生长速度 $\dfrac{\mathrm{d}(\lg B)}{\mathrm{d}t}=\mathrm{k}$，即生长速度为一常数，故对数期也称等速增长期。

3. 稳定期

稳定期也称静止期，这时细菌总数达最大值。由于营养物浓度随细菌消耗而下降，细菌的有毒代谢产物逐渐积累，会对细菌产生抑制和毒害作用，使细菌活力下降，繁殖速率减慢，并开始有细菌死亡。这时细菌繁殖率与死亡率达到平衡，也可能是分裂完全停止，活菌数暂时维持不变，因此在生长曲线上表现为一段水平线。

4. 衰退期

衰退期也称内源呼吸期或死亡期。这时培养基中营养物很少或已耗尽，大量积累的代谢产物对细菌毒害更甚，造成细菌的大量死亡。存活的细菌也只能靠消耗体内的原生质来维持生命，只有少数细菌能继续分裂，多数出现自溶现象并死亡或变成休眠状态，活细菌数呈对数直线关系下降。

如图 5-1 所示的生长曲线是一种简化了的图形，微生物的实际生长情况较上面的实验情况复杂得多，但生长曲线的形状大体相仿。

由生长曲线可见，在对数增长期内，细菌对废水处理速率最快，若将细菌生长稳定在这一时期，则装置效率高，可缩短处理时间及减小装置容积。但这时要供给细菌较多的营养食料，要求进水中有机物含量高，势必造成出水中有机物也相应增多，出水水质变差，排出的污泥量增大。而静止期细菌数量较高，但对营养物要求低，运行稳定，水中有机物消耗得较彻底，去除率高，产生污泥量也少，但处理时间长，设备容积大。

由此可见，我们应根据不同的处理废水方式和水质要求来人为地将细菌生长控制在某个时期，以达到所要求的处理效果。

第二节　生物化学法概述

一、微生物处理废水的基本原理

微生物处理废水主要是利用微生物对废水中某些物质的氧化分解作用，这种氧化分解作用是在特定酶的作用下进行的，由于酶的活力才使有些难以进行化学氧化或分解的有机物能在常温下进行生物氧化分解。因此我们可以说酶是一种生物催化剂，它和我们通常所指的化学反应中的催化剂不同，是生物有机体产生的有机化合物，我们可以把酶定义为：由生物细胞产生的有机催化剂。

酶是由活细菌细胞所制造和分泌的一类具有高度催化专一性的特殊蛋白质，分子量为一万至数百万。每种酶专门催化某一类反应，不同的细菌产生不同的酶，进行着各种各样的酶促反应。根据酶的作用位置可把酶分为两大类——细胞外酶和细胞内酶。外酶是水解酶，可以透过细胞壁，作用于细胞外不溶性有机物，使其发生催化水解，形成可溶性物质，透过细胞壁进入细胞内部。内酶如氧化还原酶，转移酶和合成酶等则不能透过细胞壁，只能在细胞内起作用，主要起催化细胞的合成和呼吸作用，以提供细胞所需的能量和合成细胞物质。

在废水处理中，细菌起着最重要的作用，它虽然没有摄食器官，但对废水中的许多有机物有极强的吸附能力。若被吸附的有机物分子量较小，可溶于水，它们就会透过细胞壁而进入细菌体内，在内酶的作用下，完成氧化还原合成等生化反应。如果被吸附的有机物是大分子量的不溶性颗粒或胶体，细菌就分泌出外酶，和吸附在细胞壁上的有机物发生水解反应，生成可溶性物质，渗入细胞内，在内酶的作用下继续进行生化反应。

细菌就是这样在分解氧化有机物的过程中获得能量，把其中很少一部分作为细胞的构成材料来进行自身的生长和繁殖，这叫同化作用。其余大部分作为废物排出细胞外，称作异化作用。废水中的有机物经异化作用而变成简单有机物，或无机物，废水也得到净化。

细菌的上述新陈代谢过程可以用图 5-2 来表示。

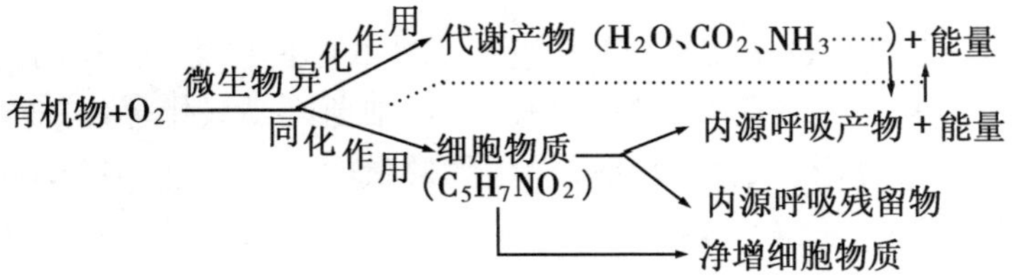

图 5-2　微生物的代谢过程

由图可见，在这一代谢过程中，只有一部分有机物转化为最终产物，并提供能量用于剩余有机物合成新细胞（原生质）的反应。同时，可能有一部分微生物细胞物质也被氧化分解并提供能量，这一过程称为内源呼吸。当有机物充足时，内源呼吸并不明显。但当有机物接近耗尽时，内源呼吸则成为能量供应的主要方式。前面所介绍的细菌生长曲线中的衰退期则是以内源呼吸方式为主。

二、生化法的主要类型

不同的细菌对氧的反应变化很大，一些细菌只能在有氧存在的环境中生长，称需氧细菌（或称好氧细菌），利用此类微生物的作用来处理废水称为好氧生物处理法。另一些细菌只能在无氧的环境中生长，叫厌氧细菌，相应的处理方法叫厌氧生物处理。介于两者之间的还有兼性微生物（在有氧或无氧的环境中均可生长），但它们在废水处理中不起主要作用。

生物化学法的主要类型与方法如下所示：

- 生物化学法
  - 好氧生物处理法
    - 自然条件下
      - 水体自净——天然水体、氧化塘
      - 土壤净化——污水灌溉
    - 人工条件下
      - 悬浮生物法——活性污泥法、氧化塘、氧化沟
      - 固着生物法——生物滤池、生物转盘、接触氧化
  - 厌氧生物处理法
    - 自然条件下——高温堆肥、厌氧
    - 人工条件下
      - 悬浮生物法——厌氧消化
      - 上流或厌氧污泥床、化粪池
      - 固着生物法——厌氧滤池、厌氧流化床

1. 好氧生物处理法

好氧生物处理法利用需氧细菌处理废水中有机物，被吸收的有机物在酶的作用下进行生化反应，将有机物中的 C、N、P、S 等元素转化或氧化为 CO_2、NH_3、亚硝酸盐或硝酸盐、磷酸盐、硫酸盐等，同时部分有机物合成为新的原生质，为细菌生长、繁殖提供营养物质。

上述过程可用下述生物化学方程式表示：

有机物的氧化：$C_xH_yO_z + O_2 \xrightarrow{酶} CO_2 + H_2O +$ 能量

原生质的合成：$C_xH_yO_z + NH_3 + O_2 +$ 能量 $\xrightarrow{酶} C_5H_7NO_2 + CO_2 + H_2O$

当废水中营养物（主要是有机物）缺乏时，细菌则靠氧化体内的原生质来提供生命活动的能源（称内源呼吸）这将会造成微生物数量的减少，这一过程可用下述方程式表示：

原生质的氧化：$C_5H_7NO_2 + O_2 \xrightarrow{酶} CO_2 + H_2O + NH_3 +$ 能量

有机物的好氧分解过程可由图 5-3 来表示。

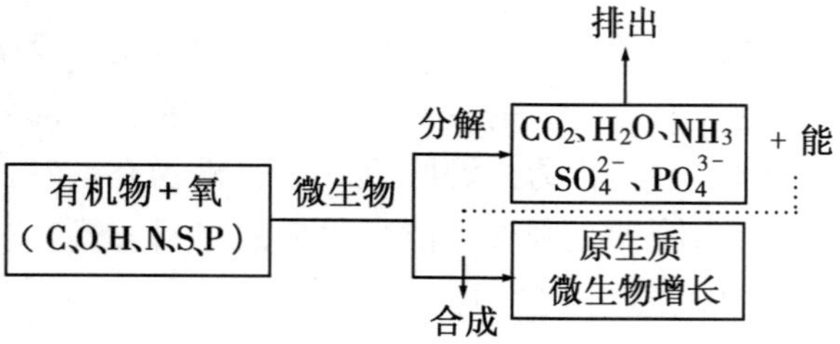

图 5-3 有机物的好氧处理过程

好氧生物处理法不产生带臭味的物质，所需时间短，大多数有机物均能处理。在废水中有机物浓度不高，供氧速率能满足生物氧化的需要时，常采用好氧生物处理法。活

性污泥法、生物过滤法、污水灌溉、生物氧化塘等都属于此类处理方法。

2. 厌氧生物处理法

厌氧生物处理是利用厌氧细菌作用来处理废水中有机物，使之降解，稳定的一种无害化处理。这一过程分两个阶段。首先复杂的高分子有机化合物在产酸细菌作用下降解成低分子的中间产物，如有机酸（蚁酸、醋酸、丁酸、氨基酸）和醇类及氨、硫化物，二氧化碳等无机物并放出能量，这一阶段称为产酸阶段。此阶段可分为两个时期，第一时期为酸性消化期，此时细菌首先分解的是碳水化合物，产生大量的有机酸，至使溶液 pH 值迅速下降（可达 5 以下），为酸性发酵期。第二时期为酸性减退期，此时有机酸和含氮化合物开始分解，生成氨、胺、碳酸盐等碱性物，pH 值则逐渐上升，同时放出硫化氢、硫醇等恶臭气体。第二阶段称为碱性分解阶段或产气阶段，甲烷细菌利用产酸菌产生的有机酸、醇等为营养源，产生甲烷、二氧化碳、氨、氢等气体，其中甲烷占 50%以上。在此阶段，pH 值上升，可达 7 以上，最适宜的 pH 范围在 6.8～7.2 之间。

厌氧生物法不需供氧，运转费用低，并能回收一定量 CH_4，但厌氧生化反应速度慢，反应时间长，而且有 H_2S 产生，它与废水中的 Fe^{2+}生成 FeS，使处理后的水又黑又臭。一般来说，高浓度的有机废水（BOD_5＝200 mg/L）可采用厌氧生物法来处理。

厌氧生物处理过程如图 5-4 所示。

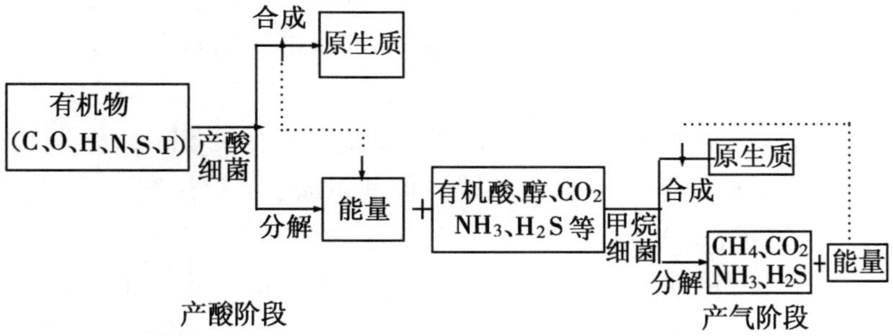

图 5-4　有机物的厌氧分解过程

三、生化处理法对处理水质的要求

生化法处理废水主要是通过微生物的新陈代谢来实现的，因此必须创造一定环境以利于微生物的生长繁殖，才能提高废水处理效果。所以，对待处理废水的水质有一定要求，主要从以下几个方面去考虑。

1. 废水中污染物浓度

（1）生化需氧量 BOD 和化学需氧量 COD　废水中的污染物一般是多种有机和无机化合物的复杂混合物，在很多情况下，要完全弄清它们的具体种类和数量是不可能的，而是用一些间接或综合性的指标来表示。生化需氧量 BOD 和化学需氧量 COD 便是其中较重要的两项。

① 生化需氧量（BOD）表示在溶解氧充足的条件下，水中可分解的有机物在好氧微生物的作用下被氧化分解成简单无机物，这一过程中所消耗的氧量，通常用氧化一升废

水中的有机物所需氧气的毫克数来表示，计为 mg/L。由于有机物的生物氧化过程极其缓慢，一般认为大约 100 天才能完成。为了较快地得出测定结果，因此各国统一规定测定时间为 5 天，温度为 20℃作为生化需氧量测定的标准条件，在此条件下测出的生化需氧量可记作 BOD_5（20℃），一般简记为 BOD_5 或 BOD。

生化需氧量的测定是一种生物化学测定法，它是通过测定微生物利用废水中的有机物而消耗氧的量，从而间接表示出有机物的含量。应当指出，生化需氧量所表示的有机物含量并不是废水中有机物的全部，而只是其中能被生物降解的那一部分有机物，不包括不可分解的有机物（如洗衣粉、纤维素等），因此它的数值总是低于有机物完全氧化时所需氧的理论值。

BOD 的测定主要有三种方法：

a. 直接测定法：适用于低浓度水样（BOD_5＜7 mg/L）。

b. 稀释测定法：适用于高浓度水样（BOD_5＞7 mg/L）。

c. 仪器测定法：使用专门的 BOD 测定仪测定。

② 化学需氧量（COD）是指水中的各种有机物及还原性物质在一定条件下与外加的强氧化剂（如 $K_2Cr_2O_7$、$KMnO_4$）作用时所消耗的氧量（通过所消耗氧化剂的量来求得），用氧的 mg/L 数表示。

根据所用氧化剂的不同，有时也将此指标分成两种，以重铬酸钾为氧化剂测得的耗氧量为重铬酸钾耗氧量，常称为化学需氧量简写为 COD，也有用 COD_{Cr} 表示，使之更为明确。

以高锰酸钾为氧化剂所测得的耗氧量称为高锰酸钾耗氧量，常称为耗氧量，简写为 OC，同样也可用 COD_{Mn} 表示，使之更明确，但使用该法氧化深度不如前者，故对同一水样，所测 COD_{Cr}＞COD_{Mn}。

化学需氧量只是间接地、相对地反映出水中有机物的含量。上述两种测定过程中，被氧化的实际上是水中还原性物质的总量，即包括有机物，也包括其他还原性无机物（如亚硝酸盐、亚铁化合物、硫化物等）。因此，可以把化学需氧量视为有机污染的指标，但如果还原性无机物含量较多时，就会使测定结果偏高。

化学需氧的优点是测定的时间较短，缺点是不能反映出微生物所能氧化分解的有机物的数量。

由上可见，BOD 和 COD 值在一定程度上间接地反映了废水污染的程度即所含污染物的量的多少，由于废水中污染物的情况是复杂的，还应参考其他指标做出综合评价。

对好氧性生化处理，一般要求处理废水的 BOD_5＜500～1 000 mg/L，过高则影响处理效果，但也不能过低，过低则养料太少，影响微生物的繁殖，一般不低于 100 mg/L。

另外，BOD/COD＜0.3 时，效果也较差，且经济上不合算。

（2）有毒物质　许多重金属盐类、氰化物、硫化物、砷化物、某些有机物、油脂等对微生物均有毒害作用，当其浓度超过一定限度，便会影响微生物的生长繁殖，使细胞的正常结构遭到破坏及菌体内的酶变质，失去活性。这种影响随外界条件，微生物种类及其对毒物的忍耐力不同而不同，必须视具体情况，必要时根据实验来确定废水中毒物的容许浓度。表 5-1 所提供的数据可做参考。

表 5-1 废水生物处理的毒物容许浓度 单位：mg/L

有毒物质	容许浓度	有毒物质	容许浓度
Zn^{2+}	5～20	苯胺	100
Cu^{2+}	5～20	二甲苯	7
Pb^{2+}	1	酚	100
As	0.2	甲醛	100～150
CN^-	5～20	丙酮	9 000
S^2	10～30	油脂	30～50
亚砷酸盐	5	醋酸根	100～150
砷酸盐	20		
铬酸盐	5～20	NH_3	100～1 000
苯	100	NO_3^-	5 000
氯苯	100	SO_4^{2-}	5 000

2. 营养物

微生物的生长需要各种营养物，包括碳源（各种含碳有机物及无机物）、氮源（无机氮化物——铵盐、硝酸盐及含氮有机化合物和氨基酸、尿素乃至蛋白质等）、无机盐（硫酸盐、磷酸盐及微量的 K、Mn、Mg、Ca、Fe、Co 等）和维生素。它们在废水中的含量必须有一定比例，才能满足微生物生长的需要。

工业废水往往不能满足上述要求，而缺乏某种养料，特别是氮和磷。生活污水中一般所含养料充足，是最经济的营养源，所以可在工业废水中加入一定量的生活污水或含氮、磷等元素的化合物来加以补充。

根据实验和生产实践，对好氧性生化处理的要求为：

$$BOD_5:N:P=100:5:1$$

3. 溶解氧

对好氧性生化处理，必须控制水中溶解氧的数量，因为在这一处理过程中好氧微生物的生长情况十分重要，若溶解氧不足，好氧微生物的活性会受到影响，甚至破坏其正常生长规律，使水中有机物的氧化过程不彻底，处理效果则明显下降，甚至使厌氧细菌大量繁殖，产生厌氧性分解，使污泥上浮，发黑发臭，影响出水水质。反之，若溶解氧过多，而营养物量不足时，又会由于微生物的内源呼吸作用而产生活性污泥和生物膜的自身氧化，也会影响处理效果。

所以，控制处理废水中溶解氧的量是十分重要的，一般应维持在 2～4 mg/L，此时活性污泥或生物膜结构正常，沉降、絮凝性能良好，能达到满意的出水水质。

对厌氧生物处理，由于厌氧微生物对氧气很敏感，有氧存在时它无法生长，所以厌氧处理设备一定要严格密封，隔绝空气才能取得较好的处理效果。

4. 水的 pH 值

在酸性太强或碱性太强的环境中，微生物均不能生存，不同的微生物最适宜的 pH 值范围也不同，但对大多数微生物而言，生长、繁殖的最适宜 pH 值范围在 6.5～7.5 之间。对好氧性生物处理过程，pH 值一般取 6.5～8 之间。例如，用活性污泥法处理废水时，曝气池中混合液的 pH 值一般为 6.8～8.5，在此条件下大多数细菌、放线菌、藻类和原生动物都能很好地生长，菌胶团细菌也可产生比较多黏性物质，形成易沉降分离的絮状物，从而取得较好的处理效果，对厌氧生物处理过程，pH 值的适宜范围在 6.5～8 之间。

5. 水温

微生物的整个生长过程依赖于微生物体内的生化反应过程，而温度又影响这些反应的速率，所以温度明显地影响着微生物的生长速率和代谢过程。当温度超过最高生长温度时，会使微生物的蛋白质变性及酶系统遭到破坏而失去活性，严重时会导致蛋白质凝固而使微生物死亡。低温往往不会使微生物致死，但会使其活力大大降低，如果温度在 5℃以下，微生物生长繁殖可能会处于停止状态。因此在废水的生物处理过程中，控制水温是十分必要的。

不同微生物所需生长温度范围也不同，在好氧生物处理中，以中温性微生物为主，一般应控制水温在 20～35℃之间可以获得较好的处理效果。在厌氧生物处理中，微生物主要有产酸菌和甲烷菌，甲烷菌中又有中温性和高温性的两种。目前在厌氧生物反应中采用的反应温度，中温为 33～38℃，高温为 52～57℃。

第三节　活性污泥法

活性污泥法是用好氧生物处理废水的重要方法，它是利用悬浮在废水中人工培养的微生物群体——活性污泥，对废水中的有机物和某些无机毒素产生吸附、氧化分解而使废水得到净化的方法。

活性污泥法的应用有 80 年的历史，在该法出现的初期，由于受到理论水平和技术条件的限制，使它的应用和推广进展缓慢。近 30 年来，由于对生化反应和净化机理的研究不断深入，生产应用技术也在不断改进和完善，出现了许多新工艺和新方法，使得该法的应用日益广泛，处理效果也在不断提高。目前，活性污泥法已成为城市污水和有机工业废水最有效的处理方法之一。

一、活性污泥法的基本过程

活性污泥法处理废水的基本流程如图 5-5 所示。

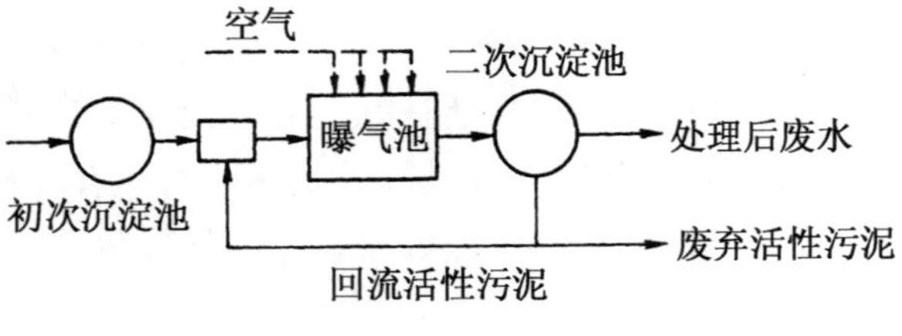

图 5-5　活性污泥法基本过程

这一流程大体由以下几个步骤组成：

（1）初次沉淀　在初次沉淀池内进行，主要除去泥砂及大颗粒的悬浮物，根据废水的特性不同，有时也可以省去这一步骤。

（2）混合　利用一定的设备或手段将活性污泥和待处理废水进行均匀混合。

（3）曝气　是活性污泥法的核心步骤，通过一定的设备向曝气池内分散空气或纯氧，为生物的氧化作用提供充足的氧气并使混合液得到搅拌。活性污泥处于悬浮状态，有利于微生物和废水中的有机物、溶解氧充分接触和反应。

（4）二次沉淀　在二次沉淀池内对活性污泥和已处理的废水进行液固分离。下层为分离出的活性污泥大部分送回曝气池，称为回流污泥，其余作为废弃物排出，上层清水则为已处理好废水，排出沉淀池。

从以上流程可见，活性污泥除了有氧化分解的能力外，还应有良好的凝聚和沉降性能，这样才能有较好的处理效果。

二、活性污泥法的生物化学原理

活性污泥有巨大的表面积，且表面上含有多糖类黏性物质，因此对废水中的有机物有很强的吸附作用，当它和废水混合时，迅速将废水中的有机物吸附到活性污泥上，这一过程速率较快，一般 10～45 min 即可完成，BOD 去除率可达 90%，这一过程也常称为吸附阶段。被吸附的有机物由于酶的作用，在水中氧较充分的条件下进行生物化学作用，将部分有机物氧化分解为简单的无机物 CO_2、H_2O、NH_3、PO_4^{3-}、SO_4^{2-}等，并放出细菌生长所需的能量，而将另一部分有机物转化为生物体所必需的营养物，合成新的原生质。于是，细菌不断长大，并分裂出更多的细菌，加速了有机物的氧化分解过程，这时活性污泥量则不断增大。随着活性污泥量的增加，有机物大量消耗，水中营养物质大大减少，这时部分细菌的原生质也可能进行氧化作用放出能量进入内源呼吸。这一过程比吸附过程要慢得多，我们也常把这一阶段称之为稳定阶段，或氧化阶段。在稳定阶段内，无论是有机物的氧化分解或是原生质的合成都将消耗被活性污泥所吸附的有机物，使水中的有机物得以去除。最后，由氧化过程中所合成的菌体有机体发生凝聚和沉淀，从水中分离出来，使废水得以净化。

综上所述，活性污泥法由三个阶段组成即吸附阶段、氧化阶段和絮凝沉淀阶段。

三、活性污泥

1. 活性污泥的组成

活性污泥是一种褐色絮状体，充满了各种微生物如细菌、真菌、原生动物和后生动物，还含有一些无机物和分解中的有机物，它们组成了一个特有的生态系统。其中最重要的是细菌和原生动物两类。

（1）细菌　分游离菌、菌胶团和丝状细菌三种。游离细菌有较强的氧化分解有机物的能力，随污泥逐渐形成，也可被增长的原生动物吃掉一部分。菌胶团是活性污泥絮状体的基本成分，是无数短杆菌的群体，菌胶团间可相互凝聚成絮状体，给原生动物和丝状细菌提供了栖息和生长繁殖的场所，同时也有利于污泥的沉淀。丝状菌多附在污泥上或与菌胶团交织在一起，形成活性污泥的骨架。

（2）原生动物 活性污泥中原生动物的类型如表 5-2 所示。

表 5-2 原生动物的类型

肉足类	鞭毛类	纤毛类			吸管类
		游泳型	匍匐型	固着型	
变形虫	波多虫 滴虫	草履虫 豆形虫	楯纤虫 液扑虫	楯纤虫 盖纤虫	足吸管虫
表壳虫	球滴虫 眼虫	裂口虫 漫游虫	尖毛虫 棘毛虫	等支虫 独缩虫	
太阳虫	腹滴虫 杆囊虫	肾形虫			

2. 活性污泥的性能

性能良好的活性污泥应松散（有利吸附和氧化有机物）并具有良好的凝聚沉淀性能（利于处理后的清水分离），通常用下列几个指标来评价活性污泥的优劣，以便控制系统的正常运行。

（1）污泥浓度 也称混合液悬浮固体（MLSS）是指曝气区内 1 升混合液所含悬浮物量，以 mg/L 表示。它反映出活性污泥所含微生物多少和处理有机物能力的强弱。包括具有活性的微生物群体。自身氧化残留物、微生物不能降解的有机物和无机物等四部分。适宜的浓度应根据具体情况确定，一般废水处理可取 $2\times10^3\sim4\times10^3$ mg/L。

（2）沉降比（SV%） 1 L 混合液静置沉降 30 min 后，沉淀污泥占混合液的体积百分比。它反映出污泥的凝聚—沉淀性能和污泥量的多少，以便控制污泥排除时间和排除数，一般取 15%～40%。

（3）污泥指数（SVI） 污泥指数也称污泥容积指数，是指混合液经 30 min 沉降后，1 g 干污泥在湿的时候所占体积以 cm^3/g 计。

$$\mathrm{SVI}=\frac{\text{混合液经30min沉淀后污泥体积}(\mathrm{cm^3})}{\text{污泥干重}(\mathrm{g})}$$

$$=\frac{\mathrm{SV\%}\times 10}{\mathrm{MLSS(g/L)}}$$

它反映出污泥的松散程度和凝聚、沉降性能。该值越低，则说明污泥颗粒小而紧密易沉降，但活性和吸附力低，含无机物多；过高则太松散，难以沉淀，一般取 50～150 之间。

上述三个指数可通过实验来确定，下面举例说明之。

例：用 100 ml 量筒取混合液 100 ml，沉降 30 min 后，测得污泥体积为 50 ml，将污泥过滤、烘干后称量，其重为 0.5 g，求混合液的沉降比及污泥指数。

解：
$$\text{沉降比}=\frac{\text{污泥体积}}{\text{混合液体积}}=\frac{50}{100}=50\%$$

$$污泥指数=\frac{污泥体积}{干污泥克数}=\frac{50}{0.5}=100\ ml/g$$

（4）污泥龄（Q_0）　也称污泥停留时间（简称 SRT）或细菌平均停留时间（MCRT）。

$$Q_0=\frac{系统中的活菌总量}{每日从系统中流出的活菌总量}\ (d)$$

通过调节废弃污泥量就可以改变 Q_0 的值，把它控制在适宜于细菌增殖的时间范围内，一般为 3～14 d。

（5）区域沉淀速度（ZSV）　当活性污泥浓度大于 500 mg/L 时，污泥沉降以区域沉淀方式进行，泥水之间有明显的界面，此界面的沉淀速度叫区域沉淀速度。易沉淀污泥的 ZSV 值约为 6 m/h。

3. 污泥的培养和驯化

具有相当数量和处理某种废水能力特定的污泥是活性污泥法的关键。最好的办法是将同类型的废水处理厂成熟的活性污泥直接拿来培养并加以应用。否则就必须进行污泥的培养和驯化，来制取符合要求的活性污泥。污泥的培养和驯化过程基本上和水处理设施正常运行时相同，只不过在管理上要求更加严格和仔细。

（1）污泥的培养　活性污泥中的微生物在自然界中到处都存在，培养时所需的菌种一般可从粪便或河泥中选取。在城市的污水处理厂，多从粪便水和生活污水中选取，其培养过程如下所述：

先将稀粪水过滤后引入曝气池，加入量约为池子容积的 1/20～1/10，然后加入生活污水或河水、自来水稀释使 BOD_5 达 200～300 mg/L，最后通入空气，连续曝气一周，则可出现少量活性污泥絮体，显微镜检验可找到一些菌胶团。为了进一步提供微生物繁殖所需营养和排泄其已积累的代谢产物，应定时换水。这时应停止通气，静置沉淀半小时，放去上层清液，再加入新的粪便水和生活污水，继续曝气，每天重复此过程一次，15 天左右培养可完成。每次换水时，粪便水的投加量应根据测得的污泥沉降比值来确定，沉降比值小于 30%，则污泥量不足应多加；若大于 30%，则污泥量已够用，只需加生活污水即可。

活性污泥培养成熟的标志是：具有良好的凝聚、沉淀性能，污水中含有大量的菌胶团和纤毛类原生动物。

（2）污泥的驯化　用上述方法培养的污泥只适用于处理生活污水中的有机物，对工业废水的处理，这类污泥中的微生物则不能适应，因此，必须对其进行驯化。驯化的目的在于：①特殊物质分解菌的繁殖和不适应菌的自然淘汰；②菌适应酶的产生和增多；③确立有机物氧化分解中各阶段各种微生物作用和秩序。经驯化后的活性污泥才可用于工业废水的处理。

可采用把待处理工业废水以逐步加大水量投入曝气池的方法来驯化；也可将培养和驯化结合进行，即在培养的同时，不断加入工业废水，并逐步增多，使微生物逐步适应所处的环境。

对于含某些特殊毒物的工业废水，一般细菌不能适应，必须筛选出对此种毒物有氧化分解能力的特殊菌种，对菌种进行驯化和扩大培养，然后再接种到曝气池内。这类特殊菌种的筛选通常是在特种废水长期流过的地方（一般远离排污口 3～7 km 处）汲取污泥，通过曝气培养而实现。

四、曝气及曝气设备

1. 曝气

活性污泥法是利用好氧性微生物来处理废水，没有充足的溶解氧，好氧性微生物则不能正常生长、繁殖和发挥氧化分解作用。因此，在整个处理过程中，必须提供充足的氧气并使活性污泥处于悬浮状态以满足微生物生长反应的需求，且使微生物、有机物和氧气充分接触，相互作用，以提高处理效果。为了达到上述目的，必须以一定的方法和设备使空气中的氧（或纯氧）溶解于混合液并提供适宜的搅拌，这一过程称之为曝气。

曝气在本质上是气液两相间的质量传递过程，增大气液两相的接触面积和混合液的流动程度都有利于氧溶解速率的提高。

2. 曝气设备

活性污泥法中常用的曝气设备主要有三种类型：鼓风、表面曝气及射流（见表 5-3 废水的曝气设备），无论选用哪一种曝气设备，都应满足以下要求。

表 5-3 废水的曝气设备

<table>
<tr><th colspan="3">设备</th><th>特点</th><th>用途</th></tr>
<tr><td rowspan="6">淹没式曝气器</td><td rowspan="3">鼓风式</td><td>细气泡系统</td><td>用多孔扩散板或扩散管产生气泡</td><td>各种活性污泥法</td></tr>
<tr><td>中气泡系统</td><td>用穿孔管和布包管产生气泡</td><td>各种活性污泥法</td></tr>
<tr><td>大气泡系统</td><td>用孔口，喷射器或喷嘴产生气泡</td><td>各种活性污泥法</td></tr>
<tr><td colspan="2">叶轮分布器</td><td>由叶轮及压缩空气注入系统组成</td><td>各种活性污泥法</td></tr>
<tr><td colspan="2">静态管式混合器</td><td>竖管中设挡板，以使底部进入空气与水混合</td><td>曝气塘及活性污泥法</td></tr>
<tr><td colspan="2">射流式</td><td>压缩空气及混合液，在射流设备中混合</td><td>各种活性污泥法</td></tr>
<tr><td rowspan="3">表面曝气器</td><td colspan="2">低速叶轮曝气器</td><td>用大直径叶轮在空气中搅起水滴在水中卷入空气</td><td>常规活性污泥法及曝气塘</td></tr>
<tr><td colspan="2">高速浮式曝气器</td><td>用小直径叶桨在空气中搅起水滴在水中卷入空气</td><td>曝气塘</td></tr>
<tr><td colspan="2">转刷曝气器</td><td>桨板通过水中旋转，促进水的循环并曝气</td><td>氧化沟、渠道曝气及曝气池</td></tr>
</table>

① 产生并维持有效的气液两相接触，提供充足的氧气以保持在整个生物氧化过程中混合液中溶解氧的浓度基本恒定。

② 在曝气区内应产生充分的混合作用和水的循环流动。

③ 维持液体的足够速度使水中的活性污泥、不溶性有机物处于悬浮状态。

（1）鼓风式 鼓风曝气是最常用的曝气方法，它由加压设备（回转式或离心式鼓风机）、空气输配管系统和浸没于混合液的扩散器三部分组成。

扩散器是鼓风曝气设备的主要部件，根据分散气泡大小，又可分成以下几种类型：

① 细气泡扩散器：气泡直径可达 1.5 mm 以下，扩散板或扩散管由微孔材料（陶瓷、

塑料）制成，由于孔小易堵塞，需定期清洗或更换。这种扩散器氧转移效率高，可达 20%左右。

② 中气泡扩散器：常用穿孔管（钢管或塑料管），孔眼直径 2～3 mm，孔开在管下侧与垂直面成 45°角处。穿孔管阻力小，且不易堵塞，氧转移效率可达 6%～8%。

③ 大气泡扩散器：常用竖管，直径 15 mm 左右。竖管所产生的大气泡在上升过程中起着强烈的扰动作用，加速了吸氧过程，氧转移率在 6%～7%。

图 5-6 是上面三种扩散器的结构示意图。

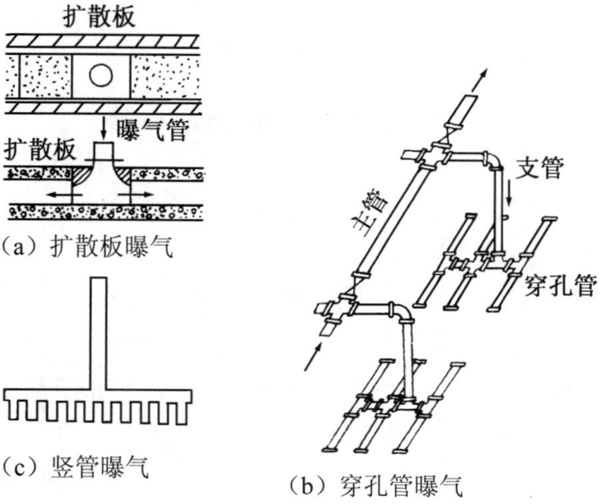

图 5-6　扩散器结构示意图

（2）机械式　机械曝气器可分两类，一类是表面曝气器，直接从空气中吸入氧气；另一类是淹没式叶轮曝气器，它是从曝气池底部的空气分布器引入的空气中吸取氧气。表面曝气器是最常用的形式，下面介绍几种表面曝气设备。

① 竖式曝气机：曝气机的转动轴与水面垂直，轴上装有叶轮，叶轮淹没在水面下 10～100 mm 处。当叶轮旋转时，便会吸入空气，同时把水吸入中心，然后向四周喷洒出来，形成水滴和膜状水，挟带空气形成水气混合物落回曝气池，从而使空气中氧很快溶入水中，并使表面水层不断更新，促进了氧的溶解。同时，由于池内混合液产生环流（见图 5-7）使池下部低含氧量混合液向上环流和表面充氧区交换、混合，从而提高了全池混合液的含氧量。

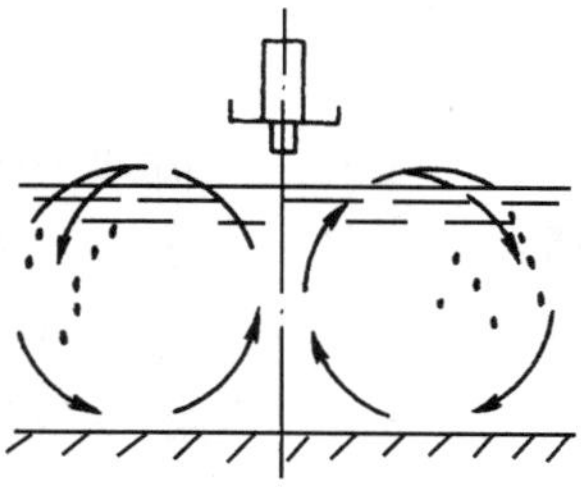

图 5-7　竖式表面曝气机

表面曝气器常用的叶轮有三种：泵型、倒伞型和平板型，如图 5-8 所示。

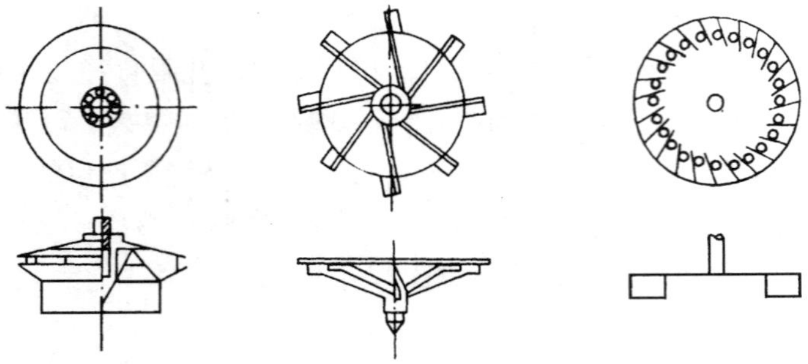

图 5-8 表面曝气机的几种叶轮

② 卧式曝气刷：这类设备转动轴与水面平行，轴上装有不锈钢丝（旋刷）或板条，部分浸入水中。转动时钢丝或板条把大量液滴抛入空中，使液面剧烈波动，并推动混合液在池内流动，促进氧的溶解和扩散。转刷的转速一般为 40～100 r/min，曝气转刷的结构如图 5-9 所示。

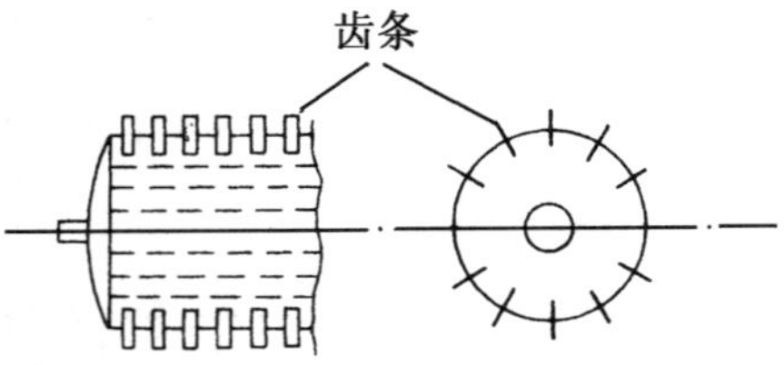

图 5-9 卧式曝气刷

五、曝气池

曝气池实际上是一个生化反应器，它主要由池体、曝气系统和进出口等几部分组成，池型有圆形、长方形等。圆形池水力条件好，但占地面积大（为方形池 1.5～2.0 倍），多池组合困难、投资费用高。下面介绍两种较常用的曝气池。

（1）推流式曝气池 推流式曝气池是一个长方形池子；池长有时可达 100 余米，用隔墙分成几个单独进水的隔间，每一隔间又分成数个廊道，废水在廊道内顺次流动、池深一般 3～5 m，廊道宽度与池深之比为 1∶1～2，池长为池宽的 5～10 倍。空气扩散设备放在池底一侧的沟槽上，利用空气压缩机将空气压入池内，通过放在池底的扩散板或穿孔管等扩散设备使空气形成气泡与废水混合，并使池中水流呈平推流式前进。

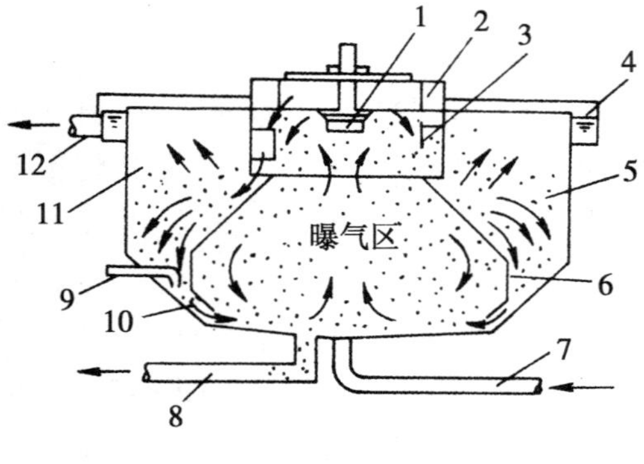

图 5-10 圆形表面加速曝气池

1—曝气器；2—导流区；3—挡流板；4—出水槽；5—污泥回流区；6—池裙；7—进水管；8—放空管；9—排泥管；10—回流缝；11—沉淀区；12—出水管

（2）完全混合式曝气池 曝气池多为圆形、方形或多边形池子，采用叶轮式机械曝气。如图 5-10 所示是一种使用较多的表面曝气、完全混合曝气池。这种池子由曝气区、沉淀区、导流区和回流区 4 部分组成。叶轮旋转以充氧曝气，并承担提升、搅拌任务，使混合液处于不断循环搅拌状态。废水入口进水管 7 在池底中心，出水管 12 在池边溢流槽处。在曝气区，废水与回流污泥得到迅速混合，径回流窗孔流入导流区 2，使污泥凝聚和汽水分离，然后进沉淀区 11，沉淀后的活性污泥经回流缝 10 再进入曝气区，清水经出流堰至出水管 12 排出。

此类池子曝气和沉淀两部分合建在一起，也称“合建式完全混合曝气池”。它的优点是：投资少，占地省。国内炼油、石油化工、印染、制药等工业废水多用此类型曝气池，特别适用于小型污水处理厂。

完全混合曝气池也有采用长方形的，如图 5-11 所示。采用叶轮供氧，并建成分建式，将曝气池与沉淀池分开。

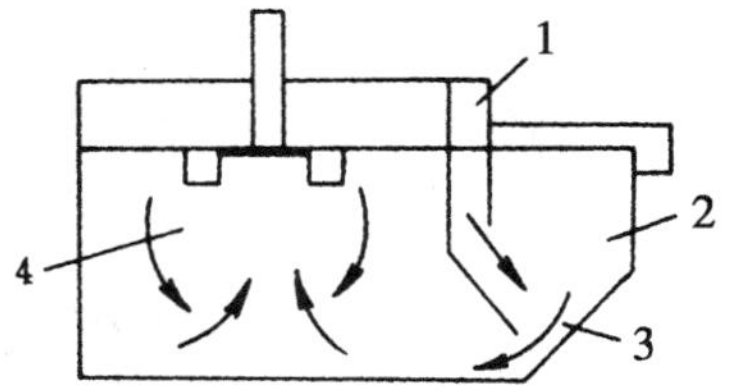

图 5-11 方形曝气沉淀池

1—导流区；2—沉淀区；

3—回流区；4—曝气区

六、活性污泥法的运行方式

活性污泥法已应用了 80 余年，为了适应不同处理要求，降低费用，经过不断发展，已形成了多种运行方式，下面做简单介绍。

1. 普通活性污泥法

普遍活性污泥法也称传统活性污泥法，其工艺过程如图 5-5 所示。废水和回流污泥自池前端进入，水流形态为推流式。污水净化的吸附阶段和氧化阶段在同一池内完成，水中有机物浓度和需氧量均沿池长而逐渐降低。出口端的污泥一般已进入内源呼吸期，废水中有机物很少，此时活性污泥容易在沉淀池中混凝、沉淀。同时，污泥中的微生物处于“饥饿”状态，恢复了活性，回流入曝气池后有较强的吸附性和氧化性。所以该法对有机物（BOD）和悬浮物去除率很高，可达 90%～95%，且水质稳定，污泥少。它的缺点是曝气时间长（4～8 h）故所需曝气池容积大；需氧量是沿池长逐渐减少，而供氧量是均匀的，因此造成供氧不合理，前段不足，后段过剩。

2. 逐步曝气法

逐步曝气法也称阶段曝气法，是普通法的改进。该法是将要处理的废水沿池长的几个进口同时入池，使有机物负荷沿池长均匀分布，从而使池内各处需氧量均匀，提高了微生物的氧化分解能力，并提高了空气的利用率，其流程如图 5-12 所示。

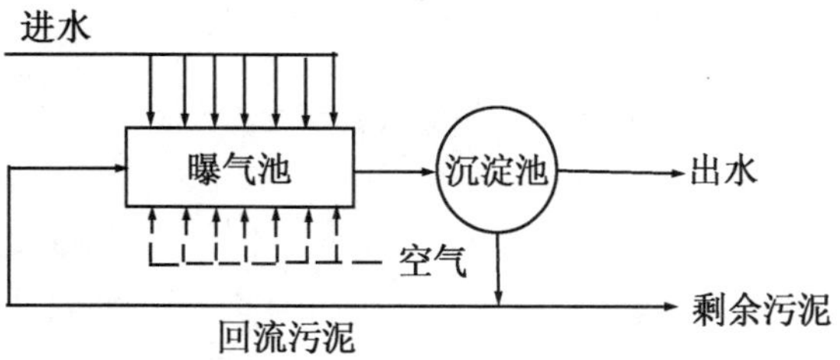

图 5-12 逐步曝气法流程

该法的另一特点是污泥量前段高，后段低，因而出曝气池的污泥浓度低，减轻了沉淀池的负担，且进水流量容易调节，提高了工作能力，据实际操作提供的数据，在进入量提高 30%的情况下，BOD_5 的去除率仍可达 90%。该法特别适用于大型曝气池及高浓度废水处理。

3. 吸附再生曝气法

也称生物吸附法或接触稳定法，流程如图 5-13 所示。

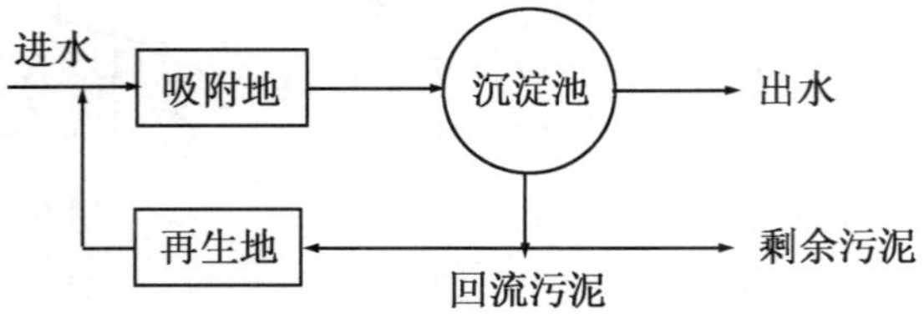

图 5-13 吸附再生曝气法流程

它的特点是将吸附和再生分别在两个池子内进行。在吸附池内，进水与再生后的活性污泥充分混合 30～40 min，使污泥吸附了大部分的悬浮物、胶体物质后进入沉淀池进行分离，分离出来的回流污泥在再生池中采用不投食料的空曝方法进行生物氧化分解作用，然后再回到吸附池曝气 2～3 h 以后，这时微生物处于高度饥饿状态，从而使污泥完全恢复活性。

该法的优点是吸附时间短，池子的总容积小于普通曝气法，空气用量也少（剩余活性污泥不再曝气），回流污泥量多，对负荷变化适应性强。缺点是 BOD_5 去除率低，为 85%～90%，回流污泥量大，增大了回流污泥泵的容量，且剩余污泥量松散难处理。

该法适用于含大量悬浮物及胶状有机物废水，如焦化厂含酚废水处理，酚的去除率可达 99%以上。

4. 完全混合曝气法

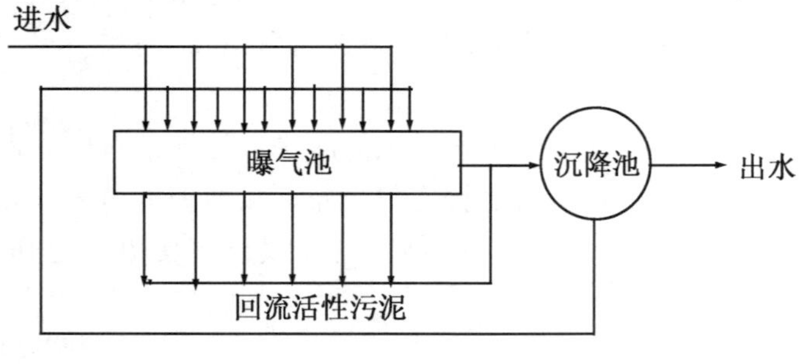

图 5-14 完全混合曝气法流程

充分混合曝气法的工艺流程如图 5-14 所示，它大大增加了进水点和回流污泥的入流点，从根本上改善了长条形池子中混合液的不均匀状态，可以认为该法曝气池内混合液处于理想混合状况，在池内各处微生物的生长、耗氧速率、BOD_5 负荷完全均匀一致。混合液在池内不停流动，废水和活性污泥进池后迅速得到稀释和混合，因此可最大限度承受要处理水质的变化。池内水质均匀，便于将曝气池控制在最理想的工作条件下进行，使微生物的活性能得到充分发挥。

完全混合法的缺点是，由于连续进出水，可能发生短流而带出部分有机物影响出水水质，同时池中活性污泥不能达到内源呼吸期，故出水水质不如普通曝气法好。

七、活性污泥法的发展

活性污泥法在长期的应用过程中经过了很多改进和发展，主要围绕在满足新负荷的情况下，尽量减少建筑费用和能量消耗。人们针对曝气、沉淀工艺做了不少改进，出现了许多新工艺。

1. 延时曝气法

20 世纪 50 年代起源于美国，其特点是曝气池内水力停留时间长，达 20～24 h，营养物质与微生物的比例（F/M）为常规法的 1/4～1/3，活性污泥处于内源呼吸状态，剩余污泥少，该工艺主要适合于处理低浓度城市污水、易降解的高浓度有机废水，用于小型污水处理厂。国外已有成套处理设备。

2. 纯氧曝气法

用纯氧代替空气曝气，可以使曝气池内溶解氧大大提高（为空气曝气池溶解氧的 5 倍），该法使用了很高的微生物浓度，可缩短分解有机物的时间，曝气时间只为普通法的 1/4～1/3，因此大大缩小曝气池的体积。纯氧曝气池有加盖的和无盖的两种，有盖的曝气池内氧气可回收利用，但要求密闭性能好，设备复杂。目前已研制出超微气泡扩散器、泡沫扩散器等，氧转移率可达 90%，因而可以采用敞开式曝气池。

3. 深水曝气法

深水曝气法是用水深 50～150 m 的曝气槽处理废水。根据亨利定律，气体在水中的溶解度与其所受压力成正比，采用深水曝气，则可利用高的静水压来提高氧的溶解度，提高了水中氧的浓度和氧的利用率（水深 100 m，利用率可达 90%，普通法只有 10%）。由于溶解氧浓度高，可以适应高负荷处理，缩短曝气时间，节省动力消耗。除此之外，还具有可防止污泥膨胀、减少污泥发生量、受外界气温影响小等优点。

4. 粉末炭活性污泥法

该法是向活性污泥系统中投入粉末活性炭（PAC），利用活性炭的吸附能力将微生物、有机物、溶解氧吸附在表面，从而相对提高了浓度，为微生物活动创造了有利条件，加快了生化反应速度，提高处理效果。例如对含金属离子废水的处理，投加 PAC 后，对污水的 COD 和 Cr^{3+}的去除率有明显提高，若投入 PAC 量达 20 mg/L，停留时间 24 h，污水中的 Hg^{2+}可完全去除。

5. 投菌活性污泥法

该工艺过程是在常规的活性污泥法的基础上将具有强活力的细菌投入曝气池，使池内各种细菌处于最佳活性状态，促进了微生物的氧化分解作用和适应环境变异的能力，提高了处理效果，改善了出水水质。目前，美国已有几家生产这种特殊细菌的工厂，如 GES 公司生产的菌液就是由芽孢杆菌属（*Bacillus*）、假单胞菌属（*Pseudomonas*）、硝酸菌属（*Nitrobacter*）、亚硝酸菌属（*Nitrosomonas*）、纤维素分解菌属、好气性杆菌属和紫红色假单孢菌属等组成。

八、活性污泥法在工业废水处理中的应用

活性污泥法以其处理效果好、易管理、低运转成本等优点已广泛应用于城市生活废水处理。随着发达国家工业的迅速发展、大量工业废水的处理已迫在眉睫。因此对活性污泥法在工业废水处理中的应用也进行了广泛的研究和推广应用，下面做一简单介绍。

1. 食品工业废水

食品工业废水中可生化降解成分较多，采用活性污泥法可获得较高的处理效率。Wheaton 等人研究了连续活性污泥法对水果加工业废水的处理，发现对 BOD_5 去除率较高。啤酒厂废水具有 SS 含量高，水量变化大、悬浮物浓度高达 6 100～9 600 mg/L 等特点，但使用深井活性污泥系统处理，进水有机负荷的平均去除率仍能达到 97%。

对某些食品厂废水，若进行预处理或辅以其他处理设施，可有效提高处理效果。如对罐头食品厂废水，Hamza 认为最佳的处理程序为栅滤、预凝结、油分离、活性污泥四部分。曝气成分不一，效果也不同，对啤酒厂和食品加工厂废水，用纯氧或空气曝气都可使出水达到行业排放标准，但空气曝气系统易产生污泥膨胀。

2. 造纸工业废水

活性污泥对于造纸废水的处理是一种经济有效的方法。用该法处理牛皮纸浆废水是一种简单、安全，能达到排放标准的处理方法。Qui 等人用厌氧—好氧系统处理牛皮纸加工废水，出水的 SS、BOD_5 都小于 30 mg/L。

Nielsen 等人研究了间歇式活性污泥法（SBR）、投加 PAC 的 SBR、流化床反应器（FBR）、厌氧反应器对滤纸加工厂废水的处理效果，发现 SBR 和 FBR 系统对 BOD_5、COD 处理效率都高。往活性污泥厂的膨胀污泥中投加碱性活性斑土和粉状褐煤都可改善污泥沉降性能和系统生化降解能力。

3. 化工废水

化工废水成分复杂，污染物浓度和毒性较高，处理难度较大。活性污泥法对化工废水具有一定的处理能力，采用污泥驯化等措施可用于该行业的废水处理。污泥驯化后能提高生物的抗毒性，例如通过逐步增加进水冲击负荷对污泥进行生物驯化后，通过氧化氮和碳质可成功地处理石油化工废水。

投加活性炭可加强活性污泥对化工废水的处理能力。Leipzing 等人发现，往活性污泥中投加 PAC 后，使 TOC、可降解有机物、色度基本得以去除。

4. 纺织、农药和含氰废水

Meredith 等人研究表明，用延时曝气活性污泥法处理纺织印染废水可使 TKN（总凯氏氮）从 350 mg/L 降至 25 mg/L，增加水力停留时间可促进对 TKN 和 COD 的去除。另外，活性污泥法对高浓度已内酰胺纺织业废水也是一种有效的处理方法，有机碳去除率可达 95%左右。

活性污泥系统对农药厂废水也有较好的处理能力。例如当废水中氟甲磷（DMF）的速率浓度高达 27 mg/（L•h），采用活性污泥法处理后出水中 DMF 浓度都低于 10 mg/L。

对于含氰污水的处理目前还处于研究阶段。Harden 等人研究了活性污泥对钢铁厂废

水中氰的处理能力。Mudder 等人也研究了对矿井尾矿废水中氰和硫氰酸盐的处理。他们发现了开始时污泥对总氰的去除率极高，但由于污泥生长慢，泥龄长（20 d），生物中金属等毒物不断积累会导致处理系统不能正常运转。当废水中氰浓度稳定在 10 mg/L、15 mg/L 或 20 mg/L 时，处理效果较好。

总之，活性污泥法在工业废水的处理上应用十分广泛，并显示出独特的优点，但对某些工业废水的处理还处于实验阶段，有待进一步研究和开发，以使活性污泥法这一古老的污水处理技术进一步得到发展，发挥更大作用。

第四节 生物膜法

生物膜法也是一种典型的好氧生物处理方法，它是将废水通过某些载体（如碎石、炉渣、塑料蜂窝、圆盘等），好氧微生物和原生动物，后生动物等则在载体上生长繁殖形成生物膜，吸附和氧化分解有机物，使污水得以净化。

根据装置的不同，生物膜法可分为生物滤池，生物转盘和生物接触氧化法三类。

一、生物膜法处理废水的机理

1. 生化反应机理

废水长期流过固体介质表面，其中的悬浮物会被截留，胶体物质则被吸附，废水中的微生物则以此为养料而生长繁殖，这些微生物又进一步吸附了水中的悬浮物、胶体和溶解状态的有机物，在适当的条件下，逐步形成生物膜。它实质上是黏附在滤料表面的一层微生物群体，是一层充满微生物的黏膜。生物膜一般较薄（2 mm 左右）。当通风良好时，只有好氧层，若膜层过厚，还会产生厌氧层。

生物膜的作用可用图 5-15 来说明。生物膜是高度亲水物质，因此在其外侧表面总是附着一层附着水层，其中的有机物大多已被生物膜中的微生物摄取，其浓度要比废水（流动水层）中的有机物浓度低得多。废水在固体介质表面流动时，有机物便从流动水质转移到附着水层中去，并进一步被微生物摄取。同时，废水中的溶解氧也通过附着水层传递给生物膜，供微生物呼吸用。生物膜在有充足氧的条件下，对有机物进行氧化分解，将其转化为无机盐和 CO_2，然后向相反方向从生物膜经附着水层进入流动水层排去，其中气态物质则经水层排入空气中。生物膜中的微生物也在这一代谢过程中获得能量，合成原生质供自身生长、繁殖的需要。由于微生物的增殖和生物膜对悬浮物的吸附，生物膜逐渐增厚，膜表面由于易吸取营养物和溶解氧，微生物增殖迅速，形成了由好氧和兼性微生物组成的好氧层。而在生物膜的内部，由于氧不能透入，则由于缺氧而形成厌氧和兼性微生物组成的厌氧层。随着生物膜的增厚，厌氧层也变厚，靠近载体表面处的微生物由于得不到营养物，其生长进入内源呼吸期，附着于载体的能力减弱，生物膜呈老化状态，在外部水流作用下而脱落，并开始增长新的生物膜。在处理系统的工作过程中，生物膜就这样不断生长、脱落、更新，从而保持生物膜的活性。

生物膜法处理废水的过程相当复杂，它包括废水的湍流流动，不同浓度废水的混合，氧的扩散和吸附，有机物的氧化分解和微生物的新陈代谢。正是在这些综合作用下，废水才得以净化。

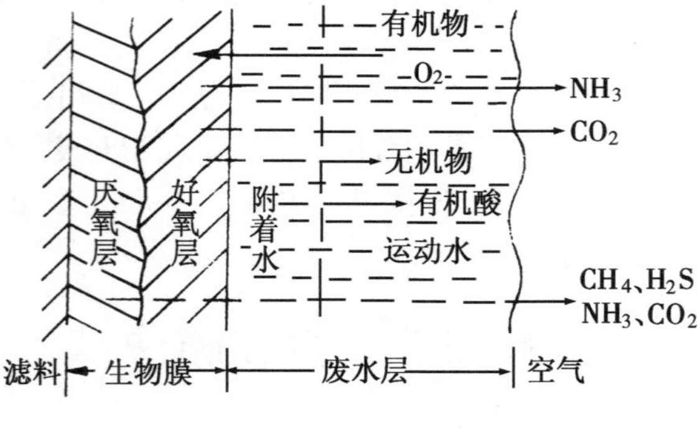

图 5-15 生物膜的结构及作用原理

2. 生物膜的培养和驯化

生物滤池投入运转时，首先要培养和驯化生物膜。即先使微生物在载体表面生长繁殖、形成生物膜即“挂膜”，然后使膜上微生物产生一定变异，逐渐适应所处理的废水水质，前者称培养，后者为驯化。培养和驯化可采用以下几种方法进行。

（1）先将生活污水送入滤池，待生物膜形成后，再逐渐投加待处理工业废水，加以驯化。

（2）将生活污水与待处理的工业废水混合送入滤池，然后将废水比例逐渐增大，同时进行培养和驯化两个过程。

（3）用其他污水处理厂的活性污泥或生物膜进行接种培养，然后逐渐增大待处理废水量加以驯化。

生物膜的培养和驯化要求在气温较高时进行，冬季气温低，微生物难以生长，挂膜和试运转均难进行。

二、生物滤池

生物滤池按其结构可分成普通生物滤池和塔式生物滤池两种，它们都是由滤床、布水设备和排水系统三部分组成。

进入生物滤池的污水，一般经过预处理以去除悬浮物，油脂等易堵塞滤料的物质，并对 pH 值、氮、磷等加以调整。

1. 普通生物滤池

普通生物滤池又称滴滤池，其结构如图 5-16 所示。普通生物滤池的滤床是生物滤池的主体部分，它是由滤池和滤料两部分组成。滤池有方形、矩形、圆形等，多用砖石砌成或用混凝土浇筑而成，滤料一般采用碎石、卵石、炉渣、焦炭等，粒径要选择合适，以满足表面积和空隙率的要求，一般为 30～50 mm，厚 1.3～1.8 m。20 世纪 60 年代中期又开始采用塑料滤料，它具有质轻，表面积大，空隙率高等优点。如国内使用的玻璃钢蜂窝状块状滤料，孔隙率在 95%左右，比表面积在 200 m^2/m^3 左右。

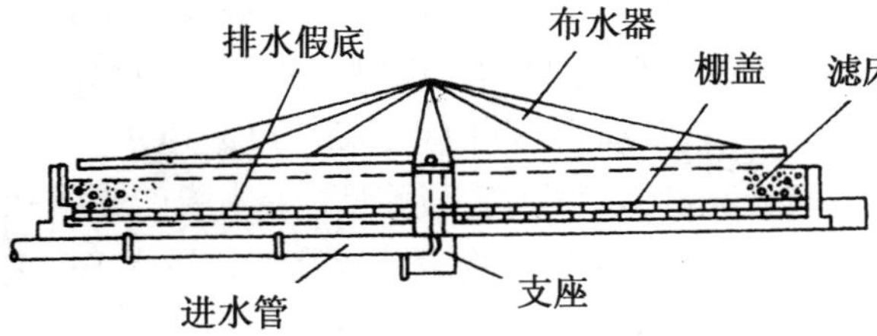

（a）采用回转式布水器的生物滤池

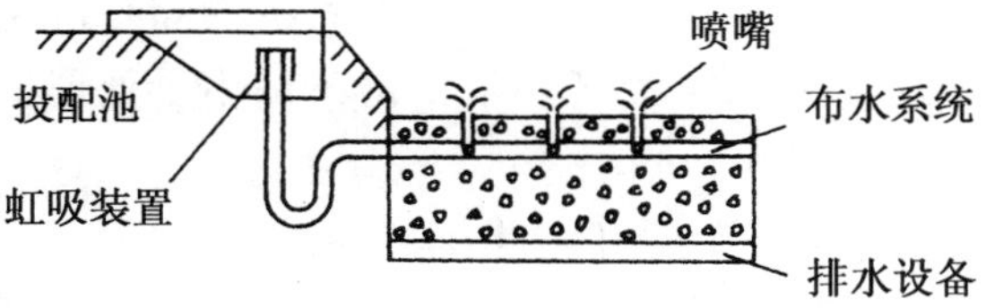

（b）采用固定喷嘴布水器的生物滤池

图 5-16　普通生物滤池结构

布水设备的目的是使污水能均匀分布在整个滤床上。生物滤池的布水设备分为两类：移动式（常用回转式）布水器和固定喷嘴布水系统。在回转式布水器中，污水通过布水器的中央立柱流入布水横管，由喷水孔口分配到滤池表面。污水喷出孔口时，由于反作用力推动布水器不停转动，使布水均匀[见图 5-16（a）]。固定喷嘴布水装置由投配池、布水管系和喷嘴三部分组成[见图 5-16（b）]。这种装置布水不够均匀，需要较大水头。排水系统设于池底部，用于收集滤床流出的污水及生物膜，并起着支撑滤料和保证通风良好的作用。通常由混凝土或金属栅板制成的排水假底使水渗过，然后经排水阀排出。

普通生物滤池具有处理效果好（BOD 去除率可达 95%以上），运行稳定、易于管理和节省能源等特点。但它的处理负荷低［水力负荷仅 1～4 m^3/（m^2・d）]、占地面积大、只适于处理量小的场合，而且滤料易被堵塞，因而限制了它的应用。

2. 塔式生物滤池

塔式生物滤池为新型高负荷生物滤池，其处理废水的原理与普通生物滤池相同。平面上呈圆形、方形或矩形，直径 1～4 m，高径比在 6∶1～8∶1，高可达 20 m 以上。池壁多用塑料或钢材制作，塔身如填料塔可分几层，可用自然通风或人工通风，结构如图 5-17 所示。

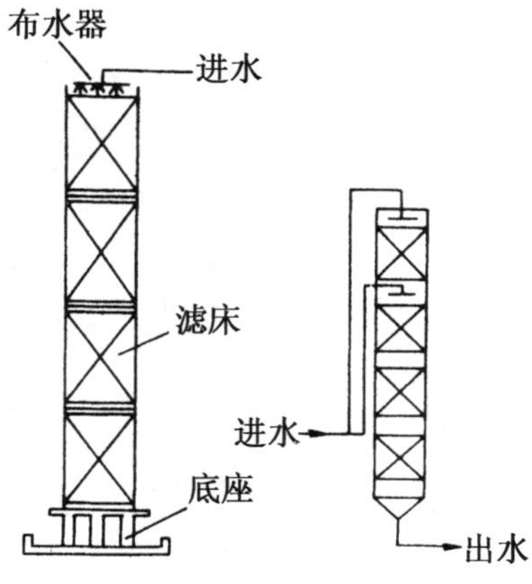

图 5-17　塔式生物滤池

塔内滤料多采用塑料滤料，如环氧树脂固化的玻璃布、纸蜂窝、塑料波纹板等，滤料层中上几层滤料去除废水中大部分有机物，下几层主要进行硝化作用，进一步改善水质。

正常运行时，生物膜薄、透明、分层清楚。上几层滤料微生物种类少，下几层微生物种类多，游离细菌少，原生动物较活跃。

塔式生物滤池内能形成较强的拔风状态，改善了通风、水力负荷高，在滤池内水流紊动强烈，使污水、空气、生物膜之间充分接触，提高了传质速度。滤池的水力负荷可达 80～200 m^3/（m^2·d），容积负荷可达 1 000～2 000 g BOD_5/（m^3·d）。较高的容积负荷使生物膜生长迅速，而较高的水力负荷又加速了生物膜的更新换代，使生物膜能经常保持较好的活性。但是为了防止脱落的生物膜产生堵塞，进水 BOD_5 值应控制在 500 mg/L 以下，否则应采用回流稀释措施。

塔式生物滤池的各层生长着的微生物种属不同，但适应流至该层污水性质的生物群落，有利于有机污染物的降解，使之能承受较大的有机物和有毒物的冲击负荷。因此可用于高浓度工业污水的第一段处理。塔式生物滤池既适用于处理生活污水，也适于处理各种有机废水，但处理量不宜过大。

衡量生物滤池工作效率有以下几个主要指标：

（1）水力负荷 q：单位体积滤料（或单位滤池面积）每天能处理的废水量，单位是：m^3 废水/[m^3 滤料（m^2 滤池）·d]。

（2）有机物负荷 L：单位体积滤料每天能除去废水中有机物量，单位是：kg（BOD_5）/（m^3 滤料·d）。

（3）有机物去除百分数 E：废水通过滤池后，有机物降低的数量占原有数量的百分数。

以上三个指标数值越大，说明滤池工作效率越高。

三、生物转盘

生物转盘也称旋转式生物反应器，其工作原理与生物滤池相同，只是构造形式不同。其结构如图 5-18 所示，它是由盘片、反应槽、转轴和驱动装置组成。

生物转盘是一组固定在同一轴上的数十片间距很近的等直径圆盘组成。操作时圆盘的一半浸没在废水中，当圆盘缓缓转动时，废水中微生物便吸附在圆盘表面，生长繁殖，形成生物膜。生物膜与废水接触吸附了废水中的有机物，当圆盘离开水时，生物膜从空气中吸取氧，在酶的作用下使有机物氧化分解，同时使生物膜得到再生，恢复了吸附氧化分解有机物的能力。这样，圆盘每转一周，生物膜就完成一次吸附—氧化—再生过程，随着转盘的不断转动，生物膜也逐渐变厚衰老并在水流的剪切力下脱落，随污水一起排进沉淀池。转盘的转动也使处理槽中的污水不断被搅动充氧，使脱落的生物膜在槽中呈悬浮状态，继续起净化作用，因此生物转盘还兼有活性污泥池的功能。

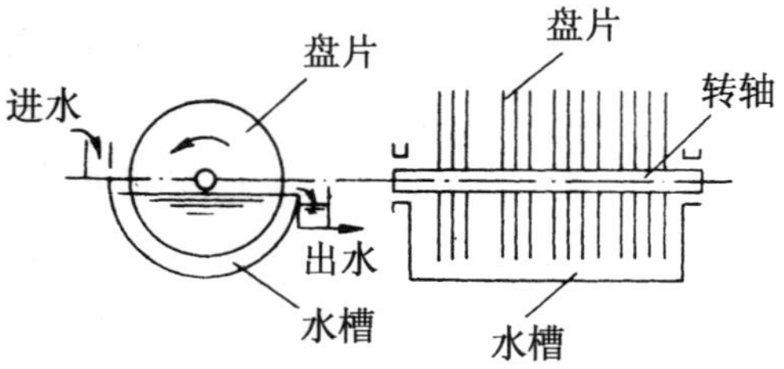

图 5-18 生物转盘

生物转盘的盘片由聚苯乙烯、聚氯乙烯、聚乙烯、聚丙乙烯等类塑料板，玻璃钢等材质制成。有时也采用铝板或薄钢板，直径在 0.5～4 m，最大的可达 5 m。板间距 10～30 mm，一般低负荷时采用 10～15 mm，高负荷时采用 20～30 mm。

生物转盘除如图 5-18 所示的单轴单级外，还有单轴多级和多轴多级式。在盘片面积一定的情况下，采用多级串联运行可提高净化效果。

生物转盘的优点是污泥颗粒大、易分离、操作简单、占地面积小、易控制和调整、适应负荷变化能力强、出水水质好。缺点是投资大，处理易挥发有毒废水时，对大气污染严重。

该法自 20 世纪 60 年代开始应用，几十年来有了显著发展。目前欧洲约有 2 000 个处理厂在运转（如德国斯图加特工业大学卫生工程研究所 1963 年设置一套直径 3 m，轴长 5.7 m，泡沫苯乙烯制成，总面积 8 200 m^2 的处理装置至今仍正常运转）。美国有 518 个生物转盘处理厂在运行。日本起步较迟，但发展速度最快，1966 年建立第一套装置，1972 年开始进入普及阶段，1979 年已建成 844 个处理厂，日处理污水量为 235 000 m^3，到 1984 年已建成 2 200 个处理厂，处理水量达 6.52×10^5 m^2/d。

我国毛纺织工业中处理染色废水多采用此法，如北京毛线厂、北京羊绒衫厂、上海第三毛纺厂、沙市毛纺厂等单位的染色废水生物转盘处理都得到满意的效果，在水力负荷为 0.08～0.12 $m^3/(m^2 \cdot d)$［有机负荷为 15～25 $g/(m^2 \cdot d)$］、COD_{Cr} 去除率达 40%～70%，BOD_5 去除率为 80%～90%，色度去除率达 30%～90%，处理后水质标准基本可达国家“三废”排放试行标准。目前，全国已有数十个生物转盘污水处理厂，用生物转盘法处理纺织、印染、制革等工业污水。

生物转盘法广泛用于生活污水处理，也可用于处理食品加工、纺织印染、石油化工、纸浆造纸等工业部门的废水，通常用于处理低浓度有机废水。在处理高浓度有机废水时，常采用两级串联或与其他生物处理方法串联使用。生物转盘常作为污水次级生化处理设备，但随着技术的进步和发展，用它作为三级处理设备的趋势正在上升。

四、生物接触氧化法

生物接触氧化法又称浸没式生物滤池，它是在曝气池中设置填料，作为生物膜的载体，利用生物膜和悬浮活性污泥的联合作用来净化污水，因而兼具生物滤池和活性污泥法两者的优点。

生物接触氧化法的基本流程如图 5-19 所示。

该流程的主体是接触氧化池，它的主要组成部分有池体、填料和布水布气装置，其结构如图 5-20 所示。

池体可为钢结构或钢筋混凝土结构，内置填料。目前常用的填料有聚氯乙烯塑料、聚丙烯塑料、环氧玻璃钢等制成的蜂窝状和波纹板填料。

生物接触氧化法的缺点是填料层易被堵塞，因此必须控制生物膜的适当厚度，并定时用大气量搅动氧化池，把衰老的生物膜及时吹脱排出。近年来发展的用化学纤维结成束成绳状或球状联结的软性填料可克服这一缺点。纤维束随水漂动，不易堵塞，可广泛用于工业废水处理中。例如我国岳阳石油化工总厂采用丝束为填料的生物接触氧化法对生产过程中排出的高浓度有机混合废水进行处理，中试已取得较好的处理效果，COD 和硫化物的去除率可达 70%～80%。

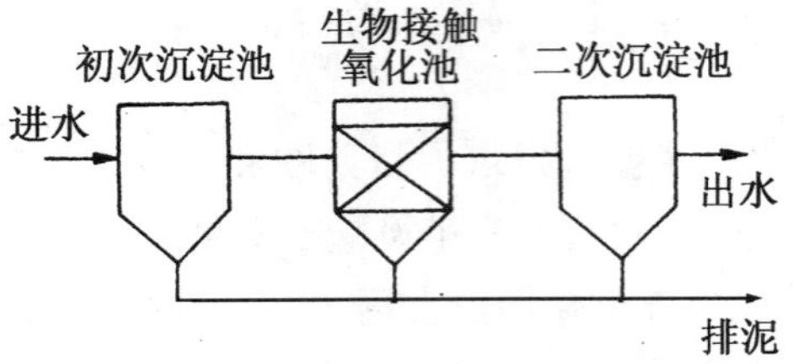

图 5-19 生物接触氧化法流程图

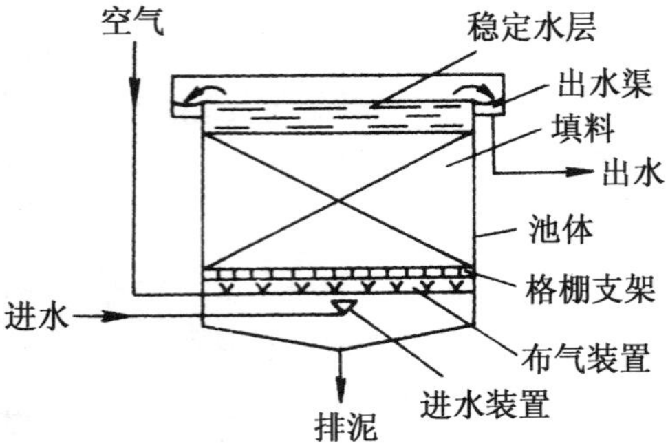

图 5-20 接触氧化池构造示意图

生物接触氧化法的生物膜上生物量很大，可形成一个密集而稳定的生态系，因而有较高的净化效果，不但能有效去除有机物，还可用于脱氮和脱磷。该法抗冲击负荷能力强，污泥生成量小，不需污泥回流，易管理，无产生污泥膨胀的危害，出水水质稳定，是一种很有发展前途的处理方法。

五、生物流化床

生物流化床的结构原理类似于化工生产中的流化床反应器。床内的流化介质通常选用具有较大比表面积的砂粒、焦炭粒、活性炭粒等，这些颗粒表面生长有生物膜。当待处理废水自下而上通过床层时，这些颗粒便悬浮在床内，使废水在流化床内同均匀分散的生物膜相接触而得以净化。

生物流化床内可维持较高的微生物浓度（比活性污泥法高 10～20 倍），因此生化反应速度较快，废水在床内停留时间短，废水负荷高。由于流化介质有较大的比表面积，对废水中的污染物、微生物和酶都有较强的吸附作用，使表面形成适于微生物生长的场所，水中一些难降解的有机物可在介质表面长期停留而降解。由于吸附作用和吸附平衡，也会对废水的浓度变化起缓冲作用，从而使系统能抵抗负荷变动冲击而保持稳定的工作。

生物流化床综合了流化机理、生物化学机理和吸附机理，过程较为复杂。由于它兼顾了活性污泥法均匀接触条件所形成的高效率和生物膜法承受负荷变动冲击的双重优点，所以受到人们的重视并得到应用。例如美国 Ecolotrol 公司以砂粒为介质，以纯氧为气源处理城市污水，在有机负荷为 7.27 kg BOD_5/（m^3·d），停留时间为 0.26 h 的条件下，BOD_5 去除率达到 84%。

随着工业的发展，工业废水和生活污水的成分也越来越复杂，目前广泛使用的活性污泥法存在着能耗大、基建投资大、占地大、负荷低的缺点，同时对成分复杂的工业废水处理效率不高，还有可能发生污泥膨胀、污泥解体、污泥腐化、污泥上浮和泡沫问题等异常情况。而生物滤池、生物转盘和生物接触氧化法又不同程度的存在滤料堵塞、占地面积大、布水不均匀、处理效率不高等问题。

生物流化床与其他的生物反应器相比具有下列优点：① 单位体积内的生物量大；② 强化了传质作用，加速了有机物从污水中向微生物细胞的传递过程；③ 不会因为生物量的累积而引起体系阻塞；④ BOD 容积负荷高，处理效果好；⑤ 占地面积少，投资省。因此，生物流化床成为较理想的高效率、低成本和装置小型化的废水处理设备，在城市污水处理和工业废水领域有广泛的应用前景。

第五节　生物塘法

生物塘法也称稳定塘法，是一种古老的污水处理方法。1900 年国外就有用池塘贮存食品、工业污水使之净化的报道。20 世纪 30 年代起引起各国重视，五六十年代有较大的发展，如美国在 1976 年就有生物塘 5 500 多个，目前已发展到 2 万多个，其中工业废水氧化塘即多达 5 000 多座。

我国 50 年代开始进行生物塘处理城市污水及工业废水的研究，到 80 年代初，就有近 40 座生物塘用于生活污水及工业废水的处理。目前已建各类氧化塘、氧化沟 150 余座，日处理量达 180 万 m^3，占全国污水排放总量的 2%。

生物塘法具有简单、经济、运行稳定可靠、处理效率高等优点，虽然它有占地面积大的缺点，但在国际上的能源危机和资源短缺的情况下，仍是一种值得推广应用的污水处理方法。

一、生物塘

生物塘可以是天然的或经过人工修整的河道、池塘、洼地，也可以是由人工修成的浅水池。图 5-21 便是一种常见的天然生物塘的剖面图，进出水口分设在塘的两端，塘前设沉淀池或预沉带，以除去较大的固体颗粒，预沉带和净化带之间可设潜水坝以截留沉淀物。

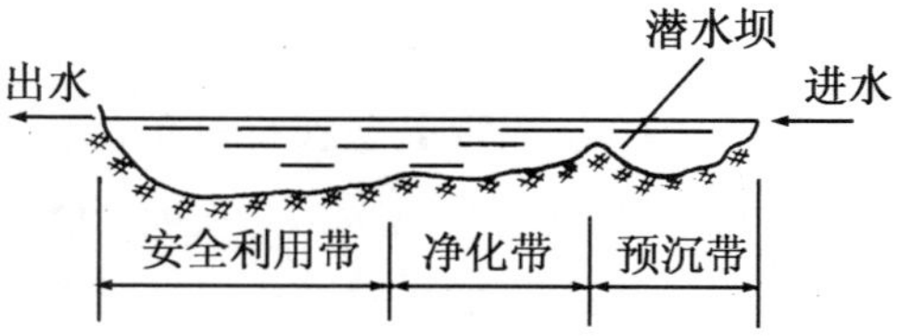

图 5-21　生物氧化塘剖面示意图

根据要处理污水的性质，可以采用单级、多级或不同种类的生物塘组合起来配套使用，以提高处理效果。

生物塘的设计及地址的选择应考虑以下几种因素：

（1）地理环境　尽量利用天然池塘、洼地、旧河道、山谷、沼泽地等以降低造价，并注意在塘的底部设有不渗透的土壤保护层，以防止污染地下水。

（2）合适的气温与光照　要有合适的气温及较长的光照时间，以有利于微生物的新陈代谢与增殖。北方寒冷地区的氧化塘可考虑采用人工曝气，提高溶解氧的浓度和促进塘水的混合，增加有机物与微生物的接触，改善净化效果。

（3）根据对地区污染源的调查结果及环境保护的要求，选择合理的处理程序　如用厌氧塘和好氧塘串联处理高浓度有机废水，用曝气塘处理工业废水，对含有重金属，有毒物质较多的废水应进行预处理后才能进入氧化塘进一步处理。

（4）注意对塘底污泥的处理　定期用吸泥泵清除塘底污泥，然后加以处理，如厌氧消化处理产生沼气，风干后做肥料等。

二、生物塘的类型

生物塘可分好氧生物塘、兼性生物塘、厌氧生物塘、曝气氧化塘、水生生物塘等五类。

1. 好氧塘

好氧塘的整个塘容积都处于好氧状态，它的深度一般小于 1 m，使阳光可透过水层直达池底。塘内由藻类、好氧性细菌和原生动物等组成共生系统。好氧性微生物通过代谢活动氧化分解有机物，代谢产物 CO_2 可作为藻类的碳源。藻类利用太阳光进行光合作用，吸收 CO_2 合成细胞并放出 O_2，同时塘面也可进行自然复氧，供微生物和原生动物利用。好氧塘处理污水的机理如图 5-22 所示。

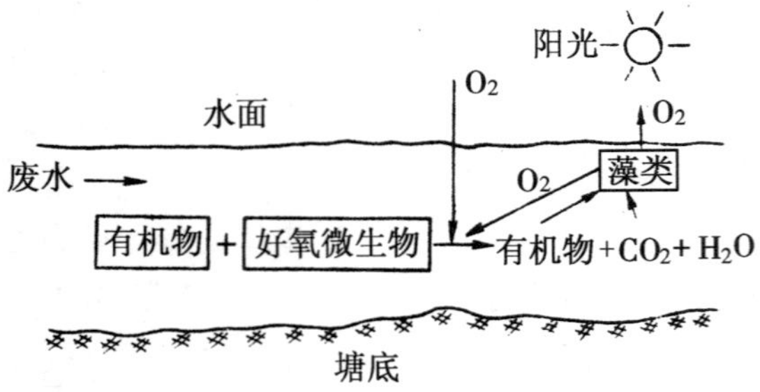

图 5-22 好氧塘净化有机污染物的机理

好氧塘的规划和设计应满足以下几个条件：①常年有良好的阳光照射、气温适宜；②有足够的容积；③水深在 1 m 以内；④有机负荷低；⑤有预处理过程（如沉淀池、厌氧塘等）；⑥严格控制入塘污水中能抑制藻类和好氧微生物的生长繁殖及代谢的各种有害、有毒物质的量。

好氧塘的处理效果受到有机负荷、混合情况、pH 值、氧传递、阳光、温度等因素的影响。特别是温度影响极大，冬季气温低，处理效率低。而夏季气温高，由于池水太浅水温升高，又会抑制藻类生长，促进水生植物的生长而使蚊子繁殖。

由于好氧塘设计影响因素复杂，目前多采用经验数据进行设计。

好氧塘的主要技术参数如表 5-4 所示。

表 5-4 好氧塘的主要技术参数

技术参数	取 值
停留时间/d	2～6
塘内水深/m	0.15～0.45
有机负荷/[g BOD/（m^2·d）]	10～20
BOD 去除率/%	80～95
温度范围/℃	5～30
最适宜温度/℃	20
藻类含量/（mg/L）	100～200

好氧塘的出水需经除藻处理，可采取自然沉淀、混凝沉淀或上浮，过滤等方法。

2. 兼性塘

兼性塘水深在 1～2 m，在塘内不同深度水域分别进行好氧反应与厌氧反应。

在塘的上层（浓度小于 0.5 m），阳光可以透过，有大量藻类生长，溶解氧比较高，是好氧微生物活动的区域，水层中发生的生化反应与好氧塘相同。塘的中层，溶解氧数量较少（0.2 mg/L 左右），为兼性微生物活动区域。塘的下层及塘底的污泥，溶解氧的浓度为零，则为厌氧微生物活动区域，厌氧发酵的液态产物如氨基酸，脂肪酸等与塘水混合，而气态产物如 CO_2、CH_4 等则逸出水面或在通过好氧层时为藻类或好氧微生物所利用。

兼性塘的好氧层基本与好氧塘相同，但由于污水停留时间长，使降解反应可进入硝化阶段，产物 NO_3^- 可在下层反硝化而除去氮，因此具有脱氮功能。兼性塘对某些难降解的有机物如洗涤剂、ABS、农药等也有较好的去除作用，因此是各类生物塘中使用最广泛的一种。

兼性塘的净化机理如图 5-23 所示。

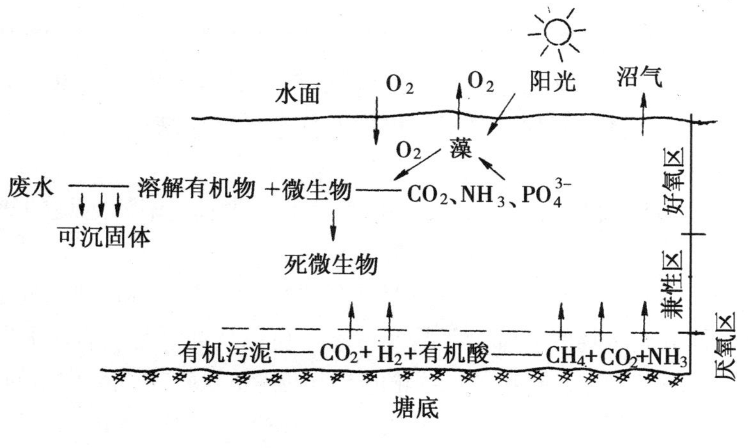

图 5-23　兼性塘净化有机污染物机理

兼性塘的主要技术参数如表 5-5 所示。

表 5-5　兼性塘的主要技术参数

主要技术参数	取　值
塘深/m	1.0～2.5
停留时间/d	7～50
有机负荷/[g BOD/（m^2·d）]	2～8
BOD 去除率/%	70～95
BOD 分解形式	好氧分解
污泥分解形式	厌氧分解

兼性塘工作好坏与营养物、光照、温度、产氧量等变量有关。兼性塘可以单独运行，也可和其他类型塘串联运行，以提高处理效果。

3. 厌氧塘

厌氧塘水深一般在 2.5～4 m，塘的表面往往形成浮渣层而使塘水溶解氧极低，塘内基本没有藻类生长，主要是厌氧微生物的活动使有机物被分解成 CH_4 和 CO_2，而使污水得以净化。

厌氧塘适于处理高浓度有机废水，由于深度大，故占地面积较小。缺点是有机物去除率不高，出水水质差，所以一般不单独使用，而是和其他类型塘串联使用，用于污水的前处理。

厌氧塘的主要技术参数如表 5-6 所示。

表 5-6 厌氧塘主要技术参数

主要技术参数	取 值
塘深/m	2.5～4.0
停留时间/d	30～50
有机负荷/[g BOD/（m^2·d）]	35～56
藻类浓度/（mg/L）	0
BOD 去除率/%	50～70

厌氧塘在运行过程中会产生臭气，可以通过将好氧塘的出水回流到厌氧塘，使厌氧塘的表层保持一个好氧区来氧化产生臭气的挥发性有机化合物。

4. 曝气氧化塘

曝气氧化塘是通过安装在塘面的人工曝气设备强化氧气溶解过程的氧化塘，按曝气的强度可分为好氧曝气氧化塘和兼性曝气氧化塘。

（1）好氧曝气氧化塘 好氧曝气氧化塘曝气强度大，整个氧化塘都处于好氧状态，而且使塘内污泥（好氧微生物等）都处于悬浮状态，可以认为它是没有污泥回流的活性污泥法。曝气设备一般采用低速表面叶轮，叶轮的布置应考虑其产生混合作用的影响范围。

好氧曝气氧化塘的塘水深一般为 2.5～3 m，停留时间为 1～5 d。

（2）兼性曝气氧化塘 兼性曝气氧化塘曝气混合只限于塘的上层，要求塘水有一定的溶解氧，但不要求污泥全部处于悬浮状态，部分污泥将沉于塘底，在缺氧状态下进行厌氧分解。

兼性曝气氧化塘水深一般为 2.5～5.0 m，停留时间一般为 7～20 d。

曝气氧化塘的有关技术参数如表 5-7 所示。

表 5-7 曝气氧化塘的主要技术参数

主要技术参数	好氧曝气氧化塘	兼性曝气氧化塘
塘深/m	2.5～3.0	2.5～5.0
停留时间/d	1～5	7～20
BOD 负荷/[g/（m^2·d）]	11～22	4～10
BOD 去除率/%	80～90	70～80

5. 水生生物氧化塘

水生生物氧化塘是在普通氧化塘内种植具有净水功能的水生植物或培植水生动物，以强化氧化塘的净化功能。

（1）水生植物氧化塘　在塘内种植水葫芦、水浮莲、水葱、芦苇等水生植物，它们都有较强的吸收、分解有机物的能力，因此可提高氧化塘的处理能力，缩短污水停留时间（当水深 0.2～1.0 m 时，停留时间为 1～3 d）。

（2）生态系统塘　主要是普通好氧和兼性塘。它依靠藻菌共生系统工作，无法对藻类生长进行控制，致使出水中藻类含量过多。如果在塘内养殖鱼、蚌、螺等水生动物和鸭、鹅等家禽，在运转正常时，出水含藻量可降低，BOD、COD、氮、磷等也有较高的去除率。这是因为在此类塘中存在许多条食物链，如菌、藻→浮游生物→鱼类；菌、藻→浮游生物→小型鱼→鸭；水草→鸭、鹅；藻→浮游生物→蚌、螺，它们与塘环境组成了复杂的塘生态系统。在太阳提供的初始能推动下，对塘中污水中多种污染物进行生化降解，并在食物链中进行迁移转化，参与各营养级生物的代谢，最后转变为鱼、鸭、鹅等动物蛋白，在有效地去除污染物的同时也实现了污水资源化。

生态系统塘虽然有更高的净化效果，但应当注意在待处理污水中不能含有重金属及其他难降解的有机化合物，因为它们能在生物体内富集，如再供人食用则会危害人类健康。

第六节　厌氧生物法

厌氧生物处理是在无氧的情况下，利用兼性菌和厌氧菌，分解有机物的一种生物处理法。

厌氧生物法用于处理生活污泥已有很长历史，20 世纪 70 年代以来对该法开展了广泛的研究，结果表明该法不仅适于污泥的稳定处理，也适用于工业有机废水的处理。经过几十年大量试验及工业化装置的运行实践证明，厌氧生物法处理工业有机废水明显优于好氧生物法。厌氧法可以使废水中 90%以上可生物降解的有机物以副产品甲烷气体的形式转变为能量；无需供氧设备，节省能源；污泥产量少（约为好氧法的 1/5）；容积负荷高（为好氧法的 3 倍）；进水浓度高，一般进水 COD 可达 5 000～10 000 mg/L（为好氧法 10 倍）；可承受较大的负荷变化冲击；投资少，运行费用低（比好氧装置投资低 25%，运行费用低一倍），厌氧法的主要缺点是微生物生长繁殖速度慢，处理时间较长，对低浓度有机污水处理效率低。

厌氧生物处理主要有消化法、厌氧接触法和厌氧生物滤池等。

一、消化法

消化法主要用于生活污泥及高浓度废水的处理，消化在消化池内进行。消化池一般为密闭的圆柱形池，废水定期进入池中，消化后的污泥从池底排出，处理后的废水从上部排出，产生的沼气从顶部排出。消化池的直径从几米到三四十米不等，池底为圆锥形以利于污泥排出，顶部有密封良好的盖子，以减少池面蒸发及防止有害气体逸出并可保证池内厌氧条件、收集沼气、保持池内温度。传统的消化池不加搅拌，池水一般为三层，上层为浮渣、中层为水流、下层为污泥。污泥在池底进行厌氧消化，这种消化池不能调节温度，微生物和有机物不能充分接触，因此消化速度很低。

近年来设计的高速消化池克服了传统消化池的缺点，这类消化池装有加热设备和搅拌装置，给微生物的活动提供了适宜的条件，提高了消化速率。

二、厌氧接触法

厌氧接触法与活性污泥法的形式相近，其流程如图 5-24 所示。废水进入消化池与回流厌氧污泥混合，经厌氧处理后进入沉淀池，清水自上部排出，污泥部分回流到消化池。

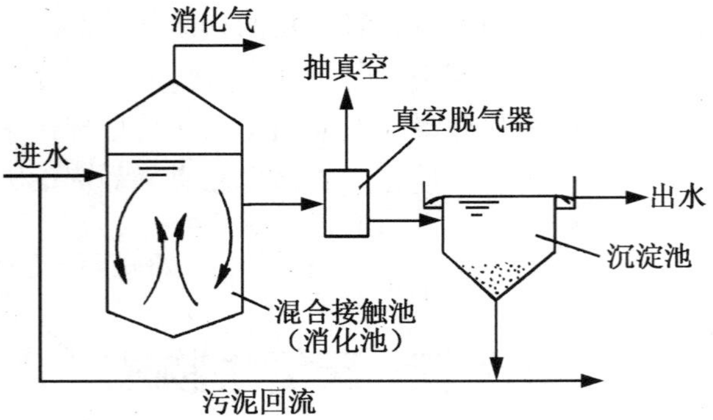

图 5-24 厌氧接触法流程

该法 BOD 去除率可达 90%以上，但负荷能力不大，主要用于食品工业（如肉类加工厂）废水处理。

三、厌氧过滤法

厌氧过滤法即厌氧生物滤池法，生物滤池构造类似一般生物滤池，废水自下而上流过惰性填料层；借助在填料空隙中截留的微生物而维持较高的固体停留时间（可达 100 d 以上），因而有很高的处理效果，且能在高容积负荷下运行。该法的主要缺点是滤料易堵塞，尤其在池的下部生物膜浓度大的区域。但对含碳氢化合物废水，由于厌氧处理所产生的生物污泥量不多，很少会产生堵塞现象。

四、厌氧生物法的进展

20 世纪 70 年代以来，厌氧生物法研究进展较快，开发了许多新的废水处理工艺，主要有：上流式厌氧污泥床反应器法（UASB 法）、厌氧流化床反应器法、厌氧膨胀床反应器法、厌氧生物转盘法（ANRBC 法）和厌氧活性炭过滤器法等。这些方法运行数据比较如表 5-8 所示。

表 5-8 几种厌氧生物法处理废水运行数据

方 法	废水种类	负荷/[kg COD/(m³·d)]	水力停留时间/h	温度/℃	去除率/%	规模
UASB 法	酒精废液	18	16	30	100	小试
UASB 法	甜菜制糖	15	7	30	87～95	工业化
厌氧流化床反应器法	大豆加工	20	12	—	89（BOD）	中试
厌氧活性炭过滤法	含酚废水	—	9.3	35	86～95	小试
厌氧生物转盘法	含蔗糖废水	—	—	35	52～98	小试
厌氧膨胀床反应器法	含葡萄糖废水	16	2	20～30	68～79	小试

1. 上流式厌氧污泥床反应器法

上流式厌氧污泥床（UASB）于 1972 年由荷兰 Agricultural 大学的 Lettinga 教授等研制，1977 年应用于工业化生产。反应器结构如图 5-25 所示。废水由底部进入反应器，缓慢通过絮凝微生物床得到处理。该法的优点是微生物床浓度很高，因而可容许很高的有机负荷。

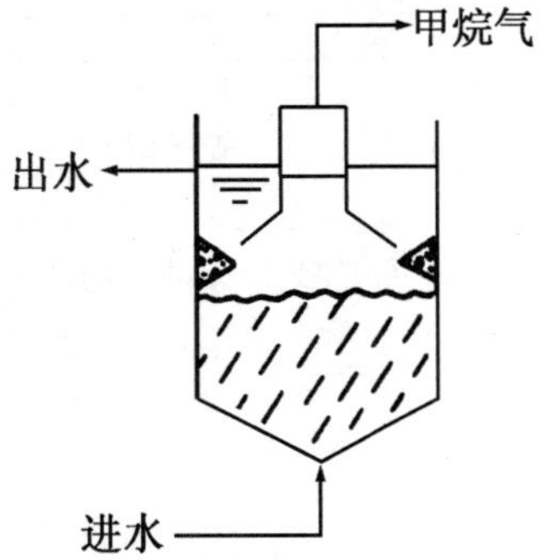

图 5-25 上流式厌氧污泥床反应器

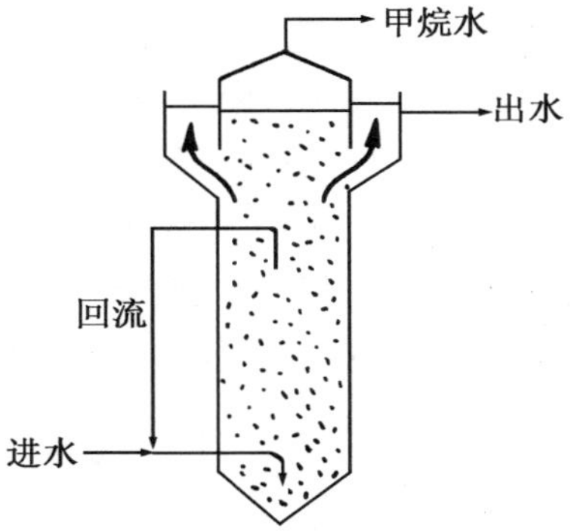

图 5-26 厌氧流化床反应器

2. 厌氧流化床反应器法

厌氧流化床（AFB）的试验装置如图 5-26 所示。其原理与好氧流化床生物反应器相同，借助流动砂粒表面的生物膜使废水中有机物降解。该法的优点是生物膜分布均匀，处理效果好，中试结果表明，对废水 COD 去除率达 85%～95%。缺点是动力消耗大，成膜时间长。目前由荷兰 Gist-Brocades 公司开发的流化床厌氧处理废水工艺已投入实际应用。

3. 厌氧膨胀床反应器法

该法由美国 Cornell 大学发明，其设计原理与结构同流化床反应器相似，不同之处是采用了颗粒小、重量轻的微生物生长介质（如 500 μm 的多孔氧化铝小球）和很小的回流比。该法的优点是提供了细菌生长的大量表面积，缺点是介质价格较贵。

4. 厌氧活性炭过滤法

该法的试验装置流程如图 5-27 所示，过滤塔里放置了吸附能力强的活性炭作过滤介质，它可以作为微生物的生长介质，同时对污染物也有吸附作用，在一定程度上可以对有机负荷的变化起缓冲作用，因此可以处理有机物浓度变化大的废水。

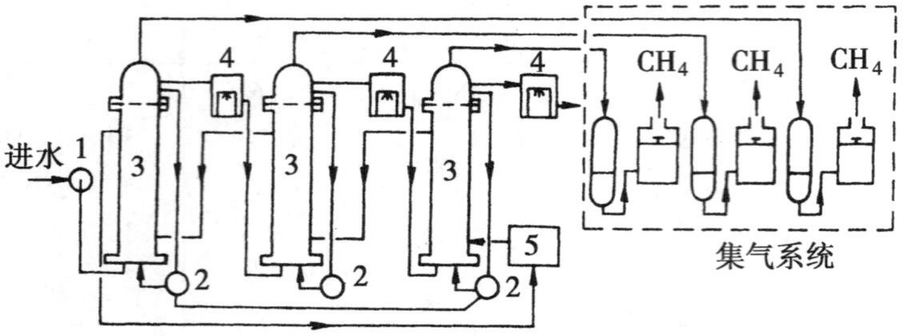

图 5-27 厌氧活性炭过滤法流程

1—进水泵；2—回流泵；3—厌氧活性炭过滤塔；
4—澄清器；5—恒温浴器

5. 厌氧生物转盘法

该法是将生物转盘用于厌氧生物的处理，转盘完全淹没于水中以保持厌氧条件。图 5-28 是装置示意图，目前该法的试验还仅限于高浓度废水处理。

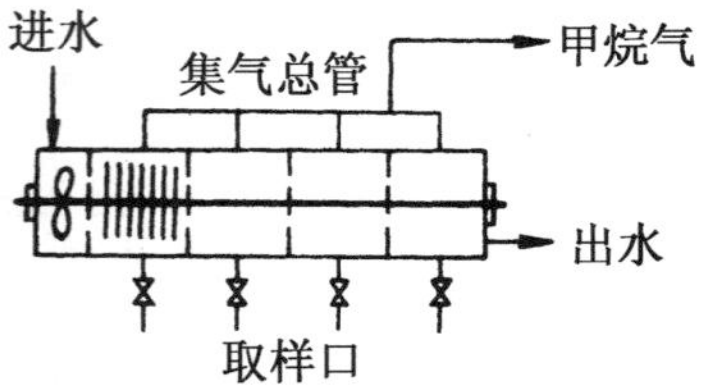

图 5-28 厌氧生物转盘试验装置

厌氧生物法处理工业有机废水，投资少、成本低、能耗少，并能产生可供利用的甲烷气，因而近十多年来获得迅速的进展。但是，目前的工作还多处于试验阶段，可靠的工业化装置并不多，上流式厌氧污泥床反应是较成功的一种。

第七节 污泥的处理与处置

生物化学法是目前世界上最经济、有效的水处理方法，因而得到广泛使用。但是，在生化法处理过程中，常会产生大量的污泥和沉渣。据理论计算，每处理 1 t BOD 将生成 0.84 t 细胞体。一般污水厂产生的污泥量是处理水量的 0.3%～0.5%（体积）。仅上海市 1986 年城市污水和工业废水处理厂产生的污泥量就高达 132 万 t，20 世纪末达到 1 050 万 t。污泥的成分相当复杂，不仅含有氮、磷、钾有机物等植物营养成分，以及各类微生物和无机物，还含有重金属离子，病原微生物、寄生虫卵等有毒有害物质，必须加以妥善处理。

污泥主要来自以下几个处理过程：

（1）初沉池或沉砂池中收集的砂、碎玻璃等较重物体　一般这些物体可不用进一步处理而直接填埋。

（2）初沉污泥　初沉池底排出污泥有机物约占 70%，极易变成厌氧状态而产生臭味。

（3）生物处理系统中的二沉污泥　二沉池排出的污泥含有大量微生物和其他惰性物质，有机物约占 90%，不及时处理也会变成厌氧状态而产生臭味。

（4）三级处理污泥　其性质依处理工艺而定，如采用化学除磷产生的污泥就不易处理。

目前世界上所采用的污泥处理和处置方法大体如图 5-29 所示，其中应用较多的是厌氧消化法和焚烧法。

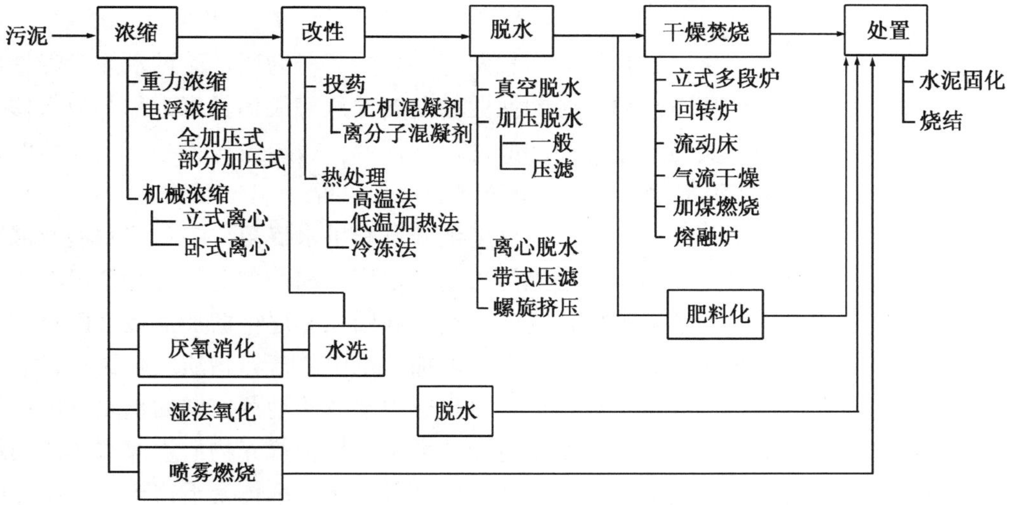

图 5-29　污泥处理处置流程

焚烧法要消耗大量燃料，如日本 1984 年焚烧处理污泥量占总量的 72%，消耗重油 $3.8\times10^5\,m^3$，占污水处理厂消耗重油总量的 88%。厌氧消化法虽可使能耗大大降低，产生沼气还可用以补偿能源消耗，但消化时间长，占地面积大，冬季还需补充燃料以保温，对含有抑制消化毒物的某些工业废水的污泥还不能进行厌氧消化处理。因此，研究出一种既能有效利用污泥本身能量，又可处理各种污泥的新方法，也是污泥处理中亟待解决的一个课题。

20 世纪 80 年代初期，美国和日本等国进行了污泥燃料化的研究和应用，该法是以机械脱水污泥为原料，通过高效蒸发的办法进一步去除污泥中的水分，所得干燥污泥直接作为燃料，进行蒸汽发电，以电力形式回收能量。污泥燃料化为污泥的处置开辟了一条新的途径，既能有效地解决环境污染，又可以从废物中获得一种新能源，是一种很有发展前途的新技术。

处置所有经处理或未经处理的污泥都是一个相当困难的问题，目前可行的处置方案有土地处置或综合利用。土地处置可分地面散布、填埋、专用场地处置三种：

（1）地面散布　地面散布是将污泥直接施于地面以有效利用污泥中营养物质，该方法受土地利用特性影响很大，污泥利用率与土壤性质、作物及森林特性及污泥种类有关。

（2）填埋　将污泥、砂砾及灰渣在特定区域内填埋，并用覆土掩盖。

（3）专用场地处置　在一定区域或场地内投入污泥，然后将此区域封闭。

污泥的综合利用主要是堆肥技术制造肥料和将污泥与城市垃圾混合燃烧以回收热能。

第八节 水体富营养化及其防治

氮、磷、钾、硫及其化合物是植物生长发育必需的营养物质，而过多的营养物质进入天然水体，则将使水体质量恶化，影响渔业的发展并危害人体健康，称之为水体富营养化。富营养化是湖泊分类与演化方面的概念，富营养化曾经被认为是一个天然的、不可逆的过程；湖沼学家认为富营养化是水体衰老的一种表现。

水体富营养化的根源是人类活动。如过度地开发利用水资源，工业的发展及城市人口高度集中，使水体中氨氮、磷以及有机污染物等浓度升高；夹有粪便和含磷洗涤剂的生活污水的无处理排放；为了提高农作物的产量，施用化肥逐年增加，经过雨水的冲刷和渗透，有更多的营养物质流失而进入水中，增加了水中的营养物质的负荷量；为达到渔业高产，实施人工养鱼，大量投放的饵料，也成为水体接纳氮、磷的重要原因；雨雪对大气的淋洗和对磷灰石、硝石的冲刷，也会使大量的植物营养物质进入水体。当这些营养物质的浓度达到一定程度时，便会产生水体富营养化。水体处于富营养化状态时，由于植物营养物质丰富，导致水生生物，主要是各种藻类，大量繁殖，引起水体高度浑浊，使透光层只能延伸到表水层，影响水生生物的光合作用。藻类死亡后会沉入水底被微生物分解，造成水中的溶解氧浓度急剧下降，致使水体严重缺氧，反过来使鱼类大量死亡。湖泊、水库、内海、河口等水体，由于水流缓慢，既适于植物营养素的积聚，又适于水生植物的繁殖，因而发生富营养化的机会较高。

水体富营养化的一个典型表现是蓝藻的大量繁殖，蓝藻是最早的光合放氧生物，对地球表面从无氧的大气环境变为有氧环境起了巨大的作用。有不少蓝藻（如鱼腥藻）可以直接固定大气中的氮，提高土壤肥力，使作物增产。还有的蓝藻为人们的食品，如著名的发菜和普通念珠藻（地木耳）、螺旋藻等。蓝藻常于夏季大量繁殖，在水面形成一层蓝绿色有腥臭味的浮沫，称为“水华”，又被称为“绿潮”，引起水质恶化，严重时耗尽水中氧气而造成鱼类死亡。更为严重的是蓝藻中有些种类如微囊藻还会产生毒素，除了直接对鱼类、人畜产生毒害之外，也是肝癌的重要诱因。蓝藻毒素已成为全球性的环境问题，世界各地经常发生蓝藻毒素中毒事件。

我国绝大部分大中型湖泊均已具备发生富营养化条件或处于富营养化状态。滇池在20世纪80年代初为Ⅲ类水体，90年代后期全湖为劣Ⅴ类水体，陷入重富营养化状态。从1985年至今，年年出现蓝藻异常暴发，不仅失去了原有的美学价值，而且还成为威胁人们健康的污染源。巢湖、太湖也处于重富营养化状态。太湖自2000年起，全湖达到了富营养水平，导致湖体的生态系统急剧退化，水生高等植物快速减少，沉水植物基本消亡，蓝藻等浮游植物疯长。鱼类从20世纪60年代的160种，减少至目前的60～70种，洄游性鱼类几乎绝迹。底栖生物物种减少，耐污类种群则年趋增大，生物多样性下降。湖泊底泥沉积污染逐年加重，成为湖体的二次污染源。2007年5月无锡太湖因蓝藻暴发而发生严重的水污染事件，造成当时家家户户的自来水龙头里流出的都是带有腥臭味的水。

富营养化对水生生物是一种灾难，一旦发生便很难控制，因为在这样的水体中，蓝绿藻占优势，它们能吸收空气中的氮，而且死后还会分解释放出氮，供其他藻类种群食用。

到目前为止对水体的富营养化还没有十分有效的治理方法。一般来说，总磷超过 20 mg/m^3，或无机氮超过 300 mg/m^3 即有可能引起水体富营养化。因此，对人为的富营养化现象，防治的方法主要在于限制氮和磷的供应，要抓好污水集中处理，不要让已受到污染的污水再进入水体，有效遏制城市化进程和人类活动给水体带来负面影响。通过采取一系列综合防范措施，加快湿地、水体和土壤的修复保护工程建设，增强水体的自净能力。

20 世纪 70 年代，日本第二大湖霞浦湖的水质污染达到最高峰，蓝藻污染频频暴发，严重地威胁着当地经济的发展。当地政府于 1984 年通过了《湖泊水质保护特别措施法》，开始着手治理湖泊的污染问题。水质保护计划从 1986 年开始，经过 30 年治理，先后投资约合人民币 1 300 多亿元。目前投资仍在增加，治理工程仍在不断地建设，霞浦湖总氮含量下降已经较为明显，并已恢复到相当于我国四类水体的水平。但是，这种“先发展后治理”，用金钱堆砌起来的治理方法是千万不可取的。

从世界各国成功治理跨省份、跨水域湖泊的经验来看，建立一个治理流域的领导机构至关重要。这个领导机构要有环保、水利、建设、农林等相关部门组成，全面考虑整个流域水环境修复管理措施，加强各地区的沟通与交流，协调流域污染防治措施的落实，整体推进水体治理和修复工作。2007 年 6 月 30 日温家宝总理在“三湖污染防治座谈会”上表示，中国政府将把治理“三湖”作为国家生态建设的标志性工程。处于富庶的长江三角洲心脏地带的太湖，无疑是“重中之重”。江苏省委、省政府提出，将参照国际上先进的科技水平，在太湖流域实行更高水平的、更加严格的水污染防治标准；在 2008 年年底前，将依法淘汰 2 150 家小化工企业，降低排放强度，让太湖得到休养生息，使水体早日得到修复。

复习思考题

1. 废水中的微生物主要有哪几类？简单叙述它们在废水处理中所起的作用。
2. 微生物生长曲线包含了哪些内容？它在废水处理中具有什么实际意义？
3. 酶可以分成几类？它们在生化反应过程中各起什么作用？
4. 用生物化学法处理废水时对废水的水质有些什么具体要求？
5. 什么是内源呼吸？它在废水的生物化学处理中具有什么意义？
6. 什么叫生化需氧量（BOD）和化学需氧量（COD）？它们是否可以准确地反映出废水中污染物的种类和数量？为什么？
7. 简述活性污泥法处理废水的生物化学原理。
8. 常用的曝气池有几种？各有什么特点？
9. 活性污泥法的运行方式主要有哪几种？各有什么特点？
10. 结合你所了解的有关企业废水治理情况来说明活性污泥法在废水处理中的实际应用。
11. 简述生物膜法处理废水的原理。

12. 普通生物滤池和塔式生物滤池各有什么特点？
13. 为什么生物转盘的处理能力要比生物滤池高？它主要适用于哪些场合？
14. 生物塘主要有哪几种类型？它们的处理效果如何？
15. 厌氧生物处理法有什么优缺点？常用的厌氧生物处理法有哪几种？

第六章　废水再生回用和最终处置

第一节　废水的再生回用

废水的治理技术在过去的几十年内已有了很大的发展，出现了许多新的工艺和技术，对减少废水对环境的污染起了一定作用。但是，这种力图将废水经过各种方法的治理而使其达到排放标准的做法，耗费了大量的人力、物力和财力，却并没有从根本上消除或减少污染的增长。自 20 世纪 80 年代以来，许多国家都把发展生产工艺的闭路循环技术，将生产过程中所产生的废水最大限度的加以回收再生和循环使用，减少污水的排放量作为防止废水污染的主要措施。

一、工业冷却水的循环使用

工业企业用水是城市用水大户，占城市用水量的 80%左右，其中 70%以上是冷却用水。因此发展工业冷却水的循环使用对节约水资源，减少废水排放量都有十分重要的意义。

多数冷却水都不含或只含有少量污染物，但冷却水的水温比天然水体高得多，排入水体会产生热污染。为了减少热污染的产生，减少乃至消除冷却水的排放也是十分必要的。目前我国工业用水的重复利用率只有 20%左右，还有很大的潜力可挖。要使工业冷却水形成正常的循环系统，必须解决两个关键问题，一是把较高温度的冷却水降低到可循环回用的温度，即循环水的冷却问题；二是保持循环水在反复回用过程中水质的稳定，以防止设备或管路的结垢或腐蚀。

1. 水冷却系统

工业冷却水通过各种类型的热交换器来进行换热，根据从热交换器排出升温后的冷却水处理过程，可分为以下三种类型的冷却系统。

（1）直流式冷却系统　冷却水经过热交换器进行换热后直接排入天然水体，不再循环使用，其过程如图 6-1 所示。直流式冷却系统对水资源浪费严重，还可能会对天然水体造成污染，一般不宜采用。但此类冷却系统设备简单，易管理，对冷却水水质要求也低。

（2）敞开式循环系统　敞开式循环系统的工艺流程如图 6-2 所示，自热交换器出来的水温升高以后的冷却水，送入冷却塔或其他冷却设备与空气直接接触，冷却后再用泵抽送至热交换器作为冷却介质循环使用，由于在循环冷却过程中总会有部分水蒸发或渗漏而散失到周围环境中，因此在循环冷却水系统中应定量地补充一定量的水（一般为循环水量的5%左右）来加以弥补。

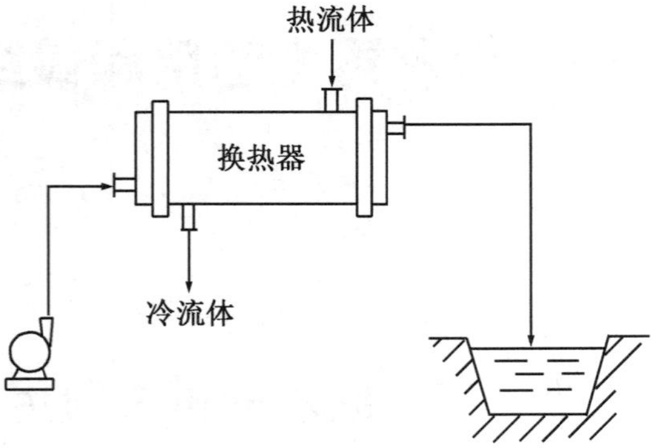

图6-1 直流式冷却系统

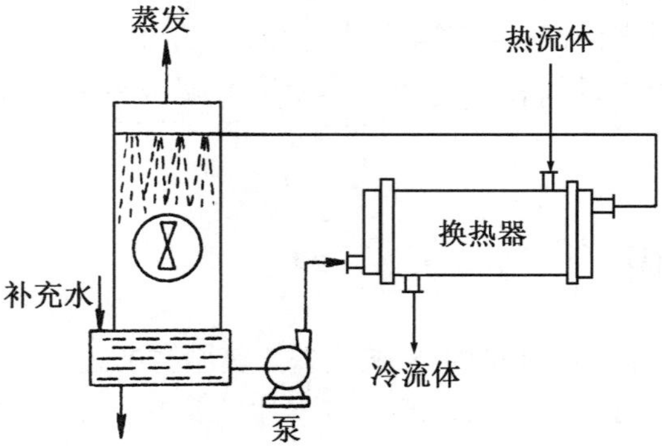

图6-2 敞开式循环系统

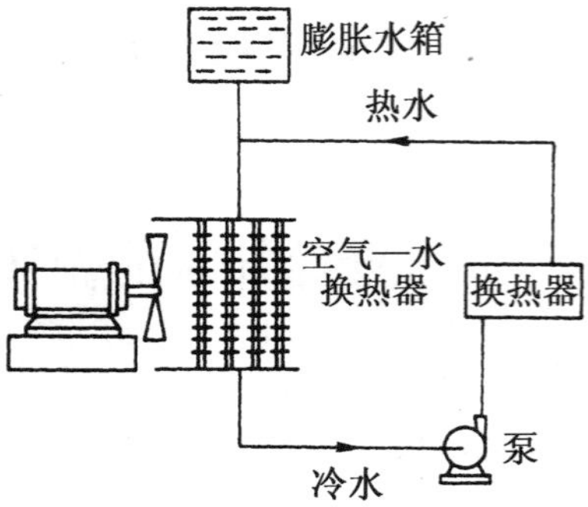

图6-3 封闭式循环系统

敞开式循环系统是目前最为广泛采用的冷却水循环处理系统，由于它需要补充的水量很少，大大节约了水资源，也节省了从水源到设备之间的输水管道投资，减少了动力消耗。但是在此类循环系统中为了保持水质的稳定，需要向循环冷却水中加入一定量的缓蚀、阻污剂，使水中杂质含量增高。同时，水在利用空气冷却和长期循环使用过程中还会产生微生物的大量繁殖和藻类的生长，都会给水质稳定处理造成一定的困难。

（3）封闭式循环冷却水系统 封闭式循环冷却水系统的工艺过程如图6-3所示，在此系统中，冷却水在密闭的系统中进行热交换。自热交换器出来的升温后冷却水进入不与大气直接接触的密封系统中经水冷或空冷设备冷却降温后再返回热交换器作为冷却介质使用。

封闭式循环水冷却系统中的循环水基本上不与大气和阳光接触，不利于微生物生长。循环系统中的水和补充水一般均为经处理过的纯水或软水，所以结垢和腐蚀问题较小，水质处理较为简单，排污量少，冷却水损失量也很少。但是，封闭式循环系统冷却过程只能依靠传导传热方式进行，冷却效率低，整个循环系统的设备费用和动力消耗高，所以一般也较少使用，只适合用于水资源特别紧缺地区或某些特殊的工业部门（如核电站）。

2. 冷却设备

工业循环水系统所使用的冷却设备种类很多，从构筑物的性质来分有冷却池和冷却塔两类。

（1）冷却池　常用的冷却池有两种——天然冷却池和喷淋冷却池。

天然冷却池是利用天然池塘，湖泊作为循环水冷却设施。将换热器中升温水直接引入池中与冷水混合降温然后再循环使用，这种冷却池冷却效果较差，占地面积大，一般很少使用。

喷淋冷却池是在人工池上设置热水喷淋装置，热水在喷淋中与冷空气接触而得以冷却。冷却池可为圆形或方形，适用于中小型冷却水系统。

（2）冷却塔　冷却塔是一种塔式构筑物，内设不同类型的喷淋水装置，塔内通风可采用自然通风或机械通风（利用鼓风机或抽风机通风）。冷却塔通过水分蒸发，水与冷空气直接接触等方式使热水降温、冷却效果较好，是循环水系统广泛采用的设备。

常用冷却塔的种类如表 6-1 所示。

表 6-1　冷却塔的种类

通风方式	自然通风		机械通风		
	开放式	风筒式	鼓风式	抽风式	
布水方式	喷水式 点滴式	点滴式 薄膜式 喷水式 点滴薄膜式	点滴式 薄膜式 喷水式 点滴薄膜式	点滴式 薄膜式	喷水式 点滴薄膜式
	横流型	逆流型	逆流型	横流或逆流	逆流型

各种冷却塔的结构如图 6-4 所示，整个塔设备由塔体（风筒）、配水系统、淋水装置、通风设备、吸水器、集水池 6 部分组成。

3. 循环水的水质稳定处理

循环冷却水系统中的循环水在反复多次的循环使用过程中，会发生一系列的变化过程，造成水质恶化，影响传热效果和降低传热设备的寿命。例如，由于水分的蒸发会造成水中盐类浓度增大，在一定条件下水垢呈晶体析出；水中 CO_2 的逸出会造成 $CaCO_3$ 沉淀的产生；水在喷淋冷却过程中会把空气中的灰尘、烟气、微生物等杂质带入水中；水在流经换热器时也可能因为泄漏或其他原因带入某些污染物，这些都会产生结垢和腐蚀作用。所以，在循环水冷却系统中，必须对循环水进行水质稳定性处理。

水质稳定性处理包括阻垢，防腐蚀和防止微生物危害三个方面。

（1）阻垢处理　阻垢处理即是防止冷却水结垢的处理方法，主要有以下几种方法。

① 软化法：采用离子交换或加入某些药剂来降低水中钙、镁离子的浓度达到防止水垢产生的目的，该法只适用于水量小，控垢要求严格的条件下使用。

② 阻垢剂阻垢法：水垢的产生是由于水中钙、镁离子与相应的阴离子达到过饱和状态时，就会有晶核存在，促使结晶长大而结垢。向水中投加某种药剂，破坏或控制结晶过程中某一环节，而使水垢无法产生，这种方法即是药剂阻垢处理。所用的药剂（阻垢

剂）有以下几类。

a. 聚合磷酸盐类：如聚合磷酸钠 $xNa_2O_yP_2O_5$，其中六偏磷酸钠和三聚磷酸钠应用最普遍。

b. 有机磷酸盐类：如乙二氨四亚甲基磷酸盐（EDTMP）和羟基亚乙基二磷酸盐（HEDP）等，它们具有阻垢、防腐的双重作用。

c. 聚羧酸盐类：如聚甲基丙烯酸、聚丙烯酸。

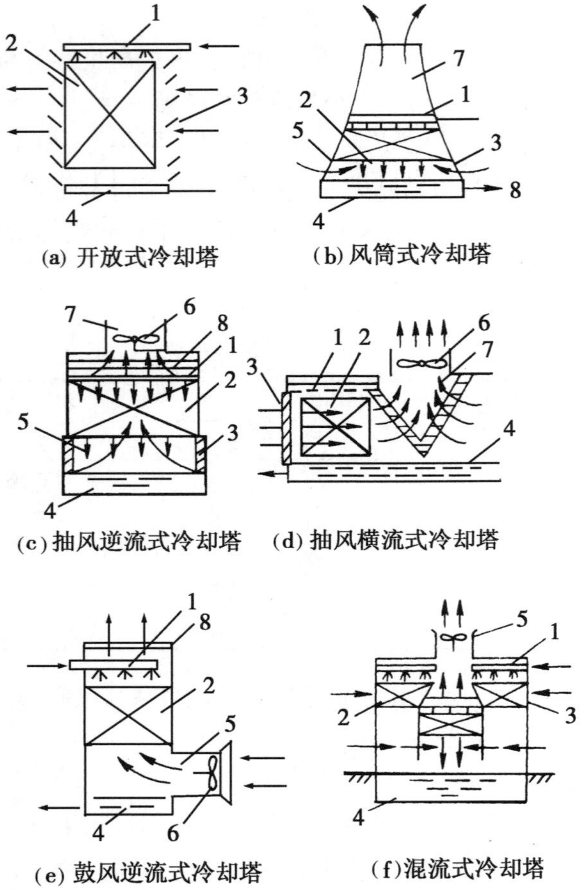

图 6-4 常用冷却塔工艺结构

1—配水系统；2—淋水装置；3—百叶窗；4—集水池；
5—空气分配区；6—风机；7—风筒；8—收水器

（2）防腐蚀处理 防腐蚀处理的主要方法是向水中投加缓蚀剂，使金属表面形成一层均匀覆盖的保护膜，使之达到防腐蚀的目的。根据成膜的类型可以分成氧化膜、沉淀膜和吸附膜三类，所使用的缓蚀剂与所成膜的特性如表 6-2 所示。

（3）控制微生物生长 很多微生物都适宜在循环冷却水系统中生长和繁殖，严重时会使系统不能正常运行，因此控制微生物生长也很必要，目前常用的方法主要有以下几种。

a. 化学控制　投入化学试剂来杀死水中微生物，常用的有液氯、二氧化氯、溴及溴化物、臭氧等氧化性杀生剂和非氧化性杀生剂如季胺盐及其衍生物、戊二醛、有机硫化物，铜、汞等重金属离子等。

表 6-2　缓蚀膜类型及所用的缓蚀剂

形成的缓蚀膜类型		缓蚀剂	缓蚀保护膜特征
氧化膜型 即钝化膜型		铬酸盐 亚硝酸盐 钼酸盐 钨酸盐	均匀致密，膜较薄 （3～30nm） 与金属结合紧密
沉淀膜型	水中离子型	聚合磷酸盐 硅酸盐 锌盐	膜多孔、较厚、与金属结合 不太紧密
	金属离子型	巯基苯骈噻唑 苯骈三氮唑	比较致密，膜较薄
吸附膜型		有机胺 硫醇类 某些表面活性剂 木质素类 葡萄糖酸盐	在非清洁表面上吸附性差，在酸性的非水溶液中形成良好的膜

b. 物理控制　采用高压静电场（2 000～4 000 V/cm）、磁场、高频电磁场、紫外线、超声波等技术都有较好的杀菌功能，有的还兼有阻垢、缓蚀作用。

要搞好循环冷却水水质稳定处理，除了根据冷却水的水质和系统运行要求投加合适的阻垢缓蚀剂和杀死微生物之外，还应加强日常运行过程的管理，如水温控制、合理的水处理剂配方设计、冷却水水质的监控、定期对循环水系统进行清洗和加强对出现的腐蚀和结垢情况进行在线监测等，这样才能保证循环冷却水系统长期、稳定的运行。

二、废水的再生回用

废水的再生回用技术和一般水处理技术在目的要求上有所区别，水处理技术只要求将废水通过各种方式的处理达到国家排放标准，而再生回用技术则要求再生后（即经过处理）的出水能符合生产用水或生活用水的要求，一般比直接排放的要求更高。工业废水经处理后回用，是 21 世纪各国研究的重要课题，也是充分利用水资源，合理保护水资源的一个重要途径。一般说来，废水的再生回用必须满足以下要求：①水质必须满足回用要求；②必须具有一定的经济效益；③废水的回收再生及回用的地点应相互靠近以免增大输水的费用。

废水经再生回用技术在我国许多工业企业已得到应用，下面举两个实际应用的例子。

1. 印染废水的处理回用

哈尔滨印染厂将印染废水回收后先作为水力除灰和水膜除尘用水，然后再经沉降过滤使之得以再生，提高水质，即可回用。其工艺流程如图 6-5 所示。

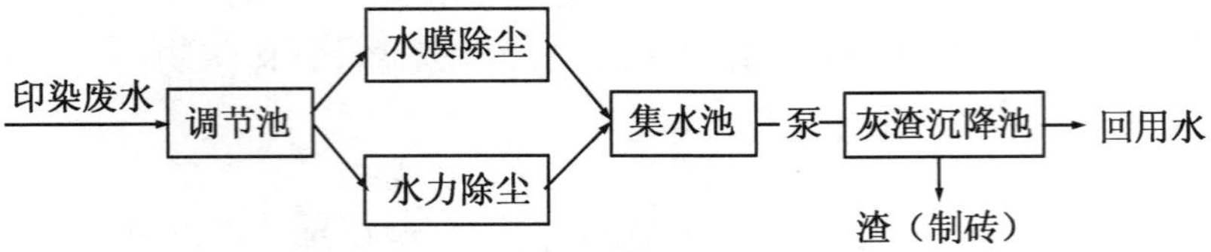

图 6-5 印染废水回收再生回用工艺流程

2. 重金属废水的封闭循环系统

重金属废水是污染最严重，对人类危害最大的工业废水之一。对此类废水最好的解决办法是将其处理后回用，杜绝排放，同时对重金属应尽量回收利用。

图 6-6 是电镀漂洗水的封闭循环系统示意图。

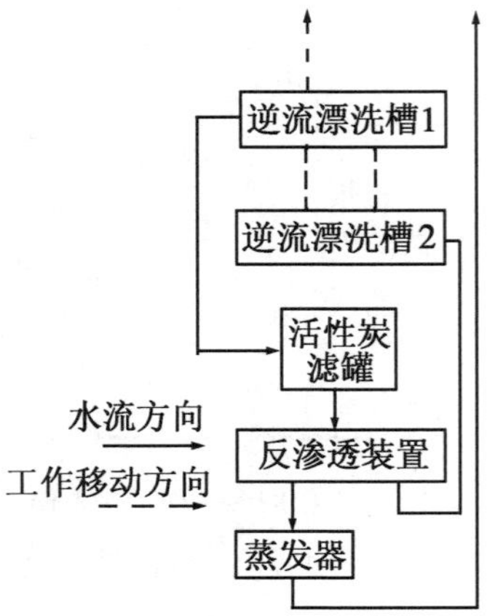

图 6-6 电镀漂洗水的封闭循环系统

第一级逆流漂洗水首先经活性炭滤罐进行预处理，然后再经反渗透装置处理，出水进入逆流漂洗槽 2 循环使用。重金属浓缩液经蒸发器浓缩后回用于镀槽中。

第二节 废水的土地处理与污水灌溉

一、土地处理的基本原理及过程

将废水经处理后用于农业灌溉称之为土地处理，它是实现废水资源化，促进污水的农业利用的重要途径。

废水的土地处理与传统的污水灌溉并不完全相同，它是防止水环境污染的水处理技术与农业利用相结合的一个系统工程。在我国，土地处理系统一般由一级处理设施、氧化塘、蓄存塘（库）、农田灌溉系统等几部分组成。

土壤是由多种无机物、有机物和微生物所组成的复杂系统，当废水经过适当的预处理灌溉于农田时，土壤的团粒结构则会通过沉淀过滤、吸附、离子交换、化学氧化还原、土壤微生物的生化作用，植物根系对氮、磷等营养成分的吸收等机理的一系列综合作用，有效地去除了废水中的多种污染物。国外的研究表明，在采用合适的灌溉方式和负荷的条件下，其代表性 SS（悬浮固体）、BOD_5、细菌、病毒和磷的去除率高达 85%，微量金属高达 95%，出水水质可达到常规的二级处理或更高一级的三级处理水平。

二、土地处理的类型

土地处理系统已发展了五种类型，即慢速渗滤或作物灌溉、快速渗滤、地表漫流、湿地处理和地下灌溉，其中以前三类使用较多。

1. 慢速渗滤或作物灌溉（SR）

慢速渗滤或作物灌溉兼有废水处理和全面的农业经济双重目的，是废水土地处理最常用的方法。它有去除污染物效率高，对环境的不利影响最小等优点，常用的布水方式有喷灌、漫灌、垄沟布水三种方式。灌溉用水的预处理视灌溉作用和场所而定，一般不必去除 BOD 和 SS，但配水系统易发生堵塞、需消毒灭菌或需大量贮存时则应去除。

灌溉系统的操作虽然简单，但必须对土壤、气候条件和作物的生长进行监控，选择合适的操作过程。例如，在湿地和寒冷季节不宜进行灌溉；要控制灌溉期的长短，以保证土壤有足够的恢复时间；灌溉速率要根据降雨量进行调整；要考虑作物对营养成分的要求量及供给量之间的平衡等。

2. 快速渗滤

快速渗滤唯一目的是处理废水。它是以粗结构、排水性能好的沙质土壤为天然滤床对废水中的污染物进行有效的过滤和吸附，并利用微生物的生化作用将其除去。

快速渗滤系统由一些相间的条形漫水池组成，其结构如图 6-7 所示。

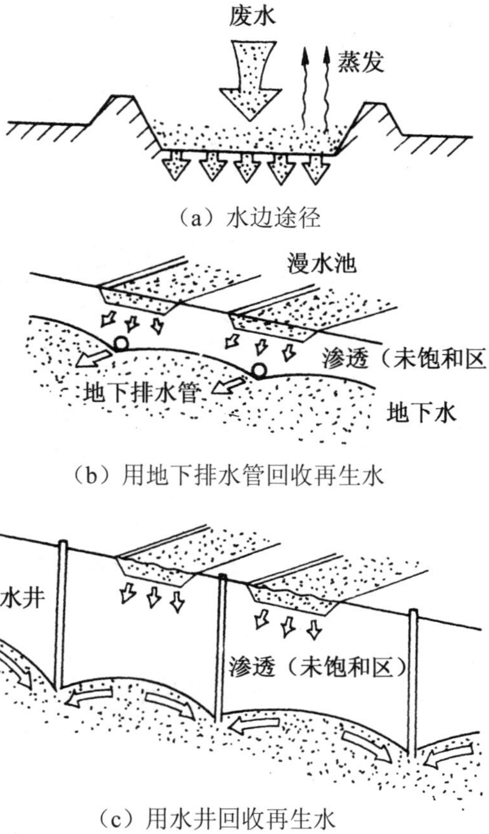

（a）水边途径

（b）用地下排水管回收再生水

（c）用水井回收再生水

图 6-7　快速渗滤系统结构与再生水回收

快速渗滤操作时间歇地、每间隔 5～10 min 向漫水池中注入废水（可采用人工降雨或漫灌）、水深 5～15 cm，废水夹带空气一起向下渗透。同时，还必须有充足的干燥时间，以保持高的渗滤速率和保证系统能形成好氧和厌氧的交替作用，因为土壤在淹没后的几天内就变为厌氧条件，而干燥则可使土壤再充氧。使用的废水也需进行预处理，以去除易堵塞土壤表层的悬浮固体，同时还要进行一定程度的消毒，处理后出水可作为地下水的补给水源。如作为水资源回收利用，可采用地下回收管和管井两种办法。但多数快速渗透系统不回收和利用处理水，而只作为地下水的回注，因为这样的系统较为简单，并可降低处理费用。

3. 地表漫流（OF）

地表漫流是以表层土壤、植物与空气的共同作用来净化废水的处理系统。废水投加在草场坡地的上端，使其流过一倾斜的植草表面，通过植草的粗滤作用和土壤上层中微生物的作用使废水得到净化，处理后的水进入径流集水沟然后加以回用或补充地下水。如图 6-8 所示的是地表漫流系统的结构图。

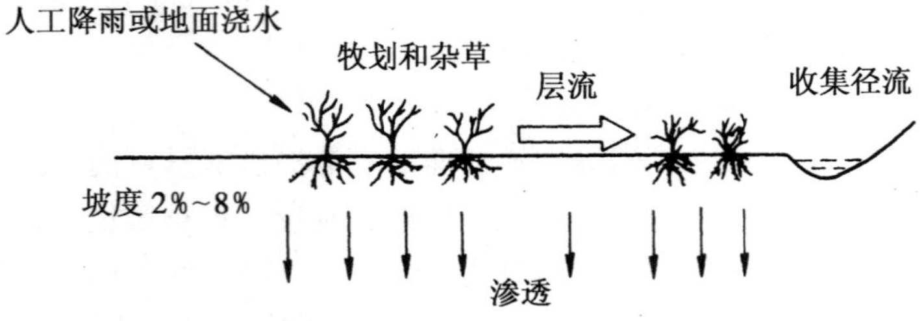

图 6-8 地表漫流

适于地表漫流的土壤为相对不透水的黏土，废水施加也应为间歇操作，漫流区一般不种植农作物，只种长得很低的草以形成植被，漫流区的土地应为坡度均匀（一般为 2%～6%）的平面，以使废水以薄层流的方式流动而不致产生集水坑或滞水。

上述三种土地处理技术的净化效率如表 6-3 所示。

表 6-3 土地处理技术的净化效率 单位：%

水质项目	灌溉（喷灌）	快速渗滤	地表漫流
BOD	99	99	80
SS	99	99	80
N	70～90	30～80	60～90
P	95～99	50～90	60～80
微量金属	95～99	60～80	50～90
有机毒物	99	60～80	90
细菌病毒	99	90	99
阳离子	50～75	30～50	30～75
阴离子	0～50	0～10	0～50

废水的土地处理具有下述优点：

（1）农业用水对水质要求低，故投资及运行费用低；

（2）在其他处理或回用方法中需去除的氮、磷、无机盐等污染物是农作物必需的营养成分，可变废水为水肥资源；

（3）农业用水量大，可形成规模效益。

许多缺水国家和地区在废水的再生回用中都十分重视农业回用。以色列是废水再生回用做得最出色的国家，现在已有 70%的城市污水经处理后用于农田灌溉。预计到 2000 年，污水回用量将达到全国用水量的 16%，占农业用水量的 38%。

我国在“七五”期间就已对废水土地处理技术进行了广泛的研究，解决了许多技术上的问题，“八五”又列入国家攻关重点项目，这也为我国推广应用土地处理系统创造了条件。我国是一个农业大国，农业用水占有相当大的比重，在我国水资源日趋紧张的情况下，推广废水的土地处理技术无疑是一种行之有效的水处理方法。

三、污水灌溉

土壤-植物系统对污水中有机物具有很强的净化能力，符合灌溉水质标准的有机污染物进入农田，不会污染农田。根据国内外多年的试验资料，只要灌溉水中的金属和非金属元素控制在痕量指标以内，就不会对作物生长及食物链产生危害。世界卫生组织（WHO）1989年出版了《污水回用于农田灌溉和水产养殖的健康指南》，要求污水回用于农田灌溉之前必须经过严格的处理。联合国粮农组织（FAO）在世界各地开展污水灌溉的基础上，先后出版了《污水处理与灌溉回用》、《污水灌溉水质控制》两部技术报告（Pescod，1992；Westcot，1997），对回用于农业灌溉的水质要求和可以选用的污水处理方法进行了讨论并根据各国的实际情况，提出了污水灌溉的指导性意见。

我国于1961年颁布了《污水灌溉农田卫生管理试行办法》，1978年12月正式批准《农田灌溉水质试行标准》，1992年国家技术监督局和国家环保局将其上升到国家强制性标准（GB 5084292）在全国实施。但随着国民经济的发展，工业废水和城市生活污水水质发生了显著变化，有毒有害污染物的存在对环境和农产品生产构成极大的危害，现有的《农田灌溉水质标准》某些指标已不能适应污水灌溉的要求。因此，需要根据污水水质的实际情况，完善《农田灌溉水质标准》，实现污水安全、高效利用。

为了安全、高效地将污水回用于农业生产，避免负面影响，国外针对污水回用技术，开展了一系列研究工作。美国Gushiken教授研究了通过地下滴灌回用污水，该方法同喷灌、地面滴灌、漫灌等相比，可减少对健康危害的风险和恶臭、径流等。加拿大McGill大学的Kaluli等人研究表明，与地面灌溉相比，地下灌溉可减少硝酸盐淋失率达70%以上。澳大利亚开发了污水灌溉与处理相结合的污水利用系统，具有污水灌溉和污水处理的双重功能。以色列通过使用微、喷灌技术提高污水利用率，以达到节水和防治污染的双重目的。尽管国内外在污水灌溉后污染物迁移转化试验与模拟研究方面取得了不少研究成果，但这些成果多为经验性和纯理论的， 距离能够指导实践的污水灌溉还有一定的距离。

目前我国污水灌溉存在的主要问题有以下几方面：

（1）城市及工业废污水处理率低，排放水质不达标；

（2）污灌前缺少必要的预处理措施；

（3）污水灌溉技术研究成果很少，难以全面地指导污水资源利用工作；

（4）污灌区缺乏污水灌溉技术标准与污水灌溉环境监测评价指标体系。

我国是一个农业大国，80%的农田需引水灌溉，容易造成水资源的严重短缺。发展污水灌溉技术既节约了宝贵的清水资源，又使污水得到处理，具有很好的社会效益和经济效益。因此，应该强化污水灌溉安全高效利用技术研究，进一步开展不同污水水源、不同土壤类型、不同作物种类科学的灌溉制度、灌水方法技术；开发新型污水灌溉系统；推行简便易行、经济可行的污水预处理技术，如氧化塘或氧化沟处理法、污水土地处理技术、污水生态处理系统等，特别应注意污水中的有毒、有害元素成分在土壤-水-植物系统的迁移、转化与积累规律的研究，以防止产生土壤污染。

第三节 废水的最终处置

由于人口的急剧增长和生产的发展，人们的生产和生活活动所排出的污水量正在日益增加，而目前能通过各种方法处理和回用的污水只占其中的一小部分。因此，最终仍有相当数量的污水排入天然水体中（包括江、河、湖、海和地下水），这就是废水的最终处置。

一、废水排入自然水体处置

将废水就近排入江河湖海是废水处置的最主要方式。这种处置必须根据受纳水体的纳污能力（水环境容量），水质标准来确定废水的处理水平和排放标准，并要慎重选择好排放口的位置以及对下游水体的影响。总的原则是废水向受纳水体的排放必须保证不降低受纳水体的功能和水质标准，否则应对废水做进一步处理后才能排放。如果所排放的废水超过了天然水体的纳污能力和自净能力，就会产生严重的后果，造成更大范围内的环境污染。例如，淮河流域近几年连续发生多起严重污染事故，就是因为沿淮各工业企业排出大量的废水，致使河水中污水比例高达 40%，远远超过了河水的纳污能力和自净能力，形成了“黑色的没顶之灾”。仅 1992 年春节前后的一次严重污染，就造成下游水域鱼类大量死亡，农作物减产。位于中游的淮南电厂由于河水污染严重，无法抽用工业用水，致使 5 台机组停用了 3 台，日损失达 60 万元之多。

将废水直接排入天然水体的处置方法只是利用天然水体的稀释作用和自净作用来降低水中的污染物浓度，并不能使污染物从水中除去。因此，对废水的最终处置应严格加以控制，不仅要控制废水向天然水体的排放总量，还要控制所排废水中污染物的种类和含量。对于工业废水和生活污水，一般要经过二级处理之后才能进行排放。

二、废水的深井灌注

废水的深井灌注是通过深井将废水置于很深的地下，使之与上部的地质和土壤环境隔开的一种最终处置方法。深井灌注在许多发达国家已应用多年，如美国在 1984 年就有 450 口工业废物处置井，加拿大、日本、英国等国也采用灌注井来处理废液。

灌注井的深度一般在 1 000 m 以上，为了保证灌注到地下结构层（灌注区）的废水不会转移到灌注区以外的其他区域，对灌注井及其周围的地下环境地质和水文特性有着十分严格的要求，一般需满足以下几方面的要求。

1. 灌注区要足够大，并有足够的孔隙和渗透性；

2. 灌注区上下要有足够厚的不渗透层，可将注入的废液限制在灌注区内；
3. 地质条件简单，没有复杂的褶皱和断层，也不应是地震活动区；
4. 灌注区不得有未来利用的要求；
5. 灌注的废液与灌注区的液体和固体相容。

适于深井灌注处置的废液有含盐溶液、废酸、含金属液体以及有机物等。

灌注井在使用过程中必须进行严格的监测，以防止对地下饮用水层和地表水产生污染。当灌注井废弃不用时，应将井填好，把灌入的废物封闭在灌区内。

复习思考题

1. 工业上常用的水冷却系统有哪几类？各有何特点？
2. 为什么要对循环冷却水进行水质稳定处理？水质稳定处理包括哪几个方面？
3. 废水的再生回用在节约水资源和保护水环境方面有何重要意义？举例说明。
4. 废水的土地处理系统有哪几种类型？各有何特点？
5. 废水的土地处理有哪些优点？
6. 对废水进行最终处置时应注意什么？

第二篇

大气污染治理

第七章　大气污染的基本概念

第一节　大气的结构及组成

一、大气圈及其结构

1. 大气圈

在地球表面以上的空间存在着随地球旋转的大气层，我们称之为大气圈，大气圈的厚度约 10 000 km。大气圈内空气的分布是不均匀的，它的密度、温度和组成都会随高度的不同而不同。离地面越远，空气越稀薄，在地表上空 1 400 km 以外的区域，气体已非常稀薄，所以从污染气象学的角度来讲，这一区域就是宇宙空间。大气圈的总质量大约为 6×10^{15}t，为地球质量的百万分之一。

2. 大气圈的结构

大气圈的结构如图 7-1 所示。

- 大气圈
  - 均质层
    - 对流层
    - 平流层
    - 中间层
  - 非均质层
    - 暖层
    - 散逸层

图 7-1　大气圈的结构

从地表到 80～85 km 高度处，大气中氮气和氧气的组成比例基本没有变化，称为均质大气层，简称均质层。在这一层大气中，根据气温随高度变化情况又可分为对流层、平流层和中间层。均质层以上的大气层，气体的组成随高度而变化，称为非均质层。在非均质层中又可分为暖层（电离层）和逸散层（外层）。

（1）对流层　大气圈最下面的一层，温度分布特点是下部气温高，上部气温低，大气易形成强烈的对流运动，故称为对流层。对流层的厚度随地球纬度不同而有所差别，平均厚度为 12 km 左右，整个大气圈质量的 75%左右来自对流层，对流层对人类的影响最大，风、雨、雷、电、雾等自然现象都发生在这一层，我们所关注的大气污染也主要发生在这一层，特别是在离地面 1～2 km 的近地层。

（2）平流层 平流层在对流层的上面，平均厚度约为 38 km。平流层下部气温几乎不随高度而变化，而平流层上部气温则随高度的增加而增高。这是因为在这一区域内存在一厚度为 20 km 的臭氧（O_3）层，能强烈吸收太阳紫外线（波长为 200～300 nm）致使气温增高。进入平流层的污染物扩散速度很慢，停留时间可达数十年之久。有些污染物如氮氧化物，氟利昂等还会与臭氧层中的臭氧发生光化学反应，使臭氧浓度降低，产生“臭氧空洞”，使地表接受的太阳紫外线增强，导致更多的人患皮肤癌，所以平流层与人类的关系也是十分密切的。

（3）中间层 平流层的上面是中间层，平均厚度约 35 km。在这一层里有强烈的垂直对流运动，所以气温又随高度增加而下降。

（4）暖层 暖层位于中间层上部，厚度为 500～800 km。该层下部由分子氮组成，上部由原子氧组成。原子氧可吸收太阳辐射出的紫外光，因而该层气体温度随高度增加而迅速上升。该层还有一个带电粒子（离子和电子）的稠密带，所以又称电离层。

（5）逸散层 逸散层是大气圈的最外层，也称为外层（外大气层），层中主要是原子态的氧、氢、氦和分子态的氮、氧，1 000 km 以上则只有原子态的氦、氢和氧。

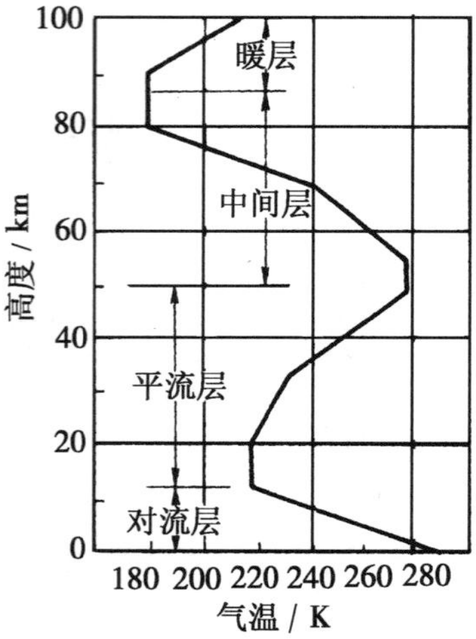

图 7-2 大气层的温度分布

大气层的温度分布可用图 7-2 来表示。

二、大气的组成

大气是多种气体的混合物，同时还含有少量水蒸气和尘粒。大气中主要的成分是氮和氧，其余组分含量均很小。在对流层，干空气的平均成分如表 7-1 和表 7-2 所示。

表 7-1 干空气的平均成分

气体名称	相对分子量	体积分数/%	质量分数/%
氮	28.016	78.09	75.55
氧	32.000	20.95	23.13
氩	39.944	0.93	1.27
二氧化碳	44.010	0.03	0.05
合计		100	100

除了表中所示的自然化学成分之外，大气中还存在着多种不同来源的尘埃、化合物和微生物。例如火山爆发产生的火山灰、土壤和岩石表层风化而形成的地面尘、森林或草原大火产生的灰尘及来自宇宙空间的宇宙尘埃，除此之外还含有细菌、真菌等微生物。

大气中的某些组成的含量并不是固定不变的。它会受到地区气象和人们的生活生产活动的影响而发生变化，我们称这些组分为可变组分。例如大气中二氧化碳（CO_2）、硫氧化物（SO_2、SO_3）、氮氧化物（NO_x）的含量都会随人类活动中的排放而增加，当它们的含量达到一定浓度时，便会对人类和其他生物造成危害。

表 7-2　干空气中微量气体的平均成分

气体名称	相对分子量	体积分数/10^{-6}	质量分数/10^{-6}
氖	20.183	18	12.9
氦	4.003	5.2	0.74
甲烷	16.04	2.2	1.3
氪	83.80	1	3.0
一氧化二氮	44.01	1	1.6
氢	2.016	0.5	0.03
氙	131.30	0.08	0.37
臭氧	48.00	0.01	0.02
氡	222	0.06×10^{-12}	
合计		27.99	19.96

摘自：北京市环境保护科学研究所编《大气污染防治手册》第 2 页。

第二节　大气污染和大气污染物

一、大气污染

1. 大气污染的定义

地球上所有生物的新陈代谢活动都离不开大气，大气也是人类赖以生存的氧的唯一来源。同时，大气又是人类活动所排放出的各种污染物的稀释场所。由于大气的稀释作用，使得大气中污染物的浓度较低。但是大气的稀释作用并不是无限的，污染物在大气层中的扩散也并不是均匀的，因而可能在局部区域甚至在较大范围内造成污染物浓度较高的现象，在持续时间内对各种生物和非生物产生有害的影响，这时便产生了大气污染。因此，我们可以给大气污染作出如下定义：

自然界中局部的质能转换和人类的生产、生活活动不断地向大气排放各种污染物，当污染物的含量超过环境所能允许的极限程度（环境容量）时，大气质量就会恶化，影响原有的生态平衡体系，使人类的健康、工农业生产、设备财产及生态环境遭受恶劣的影响和破坏，此类现象即为大气污染。

2. 大气污染的产生和大气污染源

大气污染的产生是由于人类的生产和生活活动所造成的。首先是人类对矿物燃料（煤和石油产品）的大量使用，其次就是城市人口的急剧增加，使得局部地区空气中污染物浓度提高，而且不容易稀释和扩散，从而造成污染。

大气污染源通常是指向大气中排放出各种污染物的生活或生产过程、设备、场所等，这些也称人为污染源。它可以有多种分类方法，按污染空间分布方式可分为点污染源（小范围排放污染物的发生源）、面污染源（在相当大面积内有多个污染发生源）、区域性污染源（超出行政区域或国界的大气污染发生源）。按人类的社会活动功能来分又可分为生活污染源、工业污染源和交通运输污染源，农业污染源。

（1）生活污染源　人类由于生活需要燃烧燃料时向大气排放煤烟等污染物的污染源。

（2）工业污染源　火力电厂、冶金企业、化工厂、建材厂等工矿企业在生产过程中排放各类污染物的污染源。

（3）交通运输污染源　汽车、轮船、飞机等交通运输工具排放废气造成大气污染称交通污染源，也称移动污染源。

（4）农业污染源　农业生产过程中施用化肥、农药、有机肥时会逸散或经土壤分解而向大气中排放的有毒、有害及恶臭气态污染物，大型禽畜养殖场的粪便、污水散发的气味，称农业污染源。

二、主要大气污染物及其危害

大气污染物种类很多，已经受到人们注意的就有近百种之多，现将对环境质量影响较大的几种污染物及其危害作一简单介绍。

1. 硫的氧化物（SO_x）

硫的氧化物主要是 SO_2 和 SO_3，它们是由燃烧含硫的煤和石油等燃料产生的。通常 1 t 煤中含硫 5～50 kg，1 t 石油中含硫 5～30 kg。燃料中的有机硫化物（硫醚、硫醇等）和黄铁矿等无机硫化物在燃烧时会发生下述反应产生 SO_2：

$$S + O_2 \longrightarrow SO_2 \qquad 2FeS_2 + 7O_2 \longrightarrow 2FeO_3 + 4SO_2$$

其中少量的 SO_2（占 1%～5%），还可能进一步发生反应生成硫酸气溶胶，其反应过程如下：

$$SO_2 \xrightarrow[\text{光化学氧化}]{\text{催化或}} SO_3 \xrightarrow{H_2O} H_2SO_4 \xrightarrow{H_2O} (H_2SO_4)_m(H_2O)_n$$

反应生成的二次污染物$(H_2SO_4)_m(H_2O)_n$ 就是气溶胶核，它可吸附大量 SO_2、SO_3 和 $H_2SO_4 \cdot H_2O$ 形成硫酸气溶胶（硫酸酸雾）。

20 世纪 90 年代，全世界每年排入大气中的 SO_2 大约有 2 亿 t。我国能源构成以煤炭为主，而且燃烧效率低，因此 SO_2 的排放量也相当高，并且有逐年增长的趋势，如 1991 年排放量为 1 600 万 t，1992 年排放量为 1 685 万 t，到 1999 年则增加到 1 857 万 t。

SO_x 的腐蚀性较强，能使许多材料遭受破坏，使用寿命缩短；它能损害植物叶片，影响其生长；它能刺激人的呼吸系统，是引起肺气肿和支气管炎发病的病因之一，另外它还有致癌作用；SO_x 还是形成酸雨的主要原因之一，SO_2 通过一系列反应生成的二次污染物硫酸气溶胶对环境的危害则更大。

2. 氮的氧化物（NO_x）

氮的氧化物是 NO、NO_2、N_2O、N_2O_3、N_2O_4、N_2O_5 等的总称。造成大气污染的 NO_x 主要是 NO 和 NO_2，它们主要来自于矿物燃料的燃烧和化工厂及金属冶炼厂所排放的废气。

全世界每年向大气排放的 NO_x 量约为 52.1×10^6 t，其中由煤和石油燃烧排出的 NO_x 占 95%左右。

空气中的 NO 可以和血红蛋白结合，比 CO 亲和力大数百倍。而空气中的 NO_2 则具有腐蚀性和刺激作用，能损害农作物使之减产；它还可以引起呼吸道疾病；又是形成光化学烟雾和酸雨的主要因素之一。

3. 一氧化碳

一氧化碳是燃料不完全燃烧的产物，它是大气中数量最大的污染物，约占大气污染物的 1/3。工业发达国家城市空气中的 CO 有 80%是汽车排放的。全世界每年向大气中排放的 CO 总量约 3.59×10^8 t，其中汽车等移动污染源排放的就占总量的 70%左右。

CO 对人类的危害作用相当大，因为它与血红蛋白（Hb）的结合能力比 O_2 的结合能力大 200～300 倍，当大气中 CO 的浓度较高时，就会阻碍血红蛋白向体内的供氧，轻者会产生头痛、眩晕，重者还会造成死亡（当浓度达到 600 ppm，接触 10 个小时则会使人致死）。

4. 光化学烟雾

光化学烟雾是一种特殊的混合物，它主要是排入大气的氮氧化物和碳氢化合物（主要是烯烃和少数芳香烃化合物）在太阳光的作用下，发生光化学反应生成臭氧（O_3）、醛类、过氧乙酰硝酸酯（PAN）、过氧苯酰硝酸酯（PBN）等最终产物。同时也包括多种自由基（如烷基、烷氧基、酰基等）的中间产物产生。我们把这种反应物，中间产物，最终产物所组成的有刺激性、浅蓝色的混合性烟雾叫作光化学烟雾。

形成光化学烟雾的主要原因是大气中的 NO_2 的光化学作用。NO_2 在太阳光紫外线照射下，吸收波长为 290～430nm 的光分解生成活性很强的新生态氧原子[O]，该原子与空气中的氧分子结合生成臭氧（O_3），然后再与烯烃作用生成过氧酰基亚硝酸盐，硝酸盐、醛类等。主要反应式如下：

$$NO_2 \xrightarrow{光(290\sim430nm)} NO+[O]$$

$$[O]+O_2 \longrightarrow O_3$$

$$[O]+2O_3+2NO_2+2CH_2{=}CH_2 \xrightarrow{光照} 2CH_3\underset{\underset{\displaystyle O}{\|}}{C}OONO_2+H_2O$$

光化学烟雾对人的眼睛和鼻、咽、喉、肺部等器官都有明显的刺激作用；对植物的毒性作用也很强，会使植物叶面出现“斑点样”坏死病变。由于光化学烟雾中含有 PAN、O_3 等强氧化剂，故能使橡胶、塑料老化，降低织物强度，使染料、涂料和油漆褪色或剥落。

5. 悬浮微粒

悬浮微粒是指分散在大气中的固态或液态微粒，包括烟尘、粉尘、气溶胶、雾等，其中最主要的是烟尘和粉尘。

烟尘是燃料和其他物质燃烧的产物，通常由不完全燃烧所形成的煤黑、多环芳烃化合物和飞灰等组成。粉尘是由固体物质在加工和运输过程中所产生的微小固体颗粒，如水泥厂所排放出的飞灰等。

悬浮微粒的危害作用主要有以下几方面：

（1）降低能见度，遮挡阳光，使云雾、雨水增加，影响气候；

（2）能吸附大气中某些致癌物质（如3,4-苯并芘），使肺癌发病率上升；

（3）粒径为0.1～1 μm的微细粒子可直接吸入肺泡，引起呼吸道疾病和癌症。

第三节 大气污染对全球大气环境的影响

由于世界人口的急剧增长，人类在生产和生活活动中向大气排放气体污染物的数量不断增加，使得大气污染日益严重，已开始对全球环境问题产生较大的影响。其中由大气污染而产生的温室效应、臭氧层破坏和酸雨已成了举世公认的三大全球性大气环境问题。剖析这三大环境问题的形成、发展和危害，将有助于我们正确认识我们所面临的环境问题的严重性。

一、温室效应

近百余年来，全球地表温度变化总的趋势是正在明显上升，20世纪80年代全球平均气温上升将比上一世纪下半叶升高了约 0.6℃，据联合国环境署及世界气候组织参加的研究表明，在下个世纪，地球表面温度大约以每10年升温0.3℃速度上升，预计到2100年，将使地球平均气温升高 3℃左右，大大超过以往一万年来的速度。引起这种全球性的气候变暖主要原因是温室效应的影响。

1. 温室效应和温室气体

自然界中温度在绝对零度以上的任何物体都会产生热辐射而散失热量，辐射的波长与物体温度有关，温度越高，辐射波长越短。太阳是高温物体，其表面温度高达6 000℃，它的辐射波长较短，0.15～0.5 μm，称之为短波辐射，它很容易通过大气层达到地球表面，使表面温度升高。而地球表面温度较低，大约为288 K，它是以长波辐射向外辐射能量。由于大气层对长波辐射吸收能力强，使得大部分的长波辐射被吸收，大气层从中获得能量并以逆辐射的形式把热量传给地球，减少了重新辐射到太空中的能量，使地表温度不会由于长波辐射的结果而大幅度下降（如果没有这种效应，地球表面上的平均温度将是−18℃）。大气层和地表这一系统就如同一个巨大的“玻璃温室”，使地表始终维持着一定的温度，产生了适于人类和其他生物生存的环境。在这一系统中，大气既能让太阳辐射透过而达到地面，同时又能阻止地面辐射的散失，我们把大气对地面的这种保护作用称为大气的温室效应。

在构成大气层的众多气体中，影响温室效应的只是某些微量气体，它们可以让太阳短波辐射自由通过，同时又能吸收地表发出的长波辐射。这些气体主要有二氧化碳、甲烷、氯氟化碳、臭氧、氮的氧化物和水蒸气等。当它们在大气中的浓度增加时，就会加剧“温室效应”，使地球表面和近地大气层温度升高，因此，我们把这些气体统称为“温室气体”。

温室气体都具有较长的生命期，可以在对流层保留很长时间，并对地球温度效应产生影响，几种主要的温室气体如表 7-3 所示。

表 7-3　人类活动排放的温室气体及特性

气体	大气中的体积分数/ $\times10^{-6}$	年增长/ %	生存期/ a	温室效应（CO_2=1）	现有贡献率/ %	主要来源
CO_2	355	0.4	50～200	1	55	煤、石油、天然气、森林砍伐
CFC	0.000 85	2.2	50～102	3 400～15 000	24	发泡剂、气溶胶、制冷剂、清洗剂
CH_4	1.714	0.8	12～17	11	15	湿地、稻田、化石、燃料系统、牲畜
NO_x	0.31	0.25	120	270	6	化石燃料、化肥、森林砍伐

2. 温室效应加剧的原因

近百年来全球的气候正在逐渐变暖，与之同时，大气中的温室气体的含量也在急剧地增加。许多科学家都认为，温室气体的大量排放所造成的温室效应的加剧可能是全球变暖的基本原因，而其中二氧化碳排放量的增加对温室效应的贡献又最大。

在工业革命之前（1750—1800 年），二氧化碳在大气中的体积分数约为 280×10^{-6}，而到 1996 年已达到 358×10^{-6}，在 200 年的时间内增加了约 1/4。新的数据表明，人类生产活动排放的温室气体正以惊人速度增长。2000—2005 年全球 CO_2 排放量增长了 3.2%，是过去 10 年增长量的 4 倍。全球 CO_2 平均浓度已从 2004 年的 377.5×10^{-6} 增加到 2005 年的 380×10^{-6}（NOAA2006b），这些无疑会对全球气候变暖起了很大作用。大气中二氧化碳的急剧增加主要是以下两个原因：一是矿物燃料的大量燃烧。目前全世界每年消耗的矿物燃料已达 100 亿 t 以上，向大气中排放的二氧化碳达数百亿 t。二是森林的大面积消失，致使由于森林的光合作用而固定的二氧化碳的数量急剧减少。同时，森林破坏后腐殖质的加速氧化也会造成 CO_2 的增加。

另一种主要的温室气体甲烷的浓度也在不断增加，工业革命之前大气中甲烷含量大约在 0.7×10^{-6}～0.75×10^{-6}，而到了 1992 年大气中的甲烷含量已达到 1.72×10^{-6}。但是，2000 年以后的几年时间中，大气中甲烷浓度一直保持稳定。甲烷主要来自水稻种植、家畜饲养、生物质能的利用、矿物燃料的使用、垃圾填埋等人类的生产生活活动。

氟利昂（CFCs）的大量使用和排放也是造成温室效应加剧的原因之一，科学家们估计 CFCs 在 21 世纪将成为仅次于 CO_2 的温室气体。

3. 温室效应对全球气候环境的影响

温室效应对全球气候环境的最大影响就是使全球气候逐渐变暖，这将在全球范围内对气候、海平面、农业、林业、生态平衡和人类健康等方面带来巨大的影响。地球是个极其敏感的生态系统，平均气温的任何微小变化都会使人类的生存环境产生剧烈的震动。

各种学派目前对这一影响的最后结果有着大相径庭的描述，但多数认为存在有害的一面，主要表现在以下几个方面：

（1）海平面上升 全球变暖气温升高，将会使海洋上层水温升高造成体积膨胀，以及使冰川融化将会造成海平面上升。据国际气候变化专家委员会（IPCC）估测到2030年，海平面可能上升 20 cm。海平面上升主要使沿海低地遭受被淹没的危险。海平面如果上升1 m，则可使尼罗河三角洲全部淹没，孟加拉国国土淹没 11.5%，在全球范围内的影响区域可达 500 万 km^2，占全球土地面积的 3%左右。

（2）气候带的移动 气候带的移动包括温度带的移动和降水带的移动。预测的温度和降水的变化表明，气候带在下一个 50 年内可能向南北极移动数百千米，但动植物区系将滞后于气候带的移动，而且可能在一个不适于其生理或行为的新气候带中找到它们，从而造成物种的变化，使业已紧迫的物种灭绝问题更加恶化。现有的自然生态系统的结构将会被打乱，而呈现一种新的结构。温室效应还会导致降水分布的改变，有的地方降水增加，而有的地方则减少，这对水的存贮，分配和水力发电都会造成严重后果。

（3）对农业生产的影响 温室效应对农业的影响有两个方面：一方面是温室气体 CO_2 量增加时，若光、热、水、肥充分，有助于农作物的生长，而且气候变暖使农作物生长季延长，使产量提高。但气候变暖也带来不利的一面，若气温升高而降水量不增加或增加很少，就会加剧干旱。北方冬季不寒使病虫害越冬存活率高，造成病虫害流行；夏季酷热也会引起家禽、家畜传染病的流行。

（4）对人类健康的影响 气候变暖会使流行于潮湿炎热地区的疾病增加，例如温度升高，会提供更多的湿润环境使蚊子繁衍，疟疾流行。温湿条件还有利细菌、霉菌等孳生，造成更多的食物污染及中毒，影响人类的健康。

（5）对生物多样性的影响 气候是决定生物群落分布的重要因素，气候变化能改变某一地区不同物种的适应性和生态系统内部不同种群的竞争力。全球气候变暖可能导致某些生物种群无法适应这一变化而导致灭绝，而另一些物种则可能从中获益（栖息地增加，天敌减少）。

4. 温室效应的控制对策

导致全球变暖的主要因素是由于人类活动而造成的大量温室气体的排放，因而温室效应的控制首先应从控制温室气体排放入手，其基本对策主要有：

（1）调整能源结构 当今世界各国能源消耗仍然是以矿物燃料为主，约占总能源消耗的 90%，每年由于矿物燃料的燃烧而向大气中排放的 CO_2 高达 50 亿 t 以上。要控制 CO_2 排放，就应调整能源结构，尽量多使用核能、水力能、太阳能、地热能、风能等替代能源，减少矿物燃料的消耗。

（2）提高现有能源的利用率 我国企业能源利用率不高，仅为发达国家的 60%～70%，还有许多潜力可挖。如提高锅炉的热效率，采用集中供热、提高火电厂单位煤耗发电量，采用低能耗工艺，使用节能设备都是较为有效的措施。

（3）改进农业生产技术，减少甲烷气体排放 水稻生产中会排放出大量甲烷，全球每年排入大气中的甲烷有 2/3 来自稻田和沼泽地。在水稻生产中应采用新的生产技术，如减少稻田淹灌时间，培养甲烷利用菌让大量的甲烷被合成新的有机物固定在稻田中，这样就可大大减少甲烷气体排放。

（4）保护森林资源，植树造林　森林可净化大气吸收 CO_2，因此要保护现有的森林资源，严禁乱砍滥伐。同时还要大面积植树造林，提高森林覆盖率。

（5）CO_2 的固存　近几年来，人们对碳固存显示了越来越大的兴趣，科学家们正在研究将 CO_2 固存在海底的方法。虽然有人认为将 CO_2 储存在海底可能会增加海水的酸度，但是修订了的《伦敦倾废公约》还是规定从 2007 年 2 月开始，往海洋底部的自然结构里埋藏 CO_2 是合法的。

二、臭氧层破坏

臭氧是地球大气中的微量成分，大气中的臭氧含量仅为一亿分之一。但在离地面 20～30 km 的平流层中，臭氧的含量提高了 1 000 倍，占这一高度的空气总量的 10 万分之一，被称为臭氧层。臭氧层的臭氧含量虽仍极其微量，却具有非常强烈的吸收紫外线的功能，可以吸收掉太阳光紫外线中对生物有害的部分 UV-B，为地球提供了一个防止紫外辐射有害效应的屏障，使得人类和地球上的各种生命能够生存和世代繁衍。

最近十几年，人们发现平流层大气中的某些微量成分如含氯（溴）自由基物质对臭氧的分解有催化作用，而人类的某些活动又直接和间接地向大气层排放这些物质，致使臭氧层遭到破坏，这也是目前国际上最关心的环境问题之一。

1984 年英国科学家首次发现南极上空臭氧含量减少 50%即在南极已形成一个巨大的臭氧空洞，目前地球上空臭氧层的破坏正在加剧，到 1998 年南极臭氧空洞的持续时间超过了 100 天，面积比 1997 年增大了 15%，相当南极大陆的两倍。

1. 臭氧层破坏的原因

大气中臭氧层破坏的主要原因是人类排放到大气中的氟氯化碳（CFCs）的不断增加。CFCs 是多种含氟、含氯烷烃衍生物的总称，由于 CFCs 的化学性质稳定、无腐蚀、毒性小、不燃、电学及热力学性质优良，因而广泛用作制冷剂、发泡剂、喷雾剂和清洁剂。目前使用的 CFCs 主要品种是 CFC-11、CFC-12、CFC-113、CFC-114 等，占全部 CFCs 的 95%以上。这些物质在大气中可长期存在，并在太阳紫外线的作用下释放出氯原子，氯原子很快与臭氧发生反应使之变为氧分子和含氯自由基一氧化氯（ClO）、ClO 很不稳定，它可以与氧原子结合使氯原子再次游离出来，又重复上述反应，因此一个氯原子就可以使多个臭氧分子遭到破坏，上述过程可用以下的反应式来表示：

$$CCl_2F_2 \xrightarrow[\lambda<220nm]{h\nu} Cl+CClF_2$$

$$Cl+O_3 \longrightarrow ClO+O_2$$

$$ClO+O \longrightarrow Cl+O_2$$

在上述反应中，氯原子没有消耗，消耗的只是臭氧，所以氯原子起了催化作用，加速了臭氧的破坏过程。在 CFCs 分子中往往含有多个氯原子，所以即使散发到大气层中的 CFCs 并不多，但它们所分解出来的氯原子却可以长期地起着破坏臭氧的作用。

还有四类化学物质具有与氟氯化碳相似的行为，它们的名称和用途分别是：

（1）哈龙（Halon） 就是平常所说的 1211 和 1301 的商品名称，它属于一类含溴的卤代甲烷和卤代乙烷，用于灭火器具和灭火系统。哈龙类物质的化学式按照碳、氟、氯、溴原子个数顺序组成四位数，放在哈龙的后面，构成某种哈龙的代号。如哈龙 1301 就是指 CF_3Br；哈龙 1211 指 CF_2ClBr。

由哈龙释放的溴原子对臭氧的破坏能力是氯原子的 30～60 倍。而且氯原子和溴原子还存在协同作用，即二者同时存在时破坏臭氧的能力要大于两者的简单加和。

（2）四氯化碳（CTC） 是制造氟氯化碳的原料，也是干洗店常用的干洗剂。

（3）三氯乙烷，也称甲基氯仿（TCA） 用于金属元件和电子元件的清洗。

（4）甲基溴（MB） 用于农业大棚的熏蒸。

这四类物质挥发性强，在高空中也能分解臭氧分子。

与氟氯化碳一起，它们被统称为“消耗臭氧层物质”（Ozone Depleting Substances，ODS）。在保护臭氧层的国际公约《蒙特利尔议定书》中被列为：“受控物质”，并被规定了淘汰期限。

2. 臭氧层破坏的后果

臭氧层破坏将会使照射到地面的紫外线辐射增强，对人类和其他生物产生许多不利影响。

紫外线辐射的增加会损害人的免疫系统，使皮肤癌的发病率增加。据统计，全世界每年皮肤癌患者达 50 万人，死亡 5 000 人。据美国科学家估计，若臭氧层损耗 10%，仅美国死于皮肤癌的人数将增加到 150 万，白内障患者将达到 500 万人。

紫外线辐射增加会使一些植物叶片发生变化，光合作用被破坏，生长率下降。例如臭氧层厚度减少 20%，可使大豆的产量减少 25%。

紫外线辐射增加对水生系统也存在潜在的危险。它会削弱浮游生物的光合作用，杀死水中的微生物及其他浮游动物，导致水生食物链的破坏，使淡水生态系统发生变化。

紫外线辐射增加还会使城市的光化学烟雾加剧，使城市空气质量恶化。过量的紫外线还加速建筑材料特别是高分子材料的老化和分解，造成巨大的经济损失。

3. 保护臭氧层

人类至今尚未找到对已破坏了的臭氧层进行补救的措施，但全球正努力限制和停止对消耗臭氧层物质的生产。臭氧层破坏主要是由于大量 CFCs 的排放而引起的，因此防止臭氧层被破坏的最根本途径就是完全禁止使用 CFCs，研制和生产无公害的 CFC 代用品。目前世界上 CFCs 的主要生产厂家都已着手代用品的开发，开发项目主要集中在氢氯氟烃（HCFC）和氢氟烃（HFC）方面。

为了保护臭氧层，减少 CFCs 的排放，1987 年 9 月 16 日在加拿大蒙特利尔会议上通过了《关于消耗臭氧层物质的蒙特利尔议定书》，议定书要求到 1994 年全球 CFCs 排放量减少 20%，到 1999 年再减少 30%。1990 年 6 月在伦敦又召开了议定书缔约国的第二次会议，达成了一项拯救臭氧层的历史性协议。协议规定到 2000 年，完全禁止使用氟氯化碳、哈龙及四氯化碳和甲基氯仿。1992 年各缔约国又通过了 1993 年 9 月 22 日生效的《哥本哈根调整和修正案》将 CFCs、四氯化碳和甲基氯仿的淘汰提前到 1996 年，而哈龙的淘汰则提前到 1994 年。所有这些都必将会对臭氧层的保护起着积极的作用。我国也于 1991 年 6 月正式加入了经修正的《关于消耗臭氧层物质的蒙特利尔议定书》，为全球环境保护作出了应有的贡献。

三、酸雨

酸雨是指雨水或其他自然降水（如雪、雾、冰雹等）中含有一定数量的酸性物质的自由降水现象。酸雨成为全球性的污染源是于 20 世纪 50 年代后期，首先在北欧地区被察觉，以后则逐渐扩展到世界范围，而且危害也更加严重。例如目前欧洲雨水的酸度每年增加 10%，许多国家酸雨的 pH 值多为 4.0～4.5。北美的酸雨 pH 值也常达到 3～4，美国有 15 个州酸雨 pH 值在 4.8 以下。许多发展中国家也受到酸雨的危害，我国已有 20 个省市、自治区出现过不同程度的酸雨，其中以西南地区最为严重。

20 世纪 70 年代初，酸雨的影响还只是局部地区，目前已发展为全球面临的主要环境问题之一，与全球气候变暖和臭氧层破坏一样，正在受到人们的普遍关注。

1. 酸雨的形成

天然雨水的 pH 值应该是雨水中 CO_2 达到饱和时的 pH 值，在 1 个标准大气压，25℃时其值约为 5.6，所以酸雨通常是指 pH 值小于 5.6 的降水。降雨的酸化除了受自然现象（如火山爆发、闪电）影响之外，更主要的是人类大量使用矿物燃料向大气中排放有害气体——含硫化合物、氮的氧化物、碳氢化合物等与大气中的水分经大气化学反应而造成的。通常认为主要的成酸物质是 SO_2 和 NO_x，它们在大气或水滴中转化为硫酸和硝酸，约占酸雨总数量的 90%以上。酸雨的形成大体经历以下几个过程。

（1）二氧化硫的氧化　SO_2 可以通过两种途径——催化氧化和光化学氧化而转为 SO_3，进而生成硫酸。

在清洁干燥的大气中，SO_2 氧化为 SO_3 的速度很慢，但在含有金属盐（铁盐、锰盐）的气溶胶雾滴中，则可发生催化氧化反应生成硫酸。

$$2SO_2+2H_2O+O_2 \xrightarrow[\text{(Fe, Mn盐)}]{\text{催化剂}} 2H_2SO_4$$

如果大气中还含有氮氧化物和碳氢化合物，SO_2 则可在太阳光照射下发生光化学氧化反应，也会大大加速氧化过程：

$$2SO_2+O_2 \xrightarrow{\text{光照}} 2SO_3$$

由 SO_3 进一步生成硫酸和硫酸盐气溶胶，其过程可表示为：

$$SO_3+H_2O \longrightarrow H_2SO_4 \text{（水合过程）}$$

$$\left.\begin{array}{r} H_2SO_4+H_2O \longrightarrow (H_2SO_4)_m \cdot (H_2O)_n \\ H_2SO_4+NH_3 \cdot H_2O \longrightarrow (NH_4)_2SO_4 \cdot H_2O \end{array}\right\}\text{气溶胶核的形成过程}$$

$$(H_2SO_4)_m \cdot (H_2O)_n \xrightarrow{SO_2、SO_3、H_2SO_4、H_2O} \text{气溶胶粒子的成长过程}$$

（2）氮氧化物的氧化　氮氧化物的氧化过程与 SO_2 的催化氧化相同，NO_x 在空气湿度大并存在金属杂质和 NH_3 的条件下，生成硝酸和硝酸盐，并最终形成气溶胶，其反应过程如下：

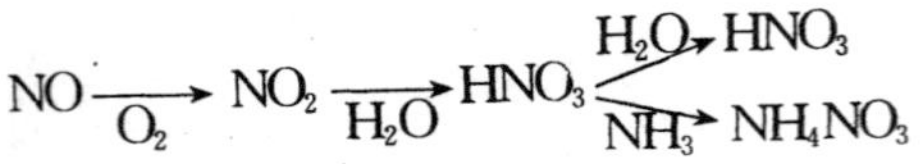

SO_2和NO_x就以上述的氧化方式形成硫酸雾和硝酸雾，进入降雨中而形成酸雨。

（3）酸雨的形成　大气中污染物进入雨水的过程可分为两种，一种是将污染物吸收到云内的过程（云内捕集），称作冲洗。另一种是降雨初期，云下的大气污染物被雨水除去的过程（雨水捕集），称为洗净。两者对污染物作用的机制不同，它们对雨水酸化的影响目前尚不清楚。

酸雨的形成过程可用图7-3表示。

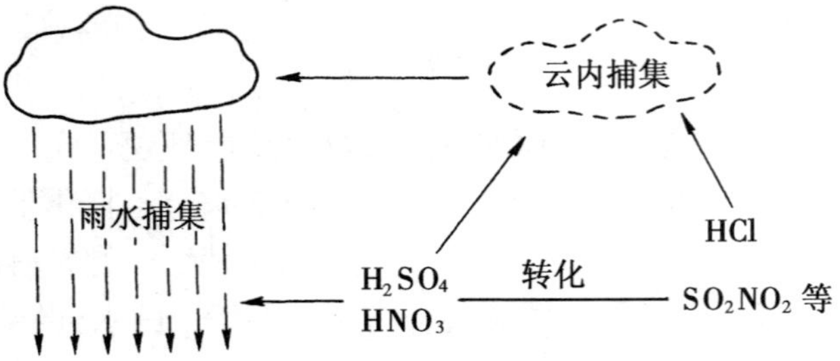

图7-3　酸雨的形成

2. 酸雨的危害

酸雨的危害作用主要在对生态平衡的影响和生态的破坏。酸雨危害的程度除了与酸度有关外，还与水体和土壤的敏感程度有关。碱性土壤和自然缓冲能力强的水体敏感性低，接受酸性降水后受影响较小，而酸性土壤和自然缓冲能力弱的水体敏感性高，接受酸性降水后，反应比较强烈。例如，我国北方地区干燥少雨，土壤多为碱性，碱性土壤粒子易被风吹到空中，对酸性雨水起中和作用。而南方土壤偏酸性，气候湿润，大气中飘尘少，对酸的中和能力低。这可能是造成我国北方酸雨少，而南方酸雨多的主要原因之一。

（1）酸雨对水体生态平衡的影响和危害　酸雨会造成自然水体如河流和湖泊的酸化，这将会造成一系列的不良影响。

酸化的水体水质将会发生变化，酸雨会浸渍土壤，侵蚀矿物，使水体中Al、Zn、Pb、Cu、Cd、Hg等重金属离子增加，影响水生生物生长甚至死亡。

酸化的水体使得微生物分解有机物的活性下降，浮游生物的种类减少，例如pH值小于5时会造成甲壳类动物的死亡，藻类叶绿素合成量降低，藻类种类减少。pH值的降低和有毒金属离子含量的增加会造成鱼类死亡。所有这些，都破坏了自然水体的生态和生态平衡，严重时将会使水体成为无生物的“死水”。

（2）酸雨对陆生生态系统的影响　酸雨对陆生生态系统的影响主要在于它会直接损害树木枝叶，也可改变土壤的性质，从而影响树木的生长。目前酸雨的危害已造成森林的大面积死亡，严重地破坏了陆生生态系统的平衡。

（3）酸雨对人体健康的影响　酸雨会使饮用水受到污染，影响人体健康。在酸化的水体和酸化土壤中生长的农作物中，有毒金属离子含量会增加，对人类也是一种潜在的威胁。

综上所述，酸雨对整个生态系统的影响是多方面的，对人类的生活和社会经济的发展产生了很大的影响，并造成了巨大的经济损失。

3. 酸雨的防治

酸雨防治的主要途径是控制 SO_2 和 NO_x 排放，主要措施有如下几点：

（1）使用低硫燃料并改进燃烧技术。当矿物燃料中的含硫量超过一定值时（美国规定小于 1.5%）就应通过洗硫工序来降低含硫量。另外使用煤气、天然气等低硫燃料也可降低 SO_2 的排放。

改进燃烧技术，采用新型燃烧装置也可达到控制和减少 SO_2 和 NO_x 排放的目的。例如采用流化床燃烧技术可使锅炉的燃烧效率达到 99%，并且可以去除 80%～95% SO_2 和氮的氧化物。

（2）烟道气脱硫脱氮。在烟道气排入大气之前进行脱硫脱氮处理，如利用碱液吸收来去除硫和氮的氧化物。

（3）控制汽车尾气排放。汽车及其他机动车的发动机在工作时会排出大量 NO_x，可以通过改善发动机的工作状况和装置尾气净化装置来加以脱除。

复习思考题

1. 简述大气圈的结构特点。
2. 简述大气污染的定义及产生的主要原因。
3. 主要的大气污染物有哪些？它们对环境会造成什么样的危害？
4. 简述导致温室效应、臭氧层破坏及酸雨的主要原因。
5. 简述温室效应、臭氧层破坏及酸雨对全球环境的危害及其防治措施。

第八章 大气污染治理技术之一——颗粒污染物的治理

第一节 概述

大气中颗粒状污染物包括固体粒子和液体粒子两种。它们主要来自矿物燃料的燃烧以及部分工业生产部门。例如，采矿业中的凿岩、爆破，冶金工业中的金属冶炼，机械工业中的铸造、磨削与焊接工序，建材工业中原料的粉碎、筛分、运输和成品包装以及化工行业中的许多生产过程等。

一、颗粒污染物的来源及分类

1. 颗粒污染物的来源

大气中的颗粒污染物主要来自两个方面，一是由火山爆发、土壤灰尘、森林火灾等自然污染源所产生。二是人为因素造成大气污染的污染源，它主要是来自矿物燃料的燃烧过程及部分工矿企业生产过程中的排放。颗粒污染物是大气中普遍存在且无恒定化学成分的物质，有些本身就是有害物质，被人体吸入后危害人体健康。有些颗粒污染物本身可能无毒，但它能吸附大气中其他气态污染物并发生一系列反应生成毒性较大的二次污染物。颗粒污染物浓度较大时还会散射太阳光而使能见度下降，引起气象条件的变化，产生一系列负面影响。颗粒污染物很易在大气环流的作用下在全球范围内进行扩散迁移，使受污染的范围扩大，因此颗粒污染物的危害是不容忽视的。

2. 颗粒污染物的分类

颗粒污染物目前尚没有一个较为明确的分类方法，一般我们可以根据它们的特性分为粉尘、烟和雾三类。

（1）粉尘　粉尘是悬浮在大气中的很小的固体粒子，按照其粒径的大小又可分为落尘和飘尘两类。落尘是指粒径大于 10 μm 的粒子，它很容易由于重力作用而沉降下来。粒径小于 10 μm 的粒子，能长期在大气中飘浮而不会沉降下来，称之为飘尘。飘尘在整个粉尘中所占的质量百分比很小，但由于它颗粒很小，可进入人的肺部，故对人类的危害极大。

（2）烟　烟一般是指由各种化学或物理过程——如氧化、升华、冷凝、燃烧等过程所形成的固体粒子的气溶胶。烟的颗粒总起来说比粉尘小得多，一般在 0.001～1 μm。它也可能长期存在于大气中而不产生沉降，危害作用也很大。

（3）雾　雾是指悬浮在气流中的微小液滴，粒径在 200 μm 以下。它可能是由于蒸汽的凝结，液体的雾化及化学反应等过程的形成，如水雾、酸雾、碱雾等。

工业区和城市上空的大气中含有各种灰尘，它们的成分复杂，在一定的条件下可能发生光化学反应形成某些二次污染物，并悬浮在大气中，我们称之为烟雾，如硫酸雾、硫酸盐雾和光化学烟雾等。

在大气环境监测中还常用总悬浮颗粒物（TSP）作为空气质量的一个重要指标，TSP 是指飘浮在空气中的固态和液态颗粒物的总称，其粒径范围为 0.1～100 μm。它包括上面所述的三类颗粒污染物，同时还包括污染物间相互作用而产生的二次污染物。TSP 的测定通常是采用专门的气体采样设备让一定流量的空气通过采样器内的超细玻璃纤维滤膜，使空气中的颗粒污染物被截留。由采样前后滤膜重量之差及采样时通过的空气体积即可得出其体积浓度用 mg/m^3 来表示。

二、颗粒污染物的去除方法及设备

颗粒污染物除尘的方法很多，按其作用原理，可以分为以下四类。

1. 干法除尘

采用机械力（重力、离心力等）将气体中所含尘粒沉降，如重力除尘、惯性除尘、离心除尘等。常用的设备有重力沉降室、惯性除尘器和旋风除尘器。

2. 湿法除尘

用水或其他液体湿润尘粒，捕集粉尘和雾滴的除尘方法，如气体洗涤、泡沫除尘等。常用的设备有：喷雾塔、填料塔、泡沫除尘器、文丘里洗涤器等。

3. 过滤除尘

使含尘气体通过具有很多毛细孔的过滤介质将污染物颗粒截留下来的除尘方法，如填充层过滤，布袋过滤等。常用的设备有颗粒层过滤器和袋式过滤器。

4. 静电除尘

使含尘气体通过高压电场，在电场力的作用下使其得到净化的过程叫静电除尘。常用的设备有干式静电除尘器和湿式静电除尘器。

选择何种方式除尘，主要从气体中所含颗粒污染物粒子大小和数量以及操作费用等方面来考虑。一般说来，粗大粒子（数十微米以上）多采用干法除尘中的重力及惯性除尘，细粒子（数微米）则选用离心除尘，更小的粒子则采用过滤或静电除尘较好。从降低费用和提高除尘效率两方面考虑，采用湿法除尘较好，但必须考虑水源是否充足以及除尘后的废水处理，以防止产生二次污染。

三、除尘效率

气体中颗粒污染物的去除可通过各种各样的除尘装置来实现，除尘装置的最主要性能之一就是除尘效率的大小，它可以有以下两种表示方法。

1. 总除尘效率η

除尘装置的总效率是指由除尘装置除下的粉尘量与未经除尘前含尘气体中所含粉尘量的百分比。通常用符号η来表示。

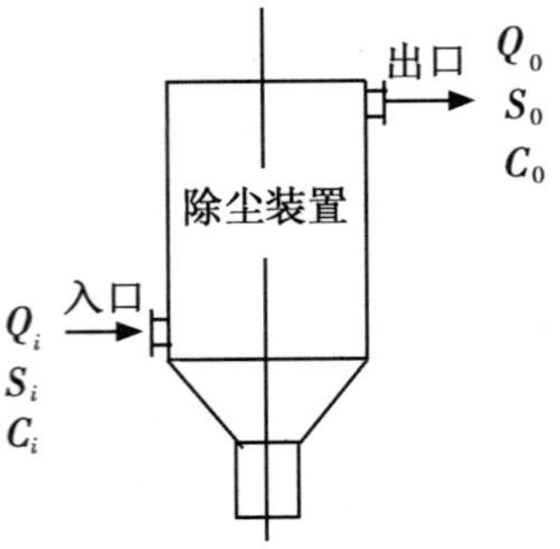

图 8-1 除尘装置工作图

如图 8-1 所示，在装置入口处设进入装置的含尘气体量为 Q_i（m^3/s）；粉尘流入量为 S_i（g/s）；含尘气体的浓度为 C_i（g/m^3）。在装置出口处，净化后的气体流量为 Q_0（m^3/s），随净化气排出的粉尘量为 S_0（g/s），净化后气体中含尘浓度为 C_0（g/m^3）。

由总除尘效率的定义则有：

$$\eta=\frac{S_i-S_0}{S_i}\times 100\% \quad (8\text{-}1)$$

上式又可写为$\eta=\left(1-\frac{S_0}{S_i}\right)\times 100\%$ （8-2）

如以含尘浓度和含尘气体流量表示，由于 $S_0=C_0Q_0$，$S_i=C_iQ_i$，代入式（8-2）则有：

$$\eta=\left(1-\frac{C_0Q_0}{C_iQ_f}\right)\times 100\% \quad (8\text{-}3)$$

如果装置严密不漏风时，$Q_f=Q_0$则式（8-3）可简化为：

$$\eta=\left(1-\frac{C_0}{C_i}\right)\times 100\% \quad (8\text{-}4)$$

若含尘气体通过除尘装置后收集下来的粉尘量为 S_c（g/s），则 $S_i=S_0+S_c$代入式（8-1），则有：

$$\eta=\frac{S_c}{S_0+S_c}\times 100\% \quad (8\text{-}5)$$

实验室以人工方法供给粉尘，研究装置的除尘效率时，多用式（8-1）和式（8-5）来计算η值。而对于正在运行的装置采样试验时，用式（8-3）或式（8-4）较为方便。

2. 分级效率η_d

除尘装置的分级效率是指在某一粒径（或粒径范围）下的除尘效率。即进入除尘装置某一粒径 d_p 或粒径范围 d_p 至 $d_p+\Delta d_p$ 的粉尘，经除尘装置后收集下的质量流量为ΔS_c，与该粒径的粉尘随含尘气体进入装置时质量流量ΔS_i之比，用η_d表示，其表达式为：

$$\eta_d=\frac{\Delta S_c}{\Delta S_i}\times 100\% \quad (8\text{-}6)$$

第二节　重力沉降法

重力沉降是利用含尘气体中颗粒本身的重力而自然沉降，从气流中分离出来的过程。由于尘粒沉淀速度较慢，只适于分离粒径较大的尘粒。

一、沉淀速度

假定粉尘颗粒是一表面光滑的球形颗粒在静止的流体介质中作下沉运动，这时颗粒将受到重力 F_g、浮力 F_b 和阻力 F_d 三个力的共同作用，如图 8-2 所示。

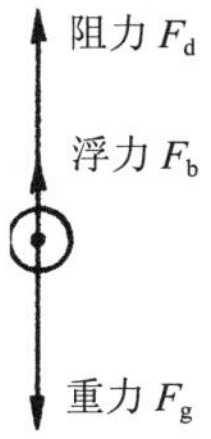

图 8-2　粉尘颗粒的受力情况

对于一定的颗粒和一定的流体，重力和浮力是恒定的。若颗粒的密度为ρ_s，直径为 d，流体的密度为ρ则：

$$F_g=\frac{\pi}{6}d^3\rho_s g$$

$$F_b=\frac{\pi}{6}d^3\rho g$$

阻力 F_d 与颗粒与流体间的相对速度有关，仿照管内流体流动的阻力计算式可得出阻力 F_d 的表达式如下：

$$F_d=\zeta\cdot A\cdot\frac{\rho\cdot u_g^2}{2}$$

式中：ζ——阻力系数；

A——颗粒在垂直于其运动方向的平面上的投影面积（m^2），对球形颗粒 $A=\frac{\pi}{4}d^2$（m^2）；

u_g——颗粒与流体间的相对运动速度，m/s。

假定颗粒的沉降是等速沉降过程，则有：

$$F_g=F_d+F_b$$

即　$$\frac{\pi}{6}d^3\rho_s g=\zeta\cdot\frac{\pi d^2}{4}\cdot\frac{\rho\cdot u_g^2}{2}+\frac{\pi}{d}d^3\rho g$$

整理可得：

$$u_g=\sqrt{\frac{4gd/(\rho_S-\rho)}{3\rho\zeta}} \tag{8-7}$$

阻力系数ζ值的大小与流体流动的型态即与雷诺数 Re 有关，在滞流时（$10^{-4}<Re<1$），$\zeta=\frac{24}{Re}$，而 $Re=\frac{du_g\rho}{\mu}$ 代入式（8-7），则可得：

$$\mu_g=\frac{d^2(\rho_s-\rho)g}{18\mu} \tag{8-8}$$

式（8-8）即为滞流时颗粒的自由沉降速度式，也称斯托克斯（Stokes）公式。由此式可见，沉降速度的大小与颗粒直径 d 有关，大粒子的沉降速度 u_g 较大易分离，而小粒子的沉降速度 u_g 较小难以分离。

二、重力沉降设备——重力沉降室

1. 重力沉降室

重力沉降室有两类——单层沉降室和多层沉降室。

单层沉降室的结构形式如图 8-3 所示，它们可以是空心式[图 8-3（a）]，或是在室内装有挡板[图 8-3（b）]。

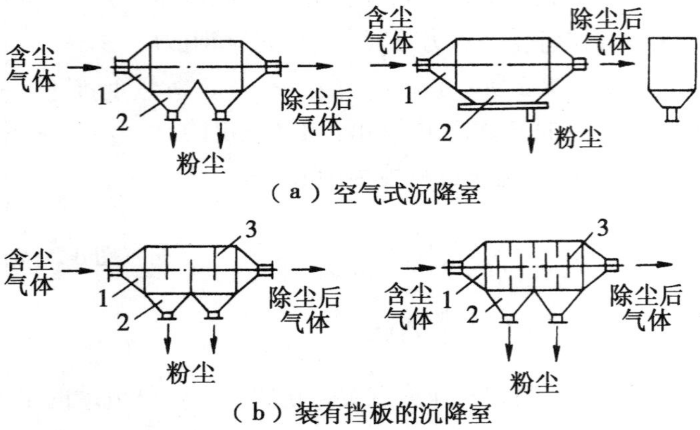

图 8-3 单层沉降室的主要结构形式

1—壳体；2—灰斗；3—挡板

多层沉降室的结构如图 8-4 所示。

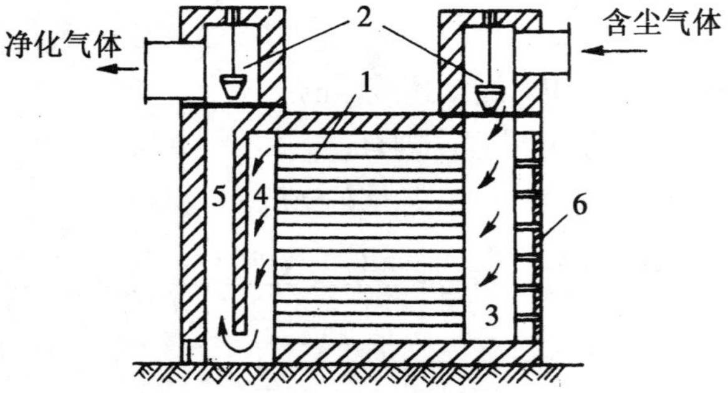

图 8-4 多层沉降室结构图

1—隔板；2—调节闸阀；3—气体分配道；4—气体集聚道；5—气道；6—清灰口

室内以水平隔板均匀分成若干层，隔板间距为 40～100 mm。多层沉降室沉降高度小，可提高收尘效率并减小设备占地面积，但出灰不便。

重力沉降室设备简单，阻力小，操作费用低，可在广泛的温度、压力条件下操作，但体积庞大，分离效率低，一般只有 40%～70%，只适于分离粒径在 75 μm 以上的粗大尘粒，一般多做预除尘器使用。

2. 重力沉降室的设计

重力沉降室的设计以如下假定为基础，通过沉降断面的水平气流速度分布均匀，且呈滞流状态；在沉降室入口断面上粉尘分布均匀；颗粒的水平移动速度等于气流速度。

（1）沉降时间和沉降速度的计算　图 8-5 为重力沉降室的示意图，沉降室的长为 L（m）、宽为 W（m），高为 H（m），水平气流的速度为 u_0，则气流通过沉降室的时间 t_1 为：

$$t_1 = L/u_0 \quad (s)$$

而沉降速度为 u_g 的颗粒（粒径为 d_p）从顶部落到底部所需时间 t_2 为：

$$t_2 = H/u_g \quad (s)$$

要使粒径为 d_p 的颗粒在沉降室全部沉降，显然必须保证 $t_1 \geqslant t_2$，即：

$$\frac{L}{u_0} \geqslant \frac{H}{u_g} \tag{8-9}$$

沉降速度 u_g 可按式（8-8）计算，气流速度 u_0 可取 0.2～2 m/s。

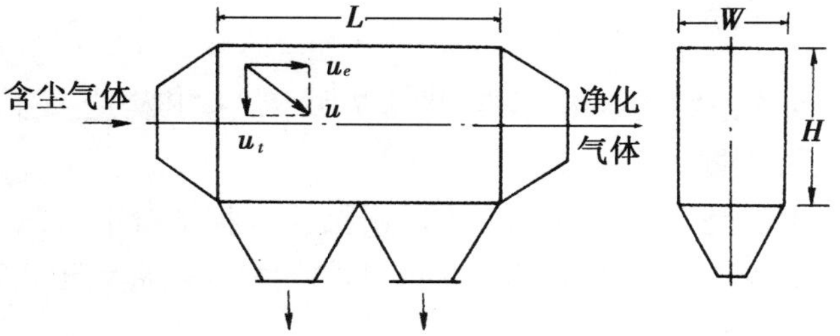

图 8-5　重力沉降室

（2）沉降室尺寸的确定　如果沉降室的高度 H 或长度 L 已定，则可由式（8-9）求出沉降室的最小长度 L 或最大高度 H。

当处理气体量 Q（m^3/s）一定时，则可以求出沉降室的宽 W。

$$W = \frac{Q}{Hu_0} = \frac{Q}{Lu_g}$$

第三节　惯性除尘

一、惯性除尘的原理

惯性除尘是利用气流方向急剧改变时，尘粒因惯性力作用而从气体中分离出来的一种除尘方法，它的除尘原理可用图 8-6 的分离原理示意图来说明：

含尘气体以 u_1 的速度沿与挡板 B_1 成垂直的方向进入装置，在 T_1 点直径为 d_1 的较大粒径的粒子由于惯性力作用 继续向前运动并与挡板 B_1 碰撞使速度变为零，然后因重力作用而沉降。直径为 d_2 的较小粒子则随气流流线（虚线）先以曲率半径 R_1 绕过挡板 B_1，然后再以曲率半径 R_2 随气流作回旋运动。当它运动到 T_2 点时，由于惯性作用，也将脱离以 u_2 速度流动的曲线，冲击到挡板 B_2 上，同理也因重力作用而沉降。

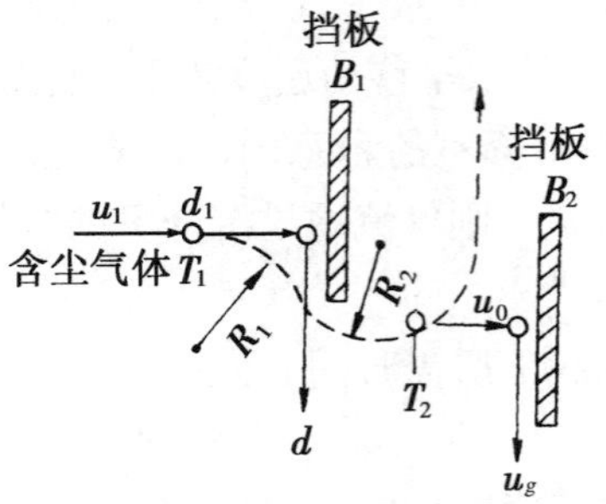

图 8-6　惯性除尘器分离原理示意图

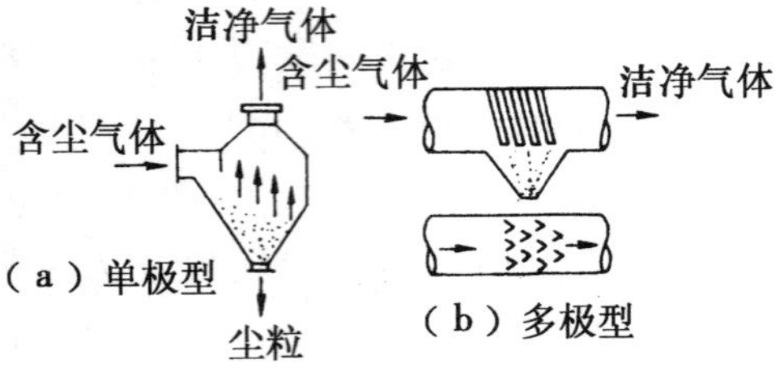

图 8-7　冲击型惯性除尘器结构示意图

二、惯性除尘器

常用的几种惯性除尘器的结构简图如图 8-7 所示。按其构造来分，主要有两种型式。

1. 冲击式惯性除尘器

冲击式惯性除尘器是以含尘气体粒子冲击挡板来收集粉尘，此类除尘器在气流运动方向上放置一级或多级挡板，因而有单级冲击式惯性除尘器（图 8-7a）和多级冲击式惯性除尘器（图 8-7b）之分。

2. 反转式惯性除尘器

反转式惯性除尘器是通过改变含尘气体气流方向来回收粉尘。图 8-8（a～c）为常见的几种反转式惯性除尘器结构示意图。

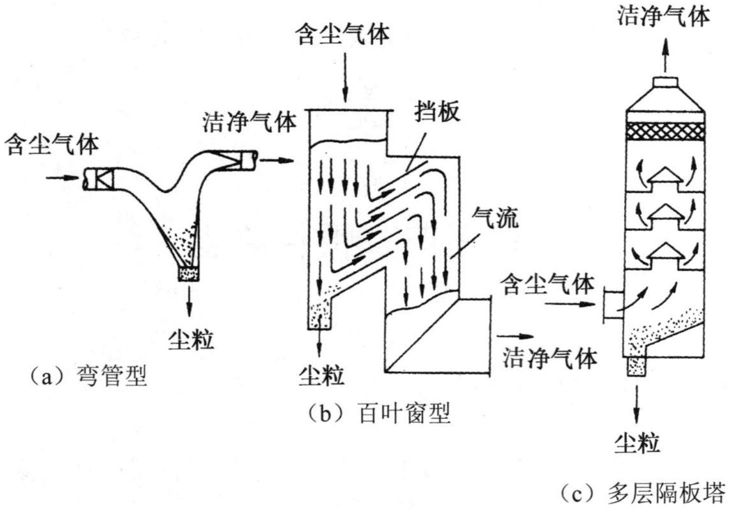

图 8-8 反转式惯性除尘装置

惯性除尘器可直接安装在风道上处理高温含尘气体。一般多用于高效除尘器的前级除尘，先除去较粗尘粒或炽热状态的粒子。此类装置可除去粒径为 20～30 μm 的尘粒，含尘气体在冲击或方向转变前的速度越高，方向转变的曲率半径越小，除尘效率则越高，但阻力也随之增大。

第四节　离心力除尘

离心除尘是利用旋转的含尘气流所产生的离心力，将颗粒污染物从气体中分离出来的过程。

一、离心沉降速度

当含尘气体带着固体颗粒旋转时，由于颗粒密度大于气体，固体颗粒就会在离心力的作用下沿切线方向被甩出，使颗粒在径向与流体发生相对运动而飞离中心。设颗粒所在位置上是一团与周围介质相同的气体，旋转时当然不会将这团流体甩出，可见这个位置的周围的流体对固体颗粒有一个指向中心的作用力，它刚好等于同体积流体维持圆周运动时所需的向心力。同时，颗粒在径向与流体有相对运动，也一定会受到阻力的作用。所以，固体颗粒在径向受到离心力、向心力和阻力三个力的作用。这三个力分别为：

$$\text{离心力}=\frac{\pi}{6}d^3\rho_s\frac{u_T^2}{R}$$

$$\text{向心力}=\frac{\pi}{6}d^3\rho\cdot\frac{u_T^2}{R}$$

$$\text{阻力}=\zeta\cdot\frac{\pi}{4}d^2\frac{\rho u_r^2}{2}$$

式中：d ——球形颗粒直径，m；

ρ_s——球形颗粒密度，kg/m^3；

ρ——流体的密度，kg/m^3；

R——球形颗粒与中心轴的距离，m；

u_T——球形颗粒的切向速度，m/s；

u_r——球形颗粒的径向速度，m/s；

ζ——阻力系数。

以上三力达到平衡时颗粒与流体在径向上的相对速度 u_r 即为颗粒在该位置上的离心沉降速度。由力的平衡可得出：

$$u_r=\sqrt{\frac{4d(\rho_s-\rho)u_T^2}{3\zeta\rho R}}$$

当颗粒与流体的相对运动为滞流时，阻力系数也可符合斯托克斯定律，这时则有：

$$u_r = \frac{d^2(\rho_s - \rho)}{18\mu} \cdot \frac{u_T^2}{R} \tag{8-10}$$

将式（8-10）与式（8-8）相比较可知，同一颗粒在同种介质中离心沉降速度与重力沉降速度之比为：$\frac{u_r}{u_g} = \frac{u_T^2}{gR} = K_c$

比值 K_c 称为分离因数，K_c 值一般比较大，所以离心沉降的分离效果要比重力沉降好得多。

二、离心力除尘器

离心力除尘器是应用较广泛的除尘设备，可作为锅炉消烟除尘和多级除尘、预除尘设备。离心除尘器主要有旋风除尘器和旋流除尘器两类。

1. 旋风除尘器

（1）结构及工作原理　普通旋风除尘器由进气管、筒体、锥体及排气管组成，它的结构和气流运动状况如图 8-9 所示，含尘气体由上部进气管，沿切线方向进入，受器壁约束自上而下做螺旋形运动。含尘气体在旋转过程中产生离心力，使得固体颗粒被甩向器壁与气流分离，然后再沿器壁落到锥底的排灰口。气流进入锥体之后，因圆锥体的收缩而向除尘器的轴线靠近，切向速度提高。当气体达到锥体下部某一位置时，就会以同样的旋转方向自下而上继续做螺旋运动。最后，净化气体经上部的排气管排出。通常把下行螺旋形气流称外旋流，上行的螺旋形气流称内旋流。

图 8-9　旋风除尘器工作原理示意图

含尘气体在旋风分离器中流动情况对其分离特性有较大的影响，这方面的理论至今尚不十分完善，但根据实验测定的结果，可得出以下几点结论：

① 内旋流和外旋流旋转方向相同；

② 外旋流造成的离心力将颗粒甩向器壁，内旋流由于有较大的旋转角速度，也可将细小颗粒向外抛出，同样起着分离作用；

③ 两个旋流中的气流速度可分解为切向速度 u_T，径向速度 u_r 和轴向速度 u_z，它们的方向和规律如表 8-1 所示。

表 8-1　内外旋流的分速度

	外旋流	内旋流
u_T（切向）	$u_T = C_1/R^{0.5}$	$u_T = C_2R$
u_r（径向）	方向指向轴心	指向器壁
u_z（轴向）	向下	向上

*C_1、C_2 为常数，R 为旋转半径。

（2）性能指标　旋风除尘器的性能指标主要有两个，一是分离效率，二是气体经过除尘器的压降。

① 分离效率η

较常用而且易于测定的分离效率是总效率η，总效率是指进入旋风分离器的全部颗粒中被分离下的质量分率：

$$\eta=\frac{C_1-C_2}{C_1}$$

式中：C_1——进口气体含尘浓度，g/m^3；

C_2——出口气体含尘浓度，g/m^3。

总效率η不仅决定于气体中含尘量，还决定含尘的粒度分布，粒度越小，所受离心力越小，被除下的比例越小。因此同样设备在同样操作条件下，若气流含尘粒度分布不同，总效率也不同。

② 压强降ΔP

气体通过除尘器压降应尽量小，由于这一压强降是摩擦阻力、局部阻力及气体旋转运动的动能损失的总和，因此仿照流体力学中关于阻力损失的计算，也可将ΔP用气体动能的倍数表示。

$$\Delta P=\zeta\frac{1}{2}\rho u^2$$

式中：u——气体在进气管中流速，m/s；

ρ——气体的密度，kg/m^3；

ζ——阻力系数（对给定的除尘器型式为一常数。如 *CLT*/*A* 型，ζ=5.0～5.5）。

旋风除尘器的压强降一般为 500～2 000 Pa。

旋风除尘器的应用已近百年历史，它具有结构简单、造价低；没有传动机构和运动部件，易维修；操作条件范围广，可用于高温含尘气体的净化；可回收有价值的粉尘；分离效率高等优点。但是旋风除尘器阻力损失比较大，对于粒径小于 5 μm 的粉尘粒子，旋风除尘器的捕集效率也不高。对于粒径在 200 μm 以上的粗大颗粒，最好先用重力沉降法除去，以减少颗粒对除尘器的磨损。另外，旋风除尘器也不适于处理黏性和含湿量高的粉尘及腐蚀性粉尘。

旋风除尘器在国内已有定型产品，如 XLP 型、XLT 型、C 型等，它们的主要性能可查阅有关手册，然后根据需要加以选用。

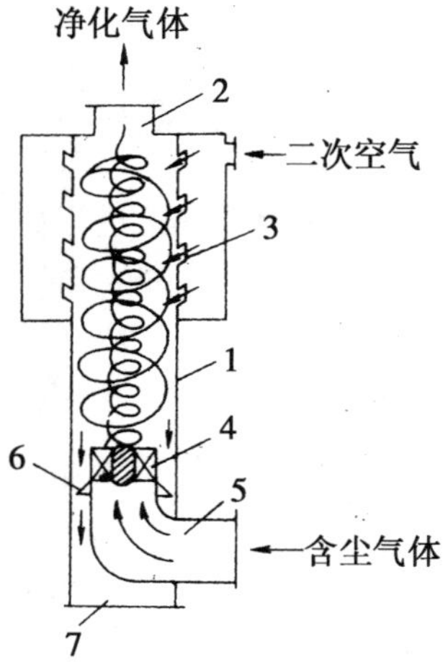

图 8-10　旋流除尘器

1—外壳体；2—排气管；
3—二次空气喷嘴；
4—叶片导流器；
5—进气管；6—尘粒导流板；
7—贮灰器

2. 旋流除尘器

旋流除尘器是一种新型的离心式除尘器，它的结构和工作原理如图 8-10 所示。

含尘气体从下部进入，经叶片导流器 4 产生向上的旋流。同时，向上运动的气流还受到由切向布置下斜喷嘴喷出的二次空气旋流作用。由于二次空气的旋流方向与含尘气流的旋流方向相同，从而增大了含尘气体的旋流速度，增强对尘粒的分离能力，并且起到对已分离出的尘粒向下裹携作用，使尘粒迅速经尘粒导流板 6 进入贮灰器 7 中。裹携尘粒后的二次空气流在除尘器的下部反转向上，混入净化后的含尘气中，从除尘器顶部排出。

旋流除尘器由于具有二次气体导入装置，使进入除尘器的气体的旋流受到增强，提高了除尘效果。

旋流除尘器的除尘效率如表 8-2 所示。

表 8-2 旋流除尘器的除尘效率

气体中含粉尘种类	粉尘粒子平均直径/μm	除尘效率/%
纤维素尘	6	96.5
合成物粉尘	4	98.0
洗衣粉尘	10	98.0
碳酸钙尘	11	99.0
环氧树脂尘	22	98.0

第五节 过滤除尘

过滤除尘是用多孔过滤介质来分离捕集气体中固体或液体粒子的处理方法。此类方法多用于工业原料气的精制，固体粉尘的回收，工业排放尾气或烟气中粉尘粒子的清除等。

一、过滤除尘的原理

过滤除尘的滤尘过程比较复杂，它是多种沉降过程联合作用的结果，包括惯性碰撞、扩散、重力沉降、筛滤和静电吸引等几个过程。

（1）惯性碰撞 粒径在 1 μm 以上的粒子具有较大的惯性。当气流遇到滤料、滤屏等障碍物产生绕流时，这些粒子仍会由本身的惯性按原方向运动，与滤料相碰而被捕集。

（2）扩散 粒径在 0.01～0.5 μm 的粒子，由于布朗运动或热运动与滤料表面接触而被除去。

（3）重力沉降 含尘气体通过过滤器时气流速度降低，粒度大、比重大的粉尘由于重力作用而沉降下来。

（4）筛滤 尘粒直径大于滤料纤维的空隙或滤饼上粉尘间的空隙时，随气流通过的尘粒便被阻留下来，特别是当滤料上积累粉尘达一定厚度形成滤饼时，这种作用更为显著。

（5）静电吸引 尘粒和滤料表面都可能有静电荷，有利捕集，但会影响滤料的清扫。

二、过滤除尘器

根据除尘装置所采用的过滤方式的不同，过滤除尘器主要有两种，一种是袋式除尘器，它是采用表面过滤的方式，即用滤布等较薄的滤料，将最初附在滤料表面上的尘粒层作为过滤层，进行尘粒的捕集。另一种是颗粒层除尘器，它采用的是内部过滤方式，即将松散的滤料在一定体积内填充形成过滤层，当含尘气体通过时即将尘粒捕集下来。

1. 袋式除尘器

袋式除尘器是让含尘气体通过用棉、毛或人造纤维等制成的过滤袋来滤去粉尘的分离装置。它具有除尘效率高（一般可达 99%以上）；适用范围广，可处理不同类型的颗粒污染物；操作弹性大，入口气体含尘量有较大变化时对除尘效率影响也很小；结构简单，运行可靠等优点，因而得到广泛应用。

袋式除尘器应用受到滤布的耐高温、耐腐蚀性能的限制，它的使用温度一般不得超过 250～300℃。对于黏结性强和吸湿性强的尘粒，有可能在滤袋上黏结，堵塞滤袋的孔隙，破坏除尘器的正常操作，所以对这类含尘气体的处理也不适宜。

（1）袋式除尘器的结构和除尘过程　袋式除尘器的种类很多，如图 8-11 所示的是一种使用较为普遍的机械清灰袋式除尘器结构简图。

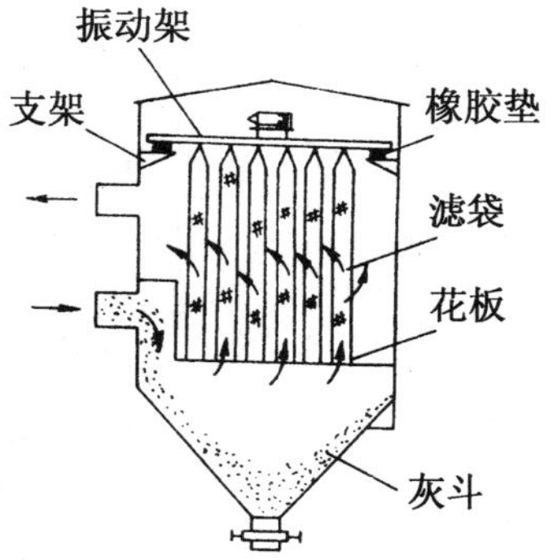

图 8-11　机械清灰袋式除尘器

除尘器的壳体内悬吊着一定数量开口朝下的布袋（柔性滤料），下端的袋口固定在花板上，花板与壳体组成了一个密封的袋室。壳体下部设有排灰装置，定期排出从布装内清下的粉尘。

含尘气体从下部经花板进入悬挂布袋的内部，尘粒被过滤而捕集下来，干净的气体则穿过布袋从壳体上方的出口管排出。过滤刚刚开始时，滤布是“清洁”的，这时捕尘作用主要靠滤布的纤维，由于此时滤布的空隙率较大，故除尘效率不高。过滤进行一段时间以后，滤布所捕集的粉尘量增加，一部分粉尘嵌入滤料内部，另一部分覆盖在表面形成粉尘层，这时含尘气体过滤主要依靠粉尘层进行，使除尘效率大大提高。随着粉尘层的增厚，阻力损失也将增加。因此当粉尘积厚到一定程度之后，则通过机械振动装置振动布袋将积灰清除，使其落入料斗而排出。滤布上只留下薄薄的一层尘粒，恢复原有的过滤性能。

（2）袋式除尘器的滤布　滤布是袋式除尘器主要组成部分之一，它对除尘器的造价，工作性能，和运行费用都有很大影响。选择袋式除尘器的滤布时，应从以下几个方面综合考虑。

① 滤尘时容尘量大，清灰后能保留完好的初尘层，使之有较高的除尘效率；

② 透气性好，压力损失小；

③ 抗折、耐高温、耐腐蚀、机械强度高；

④ 吸湿性小，易于清除沉积在滤料上的粉尘粒子；

⑤ 使用寿命长，价格低廉。

目前常用的滤布主要有三大类，现简述如下：

① 天然纤维：如棉毛织品，它的优点是透气性好，阻力小，容量大，过滤效率高，粉尘易清除，耐酸、耐腐蚀，其缺点是长期工作温度低，一般不得超过100℃。

② 无机纤维：主要指陶瓷玻璃纤维，它具有过滤性能好，阻力小，化学稳定性好，耐高温，不吸潮、价廉等优点。缺点是除尘效率低，挠性差，不耐磨。

③ 合成纤维：合成纤维的种类很多，如聚酰胺、聚酯、聚丙烯、聚丙烯腈、聚四氟乙烯等。它们具有阻力小，效率高，强度好，耐腐蚀，耐高温等优点，但价格一般都比较昂贵。

表8-3给出了一些常用滤布的主要性能，供选择时参考。

表8-3 常用滤布的主要特性

品名	化学类别	密度/(g/cm^3)	耐酸碱性能		抗虫及细菌性能	耐温性能/℃		吸水率/%	受拉强度/(g/mm^2)
			酸	碱		经常	最高		
棉	天然纤维	1.47～1.6	差	良	未经处理时差	75～85	95	8～9	35～76.6
麻	天然纤维	—	—	—	未经处理时差	80	—	—	35
羊毛	天然纤维	1.32	弱酸、低温时良	差	未经处理时差	80～90	100	10～15	14.1～25
玻璃	矿物纤维（有机硅处理）	2.54	良	良	不受侵蚀	260	350	0	100～300
维纶	聚乙烯醇类 VinyI类	1.39～1.44	良	良	优	40～50	65	0	—
尼龙	聚酰胺	1.13～1.15	冷：良 热：差	良	优	75～85	95	4～4.5	51.3～84
腈纶	（纯）聚丙烯腈	1.14～1.17	良	弱质：可	优	125～135	150	2	35～45
	聚丙烯腈与聚胺混合聚合物		良	弱质：可	优	110～130	140	1	—
涤纶	聚酯	1.38	良	良	优	140～160	170	0.4	—
泰弗纶	聚四氟乙烯	2.3	良	优	不受侵蚀	200～250	—	0	33

摘自：北京市环境保护科学研究所编《大气污染防治手册》第184页。

2. 颗粒层除尘器

颗粒层除尘器是以硅砂、砾石、矿渣、焦炭等粒状颗粒物作为滤料，去除含尘气体中粉尘粒子的一种内滤式除尘装置。它适于净化高温、易腐蚀、易燃、易爆的含尘气体，除尘效率高，并且可同时除去气体中的 SO_2 等多种气态污染物。颗粒层除尘器的缺点是阻力损失大，且不适于过滤黏性大的粉尘。

如图8-12a所示的是一种目前使用最广泛的耙式颗粒除尘器。

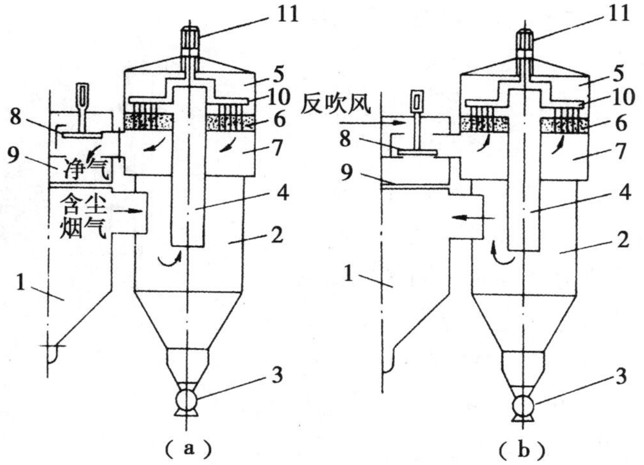

图 8-12　耙式颗粒除尘器

1—含尘气体总管；2—旋风筒；3—卸灰阀；4—插入管；5—过滤室；
6—过滤床层；7—干净气体室；8—换向阀门；
9—干净气体总管；10—耙子；11—电机

含尘气体由总管 1 沿切线方向进入下部的旋风筒 2，通过离心分离作用将粗颗粒清除，然后通过插入管 4 进入过滤室 5 中，自上而下经过过滤床层 6 进行最终净化。净化后的气体由净气体室 7 经阀门 8 引入净气体总管 9 排出。分离出的粉尘由下部卸灰阀 3 排出。

当过滤进行一段时间之后，颗粒层阻力达一定值，则应开始清除过滤层灰尘，恢复其过滤能力。清灰的过程如图 8-12b 所示。阀门 8 将干净气体总管关闭，打开反吹风风口，使气流经干净气体室 7 然后自下而上通过滤床层 6，将滤料上凝聚的粉尘剥落并将其带走，通过插入管进入下部旋风管，使粉尘沉降，气流再返回到含尘气体总管，进入到与之并联的其他正在工作的颗粒层除尘器中净化。耙子 10 的作用是打碎颗粒层中生成的气泡和尘饼，并使颗粒松动，有利于粉尘与颗粒的分离，另外可将床层表面耙松耙平，以便过滤时气流均匀通过。

第六节　静电除尘

静电除尘是利用静电力的作用分离气体中固体与液体粒子的气体净化过程。

一、静电除尘的原理

静电除尘的工作原理如图 8-13 所示。

电除尘器由两个电极组成，一个是表面曲率很大的线状裸露电极，称电晕极或放电极，它和直流电源的负极相连。另一个是板状（或管状）电极，称集尘极，和电源正极相连。当两极间加上较高的直流电压（一般为 5 万～7 万 V）时，则产生一非均强电场。由于宇宙线、放射线、雷电、高温、机械冲击等原因，空气中总存在少量的正负离子，它们便会在电场力的作用下向电极移动，形成电流。随着电压的增加，电流变化则分成三个不同区域如图 8-14 所示。区域（1）是随电压升高，空气离子被加速的过程；区域（2）是空气离子全达到电极的饱和状态；当电压升高到 V_o，达到区域（3）时，大量电子便从电晕线周围不断逸出，这些具有足够能量的电子撞击电极间的气体分子，使之电离产生正离子和自由电子。新产生的自由电子也会发生上述的撞击过程，使得电晕极周围产生大量自由电子和气体离子，电晕极表面就会出现青紫色光点，并发出嘶嘶声，我们把这种现象叫电晕放电。由于两极间的电场是非匀强电场，因此电晕放电只发生在电晕极附近场强较高的区域。如果电压继续升高到 V_s，空气则被击穿，电晕放电即转变为火花放电，使设备遭到损害，故除尘正常操作时，应保持在电晕放电状态。

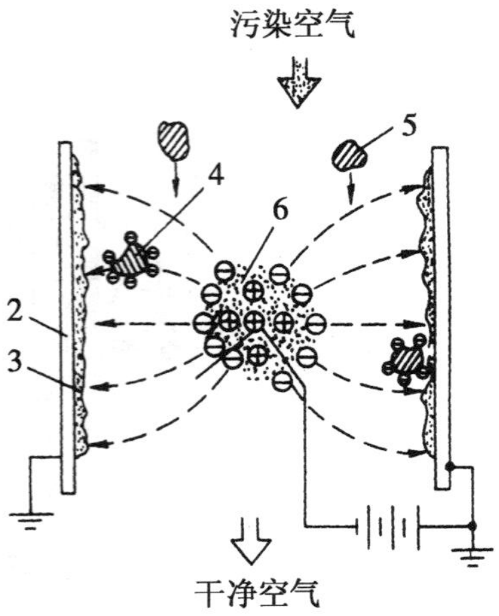

图 8-13 静电除尘的工作原理

1—电晕极；2—集尘极；3—粉尘层；4—荷电的粉尘颗粒；5—未荷电粉尘；6—电晕区

电晕放电所产生的荷电粒子在电场力作用下各自向具有相反电荷的电极移动。带负电的粒子在向正极（集尘极）移动的过程中，与悬浮在空气中的尘粒碰撞使其带有电荷，荷电的粉尘向集尘极运动，达到极板，由于电吸引力使尘粒附在极板上，形成尘粒层，负电荷从尘粒移向极板产生电中和，失去了吸引力，尘粒则由于本身的重力落入灰斗而被除去。在电晕区的气体正离子向电晕极运动的路程极短，只能与极少数尘粒碰撞而荷电并沉积在电晕极上。

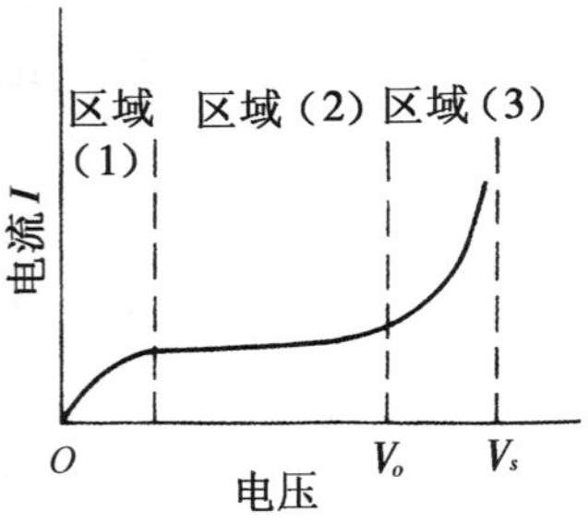

图 8-14 电极在气体中的放电特性

二、影响除尘效率的因素

静电除尘的除尘效率受到很多因素的制约，所以必须了解影响除尘效率的主要因素，对不利的方面加以调整，以获得较高的除尘效率。影响除尘效率的主要因素如下。

1. 粉尘的比电阻 R_b

粉尘的比电阻是评定粉尘导电性能的一个指标，面积为 1 cm^2，厚度为 1 cm 的粉尘层的电阻称为比电阻，单位为Ω • cm。比电阻 R_b 可以通过实测或按下式计算。

$$R_b=\frac{V}{I}\cdot\frac{F}{\sigma}\ (\Omega\cdot \text{cm}) \tag{8-11}$$

式中：V——通过粉尘层的电压降，V；

I——通过粉尘层的电流，A；

F——粉层的横断面积，cm^2；

σ——粉层的厚度，cm。

粉尘的比电阻与它的温度、湿度、松散度都有关，它只是用来相互比较的粉尘电阻。粉尘的比电阻小，说明粉尘的导电性能好。

比电阻是影响除尘效果的最主要因素，它的适宜值为 10^4～10^{11} Ω·cm。比电阻 $R_b \leqslant 10^4$ Ω·cm 的粉尘在电极上会很快放出电荷，失去极板的吸引力，容易产生二次飞扬。比电阻 $R_b > 10^{11}$ Ω·cm 的粉尘在电极上会很久不放出电荷。在集尘极表面积聚一层带负电的粉尘，对随后的尘粒的移动产生相斥作用，同时由于电粉尘层电附着力大，不仅清灰困难，而且随着粉尘厚度增加，造成电荷积累，使粉尘层表面电位增加，致使粉尘层薄弱部位击穿，引起从集尘极向电晕极的正电晕放电，称为反电晕。由于反电晕的结果，在集尘极附近空间产生大量正离子，即中和了粉尘已荷有的电荷，同时也抵消了大量的电晕电流，粉尘不能充分荷电，乃至完全不能荷电，使除尘效率下降。

比电阻的调节可通过改变含尘气体的温度或湿度来解决。空气的湿度变大，比电阻变小。温度上升，粉尘表面水分减少，比电阻也上升。但在较高温度时（100～200℃以上），粉尘表面水分全部丧失，比电阻则会随温度上升而下降。另外，还可在气体中加入适量（一般为 20～30 μL/L）的 SO_2 或 NH_3，以增强粉尘表面的吸湿能力来加以调节。

2. 含尘浓度

含尘浓度过高，使粉尘不能充分荷电，而且荷电的粉尘形成空间电荷，对电晕放电产生屏蔽效果，抑制了电晕放电，使除尘效率下降。对一般平板电除尘器，其入口浓度以小于 20g/m^3 为宜。

3. 除尘器断面气流

除尘器断面气流的气速过高，它与集尘极上沉积的粉尘之间的摩擦力也较大，有可能使粉尘脱离集尘极重新返回气流，造成除尘效率降低。

我国生产的除尘器，断面风速一般不超过 2 m/s。

三、电除尘器

电除尘器可分为两大类——平板式和管式。前者丝状放电极（负极）悬置于一组平行板之间，如图 8-15（a）所示；平行板与正极相连，为集尘极；后者是将丝状放电极悬置在一个管状的阳极中[集尘极如图 8-15（b）所示]。

实际生产中所使用的电除尘器是多组平行板或管子的组合体，图 8-15（c）则是管状静电除尘器的示意图。

由于沉积的连续性、集尘极上的尘粒堆积过厚，将会改变电压分布，必须及时除去，除去的方式有干式、湿式和半湿式。干式是对放电极连续敲击，对集尘极间歇敲击，故也称振打清灰，在电除尘器中应用较为普遍。湿式是使水在集尘板表面连续流动，形成水膜使尘粒随水流下，半湿式是间歇地喷水将电极表面润湿，以防止尘粒的二次飞扬。湿式和半湿式优于干式，但排水需加以处理。

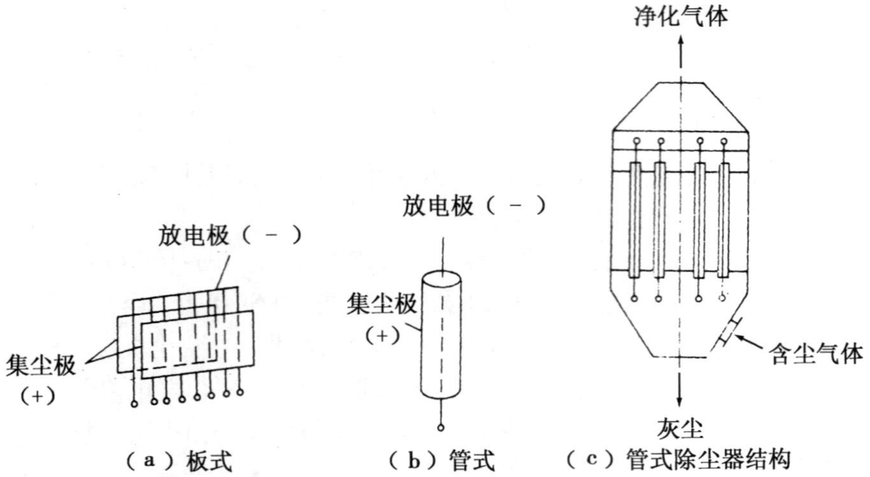

图 8-15 静电除尘器

电除尘器的类型很多，我国生产的电除尘器部分类型如表 8-4 所示，可供选用时参考。

表 8-4 国产电除尘器

产品型号	产品型号代表意义	除尘断面积/m²	断面风速/m/s	允许温度/℃	除尘效率/%
SHWB□	S—电除尘器 H—黑色冶金、建材部门 W—卧式 B—板式 □—除尘断面积，m²	3～20 30～40 50～60	0.6～0.8 1.0～1.25 1.0～1.3	300	98
YWZSR-40－$\frac{2}{3}$	Y—有色冶金用 W—卧式 Z—“Z”形集尘极 SR—“SR”形电晕极 40—除尘断面积，m² $\frac{2}{3}$—双室、三电场	40	0.6～1.0	≥（烟气零点＋60）；≤350	—
GP117D-3	G—干式 P—普通型 117—除尘断面积，m² D—火力电厂用 3—电场个数	117	1.02	160	＞98.3

摘自：北京环境保护科学研究所编《大气污染防治手册》第 219 页。

电除尘器的电源输入电压为单相交流 380 V，额定输出电压为 60 kV 或 72 kV，额定输出电流为 0.1～1.5 A。

电除尘器具有优异的除尘性能，它几乎可以捕集一切细微粉尘及雾状液滴，其捕集粒径范围在 0.01～100 μm。当粉尘粒径大于 0.1 μm 时，除尘效率可达 99%以上。除此之外，它还具有节省能源，阻力小，处理气体量大，适用温度范围广（最高可达 500℃）等优点。因此在火电厂、冶金、化工、建材、造纸等工业部门获得广泛应用。电除尘器的主要缺点是造价偏高，安装、维护、管理要求严格，需要高压变电及整流控制设备，占地面积大等。

第七节　湿法除尘

湿法除尘是利用喷淋液体，通过液滴、液膜或鼓泡通过液层等方式来洗涤含尘气体，使气体得以净化的方法。这种除尘方法的优点是除尘效率较高，适于处理高温、高湿、易燃、易爆的含尘气体，对雾滴也有很好的去除效果。此外在除尘的同时还能去除部分气态污染物，因而广泛应用于工业生产各部门的空气污染控制和气体净化过程中。它的缺点是：能耗大，废水和泥浆需要处理；洗涤水有一定的腐蚀性，在寒冷地区使用有可能发生冻结现象。

一、湿法除尘的机理

湿法除尘是一个较为复杂的过程，它是惯性碰撞、扩散、黏附、凝聚、吸引等几种过程共同作用的结果。

当气液两相在一起剧烈运动时，气体中的尘粒则向两相界面冲击，这时可能产生三种情况：第一，颗粒未达到界面，仍留在气相中，没有分离作用；第二，颗粒正好达到界面并被黏附，它可能被液体的湍动而带入液相主体，也可能由于气体的湍动而重新卷回气相，因此也不能达到完全的分离；第三，微粒穿过界面而进入液相主体，这种分离是完全的。颗粒的冲击最终会造成哪种结果，取决于它的动量大小，液体表面张力的大小。若颗粒仅仅能冲击到界面而被黏附，它是否能被分离还决定于颗粒本身是憎液性还是亲液性，若颗粒是憎液性的，它易于脱附而返回气相达不到分离目的，反之则易进入液相主体而被分离。

上述颗粒的冲击可以认为由以下几种作用造成。

1. 惯性碰撞

惯性碰撞是由于颗粒本身的动量而产生的惯性力作用造成的。如图 8-16（a）所示，图中黑点表示尘粒，实线是气流流线，虚线是尘粒运动轨迹。气流在运动中遇到液滴时会改变方向，产生绕流，但尘粒由于具有一定的惯性将保持原有运动方向，脱离所处的气流流线与液滴相碰，然后进入液滴或被液滴黏附而分离。

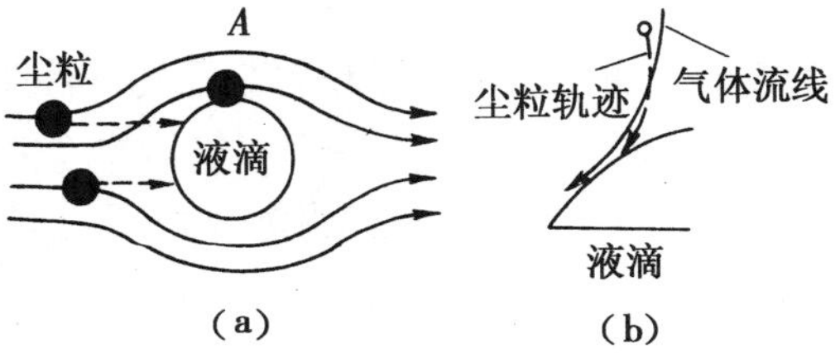

图 8-16　液滴的捕尘

2. 扩散作用

扩散作用主要对粒径小于 0.3 μm 的微粒而言，由于流体的湍动和微粒的不规则热运动，使尘粒与液滴接触而被捕集，如图 8-16（b）所示。

3. 黏附作用

当尘粒半径大于粉尘中心到液滴边缘的距离时，则粉尘被液滴黏附而分离，如图 8-16（a）中的 *A* 点所示。

4. 凝集作用

进入湿法除尘装置气体一般温度较高，可以使洗涤液蒸发而使气体饱和。蒸发会使尘粒表面上的静电力发生变化，使得尘粒发生凝聚作用，形成较大的粒子，这些凝集起来的粒子更有利于碰撞作用，从而提高了捕集效率。

上述几种作用中，影响除尘效率的最主要因素是碰撞作用和扩散作用。

二、湿法除尘设备

1. 湿法除尘设备的分类

湿式除尘设备种类很多，也很难将其明确分类，如按操作特性，则大致可分成如下几类：

（1）喷洒式　此类设备中，含尘气体是连续相，液体可以是分散相，也可以是连续相，相接触面有限，分离效率不高。淋洒式洗涤塔、旋风水膜式洗涤器、填料塔洗涤器都是属于这一类型。

（2）泡沫洗涤除尘器　气体呈分散相，液体是连续相和分散相共存，泡沫的形成是由于气体的鼓泡作用，故湍动程度和相际接触面积大，除尘效率高。

（3）压力喷射除尘器　气体和液体在压力作用下，喷射形成微粒分散在另一相中（多是液相分散在气相中）湍动程度和相接触面均很高，冲击强度也高，故除尘效率好。喷雾洗涤塔，喷射洗涤器、文丘里洗涤器等都是这一类型。

2. 常用的湿法除尘设备

（1）喷淋式洗涤器　这种洗涤器是一塔式设备，顶部设有喷水器（也有在塔身中下部分分几排装置喷淋器）液气比一般为 4～5L/1 000 m^3，结构如图 8-17 所示。

喷头一般在塔的横截面上均匀分布，含尘气体由下方进入与喷头洒下水滴逆向相遇而被捕集，净化气由上方排出，浊水由下方排出。

这类设备适用于清除粒径为 5～100 μm 粒子，压力损失 100～800 Pa。

（2）填料洗涤器　填料洗涤器是在除尘器中填充不同形式的填料，并将洗涤水喷洒在填料表面，用覆盖在填料表面的液膜来捕集粉尘粒子。这种洗涤器特别适用于伴有气体冷却和吸取气体中有些有害气体的除尘过程。

图 8-18 所示的是逆流填料洗涤器的结构简图，该除尘器采用的空塔气速为 1.0～2.0 m/s，耗用水量为 1.3～3.6 L/m^3。

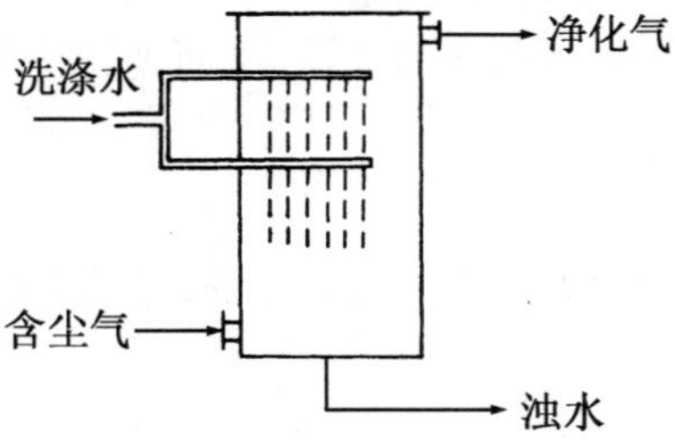

图 8-17　喷淋式洗涤塔

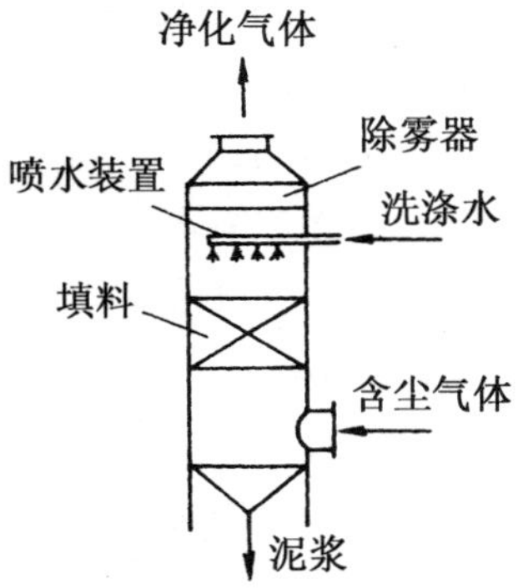

图 8-18　填料洗涤器结构简图

（3）泡沫除尘器

① 除尘原理　泡沫除尘器的除尘原理如图 8-19 所示。

气体通过水平多孔筛板上的液层，发生三种不同的气液混合状态。

气速较小时，气体以小气泡形式通过液层，称鼓泡状态。

气速增大时，由于气泡的增多和搅动剧烈，则在鼓泡层上形成泡沫层。

气速更大时，已形成泡沫不能稳定存在而破裂并随气体带走，形成雾沫夹带现象，产生雾沫层。

三种状态一般是共存的，只是相对厚度不同而已，气速小时，主要是鼓泡层，雾沫层可以忽略；气速大时，则以雾沫层为主，鼓泡层可忽略。

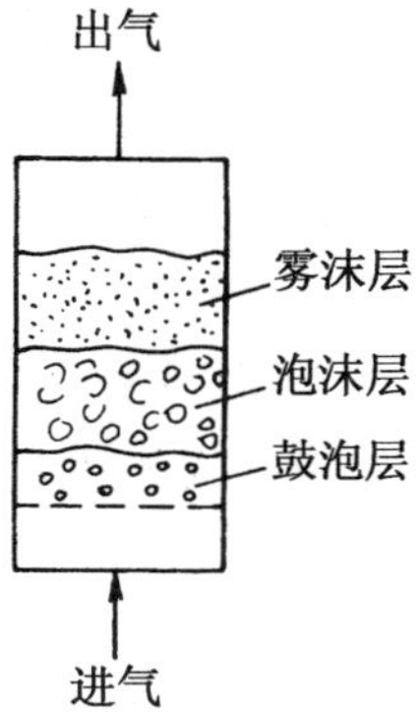

图 8-19　气体通过液层的混合状态

鼓泡层是气体分散在液体中，湍动程度小，接触介面较小，因此传质速度小。泡沫层是气液二相相互分散形成网络结构、相际接触面增大，加上泡沫不断更新，传质速度大大增加；雾沫层则是液体以滴状分散在气相，虽然相际接触面也增大，但雾沫夹带破坏了正常传质，因此，最理想的工作区是泡沫状态和接近雾沫状的操作区，这时除尘效率最高。

② 泡沫除尘器　泡沫除尘器是由一金属外壳和内装多层金属筛板组成的，有溢流式和无溢流式两种。

如图 8-20 所示是一种有溢流装置的泡沫除尘器。器内设有三层塔板，第一层塔板要保证有一定渗水量，这样气体中的尘粒可在塔的底部空间被该层塔板淋下的液滴润湿并达到初步除尘。为了保持较高的泡沫层高度以利提高除尘效率，上面二层塔板不允许渗水，故气体在孔中的流速约为第一板中流速的 2 倍。水在板上的流径是横贯全板，经溢流管流到下层塔板。气体穿过筛孔进入液层时，在筛板上形成泡沫层，气体中的尘

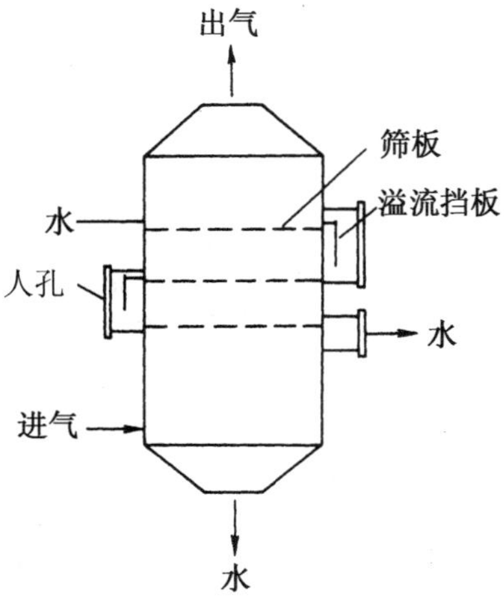

图 8-20　带溢流装置的泡沫除尘器

粒在高度湍流状态下被不断更新的巨大泡膜除去。塔板上静液层高度可借出口堰高度和液流强度来维持。

泡沫除尘器的效率，决定于尘粒的多少及物理性质、泡沫层高度、塔板数。增加塔板数可以提高除尘效率，但板数过多，增加的效率并不明显，反而使阻力损失增大，一般用三层塔板即可保证 5 μm 以上微粒可全部除净。

（4）文丘里除尘器

文丘里除尘器是一种结构简单，除尘效率高，用途广的湿式除尘设备。它在除尘的同时，还可达到冷却的目的。

① 除尘、除雾原理　文丘里除尘器一般由文丘里管和旋风分离器组合而成。

当待处理气体经过文丘里管的喉管时，产生高速气流，与从喉管中喷入的水相撞，使水雾化并充分混合，尘粒则和液滴相互撞击和润湿并结成大的颗粒进入旋风分离器内而除去。

文丘里管中水的雾化即是将一定量水化成细小水滴，水滴直径比尘粒大数十至数百倍，其液滴平均直径可近似按下式确定：

$$D_o=\frac{4980}{u}+29L^{1.5} \qquad (8\text{-}12)$$

式中：u——喉管处气速，m/s；

L——水的消耗量，L/m³ 气体。

由上式可见，气速愈大，水滴愈小，雾化程度愈高，造成的紊乱现象愈剧烈，尘粒则愈易撞击到水滴上，为旋风分离器所清除。

② 文丘里除尘器结构与操作　文丘里除尘器的结构如图 8-21 所示，由文丘里管、喷水装置和旋风分离器三部分组成。

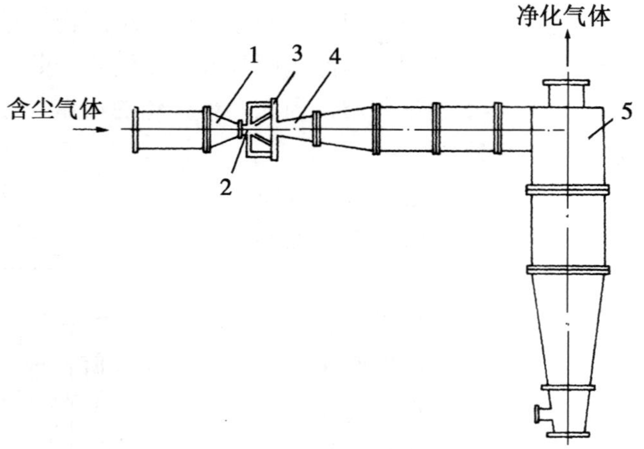

图 8-21　文丘里除尘器

1—收缩管；2—喉管；3—喷水装置；4—扩张管；5—雾沫分离器

文氏除尘器没有转动设备，它的操作关键在于气速的选择和进液量的控制，下面简要加以说明。

i. 气速：喉管气速大小决定雾化程度，也影响除尘效率，气速的选择应由尘粒直径和净化要求来决定，尘粒越小，则气速应越大。

ii. 喷液量：可用气液比来表示，喷液量过大，则阻力猛增，雾化不好，反之则达不到润湿和产生大量液滴的目的，影响除尘效率。一般以 1 000∶1（体积）为宜。

iii. 温度：温度过高使液滴气化并不能保证尘粒湿润而影响其聚凝，且使颗粒表面气膜黏度增大，降低有效冲击率，除尘率下降，故待处理气体应先降温，然后再入除尘器。

文丘里除尘器的优点是构造简单，占地面积小，不易堵塞，可处理含易燃、易黏着、易潮解粉尘的气体和高温气体。缺点是压力损失大，因而操作费用高。引起压力降的原因有两条：一是气体在管道中的局部阻力和摩擦阻力；二是雾化液体时传递给雾滴的动能损失，后者所占比重极大。

第八节　除尘装置的选择

合理选择除尘装置必须全面考虑有关的因素，一是除尘装置的有关性能，如除尘效率、适用范围、压力损失、设备和操作费用等；二是要了解污染源的情况和排放的要求，然后通过分析比较来选定经济、有效的除尘设备。选择除尘装置时，一般应注意以下几个问题。

一、粉尘的性质和粒径分布

粉尘的性质对除尘器的性能影响很大，如比重小的粉尘，捕集较困难，易产生二次飞扬；黏附性大的粉尘易黏结在除尘器表面，不宜采用干法除尘；比电阻过大或过小的粉尘不宜采用静电除尘。

不同除尘设备对不同粒径的粉尘除尘效率是不同的，选择除尘器时必须了解粉尘的粒径、分布和除尘器对不同粒径粒子的除尘效率，表 8-15 提供的数据可供选型时参考。

表 8-5　除尘装置的性能

类别	名称	适用粒径/μm	效率/%	压力损失/Pa	设备费	运行费
机械	重力沉降室	＞50	＜60	50～130	少	少
	惯性除尘器	20～50	50～70	300～800	少	少
	旋风除尘器	5～15	60～90	800～1 500	少	中
湿式	文丘里除尘器	0.5～1.0	90～98	4 000～10 000	少	大
静电	电除尘器	0.5～1.0	90～98	50～130	大	中上
过滤	袋式除尘器	0.5～1.0	95～99	1 000～1 500	中上	大

二、含尘气体的浓度和流量

含尘气体的浓度高时，可将不同类型除尘装置组合起来使用，先用重力除尘或离心除尘去除粗大尘粒，然后再选用过滤或电除尘等方法使气体得到进一步净化，以充分发挥不同类型除尘器的作用。

多数除尘器必须在含尘气体保持正常流量的条件下，才能获得良好效果。有些除尘器在流量低于正常流量时效果降低，如惯性除尘器和离心除尘器及文丘里洗涤器等；有些除尘装置则在流量高于正常流量时效果降低，如重力沉降室，振动清灰的袋式除尘器，填料洗涤塔，电除尘器等。

三、气体的性质

对高温高湿气体不宜采用袋式除尘器，电除尘必须在500℃以下操作（从普通钢的强度考虑），废气中如含有CO气体，应先将其氧化为CO_2然后再进入除尘装置，以防止爆炸。在处理含有SO_2、NO_x等污染物气体时如用湿法除尘，应考虑到对设备的腐蚀作用和排出废水的进一步处理。

四、粉尘的处理

选择除尘设备时，必须同时考虑除尘设备除下的粉尘的进一步处理或处置的问题，以免产生二次污染。例如，应考虑所收集的粉尘能否进一步的综合利用，如不能利用，应采取何种方法进一步进行处理或处置。

复习思考题

1. 颗粒污染物的除尘方式有哪几种？如何选择合适的除尘方法？
2. 为什么多层沉降室比单层沉降室的收尘效率高？
3. 简述惯性除尘的基本原理。
4. 简述旋风除尘器的工作原理，评价旋风除尘器除尘性能的指标有哪些？
5. 袋式除尘器的主要优缺点是什么？
6. 简述静电除尘的基本原理，影响静电除尘效率的因素有哪些？
7. 填料洗涤器、泡沫除尘器和文丘里除尘器在除尘原理上有什么区别？
8. 如何选择合适的除尘装置？

第九章　大气污染治理技术之二——气态污染物的治理

第一节　吸 收 法

吸收是利用气体在液体中溶解度的不同来分离和净化气体混合物的一种操作过程。它在化工生产中是一个重要的单元操作，是发生在两相间的质量传递过程。吸收法也常用于气态污染物的处理，例如含 SO_2、H_2S、NO_x、HF 等污染物的工业废气都可用吸收法加以处理。

吸收可分为物理吸收和化学吸收两大类。

（1）物理吸收　吸收时所溶解的气体与吸收液不发生明显的化学反应，仅仅是被吸收的气体组分溶于液体的过程。例如用水吸收醇类和酮类物质，用洗油吸收烃类蒸气等过程都属于物理吸收过程。

（2）化学吸收　被吸收的气体组分与吸收液发生明显化学反应的吸收过程称为化学吸收。由于废气中的气态污染物含量一般都很低，所以它们的处理多采用化学吸收法。例如用碱液吸收烟气中的 SO_2，用水吸收 NO_x 等都属于化学吸收过程。

一、吸收原理

1. 物理吸收原理

（1）物理吸收过程的相平衡　物理吸收时，可以用亨利定律来描述气液两相间的相平衡关系。

$$P_i^*=E_iX_i \tag{9-1}$$

式中：P_i^*——i 组分在气相中的平衡分压，Pa；

X_i——i 组分在液相中的浓度，摩尔分率；

E_i——i 组分的亨利系数，Pa。

亨利定律只适用于总压不高（不超过 0.5 MPa）时，一定温度下的稀溶液，而且溶质在气相或液相中的分子状态相同的情况。

如果液相组成用摩尔浓度表示，亨利定律可表示为：

$$P_i^*=\frac{C_i}{H_i} \tag{9-2}$$

式中：C_i——液相中 i 组分的摩尔浓度，kmol/m^3；

H_i——i 组分的溶解度系数，kmol/（m^3 • Pa）。

式（9-1）和（9-2）中两个系数 E_i 和 H_i 可通过实验测定或从有关手册中查出。它们都是温度的函数，通常 E_i 值随温度升高而增大，而 H_i 值随温度升高而减小。

（2）物理吸收过程的机理　吸收过程是相际间的传质过程，这一过程比较复杂，目前只提出一些简化的模型和理论来加以描述，其中以 20 世纪 20 年代刘易斯（W. K. Lewis）和惠特曼（W. G. Whitman）提出的双膜理论应用最为普遍。

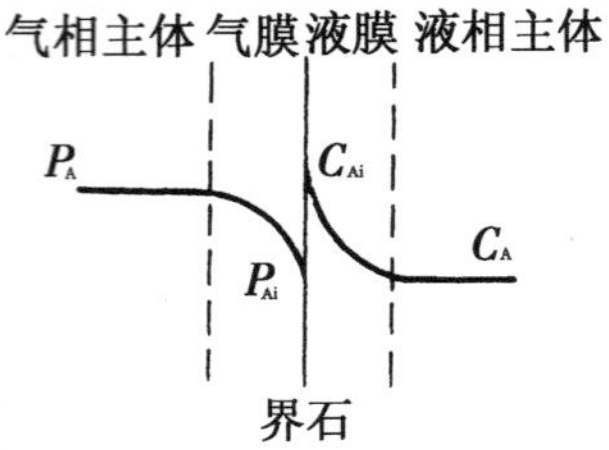

图 9-1　双膜理论示意图

双膜理论的基本论点如下，如图 9-1 所示：

① 气液两相之间存在一个稳定的相界面，界面两侧各存在一个滞流膜层。在膜层内，溶质是以分子扩散的方式通过；

② 相界面上的气液两相处于相平衡状态，即 $P_{Ai}=f（C_{Ai}）$；

③ 在气液两相主体中，由于流体的充分混合，溶质浓度分布均匀。因此，传质过程的阻力主要分布在两个滞流膜中。

气体吸收质在单位时间内通过单位相界面而被吸收剂吸收的量称为吸收速率，根据双膜理论，吸收速率的大小可用式（9-3）来表示。

$$N_A=k_G（P_A-P_{Ai}）=k_L（C_{Ai}-C_A） \tag{9-3}$$

式中：N_A——溶质 A 的吸收速率，kmol/（m^2 • h）；

k_G——气膜传质分系数，kmol/（m^2 • h • Pa）；

k_L——液膜传质分系数，m/h。

由式可见提高吸收过程的推动力 P_A-P_{Ai}，$C_{Ai}-C_A$ 或提高膜层的传质系数 k_G、k_L 都可以提高吸收过程的速率。

2. 化学吸收的原理

化学吸收过程中伴有显著的化学反应，有较高的选择性和吸收速率，它能较彻底地除去气相中很少量的有害气体。由于化学吸收远比物理吸收复杂，对于它的原理目前尚不十分清楚，下面只做一些简单的介绍。

（1）化学反应对相平衡的影响　设可溶的气态污染物 A 能和吸收剂 B 发生如下可逆反应：

$$A+B \rightleftharpoons N$$

反应平衡常数 $K_e=\dfrac{C_N}{C_A \cdot C_B}$，$C_A$、$C_B$、$C_N$ 为液相中 A、B、N 的浓度。

进入液相的 A 的总浓度：

$C=C_A+C_N$，将 $C_N=C-C_A$ 代入上式则：

$$C_A=\frac{C}{1+K_eC_B} \tag{9-4}$$

当可溶组分 A 与溶剂的相平衡关系符合亨利定律时，则有：

$$P_A=\frac{1}{H_A}C_A \text{ 或 } P_A=\frac{C}{1+K_eC_B} \cdot \frac{1}{H_A} \tag{9-5}$$

若能测出反应的平衡常数 K_e，则由上式可得出气相平衡分压与液相组分 A 的总浓度 C 之间的关系。由上式可知 K_e 越大，则 P_A 越低，因此，选择合适的吸收剂，使之与气态混合物中的污染物质反应进行得较彻底是获得高效率的关键。

（2）化学吸收机理　化学吸收过程中，吸收速度与扩散速率和化学反应速率都有关，而过程的极限取决于气液相平衡和液相中的化学反应平衡。目前关于化学吸收的理论还很不完善，下面根据双膜理论对其做一简要介绍：

一般的化学吸收过程可认为由以下几个步骤组成：

i. 气相中可溶性组分 A 向两相界面传递（与物理吸收相同）；

ii. A 穿过界面溶于液相；

iii. A 在液相中传递并与液相中物质 B 发生反应。

上述过程可用图 9-2 来表示，P、Q 两面之间为反应区，界面至 P 之间的液相区内只有组分 A 的扩散，其中反应物质 B 的浓度为零。Q 处可溶组分 A 的浓度为零，其右侧为组分 B 向反应区的扩散。当化学反应速度很快或很慢时，情况与上面有些不同，可由图 9-3 来说明。

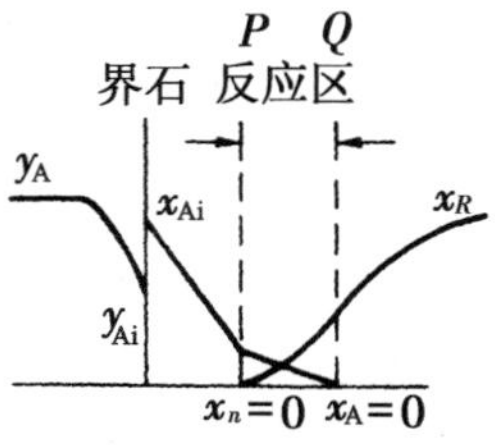

图 9-2　中等速率不可逆的化学吸收

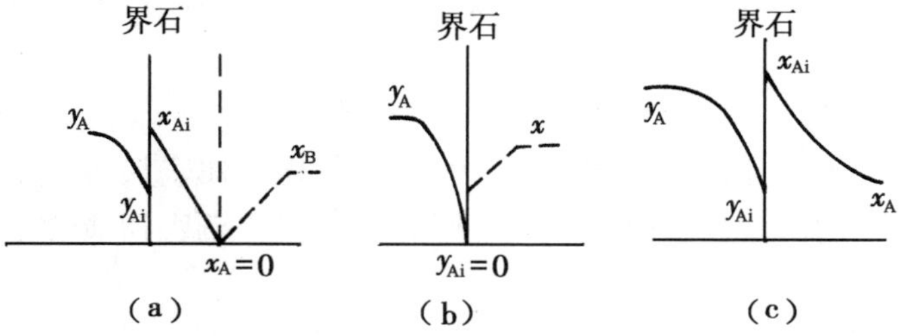

图 9-3　快速和慢速反应的化学吸收

① 快速反应　反应速率很快时，反应区缩小，致使 P、Q 两面重合，浓度分布如图 9-3（a）所示，此时过程速率与 A、B 组分的扩散速率及组分浓度有关。若 B 组分在液相中的浓度 X_B 足够高，传递速率又快则反应面可移至气液界面上，如图 9-3（b）所示。这可看作仅有气相阻力的物理吸收，且界面浓度为零，基于这一点，此过程可用作测定可溶性组分在气相中的传质分系数。

② 慢速反应　反应速率很小时，PQ 之间的反应区（A、B 共存区）将扩大至全部液相，A 组分的浓度分布如图 9-3（c）所示。

在化学吸收过程中，由于化学反应消耗了进入液相中的溶质，使溶质气体的有效溶解度增大而平衡分压降低，增大了吸收过程的推动力，同时，溶质在液膜内扩散的过程中因化学反应而消耗，减少了传质阻力，使吸收系数增大。因此，发生化学反应总会使吸收速率有所提高，但提高的程度又因情况不同而有很大的差异，目前尚无可靠的计算方法，而往往由实验测定。

二、吸收液

在吸收操作中，选择合适的吸收液至关重要，在对气态污染物处理中，它往往成为处理效果好坏的关键。

1. 吸收液的选择

吸收液的选择主要从以下几个方面来考虑。

（1）溶解度　吸收液对有害组分要有较大的溶解度，以提高吸收速率，减少吸收剂用量。

（2）选择性　吸收液对混合气体中有害组分溶解度应尽可能大，而对其余组分则应尽可能小。

（3）挥发性　吸收液挥发性要低，以减少吸收液的损失。

（4）黏度　操作温度下吸收液黏度要低，以改善吸收塔内流动状况，提高吸收速率。

（5）吸收液应尽可能无毒　难燃，吸收液化学稳定性好、不发泡、冰点低、价廉易得并具有化学稳定性；且应尽可能的无毒性。

（6）吸收液在使用中应有利于有害组分的回收。

对易溶于水的气体通常用水做吸收液，酸性气体可用碱性吸收液，轻烃类气体多用洗油为吸收液。

2. 吸收液的种类

（1）水　用于吸收易溶的有害气体。水价廉易得，比较经济。水吸收效率与吸收温度有关，一般随温度的增高，吸收效率下降。当废气中有害物质含量很低时，水吸收的效率不高，这时应选用其他吸收液。

（2）碱性吸收液　可用于吸收那些能和碱起化学反应的有害气体，如 SO_2、NO_x、H_2S、HCl、Cl_2 等。常用的碱吸收液有：氢氧化钠、氢氧化钙、氨水等。用碱性吸收液吸收属于化学吸收，因此吸收效率一般比较高。

（3）酸性吸收液　可以增加有害气体在稀酸中的溶解度或是发生化学反应。如 NO 和 NO_2 气体在稀硝酸中的溶解度比在水中大得多。浓硫酸也可以吸收 NO 气体。

（4）有机吸收液　一般用于有机废气的吸收，如洗油吸收苯和沥青烟。聚乙醇醚、冷甲醇、二乙醇胺等均可作为有机吸收液，能除去一部分有害酸性气体，如 H_2S、CO_2 等。

三、吸收设备

处理有害气态污染物的吸收设备多数为气液相接触吸收器。一个好的吸收设备应具有处理能力大、操作稳定可靠、阻力损失小、吸收效率高、结构简单、投资省等优点。目前在工业上常用的吸收设备有表面吸收器、板式塔、喷洒塔、文丘里塔等。

1. 表面吸收器

表面吸收器种类很多，如水平液面表面吸收器，液膜吸收器，填料吸收器等，下面只介绍常用的两种。

（1）列管式液膜吸收器　列管式液膜吸收器结构如图 9-4 所示，与列管式热交换器相似。吸收液自上部进入吸收器，均匀分配到各个管口，然后沿列管的内壁形成液膜自上而下流动，要处理气体自下而上从管内流过与液膜接触发生吸收作用。净化后气体从顶部排出，底部排出的吸收液可进一步处理。管束外可用冷水在管间流动以除去吸收过程所放出的热量。

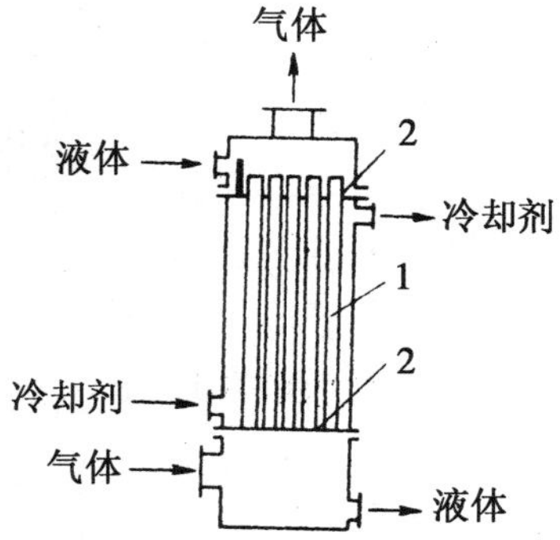

图 9-4　列管式液膜吸收器

1—列管；2—管板

（2）填料塔　填料塔是气态污染物处理中应用最普遍的设备之一，塔内装有不同形状、不同材质的填料。吸收液沿填料表面流动，基本上带有液膜吸收性质，因此可将它视为液膜吸收器的一种。

图 9-5 所示是填料塔的结构示意图，塔内装有两层填料，液体通过莲蓬式喷洒器使填料层润湿，形成液膜与自下而上的气体逆流接触，使气态污染物被吸收。

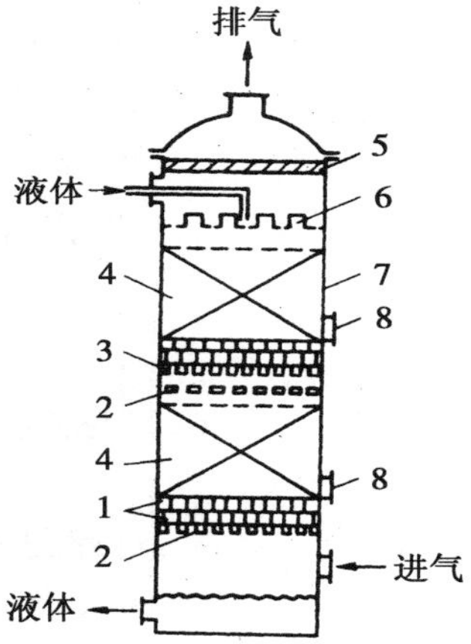

图 9-5　填料塔结构

1—大填料和中等填料砌层；2—液体再分布器；3—填料支承；4—填料；5—除雾层；6—液体分布器；7—外壳；8—人孔

塔内的填料性能对吸收效果有较大的影响，对填料的选择应从以下几个方面考虑。

① 单位体积填料的表面积应尽可能大；

② 填料层要有较大的空隙率，以降低填料层的阻力；

③ 填料应重量轻，机械强度大，制造容易，价格低廉。

填料的选用可参考有关化学工程书籍或手册。

2. 板式塔

板式塔的基本结构是在塔内设置若干层某种型式的塔板，气液两相在塔板上进行逐级的多次接触，使气态污染物被吸收而除去。

板式塔可分为有降液管式塔板、穿流式塔板和其他型式塔板三种，表 9-1 列出了几种塔板的应用特点。

表 9-1　几种塔板的应用特点

类型		应用特点
有降液	泡罩板	最早在工业上大规模应用，气液接触有充分保证，操作弹性范围大，泡罩加工复杂，钢材耗量大
	筛板	是有降液管塔板中最简单的一种、效率高，处理能力大，合理设计时可具有一定的操作弹性，但气速下限受漏液点限制
	浮阀板	效率高，处理能力大，下限可比筛板低得多，目前已大量地取代泡罩塔板

类型		应用特点
管式塔板	S形单向流塔板	板面由 S 形长条互相搭接而成，气相通过齿缝单向鼓泡，可以降低液面梯度，效率同泡罩塔板与泡罩塔相比，阻力小，处理能力大
	舌形塔板	是筛板的一种变形，处理能力大，但效率低
	浮动喷射板	板上气流呈喷射状态，阻力小，处理能力大，弹性宽，板间距小，在适宜场合下，具有一定效率
	斜孔塔板	气体以水平方向喷出，相邻两排孔口相反，气流不致对喷又能互相牵制，消除不断加速现象，塔板液层低而均匀，阻力小处理能力较大
穿流塔板	筛孔极栅缝式穿流板	是最常用的穿流式塔板，结构简单，生产能力大，阻力小，设计数据较为完整，但操作弹性较小
	波纹穿流板	将筛孔穿流板压成瓦楞波形，以改善液体的再分布，有利于在大塔内保持均匀流动
其他型式塔板	旋流板	气流通过形如固定风车叶轮的塔板，产生离心旋转与塔板上液体产生强烈接触，处理能力较大，阻力较小，操作弹性较大，效率较低
	并流喷射塔板	气液并流、结构简单，生产强度高，阻力小，适于化学吸收
	浮动筛板	气量可通过浮板自动调节开孔率，有利于改善塔板操作性能，增加操作弹性

几种常用的板式塔塔板结构如图 9-6 所示。

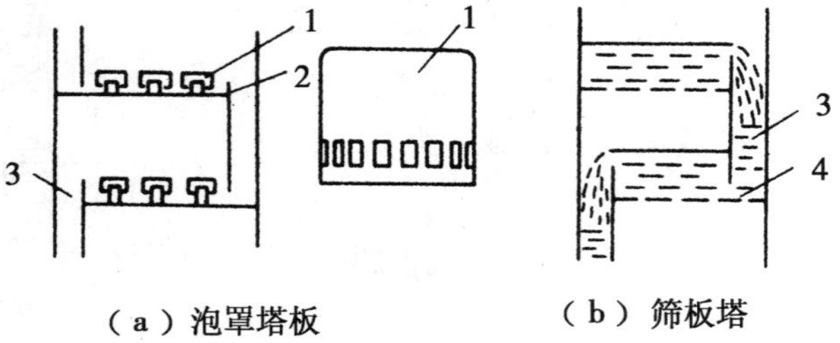

图 9-6　板式塔塔板结构示意图

1—泡罩；2—溢流堰；3—降液管；4—筛板

图 9-6（a）是泡罩塔板的结构图。每块板上均有若干升气管；管上覆盖有泡罩，泡罩下缘浸没在液体之中。气体自升气管进入泡罩下面的空间并穿过液层鼓泡通过使气态污染物被吸收。塔板上的液体可经过降液管自上块塔板流入下块塔板。

图 9-6（b）为筛板塔结构图，塔板上开有许多ϕ2～8mm 小孔，气体经过小孔鼓泡穿过塔板上液层，塔板上液层高度靠溢流装置保持。

四、吸收法在气态污染物治理中的应用

吸收法对工业废气中所含的 SO_2、NO_x、HF、HCl、Cl_2 以及胺类、醛类、硫醇等污染物的脱除都有较好的效果，其中以对 SO_2 和 NO_x 的脱除应用最为广泛，下面做一简单介绍。

1. 烟气中 SO_2 的脱除

对烟气中 SO_2 的脱除目前研究得最多，进展也较快。目前各国研究的方法已有百余种，但进展不一，有的已应用于工业化生产（约 10 余种），有的还在实验研究阶段。但迄今为止，吸收法仍然是应用较多的一种方法，下面介绍几种用吸收法治理烟气中 SO_2 的处理方法。

（1）氨—酸法 氨—酸法是较为成熟的一种处理方法，早在 20 世纪 30 年代就应用于硫酸生产中的尾气处理。该法设备简单，操作方便，脱硫费用低，除获得高浓度的 SO_2 以外，还可副产化肥。

① 基本原理 氨—酸法脱硫工艺由吸收、分解、中和三个步骤组成。

Ⅰ. 吸收 含有 SO_2 的尾气在吸收塔内与氨水接触，并发生以下反应：

$$2NH_3 \cdot H_2O+SO_2 \longrightarrow (NH_4)_2SO_3+H_2O$$
$$NH_3 \cdot H_2O+SO_2 \longrightarrow NH_4HSO_3$$
$$(NH_4)_2SO_3+SO_2+H_2O \longrightarrow 2NH_4HSO_3$$

上述吸收过程中产生的 $(NH_4)_2SO_3$ 对 SO_2 有更好的吸收能力，它是氨—酸法中主要的吸收剂。$(NH_4)_2SO_3$ 不断地与烟气中的 SO_2 反应，生成 NH_4HSO_3 这是一种酸式盐，它不再具有吸收 SO_2 的能力。

为了使吸收液始终保持较高的吸收能力，在吸收过程中需不断地向吸收液循环槽送入 NH_3，使其和吸收液中的 NH_4HSO_3 发生反应，生成亚硫酸铵，以增大吸收液中亚硫酸铵的浓度，其化学反应式如下：

$$NH_3+NH_4HSO_3+H_2O \longrightarrow (NH_4)_2SO_3+H_2O$$

Ⅱ. 分解 吸收液密度达到 1.17～1.18g/cm³ 时，则需从循环系统中抽出部分吸收液送至分解工序，加入 93%（或 95%）以上的浓硫酸，使吸收液分解再生，所发生的主要分解反应如下：

$$2NH_4HSO_3+H_2SO_4 \longrightarrow (NH_4)_2SO_4+2H_2O+2SO_2\uparrow$$
$$(NH_4)_2SO_3+H_2SO_4 \longrightarrow (NH_4)_2SO_4+SO_2\uparrow+H_2O$$

为了使分解完全，加入的浓酸量一般为理论值的 1.5 倍。分解出的气态 SO_2 可以加以回收直接制酸或制成液体 SO_2。

Ⅲ. 中和 分解工序加入的过量酸必须在中和工序用氨中和，使吸收液为硫酸铵溶液，硫酸铵也是氨—酸法的副产品，可做化肥使用。

中和工序主要的化学反应有：

$$H_2SO_4+2NH_3 \cdot H_2O \longrightarrow (NH_4)_2SO_4+2H_2O$$
$$H_2SO_4+2NH_3 \longrightarrow (NH_4)_2SO_4$$

② 工艺流程 氨—酸法典型的工艺流程如图 9-7 所示，含 SO_2 的烟道气进入吸收塔 1 的下部，含氨母液或氨水由循环泵 3 打至吸收塔顶喷淋，气液逆流接触，使 SO_2 被吸收。吸收液由塔底流入循环槽 2，在槽内补充氨气和水，以维持碱度，使吸收液部分再生，并

保持吸收液中具有稳定的$(NH_4)_2SO_3/NH_4HSO_3$比值，然后通过循环泵3进行循环。净化后的烟气经吸收塔顶除雾器除雾后从烟囱排入大气。

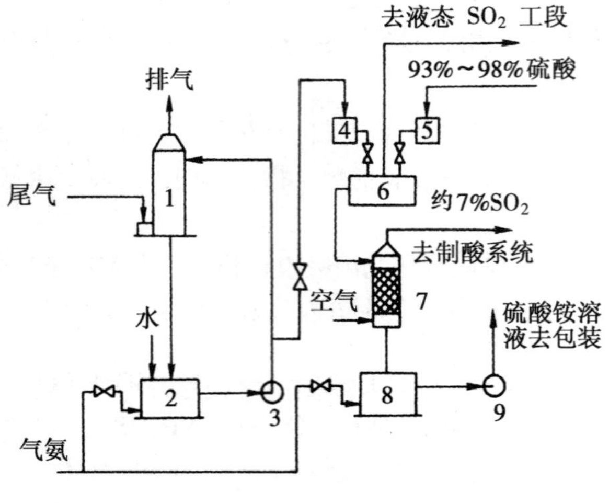

图 9-7 氨酸法回收硫酸尾气工艺流程

1—尾气吸收塔；2—母液循环槽；3—母液循环泵；4—母液高位槽；5—硫酸高位槽；6—混合槽；7—分解塔；8—中和槽；9—硫酸铵溶液泵

当吸收液中 NH_4HSO_3 含量达到一定值时，则应抽出一部分送往母液高位槽 4，并和硫酸高位槽中的浓硫酸一起送入混合槽，经折流板的作用均匀混合后，再送入分解塔 7。在混合槽内吸收液与硫酸作用可分解出 100% SO_2气体，送往液态$SO_2$2 段制取液态SO_2。在分解塔中吸收液继续被硫酸分解产生 SO_2，通过分解塔底部的空气将其吹出，得 7%左右的SO_2气体，可送去制酸。

分解塔底部出来的母液进入中和槽，通过氨中和过量的硫酸可制得硫酸铵溶液。

上述工艺流程为一段氨吸收流程，工艺简单，不耗蒸汽，但氨酸消耗量大，SO_2的吸收率只能达 90%。为了使 SO_2 吸收率进一步提高，国内一些厂改用二段氨吸收流程，第一段利用进气中较高的 SO_2 分压为推动力，产生高的 $NH_4HSO_3/(NH_4)_3SO_3$ 比率，降低酸耗，第二段吸收时，提高碱度，保证较高的吸收率，使SO_2的吸收率可高达 98%。

（2）钠碱法　钠碱法是采用碳酸钠或氢氧化钠来吸收烟气中的SO_2，吸收后的产物为Na_2SO_3、$NaHSO_3$ 和 Na_2SO_4，钠碱法又可分为亚硫酸钠法、钠盐循环法，钠盐—氟铝酸盐分解法等。下面对国内使用较多的亚硫酸钠法做一简单介绍。

① 原理　亚硫酸钠法是以 NaOH 或 Na_2CO_3溶液为吸收液，产生的Na_2SO_3回收作为副产品，此法是回收低浓度的SO_2较经济的方法之一。它的化学反应原理如下：

吸收：$2Na_2CO_3+3SO_2+H_2O \longrightarrow Na_2SO_3+2NaHSO_3+2CO_2\uparrow$

为了防止吸收液中的Na_2SO_3的氧化，在吸收液中加入一定量的阻氧化剂如对苯二胺、对苯二酚等。

中和结晶：$2NaHSO_3+Na_2CO_3 \longrightarrow 2Na_2SO_3+H_2O+CO_2\uparrow$将中和液浓缩结晶回收副产品$Na_2SO_3$。

② 工艺流程　亚硫酸钠法的工艺流程如图 9-8 所示。

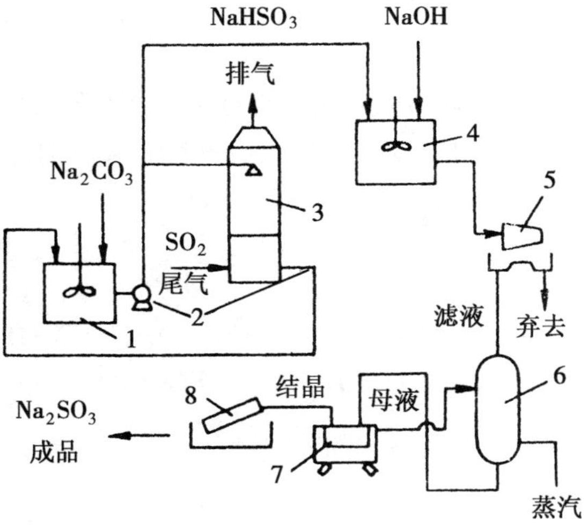

图 9-8　亚硫酸钠法回收烟气中 SO_2 工艺流程

1—循环槽；2—泵；3—吸收塔；4—中和槽；

5—过滤机；6—浓缩罐；7—离心机；8—干燥机

含 SO_2 废气经吸收塔 3 被自上而下的吸收液吸收，再经塔上部的捕雾器捕雾后排放。吸收液自塔底送至循环槽 1 循环使用，部分吸收液被送去中和槽 4 用 Na_2CO_3 或 NaOH 中和，中和液用过滤机 5 过滤，弃去废渣，清液去浓缩罐 6 浓缩结晶，在离心机 7 甩干，离心液循环使用，Na_2SO_3 结晶经干燥机 8 干燥后作为成品。

吸收塔可选用湍球塔，操作时空塔气速不超过 5m/s，其优点是不易堵塞，生产能力大，造价低，吸收率可达 90%～95%。

（3）海水脱硫　天然海水中含有大量可溶性盐，其中最主要的是氯化钠和硫酸盐及可溶性碳酸盐。海水通常呈碱性，从而使其具有吸收 SO_2 的能力。国外有些公司利用海水的这一特性开发出海水脱硫工艺。过去海水脱硫工艺主要用于冶金行业及炼油厂，近年来也开始在火电厂烟气脱硫上得到应用。挪威是采用该技术较为成功的国家，它们的烟气脱硫全部采用海水脱硫工艺。挪威的 ABB 公司已在国内外建立了 20 多套装置。

我国海水脱硫也开始得到应用，1998 年深圳西部电力公司 2 号 300MW 机组引进海水脱硫技术，在设计工况条件下脱硫率可达到 90%以上。

我国自“七五”以来对湿法脱硫技术开展了大量工作，国内申请的专利已达数十种，这些技术多用石灰水等碱性浆液为吸收剂，工艺有“筛网”式、筛板塔式、双击式和旋流板塔等，脱硫效率一般都在 40%～70%。

2. 废气中 NO_x 的脱除

吸收法在 NO_x 的脱除中使用较为广泛，吸收液为水、碱或盐的水溶液、浓硫酸和稀硝酸。下面介绍两种较常用的方法。

（1）氨—碱溶液两段吸收法　用硝酸处理金属表面时，可产生大量 NO_x 和水蒸气含量大的气体（排出气体中 NO_x 平均浓度可达 1 031 mg/m^3），可采用氨—碱液两段吸收法来加以处理。

① 原理　第一段是氨在气相中和 NO_x 及水蒸气发生反应，生成白色硝酸铵和亚硝酸铵烟雾，其反应式为：

$$2NH_3+NO+NO_2+H_2O \longrightarrow 2NH_4NO_2$$
$$2NH_3+2NO_2+H_2O \longrightarrow NH_4NO_3+NH_4NO_2$$
$$NH_4NO_2 \longrightarrow N_2+2H_2O$$

第二段是用碱溶液进一步吸收 NO_x。

$$2NaOH+2NO_2 \longrightarrow NaNO_3+NaNO_2+H_2O$$
$$2NaOH+NO+NO_2 \longrightarrow 2NaNO_2+H_2O$$

② 工艺流程　氨—碱液两段吸收的工艺流程如图 9-9 所示。

液氨钢瓶 1 中液态氨减压气化经氨分布器 2 进入通风柜 3，和含 NO_x 气体混合并进行第一段反应，反应后的气体经缓冲器 4 和风机 5 入碱吸收塔吸收，吸收后的尾气排空。吸收液由塔底排出进入碱液循环槽 7，经循环吸收一段时间，碱液基本耗尽，吸收效率明显下降，则应更新新鲜碱液，该法的平均吸收率可达 90%。

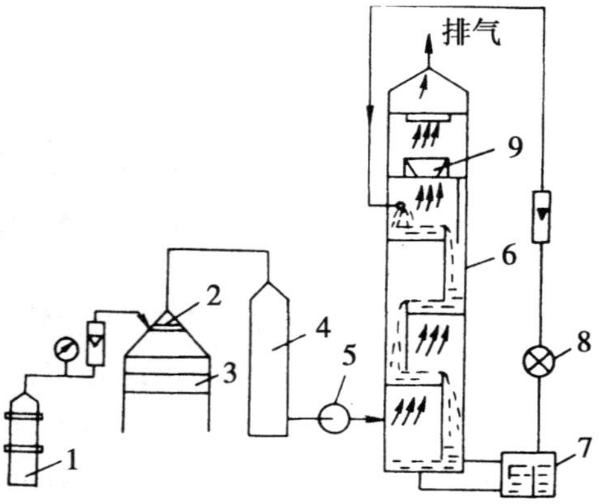

图 9-9　氨—碱溶液两段吸收工艺流程

1—液氨钢瓶；2—氨分布器；
3—通风柜；4—缓冲器；
5—风机；6—吸收塔；7—碱液循环槽；
8—碱泵；9—旋流板

（2）亚硫酸铵吸收法　亚硫酸铵具有很强的还原能力，可将 NO_x 还原为 N_2，净化效率高。可使净化后尾气中 NO_x 含量达 50 μL/L 左右，在同时生产硫酸和硝酸的化工行业，可利用处理硫氧化物所得的 $(NH_4)_2SO_3-(NH_4)HSO_3$ 溶液来净化硝酸生产中的 NO_x 尾气，降低了处理成本。

该法是将 NO_x 还原为无用的 N_2，使有效氮得不到充分利用，通常先用 NaOH 或 Na_2CO_3 溶液吸收一次，回收部分 NO_x，然后再用亚硫酸铵吸收，以进一步除去 NO_x。

① 原理　为使吸收液达到一定组成，先在 $(NH_4)_2SO_3$-NH_4HSO_3 溶液中通入氨气，使部分 NH_4HSO_3 转变为 $(NH_4)_2SO_3$，反应式为：

$$NH_3+H_2O+NH_4HSO_3 \longrightarrow (NH_4)_2SO_3+H_2O$$

处理后的 $NH_4HSO_3/(NH_4)_2SO_3$ 的比率小于 0.1。

然后用含少量 NH_4HSO_3 的 $(NH_4)_2SO_3$ 溶液吸收 NO_x，使 NO_x 还原为 N_2，发生的反应如下：

$$4(NH_4)_2SO_3+2NO_2 \longrightarrow 4(NH_4)_2SO_4+N_2\uparrow$$
$$4NH_4HSO_3+2NO_2 \longrightarrow 4NH_4HSO_4+N_2\uparrow$$
$$4(NH_4)_2SO_3+NO+NO_2+3H_2O \longrightarrow 2N(OH)(NH_4SO_3)_2+4NH_4OH$$
$$4NH_4HSO_3+NO+NO_2 \longrightarrow 2N(OH)(NH_4SO_3)_2+H_2O$$

$$2(NH_4)OH+NO+NO_2 \longrightarrow 2NH_4NO_2+H_2O$$

② 工艺流程 该法的工艺流程如图 9-10 所示。

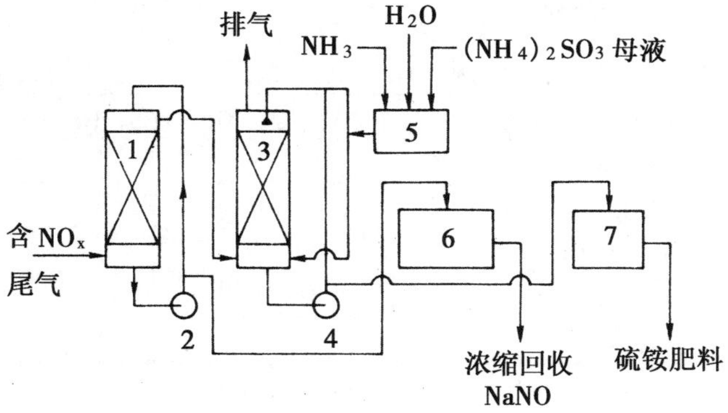

图 9-10 亚硫酸铵吸收法净化 NO_x 流程

1—碱吸收塔；2—碱泵；3—亚硫酸铵吸收塔；4—亚硫酸铵泵；

5—亚硫酸铵溶液贮槽；6—亚硝酸钠溶液贮槽；7—硫铵成品槽

含 NO_x 尾气先经碱吸收塔 1 用碱液吸收，回收 $NaNO_2$，然后进入亚硫酸铵吸收塔 3，进行逆流吸收，净化后的尾气排空。两塔的吸收液均循环使用，定期处理。

第二节 吸 附 法

吸附是一种复杂的固体表面现象。它是利用多孔性固体吸附剂来处理气态（或液态）混合物，使其中的一种或几种组分在固体表面未平衡的分子引力或化学键力的作用下被吸附在固体表面，从而达到分离的目的。很久以前吸附就作为一种单元操作应用于化学工业的各个领域，目前吸附操作在净化有毒有害气体方面也得到了广泛应用，成为处理气态污染物的重要方法之一。

一、吸附的基本原理

可以认为吸附是某些固体能将某些物质从气体混合物质中凝聚到其表面的一种物理化学现象。吸附与吸收是有区别的，吸收时液相中分子基本上是均匀分散的，而吸附时，在固体表面上分子“浓缩”形成了吸附层，所以从分子角度上来看，它是不均匀过程。

气体吸附的原理和液体吸附相似，在废气处理上主要适用去除混合气中的低浓度气态污染物。

常用的气体吸附剂有骨炭、硅胶、矾土（Al_2O_3）、分子筛、沸石、活性炭、焦炭等，其中应用最为广泛的是活性炭。这些吸附剂在大气污染治理中的应用如表 9-2 所示。

表 9-2 用吸附法可除去的污染物

吸附剂	污染物
活性炭	苯、甲苯、二甲苯、丙酮、乙醇、乙醚、煤油、汽油、光气、醋酸乙酯、苯乙烯、氯乙烯、恶臭物质、H_2S、Cl_2、CO、SO_2、NO_x、CS_2、CCl_4、$CHCl_3$、CH_2Cl_2
浸渍活性炭	烯烃、胺、酸雾、碱雾、硫醇、SO_2、Cl_2、H_2S、HF、HCl、NH_3、HCHO、CO
活性氧化铝	H_2S、SO_2、C_nH_m、HF
浸渍活性氧化铝	HCHO、HCl、酸雾
硅胶	NO_x、SO_2、C_2H_2
分子筛	NO_x、SO_2、CO、CS_2、H_2S、NH_3、C_nH_m
焦炭粉粒	沥青烟

当气体混合物与吸附剂接触时，在一定条件下（压力、温度）经一定时间，即达到吸附的动态平衡，它反映出可能达到的极限程度，这对实际的吸附操作很重要。

将污染物从气体混合物中吸附到吸附剂表面上的速度可用下式表示：

$$m_p = KV(C_{mv} - C_{mve}) \tag{9-6}$$

式中：m_p——吸附速率，kg/h；

K——系数，1/h；

V——吸附剂床的体积，m^3；

C_{mv}——要处理气体中污染物的浓度，kg/m^3；

C_{mve}——吸附达到平衡时的污染物浓度，kg/m^3。

系数 K 取决于吸附剂和气体间的有效界面积和界面上的气膜阻力，可通过实验测定，根据上式，要强化吸附过程，应采取以下措施：

增加吸附剂附近吸附质的浓度；增加吸附剂表面积；选择适当吸附剂；降低温度以降低 C_{mve}；增加吸附剂与气体的接触时间即增大 V；使吸附剂的再生保持较高的深度或连续更换吸附剂以保持较大的推动力。

二、吸附设备

用吸附法净化气体污染物的设备与废水处理中的设备类似，也可分为固体床、移动床、流动床三类。

1. 固定床吸附器

固定床吸附器是应用最多的一种吸附设备，有立式、卧式两种形式，内设吸附层可以是单层、双层或四层。

固定床的主要形式如图 9-11 所示，其外形可为圆形或方形。其中一段式固定床床层厚度一般为 1 m 左右，适于高浓度废气的净化，其他形式的固定床床层厚度为 0.5 m 左右，适用于低浓度废气的净化。

通过固定床的空塔气速一般可控制在 0.2～0.5 m/s，空塔气速过小，则处理能力低，若气速过大，则阻力损失明显增大，还可能影响吸附层的气流分布，吸附效率也会下降。

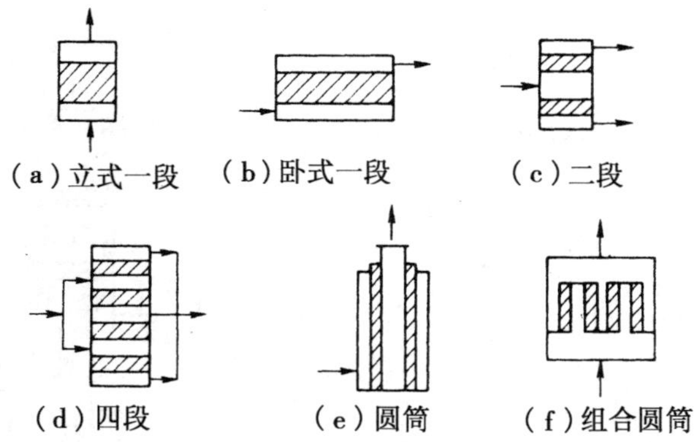

图 9-11　固定床吸附层的主要形式

固定床的操作是间歇操作过程，吸附操作进行一段时间以后，吸附剂逐渐趋于饱和，吸附能力下降，这时则应对其进行再生。对于低浓度废气的处理，吸附周期较长，可以不设再生系统，将吸附剂定期取出再生即可，这样做较为经济。如果吸附周期较短（如小于 3 个月），一般应设置再生系统。典型的再生系统如图 9-12 所示，这时则应设立两个固定床，使吸附和再生交替进行。

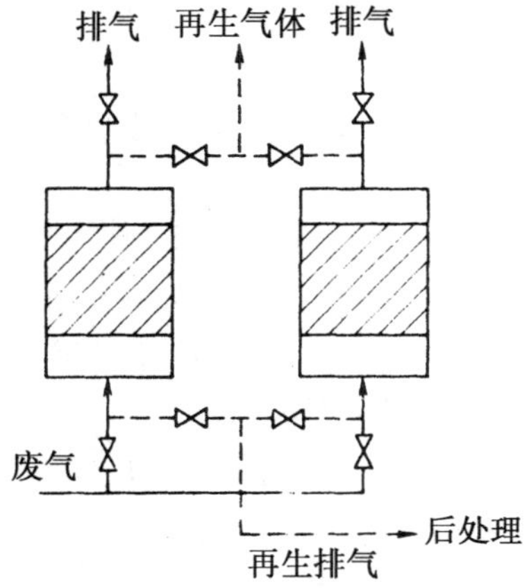

图 9-12　再生型固定床吸附装置

当其中一台吸附器进行吸附操作时，另一台则进行吸附剂的再生。在此类流程中，气流由两个吸附器分别交替进行吸附操作而起到连续净化作用。但对每一台吸附器而言，吸附过程仍然是间歇的。这种流程可以充分利用吸收剂的使用寿命，降低操作费用，增大处理气体能力，并可回收有用物质。

固定床的再生方式有多种，如用清洁气体或溶剂冲洗床层、加热床层、降低系统压力进行真空脱附等。最常用的方法是通入水蒸气将吸附质赶走，但在再生后必须向床层通入清洁干燥气体 5～10 min，以使其保持干燥。一般在一个系统中设置 2～3 台吸附器，轮流进行吸附和再生。

固定床的优点是结构简单、工艺成熟、性能可靠、吸附剂磨损小。缺点是间歇操作，并需不断的周期性轮换，吸附剂用量多，导热性能差，再生时加热升温困难，吸附热也难以导出。

2. 移动床吸附器

移动床吸附器是气固两相均以恒定速度通过的设备，气体与吸附剂保持连续接触。一般采用逆流操作，亦可采用错流操作，图 9-13 是一种错流操作的移动床吸附器的结构示意图。再生后的活性炭从顶部连续送入吸附器 1，与横向流过的废气接触，吸附了有毒污染物后流入脱附器 2，与热砂混合被加热再生，然后流过筛分机 3 与砂子分开进入冷却器 4 冷却后再经提升装置 5 送回吸附器重复使用。

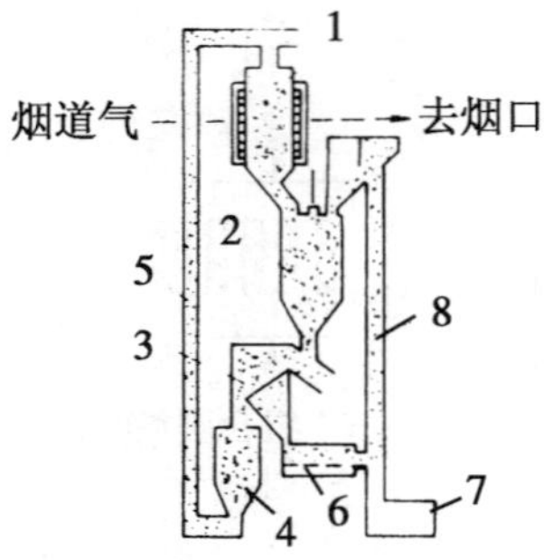

图 9-13 移动床吸附器

1—吸附器；2—脱附器；3—筛分机；4—活性炭冷却器；5—活性炭提升装置；6—皮带运输机；7—燃烧炉；8—砂子提升立管

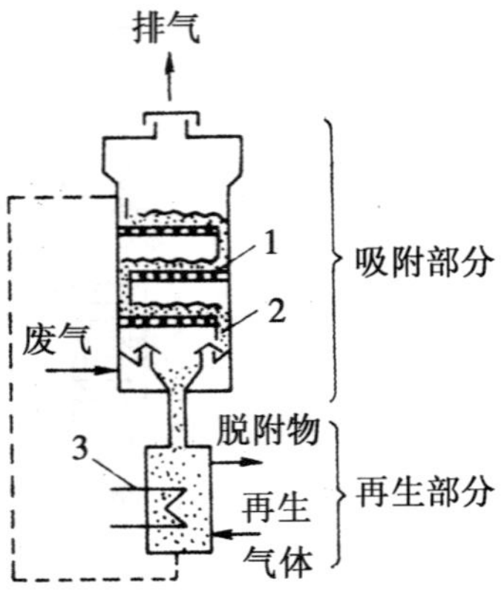

图 9-14 流化床吸附装置

1—塔板；2—溢流堰；3—加热器

砂子由皮带机 6 送到提升管 8 被燃烧炉来的热废气加热并送往脱附器 2 的顶部。

移动床吸附器的优点是操作连续进行，处理能力大。适用于稳定、连续、量大的气体净化。它的缺点是吸附剂磨损大，动力消耗也大。

3. 流化床吸附器

流化床吸附器为塔式设备，内设若干层筛板，吸附剂在筛板上呈沸腾状态，故称流化床。流化床吸附器的特点是气固两相达到充分接触，因而吸附速度快，处理能力大，特别适于连续性，大气流量的污染源治理。

和固定床相比，流化床所用的吸附剂粒度较小，空塔气速也比固定床大得多（一般为 3～4 倍），装置较为复杂，吸附剂的损耗也较大。

流化床吸附器由吸附段和脱附段组成，其结构如图 9-14 所示。

废气从吸附段的下部进入，通过每层筛板上的筛孔流出，并使筛板上的吸附剂呈流化状态，经充分吸附后进入上部的扩大段，在这里气速降低，固体吸附剂回到吸附段，而净化后的气体则从出口排出。由于流化床内吸附剂的磨损，排出的气体中常带有细小的吸附剂粉末，所以后面必须设有除尘装置。有时也将除尘器装在扩大段内，使收集到的吸附剂直接返回床层。吸附剂从吸附段的上部加入，经每段流化床溢流堰流下，最后进入脱附段内再生。再生后的吸附剂再用气流输送到吸附段，重复使用。

三、吸附法的工艺设计

用吸附法治理气态污染物，关键是要设计合适的工艺过程，主要应做好以下几方面的工作。

1. 污染源的调查

设计前应进行污染源的调查，弄清气态污染物的排放量，废气的成分、浓度、温度、排放规律等，为设计提供充足的依据。

2. 吸附剂的选择

根据要处理的气态污染物性质来选择合适的吸附剂，必要时可以先通过小试来确定吸附剂的种类及操作条件。活性炭是最常用的吸附剂，可用于有机气体的吸附，如苯、甲苯、二氯乙烷等；合成分子筛可用于无机气体如 SO_2、NO_x 的吸附。

3. 工艺方法的确定

工艺方法的确定包括吸附装置的选择、操作条件的确定、再生方法的选择等几个方面。若废气中的粉尘、油烟、焦油状物质较多，会使吸附剂劣化；废气的温度或湿度太高，也会使吸附量下降。因此，还须根据废气的具体情况选择合适的预处理方法。

4. 注意防止二次污染

当采用高压风机时，应注意减振和消除噪声；当用水蒸气、洗涤液再生吸附剂时，应避免废水污染。

四、吸附法在气态污染物治理中的应用

1. 低浓度二氧化硫的治理

用吸附法进行低浓度二氧化硫的净化处理方法也有很多种，由于用活性炭做吸附剂来脱除废气中的 SO_2 可在常温下进行，过程简单，再生时无副反应，是废气处理中最常用的一种方法。活性炭对气体 SO_2 的吸附能力一般是不高的，但有氧存在时，吸附能力则有所提高，这是因为在氧气存在时，高活性吸附表面起着催化氧化作用，将 SO_2 氧化为 SO_3，若有 H_2O 存在，则形成 H_2SO_4 而被活性炭的微孔所吸附，上述的吸附过程中物理吸附和化学反应同时存在，它可用下列方程式表示：

$$SO_2 \longrightarrow SO_2^* \qquad O_2 \longrightarrow O_2^* \qquad \text{（物理吸附）}$$

$$SO_2^* + \frac{1}{2}O_2^* \longrightarrow SO_3^* \qquad \text{（化学反应）}$$

$$SO_3^* + H_2O \longrightarrow H_2SO_4^* \qquad \text{（化学反应）}$$

$$H_2SO_4^* + nH_2O \longrightarrow H_2SO_4 \cdot nH_2O^*$$

*号表示被活性炭吸附的状态。

从上可见，这一方法的关键是如何将被活性炭微孔所吸附的 H_2SO_4 取出，以使活性炭得以再生。再生方法不同，则有不同的活性炭脱硫工艺过程。

第一种方法——热再生法：用惰性气体将热量带给活性炭，发生如下反应：

$$2H_2SO_4 + C \longrightarrow 2SO_2 + 2H_2O + CO_2$$

再生后的 SO_2 引出可制成其他产品，这一方法的缺点是要消耗部分活性炭，约为除去 SO_2 重量的10%，为了解决这一问题，降低操作费用，也可用焦炭来代替活性炭。

第二种方法——洗涤再生：用水来洗涤活性炭所吸附的 H_2SO_4，但所需水量很大，只能得到浓度为 5%～15%的稀酸，用途极少，要将其浓缩到 92%～98%，还要经过较复杂的过程和消耗大量的热能。

第三种方法——还原再生法：即用一定方式将活性炭上的硫酸还原成 SO_2 或 H_2S 甚至硫从活性炭中挥发出来，它们都是浓缩产品，便于利用。

图 9-15 是美国 Westvaco 公司用这种方法设计的脱硫流程。

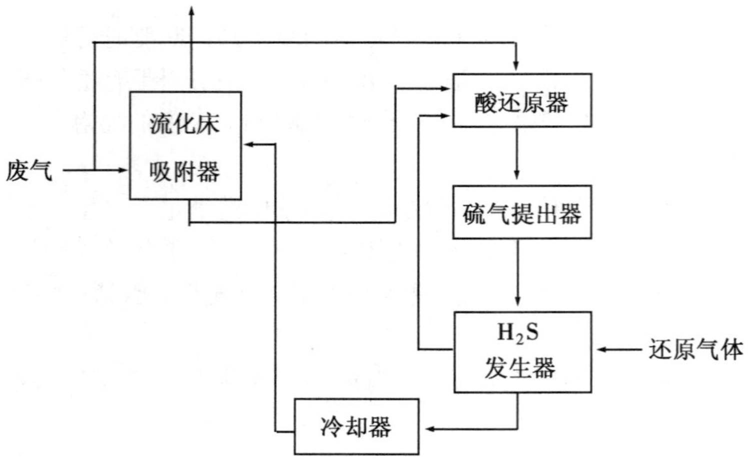

图 9-15 活性炭脱硫和还原法再生流程

该流程 SO_2 的吸附采用流化床吸附器，器内活性炭吸附 SO_2 并氧化成酸，失去活性的含酸活性炭从吸附器下部引出送入酸还原器，通入 H_2S，则发生如下反应：

$$3H_2S+H_2SO_4 \longrightarrow 4S+4H_2O$$

还原后的硫进入硫提出器，约 25%的硫用蒸汽解吸然后冷凝出来，其余的硫仍保存在活性炭内而进入 H_2S 发生器，通入 H_2 或其他还原性气体在 540℃时被转化为 H_2S 送入酸还原器，从 H_2S 发生器出来的活性炭则经冷却器冷却到 150℃再返回流化床吸附器循环使用。

2. 有机废气的吸附净化

许多化工生产过程中都要使用各种易挥发的有机溶剂来做溶剂或萃取剂，产生对人体有害的有机蒸汽，必须设法将其净化和回收。

活性炭吸附法是目前较好的净化和回收有机废气的方法，它既能达到净化目的，又可回收有用的物质，降低生产和处理成本。该法工艺简单，效率高，对生产波动的适应性强，回收费用低（不超过溶剂价格的 5%～20%），特别是对低浓度范围（1～20 g/m^3）的废气更为适用。活性炭对有机蒸汽具有选择性的吸附作用。并且用蒸汽脱附冷凝之后，许多有机溶剂很易与水分离，从而可回收纯度较高的有机物。活性炭可从废气中回收的有机溶剂很多，如汽油或石油醚之类的烃类；甲醇、乙醇、丙醇、丁醇及其他醇类；二氯乙烷、二氯丙烷；脂类、酮类、芳香烃类等。

图 9-16 所示的是用固定床净化回收有机废气的工艺流程。

含有机蒸汽的空气经冷却过滤器 1，除去固体颗粒后，由风机 3 送入吸附器 2 进行吸附净化，净化后的空气排入大气。当第一个吸附器的活性炭饱和之后，可通过阀门转换到第二个吸附器进行吸附。第一个吸附器便通入蒸汽进行脱附，脱附出来的混合气进入冷凝器 4 冷凝，冷凝下来的液体进入沉清器 5 进行分离，上层为回收的有机溶剂，下层的废水经处理后排放。尚有部分不凝气体可返回入口处，与进来的气体一同去吸附处理。当第一个吸附器脱附完成之后让其冷却，然后进行下一个吸附循环。

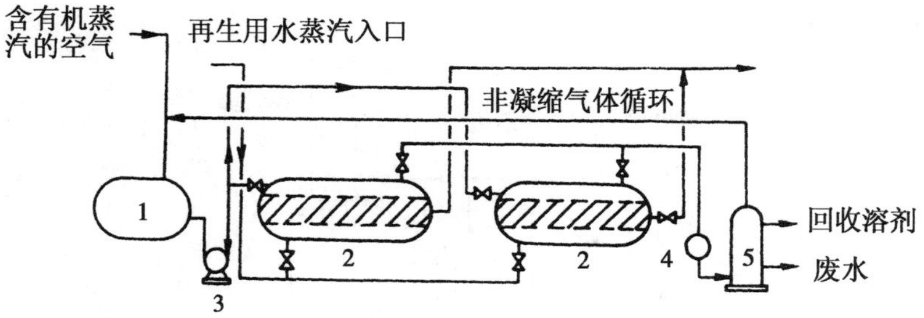

图 9-16　有机废气固定床净化流程

1—冷却过滤器；2—吸附器；3—风机；4—冷凝器；5—沉清器

该流程可使废气中有机溶剂的总回收率达到 80%～90%，如要求更高的吸附效率，可采用串联操作。在回收不耐高温，易氧化的溶剂时，可采用抽真空，降低脱附温度的方法使吸附剂再生。

3. 脱除氮的氧化物

氮的氧化物 NO_x 也是工业生产所排出的废气中一种主要污染物，例如硝酸生产尾气中 NO_x 的含量则高达 1 000～3 000 μL/L。

吸附法脱除氮氧化物的吸附剂主要有活性炭、硅胶、分子筛等。这些吸附剂都是将 NO 氧化为 NO_2 之后，以 NO_2 的形式吸附，活性炭对 NO_x 的吸附容量低，所以多采用硅胶或分子筛。利用分子筛作吸附剂净化氮氧化物是吸附法中最有前途的一种方法，国外已有工业装置用于硝酸尾气处理，可将 NO_x 浓度由 1 500～3 000 μL/L 降到 50 μL/L。用做吸附剂的分子筛有丝光沸石、皂沸石、BX 型分子筛等，下面将丝光沸石吸附法做一简单介绍。

丝光沸石是一种天然吸附剂，其化学组成为 $Na_2Al_2Si_{10}O_{24}\cdot 7H_2O$，具有很高的比表面积（500～1 000 m^2/g），因而具有较强的吸附能力。当含 NO_x 的气体通过丝光沸石床层时，水和 NO_2 分子首先被选择性吸附。

$$NO_2 \xrightarrow{\text{吸附}} NO_2^*$$

$$H_2O \xrightarrow{\text{吸附}} H_2O^*$$

吸附态的 NO_2 和 H_2O 在吸附剂表面生成硝酸并放出 NO：

$$3NO_2^* + H_2O^* \longrightarrow 2HNO_3 + NO$$

放出的 NO 连同尾气中的 NO 一起，与 O_2 在沸石表面上被催化氧化为 NO_2，然后重复上述的吸附和反应过程。

由于水分子的极性强，比 NO_2 更容易被沸石吸附，因此可以用水蒸气将沸石内表面上所吸附的氮氧化物脱附。脱附后的丝光沸石经干燥即得以再生。

用丝光沸石吸附法净化含 NO_x 废气的工艺流程如图 9-17 所示。

含 NO_x 的废气首先进入冷却塔 3 冷却，然后经丝网过滤器 4 除去夹带的雾滴后进入吸附器 5，吸附后的净气排空。吸附床层用冷却水间接冷却，以维持吸附温度。吸附器一般采用 2 或 3 个，吸附和再生交替进行。

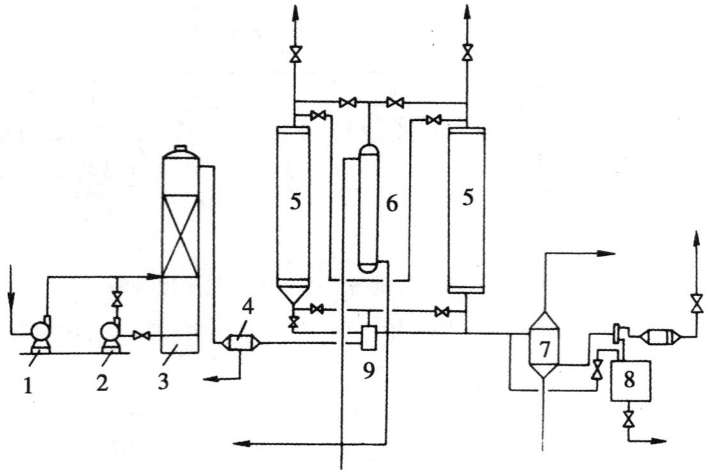

图 9-17 丝光沸石吸附 NO_x 流程图

1—风机；2—酸泵；3—冷却塔；4—丝网过滤器；5—吸附器；6—加热器；7—冷凝冷却塔；8—酸计量槽；9—转子流量计

再生由升温、脱附、干燥、冷却四个步骤组成，先将蒸汽通入吸附器内的蛇管和夹套进行间接加热，使床层升到一定温度，然后从顶部通入蒸汽，使吸附的硝酸和氮氧化物脱附，经冷凝冷却器 7 气液分离后，冷凝下来的稀硝酸经酸计量槽 8 回到硝酸贮槽。吸附后的干净气体作为干燥气流经加热器 6 加热后，自上而下通过吸附剂床层进行干燥。当出口气体中水分含量达要求后，停止加热。一方面继续用不加热的干燥气体吹扫；另一方面将冷却水通过吸附器蛇管和夹套，对吸附床层进行冷却，冷至规定温度时，结束再生操作，以备转入吸附工序。

该流程 NO_x 的吸附效率可达 80%～90%。

4. 除臭

活性炭、硅胶、离子交换树脂、活性白土等吸附剂均可除去气体中的臭气成分，特别是活性炭，对除氨、胺、醛以外的大多数臭气均能很好地吸附。使用这一方法除臭时，首先必须根据臭气成分选择适当的吸附剂并确定合适的接触时间，以提高吸附效率。对高温、含水和粉尘的废气，还要经过冷却、除尘、脱水等预处理过程。

第三节 冷 凝 法

冷凝法是采用降低系统温度或提高系统压力的方法使气态污染物冷凝并从废气中分离出来的过程。它尤其适用于处理含较高浓度（一般在 10 000 μL/L 以上）有回收价值的有机气态污染物的气体。单纯的冷凝法往往不能达到规定的分离要求，故此方法常作为吸附、燃烧等净化高浓度废气的前处理过程。

一、冷凝法的基本原理

气态污染物在不同的压力和不同的温度下具有不同的饱和蒸汽压，因此降低温度和加大压力就可以使某些气态污染物凝结成液体，从而达到净化或回收的目的。在一定的压力下，某气体物质开始冷凝出现第一滴液滴时的温度称为露点温度，因此只要将系统温度降低到某气态污染物的露点之下，就会使其冷凝而得到分离。

增大系统压力也可使气态污染物在临界温度和临界压力之下变为液态而分离回收。但这一方法处理费用较高，目前很少采用。

二、冷凝工艺和设备

典型的冷凝工艺流程如图 9-18 所示。

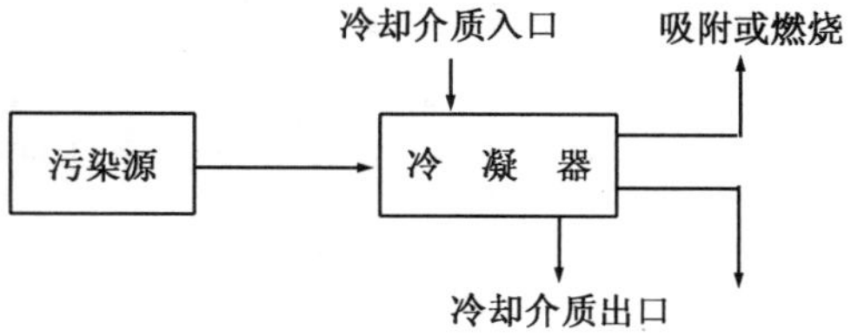

图 9-18　冷凝工艺流程

冷凝的设备分为接触冷凝器和表面冷凝器两种。使用接触冷凝器时，被冷凝的有机污染物和冷却水混在一起，不易分离易造成二次污染，多用于不回收有机物的场合。它的优点是有利于传热，防腐问题易解决。常用的几种接触冷凝器结构如图 9-19 所示。

表面冷凝器也称间接冷凝器，冷却壁面把废气和冷却介质隔开，因而被冷凝的液体很纯，可以直接回收利用。常用的表面冷凝器有列管冷凝器，翅管空冷冷凝器及螺旋板冷凝器。它们的结构与相应的热交换器相同，可以在有关的手册中参考选用。

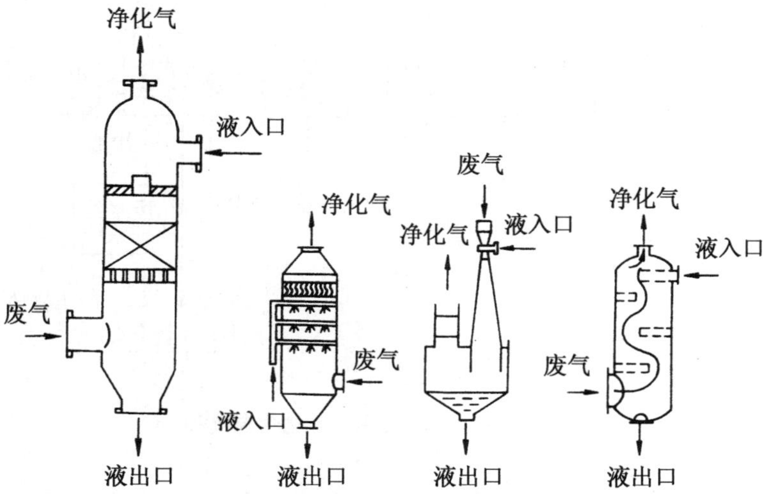

（a）填料式　（b）喷淋式　（c）文氏管式　（d）塔板式

图 9-19　接触冷凝器

三、冷凝法的应用实例

1. 含汞蒸汽的净化

汞在常温下即可蒸发。0℃时汞蒸汽的饱和浓度为 2.174 mg/m³，是国家标准 0.01 mg/m³ 的 200 多倍，20℃时则达 1 300 多倍。当生产过程中大量使用汞时，则会产生高浓度的含汞蒸汽，这时可用冷凝法来净化回收，按原理不同可有常压冷凝和加压冷凝两种。

由于汞易挥发，单靠冷凝法并不能使处理后气体达到排放标准。所以，冷凝法常作为吸附法或吸收法的前处理过程。

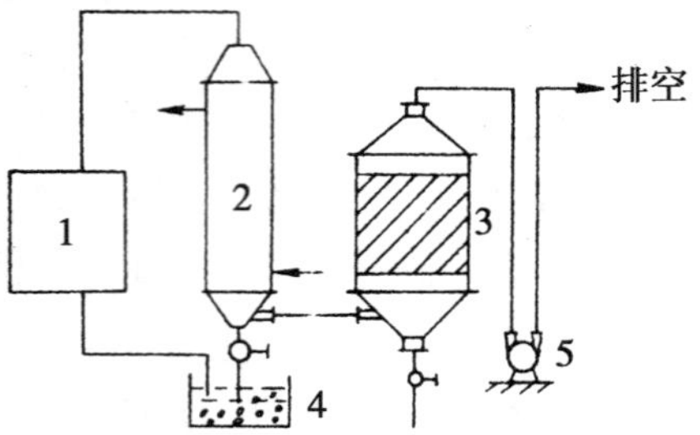

图 9-20　含汞蒸汽冷凝—吸附法处理流程

1—焙烧炉；2—列管式冷凝器；3—吸附塔；4—集汞槽；5—真空泵

如图 9-20 所示的是采用先冷凝后吸附的二级净化流程来处理含汞废水，经处理后尾气含汞浓度可达到排放标准。当冷凝温度为 20～30℃时，净化效率可达到 98%以上。

2. 烟气冷凝净化法

烟气冷凝净化法是一种全新的净化工艺，90 年代开始在欧洲一些国家的垃圾焚烧厂，电站烟气处理系统实现生产性运转，经处理后的烟气中的残余含量低于即将制定的欧洲排放标准。

烟气冷凝净化法是通过一组冷凝洗涤器将烟气冷却至露点温度以下进行净化，其工艺流程如图 9-21 所示。

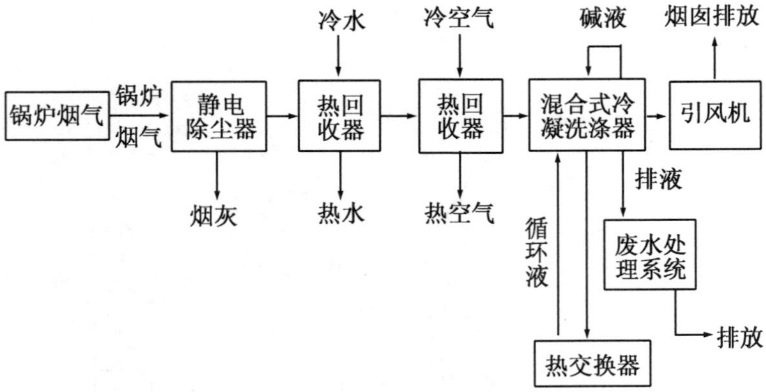

图 9-21　烟气冷凝净化法工艺流程

锅炉出口烟气（约 250℃）经静电除尘器除尘后再经热回收器可回收热水或加热助燃空气，然后再进入混合式冷凝洗涤器。烟气在其前段的微型文氏管式聚冷器中被聚冷至露点温度以下（30～40℃）产生冷凝，冷凝水同时吸收各种酸性污染物（大量 HCl、部

分 SO_x、NO_x）及除去重金属蒸汽（如 Cd、Hg），在后段洗涤塔中，烟气直接与呈微粒状的可溶性溶剂雾化层接触，使酸性污染物有机物及重金属被进一步分离，凝聚液通过板式热交换器冷却至保持低于烟气的露点温度。洗涤塔上部设有填料层，用碱液循环和 pH 控制进行深度脱硫，烟气最后经塔顶高效除雾器脱除微液滴后由引风机引入烟囱排出。

烟气冷凝净化法由于冷凝和吸收的双重作用，对气态污染物去除率很高，操作简单，所有设备内无活动部件。易于保养维修，对工艺参数适应性强，投资和运行费用低，是一种很有前景的空气污染治理技术。

第四节　催化转化法

催化转化是使待处理气态污染物通过催化剂床层，在催化剂的作用下发生催化反应，使之转化为无害物质或易于处理和回收利用物质的方法。

催化转化和吸收法、吸附法不同，它无需将污染物与主气流分离，而且直接将有害物转化为无害物质，避免了二次污染，简化了操作过程。由于废气中气态污染物含量低，催化反应的热效应比较小，一般可不考虑催化剂床层的传热问题，使催化反应器的结构大大简化，往往只需一段绝热固定床反应器即可达到处理要求。由于催化转化法有上述优点，因而现已成为控制大气污染的一种重要方法。

一、催化作用和催化剂

1. 催化作用

化学反应速度因加入某种物质而发生改变，而所加入物质的质量和化学性质在反应前后没有改变的作用称催化作用，所加入的物质称为催化剂或触媒。如果由于催化剂的加入能加快化学反应速度则称为正催化作用，减慢化学反应速度的则称为负催化作用。气态污染物的净化只利用正催化作用，所用的催化剂多为固体，即为非均相正催化作用，发生的化学反应有两类——催化氧化和催化还原。

任何一个化学反应的发生，都需要一定的活化能，反应的活化能愈小，反应愈易进行，反应速度也愈快。实验已经证实，催化剂加速化学反应速度正是通过降低活化能来实现的。

设某一化学反应 $A+B \longrightarrow C$ 在无催化剂参与反应时，反应所需的活化能为 E_0，若在反应时加入催化剂 K，使之参与反应，会使反应的途径发生改变，反应则分二步进行：

第一步：$A+K \longrightarrow AK$（中间产物）活化能 E_1：

第二步：$AK+B \longrightarrow C+K$ 活化能 E_2。

在上述两步反应中，每一步反应的活化能 E_1、E_2 都明显小于原反应的活化能 E_0，从而大大加快了化学反应速度。因此我们可以说，催化剂的实际功能是改变了化学反应的反应历程，新的反应历程由一系列基元反应所组成，每一个基元反应的活化能都小于原反应的活化能，因而使反应速度得到加快。

2. 催化剂

催化剂的种类很多，多数是由活性组分、助催化剂和载体三类物质所组成的复杂体系。活性组分是催化剂中具有加速化学反应作用的成分，能单独对化学反应起催化作用，它是催化剂中最主要的成分；助催化剂本身没有催化活性，但它和活性组分共存时，则可明显提高活性物质的催化效能；载体是承载活性物质和助催化剂的物质，它的作用主要在于提高活性组分的分散度，改善催化剂的理化性能。净化气态污染物常用的催化剂列于表 9-3 中。

表 9-3 净化气态污染物常用催化剂组成

用途	活性物质	载体
烟气脱硫 $SO_2 \rightarrow SO_3$	V_2O_5 6%～12%	硅藻土（助催化剂 K_2SO_4）
硝酸尾气脱硝 $NO_2 \rightarrow N_2$	Pt，Pd 0.5%	$Al_2O_3-SiO_2$
	$CuCrO_2$	Al_2O_3-MgO
碳氢化合物净化 $CO+HC \rightarrow CO_2+H_2O$	Pt、Pd	Ni、NiO、Al_2O_3
	CuO、Cr_2O_3、Mn_2O_3 稀土金属氧化物	Al_2O_3
汽车尾气净化	Pt 0.1%	硅铝小球、蜂窝陶瓷
	碱土、稀土和过渡金属氧化物	Al_2O_3

净化气态污染物所用催化剂除了按上表进行选择之外，还应考虑所选用的催化剂应有较高的活性、选择性、热稳定性和一定的机械强度，并应使其有较广泛的抗毒性能。如果待处理废气中含有易使催化剂中毒的毒物，应先进行净化处理去除毒物然后再进行催化转化反应。

工业用催化剂一般应根据不同的使用要求制成不同的形状，如颗粒状（包括球形、圆柱形、条形等）片状、粉状、网状和蜂窝状等。

二、催化转化工艺及设备

1. 工艺流程

催化转化工艺流程一般包括预处理、预热、反应、余热回收等几个步骤。图 9-22 所示的是几种常见的工艺流程，其中图 9-22（a）为标准型，应用较多；图 9-22（b）为无热回收型，用于处理量较小的场合；图 9-22（c）为分段转化型，用于放热较多的非选择性催化还原反应；图 9-22（d）为简单型，无预热和热回收步骤，用于汽车尾气的净化。

（1）预处理　废气的预处理主要达到两个目的，一是去除废气中所含的固体杂质或液体颗粒，以防止它们覆盖在催化剂表面而使活性降低；二是去除所含的催化剂毒物，但这在技术上较为困难经济上也不合理，故目前主要的研究方向还在提高催化剂的抗毒能力方面。

（2）预热　每一种催化剂都有一定的活性温度，进入催化剂床层的废气必须先预热到催化剂的活性温度范围。预热的方法有直接预热和间接预热两种，前者是在燃烧器内燃烧燃料气或油，并使生成的高温烟气直接与待净化的废气混合，达到所需的温度；后者是采用热交换器，用高温气流作加热介质来预热待净化废气。

（3）反应　催化反应过程在催化反应器中进行，废气处理所用的反应器多为固定床，其大小和型式由待处理废气的量和性质来决定。

（4）余热回收　对反应热较高的催化转化反应，应设法回收热量。如催化燃烧有机废气时，可产生大量高温气体，则可设置换热器或废热锅炉来回收热量，以降低处理成本和充分利用能量。

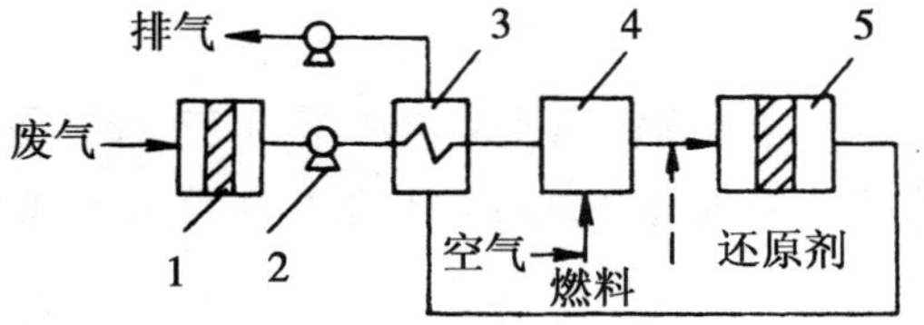

（a）标准型

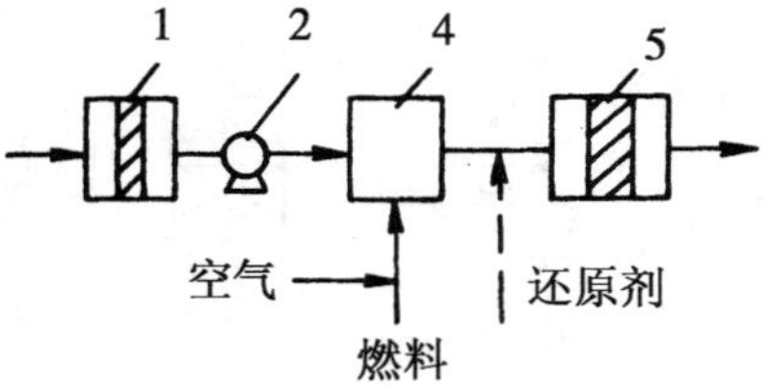

（b）无热回收型

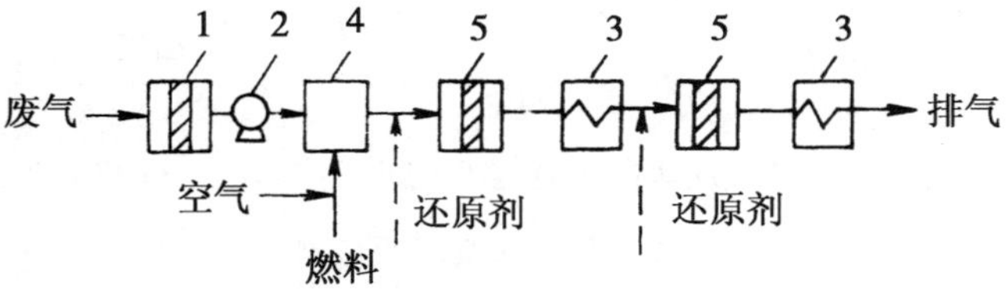

（c）分段转化型

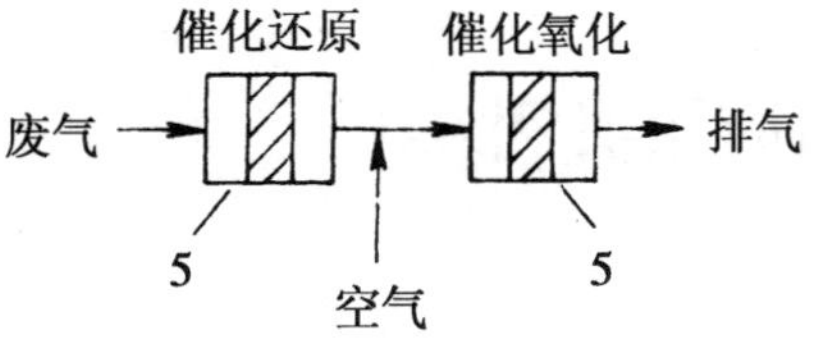

（d）简单型

图 9-22　催化转化工艺流程

1—过滤器；2—风机；3—换热器；4—预热器；5—反应器

2. 催化转化设备

治理气态污染物的催化转化设备目前主要有两大类，即固定床反应器和流化床反应器。实际使用中以固定床反应器较为广泛，下面做一简要介绍。

（1）单层绝热反应器　单层绝热反应器如图 9-23（a）所示。它的外形一般为圆筒状、内设栅板、以支承催化剂床层。待处理气体自上部进入，均匀通过催化床层，然后由下部排出。

单层绝热反应器结构简单，阻力损失小，反应器内体积得到充分利用，但床层温度不均匀，易造成局部过热，只适用于反应热效应小，低浓度气体的处理。

（2）多段绝热反应器　多段绝热反应器如图 9-23（b）所示，在反应器内设置多层栅板，每层板上都设置催化剂，相当于几个单段绝热反应器的串联，适用于中等热效应的反应。在相邻两床层之间可以通过热交换将热量引出（或加入），以控制各床层温度在适宜的范围之内。热交换的方式有两种：一是间接换热，即通过设在段间的热交换器进行换热；二是直接换热，即在段间通入冷气流，与前一段反应后的热气流直接混合而使气温降低，这一过程也称冷激。

（3）管式固定床反应器　管式固定床反应器如图 9-23（c）所示，它的结构类似列管式热交换器，管内装催化剂，管间通热载体，它适用于床温分布要求严格，反应热特别大的情况。

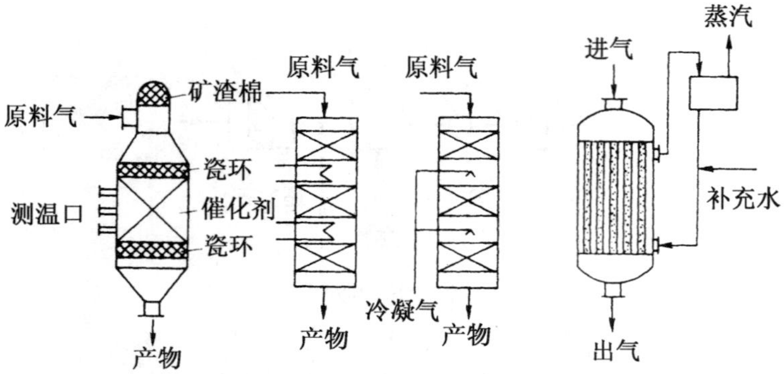

（a）单层绝热式反应器；（b）多段绝热反应器；（c）管式固定反应器

图 9-23　固定床反应器

三、催化转化法的应用实例

1. 催化氧化法脱除 SO_2

催化氧化法脱除 SO_2 是以 V_2O_5 为催化剂，将 SO_2 转化为 SO_3 并进一步制成硫酸，其反应式如下：

$$SO_2 + \frac{1}{2}O_2 \xrightleftharpoons{V_2O_5} SO_3$$

$$SO_3 + H_2O \rightleftharpoons H_2SO_4$$

该法已广泛应用于硫酸尾气处理和利用有色冶炼烟气制酸上。图 9-24 所示的是烟气脱硫的催化氧化工艺流程。待处理烟气经除尘器 1 除尘后进入固定床催化反应器 2，使其中的 SO_2 转化为 SO_3，然后经节能器 3 和空气预热器 5 使混合气温度下降并回收热量，最后经吸收塔 6 吸收 SO_3 生成 H_2SO_4，再经除雾器除去酸雾后，经烟囱排放。

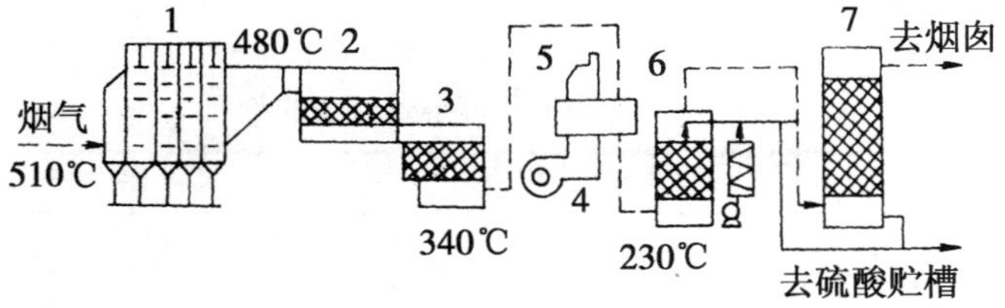

图 9-24　烟气脱硫的催化氧化工艺流程

1—除尘器；2—反应器；3—节能器；4—风机；5—空气预热器；6—吸收塔；7—除雾器

2. 催化还原法脱除 NO_x

催化还原法去除 NO_x 是利用还原剂在一定的温度和催化剂作用下将 NO_x 还原为无害的 N_2 和 H_2O。催化还原法去除 NO_x 通常有两类方法，一类是以 H_2、CH_4 等气体做还原剂，与废气中的 NO_x 和 O_2 同时发生反应，称非选择性催化还原法，所用催化剂活性组分通常为 Pt；另一类是以 NH_3、H_2S、CO 等为还原剂，它们有选择地只与 NO_x 反应，而不与 O_2 反应。所用催化剂为 Pt 或 Cu、Cr、Fe、V、Mo、Co、Ni 等金属的氧化物，称为选择性催化还原法。

图 9-25 所示的是净化硝酸尾气的选择性催化还原法的流程图。该流程以 NH_3 为还原剂，由于 NH_3 对 NO_x 的催化还原反应较易进行，因此即可用 Pt（含 Pt 0.5%的催化剂）也可用 Cu、Fe、V、Cr 等金属的化合物做催化剂。

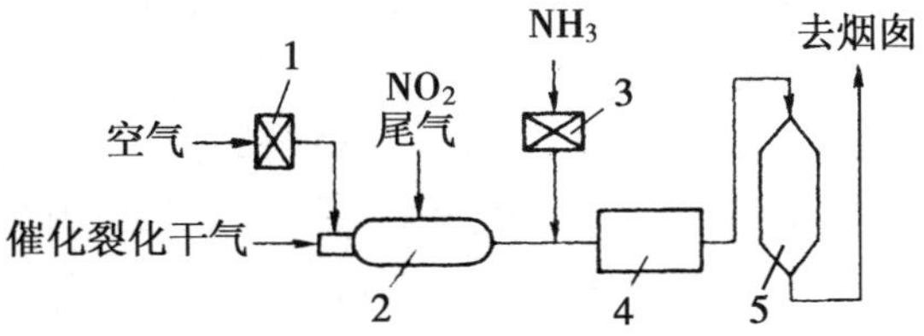

图 9-25　NH_3 选择性催化还原 NO_x 流程图

1—空气过滤器；2—燃烧炉；3—氨过滤器；4—混合器；5—反应器

催化裂化后的干气作为燃料，与过滤后的空气混合在燃烧炉内燃烧产生 1 200℃以上高温气体与硝酸尾气直接混合，使尾气升温至 220～260℃，再与从氨过滤器来的氨在混合器内混合，然后进入反应器发生催化还原反应，净化后的气体经烟囱排空。

反应器内所发生的主要反应为：

$$8NH_3+6NO_2 \longrightarrow 7N_2+12H_2O+156\ kJ$$

$$4NH_3+6NO \longrightarrow 5N_2+6H_2O+1\ 810\ kJ$$

3. 催化燃烧法净化有机废气

催化燃烧法净化有机废气是利用催化剂在低温下将有机物完全氧化使之脱除，由于不少恶臭物质也属有机物（如二甲基胺、甲硫醇、二甲基硫、苯乙烯等）因此该法也同样可用于恶臭气体的治理。

催化燃烧法处理有机废气主要分预热混合、催化反应、热量回收和净化气排空等几个步骤，其工艺流程如图 9-26 所示。

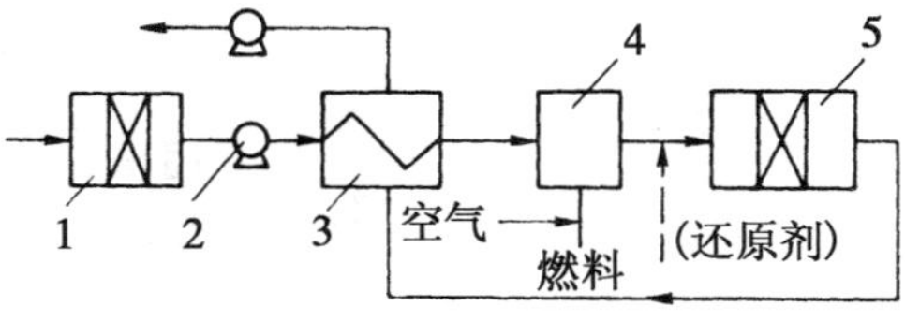

图 9-26　催化燃烧法处理有机废气工艺流程

1—过滤器；2—风机；3—换热器；4—预热器；5—反应器

可用催化燃烧法处理的有机废气如表 9-4 所示。

表 9-4 可用催化燃烧法处理的物质

碳氢化合物类	苯乙烯、苯、甲苯、二甲苯
酮类	丙酮、甲基异丁基甲酮
醇类	甲醇、乙醇烯丙醛
酸类	甲酸、乙酸、丁酸
其他	醋酸乙酯、煤油、苯酚、醚

4. 汽车尾气污染及其治理

汽车是一种现代化交通工具，但又是一种流动污染源。主要污染物成分是 CO、HC、NO_x 以及碳粒等。汽车排放大量的污染物是造成大气污染的主要原因，世界上几乎所有大城市和中小城市都遭受汽车排放污染的严重危害。

根据中国环境保护远景目标，重点城市应达到国家大气环境质量二级标准。在控制城市固定污染源排放的同时，应加强的流动污染源的控制力度，制定了相关的汽车尾气排放法规和标准。具体计划是：轻型汽车在 2005 年前后达到欧洲第二阶段控制水平；2010 年前后重点地区和重点企业争取与国际接轨。北京为了迎接 2008 年奥运会，已经要求北京的轻型汽车达到欧III和欧IV排放标准。国家环境保护部组建了新生产车监督检测网，对新车实行监督性检测。达不到排放标准的，依照《大气污染防治法》规定，不准生产、进口和销售。同时，积极进行清洁代用燃料汽车的开发和普及应用，为防治机动车污染开辟了新的途径。世界各国汽车制造商都在努力积极地研究开发各种低污染代用燃料汽车：天然气汽车、液化气汽车、甲醇汽车、乙醇汽车、生物燃料汽车、多种灵活燃料汽车、氢燃料汽车、电动汽车、太阳能汽车等。

汽车及其他机动车发动机排气中所排出的污染物主要有 NO_x（1 000～2 000 μL/L）、CO（约 5%）、碳氢化合物（1 000 μL/L 以上）等，可用催化氧化法（一段净化法）或催化氧化还原法（二段净化法）来加以脱除。

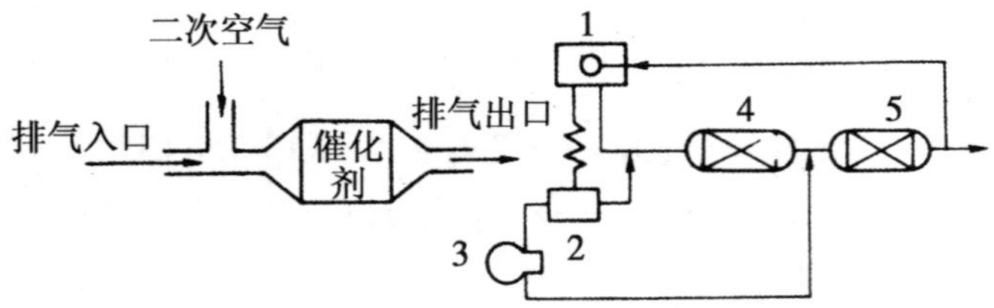

(a) 一段净化法　　(b) 二段净化法

图 9-27 汽车尾气催化净化流程

1—发动机；2—自动调节阀；3—空气泵；4—还原转化器；5—氧化转化器

一段净化法的流程如图 9-27（a）所示，发动机排出的含 CO 和碳氢化合物的尾气与补入的二次空气混合进入催化反应器，在催化剂的作用下，使 CO 和碳氢化合物被氧化为 CO_2 和 H_2O，净化后气体排入大气，该流程不能除去 NO_x。

二段净化法的流程如图 9-27（b）所示，发动机排出的尾气先通过一段催化反应器（还原反应器），在催化剂的作用下，利用尾气中含有的 CO 为还原剂将 NO_x 还原为 N_2，从一段反应器出来的气体再进入二段催化反应器（氧化反应器），并由空气泵供给足量的空气，使排气中的 CO 和碳氢化合物在催化剂的作用下氧化成 CO_2 和 H_2O。为了减少 NO_x 的生成，可使部分净化后的气体循环入汽车发动机，其余净化气排出。当所采用的催化剂可同时脱除 NO_x、CO 和碳氢化合物时，上述流程也可采用一段转化法。

第五节　燃 烧 法

燃烧法是利用燃烧过程将废气中可燃性气体、有机蒸汽、微细的尘粒等转变为无害或易除去物质的方法。它的特点是可以处理污染物浓度很低的废气、净化度高，还可消烟、除臭。该法工艺简单、操作方便，在石油化工、有机涂料工业，垃圾处理场等含有机污染物的废气治理上得到广泛应用。

燃烧法可分为三类——直接燃烧法、焚烧法和催化燃烧法。

一、直接燃烧法

直接燃烧法是将废气直接点火，在炉内或露天燃烧。该法所处理的废气必须含有足够量可以自身燃烧的可燃性废气，这就要求可燃物的浓度必须高于最低发火极限，对于烃类混合物，这一极限的发热量为 1 923 kJ/m^3，为了使燃烧能正常进行，直接燃烧法要求废气发热量要高于此极限值，应在 3 344～3 720 kJ/m^3 以上，此法可用于处理高浓度的 H_2S、HCN、CO、有机蒸汽废气等。

浓度高于最低发火极限的废气可在一般的炉窑中直接燃烧并回收热能，而在石油工业和石油化学工业中常用的一种直接火焰燃烧器，是一种将生产中所产生的可燃性废气引到离地面一定高度在大气中进行明火燃烧的装置也称“火炬”。其结构如图 9-28 所示。

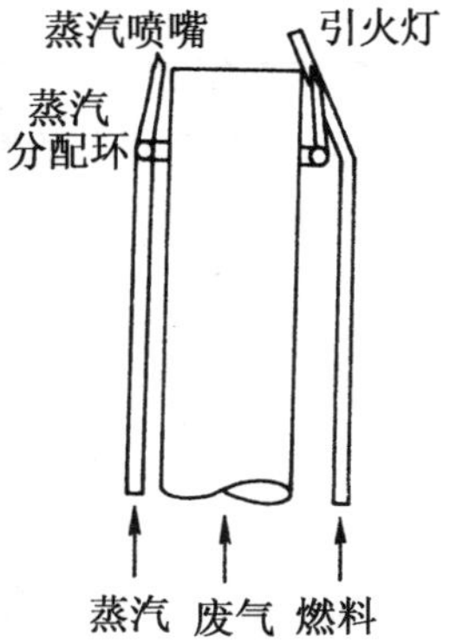

图 9-28　火炬燃烧器

火炬的优点是简单、成本低、安全、尤其适用于生产波动大，间歇排放废气的情况。它的缺点是会把一定数量的污染物扩散到大气中去，因为燃烧很难进行得十分彻底，同时大风也会使部分污染物扩散到大气中去。为了使燃烧完全，可在靠近点火处喷射水蒸气，以促进湍动和抽入过量空气，并改善碳氧接触。另外，采用火焰燃烧无法回收热能，这也是它的主要缺点。

二、热力燃烧法

热力燃烧也称焚烧，它是利用燃料燃烧产生的热量将废气加热至高温，使其中所含的污染物分解、氧化。此法必须保证燃烧完全，否则形成的燃烧中间产物危害可能更大。因此，必须有充足的氧、足够高的温度和适当的停留时间，并要有高度的湍动，以保证高温燃气与废气的充分混合。

热力燃烧过程如图 9-29 所示，由三个步骤所组成：① 利用辅助燃料的燃烧进行预热；②废气与辅助燃料产生的高温气体混合，使之达到反应温度；③废气在反应温度下充分燃烧使污染物氧化分解。

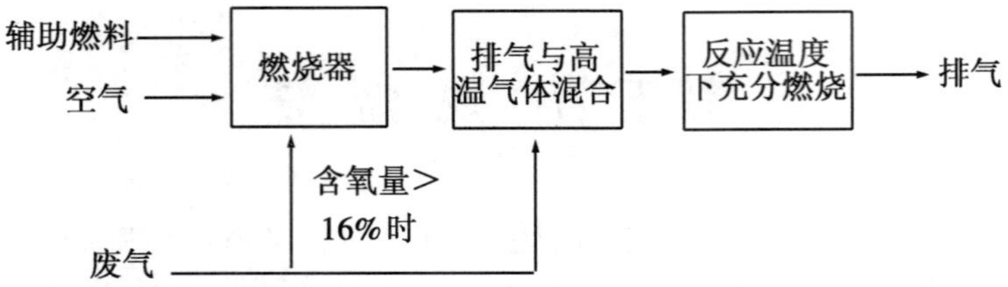

图 9-29 热力燃烧过程示意图

不同气态污染物在燃烧炉中所需的温度及滞留时间如表 9-5 所示。

表 9-5 用热力燃烧炉燃烧净化的操作指标

废气中的污染物	燃烧温度/℃	滞留时间/s	净化效率/%
一般碳氢化合物	590～680	0.3～0.5	>90
甲烷、苯、二甲苯	760～820	0.3～0.5	>90
碳氢化合物、一氧化碳	680～820	0.3～0.5	>90
恶臭物质	540～650	0.3～0.5	50～90
恶臭物质	590～700	0.3～0.5	90～99
恶臭物质	650～820	0.3～0.5	>99
黑烟（含炭粒料油烟）	760～1 100	0.7～1.0	>90

热力燃烧过程在燃烧炉中进行，如图 9-30 所示的是一种立式燃烧炉。

炉子下部与废气导管连接，当废气通过燃烧器的火焰时就被加热至污染物的着火点以上。燃烧器上方的挡板和格子砖，可以使废气与火焰充分接触，以保证燃烧过程进行得较为充分。

焚燃法的优点是可除去有机物及细微颗粒物，设备结构简单，占用空间小。缺点是操作费用高，有回火及发生火灾的可能。

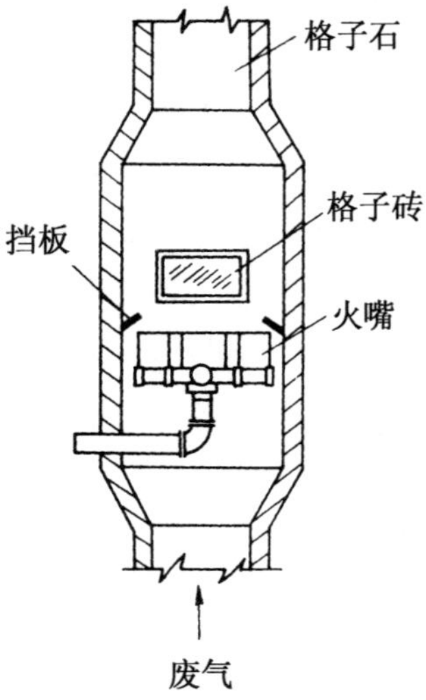

图 9-30 立式燃烧炉

三、催化燃烧法

上面所介绍的两种方法虽能达到净化气体的目的，但必须在 700～1 100℃的高温下进行，才能使燃烧进行完全，而催化燃烧法则是在催化剂存在下使燃烧在较低温度下进行，一般 200～400℃即可，这样可使燃烧过程所需热量自给或只需少量补充。

催化剂多用贵金属（铂、钯）等做活性组分，无规则金属网，氧化铝及蜂窝陶瓷做载体。铜、锰、铁、钴、镍的氧化物也具有一定活性，但反应温度高，耐热性也差。催化燃烧法的应用在上一节已有叙述，它的一般流程如图 9-31 所示。待处理的废气经热交换器和预热室温度提高至反应温度（250～500℃）后进行入催化床层发生催化燃烧反应，反应后的气体再经换热器回收热量同时本身被冷却而后排出。检测排气的成分即可了解到反应进行的程度，若排气表明燃烧进行得完全，则可减少预热器燃料供应或将其关闭，若废气中含氧量不足，则应另外补充空气。

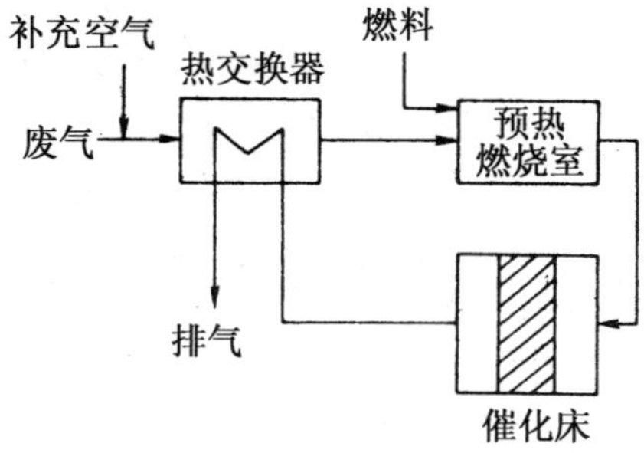

图 9-31　催化燃烧法流程

催化燃烧法只适用于污染物浓度较低的废气，这是由于催化剂使用温度是有限制的（一般低于 800℃）若污染物浓度过高，反应中放出大量热很可能将催化剂烧毁，一般要求通过催化剂床层时的温升为 55～110℃为宜。

含油漆溶剂的气体，化工厂的恶臭气体都可用催化燃烧法，但不能处理含有机氯化物或含硫化合物的废气，因为它们会形成有毒的 HCl 和 SO_3 气体同时也使催化剂中毒。也不适于处理含高沸点或高分子化合物的气体，因为此时会产生产物不完全氧化，而堵塞催化剂表面。

催化燃烧的优点是操作温度低，燃料消耗少，保温要求也不严格。缺点是催化剂较贵，需要再生、处理系统的投资也较高。

上述三类燃烧法的特点和区别如表 9-6 所示。

表 9-6　各类燃烧法的特点

种类	直接燃烧	热力燃烧	催化燃烧
燃烧温度	自热至 1 100℃进行氧化反应	预热至 600～800℃进行氧化反应	预热至 200～400℃进行催化氧化反应
燃烧状态	在高温下滞留短时间，生成明亮火焰	在高温下停留一定时间，不生成火焰	与催化剂接触不生成火焰
特点	不需预热、能回收废气中热能、只用于高于最低发火极限的气体	预热耗能高，燃烧不完全时产生恶臭，可用于各种气体燃烧	预热耗能小，催化剂贵，不能用于使催化剂中毒气体的处理

第六节　生物净化法

气态污染物的生物处理是利用微生物的生命活动过程把废气中的污染物转化为低害甚至无害物质的处理方法。生物处理过程适用范围广，处理设备简单，处理费用低，因而在废气治理中得到广泛应用，特别适用有机废气的净化过程。生物净化法的缺点是不能回收污染物质，也不适于高浓度气态污染物的处理。

根据处理过程中微生物的种类不同，生物净化法可分为需氧生物氧化和厌氧生物氧化两大类，它们的处理原理与废水的生化处理法相同。

气态污染物的生物净化法主要有两种，即生物吸收法和生物过滤法。

一、生物吸收法

生物吸收法是先把气态污染物用吸收剂吸收，使之从气相转移到液相，然后再对吸收液进行生物化学处理的办法。

生物吸收法的工艺过程如图 9-32 所示。待处理废气从吸收器底部通入，与水逆流接触，气态污染物被水（或生物悬浮液）吸收，净化后的气体从顶部排出。含污染物的吸收液从吸收器的底部流出，送入生物反应器经微生物的生物化学作用使之得以再生然后循环使用。

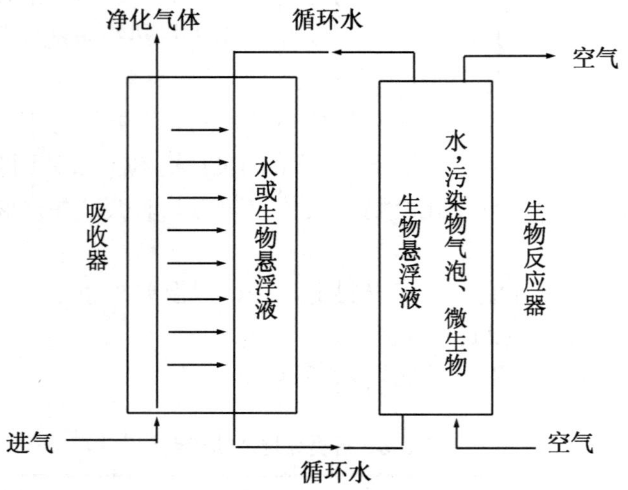

图 9-32 生物吸收装置

二、生物过滤法

生物过滤法是利用附着在固体过滤材料表面的微生物的作用来处理污染物的方法，它常用于有臭味废气的处理。

采用生物过滤法处理废气必须满足以下几个条件。

1. 废气中所含污染物必须能被过滤材料所吸附；
2. 被吸附的污染物可被微生物所降解，使之转化为低毒或无毒物质；
3. 生物转化的产物不会影响主要的生物转化过程。

生物过滤法所用的过滤装置如图 9-33 所示，池的下部铺一层砾石，内设气体分配管，砾石层上堆放过滤材料，通常是可供微生物生长的培养基，如纤维状泥炭，固体废弃物和堆肥。池底设有排水管，以排除多余的水。

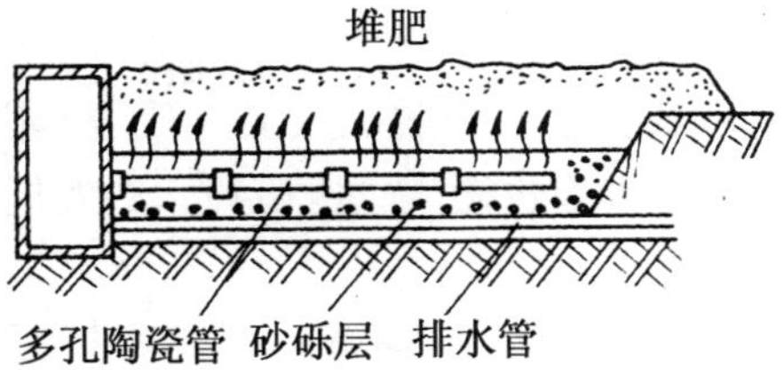

图 9-33　生物过滤装置示意图

三、生物法的应用实例——微生物脱硫

微生物脱硫技术是国外近几年开发的一种新技术，国内在这方面的实验研究也取得了一定进展。该法常用的微生物是硫杆菌属中的氧化亚铁硫杆菌，这是一种典型的化能自养细菌，它可利用一种或多种还原态或部分还原态的硫化物为能源，并且还具有通过氧化 Fe^{2+} 为 Fe^{3+} 和不溶性金属硫化物而获得能量的能力，碳源为 CO_2，适宜 pH 值为 2.0～2.2。由于该法具有成本低，耗能少，易操作等优点，因而在含硫工业废水（如 NaSCN）和含 H_2S 工业废气的处理中得到广泛应用。

$FeSO_4$ 是微生物生长的能源，在含 $FeSO_4$ 的培养液中，细菌氧化 Fe^{2+} 的速度相当快（是无菌时的 50 万倍），氧化生成的 $Fe_2(SO_4)_3$ 立即与废气中的 H_2S 反应生成单质硫沉淀出来，从而使废气得以净化。这一过程可用下述化学反应式表示：

$$2FeSO_4 + \frac{1}{2}O_2 + H_2SO_4 \xrightarrow[pH=2]{细菌} Fe_2(SO_4)_3 + H_2O$$

$$H_2S + Fe_2(SO_4)_3 \longrightarrow 2FeSO_4 + H_2SO_4 + S\downarrow$$

微生物脱硫工艺流程，如图 9-34 所示。

硫酸铁在气体吸收塔中与 H_2S 酸性气体接触、溶液吸收 H_2S 并将其氧化为单质硫，同时 $Fe_2(SO_4)_3$ 被还原为 $FeSO_4$，然后进入分离器将硫分离。分离器出来的 $FeSO_4$ 溶液进入生物反应器，在有氧的条件下（pH＝2）被细菌氧化为 $Fe_2(SO_4)_3$，再返回吸收塔循环使用。在这种闭式循环工艺中无废料排出，不会产生二次污染，也不需催化剂和其他化学药剂，是一种较理想的处理方法。

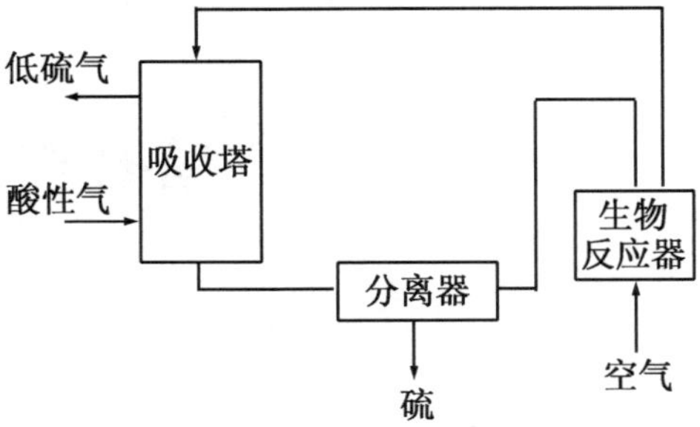

图 9-34　微生物脱硫法工艺流程图

微生物脱硫技术目前已进入实用阶段，第一套工业装置于 1984 年日本钡化学品有限公司小阪制作所建成，现已连续可靠运行多年，其操作条件和处理效果如表 9-7 所示。

微生物脱硫技术在炼油厂废水处理中也得到应用，如 1994 年美国 Tulsa 大学用脱氮硫杆菌将 H_2S 直接氧化为元素硫，对炼油厂废气中 H_2S 去除进行了试验研究。脱硫率可达 80%。

目前烟道气脱硫最为成熟的方法是湿法脱硫，但运行费用高，还会产生二次污染。

生物脱硫利用化能自养微生物对 SO_x 的代谢过程可将烟道气中的 SO_x 等经微生物还原作用生成单质硫而去除。国内外的研究成果表明，若将微生物脱硫与湿法脱硫相结合，先用含有微生物的溶液或悬浮液将气相中的硫化物吸收，然后利用微生物脱除已溶解的硫化物可获得较好的脱硫效果。随着基因工程的发展和应用，筛选和构建高效脱硫工程菌会更进一步促进微生物脱硫技术的发展。

表 9-7 日本钡化学品公司微生物脱硫工业装置运行效果

流率/（m^3/h）	200
硫黄产量/（t/d）	150
硫黄纯度/%	99.98
酸性气体组分/%	
H_2S	70
CO_2	20
H_2O	10
脱硫后气体中 H_2S 含量/（μL/L）	≤10
H_2S 脱除率/%	99.99
吸收塔类型	喷射洗涤塔
生物反应器类型	流化床反应器

微生物脱硫技术目前还处于研究阶段，工业化应用程度不高，主要原因是目前对微生物基础方面研究较少，使工业化过程缺少理论依据和指导，同时微生物脱硫的工艺和设备研究也相对滞后，影响了这一技术的应用。因此微生物脱硫技术今后的发展将会集中在高效功能菌的选育、硫代谢途径控制和复合微生物脱硫技术（如生化法与物化法结合，生化法与湿法脱硫结合）等几个方面。

第七节 膜分离法

将气体混合物在一定的压力梯度作用下通过特定的薄膜，对于不同气体具有不同的透过速度，从而使混合物中的不同组分得以分离。选择不同结构的膜，就可分离不同的气态污染物，这就是气态污染物的膜分离法。

一、基本原理

气体通过膜的渗透情况较为复杂，对于不同的膜，渗透情况不同，机理也各异，总的来说可分为两大类。

第一类是通过多孔型膜的流动，这种膜是微孔膜，孔径大小为 50～300 nm。该膜具有活泼的毛细管体系，对气体组分具有吸附力而造成流动，故也称“吸附型”膜，其渗透属微孔扩散机理。

第二类是通过非多孔型膜的渗透，非多孔膜实际上也有小孔，但孔径很小，亦称“扩散型”膜。气体通过非多孔膜时可用溶解机理来解释。首先是气体与膜接触，接着是气体向膜表面溶解，由于气体溶解产生浓度梯度，致使气体在膜中向另一侧扩散迁移，最后到达另一侧而脱溶出来。气体在膜中的流动是扩散溶解流动。

不同种类的气体分子通过膜时的渗透速率不等，因而得以分离，一般来说，混合气体分子量差别愈大，分离效果愈好。

二、气体分离膜

用于气态污染物分离的气体分离膜应满足下述要求：

（1）具有较高的气体渗透通量；

（2）具有较高的选择性；

（3）能在高压下工作（13～20 MPa），膜上下游压差大于 13 MPa；

（4）能在各种杂质影响下保持其特性和功能；

（5）使用中能维持高效，在操作弹性大的情况下仍稳定有用。

气体分离膜有固体膜和液体膜两种。液膜技术是近期发展起来的，它可以分离废气中 SO_2、NO_x、H_2S 及 CO_2 等，但还没进入工业规模的运行阶段。目前在工业部门应用的主要还是固体膜。

固体膜的种类很多，按膜孔隙大小差别可分为多孔膜（如烧结玻璃、醋酸纤维膜）、非多孔膜（如均质醋酸纤维、硅氧烷橡胶、聚碳酸酯）；按膜的结构分可分为均质膜和复合膜，复合膜是由多孔质体与非多孔质体组成的多层复合体；按膜的制作材料可分为无机膜和高分子膜；按膜的形状可分为平板式、管式、中空纤维式等。

用于分离气态污染物的膜多为高分子材料制成，例如日本手冢育志等研制的亚砜（如二甲亚砜）化或砜（环丁砜）化改性聚乙二醇对 SO_2 的分离有很好的效果。而对于高温、高压、强腐蚀性环境中的气体分离则常使用无机膜。

三、膜分离设备

常用的膜分离设备有两类，即中空纤维气体分离器和平板型膜气体分离器。

如图 9-35 所示的是 Monsanto 公司的 Prism 中空纤维气体分离器，它的结构基本上模仿热交换器，主要由外壳、中空纤维、纤维两头的管板和防止漏气的垫圈组成。这种装置可用于合成氨尾气的氢气回收。应用时，原料气送入外壳，易渗透组分经过纤维膜壁透入中心而流出。难渗透组分则从外壳出口流出。压降为 20 MPa 左右（入口：35 MPa、出口：15 MPa）。分离器直立安装，处理效果良好，据 1982 年报道，回收氢气纯度可达到 98%。

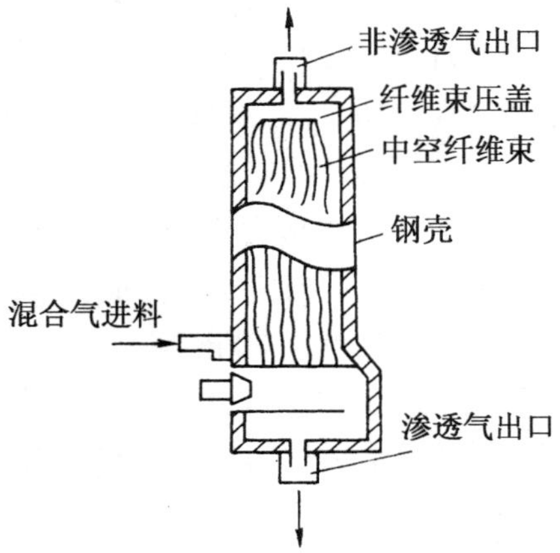

图 9-35 中空纤维气体分离器

平板型膜分离器是用醋酸纤维非对称膜卷成直径为 100～200 cm，形式与废水处理中所介绍的螺旋卷式反渗透处理器相似。这种分离器使用范围广，可用于分离 H_2、CO_2、H_2S、碳氢化合物、O_2 等。

四、膜分离法的应用

采用膜分离法分离废气中的气态污染物和灰尘已在某些工业领域得到应用。例如美国能源部的 Morgantown 能源技术中心、Air Products and Chemicals Ins.和 Research Triangle Institute 联合开发了煤气化过程中 H_2S 高温脱除工艺，采用的膜是将一种特殊物质浸渍到陶瓷膜的多孔结构中，在 560～650 ℃、0.34～1.38 MPa 压力下，H_2S 可以通过这层熔盐材料而被除去。美国 CeraMem 公司最近研制了一种新型膜过滤器，它对气体的除尘率达 99.99%以上，采用反冲形式对膜再生，由于膜很薄，过滤器的压强降可以和纤维袋式除尘器相比，但其装填面积高达 155 m^2/m^3，而袋式除尘器只达 10 m^2/m^3。该公司产品已在多个工业过程中应用，展示出良好的发展前景。

第八节　气态污染物的其他治理方法

一、稀释法

稀释法也称高烟囱排放法，它是把废气通过烟囱排入高空，利用风力使气流在大气中扩散，从而使气态污染物得到稀释。稀释法并不能使气态污染物得到治理，但它可以起到减轻地面污染的作用，通过高烟囱排放，一般可使地面的烟气浓度降至烟囱出口浓度的 0.001%～1%。

高烟囱排放是一种最古老的处理气态污染物的方法，至今仍在许多国家广泛使用，例如，西德的鲁尔工业区利用欧洲多南风的特点，通过 200 m 高的烟囱把废气送到 2 000 km 以外。此外，西方国家和日本还发展了集合烟囱，即把几个烟道的烟气集中到一个烟囱排出。这种做法可以使烟囱内烟气温度达到一百多度，从而提高了烟囱出口的喷烟速度，增大了烟气的射程，实际上是使矮烟囱起了高烟囱的作用。

气态污染物的高烟囱排放一般应遵从以下几条原则：

（1）废气中所含污染物浓度较低　如果工业生产中所产生的污染物浓度不高，直接排放不会超过国家规定的排放标准，则可以直接排放。例如，浓度低于 200 mg/m^3 的硫酸雾，可以用高度在 30 m 以上的烟囱直接排放；

（2）污染物总排放量较少　对生产规模较小的工业企业，所排放的污染物总量较少，直接排放不会超过国家规定的标准，可以直接排放；

（3）缺乏经济有效的治理方法　某些污染物，由于技术或经济等方面的原因，目前还没有经济有效的治理方法时，则可以直接排放。例如，钢铁企业铁矿石烧结过程中排出的含 SO_2 烟气，数量大，危害严重，应该加以治理。但一个中型烧结厂每小时排出的

含 SO_2 烟气即高达 100 万 m^3，要治理数量如此庞大的烟气，则需投资数千万元，所以国家有关环保政策规定，允许用高烟囱暂时排放；

（4）能够利用大气的自净作用　利用大气的稀释、扩散、氧化、还原等物理化学作用，可以使进入大气的污染物逐渐消失，这就是大气的自净作用。废气的高烟囱排放应充分利用大气的自净作用，以减少污染物的危害。但大气的自净能力是有限度的。如果所排放污染物的量超过了大气的自净能力，高烟囱排放只能造成污染物“搬家”。又如在山谷、盆地地区，污染物难以扩散，也不宜采用高烟囱排放。

稀释法并不能从根本上解决气态污染物的排放和治理问题，大量采用高烟囱排放，会造成气态污染物在更大范围内的扩散，因此这种方法只能在一定时期内有限制的使用。

二、核辐射法

核辐射法也称电子束照射法，目前主要用于 SO_2 和 NO_2 的去除。核辐射法净气的设想是受大气中光化学烟雾的形成机理所启迪，由于电子束射线与气体的相互作用远比大气中阳光或紫外线的作用强，若向含 SO_2 和 NO_2 的废气中发射电子束流，则会使它们更有效的转化为气溶胶，生成物也更易用常规方法收集。

辐射法去除 SO_2 和 NO_2 的机理经不少学者的研究，一般认为是射线对污染物的氧化反应所致。当对含 NO_2 和 SO_2 的废气进行辐照时，射线的大部分能量被污染气体和所含水分所吸收，通过射线的电离作用，发生下述的辐射化学反应，生成了氧化能力很强的 OH、O、HO_2 等活性物质：

$$N_2、O_2、H_2O+e \longrightarrow OH、O、HO_2$$

生成的活性物质活性很高，能瞬即与 SO_2 和 NO_2 反应，生成硫酸和硝酸混合烟雾（雾状粒子）。

$$SO_2 \xrightarrow[H_2O]{OH,O} H_2SO_4;\ NO_2 \xrightarrow[H_2O]{OH,O} HNO_3$$

生成的硫酸和硝酸与加入废气中的氨反应生成微粒状的硝酸铵和硫酸铵从反应器进入收尘装置并发生颗粒凝集而被收集。

辐射法净化废气具有能同时除去硫氧化物和氮氧化物，副产物可做肥料，无二次污染，系统简单，运行费用低，投资少等优点；因而受到许多国家研究人员的重视。日、美等国已建立了中间实验厂，最大处理量可达 24 000 m^3/h，脱硫率达 90%以上，脱氧化氮率达 80%以上。当然，要使这一技术尽快得到推广应用，还有许多工作要做，一是整个工艺需要在大型燃煤电站上进一步做长时间的运转考验，同时研制新型便宜的电子束系统也是当务之急。

三、微波炭还原—烟气脱硫脱硝

美国 DOW 化学工业公司等开发了一种用炭吸附 SO_2 和 NO_x，然后用微波处理使其还原为无害的 CO_2、N_2 或单质硫的技术。

我国张达欣等人也研究了用微波炭还原法处理 SO_2 技术。它是通过微波放电腔将微波辐射到活性炭表面，在微波作用下采用吸附—加微波—吸附—加微波的循环方式，使 SO_2 与活性炭发生下述反应而除去。

$$SO_2+C=CO_2+S$$

该过程选用活性炭为吸附剂兼还原剂，将 SO_2 转化为单质硫回收利用，不产生二次污染。装置简单，成本低，SO_2 去除率可达 95%以上，是一种很有应用前景的新方法。

第九节 大气污染的综合防治

无论是颗粒状污染物还是气体污染物都有易在大气中扩散、污染面大的特点，因此大气污染具有明显的区域性和整体性的特征。其污染程度将会受到该地区的自然条件、能源构成、工业结构和布局，交通状况及人口密度等多种因素的影响。前面所述及的各种治理方法只是对点污染源的排放物进行治理，而不能解决区域性的大气污染问题。因此，对于区域性的大气污染问题的解决，必须采取综合防治的办法。

所谓大气污染的综合防治，即是从区域环境的整体出发，综合运用各种防治大气污染的技术措施，并充分考虑到该地区的环境特征，对所有影响大气质量的因素进行全面系统的分析，在此基础上制定出最优化的防治措施，并充分利用环境的自净能力，以达到控制区域性大气环境质量的目的，消除或减轻大气污染。

大气污染的综合防治涉及面比较广，影响因素也比较复杂，一般说来，可以从以下几个方面加以考虑。

1. 全面规划、合理布局

大气污染的综合防治，必须从协调地区经济发展和环境保护之间的关系出发，在对该地区各污染源所排放的各类污染物的种类，数量、时空分布进行全面调查的基础上，提出改善和控制污染的优化方案，做好区域大气环境规划，采取综合防治措施。

城市和生产布局也会对区域性大气环境产生直接的影响。因此，合理的城市和生产布局能够最大限度地减轻对区域大气环境的危害。

2. 改善能源结构，提高能源有效利用率

我国的能源结构中以煤炭为主，煤炭占商品能源消费总量的 73%，在燃烧过程中排放出大量二氧化硫、氮氧化物、一氧化碳、尘等有害物造成了严重的大气污染。因此，要从根本上解决大气污染问题，首先必须从改善能源结构入手，例如使用天然气及二次能源如煤气、液化石油气、电等，同时还应重视太阳能、风能、地热等清洁能源的利用。我国以煤炭为主的能源结构在短时间内不会有多大改变，但应有一个长远规划，逐步加以实现。在目前，首先应推广型煤及洗选煤的生产和使用，以减少煤尘和二氧化硫的排放量。

我国能源的平均利用率仅 30%，提高能源利用率的潜力很大，这样做不仅节省能源，也大大减轻了大气环境的污染。例如，我国锅炉已有 20 余万台，年耗煤 2 亿多吨，因此，合理选择锅炉，加强对锅炉的管理、维修、对低效率的锅炉进行改造和更新，提高锅炉的热效率，就可有效地减少锅炉在使用过程中对大气所造成的污染。

3. 区域集中供热

城市供暖、供热及居民生活需要消耗大量能源，分散于千家万户的炉灶及各单位的小型锅炉遍及各处，成为大气烟尘的主要污染源。发展区域集中供暖供热，设立大的热电站和供热站，以代替分散的锅炉，这是消除烟尘的有效措施。集中供热不仅可以提高热能利用率，而且可节省人力，便于安装高效除尘设备和采用高烟囱排放以改善城市环境质量。

4. 大气污染控制治理技术

发展清洁生产，选择无污染少污染的产品，替代污染严重的产品；选择无污染、少污染的原材料和能源，替代污染严重的原材料和能源；采用低消耗、低污染的生产工艺和设备代替落后的工艺和设备；加强生产管理，减少生产过程中的跑、冒、滴、漏，这些都是防治大气污染的根本途径。

对现有的污染源所产生的污染物应进行有效的治理。采用先进、有效、经济的污染治理技术，使排放污染物的量尽可能减少，以降低它们对区域大气环境的污染。

5. 发展植物净化

植物不仅能美化环境，调节气候，保持水土，防风防沙，而且具有吸收有害气体，吸附尘粒，监测空气污染等许多方面的长期和综合的效果，在城市和工业区有计划地扩大绿化面积，充分利用植物本身的净化能力对保护环境、减少大气污染有着极为重要的意义。

复习思考题

1. 简述双膜理论的基本论点。
2. 吸收液的选择应从哪些方面去考虑？
3. 填料吸收塔中填料的选择应从哪些方面去考虑？
4. 氨—酸法脱硫工艺由哪几个步骤所组成？每一步所发生的主要化学反应有哪些？
5. 吸收法脱除 NO_x 常用的方法有哪几种？它们在原理上有何异同？
6. 试比较固定床吸附器、移动床吸附器和流化床吸附器的优缺点。
7. 冷凝法处理气态污染物的基本原理是什么？
8. 采用吸附法处理气态污染物时，在工艺过程的设计上应注意些什么？
9. 催化转化法有什么优点？它的工艺过程由哪几个步骤所组成？
10. 燃烧法可分为哪几类？各有什么特点？
11. 生物吸收法和生物过滤法和普通的过滤法、吸收法有何不同？在什么情况下可采用生物过滤法来处理气态污染物？
12. 气体分离膜应具备哪些基本条件方可用于气态污染物的分离？
13. 为什么要对大气污染进行综合防治？如何进行综合防治？

第三篇

固体废物的治理

第十章　固体废物概论

第一节　固体废物及分类

一、固体废物

根据《中华人民共和国固体废物污染环境防治法》和《固体废物鉴别导则》，固体废物是指在生产、生活和其他活动中产生的丧失原有利用价值或者虽未丧失利用价值但被抛弃或者放弃的固态、半固态和置于容器中的气态的物品、物质，以及法律、行政法规规定纳入固体废物管理的物品、物质。根据它们的来源不同，我们又把固体废物分为废渣和垃圾两种。前者是指在生产活动中所产生的废物，而后者则是指生活过程中所产生的废物。

从充分利用自然资源的观点来看，所有被称为“废物”的物质，都是有价值的自然资源，应该通过各种方法和途径使之得到充分利用。今天被我们称为“废物”的物质，只是由于受到技术或经济等条件的限制，暂时还无法加以充分利用而已。可见，固体废物的概念随时空的变迁而具有相对性。某一过程中所排出的废物往往可以成为另一过程的原料，今天被视为无用的废物，将来也可能成为有价值的自然资源。

二、固体废物的分类

固体废物来源广泛，种类繁多，组成复杂，从不同的角度出发，可有不同的分类方法。按其化学组成来分，可分为有机固体废物和无机固体废物；按其危害性来分，可分为有害固体废物和一般固体废物；按其来源来分，又可分为矿业固体废物、工业固体废物、农业固体废物、城市生活固体废物（城市垃圾）、放射性固体废物等五类。

通常从管理需要出发，多采用按来源分类的方法。表 10-1 所列的固体废物就是按这一分类方法而分的。

表 10-1 固体废物的分类、来源和主要组成物

分类	来源	主要组成物
矿业废物	矿山、选矿	废石、尾矿、煤矸石、废旧设备、废木材、建筑废料等
工业废物	冶金、交通、机械工业	矿渣、金属碎屑、铸造、焊接废料、边角料、橡胶、塑料、废旧设备、绝热绝缘材料
	电力工业	炉渣、粉煤灰
	建材工业	水泥、黏土、陶瓷、石膏、石棉、砂石、砖瓦
	化学工业	化工废渣、化学石膏、炉渣、化学药剂、废金属、塑料、橡胶、沥青、石棉
	轻纺食品工业	废橡胶、废塑料、棉纱、纤维碎布、染料废渣、碎玻璃、炉渣、肉类、谷物、果类、蔬菜、烟草
	橡胶、皮革、塑料工业	橡胶、皮革、塑料、碎布、纤维
城市垃圾	居民生活	食品废物、生活垃圾、燃料灰渣
	商业、机关	食品废物、炉灰、废旧工具、器具及生活垃圾
	市政维护、管理部门	碎砖瓦、落叶、灰渣、污泥、脏土
农业废物	农林	稻草、秸秆、蔬菜、水果、落叶、树枝、废塑料、人畜禽粪
	水产、牧业	死禽畜、腐烂鱼、虾、贝壳、水产加工废物
放射性废物	核工业、核研究、医疗单位机构	金属、放射性废渣、污泥、器具、劳保用品、建筑材料

我国刚刚制定的《固体废物污染环境防治法》中，将固体废物分为工业固体废物（废渣）与城市生活垃圾两类，对其中危险废物又单独列为一章进行专门规定。日本则简单地分为工业固体废弃物（含矿业、工业、放射性废物）和一般固体废弃物（含农业和生活垃圾）两类。

第二节　固体废物的排放及危害

一、固体废物的排放现状

随着工农业的迅速发展和城市人口的高度集中，人们在生产过程和社会生活活动中所排放的固体废物越来越多。全世界每年产生的固体废物高达 70 亿 t，其中美国约占一半。我国排放量仅次于美国，每年约 6 亿 t（不包括农业废弃物）。单就城市垃圾和工业固体废物而言，以美国人均排放量最高，为 1 634 kg/（人·a），其次是日本，为 363 kg/（人·a）；其他工业化国家排放量较低，荷兰为 272 kg/（人·a），德国为 227 kg/（人·a）。表 10-2 给出了世界上几个主要国家各类废物排放量统计。

表 10-2　1981 年世界主要国家各类废物排放量　　单位：10^6t

废物名称	美国	英国	法国	荷兰	比利时	意大利	瑞典	芬兰	德国	日本
城市废物	150.0	20.0	12.5	5.2	2.6	21.0	2.5	1.1	20.0	35.0
产业废物	60.0	45.0	16.0	2.0	1.0	19.0	2.0	—	13.0	—
污泥	—	—	8.0	1.0	—	—	—	—	7.0	125.0
有害废物	57.0	5.0	2.0	1.0	—	—	—	0.4	3.0	—
炉灰	—	12.0	—	—	—	—	—	—	13.0	—
矿业废物	1 890	60.0	42.0	—	—	—	—	—	80.0	—
建筑废物	—	3.0	—	6.5	—	—	—	0.3	96.0	75.0
采石废物	—	50.0	75.0	—	—	—	—	—	—	—
农业废物	660.0	250	220	1.0	—	130.0	32.0	—	260.0	44.0

目前，全世界固体废弃物的排放仍呈逐年增长的趋势。固体废物包围城市，对人类生存环境造成极大的危害，也引起人们越来越多的关注。1983 年联合国环境规划署已将有害废物污染控制问题列为全球重大的环境问题。

我国固体废物排放量也十分惊人，据《2006 年中国环境状况公报》公布的工业固体废物有关数据和建设部《城市建设统计公报》中全国城市生活垃圾、粪便清运量数据，“九五”时期最后一年全国工业固体废物产生量为 8.16×10^8 t，“十五”时期全国工业固体废物产生量平均年递增率为 10.36%。“十五”时期全国工业固体废物产生量的递增主要来源于工业的迅速发展，“十五”时期生活垃圾较“九五”时期增长了 48.9%。2006 年全国工业固体废物产生量为 15.20 亿 t，比上年增加 13.1%；工业固体废物综合利用量仅为 9.26 亿 t。

我国固体废物排放问题有以下几个特点：

（1）产生量大　我国人口增长迅速，1949 年为 5.4 亿人，而目前已达 13 亿人。人口剧增和工业生产的发展造成城市化进程的加快，现已有大中城市 432 个，城市人口高达 2.6 亿（不包括市辖县）。人口的增长必然造成废物排放量的增加，仅城市生活垃圾 1993 年发生量达 2 亿 t，目前仍以每年 10%的速度递增。我国生活垃圾的排放量已达到世界人均垃圾发生量 400～500 kg/a 这一水平。另外，我国生产工艺落后，资源利用率低，也是造成固体废物产生量大的原因。

（2）占地多　据不完全统计，全国固体废物占地在 5.5 亿 m^2 左右，仅广州市 1985 年在近郊各种废物堆放场即占地 165.8 hm^2，且堆放分散，形成大范围的污染，侵占了大量农田。

（3）危害大　我国固体废物管理、处理与处置及利用技术水平，与世界许多国家相比差距较大。至今尚未建立较为完善的无害化标准，缺少行之有效的处置与利用废物的成套技术。生活垃圾的处理率只有 2%，大量未经处理的废物进入环境，所造成的污染日趋严重。

（4）回收、利用率低　我国 1989 年固体废弃物利用率仅为 26%，而国外发达国家一般都在 50%以上。这主要是因为我国回收利用工艺水平较低，或是因为处理成本太高，无力进行无毒化处理或综合利用。

二、固体废物的危害

固体废物是各种污染物的最终形态，它的性质多种多样，成分也十分复杂。特别是在废水废气治理过程中所排出的固体废物，浓集了许多有害成分，因此，固体废物对环境的危害极大，污染也是多方面的，主要表现在以下几个方面。

1. 侵占土地，破坏地貌和植被

固体废物如不加利用和处置，只能占地堆放。据估算平均每堆积 1 万 t 废渣和尾矿，占地 670 m^2 以上。目前，全国工业固体废物总堆放量已达 59.2 亿 t，占地面积约 5.5 万 hm^2。预计到 2000 年将达到 102 亿 t，占地面积还要成倍增加。

土地是宝贵的自然资源，我国虽然幅员辽阔，但耕地面积却十分紧缺，人均占地面积，只占世界人均占地的 1/3。固体废物的堆积侵占了大量土地，造成了极大的经济损失，并且严重地破坏了地貌，植被和自然景观。

2. 污染土壤和地下水

固体废物长期露天堆放，或没有防渗措施的垃圾填埋，其中有害组分在地表水和雨雪水的淋溶、渗透作用下产生有害的渗滤液渗入土壤并向四周扩散，使土壤和地下水受到污染。由于土壤具有很强的吸附能力，这些有害组分还会在土壤中呈现不同程度的积累进一步导致在植物体内的富集，人吃了这样的植物，就会对人体的健康产生危害。工业固体废物还会破坏土壤的生态平衡，使微生物和动植物不能正常地繁殖和生长。

3. 污染水体

许多沿江河湖海的城市和工矿企业，直接把固体废物向邻近水域长期地大量排放，固体废物也可随天然降水和地表径流进入河流湖泊，致使地表水受到严重污染，不仅破坏了天然水体的生态平衡，妨碍了水生生物的生存和水资源的利用，而且使水域面积减少，严重时还会阻塞航道。据统计，全国水域面积和建国初期相比，已减少了 1.33×10^7 m^2。

全国各水系沿岸的发电厂，每年向长江、黄河等水域排放数以千万吨的灰渣。其中，仅重庆电厂年排放量即达 30 万 t，在厂排污口外的煤灰滩已延伸到嘉陵江的航道中心。

大量固体废物向海洋倾倒和堆弃，也严重污染了沿海滩涂和邻近水域，恶化了生态环境，破坏了滩涂地貌。例如，我国著名的游览胜地青岛市的主要工业区和生活区位于胶州湾东岸，由于长期大量的固体废物不加处理地任意排放，使得整个滩涂几乎全被工业废渣、建筑垃圾和生活垃圾所掩埋。仅有的一点沙滩也成了不毛之地。海水受到严重污染，原有 100 多种水生生物，残存下来的不过 10 余种。

4. 污染大气

固体废物中所含的粉尘及其他颗粒物在堆放时会随风飞扬；在运输和装卸过程中也会产生有害气体和粉尘；这些粉尘或颗粒物不少都含有对人体有害的成分，有的还是病原微生物的载体，对人体健康造成危害。有些固体废物在堆放或处理过程中还会向大气散发出有毒气体和臭味，危害则更大。例如，煤矸石的自燃在我国时有发生，散发出煤烟和大量的 SO_2、CO_2、NH_3 等气体，造成严重的大气污染。采用焚烧法处理固体废物，也成为大气污染的主要污染源之一。例如美国固体废物焚烧炉约有 2/3 因缺乏空气净化装置而污染大气。

由固体废物进入大气的放射尘，一旦侵入人体，还会由于形成内辐射而引起多种疾病。

5. 造成巨大的直接经济损失和资源能源的浪费

我国的资源能源利用率很低，大量的资源、能源会随固体废物的排放而流失。矿物资源一般只能利用 50%左右，能源利用只 30%。同时，废物的排放和处置也要增加许多额外的经济负担。目前我国每输送和堆存 1 t 废弃物，平均耗资都在 10 元左右，这就造成了巨大的经济损失。

除此之外，某些有害固体废物的排放除了上述危害之外，还可能造成燃烧、爆炸、中毒、严重腐蚀等意外的事故和特殊损害。

6. 危害人体健康

未经处理的固体废物可产生粉尘和有害气体进入大气，产生渗滤液污染水体和土壤，最后都可能以各种方式和途径直接由呼吸道，消化道和皮肤摄入人体，危害人体健康，使人患各种各样疾病。特别是危险性废物对人类的危害更加严重。例如贵阳市某垃圾处理厂渗滤液污染地下水，使该饮用水源的大肠杆菌超标 770 倍，含菌量超标 2 600 倍，造成该地区很多居民患有痢疾，严重影响人们的身体健康。

第三节　危险废物

一、危险废物的定义和危害

危险废物是一类特殊的固体废物，它是指能引起疾病增加或导致死亡，如管理或处理处置不当会对人类及其他生物体产生近期或潜在危害的固体废物。危险废物一般具有毒性（包括急性毒性和浸出毒性）、可燃易爆性、腐蚀性、反应性、感染性（医院排放废物）和放射性等特性。凡具有上述一种或多种特性的废物均可视为危险固体废物。

危险废物的特殊性质使得它会对人类及其他生物体产生严重的危害。例如它的易燃易爆性和反应性会产生大量的热和有害烟雾，或使在常温条件下无害的废物变成危险废物从而对环境和人体造成危害；它的腐蚀性会直接对人体造成损伤，并使盛装容器发生渗漏，破坏各种构筑物；它的毒性和感染性能使人和其他生物中毒、患病直至死亡。

二、危险废物的鉴别和管理

1. 危险废物的鉴别

危险废物的鉴别是一项较为复杂的工作，各个国家可以根据本国积累的经验采取不同的方式。例如可以将危险废物列成名录表公布，以使有关部门作为判定依据。美国已列表确定 96 种加工工业废物和近 400 种化学品，德国确定 570 种，丹麦确定 51 种为危险废物，另外还根据科学技术的发展不断进行修订补充。

也可根据危险废物的特性来作为鉴别的依据，美国在鉴别危险废物特性方面有明确的规定，如表 10-3 所示。

表 10-3 危险废物的特性和鉴别

特性	鉴别	阈值
易燃性	闪点低于定值；经过摩擦、吸湿、自发的化学变化有着火的趋势；在加工、制造过程中发热或在点燃时燃烧剧烈而持续，以致管理期间会引起危险的物质	美国 ASTM 法，闪点低于 60℃
腐蚀性	对接触部位作用时，使细胞组织、皮肤有可见性破坏或不可治愈变化；使接触物质发生质变或使容器泄漏的废弃物	pH＞12.5 或＜2 的液体；在 55.7℃以下时对钢制品腐蚀率大于 0.64 cm/a
反应性	通常情况下不稳定，极易发生剧烈的化学反应；与水猛烈反应，或形成可爆炸性的混合物，或产生有毒的气体、臭气；含有氰化物或硫化物；在常温常压下即可发生爆炸反应，在加热或有引发源时可爆炸；对热或机械冲击有不稳定性	
浸取毒性	用规定的浸出或萃取方法的浸出液中任何一种污染物浓度超过标准值的规定。污染物指镉、汞、砷、铅、铬、硒、银、六氯化苯、甲基氯化物、毒杀芬 2,4-D 和 2,4,5-T 等	美国 EPA/EP 法试验超过饮用水 100 倍
急性毒性	一次投给实验动物的毒性物质，半致死量（LD_{50}）小于规定值的毒性废物	美国国家安全卫生研究厅依法试验：口服毒性 LD_{50}≤50 mg/kg，吸入毒性 LD_{50}≤2 mg/L，吸收毒性 LD_{50}≤200 mg/kg
水生生物毒性	用鱼类试验，常用 96 h 半数（TLm）受试鱼死亡的浓度值小于规定值	TLm＜1 000 mg/kg
植物毒性		半抑制浓度 TLm_{50}＜1 000 mg/L
生物积蓄性	生物体内富集某种元素或化合物达到环境标准以上，试验时呈阳性结果	阳性
遗传变异性	由毒物引起的有丝分裂或减数分裂细胞的脱氧核糖核酸或核糖核酸的分子变化，产生致癌、致变、致畸的严重影响	阳性
刺激性	使皮肤发炎	使皮肤发炎≥8 级

2. 危险废物的管理

危险废物进入环境之后所产生的危害要远远大于普通固体废物，因此必须对其加强管理，主要包含以下几个方面。

（1）制定相关的法规、标准、政策和规划，并由专门的管理部门实施和监督。

（2）对已判定的危险废物按规定进行单独登记、包装、运输和贮存。对每一种危险废物都要注明数量、性质、有害成分、排出地和去向及其他注意事项，以使其能安全的从生产点送至处理处置地进行贮存或处理处置。

（3）采用各种安全有效的方法如物理法、化学法、生物法、填埋法、焚烧法对危险废物进行处理处置，以减少乃至消除它对环境和人类的危害。

（4）加强对危险废物综合利用技术的开发及应用，经过资源化处理加以充分利用。例如利用铬渣生产水泥和做玻璃着色剂，将含汞废物（含汞催化剂等）采用焙烧法处理回收其中汞等。

（5）改进生产工艺，减少危险废物的排放量，这是消除危险废物污染最根本的措施。

第四节　固体废物的处理、处置方法及管理技术

一、固体废物的处理方法

固体废物的处理是指通过各种物理、化学、生物的方法将固体废物转变为适于运输、利用、贮存或最终处置的过程。处理方法主要有以下几种。

1. 物理处理

物理处理是通过采用各种物理的方法来改变固体废物的结构，使之成为便于运输、贮存、利用或处置的形态。物理处理包括压实、破碎、分选、脱水干燥等。

2. 化学处理

化学处理是利用化学反应使固体废物中的有害成分受到破坏，使其转化为无害或低毒物质，或使其转变为适于进一步处理、处置形态的方法。化学处理只适于处理成分单一或只含几种化学特性相近组分的固体废物。化学处理法有氧化还原、中和、化学浸出等。

3. 生物处理

生物处理是利用微生物来分解固体废物中的有机物及少量无机物，使之达到无害化或加以综合利用的方法。生物处理包括好氧处理、厌氧处理和兼性厌氧处理等。

4. 热处理

热处理是通过高温来改变固体废物的化学、物理、生物特性或组成的处理方法。采用热处理方法可以达到减容、消毒、减轻污染、回收能量和有用化学物质的目的。常用的热处理方法有焚烧、热解、焙烧和烧结等。

5. 固化处理

固化处理是采用固化基材料（如水泥、沥青、塑料、石膏等）将废物封闭在固化体中或包覆起来，不使有害物浸出的一种方法。该法主要适用于有毒废物和放射性废物的处理。

二、固体废物的处置方法

固体废物的处置也称最终处置或安全处置。固体废物在经过各种方法处理及综合利用后，总还会有部分残渣存在，必须对其进行最终处置，以防止其对环境造成危害。处置方法有两种——陆地处置和海洋处置。陆地处置包括土地填埋、焚烧、贮留池贮存和深井灌注等；海洋处置则包括海洋倾倒和远洋焚烧。

三、固体废物的管理技术

国际上固体废物的管理已经过近 30 年的发展过程，从理论和实践上确立了对固体废物实行全过程（产生、收集、运输、贮存、再循环、再利用、处理和最终处置）管理原则和“三化”原则（减量化、无害化、资源化），逐步形成了一套完整的管理控制体系。许多发达国家还制定了严格的管理法规，设置专门的管理机构，建立管理信息系统，开发和建立集中的废物处理处置设施，形成了完善的废物管理系统。

我国的固体废物管理工作起步较晚，至今也只有 10 年左右的时间，在处理处置技术与管理方面与发达国家相比差距甚远。比如，到目前为止，我国尚未进行过有害废物的全面普查，对其排放量、累积堆存量，种类和特征都不太清楚；还没有建立登记管理和监测制度，在废物排放、收集、运输方面更是无章可循，任意排放的现象十分严重；在处理处置技术上水平相对较低，如安全填埋、焚烧技术刚刚起步，资源化技术水平也不高。因此，我们应加强这方面的工作，借鉴国外有益的经验，做好我国的固体废物管理工作。

1．固体废物的管理系统

固体废物的管理控制体系如图 10-1 所示。

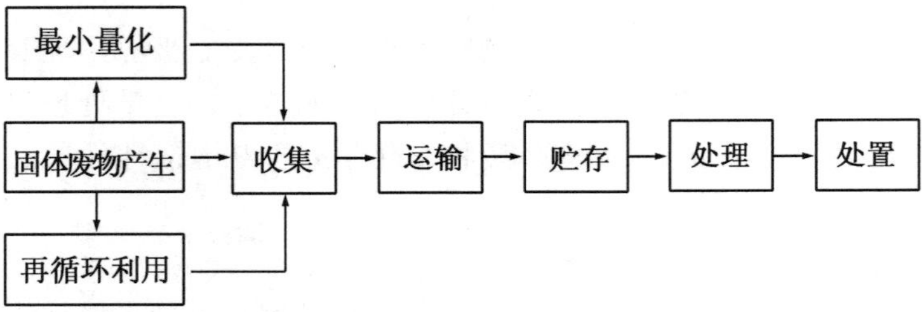

图 10-1 固体废物的管理控制体系

该系统包括以下几个管理程序：

（1）固体废物产生地管理 该环节主要是控制固体废物的产生，通过两个途径，一是改革工艺，最大限度地减少废物排放量（最小量化），二是废物的回收及循环使用。

（2）收集系统 将分散存放的废物收集起来，运至回收加工中心或转运站，以便进一步运至处理地点。

（3）运输管理 将收集后的废物运输到处理处置厂（场）过程中所实行的污染控制过程称为运输管理。

（4）贮存管理 贮存管理是指对固体废物进行处理处置前的贮存过程实行严格控制。

（5）处理与处置管理 处理是指将回收贮存的固体废物在处理厂（场）通过一定的技术手段进行回收有用资源，转化处理和减容处理，以便再运输的过程。

处置是将经处理后的剩余废物在自然界中安排一个安全、对环境影响降到最小限度的最终归宿，如填埋或排海处置。

2．固体废物的管理方法和技术

（1）确定有害废物的种类、范围 对固体废物应进行分类管理，可将其分为有害废物和无害废物两类，其中需要重点管理的是有害废物，因此必须确定出它的种类和范围，通常可以采用以下两种方法。

①名录法是将有害废物列成一览表，以立法形式予以公布。此法使用方便明了，但由于废物种类繁多，容易遗漏。

②鉴别法是对有害废物的特性及鉴别分析方法以“标准”的形式予以规定。通过分析测定其特性，进而判定其是否属于有害物。

（2）建立和完善有关的管理法规　对固体废物进行立法是减少固体废物产生、充分合理利用固体废物、发挥固体废物再生资源的最有效手段。1995 年 10 月 30 日全国人大常委会通过《中华人民共和国固体废物污染环境防治法》。这是我国第一部对固体废物实行管理的大法，它全面、系统地规定了防治固体废物污染环境的基本原则、制度、政策和措施、监督管理体制、法律责任，将固体废物防治纳入法制化的轨道。

但是，一部大法还不能包罗万象，要实施这个法律，还要配套颁布一些相关的法规、标准、管理方法，因此，急需加速防治固体废物污染环境的立法工作。

3．采用新的管理技术和方法

（1）固体废物最小量化管理技术　固体废物最小量化就是不产生或少产生固体废物，使需贮存、运输、处理、处置的量降低到最小限度，这是防止固体废物污染的最佳方法。其基本技术包括原料管理、生产工艺的革新、减容技术和再循环，回收利用技术等。

（2）废物转移跟踪管理技术　废物转移跟踪管理的主要内容就是废物在其拥有者之间的每一次转移，都必须由废物提供者填写废物转移报告单，分送运输者、接受者及主管部门，同时执行废物交验，信息反馈制度。明确废物产生者、收集者、运输者、处理处置者和主管当局在废物转移中的责任和义务，确保废物得到最终安全处置。

（3）固体废物交换管理技术　一个企业的固体废物，可能成为另一企业的原料。现代工业社会的废物交换，是利用信息技术，使固体废物资源得以合理配置的系统工程。不少国家都建立了废物交换系统网络，例如美国的废物交换中心已服务于全美 5 000 多个企业，废物交换项目也扩大到 100 多种。废物交换可降低处理费用（为处理处置费用的 1%～2%），节省原料、保护环境，因而正在许多国家得到推广。

（4）废物管理信息系统　废物管理信息系统已在发达国家广泛建立，成为废物管理的重要工具。它的主要功能是：提供产废企业承运者、处理处置者的信息资料，废物流资料，包括物流代码、废物类型、特性、产废工艺等，还可对废物转移进行跟踪管理。

复习思考题

1．固体废物对环境所造成的危害有哪些？
2．固体废物的管理系统包括哪些管理程序？
3．简述固体废物主要管理方法和技术。
4．简述固体废物的处理处置方法和污染控制途径。
5．调查你所在校园垃圾的主要组成并根据垃圾的组成和性质提出合适的处理处置方案。
6．何为危险废物？对危险废物应如何管理？

第十一章 固体废物的处理技术和最终处置

固体废物的处理是通过一定的技术处理和分离手段，来改变废物的结构和特性，以达到减量化、资源化和无害化的目的。主要处理技术包括压实、破碎、分选、脱水干燥、化学处理、生物转化处理和固定化技术。固体废物的最终处置包括土地填埋和海洋处置两大类。

第一节 固体废物的物理处理

一、压实

1. 压实的作用及原理

压实是利用外界的压力作用于固体废物，使其聚集程度增大，达到增大容重和减小表观体积的目的，以便于运输、贮存和填埋。压实主要用于处理压缩性能大而恢复性小的固体废物，例如生活垃圾、机械加工行业排出的金属丝、金属碎片、家用电器、小汽车及各类纸制品和纤维等。而对于某些原来较密实的固体，如木头、玻璃、金属、硬质塑料块等则不宜采用。对于有些弹性废物采用压实处理效果也不理想，因为它们在解除压力后几分钟内，体积就会发生膨胀。

压实的原理主要是减少空隙率。对大多数固体废物来讲，它们都是由不同颗粒和颗粒间的空隙所组成的集合体。当受到外界压力时，颗粒间则互相挤压、变形和破碎，孔隙率减小，容重增大。例如城市垃圾经压实后密度可增大到 320 kg/m^3，表观体积可减少70%左右。

应当指出的是，如果采用高压压实，除减少空隙率外，还可能产生分子晶格的破坏，从而使物质变性。例如日本采用高压压实的方法处理城市垃圾，压力为 25.8 MPa，制成的压实块密度为 1 125.4～1 380 kg/m^3。由高压所产生的挤压及升温使垃圾中的 BOD 从 6 000 mg/L 降到 200 mg/L，COD 从 8 000 mg/L 降到 150 mg/L，垃圾块已成为一种均匀的类塑料结构的惰性材料，自然暴露在空气中三年，也无任何明显降解，这与一般压实作用不同。

2. 压实机械

压实机械也称压实器，在国外已广泛使用。压实器有固定式和移动式两种。前者只能定点（如废物转运站）使用，后者一般安装在垃圾收集车上，常用于废物处置场所，下面介绍几种常用的压实器。

（1）水平式压实器　水平式压实器的结构如图 11-1 所示，主要用于城市垃圾的处理中。将废物加入装料室，依靠具有压面的水平压头作用使垃圾致密和定形，然后将坯块推出。破碎杆的作用是将坯块表面的杂乱废物破碎，以有利坯块的移出。

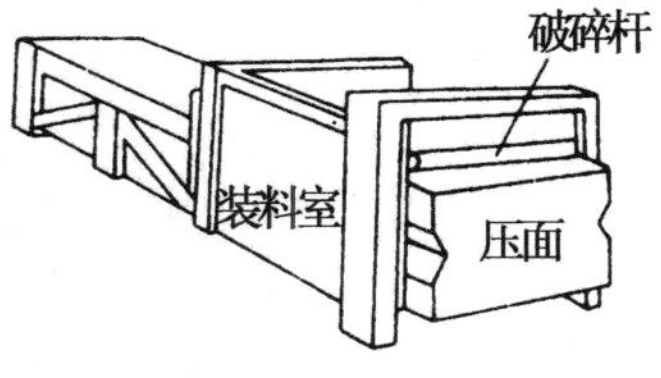

图 11-1　水平式压实器结构图

（2）三向联合压实器　三向联合压实器结构如图 11-2 所示，适用于金属类废物的压实。它具有三个互相垂直的压头，依次启动 1、2、3 三个压头，即可将料斗中的废物压实成块。

（3）回转式压实器　回转式压实器结构如图 11-3 所示，适于压实体积小、重量轻的废物。废物装入容器单元后，先按水平压头 1 的方向压缩，然后按箭头运动方向驱动旋动式压头 2，使废物致密化，最后按水平压头 3 的运动方向将废物压至一定尺寸排出。

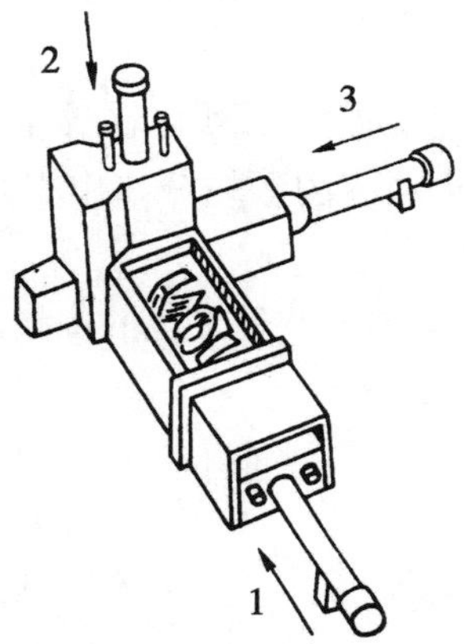

图 11-2　三向压实器

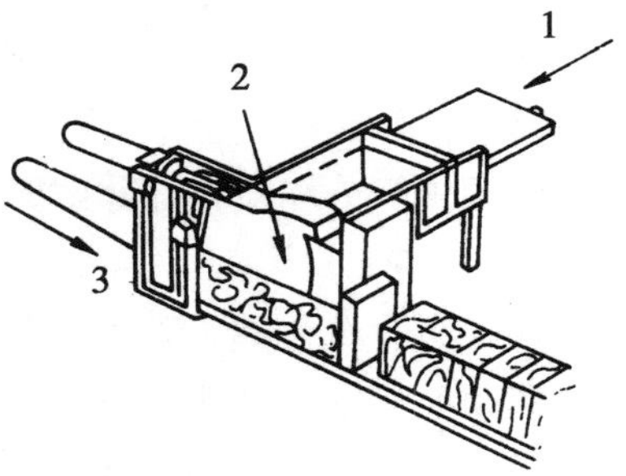

图 11-3　回转式压实器

二、破碎

1. 破碎的作用

破碎是利用外力使大块固体废物分裂为小块的过程。固体废物的破碎主要达到以下几个目的。

（1）使固体废物减容和增大密度，便于运输和贮存；

（2）为分选和进一步加工提供合适的粒度，以有利于综合利用；

（3）增大固体废物的比表面积，提高焚烧、热分解的处理效率；

（4）防止粗大、锋利的固体废物损坏处理设备；

（5）减少臭味，防止鼠类、蚊蝇繁殖，减少火灾发生机会。

2. 破碎流程

破碎流程如图 11-4 所示。

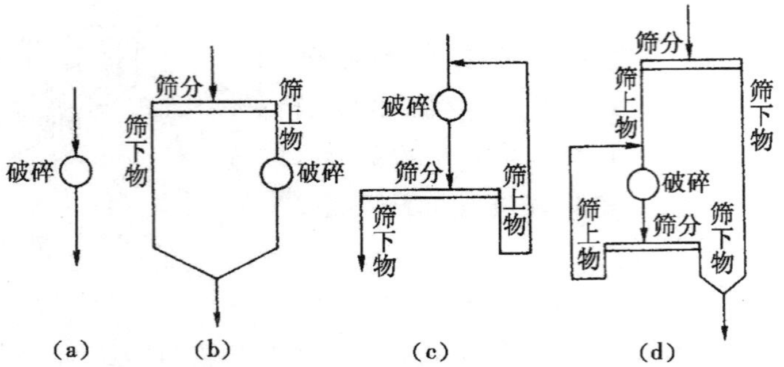

图 11-4 破碎基本工艺流程

(a) 单纯破碎工艺 (b) 带预先筛分破碎工艺

(c) 带检查筛分破碎工艺 (d) 带预先筛分和检查筛分破碎工艺

(1) 单纯破碎流程 具有简单、易操作、占地面积小等优点，但只适于对粒度要求不高的场合。

(2) 带有预先筛分的流程 预先分离出不需破碎的细粒物料，减少了破碎量。

(3) 带检查筛分破碎工艺 可将破碎产物中大于要求粒度的颗粒分离出来，返回破碎机再破碎，使产品粒度全部符合要求。

(4) 带预先筛分和检查筛分破碎工艺 同时具有（2）、（3）两种工艺的优点。

3. 破碎机械

(1) 颚式破碎机 颚式破碎机为挤压形破碎机械，分为简单摆动型和复式摆动型两种。图 11-5 是简单摆动型破碎机的工作原理示意图，皮带轮带动偏心轴旋转，偏心顶点带动连杆上下运动同时牵动前后推力板作舒张及收缩运动，从而使可动颚板反复地靠近和离开固定颚板，对破碎腔内物料进行破碎。

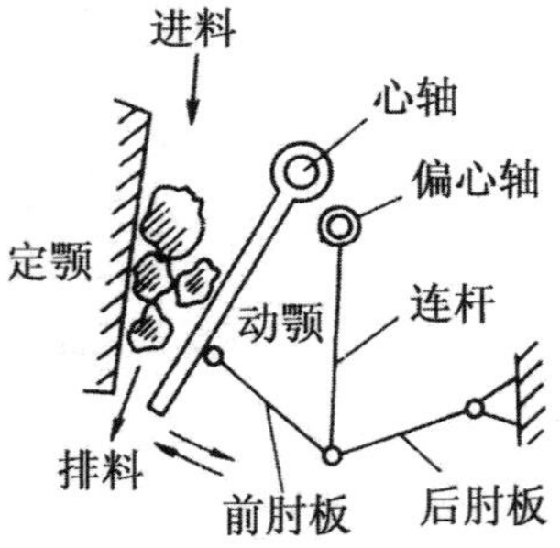

图 11-5 简单摆动型破碎机工作原理示意图

复式摆动型破碎机结构如图 11-6 所示，它的可动颚板与偏心轮同挂在一个传动轴上，因此同时具有往复摆动和上下摆动，使废物受挤压与磨锉的双重作用而被破碎。

颚式破碎机结构简单，操作维护方便，工作可靠，主要用于破碎中等硬度的脆性废物，如煤矸石等。它的缺点是生产效率低、破碎物粒度不均匀。

(2) 锤式破碎机 锤式破碎机属于冲击磨切型，可分为单转子和双转子两类。如图 11-7 所示的是一种单转子锤式破碎机示意图。工作时电动机带动转子高速旋转，物料自上部给料口加入后，立即受到转子上所固定的多排重锤的冲击和重锤与破碎板间的磨切作用而被破碎，然后通过下面的筛板排出。这种破碎机可破碎质地较硬的废物，还可破碎含水分及油质的有机物等。破碎后物料粒度均匀，缺点是振动、噪声大。

(3) 剪切式破碎机 剪切式破碎机是通过固定刀和可动刀（往复式或旋转式刀）之间的齿合作用将物料切开或割裂而完成破碎过程。如图 11-8 所示的是回转式剪切破碎机示意图。

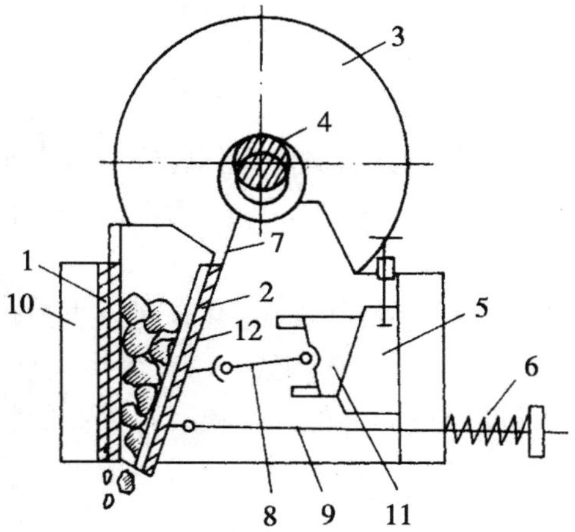

图 11-6　复式摆动型破碎机结构示意图

1—固定腭板；2—可动颚板；3—飞轮；4—偏心轴；5—滑块调整装置；6—弹簧；7—连杆；8—肘板；9—拉杆；10—机体；11—楔铁；12—衬板

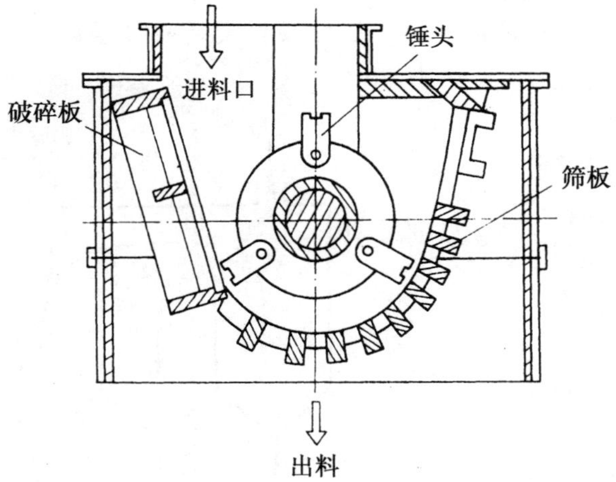

图 11-7　单转子锤式破碎机

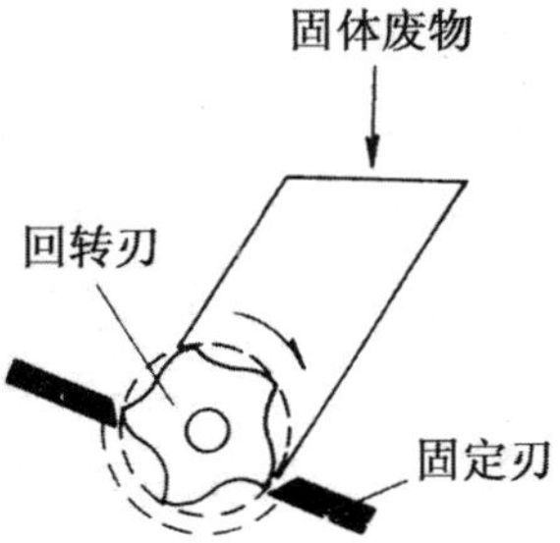

图 11-8　回转式剪切机示意图

废料自料斗进入后，被夹在旋转刀和固定刀之间的间隙内而被剪切破碎，破碎后物料经筛缝排出。该机的缺点是如混进硬度大的杂物时易发生操作事故。

破碎机的种类很多，除了上面所介绍的之外，常用的还有辊式破碎机、球磨机、冲击式破碎机等。

三、分选

分选的目的是将固体废物中可回收利用的或不利于后续处理、处置工艺要求的物料用人工或机械方法分门别类地分离出来，然后加以综合利用。人工检选是最早采用的方法，作为机械分选的一个补充，至今还在许多国家使用。

机械分选的方法很多，如筛分、风力分选、磁力分选、电力分选、浮选等，下面做一简单介绍。

1．筛分

（1）筛分原理及影响因素　筛分是根据固体废物粒度大小而进行分选的方法。将不同粒度的物料通过具有均匀筛孔的筛面时，小于筛孔的细粒物料则可透过筛面，从而实现粗细物料的分离。

在筛分过程中，由于各种因素的影响，总会有部分小于筛孔的细粒不能通过筛孔而随粗粒一起排出，因而存在一个筛分效率问题。筛分效率大小与以下因素有关。

①固体废物的性质　粒度组成影响最大，粒径与筛孔径相差愈大，筛分效率愈高。另外物料的颗粒形状和含水率也有一定影响，一般球形、多边形和含水率低的物料易于过筛，筛分效率高。含水率高的物料筛分效率低。

②设备工作参数　设备的工作参数对筛分效率影响较大，包括筛面的倾角、长度、宽度、振动筛的振幅和频率、生产量等。一般平板筛长宽比取 2.5～3 为宜，倾角取 15°～30°。振动筛的频率及振幅，必须使筛面产生足够的加速度，以防筛面堵塞。

（2）筛分设备　最常用的筛分设备有以下几种：

①格筛　放在粗碎机之前，控制入料块度。

②滚筒筛　滚筒筛筛面为带筛孔的圆柱形筒体，筒体倾斜安装并缓慢转动（10～15 r/min），带动筒体内物料不断地起落运动而达到筛分目的。

③振动筛　振动筛的筛面固定在筛箱上，筛箱通过弹簧支承于地基上，在激振装置作用下筛箱带动筛面振动，使筛面上料层松散，细料容易通过料层并通过筛孔排出。

2．风力分选

风力分选是在气流作用下使固体废物颗粒按密度和粒度进行分选的一种方法。由于不同物质的密度不同，因而在一定气速的气流中有着不同的沉降速度，从而达到轻重颗粒分离的目的。

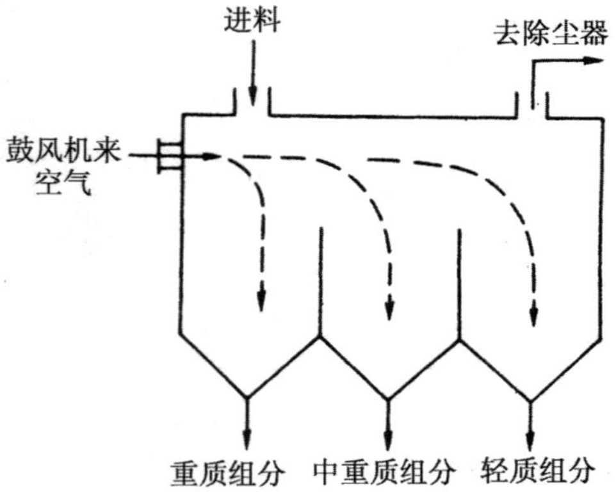

图 11-9　卧式风力分选机结构原理图

按照气流吹入分选设备内的方向不同，风选设备可分为以下两种类型。

（1）卧式风力分选机　如图 11-9 所示的是卧式风力分选机的结构和工作原理图。物料在机内下落时，被水平气流吹散，密度不同的组分沿不同的运动轨迹分别落入不同的收集槽中而得以分离。

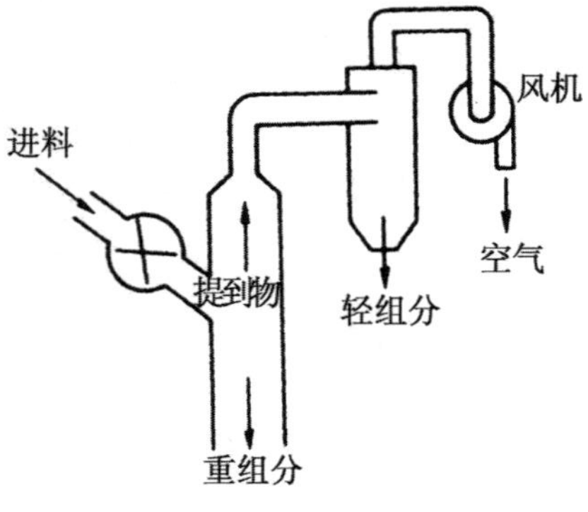

图 11-10　立式风力分选机结构原理图

（2）立式风力分选机　如图 11-10 所示的是立式风力分选机结构及原理示意图。物料在上升气流的作用下，重组分沉降到分选机底部排出，轻组分随上升气流一起从顶部排出，然后经旋风分离器进行气固分离，这样则使轻重两组分得到了分离。

3．磁选

（1）磁选的基本原理　磁选是利用固体废物中各种物质的磁性差异在不均匀磁场中进行分选的一种处理方法。将固体送入磁选设备之后，磁性颗粒则在不均匀磁场的作用下被磁化，从而受到磁场吸引力的作用，使磁性颗粒吸在磁选机的转动部件上，被送至排料端排出，实现了磁性物质和非磁性物质的分离。在磁选的过程中，固体颗粒在非均匀磁场中同时受到两种力的作用——磁力和机械力（包括重力、摩擦力、介质阻力、惯性力等）的作用。当磁性物质所受到的磁力大于与它相反的机械力的合力时，则可以被分离出来。而非磁性物质所受磁力很小，机械力的作用占优势，所以仍留在物料层中。

磁选只适用于分离出铁磁性物质，可以作为一种辅助手段用于回收黑色金属。

（2）磁选设备　①磁力滚筒有两种型式，如图 11-11 所示。

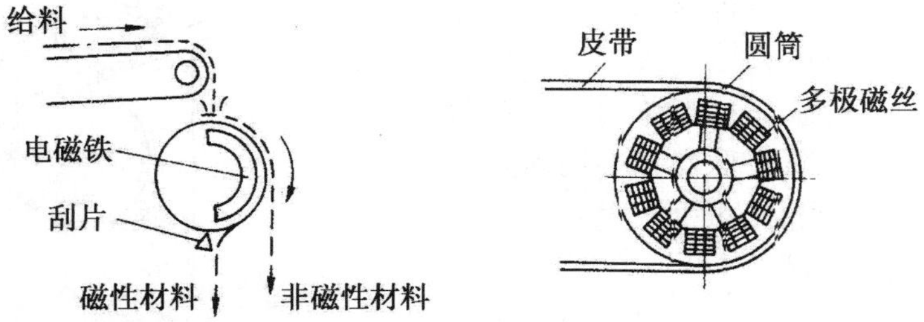

（a）滚筒式吸持磁选机　　（b）带式吸持磁选机

图 11-11　磁力滚筒

图中 a 型也称滚筒式吸持磁选机。主要部分是一个用黄铜、不锈钢等非导磁材料制成的滚筒，内有半环形磁铁。物料从传送带上落到滚筒表面时，磁性物质被吸引，带至下部刮板处被刮脱收集到料斗中。非磁性材料则直接落入另一料斗。

b 型也称带式吸持磁选机，磁力滚筒作为传动滚筒装在皮带机头部。当物料经过滚筒时，非磁性或弱磁性物质在离心力和重力作用下脱离皮带面；而强磁性物质则被吸在皮带上，并被带到滚筒下部，当皮带离开磁力滚筒伸直时，由于磁场强度的减弱而落入收集料斗中。

②悬吊磁铁器有一般式和带式两种，其结构如图 11-12 所示。

图中 a 型用于除铁量小的场合，通过切断电磁铁电流来排除磁性物质，而带式除铁器则通过胶带排除磁性物质。

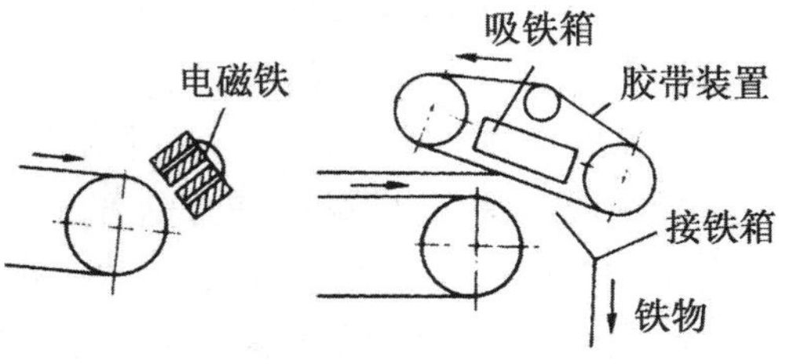

（a）一般式除铁器　　（b）带式除铁器

图 11-12　悬吊磁铁器

4．电力分选

（1）电力分选原理　电力分选是利用固体废物中各种组分在高压电场中电性的差异来实现分选的一种方法。电力分选的原理可用图 11-13 来说明。分选器由接地的金属圆筒板（正极）和放电板（负极）组成，放电极与圆筒间有适当距离，而在极间发生电晕放电，产生电晕电场区。物料随滚筒转动进入电晕电场区后，由于空间带有电荷使之获得负电荷。物料中的导电颗粒荷电后立即在滚筒上放电，当滚筒进入静电场之后，导电颗粒负电荷释放完毕并从滚筒上获得正电荷而被排斥，在电力、重力、离心力的综合作用下排入料斗。而非导体颗粒不易在滚筒上失去所荷负电荷，因而与滚筒相吸被带到滚筒后方用毛刷强制刷下，从而完成了分选过程。

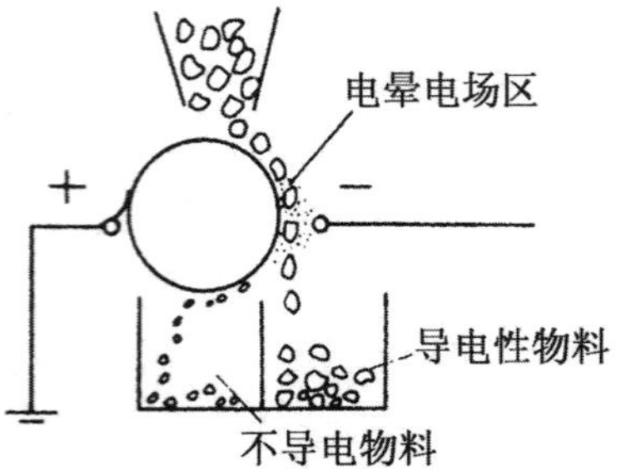

图 11-13 电力分选原理

（2）电力分选设备——静电分选机 静电分选机的结构如图 11-14 所示。如将含有铝和玻璃的废物通过加料器均匀地加到带电滚筒上，铝为良导体从滚筒电极获得相同符号的电荷，因而被滚筒电极排斥落入铝收集槽。玻璃为非导体，由于与带电辊筒接触而被极化，在靠近辊筒一端产生相反电荷而被滚筒吸住，随滚筒带至后面被毛刷强制刷落入玻璃收集槽，完成了铝与玻璃的分离。

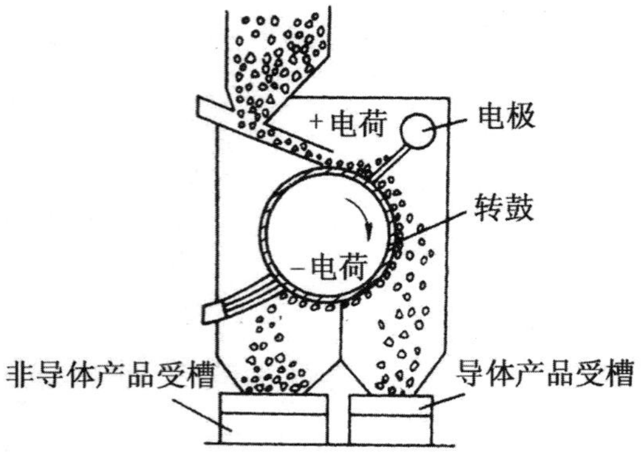

图 11-14 静电分选机结构图

5．分选回收系统

为了有效地回收和综合利用固体废物中的有用物质，常根据废物中各组分的性质和回收要求，将若干个分选单元操作组合起来组成分选回收系统，图 11-15 所示的是城市垃圾分选回收系统。

通过该系统分选回收可得以下产品：

①轻质可燃物，如纸类、布类、塑料薄膜等；②杂纸类；③铁系金属；④玻璃及其他非金属材料。

四、脱水与干燥

1．脱水

固体废物的脱水主要用于污水处理厂排出的污泥及某些工业企业所排出的泥浆状废物的处理。脱水可达到减容及便于进行运输的目的，有利于进一步处理。

脱水有机械脱水及自然干化脱水两种，以前者应用较多，下面做一简单介绍。

机械脱水是用过滤机械来脱水的过程。过滤机械种类很多，如图 11-16 所示的是一种最常用的转鼓真空抽滤脱水机的结构图。空心转鼓表面包有滤布，并部分浸在污泥贮槽中。鼓内分成若干个相互隔开的扇形小室，当转鼓转动时，浸在污泥中的小室与真空系统相接，产生吸滤使固体泥渣吸附于滤布表面形成滤饼。这一过程在该小室离开污泥槽后一段行程中仍继续进行。转鼓继续旋转至某一部位后，小室则改为与压气系统相连，滤饼被压缩空气自内向外穿过滤布将滤饼吹干并使之松动，然后通过刮刀刮下，落入料斗送走，转鼓即开始下一循环。

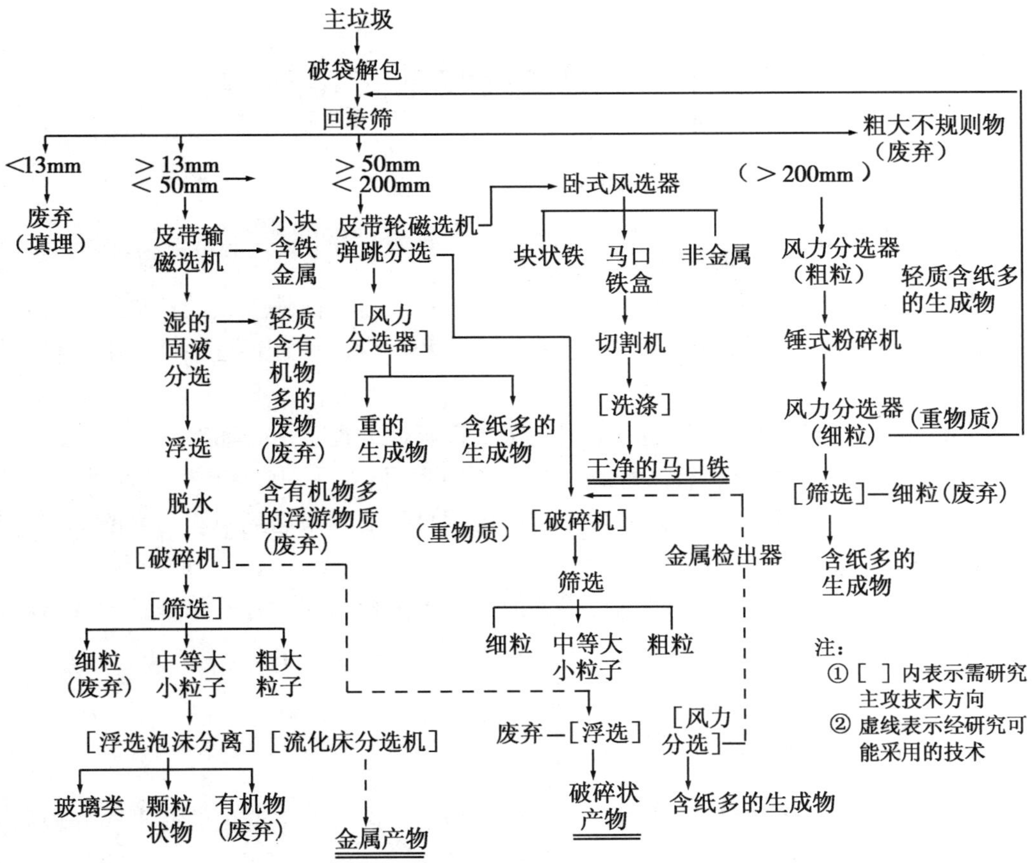

图 11-15　城市垃圾分选回收系统

2．干燥

固体废物经破碎、分选之后所得的轻物料，如需进行能源回收或焚烧处理时，必须进行干燥处理。干燥通常在转筒干燥器内进行，结构如图 11-17 所示，其主要部件是一个轴线与水平线有一定倾角的旋转圆筒，物料自高端向低端，热气流自低端向高端逆流接触，使物料得以干燥。

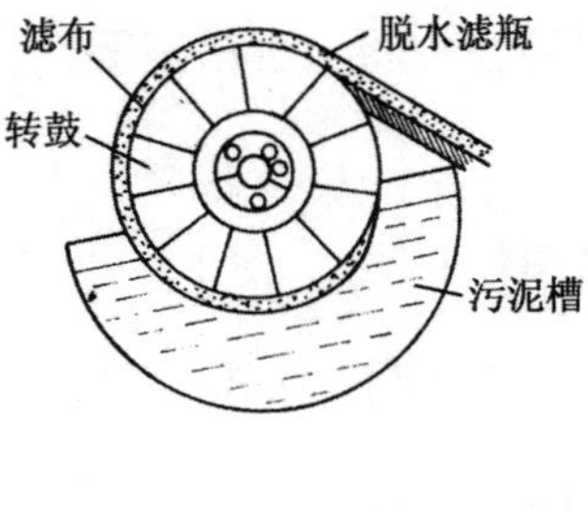

图 11-16　转鼓真空过滤机

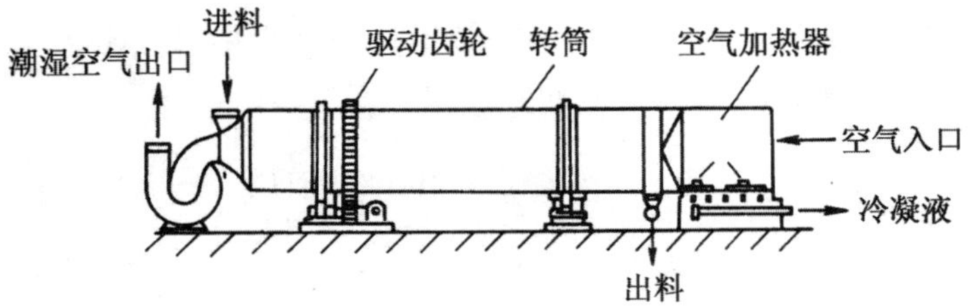

图 11-17　转筒干燥机

第二节 固体废物的化学处理

一、中和法

中和法主要用于处理化工、冶金、电镀等行业所排出的酸性或碱性废渣。它是采用适当的中和剂与废渣中的碱性或酸性物质发生中和反应，使之接近中性，以减轻它们对环境的危害。

对酸性废渣的处理，中和剂多采用石灰，以降低处理费用。而对碱性废渣的处理，中和剂一般可选用硫酸或盐酸。如果在距离较近的不同企业同时有碱性和酸性废渣排出，则可根据所排废渣的性质，将两者按一定的比例直接混合来达到中和的目的，这是最经济有效的处理方法。

中和反应设备可采用罐式机械搅拌或池式人工搅拌。前者用于处理量较大的场合，而后者用于间歇小规模的处理。

二、氧化还原法

氧化还原法是通过氧化或还原反应，使废物中价态可发生变化的有毒成分转化为无害或低毒且具有化学稳定性的成分，以便进一步处理和处置。下面以铬渣的处理为例做一简单介绍。

铬渣中有毒成分主要是六价的铬酸盐，可以采用加入还原剂将六价铬还原三价铬以降低它的毒性，常用的方法有以下两种。

1．煤粉还原焙烧法

将铬渣与适量的煤粉或废活性炭、锯末、稻壳等含碳物质均匀混合，加入回转窑中，在缺氧的条件下进行高温焙烧（500～800℃），利用焙烧过程中产生的 CO 做还原剂，使铬渣中的六价铬被还原为三价铬。

2．药剂还原法

在酸性介质中，可以用 $FeSO_4$、Na_2SO_3、$Na_2S_2O_3$ 等为还原剂，将六价铬还原为三价铬，以 $FeSO_4$ 为还原剂的反应如下式所示：

$$CrO_4^{2-}+3Fe^{2+}+8H^+ \longrightarrow Cr^{3+}+3Fe^{3+}+4H_2O$$

在碱性介质中，可用 Na_2S、K_2S、NaHS、KHS 等为还原剂进行还原反应：

$$2Cr^{6+}+3S^{2-}+6OH^- \longrightarrow 3S+2Cr(OH)_3$$

还原法处理铬渣一般较难处理彻底，且处理费用也较高。经过上述无害化处理的铬渣，则可用于建材工业，冶金工业等部门。

三、化学浸出法

化学浸出法是选择合适的化学溶剂（浸出剂，如酸、碱、盐水溶液等）与固体废物发生作用，使其中有用组分发生选择性溶解然后进一步回收的处理方法。该法可用于含重金属的固体废物的处理，特别是在石化工业中废催化剂的处理上得到广泛应用。下面以生产环氧乙烷的废催化剂的处理为例来加以说明。

用乙烯直接氧化法制环氧乙烷，必须使用银催化剂，大约每生产 1t 产品要消耗 18kg 银催化剂，因此，催化剂使用一段时期（一般为两年），就会失去活性成为废催化剂。这些废催化剂数量很大，仅辽阳石油化纤公司一次更换量就高达 30t。

回收的过程由以下三个步骤组成：

（1）以浓 HNO_3 为浸出剂与废催化剂反应生成 $AgNO_3$、NO_2 和 H_2O。

$$Ag + 2HNO_3 \longrightarrow AgNO_3 + NO_2 + H_2O$$

（2）将上述反应液过滤得 $AgNO_3$ 溶液，然后加入 NaCl 溶液生成 AgCl 沉淀。

$$AgNO_3 + NaCl \longrightarrow AgCl\downarrow + NaNO_3$$

（3）由 AgCl 沉淀制得产品银。

$$6AgCl + Fe_2O_3 \longrightarrow 3Ag_2O\downarrow + 2FeCl_3$$

$$2Ag_2O \xrightarrow{\text{熔炼}} 4Ag + O_2$$

该法可使催化剂中银的回收率达到 95%，即消除了废催化剂对环境的污染，又取得了一定的经济效益。

第三节　固体废物的生物转化处理

生物转化处理适用于含可生物降解性有机物的固体废物，例如城市生活垃圾、发酵工业废渣、农业固体废物等。通过生物转化处理，使有机物得到降解，同时可获得许多有用的转化产品，如沼气、饲料蛋白等，达到了资源化和无害化的目的。

生物转化处理的主要方法有好氧生物转化、厌氧生物转化两种。

一、好氧生物转化——堆肥化处理

堆肥化是在人工控制的条件下，使某些有机的固体废物在微生物的作用下，发生生物化学反应，分解转化为较稳定的腐殖肥料的过程。

根据堆肥化过程中微生物种类的不同，可将堆肥化分为厌氧堆肥和好氧堆肥两类。厌氧堆肥的原理类似于污水处理中的厌氧消化过程，它可以保留较多的氮素，工艺也较简单，但堆制周期过长（10 个月以上），且分解不够充分，故只适用于小规模的农家堆肥。

本节主要介绍好氧堆肥过程。

1. 好氧法堆肥的原理

同污水的好氧生化处理法类似，好氧法堆肥是在氧气充足的条件下利用好氧微生物的新陈代谢活动将有机物氧化降解为简单无机物的过程。这一生物化学转化过程可以用以下三个反应来表示：

（1）有机物的氧化　不含氮有机物（$C_xH_yO_z$）的氧化方程式如下。

$$C_xH_yO_x + \left(x+\frac{1}{2}y-\frac{1}{2}z\right)O_2 \longrightarrow xCO_2 + \frac{1}{2}yH_2O + \text{能量}$$

含氮有机物（$C_sH_tN_uO_v \cdot aH_2O$）的氧化方程式如下。

$$C_sH_tN_uO_v \cdot aH_2O + bO_2 \longrightarrow C_wH_xN_yO_z \cdot cH_2O\text{（堆肥）} + dH_2O\text{（气）} + eH_2O\text{（液）} + fCO_2 + gNH_3 + \text{能量}$$

在上述反应中，有 30%～50%原料转化为堆肥，堆肥是一种腐殖质含量很高的疏松物质，俗称腐殖土。良好的堆肥具有增加土壤有机质，改善土壤团粒结构，促进植物生长和增加产量等功效。

从理论上讲，上述反应中生成的堆肥还可进一步被分解，直至完全转化为 CO_2、H_2O 和 NH_3。但在实际上，达到这一完全转化是不可能的。

（2）细胞质的合成

$$n(C_xH_yO_z) + NH_3 + \left(nx+\frac{ny}{4}-\frac{nz}{2}-5x\right)O_2 \longrightarrow$$

$$C_5H_7NO_2\text{（细胞质）} + (nx-5)CO_2 + \frac{1}{2}(ny-4)H_2O + \text{能量}$$

（3）细胞质的氧化

$$C_5H_7NO_2\text{（细胞质）} + 5O_2 \longrightarrow 5CO_2 + 2H_2O + NH_3 + \text{能量}$$

通过上述三个反应，使部分有机物降解为简单的无机物并放出能量来供给生物生长活动的需要。同时又把另一部分有机物合成为新的细胞质，使微生物能得以生长繁殖，加速生化反应的进程。

好氧分解速度较快，整个过程 5～6 周即可完成，因此适用于大规模工业化生产。

2. 堆肥微生物

堆肥是在微生物作用下的生物化学转化过程，堆肥微生物主要来源于两个方面，一是待处理废物中固有的微生物种群（每千克城市垃圾中细菌数量为 10^{14}～10^{16} 个）；二是人工加入的特殊菌种，它们具有活性强、繁殖快、分解有机物迅速的特点，能加快堆肥反应过程。

堆肥中发生作用的主要微生物有细菌、放线菌、真菌和微型生物等。细菌是堆肥中形体最小，数量最多的微生物，它们分解了大部分有机物并产生热量。放线菌在分解纤维素、木质素、角素和蛋白质等复杂有机物时发挥作用，它们的酶能帮助分解树皮、纸张之类坚硬有机物。真菌在堆肥后期水分减少，温度下降（此时进入内源呼吸后期，微生物活性下降，发热量减少）时发挥作用，它能忍受低温环境，有些真菌对氮的需求也比细菌低，因此对残余难分解有机物可进一步进行分解。轮虫、线虫、潮虫、甲虫和蚯蚓等微型生物在堆肥中移动和吞食作用可增大堆肥的比表面积，消纳部分有机物和促进微生物的生命活动。

3．好氧堆肥的工艺过程

（1）堆肥原料　堆肥的原料必须富含微生物生长繁殖所必须的营养成分，如碳水化合物、脂类、蛋白质等。常用的堆肥原料有如下几种。

①生活垃圾。我国城市生活垃圾中有机物含量较低，一般在 25%～45%（大城市垃圾有机物含量高），而且主要是植物性物质，含水量高。因此，城市生活垃圾一般需先经过预处理，分离出不可腐物质，才能作堆肥原料。

②人、禽、畜粪便。含有大量的有机物、低分子化合物——人和动物未吸收消化的中间产物，可直接用作堆肥原料。

③农、林业固体废物。虽富含碳素，但含纤维素、木质素、果胶量大，难以为微生物所降解，一般也应经预处理后才可用于生产堆肥。

④有机污泥。如污水污泥、污水生化处理场污泥等，富含微生物所需的各种营养成分，是堆肥的良好原料。

（2）堆肥的工艺过程　好氧堆肥工艺有两种——人工堆肥和机械化堆肥。

人工堆肥操作方便，费用低，但堆肥条件不宜控制，只适用于分散的农家堆肥。

机械化堆肥一般由预处理、发酵及后处理 3 个工序所组成，下面以城市垃圾的堆肥工艺为例来加以说明。

图 11-18 是国内处理生活垃圾实验厂的工艺流程图。

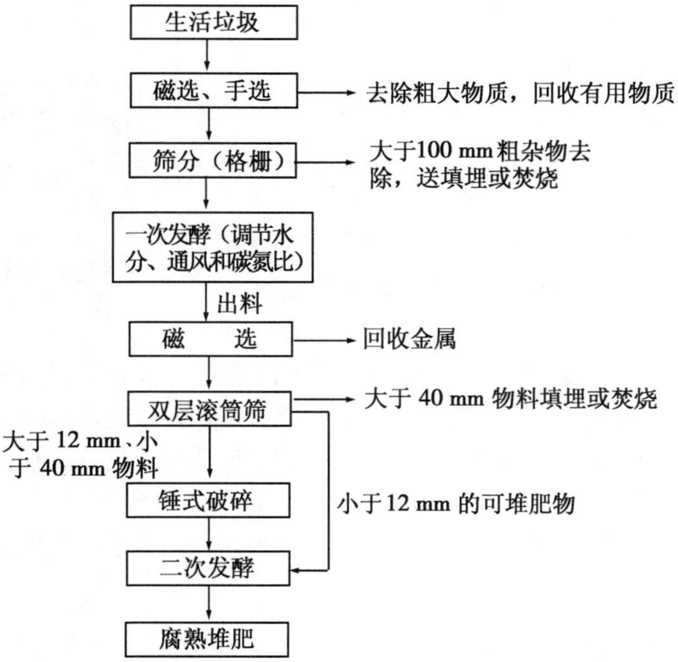

图 11-18　垃圾处理实验工厂工艺流程

① 预处理。通过手选、磁选、振动筛选除去粗大物料，回收有用物质，调整碳氮重量比（C/N=30～35）和水分（50%左右）。

② 发酵。采用二次发酵工艺。第一次发酵采用机械通风，发酵期为 10 d，60℃高温应保持 5 d 以上。工厂化堆肥最高温度可达 70～80℃，在此温度下大部分病原体、寄生虫与蚊、蝇卵均可被杀灭，同时有机物也被氧化降解，使堆肥达到无害化。一次发酵后的堆肥通过分选除去非堆腐物，送去二次发酵仓进行二次发酵，经过 10 d 左右即达到腐熟。

③ 后处理。二次发酵后的腐熟堆肥可堆放“熟化”，使其中未被分解的有机物继续分解，同时肥料也得以脱水干燥。熟化后的肥料可进一步加工使其颗粒均化然后贮存。

该工艺采用发酵仓二次发酵，因此要建造相当数目的发酵仓（如无锡垃圾堆肥实验厂共建有 20 多个发酵仓），并且要配置相当多的运输设备、通风设备和厂房，一次性投资较大。

4．好氧堆肥技术的新进展——层床通风发酵法

层床通风发酵法是 20 世纪 80 年代西方发达国家发展起来的较为科学和经济的一种方法。

层床通风发酵法是利用具有通风功能的基础底面使床层上的废物进行好氧发酵。通过控制通风量、温度、湿度使废物发酵充分，最后经筛分制得成品肥料。

层床通风发酵装置如图 11-19 所示。

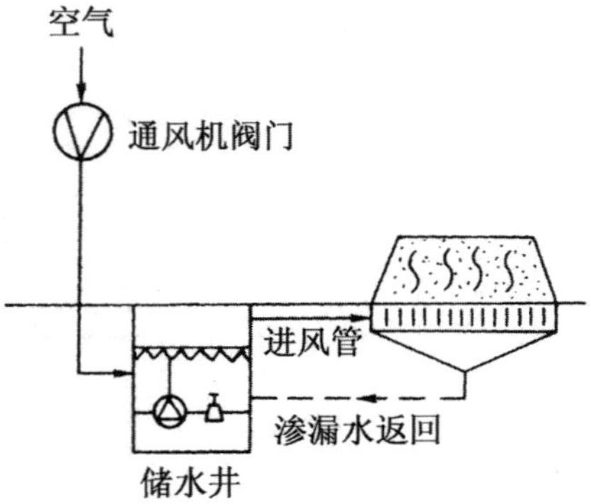

图 11-19 层床通风发酵装置示意图

通风机来的空气经通风控制阀进行供风，风流先进入储水井，使空气达到一定湿度，然后将湿空气通过进风管进入层床基础底面，由底面的进风口使风流均匀地进入废物床层中。废物体中的多余水分由排水管返回储水井。废物体中上下层进风量温度和湿度都有很大差异，这种不均匀性可通过倒垛或重新分层来改变。

层床通风发酵法具有以下优点：①可利用闲散土地或旧垃圾填埋厂已覆盖的表面积建场，大大减少了基建投资；②通风方法简单，采用强制通风的底面进气可使堆肥材料得到均匀、充足的空气过流，保证了好氧微生物对氧的需求，增强了发酵强度；③自然降雨和废物体的渗漏水可通过通风基础排出，使床的基脚处于干燥状态，并可使流出废水返回储水井循环使用；④通风量和温度可控，给微生物活动提供了最适宜条件，可使发酵周期缩短，堆高增大，节省占地面积。

层床通风发酵法目前已在德国普遍采用，该法经济技术可行，很适合在我国推广应用。

二、厌氧生物转化法

厌氧生物转化法也称厌氧消化法，它是在完全隔绝氧气的条件下，利用厌氧微生物的生物转化作用使废物中可生物降解的有机物分解为稳定的无毒物质，并同时获得沼气的处理方法。

厌氧生物转化法的基本原理与废水的厌氧生化处理法基本相似，其基本操作过程由预处理、配料、厌氧消化和沼气回收 3 个步骤组成，下面通过城市垃圾及农业固体废物的厌氧处理来加以说明。

1. 城市垃圾的厌氧消化处理

城市垃圾的厌氧消化处理流程如图 11-20 所示。

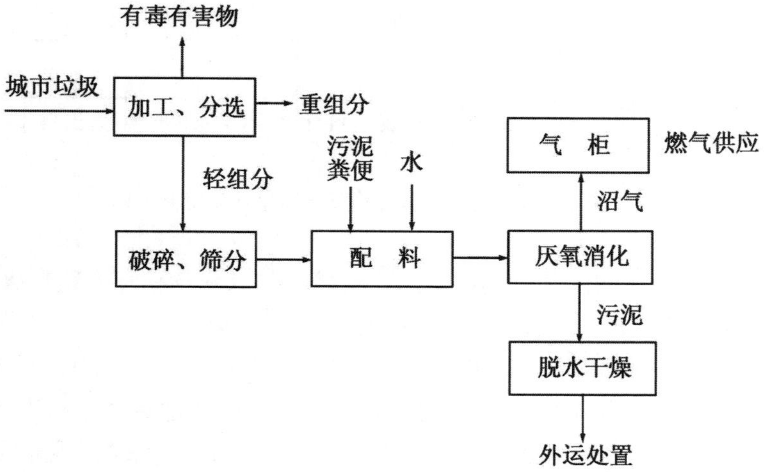

图 11-20　城市垃圾厌氧消化处理流程

（1）预处理　将城市垃圾进行加工分选，除去有毒有害物质及不能生物降解的重组分（如玻璃、金属、陶瓷等），所得轻组分主要是可生物降解的有机物。再将轻组分破碎、筛分、使颗粒细小，质地均匀以满足消化处理的需要。

（2）配料　厌氧微生物对原料的碳氮比有一定要求，一般为 20∶1～30∶1，太高产气率则会下降。城市垃圾中氮、磷含量均不足，因此必须在此工序加入含 N、P 丰富的污泥、粪便等原料，并加入适量的水制成料浆（含水量大于 90%），以便于输送和搅拌操作。

（3）厌氧消化和沼气回收　该步骤在消化池中进行，池内可采用机械搅拌或沼气回流搅拌，以保证物料混合均匀。过程的操作条件为：温度 30～60℃，pH 值 6.8～7.5，设备内水力停留时间 3～4 d。厌氧分解的反应式可写为：

$$C_aH_bO_cN_d \xrightarrow{\text{厌氧菌}} nC_wH_xO_yN_z + mCH_4\uparrow + sCO_2\uparrow + rH_2O + (d-nz)NH_3\uparrow$$

式中　$C_aH_bO_cN_d$——原料中有机物分子式；

$C_wH_xO_yN_z$——消化完成后有机物分子式。

$$s=a-nw-m \qquad r=c-ny-2s$$

所得沼气含 CH_4 约 60%，CO_2 约 40%（NH_3 和 H_2S 气体极少），可用管道送至气柜备用。消化后的污泥含水量高，需进一步脱水干燥再做进一步处置，也可做肥料使用。

城市垃圾的厌氧消化处理投资大、占地多、运行费用高，还会产生许多环境问题，因此难以得到推广。我国城市垃圾中可腐化成分含量低，一般不适于用此法处理。

2．农业固体废物厌氧生化处理

农村中可做厌氧消化处理的原料很多，如作物秸秆、人畜粪便、青草、垃圾等。这些原料多为富氮有机原料，生物降解速度快，产气周期短，产生的沼气可做燃料使用，产生的污泥也是优质的有机肥料。因此，这种处理方法已在我国农村得到普遍推广，如图 11-21 所示。

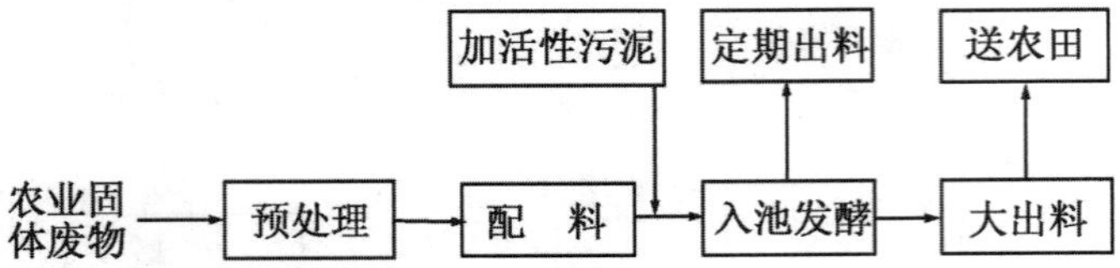

图 11-21　农业固体废物厌氧消化处理工艺流程

将可用于厌氧消化的固体废物经分选，粉碎（如农作物秸秆需粗粉碎使长度在 6 cm 以下）等工序进行预处理，然后按各种原料的成分测定数据进行配料，调节 C/N＝25∶1～30∶1 后入池发酵。新鲜原料入池时，由于池内微生物数量少，使发酵周期延长，必须加入少量沼气池污泥，以增加池内微生物数量。管理中应注意定期进料出料，以保证微生物生活所必须的养料。每年应进行 1～2 次大出料，既解决了农业用肥，又做到了发酵原料的更新。

第四节　固体废物的焚烧和热解

一、焚烧法

焚烧法是将可燃固体废物置于高温炉内，使其中可燃成分充分氧化的一种处理方法。焚烧法的优点是可以回收利用固体废物内潜在的能量，减少废物的体积（一般可减少 80%～90%），破坏有毒废物的组成结构，使其最终成为化学性质稳定的无害化灰渣，同时还可彻底杀灭病原菌、消除腐化源。所以，用焚烧法处理可燃固体废物能同时实现减量、无害和资源化的目的，是一种重要的处理处置方法。焚烧法的缺点是只能处理含可燃物成分高的固体废物（一般要求其热值大于 3 350 kJ/kg）否则必须添加助燃剂，使运行费用大大提高。另外，该法投资比较大，处理过程中不可避免地会产生可造成二次污染的有害物质，从而产生新的环境问题。

1．焚烧原理及处理对象

焚烧是高温条件下的强氧化过程。焚烧时固体废物中的可燃成分与空气中的氧完全反应，发生氧化分解，最终变成简单成分的气体（主要是 CO_2、水分、硫、磷、氮的氧化物、卤化酸、可挥发的金属氧化物及某些气态有机物等）和固体废渣（灰、金属、氧化物及其他不易燃物质），并放出大量的热，从而达到了无害化和热量回收的目的。

影响焚烧的因素主要有四个方面，即温度、时间、湍流程度和供氧量。为了尽可能焚毁废物，并减少二次污染的产生，因此焚烧时最佳操作条件是：①足够的高温，一般为 900～1 200℃；②气体在炉中停留时间不少于 2 s；③良好的湍流；④充足的氧气，一般为化学计量的 2 倍。在上述条件下，大多数固体废物中有害成分都可以完全安全有效地被破坏。

适合焚烧的废物主要是那些不可再循环利用或安全填埋的有害废物，如难以生物降解的、易挥发和扩散的及含有重金属及其他有害成分的有机物、生物医学废物（医院和医学实验室所产生的需特别处理的废物）等。

2．焚烧法的应用——城市垃圾的焚烧处理

典型的城市垃圾焚烧系统流程如图 11-22 所示，它由以下几个工序组成。

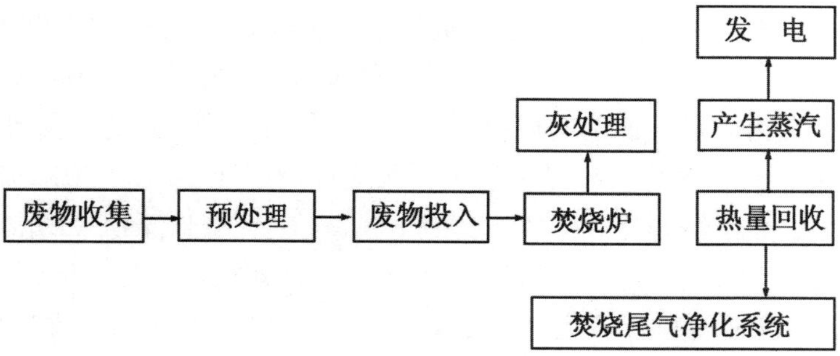

图 11-22　城市垃圾焚烧系统工艺流程

（1）垃圾预处理　为了使焚烧过程顺利进行，必须使物料达到以下要求：

①不可燃成分低于 5%左右，含水率在 15%以下；②粒度小而均匀；③不含有毒物质。

因此必须对收集来的垃圾进行分选、破碎、脱水干燥等预处理，并建立焚烧前的贮存场地，保持一定的贮存量以保证焚烧系统操作的连续性。

（2）焚烧　焚烧是处理系统中最关键的步骤，焚烧过程可分为间歇加料和连续加料两种类型。连续加料生产能力大，操作条件稳定，易于控制，在大型焚烧厂内得到广泛应用。

焚烧过程由两个阶段组成。第一阶段是使物料进一步脱水、干燥、升温并开始起燃，焚烧温度为 700～1 000℃。第二阶段是未燃尽的小颗粒与可燃气体进一步氧化燃烧，温度为 600～1 000℃。为了得到良好的燃烧条件，被燃烧物和空气应有适当的比例，供风量常常高于理论值。焚烧垃圾时所采用的空气过剩系数，一般为 1.6～2.0。

焚烧在焚烧炉中进行，常用的焚烧炉有立式多段炉、回转式焚烧炉、流化床焚烧炉等。如图 11-23 所示的便是立式多段炉的结构示意图。炉的中心有一可转动的烟囱，带有多层旋转的炉箅，每排炉箅占一层炉膛，箅上有螺旋推料板。物料在每层燃烧旋转一周

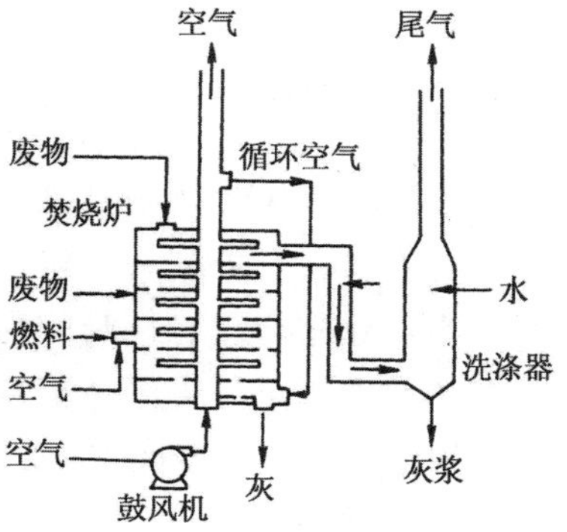

图 11-23　多段焚烧炉结构示意图

后由推料板通过排料口流至下一层继续燃烧，直到最后一层燃尽，将灰渣排出。

（3）热量回收 城市垃圾在焚烧过程中会产生大量的热，必须通过热回收系统来加以回收。一般可在焚烧炉的后部设置锅炉，回收热量产生蒸汽供电力部门或其他生产部门使用。

（4）焚烧产物的处理 焚烧产物有两类，一类是炉渣，一般为无机物，主要是金属氧化物及盐类，多采用填埋方式加以处置。另一类是焚烧尾气，可以按照前面所介绍的大气污染治理方法来加以处理。

随着城市的发展和城市人口的急剧增长，垃圾的处理问题日益严重，传统的填埋处理由于受到填埋场选址困难和处理费用增大的影响已有日渐被焚烧处理所取代的趋势。

垃圾焚烧不仅满足了环保要求，而且又可利用余热发电或供热，从而成为垃圾处理的新方向。目前垃圾焚烧在日本、荷兰、瑞士、丹麦、瑞典等国已成为垃圾处理的主要手段。瑞士70%的垃圾和日本75%以上垃圾均采用焚烧处理。美国的垃圾焚烧处理在2000年也达到40%左右，在全国建有400余座垃圾焚烧厂。法国现有300多台垃圾焚烧炉，可处理40%以上城市垃圾，德国的垃圾电站1998年也达到75处。我国的垃圾焚烧还刚起步，1988年我国第一座垃圾电站在深圳投入运行，可处理该市50%垃圾，每吨垃圾可发电50 kW，焚烧烟尘经处理后排放，其中SO_2、CO_2、总悬浮物平均浓度可达一级大气标准。1999年底上海浦东新区垃圾焚烧厂开始动工，建成后日处理能力达1 000 t。北京首座垃圾电站——朝阳区垃圾焚烧电厂1999年9月动工兴建，日处理垃圾1 200 t，可处理该地区50%生活垃圾。目前沈阳环境科学研究所也从日本引进一套垃圾焚烧装置，进行生活垃圾的焚烧处理研究。广州现有的垃圾填埋场在3～5年内将会填满，因此在广州建立垃圾焚烧厂也已势在必行。但是在垃圾焚烧过程中不可避免地要产生一些可造成二次污染的有害物质，例如在焚烧残渣中的重金属尘粒、$PCDD_s$（多氯二苯并-对-二噁英）、$PCDF_s$（多氯二苯并呋喃）、PCA（多环芳香族化合物）、PCB（聚氯联苯）及HCl、HF、SO_2等有害气体，从而又产生了新的环境问题。目前，国外发达国家对焚烧过程中可能产生的污染防治给予极大的关注，制定了一系列与焚烧相应的废气处理及灰渣填埋处理对策。如改善燃烧状态，抑制二噁英类物质产生，采用高效的尾气处理系统，对焚烧残渣实行高温（1 200～1 400℃）熔化处理，使灰渣中残存的有害物质分解等处理方法，以减少或消除二次污染的产生。现在有关科研人员正在研究用垃圾燃烧后的灰制造建筑材料，此项研究如获成功，可燃性垃圾将100%地得到利用，从而从根本上解决了可燃垃圾的消纳问题。

二、热解

多数有机化合物都具有热不稳定性的特征，如果将它们置于高温缺氧的条件下，这些化合物将会发生裂解，转化为分子量较小的组分，我们把这一过程称之为热解。热解应用于工业生产已有很长的历史，如木材和煤的干馏、重油的裂解等。近几十年来，将热解的原理用于处理固体废物已日益为人们所注重，成为一种很有前途的处理方法，特别适用于废塑料、废橡胶、城市垃圾、农用固体废物等含有机物较多的固体废物处理。

1. 热解原理

固体废物的热解是一个极其复杂的化学反应过程，它包含大分子的键断裂，异构化和小分子的聚合等反应过程。这一过程可以用下式来表示：

$$有机固体废物\xrightarrow[加热]{缺氧}气体（H_2、CH_4、CO、CO_2、NH_3、H_2S、HCN、H_2O）+有机液体（焦油、芳烃、煤油、有机酸、醇、醛类）+炭黑、炉渣。$$

由上式可见，热解将会产生三种相态的物质。气相产物主要是H_2、CH_4、CO和CO_2；液相产物主要是焦油和燃料油，还有乙酸、丙酮、甲醇等；固相为炭黑和废物中原有的惰性物质。例如，纤维素热解的化学反应式可以写为：

$$3C_6H_{10}O_5\xrightarrow{热解}8H_2O+C_6H_8O+2CO+2CO_2+CH_4+H_2+7C$$

式中：C_6H_8O为焦油。

2．热解法的应用

（1）废塑料的热解　废塑料是含有多种高分子化合物的不均匀混合物，随着塑料的种类、分解温度的不同，其分解产物的组成也不同，因而有以燃料油为主的油化工艺、以燃料气为主的气化工艺及回收炭黑的炭化工艺。全部以塑料为原料的处理工艺，基本上采用油化法。用粗选城市垃圾为原料多采用气化法，对含PVC、PVA等废塑料的原料最好能回收碳化物质。

如图11-24所示的是日本川崎重工开发的聚烯烃浴热解流程。它是利用聚氯乙烯（PVC）脱HCl的温度比聚乙烯（PE）、聚丙烯（PP）和聚苯乙烯（PS）分解温度低这一特点，将PE、PP、PS在380～400℃时熔融、形成熔融液浴，分解温度低的PVC首先脱除HCl气化，以后PE、PP、PS再逐渐分解。分解产物主要有HCl和CO、N_2、H_2O及C_1～C_{30}的碳氢化合物，其中C_1～C_4为气体，C_5～C_6为液体，C_7～C_{30}为油脂状，经冷凝塔、水洗塔回收油品及HCl，气体经碱洗后作为燃料气燃烧供给热解所需的热量。

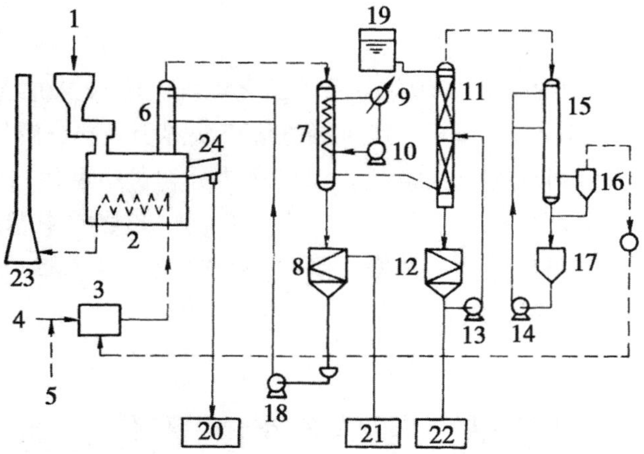

图11-24　聚烯烃浴加热分解废塑料流程

1—废塑料加料斗；2—聚烯烃浴加热分解炉；3—燃烧室；4—轻质油
5—空气；6—重质油分离塔；7—轻质油分离塔；8—轻质油槽
9—热交换器；10、13、14、18—泵；11—HCl吸收塔；12—HCl贮槽
15—洗涤塔；16—除雾器；17—NaOH水溶液贮槽；19—给水贮槽
20—残渣；21—轻质油；22—盐酸；23—烟囱；24—再加热室

（2）污泥的热解 废水的生化法处理过程中会产生大量污染，城市下水污泥的排放量也很大。对于这些污泥，一般先经脱水处理形成脱水泥饼，然后再用其他方法进一步处理，污泥的热解处理便是其中最重要的一种。特别是将城市垃圾和污泥联合热解，可以更有效地回收热能并进一步转化为电能，以满足大型水处理场所需的能源，因此可以预料，污泥的热解处理将是今后污泥处理的主要发展方向。

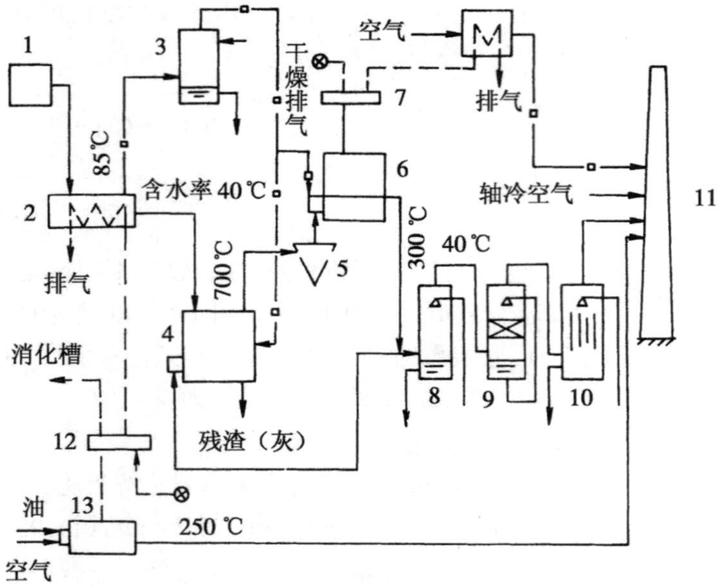

图 11-25 污泥多段炉热分解工艺流程

1—加料器；2—干燥机；3—除湿塔；4—热分解炉；5—旋流器

6—废热锅炉；7—蒸汽室；8—清洗塔；9—吸收塔；10—电除尘器

11—烟囱；12—蒸汽室；13—专用锅炉

如图 11-25 所示的是污泥的多段炉热分解工艺流程。脱水泥饼经干燥机干燥后使水降到 40%左右送进热分解炉，干燥机的废气经除湿塔减湿引入热分解炉及废热锅炉燃烧室，作为泥饼可燃成分燃烧时的空气而消耗。泥饼在热分解炉中利用自身的热值及消耗少量的辅助燃料被加热而分解汽化，产生的废气在废热锅炉燃烧室中燃烧分解，废热以蒸汽形式回收。废热锅炉的废气再经清洗塔、吸收塔和电除尘器冷却、除尘、除去酸性气体后从烟囱排入大气。

第五节 固体废物的固化处理

一、固化处理的原理和步骤

1. 固化处理的原理和步骤

废物的固化处理是利用物理或化学的方法将有害的固体废物与能聚结成固体的某种

惰性基材混合，从而使固体废物固定或包容在惰性固体基材中，使之具有化学稳定性或密封性的一种无害化处理技术。固化处理的机理十分复杂，在理论上迄今尚未进行过充分的研究，也未能获得一种对任何固体废物都适用的最佳处理方法。固化的过程有的是将有害物质通过化学转变或引入某种稳定的晶格中的过程，也有的是将有害废物用惰性材料加以包容的过程，或是上述两种过程兼而有之。

固化所用的惰性材料称为固化剂，经固化处理后的固化产物称为固化体。

固化处理的目的是将有毒废物转化为化学或物理上稳定的物质，因此要求处理后所形成的固化体应有良好的抗渗透性、抗浸出性、抗冻融性并具有一定的机械强度和稳定的物理化学性质。

2．固化处理的基本步骤

一个标准的固化处理过程主要由以下几个步骤所组成：

（1）废物预处理　对收集到的固体废物必须进行预处理，如分选、干燥、中和、破坏氰化物等物理的和化学的处理过程，因为废物中所含的许多化合物都会干扰固化过程。例如用水泥为固化剂时，锰、锡、铜、铝的可溶性盐类会延长凝固时间并降低固化体的物理强度。过量的水也会阻碍固化过程，含酸性物质过多则会使固化剂的用量增加等；

（2）加入填充剂及固化剂　其用量一般根据实验结果来确定；

（3）混合和凝硬　将废物和固化剂在混合设备中均匀混合，然后送到硬化池或处置场地中放置一段时间，使之凝硬完成硬化过程；

（4）固化体的处理　根据所处理的废物的特性将固化体填埋或加以利用（如做建筑材料）。

二、固化处理的基本方法

根据固化处理中所用固化剂的不同固化技术可分为水泥固化、石灰固化、热塑性材料固化、热固性材料固化，自胶结固化、玻璃固化和大型包封法等。下面介绍几种常用的固化方法。

1．水泥固化

（1）水泥固化原理　水泥固化是以水泥为固化剂，将有害固体废物进行固化的处理方法。水泥是一种胶凝材料，当它与水反应后会形成一种硅酸盐水合凝胶，将有害的固体废物微粒包容在其中并逐步形成坚硬的固化体，使有害物质被封闭在固化体内，达到稳定、无害化的目的。

用做水泥固化处理的固化剂有普通硅酸盐水泥或火山灰质硅酸盐水泥。为了改善固化条件，提高固化质量，有时还需加入适当的添加剂如吸附剂（活性氧化铝、黏土、蛭石等）、缓凝剂（如酒石酸、柠檬酸、硼酸盐等）、促凝剂（如水玻璃、碳酸钠等）和减水剂（表面活性剂）等。

（2）水泥固化法的应用　水泥固化法具有工艺简单、材料来源广泛、处理费用低、固化体机械强度高等优点。特别适用于处理含重金属的污泥，原子能工业中的废料及其他有毒有害废物的处理中。

①电镀污泥的固化处理。电镀污泥的固化处理是最早开发的水泥固化技术，固化剂可采用 425 号硅酸盐水泥。干污泥、水泥和水的配比为（1～2）：20：（6～10）。水泥固化体的抗压强度可达 10～20 MPa，铅、镉、铬的浸出浓度均低于毒性鉴别标准。电镀污泥的水泥固化处理工艺如图 11-26 所示。

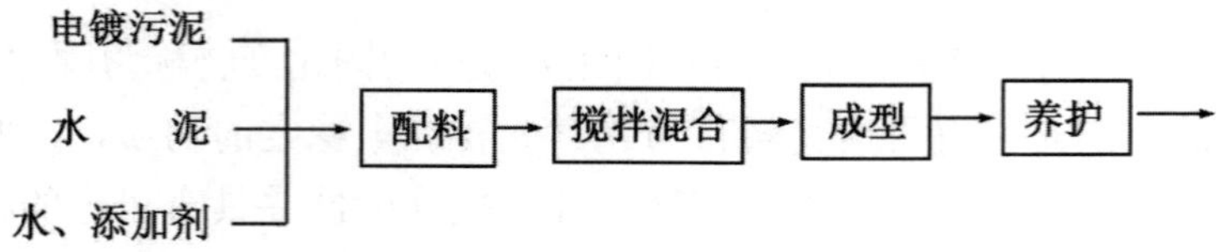

图 11-26 电镀污泥水泥固化处理工艺流程

②含汞废渣的水泥固化处理。汞渣水泥固化处理时，汞渣与水泥的配比为 1：（3～8），加水均匀混合后成型。再经蒸汽养护（60～70℃下养护 24 h）使其凝结硬化为固化体然后再加以深埋放置。

水泥固化法的主要缺点是固化体的浸出率较高，体积也比原废物增大 0.5～1.0 倍，有些废物还需进行预处理和投加添加剂，这些都会造成处理费用增大。

2. 石灰固化

（1）石灰固化原理　石灰固化是以石灰为固化剂，以活性硅酸盐类（粉煤灰、水泥窑灰）为添加剂的一种固化方法。石灰与上述添加剂在有水存在时会形成一种具有包裹废物性能的稳定不溶性化合物的物料并逐渐凝硬使废物得以固化。

（2）石灰固化的应用　石灰固化法适用于固化钢铁机械行业中酸洗工序所排放的废渣、电镀污泥、烟道气脱硫废渣、石油冶炼污泥等。其固化工艺过程与水泥固化法类似。

石灰固化法的优点是填料来源丰富，操作简单、处理费用低；被固化的废渣不要求脱水干燥；可在常温下操作。其缺点是固化体易受酸性介质侵蚀、抗浸出性能较差等。

3. 热塑性材料固化法

热塑性材料是指那些在加热和冷却时能反复转化和硬化的有机材料，如沥青、聚乙烯、聚氯乙烯、聚丙烯、石蜡等。这些材料在常温下为坚硬的固体，而在较高温度下有可塑性和流动性，从而可以利用这种特性对固体废物进行固化处理。

沥青是高分子碳氢化合物的混合物，具有较好的化学稳定性，黏结性，对多数酸、碱、盐类都有一定的耐腐蚀性，并具有一定的抗辐射稳定性，价格也较为低廉，因此沥青固化应用较为普遍。

沥青固化一般可用于处理中、低放射水平的蒸发残液，废水化学处理所产生的沉渣、焚烧炉产生的残渣、废塑料、电镀污泥、砷渣等。

沥青固化工艺过程如图 11-27 所示。

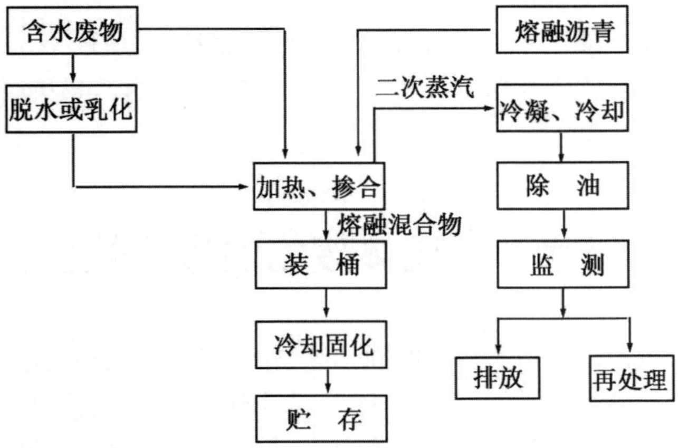

图 11-27　沥青固化工艺流程

4．热固性材料固化法

热固性材料是指在加热时变成固体并且硬化，且再进行加热或冷却时仍保持其固体状态不变的物质。目前常用的热固性材料有脲醛树脂和不饱和聚酯等，酚醛树脂及环氧树脂也在小范围内使用。脲醛树脂使用方便，固化速度快，与有害物质形成的固化体有较好的耐水性、耐腐蚀性、价格也较便宜，使用较为广泛。不饱和聚酯树脂在常温常压下即可固化成型，使用方便，特别适于对有害废物和放射性废物的固化处理。

日本冈山公害防治中心利用不饱和聚酯树脂固化处理电镀污泥，所形成的固化体抗压强度大，重量轻，表面光泽，可以作为建筑材料使用。

5．玻璃固化法

玻璃固化是用玻璃原料（如氧化硅等）作为固化剂和待处理废料混合均匀，先在高温下煅烧，然后升温至 1 100～1 150℃保温数小时，形成熔融的玻璃，冷却后再经退火处理即可得到坚固而稳定的固化体。

玻璃固化可采用间歇式的单罐操作，使煅烧、熔融都在同一罐内进行；也可采用连续式操作，煅烧和熔融分别在煅烧炉和熔融炉内完成。采用的固化配方多数是磷酸盐玻璃和硼硅酸盐玻璃。

玻璃固化主要用于处理放射性废物。它的优点是固化体致密，在水及酸碱液中浸出率小，有较高的热稳定性和辐射稳定性，增容也比较小，缺点是处理费用高，操作温度高，能耗大，设备腐蚀严重，操作过程中会产生较多的废气，必须加以收集处理，以防止二次污染的产生。

6．自胶结固化和大型包封法

自胶结固化只适于处理含硫酸钙和亚硫酸钙的废渣。先在适当的条件下将废物煅烧，使其部分脱水形成有胶结作用的亚硫酸钙或半水硫酸钙，然后与粉煤灰及其他特制的添加剂混合，经凝结硬化而形成自胶结固化体。这种固化体具有化学稳定性高，浸出率低等优点。

大型包封法是用一种不渗水的惰性保护层将经过处理或未经处理的废物包封起来。例如对容器装的废料，可以将玻璃纤维、增强热固性树脂（环氧树脂）及水基聚胺酯树脂的混合物喷涂在容器壁上使之形成一个坚固的外套对器内废料进行包封，然后再加以填埋处理。利用水泥对盛在容器中的废料进行包封也是常用的方法，此时可将盛废料的容器移入钢桶中，然后灌入普通水泥浆，待水泥硬化后就将其包裹起来，最后再进行填埋处置。

第六节 固体废物的最终处置

人们在生产和生活活动中所排出的固体废物虽经各种方法处理或回收利用，但最终仍有相当数量的废物将返回到自然环境中去。为了保证它们不会对环境和人类造成危害，必须对其采取适当的防护措施，实现有害物质同生态系统的有效隔离，解决固体废物的最终归宿，我们称之为最终处置。

固体废物的最终处置方法很多，概括起来可分为陆地处置和海洋处置两大类。陆地处置是利用土地对固体废物进行处置，是目前国际上采用较多的处置途径。陆地处置的方式很多，如土地填埋、土地耕作、工程库或贮留池贮存及深井灌注等。海洋处置是利用海洋对固体废物进行处置的一种方法，它主要分为两种方式，一是传统的海洋倾倒，二是近几年来发展起来的远洋焚烧。本节只对土地填埋、深井灌注和海洋处置做一简单介绍。

一、土地填埋

固体废物的土地填埋处置是在传统的堆放和填地处置基础上发展和完善起来的一种最终处置技术，由于它的建设运行费用低、工艺简单、适用于处理多种类型的废物，因而得到迅速发展并被广泛应用。目前发达国家大约 70%以上的城市固体废物都采用填埋处理（英国已达到 90%），特别是对危险废物的处理，填埋仍然是最主要的手段之一。

土地填埋处置并不仅仅是简单的堆放和填埋，而是一个涉及多学科领域的一个综合性的土工处置技术，是从保护环境的目的出发，按照工程理论和土工标准，对固体废物进行有控管理科学的工程方法。土地填埋处置最主要的问题就是浸出液的收集和控制问题，处理不当就会造成严重的环境污染，早年美国纽约州的 Love 运河污染事件就是一个典型的例子。

根据要处理的固体废物性质的不同，土地填埋处置又可分为卫生土地填埋和安全土地填埋两种。

1. 卫生土地填埋

卫生土地填埋用于处置一般固体废物，如城市垃圾和无害的工农业生产废渣等。

（1）卫生土地填埋场的选择　填埋场地的选择主要从以下几方面来综合考虑：

①根据待处理废物的种类、性质、来源、数量来确定场地的规模，一般以满足 5～20 年的使用期较为经济；

②交通运输方便，并尽可能靠近废物排放地，但同时又要防止对居民区环境造成影响；

③水文地质条件：地下水位尽可能低，易取得覆盖土壤，土壤应易压实，透水性差（如黏土层、岩层）；

④地形条件：避开洼地、泄水能力强；

⑤气候条件：避开高寒区或极端潮湿地区，场址应在居民区的下风向；

⑥要考虑到填埋场地封场后土地的充分利用和开发。

（2）卫生填埋的方法　卫生土地填埋大体可分为三种方法——地面堆埋法、沟槽法和天然洼地填埋法。

地面堆埋法适用于平原区处置大量的固体废物。先在填埋场起始端建一土坝作为填筑单元的屏蔽，然后在坝内沿坝长方向将废物铺撒在土地表面上，形成层厚 0.4～0.8 m 的连续叠堆的条形堆并逐层压实，最后再用薄土（0.15～0.3 m）覆盖、压实，形成一个堆埋单元。如此反复填埋直至封场。

沟槽法适用于地下水位较深地区。处置时先挖一条条形沟槽，然后将固体废物填入压实，最后再覆盖一层薄土并压实，形成一堆埋单元。沟槽长度为 30～120 m，深 0.8～2 m，宽为 4.7～7.5 m。

天然洼地填埋法是利用天然或人工的谷地作为填埋场地。其填埋方式可视地形，水文地质条件而定。例如可以把废物直接铺在斜坡上压实后用土覆盖，然后再压实形成一个堆埋单元。

无论采用上述哪一种方式填埋，其填埋的结构形式大体相同，如图 11-28 所示。每天将填埋的废物压实并用土壤覆盖。形成一规整的菱形填埋单元，当填埋场全部完成时，再覆盖 0.5～0.7 m 厚的土封场。

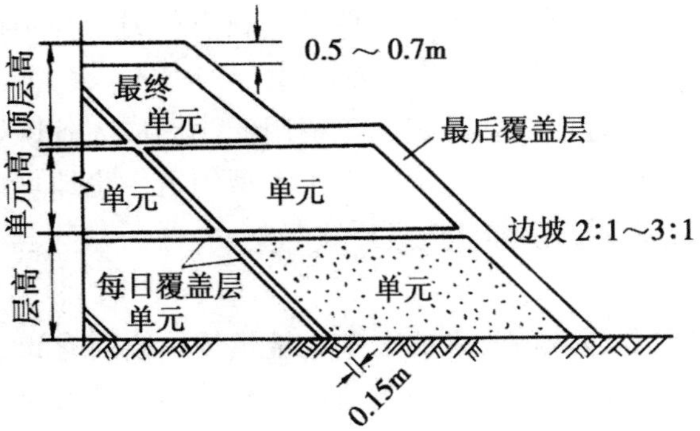

图 11-28　卫生填埋场结构形式

（3）填埋场中浸出液和气体的控制　由于天然降水，地表径流、固体废物含水（包括自身含水及厌氧分解产生的水分）以及地下水的影响，填埋场内总会产生一定数量的浸出液，这些液体的性质复杂，所含污染物成分多，基本上是高浓度的有机废水（如表 11-1 所示），浸出液一旦渗出，就会严重污染地下水。因此必须采取一定的措施严格控制。目前主要采取在填埋场底部设置防渗衬里的方法来解决，衬里材料主要有渗透系数小的天然黏土以及沥青、橡胶、塑料等。另外在防渗层设置收集管道系统，将浸出液及时抽出处理，同时还在场外地面设置排水系统，减少地表径流进入场地，并选择合适的覆盖材料，防止雨水渗入。

表 11-1 城市垃圾填埋场浸出液成分

成分	浓度/（mg/L）	
	范围	典型值
BOD_5	2 000～30 000	10 000
TOC	1 500～20 000	6 000
COD	3 000～45 000	18 000
总悬浮固体	200～1 000	500
有机氮	10～600	200
氨氮	10～800	200
硝酸根	5～40	25
总磷	1～70	30
有机磷	1～50	20
碱度（$CaCO_3$ 计）	1 000～10 000	3 000
pH	3.5～8.5	6
总硬度	300～10 000	3 500

填埋场内的有机物在微生物的生化降解作用下会产生气体，主要有甲烷、二氧化碳、氨和水蒸气等。当甲烷浓度达到 5%～15%时则可能发生爆炸，而二氧化碳浓度过高，则会向下部土壤扩散，溶于地下水，导致 pH 值下降，硬度和矿化度升高。因此，对填埋场地所产生的气体也必须加以妥善的控制和处理。目前所采用的方法有两种：一种是在填埋场内用易透气材料（如砾石）为填料建造排气孔道；另一种是在不透气的顶部覆盖层中安装排气管将气体排入大气中或加以收集利用。

卫生土地填埋法操作方便，处理量大，费用低，已成为各国普遍采用的处置方法，我国近几年也在广州、杭州、上海等地建立了大型的卫生土地填埋场，用于城市垃圾的处置。卫生土地填埋法的缺点是容易造成二次污染。

2. 安全土地填埋

安全土地填埋实际上是一种改进的卫生土地填埋，它对有毒有害废物的处置更为适宜。和卫生土地填埋法相比，安全土地填埋对防止填埋场地产生二次污染的要求更为严格。例如，它要求填埋场必须设置人造或天然衬里，以防止浸出液的渗出；最下层的土地填埋物必须位于地下水位之上；要设有浸出液的收集、处理和监测系统；有时还需采用合适的最终覆盖层和衬里，以防止气体释出；要采取适当的措施引出地表水；要制定详细的记录计划，对每个填筑单元的位置、大小、所填埋的固体废物的来源、性质、数量和填埋日期都应有详细的记录。图 11-29 是一个已经完成和关闭的安全土地填埋场剖面图。为防止产生二次污染而设计适宜衬里、地表径流控制、浸出液的收集处理、监测井及适当的最终覆盖层都是必不可少的组成部分。

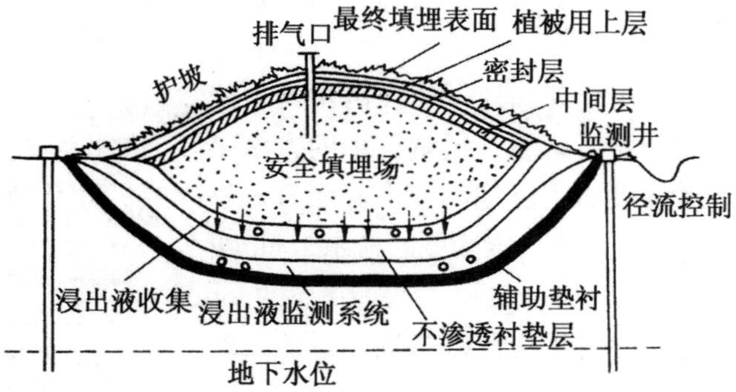

图 11-29 安全土地填埋场剖面图

安全土地填埋的场地结构、操作过程与填埋方式与卫生土地填埋相仿，但应注意，对毒性比较大的有害物质应先进行稳态化预处理，对于化学上互不相容的废物，还要分开处置。

安全土地填埋在国外已进行了多年的研究和实际运行，成为有害废物的主要处置方法。例如美国已建有 1 500 多个填埋场，日本也建有 1 300 多个。而发展中国家由于技术落后，资金缺乏，在这方面的研究和应用还比较薄弱，我国在对安全土地填埋处置的研究刚刚起步，目前已在无锡等地建立了较为规范化的安全土地填埋场进行研究和普及推广工作。

土地填埋是大量消纳固体废物的最有效方法；也是所有固体废物处理工艺剩余物的最终处理方法。由于该法处理费用低，方法简单，同时还可回收宝贵的能源——沼气。因此土地填埋法已成为发展中国家今后处理固体废物的主要方法。但是，土地填埋法也存在一些严重的缺点，其中最主要的是填埋场要占有大量的土地。随着世界性的固体废物排放量的急剧增长，这一缺点已给许多国家包括工业发达国家产生了巨大的压力和威胁。例如在美国 80%的固体废物被倾倒在垃圾场内，致使可供使用的垃圾场数目急剧减少，在过去的 5 年内，已有 3 000 个填埋场被封闭，到 1993 年又有 2 000 多个填埋场被封闭。建造新的填埋场地日益困难而且处理费用也会急剧增加，因此研究和开发新的处理处置方法来逐步代替目前广泛使用的土地填埋技术已成了当务之急。

3. 深井灌注

深井灌注处置是把液状废物注入到地下与地下水层和矿脉层隔开的可渗透岩层中，这种方法可适用于各种相态废物的处置，对于固体废物，必须先将其溶解在液体中形成溶液，乳浊液或液固混合体，然后再注入深井进行处置。该法主要用于处置那些难以用其他方法处理处置，或是采用其他方法费用昂贵的有害废物。

深井灌注处置的关键是选择合适的地层，适于深井灌注的地层一般应满足以下条件：

（1）必须位于地下饮用水层之下；

（2）有不透水岩层或土层与含水层相隔；

（3）岩层空隙率大，有足够的渗透性，有足够的容量，面积和厚度；

（4）地层结构及原来含有的液体能和注入液相容。

深井灌注处置井的施工类似石油天然气井的钻探和施工，灌注井的结构如图 11-30 所示。

处置操作分为地上预处理和地下灌注两步。预处理的目的是防止处理区岩层堵塞，通常采用的方法是化学处理或液固分离，以防止沉淀的产生。还有一种方法是向井中注入缓冲剂（如一定浓度的盐水），把废液和岩层液体隔开。

深井灌注系统还应配备连续监测装置，以记录灌注压力和速率，并监测管道和套管是否发生泄漏。

深井灌注处置法已有数十年历史，美国在 1984 年就已建有 450 口处置井，该法在加拿大、日本等地也得到应用。它的处置费用并不高，与生物处理法的费用相近。对某些工业废物而言，该法可能是对环境影响最小的处置方法。

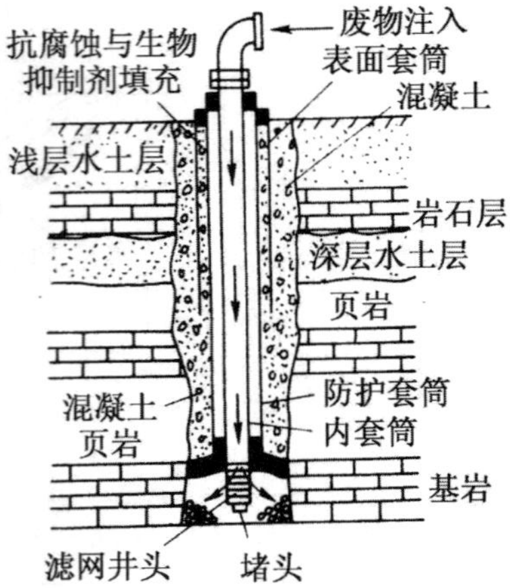

图 11-30 废物灌注井剖面图

二、海洋处置

海洋处置具有填埋处置的优点而无需填埋覆盖，简单经济。因此早期曾为许多工业发达国家如美国、日本及欧洲共同体成员国所采用。但是近年来国际上对这种处置法尚存在较大的争议，并制定了许多公约来进行约束和限制，严格禁止有损海洋环境的有害物质的处置，其中防止由于倾倒废物和其他物质而污染海洋的国际公约（伦敦公约）已于 1975 年生效，有 61 个国家和地区加入了这个公约。

海洋处置主要包括海洋倾倒和远洋焚烧两类，下面分别加以简要地说明。

1. 海洋倾倒

海洋倾倒是将固体废物直接倾倒在合适距离和深度的海水中，利用海洋的巨大环境容量和稀释能力，使海洋环境中的污染物保持在较低的水平。

进行海洋倾倒处置，首先必须根据有关法规选择适宜的处置区域，然后结合处置区的海洋学特征、水质标准、废物的种类来选择倾倒方式，进行可行性分析，最后制定出完善的处置方案，按要求进行投弃。散装废物可在驳船行进中投放，容器装废物应使其沉入海底，有毒害性的废物（放射性及重金属废物）应经过固化或稳定化处理后放在钢制容器内投弃。

为防止海洋污染，海洋倾倒处置只限于那些经天然的、物理的、化学的或生物的过程能很快变成无害的废物。伦敦公约根据废物引起海洋环境损害的潜力把废物分为三类。第一类是禁止倾倒的废物（列入黑名单）；第二类是经特别准许才能倾倒的物质（列入灰名单）；第三类是指上述两类以外的其他低毒、无毒废物（列入白名单）。表 11-2 给出第一、二类物质的名单。

表 11-2 海洋倾倒处置一、二类物质名单

第一类物质	第二类物质
有机卤化物、汞和镉及其化合物，耐久的塑料及其他人造材料，原油、石油产品、石油蒸馏残渣残液及其混合物，高水平放射性废物，漂浮在海上影响捕鱼、航行及其他活动或危害海洋生物的物质，为生物和化学战争制造的任何形态的物质	砷、铅、铜、锌、铍、铬、镍、钒及其化合物 有机硅化物、氰化物、氟化物 易沉入海底，可能严重影响航行、捕鱼的容器，碎金属及其他大块废料，本身无毒但倾倒过量可能会造成危害或引起环境恶化的物质

2. 远洋焚烧

远洋焚烧是利用焚烧船在远海对固体废物进行焚烧处理处置的一种方法。焚烧过程中各种状态的产物只需简单处理即可直接排入大气或海中。远洋焚烧的优点是空气净化工艺较陆地焚烧简单，处理费用也低。因而工业发达国家都曾采用此法来处理处置有害废物。

远洋焚烧适于易燃性废物（如含氯有机废物）的处理处置。对远洋焚烧也必须进行严格管理，需要进行远洋焚烧的单位或个人，必须经有关部门检查，批准之后才能在指定海域实施焚烧。

远洋焚烧在专用的船用焚烧炉中进行，焚烧温度一般不低于 1 250℃，焚烧销毁率要达到 99%以上。美国 1977—1978 年间曾在太平洋的远洋船上对四氯二苯对二噁英等有机废物进行焚烧处理，毒性销毁率高达 99.99%以上。

远洋焚烧是一种替代陆地焚烧的有效手段，许多在陆地上不能处置的有害废物可以考虑选用这种方法进行处理。但是对这种方法近年来也存在有关生态方面的争论，它对海洋生物的短期和长期影响、工作人员的安全和健康及向大气中排放废气的影响目前尚没有明确的结论。因此，不少国家对此持谨慎态度，其效果如何，还有待进一步研究。

对于固体废物的海洋处置，我国政府一直采取谨慎的态度，陆续制定了一系列严格的管理制度和法规，并接受了“防治倾倒废物及其他物质污染海洋的公约”缔约国 1993 年协商会议通过的决议，禁止一切放射性物质在海上处置；1995 年 12 月 31 日前逐步停止工业废物在海上倾倒；禁止工业废物和阴沟污泥在海上焚烧等，对于其他废物需要在海上焚烧的也必须经过有关部门批准并颁发特别许可证。所有这些措施，都对防止我国海域的海水污染起了重要作用。根据近几年来对我国 38 个海洋倾倒区的监测结果分析，倾倒区的水质状况良好，海洋生态环境基本稳定。

复习思考题

1. 为什么要对固体废物进行压实处理？
2. 为什么要对固体废物进行破碎处理？
3. 试分析各种压实机械和破碎机械的作用原理和应用范围。
4. 影响筛分效率的因素有哪些？
5. 试评价风选和磁选在处理城市垃圾中的作用。
6. 简述电力分选的基本原理。
7. 固体废物的化学处理方法主要有哪几种？试举例说明。

8．什么叫堆肥化？什么是堆肥？可用做堆肥的原料主要有哪些？

9．层床通风发酵法和普通好氧堆肥法相比有哪些优点？

10．举例说明厌氧消化法在固体废物处理中的应用并和好氧堆肥法加以比较。

11．试分析用焚烧法处理固体废物的优缺点。

12．固化处理的基本方法有哪几种？试比较它们的优缺点和适用范围。

13．略述下述概念：卫生土地填埋、安全土地填埋、深井灌注、海洋倾倒、远洋焚烧。

14．略述土地填埋技术的优缺点。

第十二章　固体废物的资源化

第一节　概　述

一、固体废物的资源化

固体废物的处理处置技术自 20 世纪 80 年代以来已有很大发展，处理处置的固体废物的量也在不断增加。但是，由于固体废物排放量的急剧增长，人们虽已投入了巨大的人力、物力和财力，仍没有从根本上解决问题。实际上，我们所说的“废物”中含有许多可利用的资源，如能将它们分离出来并加以充分利用，实现固体废物的资源化，才是解决固体废物污染环境的根本途径。

固体废物的资源化是指对固体废物进行综合利用，使之成为可利用的二次资源。不少国家都通过经济杠杆和行政强制性政策来鼓励和支持固体废物资源化技术的开发和应用，从消极的污染治理转为回收利用，向废物索取资源，使之成为固体废物处理的替代技术措施。例如美国已建立了废物交换系统网络，成立了废物交换中心，服务于 5 000 多个企业，使固体废物的综合利用率得到提高。许多国家固体废物管理法规中也都强调了废物中有用资源和能源的回收利用，并且作为保护环境、保护自然资源和国土的重要技术手段和政策。

二、资源化系统

固体废物的资源化和其他的生产过程相似，也是由一些基本过程所组成，我们把由这些基本过程所组成的总体系统叫做固体废物的资源化系统。

资源化系统的构成如图 12-1 所示，整个系统可以分为两大类。第一类叫做前端系统，被应用在该系统内的有关技术如分选、破碎等，称为前端技术或前处理技术；第二类叫做后端系统，被应用在后端系统的有关技术如燃烧、分解等，称为后端技术。

前端系统在资源化处理过程中，物质的性质不发生改变，是利用物理的方法，对废物中的有用物质进行分离提取型的回收。这一系统又可分两类，一类是保持废物的原形和成分不变的回收利用。例如，对空瓶、空罐、设备的零部件等只需经分选、清洗及简单的修补即可直接拿来再利用。另一类是破坏废物原形，从中提取有用成分加以利用。例如从固体废物中回收金属、玻璃、废纸、塑料等基本原材料。

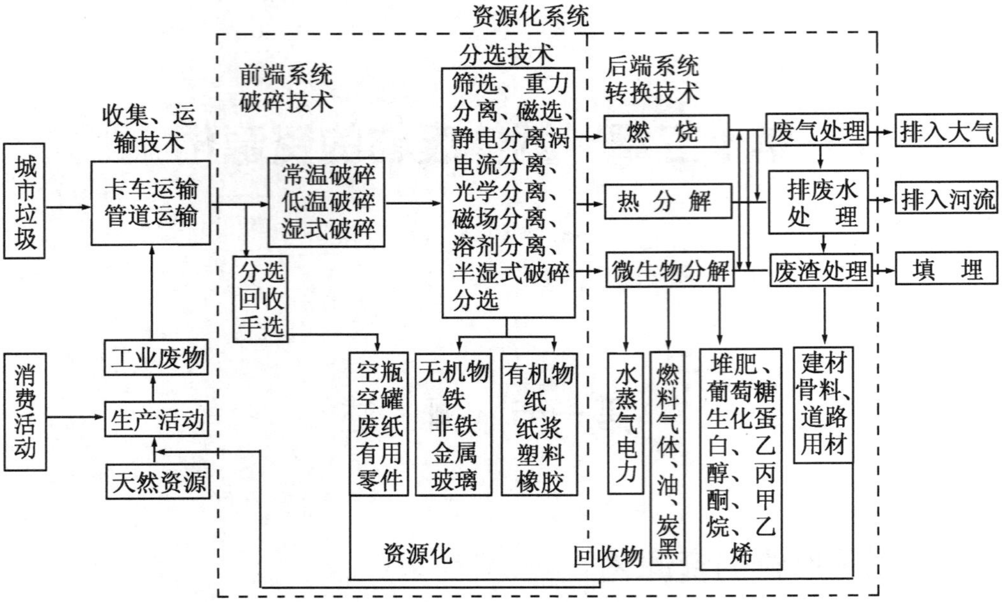

图 12-1 资源化系统图

后端系统是把前端系统回收后的残余物质用化学的或生物学的方法，使废物的物性发生改变而加以回收利用。这一系统显然比前端系统复杂，实现资源化较为困难，成本也比较高。后端系统也可分两类，一类是以回收物质为主要目的，用化学、生物学方法使废物原料化、产品化而再生利用；另一类是以回收能源为目的，包括制得燃料气、油、微粒状燃料、发电等可贮存或迁移型的能源回收和燃烧、发电、水蒸气、热水等不能贮存或随即使用型能源的回收。对于物质回收和能源回收有时不能截然区分，应用某一技术处理废物时，有时既能回收物质，又可回收能源，则应视其主要作用而分类。

综上所述，资源化综合系统是由若干个分系统所组成，但它决不意味着是几个分系统的简单加合，还要考虑各分系统之间的相互作用，相互影响，从整体效果加以考虑。

另外有些固体废物如城市垃圾的处理，属于社会公益事业，除了从技术、经济等因素考虑之外，还要考虑到环境卫生、政治、人民生活等社会因素。所以在设计一个资源化综合处理系统时，要综合各方面的因素全面考虑，使固体废物的资源化和回收利用收到最佳效果。

在固体废物的资源化过程中，可处理和利用的固体废物的种类很多，本章将根据我国的实际情况，将排放量较大、综合利用程度较高、技术上较为成熟的几类固体废物的综合处理利用的情况作一简单介绍。

第二节 煤炭系固体废物的利用

我国是一个煤炭资源丰富的国家，在可燃矿产资源中，煤炭占 96%，由于这种特殊的资源条件和我国的经济发展水平，致使多年来我国的能源消费结构中一直以煤炭为主，目前全国一次能源消费中 79%是煤炭。在煤炭开采和燃烧使用过程中，将会排出大量的煤炭系固体废物，其中主要的是煤矸石、煤渣和粉煤灰，它们的排放量约占工业固体废物排放总量的 20%～30%。因此，对于煤炭系固体废物的综合利用已日益引起人们的广泛重视。

一、煤矸石的综合利用

1．煤矸石的来源及污染概况

煤矸石是煤矿中夹在煤层间的脉石，它是含碳岩石和其他岩石的混合物，在煤的开采和洗选过程中都会有相当数量的煤矸石排出。由于煤的品种和产地不同，各地煤矸石排出率也不同，平均约为原煤产量的 20%。

煤矸石的来源及产生情况如表 12-1 所示。

表 12-1 煤矸石的来源及产生情况

煤矸石的来源及产生情况	露天开采剥离及采煤巷道，掘进排出的白矸	采煤过程中选出的普矸	选煤厂产生的选矸
所占比例（%）	45	35	20

我国煤矸石年排放量约 7 000 万 t，历年来煤矸石堆存量已超过 12 亿 t，占地约 6 000 hm^2。煤矸石中硫化物的逸出或浸出还会污染大气、土壤和水质，特别是煤矸石堆放日久会引起自燃，放出大量有害气体，造成严重的环境污染。例如铜川矿区 6 个煤矿的煤矸石长年自燃，产生的 SO_2、NO、H_2S 等有害物质已明显威胁到该地区居民的身体健康。煤矸石自燃而积蓄大量热能，还易使煤矸石山发生崩落而造成意外事故。如美国西弗吉尼亚州的布法罗山谷，堆积的煤矸石长达几公里，并筑有 3 个煤矸石坝，1972 年 2 月 16 日的一场暴雨造成 17 万 m^3 煤矸石冲决了煤矸石坝奔泻而下，造成 116 人死亡，546 间房屋和 1 000 辆汽车被毁，4 000 人无家可归。

上述情况说明，煤矸石污染已成为煤炭工业的主要环境污染之一。大力开展煤矸石的综合利用，是充分利用煤炭及伴生矿物资源，减轻污染与保护环境的重要措施。

2．煤矸石资源化途径

我国各地煤矸石的组成和热值差别较大，应当根据煤矸石的成分、性质选择利用途径和指导生产。目前在我国煤矸石利用量大，技术成熟的途径主要作为建材工业的重要资源。根据其热值的不同，对煤矸石的利用途径做了如下的划分（表 12-2）。

表 12-2 煤矸石的合理利用途径

热值范围/（kJ/kg）	合理利用途径	说　明
＜2 090	回填、修路、造地、制骨料	制骨料以砂岩类未燃矸石为宜
2 090～4 180	烧内燃砖	CaO%＜5%
4 180～6 270	烧石灰	渣可作混合材料和骨料
6 270～8 360	烧混合材料、制骨料、代土节煤生产水泥	可用于小型沸腾炉供热产汽
8 360～10 450	烧混合材料、制骨料、代煤节土生产水泥	可用于大型沸腾炉供热发电

某些地区的煤矸石还可用来作生产化工产品的原料，例如对含氧化铝高或含一定量钛与镓的煤矸石，可以从中提取铝、钛、镓，生产相应的化工产品。有些煤矸石粉还可用来改良土壤、作肥料和农药载体等。

3．煤矸石用作燃料

（1）回收煤炭　煤矸石含一定量的碳和其他可燃物，可借现有的选煤技术予以回收，这也是煤矸石综合利用所必须的预处理步骤。特别是在用煤矸石生产水泥、陶瓷、砖瓦等建筑材料时，必须洗除其中的煤炭，以保证建材产品质量的稳定和稳定生产操作。

回收煤炭的煤矸石含碳量应大于 20%，否则回收成本太高。英国、美国、比利时、日本、法国等工业化国家都建立了专门的煤矸石选煤厂。我国不少煤矿的选煤厂也用洗选或筛选方法从煤矸石中回收低热值煤炭。

（2）用做沸腾炉燃料　充分利用低热值燃料的关键是采用合理的燃烧方式和燃烧设备，煤矸石沸腾炉是我国近 20 年发展起来的新型锅炉，由于它能强化燃料的燃烧，热效率高，一般锅炉不能燃用的煤矸石，在沸腾炉内都能有效而稳定地燃烧。

目前我国投入运行的沸腾炉达 2 000 多台，节省了大量的优质煤炭，经济效益也十分显著。例如辽宁阜新某工厂以前用 7 台普通锅炉，年耗煤 11 000 t，现改为 2 台沸腾炉，年耗洗矸 30 000 t，每年仅燃料费即可节约 3 万多元。

（3）用于制煤气　近年来，某些地区研制出各种各样的新型煤气发生炉，用煤矸石为原料制气体燃料。例如河北邯郸市饮食行业利用矸石煤气炉生产煤气用于炊事或烧锅炉，不但使用方便，还可节约燃料费 80%。

4．煤矸石用作建筑材料

近 10 年来，我国煤矸石建筑材料发展迅速，开拓了多种利用途径，生产技术也日渐成熟和先进，煤矸石的年利用量也达 2 500 万 t 以上，成为综合利用煤矸石的一条最重要途径。

（1）煤矸石制水泥　煤矸石和黏土的化学成分相近，一般含 SiO_2 40%～60%，Al_2O_3 15%～30%，还有 CaO、Fe_2O_3 等可代黏土提供硅质、铝质成分，同时还可利用煤矸石所提供的热量来代替部分燃料，因而可以作为水泥生产的原燃料。用煤矸石生产水泥的工艺过程与生产普通水泥基本相同。首先以煤矸石代黏土和其他原料按一定配比磨细成生料，再经高温烧制成水泥熟料，然后再加适量的石膏和其他混合材料磨成水泥。

用作水泥原材料的煤矸石，其质量一般应符合表 12-3 的要求。

表 12-3　煤矸石原料的质量要求

品级＼率值或成分	$n=\dfrac{SiO_2}{Al_2O_3+Fe_2O_3}$	$P=\dfrac{Al_2O_3}{Fe_2O_3}$	MgO（%）	R_2O（%）	塑性指数
一级品	2.7～3.5	1.5～3.5	＜3.0	＜4.0	＞12
二级品	2.0～2.7	不限	＜3.0	＜4.0	＞12
	3.0～4.0				

注：①当 $n=2.0\sim2.7$ 时，需掺加硅质校正原料，如粉砂岩。当 $n=3.0\sim4.0$ 时，需掺加铝质校正原料，如高铝煤矸石。
②当塑性指数＜12 时，应采用预湿后成球工艺，或其他提高生料塑性的措施。

自燃或煅烧后的煤矸石具有一定活性，可以作水泥的混合材料使用，掺加量的多少取决于熟料质量与水泥品种和标号，按国家规定，掺加量不超过 15%时可制得普通硅酸盐水泥，超过 20%时则为火山灰硅酸盐水泥。

以自燃煤矸石或煤矸石沸腾炉渣为主与适量的生石灰（15%～25%）、石膏（8%～12%）、氯化铝渣（8%～15%）混合磨细即可制得无熟料水泥，其抗压强度可达 29.4～39.2 MPa，抗拉强度可达 2.4～4.2 MPa。

煤矸石在水泥生产上的应用是多方面的，有良好的社会效益和经济效益。但由于煤矸石的成分波动较大，故在生产中要采取相应的措施，保证其成分的均衡和稳定，以利于水泥生产的操作过程和水泥质量的稳定。

（2）煤矸石制烧结砖　煤矸石烧结砖是以煤矸石为原料，替代部分或全部黏土烧制而成。用煤矸石制砖优点很多，一是原料来源丰富，二是焙烧时基本无需另加燃料，三是工艺紧凑并能常年生产。我国煤矸石砖生产发展相当迅速，据煤炭部近期统计，全国统配煤矿已建有煤矸石砖厂 160 余座，年产煤矸石砖 15 亿块。

泥质和碳质煤矸石质软，易粉碎，是生产煤矸石砖的理想原料。实践证明，矸石的化学组成和物理性能会影响产品的性能和焙烧工艺，一般应满足以下要求：

①二氧化硅含量一般应在 50%～70%；

②三氧化二铝含量一般应在 10%～30%；

③三氧化铁含量一般应在 2%～8%；

④氧化钙含量一般应在 2%以内；

⑤氧化镁含量一般应在 3%以内；

⑥三氧化硫含量一般应在 1%以内；

⑦塑性指数一般应在 7～14；

⑧发热量要求在 2 100～4 200 kJ/kg。

煤矸石制砖工艺过程和黏土砖相似，主要包括原料破碎、混合加工成型、砖坯干燥和焙烧等工序，焙烧的最高温度一般控制在 950～1 100℃，焙烧时间为 6～8 h。

用煤矸石制砖和用黏土制砖相比，燃料消耗可减少 80%，产品成本降低 20%，并节省了大量农田，是一种很有前途的综合利用方式。

（3）煤矸石生产轻骨料　煤矸石内所含可燃物质和菱铁矿在焙烧过程中析出气体起膨胀作用，同时其中又含大量硅铝物质，因此是生产轻骨料的理想原料。

用煤矸石制轻骨料有两种方法，即成球法和非成球法。成球法是将煤矸石破碎粉磨后制成球状颗粒加入回转窑内，经预热、燃烧脱碳、膨胀烧结、冷却筛分后分级出厂。该法可生产出粒形好（圆球状）、容重小、强度大、导热系数低、耐高温、化学稳定性好的煤矸石陶粒。但是由于煤矸石中含有一定数量的碳，使料球膨胀不易控制，工艺难度较大。非成球法是把煤矸石破碎到 5～10 mm，铺设在炉箅子烧结机上进行烧结，烧结好的轻骨料经喷水冷却、破碎、筛分分级出厂。

煤矸石轻骨料的质量主要取决于煤矸石的性质和成分，炭质页岩和选煤厂排出的洗矸石都是较为理想的原料。煤矸石中的含煤量对轻骨料的质量和成本有很大影响，不同的生产工艺对含碳量要求也不相同，但总的来说要求含碳量不要过大（以低于 13%为宜），否则煤矸石难以很好地膨胀。据比利时的经验，含碳量达 2%就足以使料球膨胀起来。

煤矸石轻骨料主要用于配制轻质混凝土。这种混凝土重量轻、吸水率低、强度高、保温性能好、可用于建造大跨度桥梁和高层建筑物。用它做钢筋混凝土楼板，在配筋相同的情况下，跨度可由 4 m 增至 7 m，保温和防火性能也有改善，造价可降低 10%。

（4）煤矸石生产空心砌块 煤矸石空心砌块是用人工煅烧或自燃的煤矸石，加少量石膏、石灰磨细生成胶结料，并选用适宜的生矸石做粗细骨料经振动成型、蒸汽养护而成的一种墙体材料，产品标号可达 200 号。同红砖相比，这种材料自重轻、节省原料、成本低。

（5）煤矸石作筑路和充填材料 筑路和修筑堤坝是煤矸石利用的重要途径之一。英、美、法、德和日本等国大量使用自燃后的煤矸石作公路路基和堤坝材料，具有很好的抗风雨侵蚀性能。目前，国内使用煤矸石做筑路材料的不多，有待进一步推广，这对改善环境，减少矸石排放占用土地、降低筑路成本有着十分重要的作用。

除了作路基材料外，英国还将煤矸石高温烧结、破碎，然后与圭亚那铝矾土制成阻滑剂，按一定比例混合作公路防滑材料。这种材料具有表面多棱角和粗糙的特点，防滑性能持久，把它撒在交通繁忙的公路交叉口或用在雨雪天可大大减少交通事故。这种材料成本也很低，不到用铝矾土材料制成防滑材料的 1/3。

煤矸石还可做煤矿塌陷区覆地的充填材料，我国部分煤矿已开始进行这项工作，它即可使被破坏的土地得到恢复，又可减少煤矸石堆放占地面积，消除环境污染。

总之，煤矸石是发展建材工业的重要资源，建材工业利用煤矸石量大而面广，经济效益也很显著，值得进一步研究和推广。

5．煤矸石生产化工产品

（1）生产铝盐 大多数地区的煤矸石均属高岭黏土类，含 Al_2O_3 量可达 40%左右，因此可以用它作为生产铝盐的原料。煤矸石生产铝盐的工艺流程如图 12-2 所示。

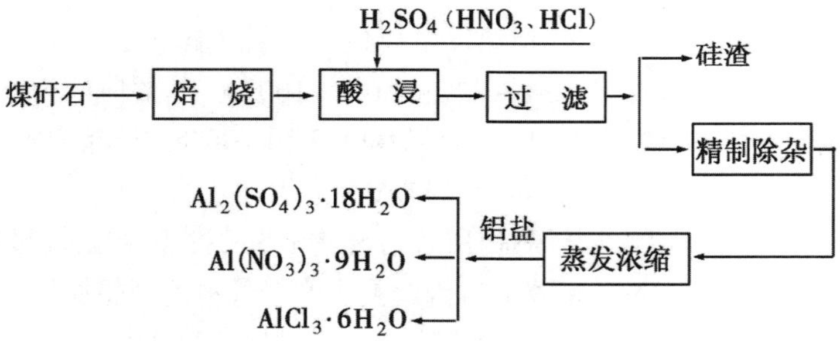

图 12-2 煤矸石生产铝盐工艺流程

以生产出的结晶氯化铝为原料，将其加热至 170℃，便会分解出氯化氢和水，生成聚合氯化铝。聚合氯化铝是一种新型的无机高分子混凝剂，广泛应用于生活用水和废水的净化处理中。

（2）生产氧化铝 以煤矸石为原料生产氧化铝的方法有石灰烧结法和酸法两种，图 12-3 所示的是酸法生产工艺流程，适于处理含高硅低铝的煤矸石，是一种较为成功的生产方法。

除此之外，还可以用煤矸石为原料生产水玻璃、白炭黑、回收镓、锗等贵金属。

二、粉煤灰的综合利用

1．粉煤灰的排放及危害

燃煤电厂使用煤粉为燃料，当粉煤在锅炉中燃烧时，大部分成为细灰，从烟道中排出，经除尘设备捕集为粉煤灰。随着电力工业的发展，电厂排出的粉煤灰与日俱增，迄今为止，我国已累计堆放粉煤灰 6 亿多 t，占地近 1.3 万 hm^2。据电力部统计，仅 1993 年一年就排放灰渣 8 602 万 t，利用量仅 2 993 万 t，其中绝大部分是灰场贮存，还有约 2.1%的灰渣排入江河。

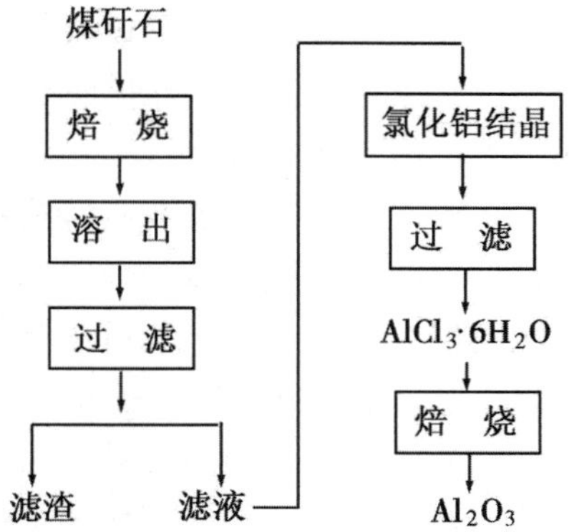

图 12-3　煤矸石酸法生产氧化铝工艺流程

粉煤灰的大量排放，不仅占用大量堆放场地，还要支付巨额处置费用。堆放在地面的粉煤灰还会扬入大气，污染大气环境，影响人体健康和植物的光合作用。粉煤灰若排放到江河湖海，还会造成水体污染，严重时将会淤塞航道。因此，如何消化利用粉煤灰资源已引起人们的普遍关注。

2．粉煤灰利用现状

我国对粉煤灰的利用始于 20 世纪 50 年代，主要用于制造建筑材料或建筑制品。到 20 世纪 60—70 年代，粉煤灰的利用技术已趋于成熟，使之广泛用于建材、交通、工业、农业、水利等领域。近年来在鼓励资源综合利用的政策的推动下，粉煤灰还相继应用于冶金、轻工、化工行业，粉煤灰利用的新产品、新技术、新工艺正不断涌现。就技术水平而言，我国粉煤灰利用水平与美国大致相当。到 1992 年年底，我国开发的灰渣利用技术已达 200 项之多，进入工程实用阶段的也有 30～50 项之多，灰渣利用率也由 1990 年的 26.65%上升到 1993 年的 34.8%。

但是，从总体上讲，我国的粉煤灰的利用尚处于初步发展阶段，还没形成稳定的市场和可靠的支柱产业。由于排放量大，粉煤灰的质量控制困难；加之产品开发投资大，销路不稳，综合利用产业与国民经济各部门间的关系尚有待完善，致使每年仍有 5 000～7 000 万 t 灰渣排入灰场，占用大量土地。

3．粉煤灰在建材工业上的应用

粉煤灰中含有大量的 SiO_2（40%～65%）和 Al_2O_3（15%～40%）具有一定的活性，可以作为建材工业的原料使用。

（1）生产水泥及其制品　粉煤灰中 SiO_2 和 Al_2O_3 的含量占 70%以上，可以代替黏土配制水泥生料生产水泥，同时还可利用残余炭，降低燃料消耗。

在磨制水泥时，可以加入适量的粉煤灰作混合材，生产普通硅酸盐水泥、矿渣硅酸盐水泥（掺加量≤15%）和粉煤灰硅酸盐水泥（掺加量为 20%～40%）。粉煤灰硅酸盐水泥耐硫酸盐浸蚀和水浸蚀，水化热低，适用于一般民用和工业建筑工程，大体积水工混凝土工程、地下或水下混凝土构筑等方面。

对细度大、活性高、含碳量低的高质量粉煤灰，还可取代部分水泥作混凝土掺和料，每立方米混凝土可用灰 50～100 kg，节约水泥 50～100 kg。

（2）生产烧结砖和蒸养砖　粉煤灰烧结砖是以粉煤灰、黏土为原料，经搅拌成型，干燥、焙烧而制成的砖。粉煤灰掺加量为 30%～70%，生产工艺与普通黏土砖大体相同，可用于制烧结砖的粉煤灰要求含 SO_3 量不大于 1%，含碳量 10%～20%，用粉煤灰生产烧结砖即消化了粉煤灰，又节省了大量土地，同时还可降低燃料消耗。

粉煤灰蒸养砖是以粉煤灰为主要原料，掺入适量生石灰、石膏、经坯料制备、压制成型，常压或高压蒸汽养护而制成的砖。粉煤灰蒸养砖的配比一般为：粉煤灰 88%、石灰 10%、石膏 2%、掺水量 20%～25%。

近年来，利用粉煤灰制砖法不断得到改进，砖的质量和经济效益都有明显提高。例如最近发明的免烧免蒸粉煤灰制砖法以粉煤灰、石粉、钙渣、水泥、醇胺为原料，按一定配比混合加水搅拌，然后压制成型，出机后洒水自然保护，干燥后即为成品砖。该法节煤省电、不污染环境、成本低，且成品砖抗冻性能强。

（3）生产建筑制品　粉煤灰可用来制各种大型砌块和板材。以粉煤灰为主要原料，掺入一定量石灰、水泥，加入少量铝粉等发泡剂材料，可制出多孔轻质的加气混凝土。它容重小，保温性好，且具有可锯、可刨、可钉的优良性能，可制成砌块、屋面板、墙板、保温管等，广泛用于工业及民用建筑。

4．粉煤灰用于筑路和回填

用粉煤灰与石灰、碎石按一定比例混合搅拌可制作路面基层材料。例如法国普遍采用以 80%的粉煤灰和 20%的石灰配制水硬性胶凝材料，并掺加碎石和砂做道路的底层和垫层。这种材料成本低、施工方便、强度也很好。

回填可大量使用粉煤灰，主要用于工程回填、围海造地、矿井回填等方面，但应注意粉煤灰对水质不造成污染。安徽淮北电厂与煤矿配合，用粉煤灰充填煤矿塌陷区千余亩，覆土后造地种植农作物，既解决了电厂排灰出路，又造了土地，这对我国人多地少的国情有重要的现实意义。

5．粉煤灰在农业上的利用

粉煤灰颗粒由 60%～80%微细玻璃体状颗粒和 30%蜂窝状颗粒组成，机械组成相当于沙质土，同时含有少量对农作物生长有利的元素如钾、钙、铁、磷、硼等。这些特性决定了它在农业方面应用具有很大潜力。

（1）直接施于农田　据对热电厂粉煤灰的分析，其所含营养成分如下：氮 0.058 8%、磷 0.129 8%、钾 0.713 3%、钙 1%～8%。因此，将粉煤灰直接施于农田，可以改善黏质土壤结构，使之疏松通气，同时可供给作物所必需的部分营养元素。特别是它所含的各种微量元素和稀土元素可促进作物生长发育，增加对病虫害的抵抗力。但它也可能会改变土壤的化学平衡，影响许多营养元素的有效性，使用时应注意根据土质的不同合理施加粉煤灰。但是不管怎样，它有一定的改土、增产作用，在一定程度上可用作土壤改良剂直接施用于农田。

（2）粉煤灰肥料　粉煤灰中含有丰富的微量元素，如 Cu、Zn、B、Mo、Fe、Si 等，可作一般肥料用，也可加工成高效肥料使用。粉煤灰含氧化钙 2%～5%，氧化镁 1%～2%，只要增加适量磷矿粉并利用白云石做助熔剂，即可生产钙镁磷肥。粉煤灰含氧化硅 50%～

60%，但可被吸收的有效硅仅 1%～2%，在用含钙高的煤高温燃烧后，可大大提高硅的有效性，作为农田硅钙肥施用，对南方缺钙土壤上的水稻有增产作用。除此之外，还可以粉煤灰为原料，配加一定量的苛性钾、碳酸钾或钾盐，生产硅钾肥或硅钙钾肥。

用粉煤灰为原料生产新型化学肥料的工作近年来已取得一定的进展。如日本电力中央研究所研制成功了用粉煤灰制取一种新型钾质肥料的新技术。这种硅酸钾肥料是利用加入 K_2CO_3 后的粉煤灰配合补助剂 $Mg(OH)_2$，加上粉煤、乙醇废液，按一定比例混合、造粒、干燥、筛分后在 800～1 000℃高温下煅烧而成。这种钾肥在雨水下难以溶解流失，内含的硅酸成分有利于水稻生长和保持蔬菜的新鲜度，有利于植物根系的生长。它巧妙地利用了粉煤灰中的 SiO_2 成分，制成的硅酸钾肥具有通常钾肥所不具有的缓效性肥效的优点，每生产 1 t 产品可消耗 0.80 t 粉煤灰，故它问世后，很快受到各国的重视。

粉煤灰的农业利用投资小、见效快，利用得当将会产生明显的社会效益、环境效益和经济效益。

6．粉煤灰的其他应用

（1）分选空心玻璃微珠　空心玻璃微珠在粉煤灰中含量高达 50%～80%，其显著特点是轻质、高强度、耐高温、绝缘性能好，因而已成为一种多功能无机材料，在建材、塑料、催化剂、电气绝缘材料、复合表面材料的生产上得到广泛应用。粉煤灰中微珠可采用漂浮法来提取。

（2）用作橡胶、塑料制品的填充剂　经过活化处理的粉煤灰代替碳酸钙作橡胶、塑料制品的填充剂可以提高制品性能、降低生产成本。

（3）提取金属　粉煤灰中铝含量高，因而用它作原料，用酸溶法制取聚合氯化铝、三氯化铝、硫酸铝等化合物。

美国、日本、加拿大等国正在开发从粉煤灰中回收稀有金属和变价金属，如钼、锗、钒的提取已实现工业化。美国田纳西州橡树岭实验室已研制成从煤灰中回收 98%的铝和 70%以上其他金属的方法。尽管从目前情况来看，这种提取铝的方法的成本要比从铝矾土中炼出铝高出 30%，但它也有可能成为一种新的“铝矿”资源。

此外，还可利用粉煤灰生产石棉、吸附剂、分子筛、过滤介质、某些复合材料等。

第三节　冶金工业废渣的综合利用

冶金工业从矿石开采、金属冶炼到加工制造所产生的废石、尾矿、冶金渣、粉尘、污泥和废屑等统称为冶金工业废渣。其中排放量较大，而且综合利用率较高的主要是冶金渣，它包括高炉渣、钢渣、有色金属渣、铁合金渣等，本节主要介绍冶金渣的综合利用情况。

一、高炉渣的综合利用

高炉渣也称矿渣，是高炉炼铁时所排出的固体废物。目前我国每炼 1 t 生铁产生 0.6～0.7 t 高炉渣，全国每年排出高炉渣约 3 000 万 t，其中 70%左右得到利用。根据对高炉排出熔渣处理方法的不同，可得到三种性能不同的炉渣：熔渣在大量冷却水急剧冷却作用下形成的炉渣叫水淬渣；熔渣经慢冷处理形成的类石料矿渣叫重矿渣或块渣；采用适量冷却水的半急冷作用形成的多孔轻质矿渣叫膨胀矿渣。

高炉渣的主要化学成分是 CaO、SiO_2、Al_2O_3 和 MgO，其总量占 90%以上，此外还含少量的 MnO、TiO_2、S、Na_2O 和 K_2O。我国及某些国家的高炉矿渣化学成分如表 12-4 所示。

表 12-4 我国及某些国家高炉矿渣的化学成分 单位：%

国别	SiO_2	Al_2O_3	CaO	MgO	Fe_2O_3	FeO	S	TiO_2	V_2O_5	MnO
中国	21～45	5～21	24～25	1.1～1.2	0.6～5	—	0.2～2	0～2.6	～0.5	0.1～1.2
日本	31～37.4	12.4～19.5	36～44.3	2.3～8.8	—	～1.1	0.5～1.3	0.2～2.7	—	0.4～1.4
美国	33～42	10～16	36～45	3～12	—	0.3～2	1～3	—	—	0.2～1.5
英国	28～36	12～22	36～43	4～11	—	0.3～1.7	1～2	—	—	—

1. 水淬渣的应用

（1）生产水泥　水淬渣是一种灰黄、棕色、疏松多孔、易磨的粒状炉渣，主要矿物组成是硅酸二钙（$2CaO\cdot SiO_2$）、铝硅酸二钙（$2CaO\cdot SiO_2\cdot Al_2O_3$）等玻璃体。

由于在水淬过程中，矿渣来不及形成矿物结晶而将热能转变为化学能储存于形成的玻璃体内，当其磨细后，矿渣的化学能则能在水泥熟料、石灰、石膏、NaOH 等激发剂的激发和水共同作用下释放，具有水硬胶凝性，故水淬渣具有很高的活性，在水泥工业中主要作混合材使用，掺加量为 20%～70%，可生产矿渣硅酸盐水泥。水淬渣作混合材生产水泥已有 40 年历史，技术成熟，效果明显，目前全国每年用作水泥混合材的水淬渣已超过 2 000 万 t，利用率达 80%。

（2）生产矿渣砖　将水淬渣与适量的石灰、石膏破碎后混合并压制成型，再经蒸汽养护即可制成矿渣砖。矿渣砖系水化生成强度，适用于地下和水工工程。该方法技术成熟、产品质量稳定，是大批量利用水淬渣的有效途径之一。

（3）配制矿渣混凝土　将水淬渣与部分激发剂（水泥、石膏、石灰），放在轮碾机中加水碾磨制成砂浆，然后再与粗骨料拌合即可制得与普通混凝土相似的矿渣混凝土，具有良好的抗水渗透性和耐热性能。

2. 重矿渣的应用

若将熔融的高炉渣铺成厚 5～10 cm 的渣层，让其自然冷却或喷以适量水使其凝固则形成重矿渣，重矿渣经破碎后制成碎石可以作混凝土骨料配制混凝土。这种混凝土具有和普通混凝土相当的基本力学性能，还具有良好的保温隔热和抗渗性能。

重矿渣碎石还可用作铁路、公路道渣。由于它对光线的漫射性能好，耐磨、摩擦系数大，用它铺设公路路面，既可减小路面光反射强度，又能增强防滑性能，是理想的铺路材料。

3. 膨胀矿渣的应用

膨胀矿渣主要作粗、细骨料用于混凝土砌块和轻质混凝土中。这类混凝土具有容重小（为普通混凝土的 3/4），保温性能好，成本低等优点，可用于制作墙板、楼板等。

二、钢渣的综合利用

钢渣是炼钢过程中所排出的固体废物，按冶炼方法来分可分为平炉钢渣、转炉钢渣和电炉钢渣。钢渣的主要成分有：CaO、SiO_2、Al_2O_3、FeO、Fe_2O_3、MgO、MnO、P_2O_5和 f-CaO 等。表 12-5 给出了我国某些钢厂钢渣的化学成分。

表 12-5 我国某些钢厂钢渣的化学成分 单位：%

		SiO_2	Fe_2O_3	Al_2O_3	CaO	MgO	MnO	FeO	P_2O_5	S	f-CaO	碱度
转炉钢渣	马钢	15.55	5.19	3.84	43.15	3.24	2.31	19.22	4.02	0.35	4.58	2.19
	本钢	16.36	1.49	2.56	50.44	13.22	2.06	11.50	0.56	0.34	1.57	2.98
	鞍钢	8.84	8.79	3.26	45.37	7.98	2.31	21.38	0.72	0.26	6.95	4.74
	武钢	16.24	3.18	3.37	58.22	2.28	4.48	7.90	1.17	0.35	2.18	3.34
	首钢	12.26	6.12	3.04	52.66	9.12	4.59	10.42	0.62	0.23	6.24	4.08
平炉钢渣	马钢	12.10～16.30	2.7～7.24	2.7～6.83	43.97～52.74	6.93～12.42	0.62～2.51	10.49～18.53	0.33～4.67	—	0.46～4.20	1.82～3.00
	鞍钢	16.64～32.77	1.79～7.02	1.10～9.64	16.52～37.79	11.15～20.01	1.04～3.96	3.97～36.92	0.13～1.00	—	—	0.73～1.80
电炉钢渣	氧化渣	21.3	—	11.05	41.60	13.48	1.39	9.14	—	0.04	—	1.18
	还原渣	17.38	—	3.44	58.53	11.34	1.79	0.85	—	0.10	—	3.60

注：（1）f-CaO 游离氧化钙。

（2）碱度 = CaO/（SiO_2 + P_2O_5）。

来源：舒文龙，钢渣的处理与利用，环境保护，1992（10）第 45 页。

钢渣的产生量约为钢产量的 20%，全世界每年排出钢渣 1 亿～1.5 亿 t，我国每年排放量约 1 000 万 t，而利用率只 30%。钢渣主要成分为 CaO、SiO_2、Al_2O_3、FeO、MgO 等，具有一定的胶凝性，它的主要用途有以下几个方面。

1. 生产钢渣水泥

将钢渣破碎后与高炉水淬渣、少量水泥熟料、石膏一起混合磨细后即可得钢渣水泥，这是钢渣最主要的用途。用作水泥原料的钢渣，碱度不得小于 1.8，金属含量应小于 1%，游离 CaO 量应小于 5%，并经水浸或蒸汽处理，以降低游离氧化钙的量。

钢渣水泥具有微膨胀性，因而抗渗性好。它的早期强度低，但后期强度高，耐磨性、抗冻性能好，并具有较好的抗腐蚀性。由于上述特性，钢渣水泥可用于浇灌大坝等大体积混凝土，也适于海港工程。

2. 作骨料和路材

钢渣容重大、强度高，表面粗糙、耐蚀与沥青结合牢固，因而特别适于在铁路、公路、工程回填、修筑堤坝、填海造地等方面代替天然碎石使用。但由于钢渣内可能含有游离氧化钙，它的分解会造成钢渣碎石体积膨胀，出现碎裂、粉化，所以不能做混凝土骨料使用。用作路材时，也必须对其安全性进行检验并采取适当措施，促使游离氧化钙的完全分解。例如将钢渣堆放半年到一年，是一种降低游离氧化钙含量的简便方法。

3．制免烧砖

以钢渣为主要原料，掺入部分高炉水淬渣和激发剂（石灰和石膏），并加水搅拌，经轮碾、压制成型，然后蒸汽养护半个月，即制成免烧砖，它与普通黏土砖一样，可广泛用于工业和民用建筑中。

钢渣免烧砖的生产工艺简单，成本低，质量可达到或超过普通黏土烧结砖的标准。例如，太原钢铁公司太钢加工厂 1990 年在有关院校和科研部门协助下试制成功四种型号的免烧砖，其抗冻性、软化系数以及吸水率等技术参数都达到普通烧结砖的指标，抗压强度为 100～200 kg/cm^2，超过了普通烧结砖的指标，深受用户的欢迎。

4．用作农肥

含磷生铁炼钢时产生的钢渣含有一定量的磷及钠、镁、硅、锰等元素，可以直接加工成钢渣磷肥。例如我国马鞍山钢铁公司的钢渣含磷可达 4%～20%（以 P_2O_5 计），生产出的磷肥含 P_2O_5 量最高可达 16%以上。钢渣磷肥特别适用于酸性土壤和缺磷的碱性土壤，具有一定的增产效果。

5．用于钢铁生产

钢渣可用于作烧结配料，在烧结矿原料中加入钢渣，不仅利用了钢渣中残存的钢粒、氧化铁、CaO、MgO、MnO 等有用成分，而且提高了烧结矿的强度及产量。

钢渣中含有较高的 CaO，可以代替石灰石作为高炉熔剂，同时钢渣中所含的锰等金属也能予以利用。根据太原钢铁公司的试验，在高炉中按每吨铁加入 86 kg 转炉钢渣，可减少石灰石用量的 52.8%，白云石用量的 92.4%、萤石用量的 53.7%，焦炭用量的 2%～10%，铁产量也有所增加。

转炉渣的 CaO 及 FeO 含量高，因此可以直接返回转炉炼钢，加入量为 20～130 kg/t（钢）。转炉加入转炉渣后，可使脱碳速度加快，出钢温度提高、石灰用量减少、化渣情况良好、炉衬寿命提高，但含磷量有所增加，因此必须控制钢渣加入量。

三、有色金属冶炼渣的综合利用

有色金属冶炼渣是有色金属在冶炼过程中排出的固体废物。我国目前有色金属冶炼渣每年排放量约 425 万 t，其中有害有色金属冶炼渣约 110 万 t，这些废渣中含有镉、砷、铬、汞等有害成分，如不经治理就任意排放，会对环境和人畜造成危害。

目前我国对有色金属冶炼渣的利用率很低，仅少量的赤泥、铜渣等用于生产水泥等建筑材料。

1．赤泥的利用

赤泥是炼铝过程中生产氧化铝时所形成的残渣，其成分以钙、硅、铝、铁的氧化物为主。每生产 1 t 氧化铝约排出 1～2 t 赤泥。我国每年排放约 200 万 t，但由于其含水量大，碱性强，综合利用率不高。

赤泥的矿物组成主要包括硅酸二钙和硅酸三钙，在激发剂的激发下，有水硬胶凝性能，因此可以用它为原料生产水泥。赤泥在水泥工业上的应用主要有两个方面：一是代黏土烧制普通硅酸盐水泥，其生产工艺与普通硅酸盐水泥相同。二是生产赤泥硫酸盐水泥，这种水泥的生产工艺简单，只需将赤泥烘干，然后按一定配比与其他原料混合磨细即可。

赤泥中含有一定量的氧化铁（10%～45%），可将其在 700～800℃下还原使赤泥中的 Fe_2O_3 转变为 Fe_3O_4，然后经磁选选出铁精矿（含氧化铁 63%～81%），供炼铁使用。

赤泥还可用来制赤泥硅钙肥，作填充剂生产塑料制品，以及用作筑路材料、填充土方等。不少国家还在研究从赤泥中回收铝、钛、钒等金属以及做净水剂，气体吸收剂等。

2．炼铜渣的综合利用

炼铜渣是炼铜过程中由反射炉排出的炉渣，它的利用主要有以下几个方面。

（1）生产水泥　铜渣与少量激发剂（石膏和水泥熟料）混合磨细即可制成铜渣水泥，其生产工艺简单、成本低、建厂投资少。

（2）生产小型砌块　用铜渣水泥作胶凝材料，用铜渣、尾砂为骨料可生产小型砌块，产品自重轻，后期强度高，有一定推广价值。

（3）生产矿渣棉　将铜渣与电厂水淬成粒状玻璃态的炉渣（即液态渣）混合配料，在池窑内熔化并经离心机微孔甩成细丝，就可制成纤维细长柔软的优质矿渣棉。

第四节　矿业固体废物的综合利用

矿业固体废物是指金属和非金属矿石开采过程中所排出的固体废物，包括废石和尾矿。矿山生产过程中排出的固体废物的数量十分惊人。据统计，全世界每年排弃的废石和尾矿高达 300 亿 t，我国每年的排放量也在 5 亿 t 左右。这些废石和尾矿堆放在地面，占用了大量土地，废物中所含的有害组分还会对周围的环境造成污染。另外，由于废石堆、尾矿库的不稳定还会产生滑坡、岩堆移动、泥石流等意外事故，造成巨大的生命财产损失。

矿业固体废物虽然排出量很大，但由于技术和经济方面的原因，被利用的不多。近年来，随着科学技术的发展和人们环境保护意识的提高，矿业固体废物的综合利用已日益被人们所重视。目前对矿业固体废物的利用主要有以下几个方面。

一、直接利用

1．用做矿井充填料

过去惯用的矿井充填料为碎矿石，为此需单独建立一套采石、破碎和运输系统，花费大量的资金和劳力。利用废石和尾矿作充填料，来源丰富并可就地取材，运输方便，大大降低了充填成本。

用废石和尾矿作充填料时，对其性能一般有如下要求。

（1）废石和尾矿中有用矿物含量低；

（2）废石和尾矿中矿物的性质稳定，不易风化或分解，不易氧化自燃，不会放出有毒有害或恶臭的气体。

2．用作建筑材料

矿业固体废物作为建筑材料用途十分广泛，例如用尾矿为主要原料制尾矿砖；以水泥、水淬渣、尾矿粉为原料制加气混凝土；代替碎石作路基垫层等。

安徽马鞍山钢铁公司姑山铁矿利用尾矿作混凝土集料，用于工业和民用建筑和修筑公路取得很好的效益，每年可少占地 1.8 hm^2，并可增加 150 多万元的经济收入，尾矿对周围环境的危害也大大降低。

细粒尾矿还是一种可塑性好的陶瓷原料，黄梅山铁矿在同济大学的协助下，研制成功用尾矿作原料烧制墙面砖和地面砖，年处理尾矿 4 000 t，生产 10 万 m^2 的墙面砖，经济效益十分可观。

3．生产微量元素肥料

植物生长过程中需要 B、Mn、Cu、Zn、Mo 等微量元素，施用微量元素肥料具有明显的增产效果。锰矿采选过程中所排出的废石和尾矿，除含锰外，还含有磷酐、氯离子、硫酸盐离子及氧化镁、氧化钙等，可用来生产微量元素肥料。又如某些钼矿的尾矿作微量元素肥料施用于缺钼土壤，不仅有助农业增产，而且可以降低食道癌发病率。

二、提取有用成分

随着矿物的不断开采，矿物资源日益减少，处理原矿的品位也越来越贫，不断提高矿石的综合利用率，对矿石中所含的各种有价值的成分进行综合性回收已成了当务之急。不少国家都开发了新的技术，综合利用矿产资源。

美国肯尼柯特选矿厂为了充分回收尾矿中的铜，建立了尾矿再处理厂，将尾矿磨细筛分后进行浮选，进一步回收尾矿中所含少量的铜。

我国攀枝花铁矿的矿石中除含铁以外，还含有钒、钛、镍、铬、铜、锰、钪等金属，如能加以回收，其价值将高于主要产品铁的价值。按目前的生产规模，从尾矿中每年可回收钛精矿 27.5 万 t、硫钴精矿 3 万 t、氧化钪 7.2 万 t，总价值达 2 亿元以上。

尽管从矿业固体废物中提取有用金属对固体废物排放量的减少所起的作用是极其有限的，但它在矿产资源的充分利用上却有着非常重要的意义，并具有十分可观的经济效益。

第五节 化工废渣的综合利用

化工废渣是化学工业及其他工业部门在生产各种化学产品时所排放出的固体或半固体形式的废物。据统计，1992 年我国各工业部门所排出的各化工废渣计 2476 万 t，其中以化学工业部门排放量最大为 1761 万 t。不少化工废渣都含有毒有害物质，有的还是剧毒物质，如果不加处理或利用而任意排放就会对环境产生严重的污染。同时化工废渣的综合利用价值较大，如能充分利用，将具有良好的经济效益。

本节将对几种排放量较大及有毒的化工废渣综合利用情况作一简单介绍。

一、硫铁矿烧渣的综合利用

硫铁矿烧渣是以硫铁矿为原料生产硫酸时所排出的废渣。每生产 1 t 硫酸排出硫铁矿烧渣 0.7～1.0 t。全国每年约有 600 万 t 硫铁矿烧渣排放，占用了大量土地，污染了环境。硫铁矿烧渣的利用已有 100 多年历史，目前有些国家如德国，利用率几乎达 100%。我国从 20 世纪 50 年代开始综合利用硫铁矿烧渣，利用途径已有十多种，下面介绍几种较为成熟的利用途径。

1．硫铁矿烧渣炼铁

硫铁矿烧渣中含铁 30%～45%，可以作为炼铁原料使用，但由于铁的品位低，并含有硫、砷、锌等有害杂质，直接用于炼铁效果不理想，必须先进行预处理以提高含铁量及降低杂质含量，预处理过程包括选矿和造块烧结两个步骤。

选矿是利用烧渣中各矿物成分的物理性质（磁性、密度等）的不同，采用磁选或重选等方法，将烧渣中含铁矿物与脉石分离，达到提高铁的品位和去除有害杂质的目的。

造块烧结一般可有两种方法，一种是将选矿后的烧渣精矿代替铁精粉配入烧结料中生产烧结矿。另一种是在烧渣中配入一定量的熔剂和黏合剂，经混料后造粒成球，再经干燥、焙烧制成炼铁球团矿即可送入高炉炼铁。

2．回收有色金属

硫铁矿烧渣中除含有大量的氧化铁外，还含有一定量的有色金属如 Cu、Pb、Zn、Ni、Au、Ag 等。可用氯化焙烧法将它们回收，同时也提高了烧渣含铁的品位。氯化焙烧是利用氯化剂（一般为 NaCl 或 $CaCl_2$）与烧渣在一定温度下加热焙烧，使有色金属转化为氯化物而加以回收。氯化焙烧工艺可分为中温氯化焙烧（500～650℃）和高温（1 000～1 200 ℃）氯化焙烧两种，图 12-4 所示的是应用较为普遍的中温焙烧工艺流程简图。

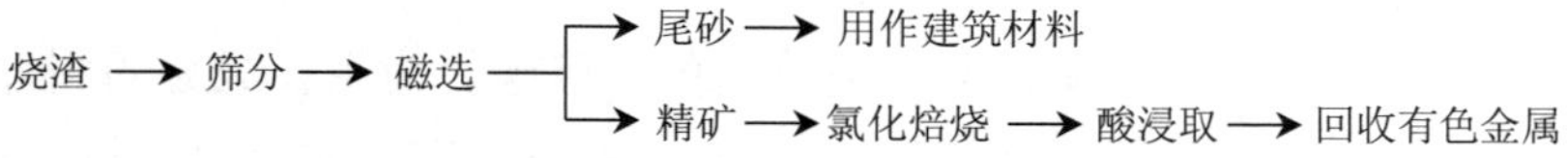

图 12-4　硫铁矿烧渣的中温氯化焙烧工艺

经筛分、磁选后的精矿与 8%～10%的 NaCl 混合，送入 10～11 层的多膛炉中焙烧，氯化焙烧最高温度为 600～650℃，焙烧时间为 4～5 h，焙烧后的烧渣用 5%～7%的稀硫酸浸出，然后将浸出液中的有色金属和铁分别加以回收。

3．用石灰作胶结剂制砖

硫铁矿烧结本身无胶结能力，但和石灰混合后石灰就能和烧渣中的活性氧化硅、氧化铝反应生成硬性胶凝物质，使渣砖具有一定强度。

该法的生产工艺是：将沸腾炉中排出的烧渣用水淬冷，然后堆放 10～15 d，使之粉化，再与消石灰按比例均匀混合，加水湿碾使其进一步细化、均匀化、胶体化，经压砖机压制成型，自然养护 28 d，即为成品砖。石灰加入量对烧渣砖强度影响很大，加入量在 14%～18%时，砖的强度最高。

烧渣砖具有较高的抗压、抗折强度，在耐水性、耐腐蚀性和耐大气稳定性等几方面都可满足一般墙体材料的要求。

4．生产化工产品

对含铁量低的硫铁矿烧渣，可经化学处理生产化工产品。

（1）生产氧化铁红、透明氧化铁

我国已研究成功由低品位（含铁 23%～31%）的硫铁矿烧渣生产氧化铁红的工艺。其过程是：将烧渣经筛分、磁选选出强磁性的 Fe_3O_4，用 50%～70%的硫酸在一定温度下反应，反应后溶液内加一定晶种，然后烘干脱除结晶水，将所得物料粉碎后煅烧（300～800℃），再进一步处理即可得含 Fe_2O_3 75%以上的氧化铁红。

武汉大学最近又研制出利用硫铁矿烧渣生产透明氧化铁红的新工艺，用烧渣为原料加还原剂焙烧后用盐酸浸取，浸取液经空气氧化，加碱沉淀 Fe^{3+}，加入表面活性剂凝聚胶体粒子，然后用有机溶剂萃取分离杂质，最后将胶体热处理可制得透明氧化铁。该产品色彩鲜艳透明，广泛应用于涂料、油墨、塑料制品胶片着色，化妆品等方面。

（2）制取 $FeSO_4 \cdot 7H_2O$

将硫铁矿烧渣经还原处理，使 Fe^{3+}转化为 Fe^{2+}，再用 20%～30%废硫酸浸取，浸取液过滤后结晶、干燥即可得合格产品。

（3）制取水处理剂

对于含氧化铝较高（＞25%）的硫铁矿烧渣可用来制备铁铝复合无机絮凝剂。将烧渣用热盐酸浸溶，使其中的三氧化二铁和三氧化二铝与酸作用生成相应的盐酸盐而溶解，维持一定温度和 pH 值则可使其水解聚合而生成一种黄棕色半透明树脂状物质——聚合氯化铝铁（PAFC）。它是一种优良的水处理剂，具有很强的吸附能力和良好的凝聚沉淀性能。

二、化学石膏的综合利用

化学石膏是在生产某些化工产品时所排出的以硫酸钙为主要成分的固体废物。它包括磷石膏、氟石膏、盐石膏等。我国每年化学石膏的排放量很大，而且以惊人的速度在增加。据统计，1985 年化学石膏的排放量仅为 120 万 t，到 20 世纪 90 年代已达 500 万 t 左右。

化学石膏的应用目前主要是在建材方面，下面对排放量较大的磷石膏综合利用情况作一简单介绍。

磷石膏是湿法生产磷酸或高效磷肥所得的副产品，其主要成分是 $CaSO_4$，通常每生产 1 t 磷酸可得 5 t 磷石膏（干）。由于它的排放量大且含有少量 P_2O_5、F、Ra-226 等对人体有害物质，所以它的利用和处理就成为一个重要问题，目前磷石膏的利用主要有以下几个方面。

（1）在水泥工业上的利用　主要有以下两个方面：

代替天然石膏作水泥缓凝剂使用，生产普通硅酸盐水泥。目前全世界每年利用磷石膏大约生产 150 万 t 水泥缓凝剂，其中日本约有 50%的磷石膏都用来作水泥缓凝剂使用。

近年来国外利用磷石膏作原料生产硫铝酸盐早强水泥研究较多，我国湖北省襄樊市水泥厂利用磷石膏为原料在立窑上烧制硫酸盐早强水泥也获得成功。它的生产工艺简单、原料来源丰富，节能效果显著，产品性能优越，为磷石膏的综合利用开辟了一条新路。

（2）制建筑板材　磷石膏可代替天然石膏制轻质建筑板材。由于磷石膏含有一定量的杂质，会影响到石膏的凝结时间和制品强度，其中影响最大的杂质是磷，因此，用磷石膏为原料生产建筑板材首先要去除其中水溶性磷，去除方法有两种——水洗法和石灰中和法。将去除杂质后的磷石膏加热至 120～130℃使其脱水，生成以β形态为主的半水石膏即可用于生产轻质建筑板材。为了提高制品的强度，还可加入不超过 3%的麻筋、玻璃纤维以起增强作用。

（3）生产硫酸和水泥　将磷石膏与碳混合加热到 900～1 200℃，二者起反应最终生成氧化钙、二氧化硫和二氧化碳，其反应式如下：

$$CaSO_4 + 2C \longrightarrow CaS + 2CO_2$$

$$3CaSO_4 + CaS \longrightarrow 4CaO + 4SO_2$$

反应所得产物二氧化硫可用于制造硫酸，而氧化钙可用于生产水泥。

用磷石膏同时生产水泥和硫酸的工艺流程简图如图 12-5 所示。

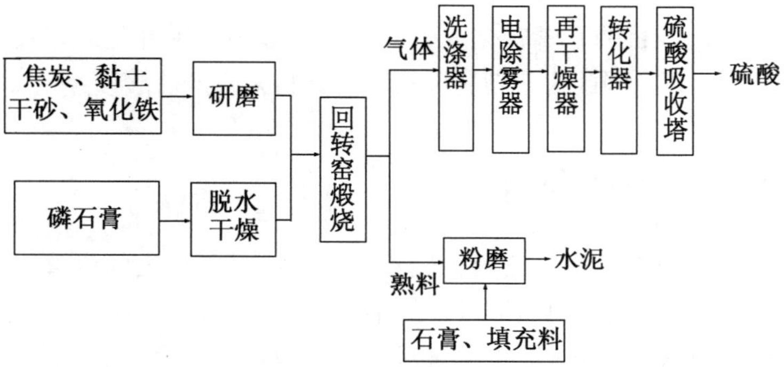

图 12-5　磷石膏生产水泥和硫酸工艺流程

以磷石膏为原料生产水泥和硫酸的技术在我国已开发成功，年产 4 万 t 硫酸和 6 万 t 水泥的装置已建成。目前，年产 20 万 t 硫酸 30 万 t 水泥的磷石膏利用项目也已获国家批准建设。

（4）制硫酸铵　以磷石膏制硫酸铵的生产过程主要包括以下两个步骤：

氨与二氧化碳制成碳酸铵溶液：

$$2NH_3 + CO_2 + H_2O \longrightarrow (NH_4)_2CO_3$$

碳酸铵与磷石膏反应制硫酸铵：

$$CaSO_4 + (NH_4)_2CO_3 \longrightarrow CaCO_3 + (NH_4)_2SO_4$$

该法的工艺流程如图 12-6 所示。

将所需磷石膏的一半在混合器 3 中与预热到 50～55℃的碳酸铵溶液混合，然后将混合物送入反应器 4，料浆再由反应器 4 经贮槽 1 返回混合器 3，并往混合器内加另一半磷石膏。其后，再把混合物送入反应器 6，使石膏与碳酸铵相互作用 8 小时，生成的料浆经贮槽 7 送入吸滤器 8 过滤，沉淀物碳酸钙留在滤布上，硫酸铵溶液则沿管道流入滤液贮槽 9。滤液中含硫酸铵 41%左右，再送入蒸发器 11 和 12 蒸发成糊状物（含硫酸铵结晶 55%），然后沿流槽 13 进入离心机 14 分离。滤液进入贮槽 15，用泵打入高位槽 10，重新送去蒸发。分离的硫酸铵晶体用皮带运输机 16 送去干燥，制成成品。

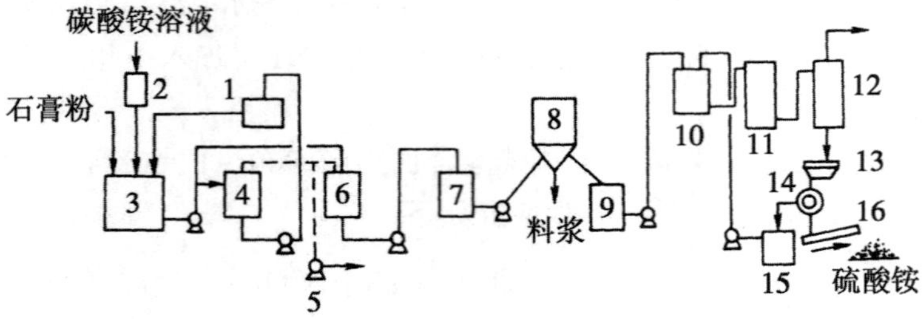

图 12-6 磷石膏制硫酸铵工艺流程

1，7，9，15—贮槽；2—加热器；3—混合器；4，6—反应器；5—排风机；8—吸滤器；10—高位槽；11，12—蒸发器；13—流槽；14—离心机；16—皮带运输机

利用氨和二氧化碳将磷石膏转化成硫酸铵与碳酸钙在国外是成熟技术，其中印度由于缺乏优质的天然石膏，因此大量使用磷石膏为原料来生产硫酸铵。

三、电石渣的综合利用

电石渣是生产乙炔气、聚氯乙烯、聚乙烯醇等产品所排出的废渣，我国每年排放量为 200 万 t 左右。随着国内对电石需求量的不断增加，电石渣的排放量也将大大增加，因此，开拓对电石渣的综合利用，是改善环境，提高效益的一项重要措施。

1．电石渣用于建材工业

（1）生产水泥　电石渣的主要成分是 $Ca(OH)_2$，经烘干焙烧生成 CaO，可代替石灰石和其他原料生产水泥。我国以电石渣为原料生产水泥的方法有湿法、干法两种，其工艺过程与常规的水泥生产工艺相同。

锦西化工总厂利用生产聚氯乙烯产生的电石渣生产水泥，用掉了每年产生的 6 万多 t 电石渣，减少了对环境的污染，同时生产出合格的水泥，每年仅节约排污费就达 30 多万元。

（2）作无机型外墙涂料　用电石渣和水玻璃为原料生产无机型外墙涂料，有较好的保光色泽 、不剥落、不变色、经久耐用，各项性能指标均可达到或超过普通无机型外墙涂料。这是因为电石渣中的氢氧化钙可以和硅酸钠作用生成硅酸钙。电石渣中所含的三氧化物（如 Al_2O_3）也可以与氧化钙作用生成铝酸三钙和铝酸四钙，它们都是外墙的优良养护素。

电石渣为原料制外墙涂料原料易得，工艺简单，使用方便，质量也超过用水泥制的外墙涂料，值得推广。

2．用于化工厂尾气处理

氯磺酸（$ClSO_3H$）生产过程中会产生 SO_2、SO_3、HCl 等尾气，过去用浓硫酸酸洗和水洗两级处理，尾气中 SO_2 的浓度也只能降到 0.3%。四川化工厂将水洗改为电石渣洗，可使 SO_2 脱除率达 85%左右，使 SO_2 的排放浓度由水洗的 $1\,500\times10^{-6}$ 降到 500×10^{-6}。

四、铬渣的处理和综合利用

铬渣是冶金和化工部门在生产金属铬或铬盐时所排出的废渣，主要由 CaO、MgO、Al_2O_3、Fe_2O_3、SiO_2 及少量六价铬的化合物组成。每生产 1 t 金属铬约排出铬渣 1.5 t，每生产 1 t 重铬酸钠要排出铬渣 3 t。虽然目前我国铬渣的年排放量并不高（十几万吨），但由于铬渣中所含的六价铬毒性较大，如长期堆放不加处理就会污染水源和土壤，对人类和其他生物造成严重的损害。因此对铬渣的处理和利用必须将毒性大的六价铬还原为毒性小的三价铬，并使其生成不溶性化合物，在此基础上再加以综合利用。目前我国对铬渣的处理和利用主要有以下几个方面。

1. 铬渣作玻璃着色剂

在制玻璃的配料中，可用铬渣代替铬铁矿作着色剂制绿色玻璃。在玻璃窑炉高温还原气氛下，铬渣中的 Cr^{6+}被还原成 Cr^{3+}而进入玻璃熔融体中，急冷固化后即可制得绿色玻璃。同时，铬也被封固在玻璃中，达到了除毒的目的。用铬渣代替铬铁矿作着色剂，可消除污染，而且铬渣中含有 MgO、CaO，可以代替玻璃配料中的白云石和石灰石，降低了生产成本。生产出来的玻璃色泽鲜艳，质量有所提高。用铬渣代替铬矿粉作着色剂时，适宜的加入量为 2%～6%，加入量过高，则会产生 Cr_2O_3 失透现象。

目前天津、沈阳、青岛、北京、重庆等地玻璃厂都采用铬渣作玻璃着色剂，国内用于这方面的铬渣量已达 4 万 t/a 左右。

2. 铬渣作助熔剂制钙镁磷肥

在钙镁磷肥的生产过程中，为了降低磷矿石的熔点，需加入蛇纹石、白云石及硅石作助熔剂。铬渣与蛇纹石、白云石相比，在主要成分上十分相近，因此可以作助熔剂使用。在炉内高温状态下（800～1 500℃），燃烧产生的大量 CO 和 H_2，以及存在的固定碳，可将铬渣中的六价铬还原为三价铬和金属铬，分别进入磷肥及富集在铬镍铁中。

用铬渣作助熔剂生产钙镁磷肥可使铬渣彻底解毒并资源化，每生产 1 t 钙镁磷肥可消耗铬渣 150～400 kg。对于使用钙镁磷肥对人畜和农作物是否安全问题，自 1983 年以来，国内许多铬盐厂和科研单位对其可行性进行了研究，论证了铬渣用于生产钙镁磷肥是可行的，并规定了铬渣钙镁肥中铬的安全控制指标，为该肥料的安全施用铺平了道路。

3. 铬渣作炼铁烧结熔剂

铬渣中含有大量的 CaO、MgO、Fe_2O_3（三者之和大于 60%），与炼铁烧结熔剂料（白云石、石灰石）成分类似，且具有自熔性和半自熔性，其物理特性（粒度、黏度）也适于作烧结矿熔剂，因此可代替石灰石等作炼铁辅料。

在高炉内的高温及强还原气氛下，铬渣中的六价铬可部分的被上升煤气的 CO、H_2 间接还原，而大部分在高炉下部被 C 直接还原，最终形成含铬生铁。

重庆钢铁公司和重庆东风化工厂已成功地进行了铬渣作烧结熔剂的工业化试验。试验结果表明，铬渣作为烧结炼铁的熔剂料使用工艺上完全可行，且使固体燃料料耗下降，烧结矿和生铁质量上升；六价铬还原解毒彻底，烧结过程中六价铬还原率达 99.98%以上，残留的微量六价铬还可在高炉冶炼中进一步被还原。该试验已进行了一年半时间，共消耗铬渣 2.4 万余 t。

除上面介绍的之外，铬渣还可用于制铬渣铸石、制砖、作水泥添加剂生产水泥等。对铬渣的治理和综合利用，我国的科技工作者做了大量的研究工作，开发出 20 余种治理技术。但是，不少技术的推广应用还有相当难度，并受到许多局限。因此，对铬渣的处理和利用还有待进一步的研究和实践。

第六节　有机废物的处理和利用

有机固体废物种类繁多，有些还是有毒物质，过去对此类物质的处理和处置多采用填埋或焚烧的方法，处理成本高且易产生二次污染。因此，如何选择合理的处理技术，回收利用此类废物也是我们所面临的一个新课题。本节以废塑料处理和综合利用为例来简要地加以说明。

塑料由石油化工衍生的原料制成，目前它的产量以体积计已超过金属材料的产量。除极少数塑料管、板材以外，90%左右的塑料制品使用寿命只有 1～2 年，造成了废塑料数量的急剧增加。鉴于前面所叙及的填埋、热解、焚烧等处理方法易产生二次污染，因此对废塑料的污染治理应侧重于它的回收、再生和综合利用。目前回收利用的方法主要有以下几种。

一、废塑料的再生利用

废塑料再生加工利用主要分为前处理、熔融和成型三个步骤。

1．前处理

将回收的废塑料除去异物，并按其种类加以分选，可根据它们的外观特征采用人工分选或采用比重分选、风力风选、静电分选等方法进行分选。分选后的废塑料要进行清洗，一般先用碱水清洗，然后再用清水冲净。洗涤后需干燥，并粉碎成小片或小块。

2．熔融混炼

熔融混炼过程及所使用的机械和原塑料熔融混炼完全一样，即将预处理后的废塑料加入适量的改性剂在一定的温度下熔融混炼即可。

3．成型

主要的成型方法有四种：压注成型、注射成型、压延成型、挤出成型。通过成型可以直接得到棒、板、片材或各种成型品，也可制成粒状作为生产各种类型的塑料制品的原料使用。

塑料的再生方法又可分为单纯再生和复合再生两类。前者的原料是塑料生产厂和加工厂的废料，是单一树脂，可以和树脂加工方法一样进行加工造粒再利用。

复合再生是用不同种类树脂的混合物为原料来制造再生制品。

再生加工所得的塑料制品保留不少原有塑料的特性，它的优点是具有一定的耐久性、耐腐蚀性和强韧性，但膨胀系数大，负载大时可能产生弯曲。

废塑料的再生利用目前仍是废塑料综合利用的主要方式，并开发出许多较为成熟的技术。例如，日本塑料处理促进协会与朋东铁工所共同成功地开发了比较经济的废农用 PE

膜的干法处理技术。该工艺的基本过程为：先将废农膜粗碎为 50 mm 左右的碎片，然后分两次将其干燥，在干燥装置中设置磁铁以除去铁屑或铁片，并经振动筛、筛选机分离除去土砂等杂质。再将已干净的片状薄膜进一步粉碎成 8 mm 左右即可熔融造粒，然后可作为原料加工成各种制品。

二、废塑料的改性利用

利用某些填料对废塑料进行改性以增大它的应用范围也是近年来进展较快的一项工作。目前常用的填料有两大类——无机填料和有机填料。无机填料主要有碳酸钙、滑石粉、硅灰石、赤泥、粉煤灰等。有机填料主要选择木材加工废料木粉、锯屑及农副产品（稻壳、玉米秸、麦秸）等。这些惰性材料均需进行表面活化处理，才能与废塑料很好地复合。改性后的填料具有良好的填充性，并可提高塑料制品的稳定性和具有一定的增强效果。

以木屑为填充料所制成的塑料材料也称“合成木材”，这种材料密度小、强度高、耐腐蚀、耐热。可像木材一样使用，可锯、可钉、可钻，广泛用于建筑、家具、车辆及包装等方面。我国 20 世纪 80 年代即开发出锯木屑与废塑料经高温混炼而制成的“合成木材”。

三、废塑料在其他方面利用的新进展

废塑料通过过滤、精选、分级、破碎、造粒、出膜等几道工序还可生产农用地膜，河南周口农膜厂这一项目的研究在 1994 年已获得很大的进展。

废塑料的裂解转化近年来也取得了一定进展。美国阿莫科化学公司最近开发出一项新工艺，它的技术特点是先将收集的废塑料清洗，然后溶解于热的精炼油中进行加工。该公司已在中试装置中处理了很多不同的废塑料，使它们得到回收利用。例如 PS 裂解后得到高收率的芳烃石蜡油；PP 裂解后得到脂肪烃石蜡油；PE 则裂解成轻质石油气和石蜡油。日本的工业开发实验室和富士循环应用工业公司开发了将废塑料转化为汽油、煤油和柴油的技术。该法的工艺过程是将聚烯烃塑料（PE、PP、PS）或某些氯化塑料粉碎，通过两台反应器，在合成沸石 ZSM—5 的催化作用下进行气相催化转化，冷却后可得低沸点的油品。每千克塑料可生产 0.5 L 汽油、0.5 L 柴油和煤油，目前已建成 5 000 t/a 的工试装置。

废塑料发热量高（33 472～37 656 kJ/kg），比煤高而比油略低，故日本、德国等国将废塑料用于高炉喷吹代替煤、油和焦炭，用于水泥回转窑代煤以及制成垃圾固形燃料（RDF）发电和烧水泥都收到较好效果。例如日本 NRK 公司 1996 年在京洪钢铁厂 1 号高炉（4 093 m^3）建成 3×10^4 t/a 废塑料破碎、选粒装置，进行每吨铁喷吹 200 kg 废塑料的工试，以便全部取代煤粉和部分取代焦炭。日本环保界声称若达 200 kg/t 铁的喷吹目标，有 10 台高炉则可将日本全国的废塑料吃光。日铁联盟已将此纳入 2010 年节能规划。废塑料成分与煤、油相近，但含氯偏高，故应注意防止尾气中由氯产生的呋喃和二噁英等污染。所以，这一方法的应用目前还只限在高炉和水泥回转窑上应用。北京首钢于 2002 年也试验成功在高炉中喷吹废塑料，使首都的废塑料找到了归宿。

荷兰国家公路研究中心正在进行利用废塑料作铺路原料的研究，将废塑料粉碎、加热、溶剂化处理后添加到沥青中去用来铺路，所铺成的道路更具有弹性，与车轮摩擦的噪声也更小。这种废塑料沥青已在两段公路上试验成功。

美国得克萨斯州立大学开发的专用技术可将废塑料制成混凝土。该技术采用黄沙、石子、液态 PET 和固体剂为原料，生产混凝土。其中由废软饮料瓶（PET）加工成的液态 PET 可取代普通水泥中的水和泥浆，从而大大降低了混凝土的生产成本。

无论在国内或是国外，废塑料的回收和综合利用都还处于起步阶段，但经过技术人员的努力，已取得许多可喜的成绩。目前，全世界每年废塑料的回收量约占总消耗的 2%～3%，预计废塑料的再生和利用将会取得更大的进展。

第七节　农业固体废物的处理和利用

农业固体废物是在农业生产过程中所产生的固体废物，它的种类繁多，如秸秆、树皮、树枝、稻壳、农畜家禽粪便等。我国是一个农业大国，每年所排放的固体废物数量巨大，如能加以综合利用，变废为宝，将具有十分重要的意义。

一、农作物秸秆的利用

1. 制氨化饲料

以前农作物秸秆的利用主要在于用厌氧发酵法制取沼气，这在前面已做了介绍。但是这种方法所能消纳的秸秆的数量有限，绝大多数作物秸秆仍得不到合理利用，只能作为燃料烧掉。近几年来，有关人员研究开发出利用作物秸秆制作氨化饲料，作为养牛饲料，给秸秆的合理利用开辟了一条新的途径。

氨化饲料的制作简单易行，技术上也较为成熟可靠。把秸秆切成 2～3 cm，每氨化 100 kg 秸秆加 3 kg 尿素，60～80 kg 水，拌匀、压实，用塑料布密封数日即可。经氨化处理后的秸秆粗蛋白含量提高 1～2 倍，据分析测算，每公斤氨化饲料相当于 0.4～0.5 个燕麦饲料单位的营养价值，4 kg 氨化饲料就可节省 1 kg 精料。由于氨化饲料营养价值高，易于消化，采食量大，使牛的日增重量要比用普通饲料喂养高出 30%以上，喂养周期也大大缩短。

2. 加工压块燃料

秸秆主要是由纤维素、半纤维素和木质素组成，在适当的温度（200～300℃）下会软化，此时施加一定压力就可以使其紧密粘接，冷却固体成型后即可得到具有一定机械强度的棒状或颗粒状新型燃料。

秸秆压块燃料的热值为 1.4 万～1.8 万 kJ/kg，其燃烧性能与中质烟煤相近，燃烧时没有有害气体产生，生产工艺简单，使用方便。

秸秆压块燃料可直接民用和用作锅炉燃料，也可用于热解生产煤气。

二、稻壳的综合利用

稻壳是最难利用，数量最大的农业固体废物，它约占水稻重量的 20%。我国是稻谷生产大国，产量居世界第一，所产生的稻壳数量十分可观，它既是火灾隐患，又是环境污染源。因此，如何有效地处理和利用稻壳，也是当前令人关注的课题。

1. 稻壳成型工艺及应用

稻壳成型是在一定的温度和压力下，在专用设备中将稻壳压实而制成密实的稻壳块的过程。成型过程中也可加入适宜的黏结剂和添加剂以降低成型温度和压力。

稻壳成型的工艺过程为：稻壳→筛选→晒干→混合→成型→冷却→破碎→包装。成型后的稻壳密度大，发热量大，单位体积的热密度与中等质量的煤炭相近，可以代替煤炭用作工业和生活燃料，由于稻壳中硫和重金属含量极小，因此也不会对大气产生污染。

成型之后的稻壳块内部仍有很多孔隙，因而导热系数小，可以做保温材料使用。鞍钢利用稻壳块进行了铁水保温试验，结果表明，稻壳块的保温效果要高于生蛭石粉，仅多吃废钢一项，每年即可创经济效益 1 000 余万元。

2. 稻壳热解

稻壳干馏热解可以获得燃烧值为 5 880～6 720 kJ/kg 的可燃气体，从焦油馏分中还可分离出醋酸、丙酮及其他类似木柴的热解产物，热解残留物（黑灰）还具有极优良的吸附性，可代替活性炭作吸附剂使用。目前对稻壳热解的研究还较少，只处于实验室研究阶段，但不少研究者认为，它可能是最有前途的利用方式。

第八节　城市垃圾的综合利用

城市垃圾包括居民生活垃圾、企事业单位的办公垃圾、商业网点经营活动垃圾、医疗垃圾和市政维修垃圾等。随着城市人口增加，城市规模的扩大和人民生活水平的提高，我国城市垃圾的产生量以每年 9%的速度递增，目前全国年产生活垃圾 1.5×10^8t，60%集中于人口在 50 万以上的 52 个重点城市，历年存放量高达 6.6×10^6t，全国约有 2/3 的城镇处在垃圾的包围之中。据预测 2020 年全国城市垃圾产生量将比 2005 年翻一番。大量垃圾所造成的污染已成为亟待解决的环境问题。垃圾中很多组分都有反复利用的价值，因此垃圾资源化问题早已引起人们的重视，目前西欧各国垃圾资源化率已超过 50%，通过各种方法对垃圾进行加工处理，使之成为可利用的资源和能源。

一、城市垃圾的资源化

“垃圾是放错位置的宝贵资源”，它蕴藏着供人类开发和利用的能量和物质，如每回收 1 t 废纸可再造纸 850 kg，节省木材 300 kg，相当于少砍伐 17 棵大树；每 1 t 废塑料可回收 600 kg 无铅汽油或柴油；每回收 1 t 废钢铁可炼好钢 0.9 t。我国每年城市垃圾中被丢弃的“可再生资源”价值高达 250 亿元，每年固体废物造成的经济损失以及可利用而又未充分利用的废物资源价值高达 300 亿元。固体废物本身就是一种人造资源，因此美国将其称为“第二矿产”。资源再生利用已成为当今世界广泛关注的话题，目前在日本、西欧各国废物资源化利用率已达 60%左右，发达国家已开始把资源化作为城市垃圾处理发展的重点，资源化在城市垃圾处理所占比例也在不断增加。

由上可知，垃圾资源化大有发展前景。垃圾处置必须遵循减量化、资源化、无害化三项原则，这三项原则是可持续发展产业政策的体现，是中国的经济发展观向循环经济转轨的体现。建立在垃圾的分类收集基础上，各城市应根据自己的具体情况制定垃圾分类方案，鼓励和提倡居民在家中对生活垃圾进行分类收集。在公共场所要设立分类收集垃圾的容器，并有专门人员定期回收、分选然后进行再加工利用。积极发展废物再加工利用产业，筛选推行对环境无害的高效资源再利用技术，如塑料高效炼油技术和代焦炭炼铁技术等。

我国对废品的回收利用历来已久，早在 20 世纪 50 年代就成立了较为完善的物质回收系统，对家庭废弃物中的可利用物资在成为垃圾前就进行有价回收。但旧有的回收体制已不适应需要，目前个体商贩的回收比例已超过国有回收公司，因此应加强管理，使之成为回收主渠道的补充，促进废品的回收利用，减少进入垃圾的废物量。

二、城市垃圾转化为能源

建立大规模的城市垃圾焚烧厂，利用垃圾焚烧时放出的热量供热或发电是使垃圾能源化的主要途径。欧洲各国及日本的现代化垃圾焚烧厂一般都附有发电厂或供热动力站以回收能源。影响热能回收的主要因素是垃圾中所含热值，一般认为当城市垃圾低位发热值大于 3 349 kJ/kg 时，即可不加辅助燃料而直接燃烧。从中国大中城市的垃圾组成情况来看，这些地区已基本具备了垃圾焚烧回收能源的条件，因此将城市垃圾焚烧即可大大减少处理处置费用和环境污染，又能回收能源，具有很好的发展前景。

垃圾填埋中的有机物在厌氧微生物作用下可被分解为 CH_4 和 CO_2 等其他气体，统称为埋填气（LFG），其中 CH_4 等可燃气体含量达 60%左右。据估测，我国 2000 年城市垃圾产生量达 1.6 亿 t，若全部按填埋处理，以每千克垃圾产生 0.064～0.44 m^3 填埋气计算，将产生 104 亿～716.5 亿 m^3 的垃圾填埋气，其燃烧时产生的热值相当于 20.77 亿～143 亿 m^3 的天然气，是一种新的补充能源。

垃圾填埋气作为能源回收利用可大大减少甲烷气的排放，保护了环境和消除了垃圾填埋场爆炸的隐患，但由于资金、技术设备、信息及管理等方面的原因，许多国家还没有大规模采用。美国是最早研究开发和大量推广应用的国家，主要用于直接作燃料（需先净化分离提高纯度）、发电、产生蒸汽供热等。我国也开始了开发性研究，1998 年 9 月在杭州天子岭垃圾填埋场采用填埋气燃烧发电技术自运行以来获得很好的效益，也为我国今后垃圾填埋气的利用开辟了新途径。

复习思考题

1. 名词解释：固体废物资源化、资源化系统。
2. 从煤矸石的组成来分析它的综合利用途径。

3．简述粉煤灰的综合利用途径。
4．论述高炉水淬渣用于生产水泥的理论依据。
5．从硫铁矿烧渣中可以回收哪些物质？试举例加以说明。
6．略述磷石膏的利用途径。
7．试设计一个生活垃圾中废塑料的回收和综合利用方案。

第四篇

其他污染防治技术

第十三章　噪声和振动的防治技术

第一节　噪声的基本概念

一、噪声

1．噪声的含义

人类总是伴随着各种各样的声音生活，声音在人类的生产和生活活动中有着十分重要的作用。声音是人们传递信息，相互交流的重要媒介。但是，有些声音却不是人们所需要的，它会影响人们的日常生活和工作，甚至危及人类的身心健康。我们把这一类声音称之为噪声。

噪声是声波的一种，它具有声波的一切特性。从物理学的观点来看，所有的声音可分为两大类——乐声和噪声。凡是节奏有调，听起来和谐悦耳的声音称之为乐声；而杂乱无章，听起来不和谐的声音称之为噪声。换言之，噪声是指声波的频率和强弱的变化毫无规律、杂乱无章的声音。判断一种声音是否属于噪声，人们的主观判断起决定性的作用，在某些特定的条件下，乐声也可能被人们视为噪声。例如，对于想安静读书的人来说，很强的音乐声会使人厌烦。因此，从生理学的观点来看，凡是对人体有害的和人们不需要的声音统称为噪声。噪声的这种两重性使得它因人、因时、因环境和目的的不同而有着不同的内涵。

2．噪声的来源及分类

根据城市环境噪声的主要来源，可将噪声分为以下四类。

（1）交通噪声　交通噪声主要是指机动车辆、火车、飞机和船舶所产生的噪声；

（2）工业噪声　工业噪声是指在工业生产中各类机械所发生的噪声。例如化工厂的鼓风机、机械厂的空气锤、冲床、建材厂的球磨机等都会产生很强的噪声；

（3）建筑噪声　建筑噪声是指在建筑施工过程中所产生的噪声。例如打桩机、风镐、推土机等建筑机械在工作时都会发生很强的噪声；

（4）社会噪声　社会噪声是指人群活动所产生的噪声。例如市场的喧闹声，收音机、电视机发出的声音、高音喇叭广播等。

对于城市环境而言，上述四个方面的噪声来源以交通噪声最为严重，表 13-1 是近几年来对北京、上海、天津、武汉四大城市噪声源污染状况的调查统计结果。

表 13-1 北京等四城市噪声源分类统计表

百分率/% 噪声源 城市	交通噪声	工业噪声	建筑噪声	社会噪声	其他
北京	32	8	23	37	
上海	35	17	22	26	
天津	44	17	6	33	
武汉	37	22	6	25	10

摘自：张沛商等编，噪声控制工程，第 2 页，北京经济学院出版社，1991 年。

3. 噪声的量度

量度噪声强弱的物理量有声强和声强级、声压和声压级、声功率和声功率级等。

（1）声强、声压和声功率

声强是指单位时间内声音通过垂直于声音传播方向单位面积的声能量，常用符号 I 表示，单位为瓦每平方米（W/m^2）。

声压是指声波传播时，在垂直于传播方向上的单位面积上引起的大气压强变化，通常用符号 p 表示，单位是帕（Pa）。

声功率是指单位时间内声源辐射出来的总声能量，用符号 W 表示，单位是瓦（W）。

（2）声强级、声压级和声功率级

对人耳所能听到声音，若以声强、声压和声功率来表示，则数值变动范围很大，例如，若以声压值表示，从人耳听阈压（2×10^{-5} Pa）到痛阈压（20 Pa），即最弱的和最强的可听声压相差 100 万倍。若用如此巨大范围的绝对值来表示或比较声音的强弱，显然是很不方便的。为此，我们引入了“级”的概念来度量声音的相对强弱。

所谓“级”是指某一物理量 A 与该物理量的某一基准 A_0 之比的常用对数值，声强、声压和声功率的级可以用以下三式来表示。

声强级 L_I

$$L_I = \lg\frac{I}{I_0} \quad (B)$$

式中：I——被测声强，W/m^2；

I_0——频率为 1 000 Hz 的基准声强，取为 10^{-12} W/m^2；

B——声强的单位，称为“贝尔”，实用时常用其值 1/10 来表示声强大小，以符号 dB 表示，称为“分贝”。故：

$$L_I = 10\lg\frac{I}{I_0} \quad (dB)$$

声压级 L_p

$$L_p = 10\lg\left(\frac{p^2}{p_0^2}\right) = 20\lg\frac{p}{p_0} \quad (dB)$$

式中：p——被测声压，Pa；

p_0——基准声压，取为 2×10^{-5} Pa。

声功率级 L_W

$$L_W = 10\lg\frac{W}{W_0}$$

式中：W——被测声功率；

W_0——基准声功率，取为 10^{-12} W。

引用级的概念优点在于实用上大大缩小了表示声音强弱的物理量的范围，尽管最强和最弱的可听声压相差 100 万倍，使用了级的概念后可压缩到 0～120 dB 的范围内，方便了声音的测量和计算。

由于声压比较容易测定，所以在噪声控制中，常用声压级来衡量声音的强弱。

噪声的强弱可以用声级计来直接进行测量。

二、噪声污染及其特征

1. 噪声污染

当噪声的"强度"超过人们日常的生产活动和生活活动所能允许的程度时，就会产生噪声污染。由于工业的高速发展和城市人口的急剧增加，噪声污染日益严重，污染的区域主要集中在城市和近郊。近代工业的发展和生产规模的大型化，使机器的功率、速度越来越大，致使噪声的声级也越来越高。交通运输事业的发展，使得各种运输车辆、船舶、飞机的数量剧增，也加剧了噪声污染的程度和扩大了受污染的区域。目前，噪声污染、水污染和大气污染已成了世界公认的三大公害。

我国的噪声污染也十分严重，其中交通噪声、工业噪声大都超出有关标准。国家环保局曾对各类工业污染源进行了调查，在被调查的 53 万个工业噪声源中有 28 万个超过国家标准，比例高达 53%。例如，大型球磨机、加压制砖机的噪声都达到了 120 dB，风铲、铆接、大型鼓风机的噪声高时可达 130 dB，特别是大型喷气客机起飞降落时所发出的震耳欲聋的噪声可达 150 dB 以上，远远超过了 85 dB 的国家标准。我国许多工厂和居民区混杂在一起，产生的工业噪声已对居民的生活和身心健康产生了严重的影响。因此，控制噪声的产生，加强噪声的治理，改善城市及近郊的声环境质量已成当务之急。

2. 噪声污染的特征

噪声污染和大气污染、水污染、固体废物污染有很大的不同，它有以下几个特征：

（1）噪声是所有人们不需要的声音的总称，它是一种感觉公害，对噪声的判断取决于判断者心理上和生理上的因素。所以，任何声音都可能成为噪声，噪声的标准也要依据不同的时间、地点和人的行为状态分别制定；

（2）噪声具有局部性和多发性，它在空气中传播时会迅速衰减。但在某些情况下它的污染面积比较大，例如发电厂高压排气放空时所产生的噪声可能会对周围几十公里内的居民生活产生影响。另外，噪声的污染源很普遍，因而它的发生是十分频繁的；

（3）噪声没有具体的污染物，也不会长期残存和积累。一旦噪声源停止发声，噪声污染也就立即消失，不会对环境产生持久的危害；

（4）噪声对人类的危害是慢性的和间接的，一般不会直接致命或致病。

三、噪声污染的危害

噪声污染的危害是多方面的，随着工业的迅速发展，这种危害的影响也日趋严重，概括起来主要有以下几个方面。

1．噪声对人的危害

噪声对人的影响较为复杂，它不仅与噪声的性质有关，也与人的生理、心理状况、健康状况及社会生活等多方面的因素有关，主要有以下几个方面：

（1）对听力的损害 噪声对听力的影响与噪声的强度、频率及作用时间长短等因素有关。

如果噪声的强度不是太高，噪声作用的时间也较短，这时人们会感到双耳难受，甚至出现头痛和不适的感觉，听力也会下降。但是过了一段时间之后，听力就会逐渐恢复，这叫听觉疲劳或暂时性听阈偏移，此时听觉器官并未受到器质性损害。

当人们长期处于高噪声的环境中时，就会使人的内耳器官发生器质性的病变，使听觉疲劳不能恢复原状，成为永久性听阈偏移，也就是噪声性耳聋。噪声性耳聋与噪声的强度、频率以及作用时间长短有关，噪声的强度愈大，频率愈高，作用时间愈长，噪声性耳聋的发病率愈高。据国外有关机构的统计，80 dB 以下的噪声，长期作用也不会引起噪声性耳聋，但在 95 dB 的噪声长期作用下就有近 1/3 的人发生噪声性耳聋，如果噪声强度为 100 dB，则 40%的人会发生噪声性耳聋。当噪声强度很高时，即使作用时间很短也会对人的听力造成严重损伤。例如，120 dB 以上的噪声可能会造成永久性听力损伤，当噪声级超过 140 dB 时，就会造成听觉急性创伤，致使双耳突然失聪，这是一种一次性使人耳聋的恶性噪声性耳聋。

（2）对人体健康的影响 噪声可以通过听觉器官作用于大脑神经系统，对人类的全身器官产生不良的影响。

噪声长期作用于人的中枢神经系统，形成固定的兴奋灶，就会产生头痛、脑涨、耳鸣、失眠及全身疲乏无力等症状，统称为神经官能症。

噪声还会引起肠胃功能阻滞、消化液分泌异常，引起消化不良、食欲不振、恶心呕吐等症状，使肠胃病、溃疡病发病率提高。

噪声还会影响人的视觉器官，使人产生眼花、视力下降、眼痛等症状。

噪声对心血管系统的不良影响也是显而易见的，长期在高噪声环境下工作，可以造成心跳加快、心律不齐，血压升高等症状，这些都会造成高血压、动脉硬化和冠心病的发病率升高。

2．噪声对人类正常生活和工作的影响

噪声会严重影响人类的正常生活和工作，主要表现在以下几方面：

（1）影响人的睡眠 连续的噪声会使人的睡眠效率下降，易做梦，处于半睡眠状态，突发的强噪声还会使人惊醒。因此，长期受噪声干扰的人们会因睡眠不足，睡眠不良而引起头昏、头痛、记忆减退、神经衰弱、工作效率下降等症状。

（2）干扰人的语言交流和思考 噪声在这方面的影响主要通过对人们语言交流的影响来衡量。一般认为，噪声级在 45 dB 以下时，影响很小，当噪声级超过 65 dB 时，就会干扰普通谈话，如果超过 90 dB，则会使人们无法进行正常的交谈。

（3）对工作效率的影响 噪声能使人的注意力分散，容易疲劳，反应迟钝，从而导致工作效率下降，并且降低工作质量，使工作易出差错，或引起事故。例如，当噪声达到 50 dB 时，电话总机交换台的工作人员差错率将会增加 42%。

3. 对仪器设备和建筑物的影响

高强度的噪声会影响仪器、设备的正常工作，严重时甚至会使仪器设备损坏乃至失效。这主要是因为高强度的噪声会引起仪器设备的剧烈振动（声致振动），致使仪器设备损坏。另一方面，在特强噪声的影响下，还会出现声疲劳现象，使材料和结构产生疲劳现象而断裂。

当噪声超过 140 dB 时，就会对建筑物产生破坏作用。例如超声速飞机低空飞行时，会产生一种特殊的噪声——轰声，它在地面反射以后可以形成冲击波，对建筑物产生破坏作用。

第二节 噪声控制治理概述

噪声由声源发生，经过一定的传播途径到达接受者，才会发生危害作用。因此对噪声的控制治理必须从分析声源、传声途径和接受者这三个环节组成的声学系统出发，综合考虑，制定出技术上成熟、 经济上合理的治理方案。

一、控制噪声源

降低噪声源所产生的噪声，这是防治噪声污染最根本的途径，对噪声源的控制，一般可采取下面的一些方法。

1. 改进设备的结构设计

金属材料消耗振动能量的本领较弱，因此用它做成的机械零件，会产生较强的噪声。但如用材料内耗大的高分子材料来制作机械零件，则会使噪声大大降低。例如，将纺织厂织机的铸铁传动齿轮改为尼龙齿轮，则可使噪声降低 5 dB 左右。

改革设备结构来降低噪声也有明显的效果。例如，风机叶片的形状对风机产生噪声的大小有很大影响，若将风机叶片由直片形改为后弯形，则可降低噪声约 10 dB。又如将正齿轮传动装置改为皮带轮传动，也可使噪声降低 16 dB。

2. 改革生产工艺和操作方式

在生产过程中，尽量采用低噪声的设备和工艺，例如以焊接代替铆接，以液压加工代替冲压式锻打加工等。

3. 提高机械的加工质量和装配精度

提高机械的加工质量和装配精度，可以减少机械各部件间的摩擦、振动或由于动平衡不完善而产生的噪声。例如，将轴承滚珠加工精度提高一级，就可使轴承噪声降低 10 dB。

二、在传播途径上降低噪声

如果在声源噪声控制上效果不佳或是由于经济、技术上的原因而无法降低声源噪声时，就必须设法在噪声的传播途径上采取适当的措施。

噪声的传播过程中，其强度是随距离的增加而逐渐减少，因此在城市、工厂的总体设计时进行合理布局，做到“闹静分开”。例如将工厂区和居民区分开，把高噪声的设备与低噪声的设备分开，利用噪声在传播过程中的自然衰减，减少噪声的污染范围。

利用山岗、土坡、高大建筑物、树林等自然屏障来阻止和屏蔽噪声的传播也能起着一定的减噪作用。特别是将城市绿化和降噪结合起来考虑，更能起着美化环境和降低噪声污染的双重效果。

对于工业噪声而言，最有效的办法还是在噪声的传播途径上采用声学控制措施，包括吸声、隔声、隔振、减振、消声等常用的噪声控制技术。

三、噪声接受点的防护

在噪声接受点进行个人防护是控制噪声的最后一个环节。在其他措施无法实现或只有少数人在强噪声环境中工作时，加强个人防护也是一种经济有效的方法。

个人防护主要是利用隔声原理来阻挡噪声进入人耳，从而保护了人的听力和身心健康。目前常用的防护用具有耳塞、防声棉、耳罩、头盔等。表 13-2 列出了这几种用具防护效果的比较。

表 13-2 几种防护用具的比较

种类	说明	隔声量 dB	优缺点
耳塞	塞入耳内	15～30	隔声性能好，经济耐用；有时会有不适感
耳罩	将整个耳郭封闭起来	20～40	隔声效果好；体积大，高温环境中佩戴有闷热感
防声头盔	将整个头部罩起来	30～50	隔声量大，适于在强噪声环境中佩戴；体积大，使用不便，高温环境中佩戴闷热严重
防声棉	塞在耳内	5～20	对高频声有效，在高噪声环境中不影响交谈；耐柔性差，易碎

第三节 噪声防治技术

一、吸声降噪

1. 吸声的基本原理

吸声降噪是利用一定的吸声材料或吸声结构来吸收声能，从而达到降低噪声强度的目的。

吸声材料降噪是利用吸声材料松软多孔的特性来吸收一部分声波，当声波进入多孔材料的孔隙之后，能引起孔隙中的空气和材料的细小纤维发生振动，由于空气与孔壁的摩擦阻力、空气的黏滞阻力和热传导等作用，相当一部分声能就会转变成热能而耗散掉，从而起着吸声降噪作用。

吸声的原理可用图 13-1 来表示。当声波入射到屏障（如墙面、天花板、地面、吸声材料等）表面时，部分声能被反射，部分声能被吸收，其余的声能透过屏障，传入邻室，由于声能的降低而达到降噪的目的。我们常把一个表面所吸收的声能 E 与入射到该面的声能 E_0 之比值称为吸声系数 α：

$$\alpha=\frac{E}{E_0} \tag{13-1}$$

式中：E_0——入射的声能量；

E——被吸收的声能量。

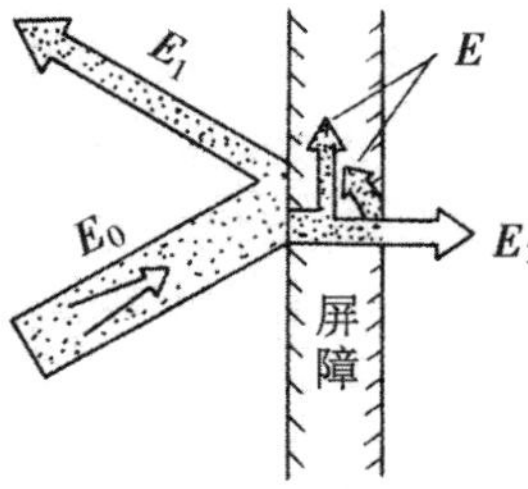

图 13-1　吸声原理示意图

E_0——入射声能量；
E——吸收声能量；
E_1——反射声能量；
E_2——透射声能量

吸声系数 α 愈大，表明材料和结构的吸收效果愈好，多数吸声材料和吸收结构的 α 值都在 0.2～1。吸声系数与材料的物理性质、声波的频率和声波的入射角都有关系。

2．吸声材料

吸声材料多为多孔材料，目前常用的吸声材料主要有无机纤维材料、泡沫塑料、有机纤维材料和建筑吸声材料等几大类。

（1）无机纤维材料　无机纤维材料主要有超细玻璃棉、玻璃丝、矿渣棉、岩棉及其制品等。

超细玻璃棉质轻、柔软、容重小、耐热、耐腐蚀，作为吸声材料在工程上已得到广泛应用。但它的吸水率高，不适于在潮湿或易冷凝结露的环境中使用。

矿渣棉具有质轻、不燃、耐高温、耐腐蚀、化学稳定性强、吸声性能好等优点，但所含杂质多、性脆易折断或磨成粉末，不适于在洁净要求高的室内使用。

岩棉具有隔热、耐高温的优点，而且价格也比较低廉。

（2）泡沫塑料　泡沫塑料制品的种类很多，但用作吸声材料的仅是少数开孔型泡沫塑料制品，如软性聚氨酯泡沫塑料、尿醛塑料、酚醛泡沫塑料等。泡沫塑料的优点是防潮、防蛀、成型好、施工方便，但其缺点是易老化、防火性能差。

（3）有机纤维材料　早期使用的有机纤维材料主要是植物性纤维材料（如棉麻、甘蔗、木丝、稻草）及其制品（如软质纤维板、木丝板等），现在已多为化学纤维所代替，这类材料吸声系数高，密度小、弹性大、施工方便、应用也较为普遍。

（4）吸声建筑材料　吸声建筑材料主要有微孔吸声砖，膨胀珍珠岩、加气混凝土等，它们都是由松散的颗粒材料加上黏结剂和部分填料所制成的砌块或板材。

多孔吸声材料对于中、高频声波有很大的吸声作用，但对低频声波吸收效果较差，为了弥补这一不足，通常采用共振吸收结构来加以处理。

3．共振吸声结构

共振吸声结构是利用共振原理做成的各种吸声结构，用于对低频声波的吸收，常用的有薄板共振吸声结构、薄膜共振吸声结构、穿孔板、微穿孔板和空间吸声体等。

（1）薄板共振吸声结构　薄板共振吸声结构由薄板（胶合板、石膏板、硬质纤维板、金属板等）及薄板和刚性壁面之间的空气层组成。当声波入射到薄板上时，薄板则发生振动并弯曲变形，由于板内及板与固体支点（龙骨）之间的摩擦损耗，使部分声能被吸收。如果入射声波频率与薄板吸声结构的固有频率相等时则发生共振，此时的吸收效果最好。

（2）薄膜共振吸声结构　薄膜共振吸声结构是由人造革、漆布、不透气的帆布、塑料薄膜等膜状材料及膜与刚性壁之间的空气层所组成。它的吸声原理与薄板吸声结构基本相同。有时还可在膜后设置吸声材料，以进一步改善低频吸声性能。

（3）穿孔板共振吸声结构　穿孔板共振吸声结构是由穿孔板（表面上打孔的金属板或非金属板）及板与刚性壁面之间的空气层所组成。每一个孔和后面的空腔都组成了一个共振器，当入射声波的频率和系统的共振频率一致时，穿孔板孔颈处的空气则产生激烈的振动摩擦，使部分声能转变为热能，加强了吸声效应，使声能衰减，达到了降低噪声的目的。

穿孔板上的小孔应均匀分布，孔径为 3～8 mm，若将穿孔板后填充多孔吸声材料，也可提高吸声效果。

（4）微穿孔板共振吸声结构　微穿孔板的构造与穿孔板类似，板厚和孔径均取 0.2～1 mm 为宜，穿孔率可取 2.5%～4%，这时吸声效果最好。它的减噪原理是利用微孔的阻尼作用使微孔板有足够的声阻，当声波传过时，小孔中的空气柱往复运动产生摩擦而使声能降低。

微穿孔板吸声结构是一种新型吸声材料，它有可观的吸声系数和吸声频率范围，可在高温、高湿及有气流冲击和腐蚀的条件下使用。

4. 空间吸声体

将吸声材料或吸声结构悬挂在房间内，就形成了空间吸声体。常用的空间吸声体有平板形、球形、圆锥形、圆柱形等如图 13-2 所示。

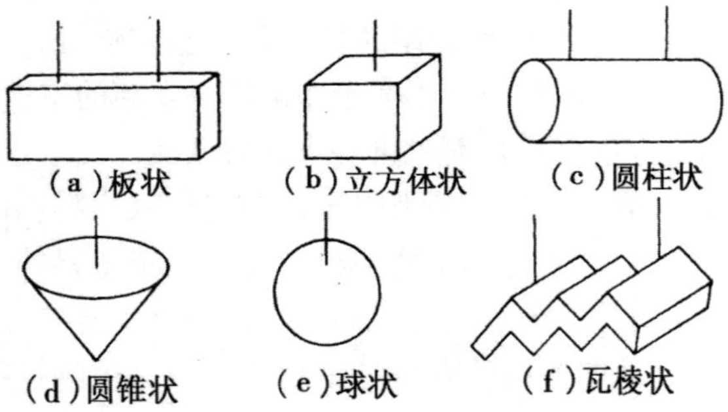

图 13-2　空间吸声体的几种形状

空间吸声体有两个或两个以上的表面与声波接触，因此具有很高的吸声效率，只要较少的吸声面积（约为平顶面积的 40%）就可达到与整个平顶都粘贴吸声材料时相同的减噪效果，从而使造价大大降低。吸声体悬挂位置尽可能靠近声源，注意不影响采光、照明、检修、美观和协调。

5. 吸声降噪技术

吸声降噪是一种简单易行的噪声治理技术，但只能降低反射声的影响，对直达声是无能为力的，它的降噪过程可用图 13-3 来加以说明。

当室内有一噪声源时，对室内的工作人员来说，除了听到由噪声源传来的直达声外，还可听到由房间壁面多次反射所形成的混响声，这一协同作用的结果使室内的噪声增大，如图 13-3a 所示，如果我们在室内壁面上贴上吸声材料或装上吸声结构，在空间悬挂吸声体，噪声源所发出的声波碰到吸声材料，部分声能就会被吸收，使反射声能减弱，总的噪声级就会降低，如图 13-3b、c、d 所示，这就是噪声的吸声处理。

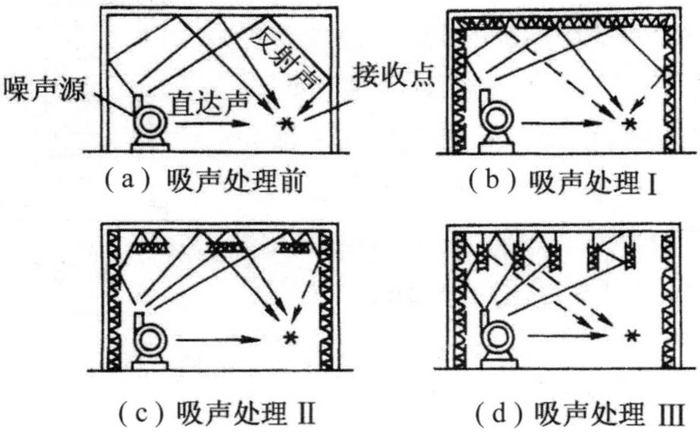

图 13-3　室内声传播示意图

吸声降噪的关键是做好吸声处理的设计，一般有以下几个步骤。

（1）测量待处理房间的噪声级和频谱。

（2）根据有关噪声标准确定房间内允许的噪声级并算出各频带需要的降噪量。

（3）通过计算或测量求出房间的平均噪声系数，确定吸声降噪所需增加的吸声量。

（4）选择合适的吸声材料（或吸声结构）种类，厚度及安装方式，并确定吸声材料的面积。

（5）根据下述原则画出房间内吸声材料的布置图：

①吸声材料应分散布置在最易接触声波和反射次数最多的表面上；

②吸声材料要布置在不易损坏的部位，并考虑房间的总体装饰效果。

6．吸声降噪技术的应用实例

（1）压缩机房的吸声降噪处理

某工厂压缩机房装有 6 台机组，全部运转时机房内噪声级可达 92 dB，对操作工人的健康产生严重的影响，需要进行治理，治理方法选用吸声降噪法。

根据有关的设计，采用蜂窝复合吸声板为吸声材料，它是由硬质纤维板、纸蜂窝、膨胀珍珠岩、玻璃纤维布及穿孔塑料片复合而成，厚度为 50 mm，分单面和双面两种，吸声板的构造如图 13-4 所示。

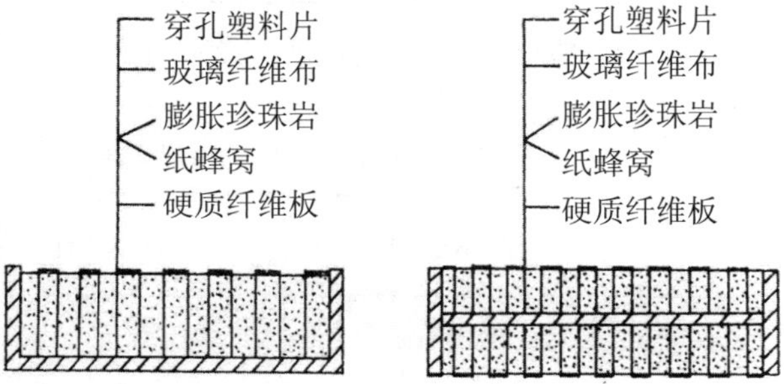

图 13-4　蜂窝复合吸声板构造

吸声材料布置在机房四周墙面和平顶上，其中单层蜂窝复合板安装在墙面上，材料后背离墙面留有 5 cm 厚的空气层，吸声材料面积为 72 m²，约占墙面总面积的 31.7%。平顶为双面蜂窝复合吸声板浮云式吊项，吸声板间留有较大空档，使上下两面均能起吸声作用。材料面积为 44 m²，约占平顶面积的 42%。平顶上吸声板的布置如图 13-5 所示。

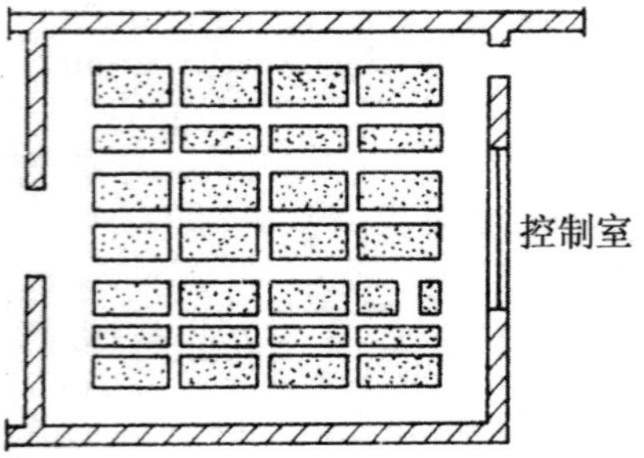

图 13-5　平顶吸声材料布置

经上述吸声降噪处理后，机房内平均噪声级降到 80.7 dB，低于国家允许标准值（85 dB），达到了预期的效果。

（2）麻纺厂织布车间吸声降噪处理

某麻纺厂织布车间装有 36 台织机，由于机器分布密度大，室内各处噪声级比较平均，为 100～102 dB。该车间采用吸声降噪技术来治理噪声。

吸声体以木框做骨架，内填超细玻璃棉，表面用玻璃纤维布和塑料窗纱护面，考虑到本间屋顶锯齿形木屋架结构的特点，吸声体安装分三个阶段进行。第一阶段在离地 1.5 m 以上的墙面上安装 40 块吸声体，总面积为 80 m²；第二阶段安装斜屋面上的吸声体，采用贴顶安装的方式，合计 410 m²；第三阶段安装屋架内及下弦的垂直悬挂吸声体，安装位置如图 13-6 所示。

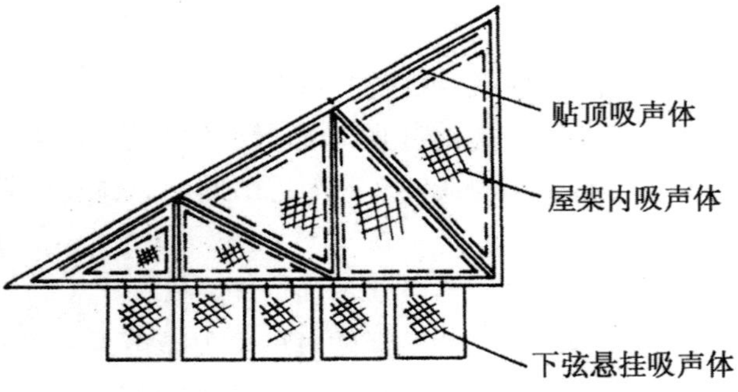

图 13-6　吸声体安装位置示意图

屋架内吸声体按实际尺寸制作安装，悬挂吸声体尺寸为 1 000 mm×977 mm×100 mm，共吊挂 5 排，每排 10 块。屋架内吸声体和悬挂吸声体的总面积为 117 m²。

每阶段安装完毕后，都对降噪效果进行了测试，结果如表 13-3 所示。

表 13-3　各安装阶段的降噪效果　　单位：dB

效果 \ 吸声体位置	墙面吸声体	斜屋面吸声体	屋架及下弦悬挂吸声体
吸声处理前噪声级	102	99	97.5
吸声处理后噪声级	99	97.5	96
降噪量	3	1.5	1.5

全部吸声体安装好后，车间各处噪声降低值为 3～6 dB，工人的操作条件明显改善。

二、隔声降噪

1. 隔声的基本原理

隔声是噪声控制工程中常用的一种技术措施，它是利用墙体、各种板材及构件作为屏蔽物或是利用围护结构把噪声控制在一定范围之内，使噪声在空气中的传播受阻而不能顺利通过，从而达到降低噪声的目的。

隔声的原理也可用图 13-1 来加以说明。当声波入射到障碍物表面时，一部分声能 E_1 被反射，另一部分进入障碍物。进入障碍物的声能一部分在传播过程中被吸收，另一部分到达障碍物的另一面。到达另一面的声能又有一部分被反射，只有一小部分声能 E_2 透过障碍物进入空气中。因此，噪声经过障碍物以后，强度就会大大降低。由此可以看出，隔声实际上包括隔声体（障碍物）对噪声的吸收和反射两个过程。

隔声结构的隔声性能可能用隔声量 R 来衡量，单位是 dB。隔声量可用下式来表示：

$$R=10\lg\frac{I_i}{I_t}\ \text{(dB)} \qquad (13\text{-}2)$$

式中：I_i、I_t 分别为入射声强和透射声强（W/m^2）。

R 值越大，隔声性能越好。隔声性能与入射声的频率有关，通常取 50 Hz 和 5 000 Hz 两频率的几何平均值 500 Hz 的隔声量代表平均隔声量，记为 R_{500}。R 值一般在标准的隔声实验室测得。

2. 单层密实均匀构件的隔声性能

此类构件的隔声材料要求密实而厚重，如砖墙、钢筋混凝土、钢板、木板等都是较理想的隔声材料，它们的隔声性能与材料的刚性、阻尼、面密度有关。图 13-7 所示的是均匀密实，边缘固定的长方体单层墙壁的隔声量频率特性曲线。

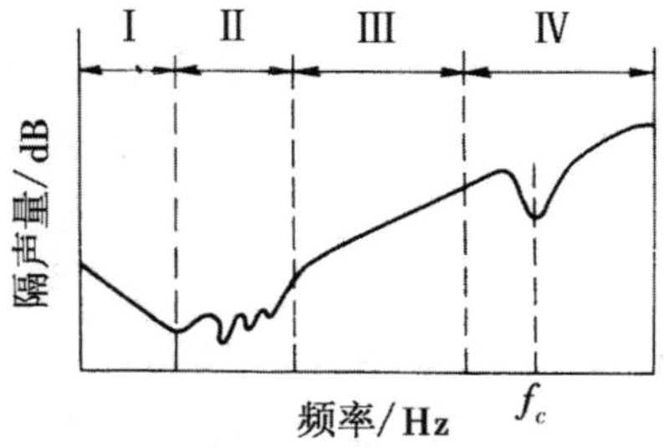

图 13-7 单层墙壁隔声量频率特性曲线

随频率的升高，特性曲线可分为以下四个区域：

（Ⅰ）刚性控制区：低频率时，隔声量 R 主要取决于墙壁刚性，刚性越大，隔声量也越大。这时刚性起控制作用，隔声量随频率升高而降低；

（Ⅱ）阻尼控制区：由于在某些频率处产生共振，隔声量出现数个低谷，结构振幅的大小决定于它的阻尼，隔声量的降低也与阻尼有关，阻尼大，隔声量降低就小；

（Ⅲ）质量控制区：构件的质量起主要作用，面密度（kg/m^2）越大，越不易发生振动，隔声量也越大。在该区域内，当面密度一定时，声音的频率越高，隔声量越大；

（Ⅳ）重合控制区：频率上升到一定数值以后，质量效应与板的弯曲刚度效应抵消、隔声量又有下降趋势，在某一频率处发生共振，出现了吻合效应，使隔声出现低谷，声能大量透过构件。产生吻合效应的最低频率 f_c 称为临界频率。

3. 双层结构的隔声性能

双层结构是指两个单层结构中间夹有一定厚度的空气或多孔材料的复合结构。

双层结构的隔声效果要比同样质量的单层结构好，这是因为中间的空气层（或填有多孔材料的空气层）对声波引起的结构第一层的振动具有弹性缓冲作用和吸声作用，使振动得到较大衰减才传到第二层，因而提高了整体的隔声量。

双层结构隔声特性曲线与单层结构大体相同。

双层结构的隔声量与空气层厚度 d 有关，厚度 d 增加，隔声增量ΔR 也增加，实际工程实践中一般取 d=8～10 cm。双层间若有刚性连接，则会存在“声桥”，使前一层的部分声能通过声桥直接传给后一层，从而会显著降低隔声量。

4. 常用的隔声构件

（1）隔声罩和隔声间　对体积较小的噪声源（小设备或设备的某些噪声部件），直接用隔声罩罩起来，就可以获得显著的降噪效果，这是目前抑制机械噪声行之有效的处理措施。

隔声罩一般用厚 1～3 mm 的钢板制成，为了获得较为理想的隔声降噪效果，对隔声罩的设计制作应从以下几个方面考虑：

①尽量选用隔声性能好的轻质复合材料，若采用单层金属薄板，内侧除了涂阻尼材料外，还需表衬吸声材料；

②形状与声源设备轮廓相似，尽量少用方形，以防止驻波效应，降低隔声量；

③避免声罩与声源之间的刚性连接，声罩与地面间应设减振措施；

④声罩尽量密封和避免开孔，否则会使隔声量大大下降；

⑤声罩设计还要考虑到通风散热和设备维修的需要。

当一个车间内有很多噪声源时，采用隔声罩则很不经济。这时则可建立一个小空间使之与声源隔离开来，即隔声间，它还可以作为操作控制室或休息室。隔声间的隔声原理与隔声罩相同，只是变换了声源和受声点的相对位置。

隔声间可用金属板或土木结构建造，并要考虑通风、照明和温度的要求，特别是要采用特制的隔声门窗。

（2）隔声屏　隔声屏是放在噪声源和受声点之间的用隔声结构所制成的一种“声屏障”，它可以阻挡噪声直接传播到屏障后的区域，使该区域的噪声降低。隔声屏兼有隔声、吸声的双重功能，是简单有效的降噪设施。它具有灵活、方便可拆装的优点，可作为不易安装隔声罩时的补救降噪措施。

隔声屏的隔声效果与声波的频率高低、屏障的大小有关。声波具有绕射性质，对于高频噪声而言，由于其波长短，绕射能力差，使用隔声屏可以获得较好的降噪效果；反之，对低频噪声而言，隔声效果较差，如图 13-8 所示。

隔声屏一般用砖、砌块、木板、钢板、塑料板、玻璃等厚重材料制成，面向声源的一侧最好加吸声材料。在外形上，可根据需要将隔声屏做成如图 13-9 所示的几种形式。图中 a～d 适用于工业厂房中，e 适用于交通干线两侧，f 适用于列车穿过城市安静小区时。

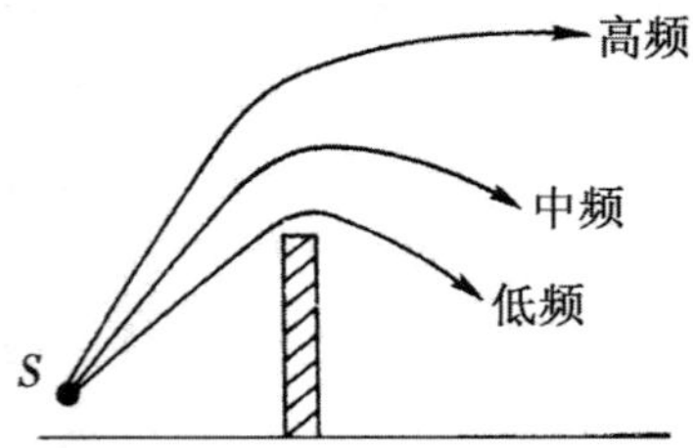

图 13-8 隔声屏对不同频率噪声的衰减特性

设计使用隔声屏时应注意以下几点：

①隔声屏应尽量靠近声源，活动隔声屏与地面间的缝隙应减到最小；

②应有足够的高度，有效高度越高，降噪效果越好，宽度一般应为高度的4～5倍；

③为了形成有效的“声影区”，隔声屏的表面尺寸要远远大于噪声源的波长，同时隔声屏本身的隔声量要比声影区所需的声级衰减量至少大10 dB，才能排除透射声的影响；

④设置隔声屏应同时考虑吸声处理，以避免由于壁面和屋顶的反射形成混响声场，削弱了隔声屏的作用；

⑤隔声屏上可开设观察窗，以便于观看设备运行情况。

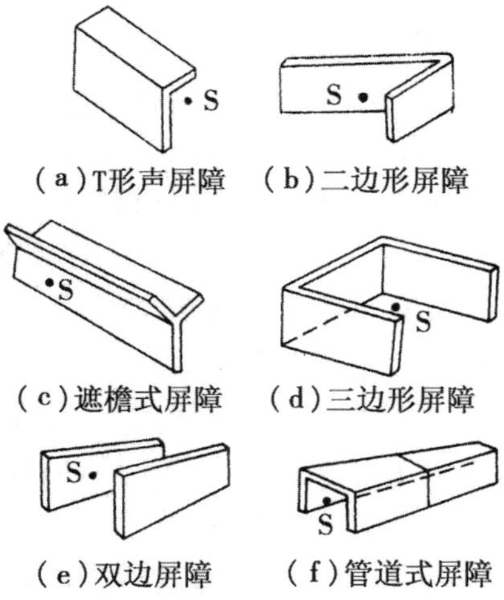

图 13-9　声屏障的几种布置型式

5. 隔声降噪技术的应用实例

(1) 球磨机噪声的隔声罩处理　建材工业中使用的球磨机，是一种高噪声设备，某耐火材料厂粉碎工段有一台ϕ1.5×5.8 m 球磨机，在磨机筒体两侧，距筒体表面 2 m，距地面高度 1.5 m 处各取 3 点，则得其声压级均为 112 dB（各点间差值在 0.5 dB 以内），在筒体两端测得的声压级亦为 112 dB。球磨机两端噪声不是来自端部直接辐射，而是筒体噪声和墙面的反射作用的结果。

若将球磨机视为一圆柱形声源，距圆柱面等距离（本例为 2 m）处声压级基本相等。因此可以设想一个包围球磨机的半圆柱面，该面上声压级处处相等。

根据上述分析，决定采用隔声罩法进行隔声处理。隔声罩必须将球磨机完全罩住，故其体积比较大，外形尺寸为 6.4 m×3.2 m×2.4 m（长×宽×高）。为加工安装和维修方便起见，隔声罩分为5段制作，每段均用角钢焊成500 mm见方的网状骨架，上面铺焊2.5 mm 厚的钢板。为了防止在阻尼控制区某些频率处产生共振而降低隔声量，因此在钢板的内侧涂以阻尼材料。对阻尼材料，不仅要求阻尼系数大，与板材结合力强，还要求耐较高的温度，该厂通过多次试验，选用 5 号沥青渗入石棉绒（重量比为 5∶2）制得一种性能良好的阻尼浆涂敷在钢板内侧。最后将用超细玻璃棉所制成的吸声层通过焊接在角钢上的螺栓固定在罩子的内侧。

为了防止声漏，隔声罩各部分之间的连接采用软材料（橡胶和泡沫塑料）填充的搭接密封和插接密封。球磨机运转时会产生大量热，致使罩内温度高达 90℃以上，影响了传动齿轮的正常运转及润滑，为解决散热问题，在罩子端部接一通风管，利用除尘系统的多余风量进行通风散热。

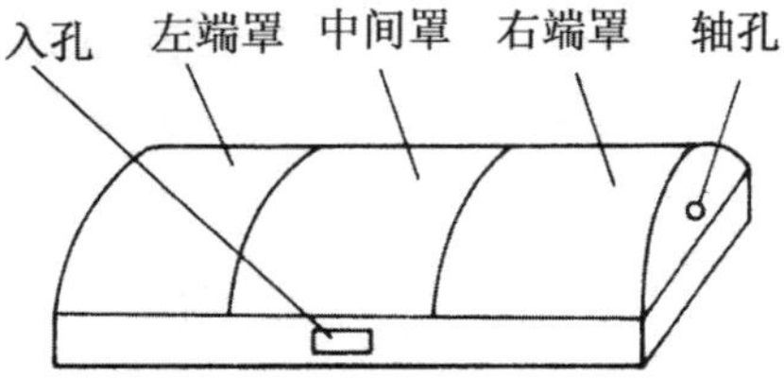

图 13-10　球磨机隔声罩

隔声罩的整体结构如图 13-10 所示。

球磨机装上隔声罩后，仍在原测点位置上测量噪声，声压级降到 82 dB 左右，低于国家有关标准，隔声量达到 30 dB，基本满足设计要求。

（2）发电机组噪声的隔声吸声屏障处理　某厂发电机车间发电机组的噪声特别严重，据测定距机组边缘 1 m 处，声压级达 108～112 dB。

为减少混响声影响，首先采用吸声措施，在顶面上机组近旁悬挂吸声板，在侧墙上也装置吸声板，共占室内总面积的 1/7 左右。

采用上述吸声措施，在远离机组的测点，声压级只降低 9 dB，在机组旁 1 m 处只降低 2 dB。这表明近机组处以直达声为主，仅靠吸声处理不能有效降低机组噪声。

为减少直达声的影响，在距机组 60 cm 处设置一道平行于机组的隔声屏障，高度 2 m，顶部加遮檐 30 cm，并向机组一侧倾斜成 45°角。屏障结构以 3 mm 薄壁钢板为支架，中间夹一层 0.8 mm 薄钢板为隔声层，两侧各铺 5 cm 厚超细玻璃棉为吸声层，外用钢板网护面。隔声及吸声结构布置情况如图 13-11 所示。

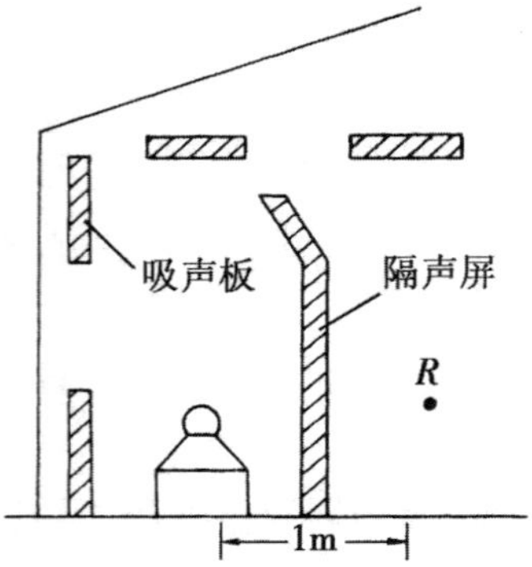

图 13-11　发电机组隔声屏安装示意图

隔声屏安装完毕之后，离机组 1 m 处已处在声影区内，对于距地面高度为 1.2 m 的接收点 *R* 噪声级大幅度下降，降噪声量达 18～24 dB。室内其他远离机组处的噪声级也都降到 90 dB 以下，工人的操作条件大为改观。

三、消声降噪

消声降噪可通过消声器来实现，它是降低空气动力性噪声的主要技术措施。消声器是一类既能允许气流通过，又能阻止或减弱声波传播的装置，它是控制气流噪声通过管道向外传播的有效工具。一般应用在空气动力设备的进排气口或气流通道口。

1. 消声器的种类

消声器种类繁多，根据其消声原理的不同，大致可分为以下几类。

（1）阻性消声器　阻性消声器的消声原理是利用装置在管道（或气流通道）的内壁或中部的阻性材料（吸声材料）的吸声作用使噪声衰减，从而达到消声目的。

阻性消声器结构简单，对中、高频噪声的消声效果好，但对低频噪声的消声性能较差，不适合在高温、高湿的环境中使用，多用于风机、燃气轮机进排气的消声处理。

阻性消声器的结构形式很多，常见的主要型式有管式、片式、蜂窝式、列管式、折板式、声流式、小室式、圆盘式、弯头式等，如图 13-12 所示。

几种常用阻性消声器的性能如表 13-4 所示。

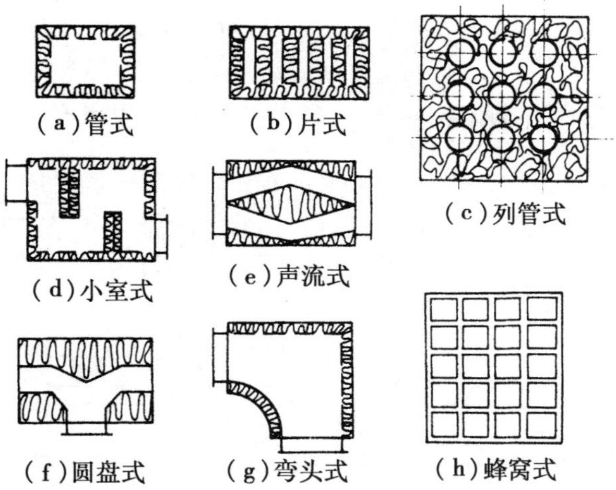

图 13-12　阻性消声器主要结构型式

表 13-4　阻性消声器的性能

名称	消声频率	阻力	通道流速/（m/s）	适用范围
管式	中	小	<15	中小型风机进排气消声
片式	中	小	<15	大中型风机进排气消声
蜂窝式	中	小	<15	中型风机进排气消声
折板式	中、高	中	<10	大中型风机进排气消声
小室式	中、高	大	<5	小型风机进气消声
声流式	中、高	大	<20	大中型风机排气消声

（2）抗性消声器　抗性消声器并不直接吸收声能，它是通过流道截面的突变或旁接共振腔的方法，利用声波的反射、干扰来达到消声的目的。常见的抗性消声器有扩张室式和共振腔式两种。

①扩张室式消声器是利用管道截面的突然扩大和缩小，造成通道内声阻抗的突变，使某些频率的声波因反射或干扰而不能通过，达到消声目的。

图 13-13a 所示是一种最简单的单节扩张室消声器，它的消声量ΔL可用下式计算。

$$\Delta L = 10\lg\left[1+\frac{1}{4}\left(m-\frac{1}{m}\right)^2\cdot\sin^2 kl\right]\text{dB} \qquad (13\text{-}3)$$

式中：m——扩张比，$m=\frac{s}{s_1}$；

l——扩张室消声器长度；

k——波数，$k=\frac{2\pi}{\lambda}$。

可见ΔL是kl的周期性函数，即随着频率的变化，ΔL在零和极大值之间变化。

当 $l=\frac{1}{4}\lambda$或其奇数倍，即 $l=(2n+1)\frac{\lambda}{4}$时，$\sin^2 kl=1$，$\Delta L$ 有极大值ΔL_{max}。

当 $l=\frac{1}{2}\lambda$或其整数倍，即 $l=n\frac{\lambda}{2}$时，$\sin^2 kl=0$，ΔL 有极小值零，即此时相应的声波可以无衰减地通过，不起消声作用。为了改变单节扩张消声器的这一缺点，可以采用将扩张室的进出口管分别插入扩张室内[图 13-13（b）]，或者用多节扩张室消声器串联，各节长度不等[图 13-13（c）]，以使通过频率互相错开而得以消除。

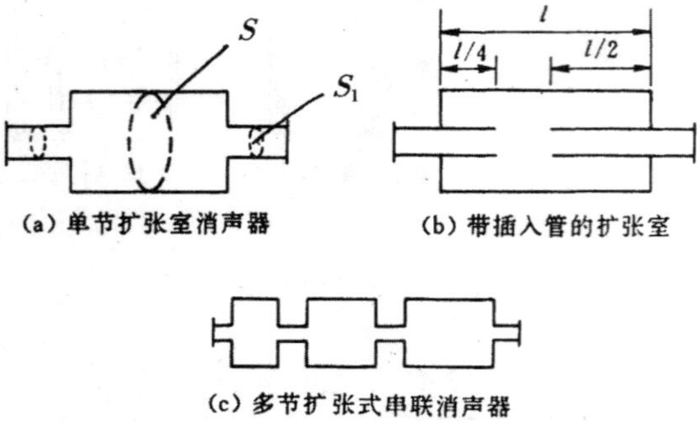

图 13-13　扩张式消声器示意图

②共振腔消声器实际上是共振吸声结构的一种应用，它是由一段在道壁上开小孔的气流通道和管外的一个密闭空腔所组成，主要有同心式和旁支式两种，如图 13-14 所示。

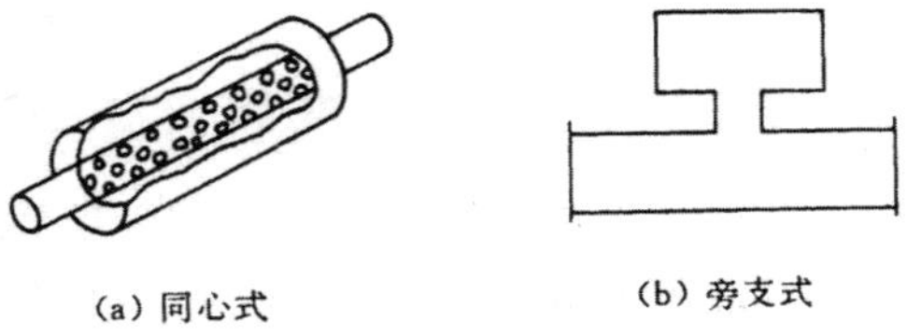

图 13-14　共振腔消声器示意图

共振腔消声器的消声原理与共振吸声结构相同。小孔孔颈中一定质量的空气柱在声压的作用下像活塞一样往复运动并与孔壁摩擦，使声能转变为热能，消耗了一部分能量。同时为了克服气体的惯性也要消耗部分能量，使声能减弱。当气流的声波频率和消声器声振动的固有频率相同时，则会产生共振，空气柱的振动速度达到最大值，消耗的声能也最大，因此达到了消声目的。

抗性消声器适用于消除低、中频噪声，可以在高温、高速、脉动气流下工作，其缺点是消声频率带窄，对高频噪声消声效果较差。

③微孔板式消声器是近年来研制的一种新型消声器，属于共振兼阻性消声范畴。它是以微穿孔板吸声结构作为消声器的贴衬材料，由于共振孔很小（$d<1$ mm），从而提高了声阻，减少声量而达到消声作用。选择微穿孔板上不同的穿孔率和板后不同的腔深，就可在较宽的频率范围内获得消声效果。

微穿孔板外表整齐平滑，气动性能好，可用在要求阻损小的空气动力设备上。它没有玻璃纤维等吸声材料粉屑，清洁卫生，可在医药、食品行业使用。又因它是以纯金属板为材料，故可在高温、潮湿、含油雾及带有短暂火焰的环境下使用。

2. 消声器设计应用技术

消声器种类较多，特性也不相同，必须根据实际情况合理设计和恰当使用，才能达到预期的消声效果。

（1）合理设计和选择消声器型式　消声器的设计和选择应根据噪声源的特性来决定。首先应对噪声源进行测量，根据噪声的强度和频谱特性，找出所需消减的频率范围，便可设计和选定消声器。如果噪声源产生的主要是高频噪声，应采用阻性消声器；如是中、低频噪声，则采用抗性消声器。

（2）正确选用消声器的材料和结构　消声器材料的选择应根据使用的环境和条件来决定。如在高温高湿的环境中使用消声器就应选择能耐高温和不怕水汽的材料；阻性消声器主要是利用吸声原理来降低噪声。因此要选用吸声性能好的多孔性材料，如超细玻璃棉等，并设有护面层。

消声器的结构对消声效果也有很大影响。应根据气体的流量和所需的消声量来确定消声器的通道结构和截面形状。例如对阻性消声器可采用直管式、蜂窝式、片式等。抗性消声器多采用多个扩张室串联，并使多个扩张室长度不等。

消声器外形最好为圆形，因为圆形的刚度好、焊缝少、易加工，使用时也不易造成结构振动而产生噪声。

（3）注意控制消声器内的气速　消声器内气流速度对消声器的空气动力性能好坏有很大影响，气速过高，不仅会增加阻力损失，还会产生再生噪声，收不到应有的消声效果。合适的气速可以根据设备的种类和使用的场合粗略地确定。例如空调通风系统消声器，气速可选定为 5～10 m/s；空压机、鼓风机上使用的消声器，气速可选定为 15～30 m/s；而大流量的排气放空消声器，流速可选为 50～80 m/s。

（4）合理选择消声器的安装位置　消声器应尽量靠近声源，否则通气管道会大量辐射噪声。消声器的排气口尽量背向怕噪声干扰的地方，以直立朝天较为合理。

3．消声器的应用实例——排气阀排气噪声的消声处理

某厂贮气罐自动排气阀正常排气时会发生强烈噪声，在该阀门 1.5 m 处三个测点上测得噪声强度均为 123 dB（A），30 m 外的室内噪声级还可达 97 dB（A），严重污染了周围环境。

对排气阀的噪声采用消声器进行降噪处理。所设计的消声器如图 13-15 所示。

消声器由两部分组成，下部为罩在排气阀门上的隔声腔室，具有静压扩张室和扩张吸声腔的双重作用，可以起到一定的降噪效果。为避免噪声透过管壁传播，壳体采用双层金属板内注阻尼层的复合结构，并内衬 5 cm 厚聚氨酯泡沫塑料。消声器上部由壳体与芯柱组成，芯柱由聚氨酯泡沫塑料、穿孔板和超细玻璃棉复合而成，气流通过环状吸声、消声道排出。消声器与贮气罐无刚性连接，以避免固体声传播，消声器采用法兰与支架螺栓连接，缝隙用工业毛毡密封。

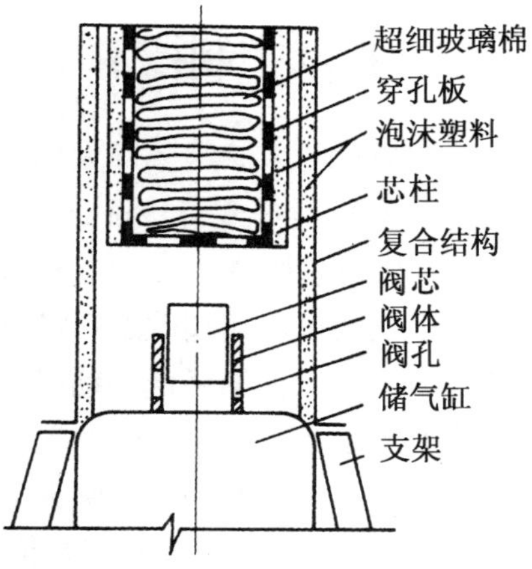

图 13-15　消声器结构简图

安装后降噪量达 40 dB（A），效果良好。

第四节 振动防治技术

一、振动及其危害

振动是一种周期性的往复运动，任何一种机械都会产生振动，而引起机械振动产生的原因主要是旋转或往复运动部件的不平衡、磁力不平衡和部件的互相碰撞三个方面。

振动和噪声有着十分密切的联系，声波就是由发声物体的振动而产生的，当振动的频率在 20～2 000 Hz 的声频范围内时，振动源同时也就是噪声源。反之，声源振动所发生的声波也会激发某些固体的振动，并以弹性波的形式在固体中传播，同时向外辐射出称之为“固体声”的噪声。因此我们可以说，防振技术也是噪声防治技术的一种，降噪问题实质上也是一个减振的问题，振动控制和噪声控制两者是密切相关的。

振动的危害是显而易见的，除了可以产生噪声以外，还会直接作用于设备、建筑物和人体，产生很多不良后果。 振动作用于仪器和设备，会影响仪器设备的精度、功能和正常使用寿命，严重时还会直接损坏仪器设备。振动作用于建筑物，会使建筑物发生开裂、变形甚至倒塌。飞机的发动机和机翼的异常振动，会造成严重的飞机事故。振动作用于人体，会对人的身心健康产生伤害。例如长期使用振动工具，会产生手部职业病，使手指端间断性发白、发紫、发抖、麻木、发热等，称之为雷诺式症状。当振动的频率接近人体某一器官的固有频率时，还会引起共振，对该器官产生严重影响和危害。例如人的胸腔和腹腔系统对频率为 4～8 Hz 的振动有明显的共振效应。因此，人体若承受频率 4～8 Hz 的振动将会受到严重的损伤。

综上所述，振动也是环境物理污染的因素之一，振动的控制不仅是防治噪声的重要方法，也是减少振动的不利影响和危害的必不可少的措施。

二、振动控制技术

控制振动的方法很多，大体上可归纳为以下三类：①减小扰动；②采取隔振措施；③阻尼减振。

1. 减小扰动

减小扰动可以通过改造振源来解决，以减小和消除振动源的激励。例如，改造机械的结构或工艺过程来降低振动级；提高设备制造精度，减少振动结构的装配公差；改善机器的平衡性能等。

改造振源，降低乃至消除振动的产生，这是控制振动的根本途径，但实施上有较大的难度，因此，采用隔振和减振措施是控制振动的主要方法。

2. 隔振

（1）隔振原理 隔振就是利用波动在物体间的传播规律，在振源和需要防振的设备之间安置隔振装置，使振源产生的大部分振动为隔振装置所吸收，减少了振源对设备的干扰，从而达到了减少振动的目的。

根据振源的不同，隔振可分为两类，即主动隔振和被动隔振。

在主动隔振中，振动源是设备本身，为了减少它对周围设备的影响，将它们与地基（或支承）隔离开来，以防止振动的传递。

在被动隔振中，振动源是地基（或支承）。对于需要防振的设备，为了减小周围振源通过地基（或支承）对它的影响，也需要将它与整个地基隔离开来。

由此可见，无论是主动隔振还是被动隔振，两者的减振原理都是相同的。

（2）隔振装置　隔振装置可分为两大类，即隔振器和隔振垫。前者包括金属弹簧隔振器和橡胶隔振器，后者主要有软木、毛毡、玻璃纤维隔振垫等。

①金属弹簧隔振器是应用最广泛的隔振装置，从轻巧的精密仪器到重型的工业设备都可应用。它的优点是具有很高的弹性，可承受较大的负荷和位移；耐油、水、溶剂等侵蚀，抗高温；固有频率低，低频隔振性能好。它的缺点是本身阻尼小，共振时传递率可能很大，高频隔振性能差。

安装弹簧隔振器时，应使所有弹簧在同一平面上分布均匀对称，以使受压均衡。

常用的弹簧隔振器有两种，如图 13-16 所示。

②橡胶隔振器是一种适合于中小型设备和仪器隔振的装置。它具有良好的高频隔振特性，可承受压缩、剪切或剪切—压缩力，但不能承受拉力。橡胶隔振器的优点是可以根据需要做成合适的形状；阻尼大，不会产生共振激增现象，并可通过改变配方及结构来调节弹性大小。缺点是易老化，不耐油污，也不适宜在高温或低温条件下使用。

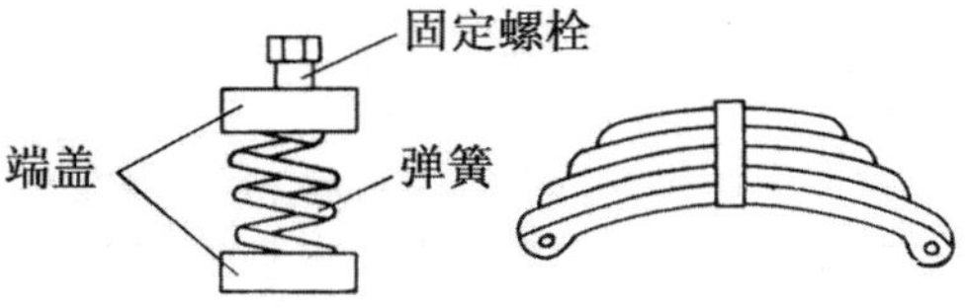

（a）螺旋弹簧隔振器　（b）板条式隔振器

图 13-16　弹簧隔振器

常用的橡胶隔振器有 3 种，如图 13-17 所示。

③隔振垫是一种适用于中小型设备的隔振装置，通常由橡胶、软木、玻璃纤维等材料所制成。制作时先把这些材料制成板材，然后再根据实际需要切成一定的形状。

橡胶隔振垫的性能与橡胶隔振器相似，但它在受压时容积压缩量小，仅在横向凸出时才能压缩，故常做成带有凹凸形、槽形的结构，以增加其压缩量和各个方面上的变形。图 13-18 所示的，是使用最为广泛的 WJ 型圆突台橡胶垫，在橡胶垫的两面有纵横交错排列的圆突台，并有 4 种不同的直径和高度，这种结构可使承压面积随负荷的增大而加大，并能很好地分散和吸收任意方向的振动。

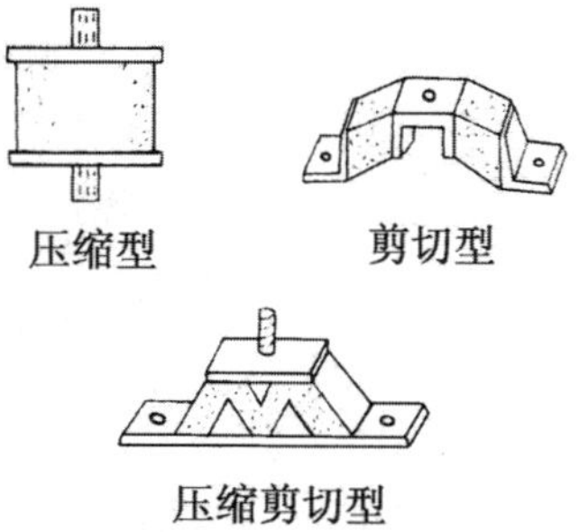

图 13-17　橡胶隔振器

软木隔振垫是将软木粒加上黏合剂在高压下压成软木板，然后再切成均匀的小块即可。它的隔振效果与软木粒的粗细、软木层的厚度、负荷大小等有关，它对高频振动和冲击振动有一定的隔振效果。

毛毡（玻璃纤维毡、矿渣棉毡等）也是良好的隔振材料，可用在设备的基础上，也可作为管子穿墙的减振材料。实际应用中使用较多的是用树脂胶结的玻璃纤维板，它具有良好的阻尼性能、弹性大、耐化学腐蚀、不怕潮湿、耐高温等优点，是一种新型的隔振材料。

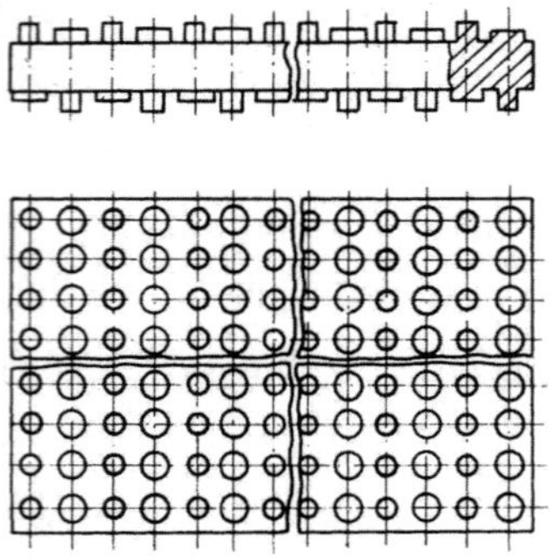

图 13-18 WJ 型橡胶隔振垫

3. 阻尼减振

（1）阻尼减振原理 用金属薄板制成的交通工具的主体，机械设备的外罩、管道等受到振动时也会产生强烈的噪声，这种由于金属板结构振动而产生的噪声称为结构噪声。如果在金属结构上涂敷一层阻尼材料，就可抑制结构振动，达到降低噪声的目的，我们称之为阻尼减振。

阻尼减振主要是通过减弱金属板弯曲振动的强度来实现的。当金属薄板发生弯曲振动时，振动能量就迅速传给涂贴在薄板上的阻尼材料，并引起薄板和阻尼材料之间以及阻尼材料内部的摩擦。由于阻尼材料内损耗、内摩擦大，使得相当一部分的金属振动能量被损耗而变成热能，减弱了薄板的弯曲振动，并能缩短薄板被激振后的振动时间，从而降低了金属板辐射噪声的能量，达到了减振降噪的目的。

（2）阻尼层 阻尼层是由沥青、软橡胶和各种高分子涂料等阻尼材料所构成的。阻尼层的特性可用材料的损耗因子η来衡量，η值越大，阻尼性能越好。表 13-5 列出了某些阻尼材料的损耗因子。

表 13-5 常温下声频范围内几种材料的η值

材料名称	钢铁	铝	砖	木	软橡皮	软木	干砂
η	$(1\sim6)\times10^{-4}$	$(0.5\sim2)\times10^{-3}$	$(1\sim2)\times10^{-2}$	$(0.8\sim1)\times10^{-2}$	$10^{-2}\sim10^{-1}$	0.13～0.17	0.12～0.6

阻尼层与金属板的结合可分有两种形式；自由阻尼结构和约束阻尼结构。

①自由阻尼结构是将阻尼材料直接粘贴或涂敷在需要减振的金属板的一面或两面，如图 13-19（a）所示，当板振动和弯曲时，板和阻尼层都可自由压缩和延伸，从而使部分机械能损耗。

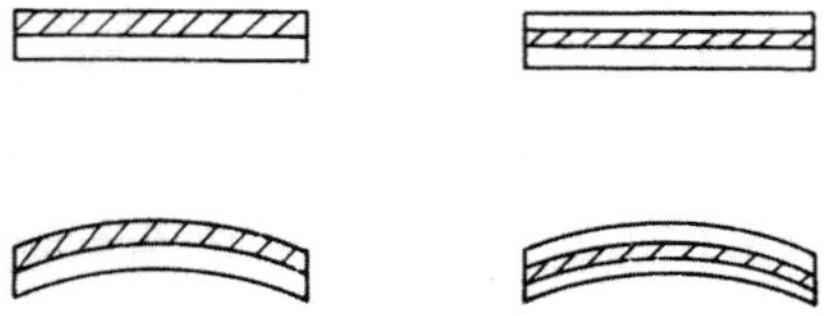

（a）自由阻尼结构　（b）约束阻尼结构

图 13-19 阻尼涂层示意图

自由阻尼结构的降振效果除了与阻尼材料的特性有关以外，还与阻尼层的厚度与金属板的厚度之比有关，比值一般取 2～4 为宜。比值过小，降振效果差；比值过大，降振效果增加不明显，造成材料的浪费。

自由阻尼结构多用于管道包扎，消声器、隔声设备等易振动的护板结构上。

②约束阻尼结构是将阻尼材料涂在两层金属板之间，如图 13-19（b）所示。

当金属板振动和弯曲时，阻尼层受金属板约束不能伸缩变形，主要受剪切变形，可耗散更多的振动能，比自由阻尼结构有更好的减振效果。

约束阻尼结构通常选用阻尼层和金属板厚度相等的对称性结构，它的施工复杂，造价高，只用在减振要求较高的场合。

复习思考题

1．试述噪声的全部含义。
2．噪声的主要来源有哪些？如何对噪声进行控制治理？
3．噪声的危害有哪些？
4．噪声污染的特征是什么？
5．简述多孔性吸声材料的吸声原理。
6．多孔性吸声材料和共振吸声结构在吸声原理上有什么区别？
7．简述隔声材料与吸声材料的区别。
8．设计使用隔声罩或隔声屏时应考虑哪些因素？
9．如何合理地设计和应用消声器来达到消声降噪的目的？
10．简述几种常用的振动控制技术。

第十四章 辐射污染控制技术

第一节 放射性污染控制技术

一、放射性及放射性污染源

1．放射性及放射性污染

某些同位素的原子核是不稳定的，它们能自发地改变本身的核结构而成为另一种新的原子核，我们把这一现象称为核衰变。在核衰变的过程中，总伴随着带电粒子（如α、β粒子）或者非带电粒子（如γ、X 射线）的辐射产生，所以我们还可把核衰变叫作核放射性衰变，简称放射性或核辐射。

放射性核素进入环境之后，会对环境和人体造成危害，成为放射性污染物。放射性污染物主要是通过射线的照射危害人体和其他生物体，造成危害的射线主要有α射线、β射线和γ射线。

α射线是高速运动的α粒子流，α粒子的本质是氦（${}_{2}^{4}He$）的原子核，它的穿透能力弱，外照射对人的伤害不大，但电离作用强，进入人体后会因内照射而对人造成较大的伤害；β射线是一种电子流，穿透能力强，但电离作用小；γ射线是波长在 10^{-8} cm 以下的电磁波，穿透能力极强，对生物体组织造成的损伤最大。

放射性衰变过程的进行速度完全不受外界因素（如温度、压力、湿度等）的影响，而只取决于它本身的特性。衰变后的核结构有的是稳定的，有的是不稳定的，还可继续进行衰变。

放射性和物质相互作用的形式是多种多样的，如电离、散射、激发、光电效应等。α粒子、β粒子、质子等带电粒子与物质接触可直接引起物质的电离，属直接电离粒子；γ光子和中子等不带电粒子只能通过与物质作用产生的次级带电粒子而引起物质的电离，属间接电离粒子。这两类电离粒子或者由两者混合所组成的射线总称为电离辐射。电离辐射对生物体的活细胞组织有很大的危害性。因此，放射性对环境的污染是需要特别注意的。

2．放射性污染源

放射性的产生主要来自两个方面，一是天然放射性，如宇宙射线，存在于地球环境中的天然放射性核素；二是人类环境中的人工放射线。我们所说的放射性污染主要是指后者。

人工放射线污染的主要来源是生产、研究和使用放射性物质的单位所排放出的放射性废物和核武器试验所产生的放射性物质。主要的人工放射源如图 14-1 所示。

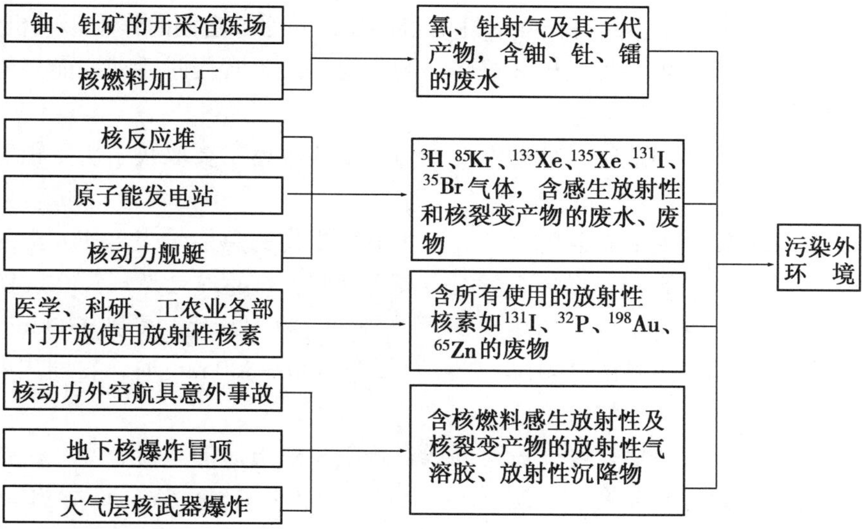

图 14-1　主要的人工放射源

二、放射性对人类的危害

1. 放射性物质进入人体的途径

环境中的放射性物质可以通过消化道食入，呼吸道吸入及皮肤、黏膜等侵入。它们可以直接被人体摄入，也可通过生物循环，经食物链进入体内，如图 14-2 所示。

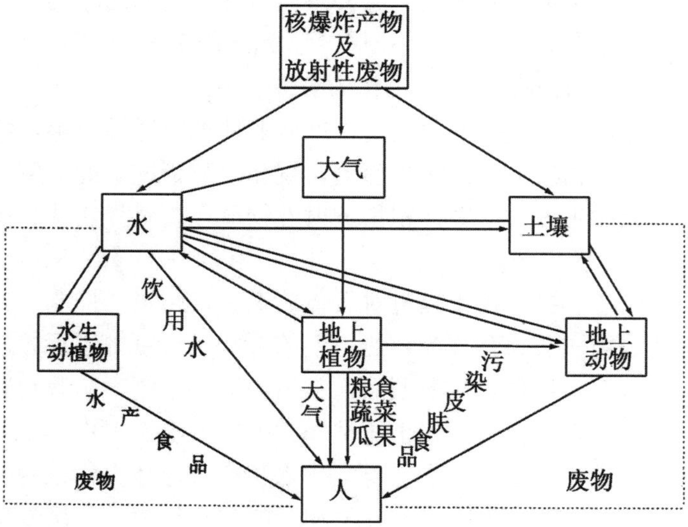

图 14-2　放射性物质进入人体的途径

2. 放射性对人体的危害

（1）放射性损伤机理 放射性物质对生物体的损伤作用有两种途径：一是直接损伤，即辐射直接将机体物质的原子或分子电离，从而破坏机体内某些大分子结构，如蛋白质分子、脱氧核糖核酸（DNA）、核糖核酸（RNA）分子等；二是间接损伤，即射线先将体内的水分子电离，使之生成具有很强活性的自由基，并通过它们的作用影响机体的组成。由此可见，放射性不仅可干扰、破坏机体细胞、组织的正常代谢活动，而且能直接破坏它们的结构，从而对人体造成危害。

（2）放射性对人体的危害 放射性对人体的危害程度主要取决于所受辐射剂量的大小。

一次或短期内受到大剂量照射时，会产生放射损伤的急性效应，使人出现恶心、呕吐、脱发、食欲减退、腹泻、喉炎、体温升高等症状，严重时会造成死亡。例如在数千拉德（rad）高剂量照射下，可以在几分钟至几小时内将人致死，受到 600 rad 以上的照射时，在两周内的死亡率可达 100%，受照射量在 300～500 rad 时，在四周内死亡率为 50%。

在急性放射病恢复以后，经一段时间或在低剂量照射后的数月、数年、甚至数代后还会产生射线损伤的远期效应，如致癌、白血病、白内障、寿命缩短、影响生长发育等，甚至对遗传基因产生影响，使后代身上出现某种程度的遗传性疾病。

三、放射性污染的控制技术

放射性物质对环境的污染是十分严重的，因此必须对各类放射源进行综合、全面、严格的控制，并对所排放的放射性污染物进行特殊的处理和处置。

1. 合理选择核企业厂址

核工业企业是最重要的污染源，厂址选择不当就会造成难以换回的后果。厂址的选择除了考虑工业布局、交通运输、经济等因素外，更要考虑其安全性和对环境的影响。例如，要考虑到企业正常运转甚至发生意外事故时便于控制污染的范围，对气象、水文地质、周围环境等方面的要求，并在企业周围划定防护带和隔离带。

2. 加强对污染源的监测和放射性工作的防护

对污染源及可能会遭到污染的地区进行严密的环境放射性监测，特别要重点监测那些危害性较大的放射性物质。要制定周密的常规和事故情况下的监测计划，并对监测结果进行分析，进行放射生态学研究，积累放射性物质在自然界转移、积累规律的资料，为预测环境污染趋势提供依据。

加强放射性工作的防护，防止辐射对人体的直接损伤也是控制放射性污染的重要措施。操作有放射性的物质必须在称为“热室”的屏蔽密封室中进行。以保护工作人员免受射线的辐射或摄入有毒物质。热室壁面通常用混凝土、钢、铅等材料制成，并有足够的屏蔽能力。还要装有表面光滑，便于清洗和替换的衬里层，不锈钢和塑料都是常用的衬里材料。热室内要设有完善的供水供电、排水和空气循环净化系统及监测装置。操作时观察设备工作状况的观察窗也应有和室壁相同的屏蔽能力，采用专用的铅玻璃或液体窗（充贮溴化锌水溶液的透明槽），必要时还应设置闭路电视系统和遥控操作装置。室内工作人员要穿戴防护服和呼吸面具，并罩上外衣和靴套，要严格按照有关规定工作，定期进行健康检查。

3. 放射性废物的处理处置和利用技术

（1）放射性废物处理处置技术的特点 由于放射性废物的特殊性和危害性，它们的处理和处置也有其显著的特点。

①放射性废物所含的放射性核素不能用化学或生化方法来消除，只能依靠放射性核素自身的衰变来消除；

②操作需要在严密的防护与屏蔽条件下进行，所用设备的材质均应为耐腐蚀、耐辐射的合金材质；

③大多数需达到深度处理，尽量复用，减少排放，在处理过程中所产生的二次废物应纳入后续处理系统进一步处理或处置。

（2）放射性“三废”的处理处置方式

①放射性废气的处理。放射性废气中含有惰性气体氙、氪、氩、氡等放射性同位素，放射性同位素碘，氚和以 CO_2 形式存在的 C^{14}，同时含有少量水雾及气溶胶。对它们的处理多采用综合净化流程，先将废气排入衰变槽内，使其中短寿命的放射性同位素衰变掉，然后可采用吸收（用于脱碘）、吸附、高效过滤等步骤处理，最后由高烟囱稀释排放。

②放射性废液的处理处置。放射性废液根据它们的来源不同在组成和性质上有较大的差异，我们一般可将其分为三类：放射性强度大于 10^{-3} μCi/ml（微居里每毫升）的为高放废液；10^{-3}～10^{-2} μCi/ml 的为中放废液；10^{-3} μCi/ml 以下的为低放废液。

a. 低放废液的处理工艺如图 14-3 所示。

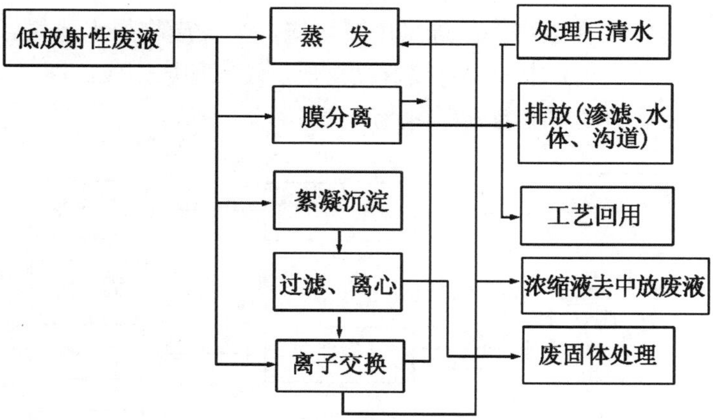

图 14-3 低放废液处理工艺

对清洁的低放废液可直接采用离子交换，蒸发和膜分离法处理，处理后清水可回用，浓缩液送至中放废液处理系统再处理。对浑浊性放射废液一般采用化学混凝沉淀—过滤—离子交换处理工艺。沉渣和废过滤料、废交换树脂作为放射性废物进一步处置。上述处理过程除对设备的材质要求较高以外，与常规的废水处理相同。

b. 中放废液的处理工艺流程如图 14-4 所示。

它的主要处理手段是蒸发浓缩，减少体积，使之达到高放废液的水平，然后进一步处置。蒸发过程所产生的二次废物可按低放废物的处理方法进一步处理。

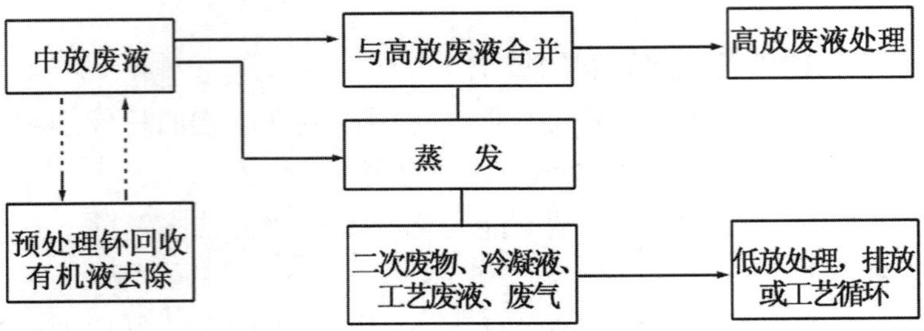

图 14-4 中放废液处理工艺

c. 高放废液的处理。高放废液为最高水平的放射性废液，多数国家采用固化技术进行最终安全处置，常用方法有以下几种：

水泥固化：将水泥与废液直接混合，制成混凝土块，然后放于安全贮存库。该法投资低，自屏蔽性好，但体积大，遇水浸出率高。

沥青固化：将废液与熔化沥青混合，使水分和挥发性成分蒸发，最后将混合物装入处置容器中。

玻璃固化：把废液和可形成玻璃的物料先蒸发浓缩到黏稠状，然后加热除去水分和挥发物，再在 1 000～1 200℃下熔融，最后装入贮罐中冷却、封存。

除此之外，还有人工合成树脂固化及煅烧固化等处理技术。固化处理后的固化体最终还需送入统一管理的安全贮存库处置。

③放射性固体废物的处理处置可采用焚烧、填埋等最终处置的方法。

对可燃性放射性固体废物，最好采用焚烧法，焚烧产物如水蒸气、二氧化碳和灰分等再分别进一步处理，灰分中如含有放射性物质，还应加以回收。图 14-5 所示的是一可燃性放射性固体废物的处理工艺流程图。

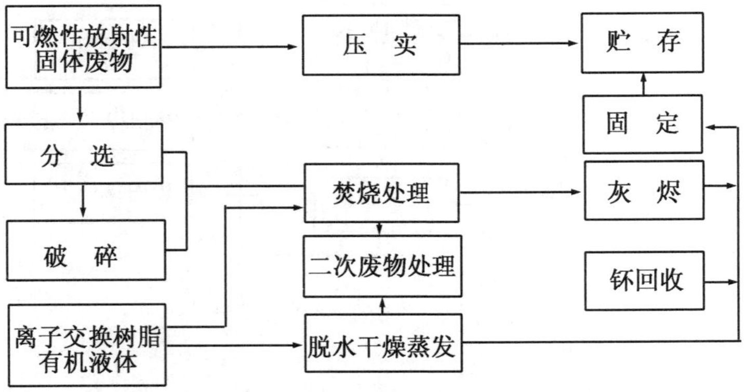

图 14-5 可燃性放射性固体废物处理工艺流程

不可燃性放射性固体废物主要以受污染的设备、部件为主，因此应先进行拆卸和破碎处理，然后再煅烧熔融处理，减小其体积，以利于最终包封贮存。它的工艺流程如图 14-6 所示。

经过各种方法处理，所形成的最终固态物都必须进行最终处置。最终贮存库的选址及地质条件应比有毒害废物处置地的选择更加严格，并远离人类活动区，如选择在沙漠或谷地中。需要最终贮存的废物应封装于不锈钢容器中，然后再放到贮存库中。贮存库应设立三道屏障，内层的贮存库采用不锈钢覆面的钢筋混凝土结构；工程屏障为一整套地下水抽提系统，以维持库外区域有较低的地下水位；有时为了加固深层地质还要设置混凝土墙或金属板结构；外层为天然屏障主要指地质介质，地质介质可有许多种。例如盐矿层中的盐具有塑性变形和再结晶性质，导热性好，热容量高，机械性能好，且矿床常位于低地震区，床层内无循环地下水，并有不透水层与地下水隔绝，是理想的贮存库选择地，能保证有可靠的安全性。

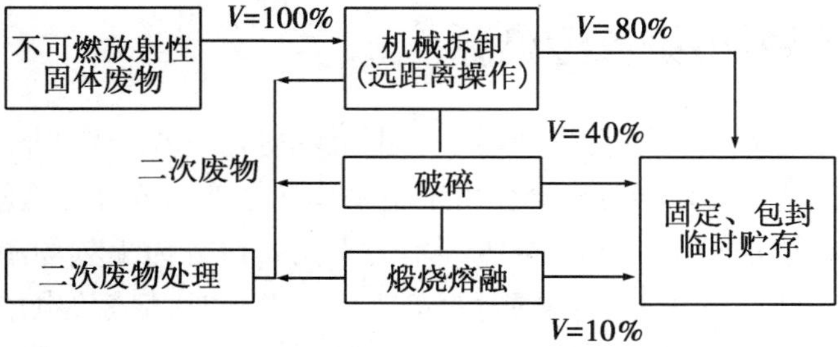

图 14-6　不可燃放射性固体废物处理流程

由于放射性废物的特殊性，放射性废气、废液和固体废物处理和处置方法之间有着极为密切的联系，必须全面考虑，综合处理和处置。图 14-7 就表示了它们之间的这种关联关系。

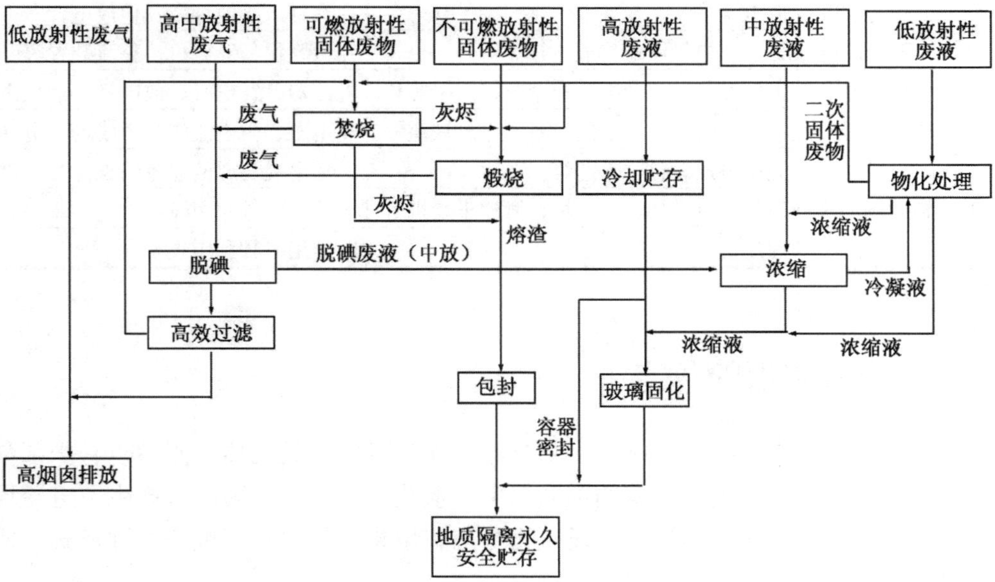

图 14-7　放射性废物处理处置关联图

放射性废物的处置和利用是个非常复杂的问题，特别是高放废物的最终处置至今尚无妥善的解决办法。

第二节 电磁辐射治理技术

近年来，随着能源工业的发展和电子设备、仪器的广泛使用所产生的电磁辐射对人类生产、生活环境所造成的污染已引起人们的极大关注。减少电气、电子设备的电磁泄漏和防止电磁污染已成为环境污染防治的又一个重要课题。

一、电磁辐射污染及污染源

电气和电子设备在运行过程中都会产生电磁辐射，它在一定程度上会对某些电子设备产生干扰甚至使其损坏，同时也会作用于生物体使之受到危害，这就是电磁辐射污染。

电磁辐射污染源的种类很多，按照频率的不同又可分为工频场源和射频场源。工频场源以大功率输电线路产生的电磁辐射污染为主，并包括某些放电型污染源。射频场源主要包括无线电或射频工作设备所产生的电磁辐射污染。上述两类电磁污染源可列于表14-1中。

表 14-1 主要的电磁污染源

<table>
<tr><th colspan="2">分类</th><th>名称</th><th>污染来源及部件</th></tr>
<tr><td rowspan="4">放电型污染源</td><td>电晕放电</td><td>电力线</td><td>高电压、大电流所引起的静电感应、电磁感应、大地漏泄电流造成</td></tr>
<tr><td>辉光放电</td><td>放电管</td><td>白光灯、水银灯及其他放电管</td></tr>
<tr><td>弧光放电</td><td>开关、电气铁道、放电管</td><td>点火系统、发电机、整流装置等</td></tr>
<tr><td>火花放电</td><td>电气设备、发动机、冷藏车、汽车等</td><td>整流器、发电机、放电管、点火系统等</td></tr>
<tr><td colspan="2">工频辐射场源</td><td>大功率输电线、电气设备、电气铁道</td><td>高电压、大电流的电力线场、电气设备</td></tr>
<tr><td colspan="2" rowspan="3">射频辐射场源</td><td>无线电发射机、雷达等</td><td>广播电视与通信设备的振荡与发射系统</td></tr>
<tr><td>高频加热设备、热合机、微波干燥机等</td><td>工业用射频利用设备</td></tr>
<tr><td>理疗机、治疗机</td><td>医学用射频利用设备</td></tr>
</table>

二、电磁辐射的危害

当生物体暴露在电磁场中时，大部分电磁能量可以穿透机体，同时也有少部分能量为机体所吸收，由于生物机体有的部分属电介质或导电体液，因而就产生了电磁场与机体的相互作用，产生了所谓的电磁场生物效应。生物效应通常表现为两种形式，即致热作用和非热作用。

在高频高强度时，致热效应占主导地位，从而导致生物体的局部损伤，破坏人体的热平衡。例如把动物置于高强度射频电磁场（如微波）几分钟就会因高温而致死。

非热作用的结果也会导致人体某些体征的改变，长期在射频场或电力频段强电场下工作，会发生中枢神经系统功能障碍，出现头晕头痛、失眠多梦、记忆力衰退等症状，还可影响心血管系统，出现血压不稳和窦性心律过缓等症状。除此之外，对血液系统和内分泌系统也有一定影响，如出现多核白细胞和网状细胞增多，而淋巴细胞相对减少等现象，还可能出现甲状腺功能状态的抑制，皮质肾上腺系统功能障碍等现象。

电磁辐射还可对其他电子设备产生干扰，影响正常工作，严重时还会导致电子仪器、设备的损坏。

三、电磁辐射的防治技术

1. 电磁屏蔽技术

电磁屏蔽是采用铜、铝、铁等导体作为抑制电磁辐射能扩散的屏障材料，将电磁场源与外界隔离开来，使辐射能限制在某一范围内，从而达到防止电磁污染的目的。

电磁屏蔽的原理可以有两种解释。一种解释是在一次场（源场）的作用下，屏蔽体的表面和内壁因受感应而产生电流、电荷和磁极化，它们会产生相应的二次场，二次场和一次场叠加形成合成场，使屏蔽体内空间的合成场弱于一次场。另一种解释是：屏蔽体对电磁场的反射、吸收作用，使穿透屏蔽体的能量大大降低。这两种解释的本质是相同的，因为金属结构对电磁能流的反射、吸收作用的机理本身与其表面和内壁上的电荷、电流和磁极化的产生有着密切的联系。

电磁屏蔽的方式有两种，一种是对电子设备的某些部件如振荡回路、高频输出变压器、工作感应线圈等用屏蔽罩进行屏蔽，称之为单元屏蔽；另一种叫整体屏蔽，就是将设备的整体或是操作人员的工作间用金属板或网制成屏蔽小室屏蔽起来。

对于屏蔽体的设计，必须遵守下列原则：

（1）屏蔽体与场源间距要足够大；

（2）屏蔽体几何形状为圆柱形结构，以避免产生尖端效应；

（3）屏蔽体应尽量减少不必要的孔洞和缝隙，以防止电磁漏泄，所有屏蔽体都应妥善接地。

2. 吸收防护技术

吸收防护主要用于微波防护方面。它是在微波场源的周围或需要防护的环境四周，敷设对微波辐射有很强的吸收能力的吸收材料或装置，使微波辐射场强大幅度衰减下来，达到防护目的。吸收防护有两种方案：

（1）在主要辐射直视通道上使用波能吸收装置，例如吸收负载、功率吸收器等，用以衰减直视通道方向上的微波辐射；

（2）在调机车间或屏蔽罩上，敷设吸波材料防止微波泄漏到外面，或是在须防护的环境外部设置吸波材料，防止微波辐射进去。

吸波材料的种类很多，如各种塑料、橡胶、胶木、陶瓷等基材加入铁粉、石墨、木材和水等物质研制而成。

3. 隔离与滤波防护

（1）线路隔离　将射频电路与一般线路远距离布线，并将射频电路屏蔽与接地即可防止射频电路对一般线路的干扰与耦合。

将射频电路与一般线路设计为平衡对称电路，从而由于往返电路所产生的感应电压为一正一负而抵消或减小干扰电压。

将一般的敏感线路绞合，由于在绞合线上产生一正一负的感应电压而抵消，亦可排除线路干扰。

（2）线路滤波　为了减少或消除电源线可能传播的电磁辐射能，可在电源线与设备交接处加装电源滤波器，将高频信号滤除，保证低频信号畅通。

4．远距离控制和自动化作业

根据射频电磁场场强随距场源距离的增大而迅速衰减的原理，实行远距离控制操作或自动化作业，以减少对操作人员的辐射能损害。

5．合理设计，保证射频设备在匹配状态下操作

匹配程度愈高，电磁泄漏愈小。所以，必须对设备及工作参数合理设计，使设备在匹配条件下工作，并采用双层屏蔽，最大限度的减小电磁泄漏。

6．加强个人防护

对微波作业人员，如在某些作业条件下无法进行屏蔽防护时，必须采取个人防护措施，例如穿金属屏蔽服、戴防护头盔和防护眼镜等。

7．加强城市规划，合理设计建筑结构与绿化

目前，某些发达国家在电磁辐射防护方面，进行城市规划，实行区域控制。例如把开展建筑吸波材料与衰减结构的设计研究，应用到工程实际中去。另外，高大树木对电磁辐射有一定吸收、减弱作用，所以加强城市绿化也是一项有效措施。

第三节　室内电磁污染及放射性污染的防护

室内电磁辐射污染主要来自各种家用电器如微波炉、电脑、电视机、手机等。电磁辐射对人体的危害主要表现为热效应和非热效应两个方面。热效应会使机体组织发热，伤害血液流通较差的组织，如眼睛晶状体受热过多可能引起白内障等疾病，同时容易引起中枢神经和植物神经系统发生功能障碍，表现出头晕、失眠、健忘等亚健康状态。非热效应会损害神经系统，引起血液中白细胞减少。

电磁辐射的危害程度随波长的缩短而加大，故微波辐射对人的危害最为突出。

微波是一种波长很短的电磁波。微波对人体造成伤害主要是微波照射人体时，极易被人体吸收，导致人体内部的分子运动加剧而产生大量的热，造成人体内部各器官的热平衡失调，影响神经中枢和心脏的健康。不是所有的微波都对人体造成影响，频率在超过每秒 10 万次的高频电磁波才能对人体造成危害，其中尤以频率在每秒 3 亿次以上的微波对人体危害最大。家用微波炉的频率一般都在这个频率范围内。微波炉具有使用方便、穿透食品能力强、烹调效果好等特点。但在使用过程中，会向空间散发出电磁波，污染室内空气，在使用中应注意防范。防护的办法按国际标准化组织制定的办法，以在微波炉上装有联锁装置为最方便，可以确保微波能量不往外溢。因此，在选购微波炉时必须购买带有联锁装置的微波炉。对电磁辐射污染最有效的预防手段就是合理、科学地使用

电器设备，收看电视距离不宜过近，使用电脑时间不宜过长等。

室内放射性污染主要来自建材和装修材料中的放性物质。砖石、石材、地砖、混凝土等材料中都含有一定量的放射性元素。它可衰变后放出氡气。氡气进入室内环境将造成放射性污染。

各类建筑材料放射性水平由高到低依次为：无釉地砖、彩釉地砖、花岗岩、马赛克、红砖、混凝土、矿渣水泥、普通水泥、石灰石。放射性氡属于致癌物质。如果室内装修时选材不当，就会造成放射性物质超标。世界卫生组织（WHO）已明确将氡列为重要的19 种环境致癌物之一。长期在氡浓度较高的环境中生活会导致肺癌发病率增加，以及其他疾病的产生。氡扩散到室内被人们吸入体内会沉积在呼吸系统，在支气管上皮部位进行衰变，使肺部组织受到照射，增加肺癌的危险性。科学研究表明，氡对人体的辐射伤害占人体一生中所受到的全部辐射伤害的55%以上，其潜伏期有 15～40 年。2003 年 3 月，由国家质量监督检验检疫总局、卫生部、国家环境保护总局等联合发布的《室内空气质量标准》规定：住宅、医院、老年建筑、幼儿园和学校教室等民用建筑，氡的浓度小于或者等于每立方米 200 Bg；旅馆、办公楼、文化娱乐场所、商场、公共交通等候室、餐厅、理发店等，氡的浓度小于或者等于每立方米 400 Bg。为了减少居室氡污染，我国民用建筑工程明确规定，在建房之前进行设计选址时，必须对地基下的地质结构和放射性核素进行了解，并对土壤中的氡气进行测量。如果发现氡浓度较高并有构造裂隙，应在建筑物的地基上采取一定的屏蔽措施，阻止氡进入室内或降低氡进入室内的速度。对主体建筑材料应尽量避免使用含放射性核素较高的矿渣、煤渣等。装修材料，主要指石材，特别是花岗岩、地砖等在使用之前必须进行测量，超标者不得使用。新房装修完之后，最好请放射性质检部门检测室内空气中的氡浓度是否合格；使用防氡漆减少氡的污染，在墙体上贴壁纸、刷漆等可减少氡的放射；加强室内通风换气，采用自然通风可稀释氡的浓度。

复习思考题

1. 如何控制放射性污染？
2. 放射性废物的处理和处置有何特点？
3. 试论述电磁辐射对人类与环境的危害。
4. 简述电磁辐射的防治技术。

第十五章 热污染及其防治

第一节 热污染的基本概念

一、热污染的定义及来源

热污染是指由于人类生产或生活活动中向环境排出的废热对环境造成的污染。它主要包括对水体的热污染和对大气的热污染两个方面。

水体的热污染主要来源于电力、冶金、石油、化工等部门，这些部门在生产过程中都需要排放出大量的工业冷却水（温排水），流入水体后使水体的热负荷增大或是使水温增高，产生了一系列的环境问题。火电站是热污染的主要污染源，由于火力电站的热效率只有 37%～38%，其废热约有 50%以冷却水形式排出，其余以废气形式自烟囱排出，在核电站，以冷却水排出的废热高达 67%左右。据统计排入水体的热量有 80%来自电力行业。

大气热污染的产生除了工矿企业燃料燃烧时向大气中排放废热以外，城市化进程的加剧，城市建筑物、道路面积的增加也使城市接收太阳辐射能增多，使其向大气中排放的热量也随之增多。

二、热污染的危害

1. 城市热岛效应及危害

（1）城市热岛效应

由于热污染的结果，使人口密度大、工业集中的城市区域的气温高于郊区，好比在冷凉郊区农村包围中的温暖岛屿，因此称为“城市热岛效应”。城市热岛效应最早见之于科学记载的可能是 1818 年英国出版的《伦敦气候》一书。作者 L．赫华德对城市气候的两大发现就是：伦敦市中心气温比郊外高（各月平均分别高 0.5～1.2℃），和城乡温差夜间比白天大。我国曾观测到的最大城乡温差（城市热岛强度），上海是 6.8℃（1979 年 11 月 13 日 20 时），北京是 9.0℃（1966 年 2 月 22 日清晨）。世界上热岛效应最强的是中高纬度的大中城市，如加拿大的温哥华 11℃（1972 年 7 月 4 日），德国柏林 13.3℃。位于北极圈附近的美国阿拉斯加首府费尔班克斯市曾达 14℃。热岛效应的产生与下述几个因素有关：①城市建筑物和水泥路面热容量大，白天吸收大量的太阳辐射能，夜晚再把热量传给大气，使气温升高；②人类生产、生活活动排放的大量废热；③人类活动排放的废气改变了大气的组成，使其吸收太阳辐射能的能力及对地面长波辐射能力的增强。

城乡温差除了上述周期性变化外，还有非周期性变化。这主要是由风速和云量变化引起的。风速大小对热岛强度极为重要。因为大风不仅造成上下对流，把城市中酷热空气吹到郊外，而且直接把郊区凉爽新鲜空气迅速输进城区。阴天或多云天气时城乡白天阳光短波辐射热量收入和地面长波辐射热量支出都减小，因而也使城乡温差减小。例如，上海 1984 年进行过 4 次对比观测，在风速大体相同的情况下，两次晴天城乡温差分别为 2.5℃和 2.2℃。而多云和阴天城乡温差分别只有 0.4℃和 0.7℃。

（2）城市热岛效应的危害

①加剧大气污染，增加能耗

由于市区与郊区的温度差异，城市周围地区的冷空气向市区汇流，会把郊区工矿企业排放的大气污染物和由市区扩散出去的大气污染物又重新聚集到市区，加剧了市区大气污染。热岛效应使城区温度上升，如美国洛杉矶市几十年来城乡温差增加了 2.8℃，全市因使用空调机降温多消耗 10^6 kW·h 电能，每小时约合 15 万美元。据此推算，全美国夏季因热岛效应每小时多耗空调电费数达百万美元之巨。此外，夏季高温还会加重城市供水紧张，火灾多发，以及加剧光化学烟雾灾害等。

②影响人类健康

城市热岛效应往往使低纬度城市在夏季时造成酷热高温。不仅使人的工作效率降低，而且造成中暑和死亡人数的增加。例如，美国圣路易斯市 1966 年 7 月 9 日—14 日，最高气温达到 38.1～41.1℃，城区死亡人数由原来每天正常情况下的 35 人陡增到 152 人。城区产生过热环境还会产生心血管失调等疾病。

2．影响水体水质

水温升高会引起水的多种物理性质发生变化，比如水中溶解氧含量降低，从而影响鱼类生长。水温升高还会使水中化学物质溶解度提高，并加速生化反应，使某些毒物的毒性提高，使水生生物受到危害。

3．影响水生生物生长

水体的温度和组成会不同程度地影响水生生物的数量和种群。水温增加 6～9℃时，对温度敏感的鱼类是有害的，会使鱼类因升温而死亡。温度也会影响低等水生生物，例如在冷水中硅藻是占优势的浮游植物，不会引起水体富营养化。在高温时，蓝-绿藻大量繁殖，形成水体富营养化。

4．对农业生产的影响

高温水灌溉农田，会影响农作物生长，如使水稻根系早衰，叶片功能下降，影响水稻产量。

三、热污染的防治

1．制定废热排放标准，减少排放量

减少废热排放，制定可行的排放标准是防治热污染的重要措施。如控制城市人口，减少矿物燃料的消耗，开发新能源，提高热能利用效率等。

2．加强热源余热的综合利用

热污染源余热的综合利用有重要的意义，目前余热利用范围十分广泛，如水产养殖、农业灌溉、冬季供暖、预防水运航道和港口结冰等。

3．搞好城市绿化，减少城市热岛效应

扩大城市绿化面积，增大植物对 CO_2 的吸收即减少温室气体量，又可减少地表放热，降低城市气温。

第二节 光污染及其防护

一、光污染及其危害

人类活动造成的过量光辐射对人类生活和生产环境形成不良影响的现象称为光污染。光污染包括可见光污染、红外光污染和紫外光污染。

1．可见光污染

可见光是波长为 390～760 nm 的电磁辐射体，当光亮度过高或过低时，对比过强或过弱时都会引起视觉疲劳，使工作效率降低。激光光谱多属于可见光，目前在许多领域得到应用。激光光强在通过人眼晶状体聚集到眼底时可增大数百至数万倍，对眼睛产生较大伤害；大功率的激光也会伤害人体深层组织和神经系统。

眩光污染是比较多见的可见光污染，它是一种过强光线的照射（如汽车夜间行驶所用的车头灯），能使人头晕目眩，伤害人的眼睛，甚至可能导致失明。

杂散光污染是由强烈阳光或照明光通过建筑物上的钢化玻璃幕墙、釉面砖、铝合金板、磨光石面及高级涂料反射而产生明晃刺眼的效应，它的光强可能超过人所能承受的范围而有损视觉，还能导致神经功能失调，扰乱体内自然平衡，引起头晕目眩，困倦乏力、精神不集中等症状。

2．红外光污染

红外光是波长在 760～10^6 nm 范围的电磁辐射，也称热辐射。它在军事、科研、工业、医疗、气象、卫星等方面都有广泛应用。

适量的红外线照射对人体健康有益，但过量照射则会通过高温使皮肤灼伤，大面积照射或照射时间长时，还会出现中暑症状。红外线对眼睛也有严重伤害，波长大于 1 400 nm 的红外线易被角膜和膜内液吸收产生角膜损伤，人眼长期暴露于红外线下可能引起白内障。这些症状多产生在长期使用电焊、弧光灯、氧乙炔等的操作人员中。

3．紫外光污染

紫外光辐射是波长在 10～390 nm 的电磁波，自然界中的紫外线主要来自太阳辐射。人工紫外线是由电弧和气体放电所产生，可用于人造卫星对地面的探测和灭菌消毒等方面。

适度的紫外线辐射对人体健康有益，否则会使人体代谢产生一系列障碍。常接受到紫外线照射还可能局部地（在曝晒处）和系统地改变人和实验动物的免疫系统，降低对皮肤癌、传染病毒和其他抗原的免疫反应，使某些疾病如皮肤癌的发病率提高。

波长在 220～320 nm 范围内的紫外线对人体有损伤作用，轻者引起丘疹、水疱、红斑等过敏反应，重者可导致弥漫性或急性角膜结膜炎，眼部烧灼并伴有高度畏光、流泪等症状。例如电焊工在焊接时，电弧会产生大量的紫外线，如果不注意防护就会引起急性角膜结膜炎。长期暴露在紫外光下还会使白内障发病率上升。

紫外线作用于排入大气的污染物如 HCl 和 NO_x 时，会发生光化学反应而产生化学烟雾污染，对人类的危害更大。

二、光污染的防护

光污染不能通过物理、化学或其他方法使其消除，因此只能通过加强个人防护来减少它对人类的危害，提出相应防护措施并制定相关的法规减少光污染的产生。

1. 加强对人工光源的管理

正确使用灯光，白天尽管多使用自然光线。加强对人工光源的管理，控制城市灯光特别是强光源的过度使用。

2. 加强城市规划和管理

在城市规划和管理中要注意改善不合理的照明条件，合理规划控制灯光广告及马路、建筑物的照明。城市建筑物上的玻璃幕墙已成为城市光污染的主要载体，它所产生的危害已引起了许多国家的关注，德国、日本等 7 个国家已明令禁止使用玻璃幕墙技术。我国在这方面也要开展注意对大面积玻璃幕墙使用的严格限制，制定相应的法规以减少和消除由于玻璃幕墙的反射光而产生的光污染。

3. 加强个人防护

在工业生产中，凡是有强紫外线、红外线产生的工作操作场所，应采取安全防护措施，如设立可移动屏障将操作区围住以防止非操作者受到有害光源的直接照射。

个人防护主要是保护眼部和裸露皮肤避免受到光辐射的影响，工作时戴防护眼镜和防护面罩是方便而又有效的措施，可以保护眼睛不受伤害。大多数衣服都可对紫外光有屏蔽作用，但某些透明的长袜、合成材料制成的衣服能透过紫外线，使皮肤产生黑色素或引起光毒性反应。在皮肤上涂抹防晒产品也可对皮肤起一定保护作用。

复习思考题

1. 热污染的危害主要有哪些？
2. 观察你周围的环境有哪些光污染现象，是属于何种光污染，应如何防治？

第五篇

可持续发展与清洁生产

第十六章　可持续发展战略概论

第一节　概　述

一、可持续发展的提出

工业革命以来，许多国家的生产力得到极大提高，经济迅速增长，人们不断的努力发展科学技术并利用它作为改造和利用自然的手段，以求获得更大的发展。但是人类在创造史无前例的现代文明的同时，也造成了全球性的环境污染和生态破坏，对人类的生存和发展造成严重的威胁。当然，人们也可以利用科学技术的进步来保护环境，本书所介绍的各种污染防治方法虽对环境保护起着一定作用，但却不能从根本上改变全球环境日益恶化的状况。

面对全球环境日益恶化的严峻现实，人们不得不重新审视自己的社会经济行为，反思自己的发展观、价值观、环境观和资源观，探索人类应该如何选择正确的发展模式和发展战略，寻求一条既能保证社会和经济的持续发展，又不危害人类生存环境的新的发展战略。可持续发展战略正是在这样的背景下提出和产生的，它是人类历史发展的必然结果，走可持续发展道路是人类经过深刻反思之后所做出的唯一选择。

1992 年 6 月联合国环境与发展大会在巴西里约热内卢召开，这次会议确立了可持续发展是人类社会发展新战略。会议通过的《里约热内卢环境与发展宣言》和《21 世纪议程》，第一次把可持续发展由理论推向行动，提出了全球范围内可持续发展的行动计划。以这次大会为标志，人类对环境与发展的认识提高到一个新阶段，树立了社会、经济、环境相互协调发展的新观点，使人类在走向新的文明时代迈出了关键的一步，为人类发展树立了一座重要的里程碑。

二、可持续发展的定义与内涵

1. 可持续发展的定义

可持续发展是一个全新的理论体系，它正在逐步形成与完善，至今尚未形成统一的定义，比较有代表性的定义如下。

（1）布伦特兰（G. H. Brundland）的可持续发展定义

世界环境与发展委员会主席布伦特兰夫人 1987 年向联合国大会提交了经过 3 年深入研究所得出的研究报告——《我们共同的未来》。这篇报告把可持续发展定义为“既满足当代人的需求，又不对后代人满足其自身需求的能力构成危害的发展”。这一概念得到 1989 年联合国环境规划署第 15 届理事会通过的《关于可持续发展的声明》的认可。

这一定义鲜明地表述了两个基本观点：一是人类要发展，要满足人类的发展需求；二是发展应是有限度的发展，它不能危及后代人的发展。

（2）世界自然保护同盟（IUCN）、联合国环境规划署（UNEP）和世界野生生物基金会（WWF）的定义

IUCN、UNEP 和 WWF 与 1991 年共同发表的《保护地球——可持续生存战略》一书提出的定义是：“在生存不超出维持生态系统涵容能力的情况下，提高人类生活质量”。它着重论述了可持续发展的最终目标是人类社会的进步，即改善人类生活质量，创造美好生活环境。各国可根据自己国情制定各自发展目标，但发展必须包括提高人类健康水平，改善生活质量，合理开发利用自然资源，创造一个保障人们平等、自由、人权的发展环境。

（3）美国世界资源研究所的定义

美国世界资源研究所在 1992 年提出，可持续发展就是“建立极少废料和污染的工艺和技术系统”，转向更清洁有效的技术，尽可能减少污染物排放直至“零排放”，减少能源及其他自然资源的消耗。

（4）《里约宣言》中的定义

1992 年联合国环境与发展大会的《里约宣言》对可持续发展又给出如下定义。

人类应享有以与自然相和谐的方式过健康而富有成果生活的权利，并公平地满足今世、后代在发展和环境方面的需求，求取发展的权利必须实现。

关于可持续发展还有不少学者分别从本学科的角度出发提出了不同的定义，但总的来说包含了两层含义，即发展必须与环境相协调地发展，发展必须以不影响后代人的生存和发展为前提。

2．可持续发展的内涵

可持续发展包含了当代与后代的需求、国家主权、自然资源的合理利用、生态承载力、环境与发展相结合等内容，它的基本内涵包括如下几点。

（1）可持续发展不否定经济增长，但要达到有可持续意义的增长。

（2）可持续发展应以自然资源的合理利用为基础，但必须与环境承载力相协调。

（3）可持续发展以提高人类生活质量为目标，同社会进步相适应。

（4）可持续发展承认并要求体现出自然资源的价值，把资源的消耗计入生产成本。

（5）可持续发展强调公众参与及综合决策，提倡根据周密的经济、社会、环境的考虑和科学原则、全面的信息和综合要求来制定政策和实施。

3．可持续发展的基本原则

（1）公平性原则　可持续发展强调两个方面的公平：代内公平和代际公平。代内公平是指本代人的公平，主张满足所有人的基本生活需求，改善生活质量，给世界各国以公平的分配权和发展权。代际公平即世代的纵向公平，当代人不能因自己的发展和需求而损害后代人满足其发展的需求，要给后代人以公平利用自然资源的权利。

（2）持续性原则　人类的活动和社会的发展必须以资源的永续利用和生态环境的承载力为前提，人类必须以此来调整自己的生活方式和生产方式，不应盲目地、过度地生产和消费。

（3）共同性原则　地球上各个国家的历史、经济、文化和发展水平不同，各国可以根据自己的情况制定各自的具体目标和政策并加以实施。但可持续发展作为全球的总目标所体现出的公平性原则和可持续原则，则是应当共同遵守的，必须争取全球性的共同行动来促进人类之间和人类与自然之间的协调与发展。

第二节　可持续发展战略在中国的实施

一、可持续发展战略是中国的正确选择

中国是一个发展中国家，中国也是一个人口众多、人均资源较为贫乏的国家。改革开放以来中国的社会和经济有了飞速的发展，但以往的发展多是靠粗放型的增长方式来取得的，造成了资源的过度消耗、生态系统的破坏和环境污染的不断加剧，这些都成了制约中国未来发展的重要因素。

回顾过去的发展历程，使愈来愈多的人认识到，对于中国这样一个人口占世界总人口 1/4，自然资源又不是很丰富的发展中国家，要保持社会和经济持续稳定的发展，不断改善人们的生活质量，就必须采用一种新的发展模式。根据中国的国情，中国科学院有关专家认为这一发展模式应体现出下述主要思想。

（1）低度消耗资源的生产体系；

（2）适度消费的生活体系；

（3）使经济持续稳定增长、经济效益不断提高的经济体系；

（4）保证效率与公平的社会体系；

（5）不断创新，充分吸收新技术、新工艺、新方法的技术体系；

（6）促进与世界市场紧密联系的、更加开放的贸易与非贸易的国际经济体系；

（7）合理开发利用资源，防止污染，保护生态平衡。

这一基本思想与可持续发展的基本理论是完全一致的，因此可持续发展战略的提出对中国具有十分重要的意义，走可持续发展之路是中国唯一正确的选择。

二、中国可持续发展战略的实施

1992 年 6 月，中国在巴西里约热内卢世界首脑会议上签署了环境与发展宣言，此后中国在推进可持续发展方面做出了不懈的努力。1992 年 8 月中共中央和国务院批准了《中国环境与发展十大对策》，其中第一条就是“实行可持续发展战略”。1994 年 3 月国务院批准《中国 21 世纪议程》，这是一部国家级的 21 世纪议程。产生于中国 21 世纪议程框架下的一批项目和计划也正在付诸于实践（表 16-1），所有这些都表明中国政府对实施可

持续发展给予高度重视，对可持续发展的理论研究和实际实施都进行了多方面的实践，引起国际社会巨大反响。

表 16-1 中国环境保护与可持续发展的重大研究、决定和计划

序号	名 称	批准机关及日期	主要内容
1	中国环境与发展十大对策	中共中央、国务院，1992.8	指导中国环境与发展的纲领性文件
2	中国环境保护战略	国家环保局、国家计委，1992	关于环境保护战略的政策性文件
3	中国逐步淘汰破坏臭氧层物质的国家方案	国务院，1993.1	履行《蒙特利尔议定书》的具体方案
4	中国环境保护行动计划（1991—2000）	国务院，1993.9	全国分领域的 10 年环境保护行动计划
5	中国 21 世纪议程	国务院，1994.3	中国人口、环境与发展的白皮书，国家级的《21 世纪议程》
6	中国生物多样性保护行动计划	国务院，1994	履行《公约》的国家级行动计划
7	中国城市环境管理研究	国家环保局、建设部，1994	围绕城市污水和垃圾的研究
8	中国：温室气体排放控制的问题与对策	国家环保局、国家计委，1994	对中国温室气体排放清单及削减费用的分析研究，提出控制对策
9	中国环境保护 21 世纪议程	国家环境保护局，1994	部门级的《21 世纪议程》
10	中国林业 21 世纪议程	林业部，1995	部门级的《21 世纪议程》
11	中国海洋 21 世纪议程	国家海洋局，1996.4	部门级的《21 世纪议程》
12	国务院关于环境保护若干问题的决定	国务院，1996.8	国务院的法规性文件，共 10 个方面，有明确的目标和措施
13	国家环境保护“九五”计划和 2010 年远景目标	国务院，1996.9	指导今后 5 年和 15 年的环境保护工作的纲领性文件
14	中国跨世纪绿色工程规划（第一期）	国务院，1996.9	国家环保“九五”计划的具体化，有项目，有重点，有措施
15	全国主要污染物排放总量控制计划	国务院，1996.9	“九五”期间削减污染物排放的指令性的国家计划
16	关于进一步加强土地管理切实保护耕地的通知	中共中央、国务院 1997.4	共 7 条，强调只能增加，不能减少，要严格管理、审批与监督
17	中国生物多样性国情研究报告	国务院，1997.7	共 5 章，包括现状、威胁、保护工作、经济价值评估、资金需求等
18	酸雨控制区和二氧化硫污染控制区划分方案	国务院，1998.1	在“两区”内要求二氧化硫达标排放，并实行排放总量控制
19	关于限期停止生产销售使用车用含铅汽油的通知	国务院，1998.9	共 9 条，在全国范围内限期停止生产销售使用车用含铅汽油
20	关于保护森林资源制止毁林开荒和乱占林地的通知	国务院，1998	坚决保护原始林，保护林地
21	全国生态建设规划	国务院，1998.11	农业、森林、水利有关生态建设规划
22	全国生态环境保护纲要	国家环保总局，1998	保护生态环境的目标、任务和措施

三、中国21世纪议程

《中国21世纪议程——中国21世纪人口、环境与发展白皮书》从我国基本国情和长期发展战略出发，提出了促进社会、经济、资源、人口、教育与环境相互协调的可持续发展整体战略和措施方案，是中国实施可持续发展战略的纲领和制定国民经济和社会发展中长期计划的指导性文件。它同联合国《21世纪议程》相呼应，反映出中国政府认真履行联合国环境与发展大会各项决议的原则立场与实际行动。

《中国21世纪议程》的主要内容包括以下四个方面。

1. 可持续发展总体战略与政策

论述了可持续发展的背景和必要性，提出了中国可持续发展的战略目标、战略重点和重大行动，建立了中国可持续发展法律体系，制定了相关的政策，将资源与环境因素纳入经济核算体系，确定了参与国际环境与发展合作的意义、原则立场和主要行动领域，强调了可持续发展的能力建设，包括建立健全可持续发展管理体系、费用与资金机制，加强教育，发展科学技术，建立可持续发展信息系统，促使妇女、青少年、少数民族、工人和科学界人士及团体参与可持续发展。

2. 社会可持续发展

包括人口、居民消费与社会服务，消除贫困、卫生与健康，人类居住区可持续发展和防灾减灾等。其中最重要的是实行计划生育，控制人口增长和提高人口素质，引导建立适度和健康消费生活体系。尽快消除贫困，提高人民卫生健康水平。加强城乡建设，合理利用土地，改善住区环境，建立自然灾害防治体系。

3. 经济可持续发展

把促进经济快速增长作为消除贫困、提高人民生活水平、增强综合国力的必要条件，包括可持续发展的经济政策、农业与农村经济的可持续发展、工业与交通、通信业的可持续发展、可持续能源与生产消费等部分。强调利用市场机制和经济手段推动可持续发展，积极推广清洁生产，发展环保产业，提高能源效率与节能，开发利用新能源和可再生能源。

4. 资源的合理利用与环境保护

包括水、土等自然资源的保护和可持续利用，生物多样性保护、防治土地沙漠化、防灾减灾、保护大气层、固体废物无害化管理等。

第十七章 清洁生产

第一节 清洁生产的基本概念

一、清洁生产的发展过程

自 20 世纪 50 年代以来，由于环境污染所造成的社会公害已在世界范围内得到普遍的关注，人们花费了大量的人力、物力和财力对所排放的污染物进行治理，并取得了一定的成效。例如，许多西方发达国家的空气质量有了明显改善，过去污染严重的河流湖泊也得到了恢复和保护。但是 20 多年的实践证明，这种侧重于生产过程的末端处理，力图采用各种污染治理技术将所排放的污染物进行无害化处理，使之达到排放要求然后再加以排放的污染控制战略（也称末端治理）有很大的局限性，不能从根本上解决环境污染问题，并遇到了许多新的挑战，暴露了它的不少缺点。

（1）这种处理不能从根本上消除污染，而常常是使污染物从一种环境介质转移到另一种环境介质。例如，采用化学沉淀法虽然可以将废水中的某些污染物以沉淀物的形式分离出来，但这些污染物又转变为废渣，仍然有可能产生二次污染。

（2）所制定的排放标准只反映了当时人们的认识水平，并没有考虑到它对整个生态系统所产生的长期性积累性的潜在影响。因此，即便满足了排放标准，也未必就能达到保护环境的目的。

（3）未考虑到产品本身的生态无害性，有些产品在使用过程中对环境所造成的危害远比在生产过程中对环境的影响更为严重，例如氟氯化碳的大量使用所造成的臭氧层破坏就是一个典型的例子。

（4）投资大、规模效益和综合效益差。由于末端治理是把污染物集中在生产过程的尾部进行处理，要处理的污染物种类繁多，数量庞大，造成一次性投资大、运行费用高，往往又很难获得经济效益，因而造成极其沉重的负担，使得许多国家都难以承受，即使对于发达国家也是如此。例如，1972 年美国用于环境保护的投资为 260 亿美元，不到 GNP（国民生产总值）的 1%，而到了 1992 年即高达 1 200 亿美元，占 GNP 2%。

（5）不利于能源和资源的节约。末端治理没有考虑生产的全过程控制，无法达到资源和能源最大限度的利用，而且污染治理过程中又要消耗大量的能源和资源。

上述情况说明，末端治理对保护环境来说虽然是必不可少的，并且起着积极的作用，但却无法改变环境保护的消极被动局面。因此，从 20 世纪 80 年代开始，西方发达国家的工业发展模式和污染控制战略出现了重大的变革，其核心是从高投入、高消耗、高污染的传统发展模式转为持续发展模式，以预防为主的“清洁生产”战略取代以末端治理为主的污染防治战略。

清洁生产的提出并组织实施有其发展过程。早在 1976 年欧洲共同体在巴黎就举行了“无废工艺和无废生产的国际研讨会”。同年在德国召开了第一届国际低废无废技术讨论会，首次提出了清洁生产的概念。1979 年 4 月，欧共体理事会宣布推行清洁生产的政策，此后又多次举行了地区性和国际性的研讨会。1984—1987 年欧共体环境事务管理委员会又三次拨款支持建立清洁生产示范工程，开始了清洁生产的实践。1989 年联合国环境规划署工业与环境项目中心（UNEP IE/PAC），制定了《清洁生产计划》。

并于 1990 年 9 月的坎特伯雷（英国）国际研讨会上启动了它的清洁生产计划，其目标是在全球范围内推行从末端治理向源头控制的清洁生产过程。此后，1991 年 9 月，在巴黎举办了“因国制宜促清洁生产活动”研讨会，1992 年又在澳大利亚的墨尔本举办亚太清洁生产会议，就清洁生产的概念与技术、清洁生产的经济有效性、教育问题、计划、政策、法规等进行了讨论。

1992 年 6 月在巴西里约热内卢召开的联合国环境与发展会议中通过了全球持续发展战略框架文件——《21 世纪议程》，确定了持续发展的新战略，指出清洁生产是一种协调环境和经济发展的关键措施，是可持续发展的先决条件。

为了落实巴西会议的精神，1992 年 10 月，UNEP IE/PAC 又在巴黎召开了“部长级会议暨第二次清洁生产高级研讨会”，来自 50 多个国家的工业与环境部长、工业界人士及 200 多位清洁生产方面的专家学者和 10 余位国际组织的代表共同回顾了“清洁生产计划”的进展情况，确定了下一步应采取的行动，把清洁生产推向日常的工业实践。

目前，UNEP IE/PAC 和联合国工业发展组织（UNIDO）已决定在发展中国家建立国家清洁中心，于 1994 年开始启动，在五年内资助 20 个国家清洁中心。清洁生产计划已发展了一个世界性的清洁生产专家网络，出版了《清洁生产简讯》，建立了国际清洁生产信息交流站（ICPIC）。

1998 年，在韩国汉城第五次国际清洁生产研讨会上，包括中国在内的 13 个国家的部长及其他与会者签署了实施清洁生产承诺与行动的《国际清洁生产宣言》。清洁生产已获得各国政府和工商界的普遍响应，使清洁生产成为当今世界的潮流，被公认为实现社会可持续发展的重要途径。

2000 年 10 月，在加拿大蒙特利尔市召开了第六届清洁生产国际高级研讨会，对清洁生产进行了全面系统的总结，将清洁生产形象地概括为技术革新的推动者、改善企业管理的催化剂、工业运动模式的革新者、连接工业化和可持续发展的桥梁。因此，清洁生产是可持续发展战略引导下的一场新的工业革命，是 21 世纪工业生产发展的主要方向。

我国清洁生产思想的提出始于 20 世纪 80 年代，1983 年第二次全国环境保护会议就明确提出，环境污染问题应尽力在设计过程和生产过程中解决。20 世纪 80 年代中期，全国又举行了二次少废无废工艺研讨会，不少工业部门也开发了一批少废无废工艺。清洁生产的科学研究和开发技术在“七五”和“八五”期间也取得了一定的进展，如工业型煤成套技术的研究、电厂排烟脱硫技术、电镀污泥资源化示范技术、小型碱法草浆厂蒸煮废液的碱回收利用技术等都是清洁生产中所必须的工艺和技术。在联合国环境与发展会议之后，我国政府编制了《中国 21 世纪议程》，规定了我国持续发展的总体目标和战略步骤。1993 年 10 月召开的第二次全国工业污染防治会议，对我国的工业污染防治提出了由末端治理转向生产全过程控制、推行清洁生产的战略方针。在有关国际组织的支持下，清洁生产的示范试点工作也正在进行。1994 年下半年，国家环保局正式批准建立了中国国家清洁生产中心。同年内中国政府制定的《中国 21 世纪议程——中国 21 世纪人口、环境与发展白皮书》关于工业的可持续性发展中单独设立了“开展清洁生产和生产绿色产品”的内容。1995 年修改并颁布的《中华人民共和国大气污染防治法（修订稿）》中增加了清洁生产的内容，规定“企业应当优先采用能源利用率高，污染排放少的清洁生产工艺”。1996 年颁布的《中华人民共和国污染防治法（修订稿）》中明确规定“企业应当采用原料利用率高、污染物排放量少的清洁生产工艺，并加强管理，减少污染物排放”。1999 年国家经贸委确定了冶金、石化、化工、轻工、纺织五个行业和北京、上海、天津、重庆、兰州、沈阳、济南、太原、昆明、阜阳十个城市作为推行清洁生产的试点城市。

综上所述，清洁生产是环境污染防治发展过程的产物，也是工业化污染控制应当遵循的客观规律，它无疑是未来正确的生产方式。尽管清洁生产的实施进展缓慢，在工业中的大规模应用仍需一个过程，但是作为一种全新的环境保护战略，已成为实现持续发展的关键因素和必由之路。

二、清洁生产的基本概念

1. 清洁生产的含义

清洁生产目前已成为世界范围内热门的话题，但是什么是清洁生产，至今尚没有一个完全统一、完整的定义。在不同的国家或地区，其称呼也很多，如“少废无废工艺”、“无公害工艺”、“减废技术”、“废物最少化”、“污染预防”、“绿色工艺”、“生态工艺”等。

1979 年 11 月在日内瓦通过的《关于少废无废工艺和废料利用宣言》对无废工艺作了以下的叙述：无废工艺乃是各种知识、方法和手段的实际应用，以期在人类需求的范围内达到保证最合理地利用自然资源和能量以及保护环境的目的。

1988 年联合国欧洲经济委员会对无废工艺又作了进一步的定义：无废工艺乃是这样一种生产产品的方法，借助这一方法，所有的原料和能量在原料资源—生产—消费—二次原料资源的循环中得到最合理和综合的利用，同时对环境的任何作用都不至破坏它的正常功能。

1989 年，联合国环境规划署巴黎工业与环境项目中心在总结了各国的经验之后，给清洁生产作了如下的定义：“清洁生产是指将综合预防的环境保护策略持续应用于生产过程和产品中，以便减少对人类和环境的风险。对生产过程，包括节约原材料和能源，革除有毒材料，减少所有排放物的排污量和毒性；对产品来说，则要减少从原材料到最终处理产品的整个生命周期对人类健康和环境的影响。”这一定义不仅涵盖了以往所说的少废无废工艺、废物最小化、综合利用、产品原材料和能源的替代、技术更新改造等污染防治全部内容，而且提出了通过产品生命周期评估预防污染的新观点，确切地表达了当前环境污染防治的新战略。

综上所述，清洁生产的内涵就是对现有的生产和产品的使用全过程进行全面的控制。在生产过程中对每一个生产工艺进行技术改造，采用少废无废的清洁生产技术，最大限度地降低资源、能源的浪费，提高其利用率、减轻对环境的污染。同时，还要注意对产品的消费和使用过程的控制，尽可能地减少在使用过程中可能会危害环境的产品的生产。

2．清洁生产的目标和内容

清洁生产将力求达到以下两个目标：

（1）通过资源的综合利用，短缺资源的代用、二次资源的利用以及节能、降耗、节水，合理利用自然资源，以减缓自然资源的耗竭；

（2）减少废料和污染物的生成和排放，促进工业品的生产、消费过程与环境的协调，降低整个工业活动对人类和环境的风险。

以上两个目标的实现将体现工业生产的经济效益、社会效益和环境效益的统一，以保证国民经济的持续发展。

清洁生产包括下述三个方面的内容：

（1）清洁的生产过程　尽量少用和不用有毒有害的原料；采用无毒、无害的中间产品；采用少废、无废的新工艺和高效设备；改进常规的产品生产工艺；注意物料的内部再循环利用，尽量减少生产过程中的各种危险性因素，如高温、高压、低温、低压、易燃、易爆、强噪声、强振动等；采用可靠、简单的生产操作和控制；完善生产管理；对少量必须排放的污染物采取高效能低费用的净化方法和设备进行处理和处置等。

（2）清洁的产品　在产品的设计和生产过程中，应考虑节约原材料和能源，少用昂贵和稀缺的原料；产品在使用过程中和使用后不含危害人体健康和破坏生态环境的因素，易于回收、复用和再生；产品的使用寿命和使用功能合理；包装合理等。

（3）清洁的能源　常规能源的清洁利用；可再生能源的利用；新能源的开发及各种节能技术的推广以提高能源的利用率等。

应该指出，清洁生产只是一个相对的概念。所谓的清洁工艺和清洁产品只是与现有的工艺和产品的比较而言，因此推行清洁生产是一个不断完善的过程，随着经济的发展和科学技术的不断进步，还需要不断地提出新的目标，达到更高的水平。

3．清洁生产的作用和意义

清洁生产是实现可持续发展战略的关键，可持续发展的两个基本要求——资源的永续利用和环境容量的持续承载能力都可以通过实施清洁生产来实现。清洁生产可以促进社会经济的发展，通过节能、降耗、减污，节省防治污染的投入，降低了生产成本，改善了产品质量，促进了环境、经济两个效益的统一。清洁生产可以最大限度地使能源得到充分利用，以最少的环境代价和能源、资源的消耗获取了最大的经济发展效益。由于清洁生产采用源头削减的措施，对生产的全过程进行控制，从而大大减少了污染物的产生和排放，使需要末端治理的量也相应减少，即减少了“三废”治理的费用也避免和减轻了由于末端治理不彻底而造成的二次污染。清洁生产还能有效保护工人安全和公众的健康，提高生产劳动的效率。

清洁生产是环境与发展协调的需要。是人类面对资源、环境、人口危机的最佳对策。

它也是工业生产上的一次新的变革，代表着工业生产与消费的未来，是可持续发展的具体体现和重要的战略措施。可以预料，它必将在世界经济的发展和环境保护中起着越来越重要的作用。

4．清洁生产的程序

清洁生产的实施是一项复杂的系统工程，大体由准备、审计、制订方案、实施方案和报告编写五个阶段所组成，基本内容如图 17-1 所示。

准备阶段主要是通过宣传教育使全体职工对清洁生产有较全面、正确的认识，并从组织上落实，做好必要的物质准备。

审计阶段是开展清洁生产的核心。在对企业的现状进行全面调查、分析、了解之后，确定审计对象，查清能源、物料的使用和损失量，污染源及排放量，提出清洁生产的方案。

制定方案阶段主要是在全面调查分析的基础上，充分发动群众，结合专家意见，初步提出若干清洁生产方案，然后再对这些方案进行筛选，确定出 3～5 个技术水平高，可实施较强的方案从技术、经济、环境三个方面逐个进行可行性分析，根据评估结果最后确定最佳方案。

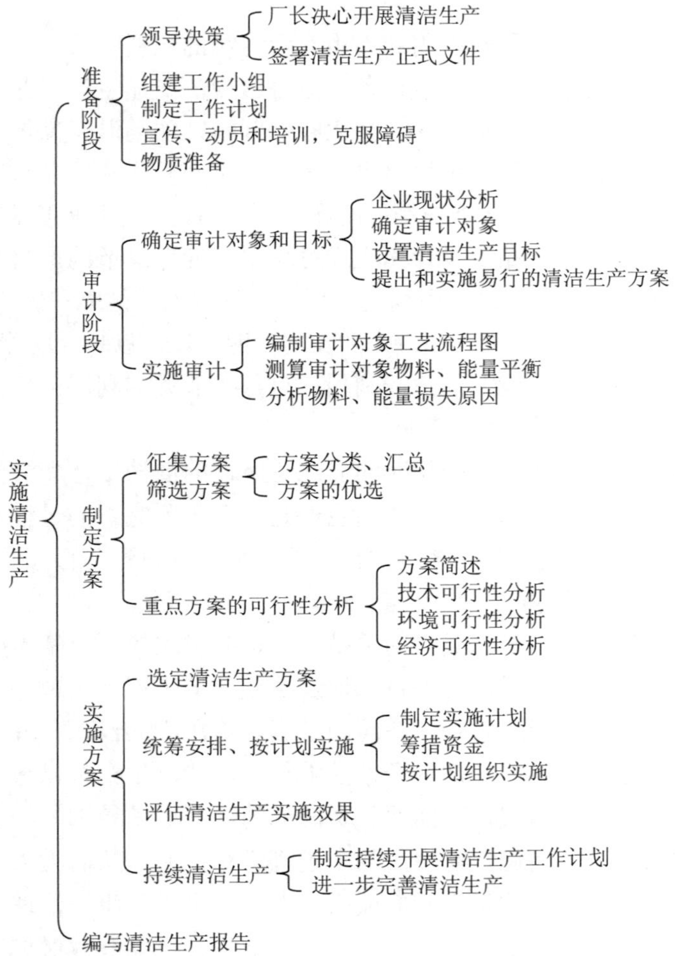

图 17-1 实施清洁生产程序图

实施方案阶段首先要制定完整的实施计划，筹集必须的资金以保证方案的落实，对已实施的项目进行跟踪和评估，同时还要加强管理，完善制度，制定长期的计划，使之能持续不断的进行下去。

编写清洁生产报告包括阶段报告和总结报告。阶段报告按清洁生产实施过程和步骤顺序编写，它是总结报告的依据和基础。总结报告则是对企业清洁生产工作的全面回顾和总结，反映出清洁生产四个阶段的工作成果，对所取得的经济效益、社会效益和环境效益进行全面的评价和实施以来的体会，存在问题和后续行动计划及建议等。

第二节　清洁生产的途径

清洁生产是一种全过程的控制过程，即包括从原材料加工到生产出产品的全过程控制，也包括产品的使用直至报废处理处置的全过程，因此实现清洁生产的途径是多方面的，主要从以下几个方面考虑。

一、改革生产工艺

1. 改变原料路线

清洁的生产过程要求尽量少用、不用有毒有害的原料和昂贵短缺的原料，采用替代原料来改变高污染的原料路线；并注意尽可能地提高原料的利用率，以避免资源的高消耗和减少有毒有害物质进入生产过程，从而大大减少了污染物的产生和排放。

硫酸是重要的基本化学工业产品。作为生产硫酸的原料有硫铁矿、硫黄及含 SO_2 和 H_2S 的尾气。我国硫酸生产多采用硫铁矿为原料，由于其含硫品位低，硫的烧出率低，使矿耗很高，排出的烧渣量大，难以处理。硫铁矿中砷、氟等有毒物质含量高，使炉气净化系统排出的废水中砷、氟含量也高，增加了废水的治理难度，并且砷和氟还会影响催化剂的使用寿命。若以硫黄为原料制硫酸，不仅生产工艺比较简单，而且“三废”排放量也大大减少。因而国外生产硫酸多以硫黄为原料，即使采用硫铁矿也普遍采用高品位的精矿，不仅减少了运输量，还可回收余热，利用矿渣炼铁和回收其中的有色金属。利用冶炼厂烟气制取硫酸则是回收利用硫资源的最经济的方法，它已在北美洲地区和日本得到了广泛的应用。

乙炔是有机合成工业的重要原料，传统的生产乙炔的方法是电石（CaC_2）法，这是典型的多废、耗能型旧工艺。电石是由生石灰和焦炭（或无烟煤）在电炉内经 2 200℃高温反应制得，需要消耗大量的电能。生成的电石（CaC_2）经粉碎和筛分，然后再与水反应便制得乙炔。

这一原料路线虽然使用了廉价的原料，却付出了巨大的能量和环境代价。在生产过程中会产生大量粉尘和硫化物、磷化物、氯气污染大气，电石水解也会产生大量碱性废水（pH＞12）和含氢氧化钙的电石渣。每生产 1 t 电石，电石炉要产生 400～500 m^3 废气，生成乙炔要产生 6 m^3 碱性废水和 1.2 t 电石渣，给终端污染治理带来很大的负担。与之相比，以乙烯为原料的工艺路线显示出较好的环境效益和经济效益。裂解法制乙烯的成本只是乙炔的 50%，并且污染较少，耗能较低。很显然，与以乙炔为原料的工艺路线相比，以乙烯为原料的工艺是少废的清洁工艺。因而在许多有机合成领域内，乙炔已逐渐被乙烯所取代。据统计在 1981—1988 年仅日本的电石产量就下降了 30%，而乙烯产量则增加了 27.5%。

产品的原料路线是由许多因素决定的，但是以牺牲环境为代价，或是需要以很高的污染治理费用来弥补的原料路线，则应通过仔细的调查分析和全面的评价、比较，采用替代原料来加以改变。

2. 改革生产工艺过程

生产过程大量污染物的产生主要是由于工艺过程的不完善而造成的，不从改革生产工艺着手，单纯进行末端治理就不能从根本上解决污染问题。积极的办法应该是改革旧工艺，积极研究和开发新的生产工艺，采用少废无废工艺。

现以聚乙烯醇、苯胺生产为例来加以说明。

（1）聚乙烯醇生产　聚乙烯醇是世界上产量最大的水溶性聚合物，它是由醋酸乙烯酯聚合、醇解而制成的。

目前，工业化生产聚乙烯醇有高碱含水醇解法和低碱无水醇解法两种。在高碱含水醇解工艺中，产生的废液含 2%醋酸钠，需增加一道回收醋酸作为合成单体醋酸乙烯酯原料的工序，即消耗了化工原料硫酸，又产生了大量难以处理的硫酸钠废渣。

和高碱含水醇解工艺相比，低碱无水醇解工艺产生的废水量减少 30.6%，废液中醋酸钠含量减少 91.5%，从而省去了回收工序，大大减少了废水和废渣的排放量。同时，该法所得产品致密，从而分散损失少，粉尘量大大减少，60 目以下的微粒仅为高碱法的 10%，减少了对大气的粉尘污染，改善了工人的劳动环境。

在原材料和能量的消耗上，低碱法也比高碱法大大减少。例如醋酸消耗量减少 35.7%，氢氧化钠消耗量减少 85%，循环水用量减少 46.5%，蒸汽用量减少 36.5%，冷盐水用量减少 86.4%。产品质量也有一定的提高。

可见，低碱无水醇解工艺和高碱法相比，是低消耗、少污染的清洁工艺。

（2）苯胺的生产　苯胺是一种重要的有机合成中间体，广泛地用于树脂、染料、橡胶制品的生产。旧的生产工艺如图 17-2 所示。

该工艺可分为两步，第一步的流程如图 17-2a 所示，它是以苯为原料，用混合酸硝化制取硝基苯，然后将酸与硝基苯分离，产生的废酸用苯萃取其中的硝基苯，返回硝化系统；分离出来的硝基苯用氨水进行净化，除去其中溶解的酸和硝化时生成的少量硝基酚，在该步骤中要排放出大量的废水和废酸（每生产 1 t 硝基苯产生 0.9～1.0 t 废酸），废水中含难降解的硝基苯。第二步是用铁粉将硝基苯还原制成苯胺，如图 17-2b 所示。在该步骤中也有大量废水和废渣排出，平均每生产 1 t 苯胺排出 4 t 废水和 2.5 t 废渣（氧化铁渣）。

新的生产工艺在原料和流程上都进行了改革，其工艺过程如图 17-3 所示。由图可知，新的工艺流程基本上是闭合的，只有很少的废液（釜底残液和反应中生成的水）排出，每吨产品只排出废水 0.19 m^3，废水中除苯胺外不含其他污染物，经抽提后可直接进行生化处理。该工艺流程和装置简单，设备投资仅为硝基苯还原装置的 25%，生产成本可降低 10%～15%，质量也有明显提高。

从苯胺生产的新老工艺对比可以看出，对生产工艺过程进行改革是控制污染的最有效措施。

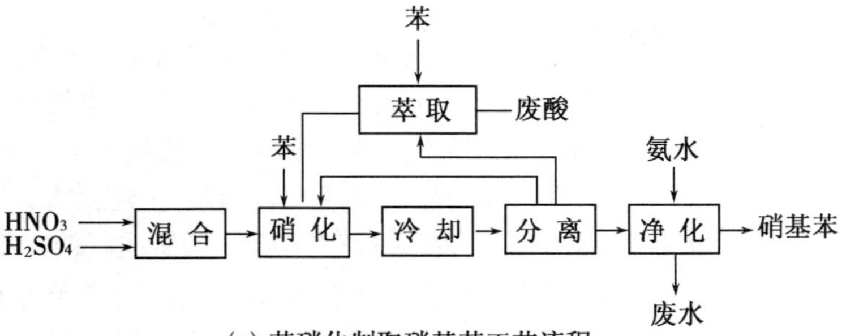

(a) 苯硝化制取硝基苯工艺流程

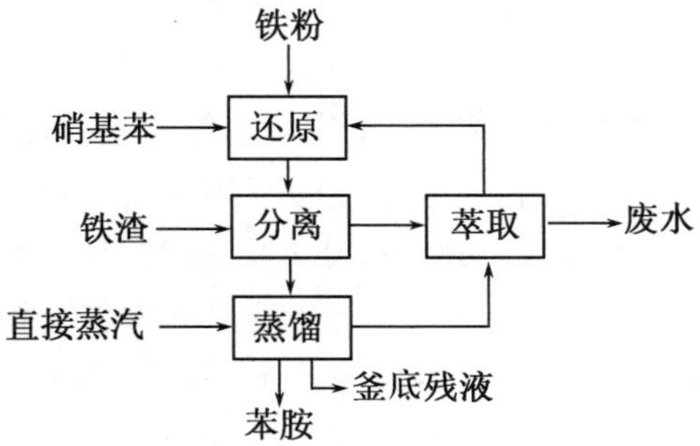

(b)铁粉还原法制苯胺流程

图 17-2 苯胺生产的旧工艺流程

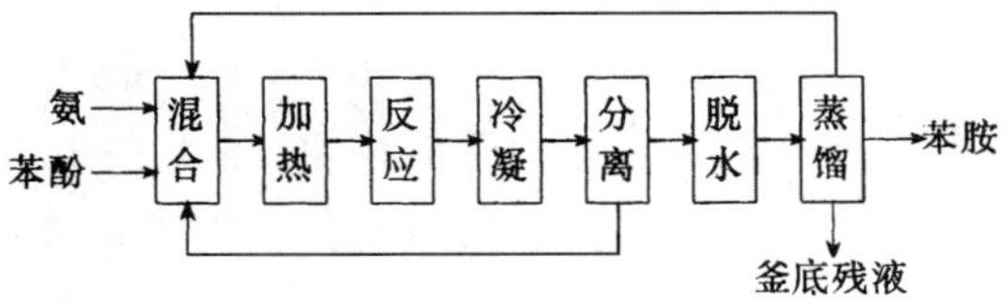

图 17-3 苯胺生产新工艺流程

3. 采用先进设备，减少污染的产生

在生产过程中改进装置和设备或采用新装置、新设备，使之达到高效、低耗、安全、减少污染的目的。

我国造纸行业是一个污染大户，其中一个主要原因就是因为设备陈旧，致使资源浪费大，能耗高，污染严重。苏州紫光纸业有限公司引进国际 20 世纪 90 年代先进水平的浆料制备造纸系统和四涂布头涂布机，另外还引进了多圆盘纤维回收机，对纸机白水中纤维的回收率可达 97%左右，使纸机白水可循环利用。对整个生产线实现计算机自动化控制，实现了生产管理的现代化，把污染控制在生产的全过程中。同时还引进了先进的废水处理设备，废水经过二级处理，可达到国家造纸工业水污染物排放标准，排放的废水水质不会对大运河水体产生明显影响。先进设备的采用使该厂的产量比老厂增加了 6.78 倍，而排水量却减少了 2.76 倍，达到了资源利用率高，污染负荷低的目的。

二、充分利用资源

生产过程中排出的“三废”实际上是在生产中所流失的原料、中间产物和副产物。对“三废”进行有效地处理和综合利用，也是消除污染，提高资源利用率的积极措施。例如，磷铁矿资源的综合利用已在俄罗斯不少选矿联合企业实现了工业化。1954 年开发初期，只是生产铁矿石，其他组分均作为尾矿被废弃。1975 年建立选矿厂，选出磷灰石和锆石精矿。20 世纪 80 年代后期，又开发了方解石精矿，镁橄榄石精矿及稀有金属（钽、铌）等整套加工工艺，使磷铁矿资源得到了充分的利用，也消除了对环境的污染。

有些企业产生的废料如果难以就地综合利用，还可组织企业间或地区间的横向联合，使某个企业（或地区）排出的废料成为另一个企业（或地区）的原料，在产废者和潜在的使用者之间进行交换，这就是国外近期所发展起来的一种废物资源化的新方法——废物交换法。这也是清洁生产中“废物最小化”思想的具体体现。

目前，北美洲和欧洲均开展了地区性的废物交换，特别是加拿大和欧共体国家，已形成国际间的网络体系。加拿大 1990 年的交换量就高达 2.8 万多 t。英国的废物交换中心在 5 年的运转时间内，每年约进行 15.6 万 t 废物的双向交换和 19.6 万 t 的单向交换。目前，国外交换体系日益成熟，其发展趋势是形成国际间的网络体系，以便在更大的范围内进行废物交换，使资源得到更充分的利用。我国自 1991 年开始，在国家环保局的支持下，已开展有关研究工作，并在上海和沈阳两城市间进行废物交换的试点工作。

在生产过程中实现物料的闭路循环也是实现清洁生产的重要措施。在生产过程中，比较容易实现的是用水的闭路循环，实现一水多用，分质使用，净水重复利用，最终达到无废水排放。我国已开发了一些实用的综合利用技术，例如小氮肥厂的两水（冷却水和造气废水）闭路循环技术，使吨氨用水量从 300～350 t 降到 30 t 左右，这一技术如能在全国 1 000 余家小氮肥厂推广，每年则可节约用水 25 亿～30 亿 t。另外，黄磷生产废水的闭路循环、电镀漂洗水无排（或微排）技术也都获得了显著的节水效果。

美国在 1970—1980 年工业循环用水率为 67%，1985 年上升至 87%，到 2000 年已达到 97%。我国在这方面与国外相比，差距还比较大，如化学工业循环用水率只为 60%，还有很大的潜力可挖。

三、注重能源的清洁利用

1. 能源的清洁利用

由于目前能源工业的原料依然是以矿物燃料为主，它们在燃烧过程中会排放出大量的 SO_2、CO_2、粉尘以及废水和废渣，成为主要的污染源。注意能源的清洁利用，减少燃料在燃烧过程中污染物的排放也是实现清洁生产的重要措施。

国外在 20 世纪 80 年代提出的洁净煤技术就是能源清洁利用的重要技术对策，目前已成为世界各国解决能源和环境问题的主导技术。

洁净煤技术主要包括以下三方面的内容。

（1）煤转化技术　以高效率将煤转化为洁净的电、煤气和油等能源，如煤直接和间接液化、燃料电池、各种形式的煤气化和煤气化联合循环发电等。

煤气化联合循环发电（IGCC）是目前受到各国普遍重视的洁净煤技术，它是将煤先在气化炉内制成煤气，经净化系统对煤气进行除尘和脱硫，然后进燃气轮机发电，后者产生的高温烟气在锅炉中产生蒸汽，再用蒸汽轮机发电，总发电效率可达 40%～50%，远高于普通的火力发电。由于煤气体积远比用同样煤燃烧产生的烟气小，故净化程度高、费用省。表 17-1 对两类电厂进行了比较，可见 IGCC 比最先进的锅炉发电效率还高，排污量更少。

表 17-1　规模 70 万 kW 的两种火力发电比较

	联合循环发电	超临界锅炉发电
煤/（t/d）	5 376	6 048
碳/（t/d）	—	224
发电效率/%	45	40
排放物		
SO_2/（t/d）	1.0	10.6
NO_x/（t/d）	6.3	10.6
CO_2/（t/d）	14 400	16 200
硫/石膏/（t/d）	64	325
灰渣/（t/d）	508（渣） 30（滤并）	605

（2）煤使用前的净化技术　煤使用前的净化技术包括原煤的洗选、化学选煤和微生物脱硫，采用型煤（并加一定固硫剂）代替民用和工业用碎煤等。

洗煤可以洗去煤中大部分无机硫及灰分，提高煤的发热量。使用高热值、低硫低灰分的洗煤可减少煤的运输量和二氧化硫、尘、一氧化碳等有害物质的排放量。

型煤是将煤磨成粉，然后加入黏结剂使其成形。锅炉使用型煤可提高热效率 10%左右，减少排尘量 70%左右，并可减少二氧化硫的排放量。这是因为在型煤中加入了石灰、造纸黑液等碱性物质，起着固硫作用。

（3）煤燃烧中和燃烧后的净化技术　前者如燃烧中固硫和低污染燃烧，后者如烟气脱硫（SO_2）、脱氮（NO_x）、灰渣的处理和利用等污染治理技术。

循环流化床锅炉降硝脱硫技术作为煤燃烧净化技术近年来在国内外已得到普遍应用。作为第二代流化床技术具有高效、清洁、便于大型化的优点，已成为解决当今世界能源与环境问题的一种新的燃烧方式。

循环流化床技术是将细煤粉和石灰石粉加黏结剂制成丸（片）状使其在锅炉中燃烧，石灰石吸热分解生成 CaO 和 CO_2，由于 CO_2 释出，使石灰石本身形成富含 CaO 的多孔固体，提供了与 SO_2 发生反应的有利条件，使 CaO 和 SO_2 反应形成固态的 $CaSO_4$，达到脱硫的目的。由于流化床反应温度控制在 1 000℃以下，空气中氮的氧化速度较慢，生成 NO_x 很少。同时在流化床内采用分段送风，二级燃烧的工艺，在床的下部创造还原的气氛，使这原性物质 C、CO、含氮挥发物质等对已产生的 NO_x 进行还原反应，减少了 NO_x 的排放。在床层上部可送入二次风，进一步将可燃物燃尽以提高热效率。

循环流化床锅炉另一优点是它所排出的灰渣不像煤粉炉那样高温熔融过，故灰渣的活性高，可用来作水泥掺和料或建筑材料，综合利用效率好。

2．开发清洁能源

随着世界人口的增加和经济的发展，对能源的需求日益增加，据预测到 2020 年全世界的能源消耗量将比目前增长一倍。如果这种能量的需要完全通过增加矿物燃料的消耗来满足，这涉及到有限的矿物燃料难以维持的问题，而且会使环境污染问题更加严重。因此寻求和开发新的清洁能源，如核能、太阳能、风能、地热能、燃料电池等作为常规能源的替代和补充，也是改善环境的重要措施。

（1）核电　核电是一种可靠而安全的能源，设计良好的核电站可保证在任何情况下都不会有放射性物质泄漏到电站的外部。核电也是一种清洁能源，不排放 CO_2、SO_2、烟尘等气态污染物。由于核能的利用，从 1973 年到 1990 年的 17 年间，全球的 SO_2 排放量减少了 1.09 亿 t，CO_2 的排放量减少了 134 亿 t。仅美国在过去的 20 年内就少排放了 16 亿 t CO_2 和 6 500 万 t SO_2。法国对核电的开发一直作为一项重要的国策在推行，至 1994 年 9 月法国的核发电量已占本国总发电量的 78%，因而成为世界上人均 CO_2 排放量最少的国家。至今已有 30 个国家发展核电，正在运行的核电站已达 437 座，核电占全世界发电量的 23%。

近几年来，我国的核电事业也得到迅速地发展。浙江秦山核电站 30 万 kW 机组已于 1991 年 12 月 15 日并网发电，2×60 万 kW 的两套机组也正在建设中。广州大亚湾核电站 2×90 万 kW 的两套机组（从法国引进）也于 1994 年 2 月和 5 月先后投入运行，2×90 万 kW 的广东第二核电站和 2×100 万 kW 的辽宁核电站也已立项。预计到 2010 年，我国核电装机容量将达到 2 000 万 kW，这必将对我国大气质量的改善起着重要的作用。

（2）太阳能　太阳能是一种取之不尽，用之不竭的能源，据估算，地球上每年接收的太阳能相当于地球上每年燃烧的固体、气体、液体燃料的 3 000 倍。但是由于太阳能利用设备投资大，太阳能收集装置还存在着效率低，能量贮存困难、能量的获取受气候的影响比较大等缺点，因而太阳能的开发和利用目前还处于小规模的应用阶段。

太阳灶、太阳能热水器、太阳房和太阳能温室是目前最广泛使用的利用太阳能的装置，发展前景十分可观，技术上也较为成熟。

太阳能电池已广泛应用于各类航天器上，并开始转向地面应用。太阳能电池供电的航标灯、电视转播、气象台站和各种信号照明、广告等应用范围正在日益扩大，新型廉价的太阳能电池也在研制之中。如砷化镓太阳能电池转化效率已达 15.8%，可望以此为基础建立大型太阳能电站。

在太阳能发电方面，已建成几个小型装置，例如在美国的加利福尼亚亨廷登海滨建成一个接收面积为 90 m^2 的太阳能发电装置，利用太阳能把水加热产生蒸汽，驱动涡轮机发电，晴天可发电 25 kW。

（3）风能　利用风力发电在本世纪前半期已进入实用阶段，作为一种清洁的可再生能源，近年来更由于公众对环境的关注而得到进一步的推动。近代的风力发电技术主要是向大型化方向发展。20 世纪 90 年代以来，单机额定容量已达到 500～750 kW，美国所研制的 Mod-5 大型风机，叶片直径为 91.5 m，额定功率为 2.5 MW，已试运转多年。欧共体研制的具有商业竞争能力的 1 MW 风力发电机组的各项技术方案试验也于 1995 年开始。

近代的风力发电在我国起步较晚，早期主要是小型风力发电，如在内蒙古草原广泛推广的百瓦级小型风力发电机。“八五”计划以来，我国也转向大中型风力发电机的研制，并在国际合作和引进国外机组的条件下建立起一批风力发电场，取得了越来越明显的经济效益和环境效益。但是，风能不稳定，风能量的储存问题不好解决，这是风力发电的缺点。

（4）地热能　地热是一种极其丰富的清洁能源，在我国已探明的地热能储量就约相当于 4 600 多亿 t 标准煤，而目前已利用的尚不到十万分之一。当前世界上开发地热主要用于生活用水、取暖和发电。美国地热站装机容量已达 39.6 万 kW，我国西藏拉萨附近的羊八井地热电站现已装机 2.5 万 kW，发电量占拉萨电网的 50%。

随着技术的发展和环境保护的需要，地热作为一种替代能源必将得到进一步发展。目前，从地下数千米处获取地热能的技术已经问世。例如，在加勒比海圣卢西亚岛上已成功钻出一口 1 500 m 深的生产井。可获取 300℃过热水—汽混合物，生产潜力约 10 MW。

（5）燃料电池　燃料电池是将燃料及氧化剂的化学能连续不断地直接转换为电能的电化学装置，在最近 30 年得到迅速的发展。

燃料电池的优点很多，一是效率高，目前的实际效率已达 35%～60%。二是无污染物排放或低污染物排放。以氢氧燃料电池为例，反应的产物只有水。另外，燃料电池工作中也不会产生噪声及机械振动，不存在环境污染问题。因此，它是一种理想的清洁能源。三是燃料电池由许多单体组装而成，易建造、易维护、应用广泛、灵活，既可在分散地区现场发电，也可在各种交通工具中作为动力和信号电源。燃料电池作为除火力、水力、核能发电以外的第四种发电方式，已被世界各国所重视，研究开发和装机速度越来越快，应用的领域和前景都十分广阔。

（6）生物质能　生物质能是指贮存于生物质中的能，又称生物燃料。它是绿色植物通过光合作用将太阳能转化为化学能而储存在植物体中，再通过微生物类群的代谢作用、直接燃烧、热分解等不同途径，将这种潜能转化为可直接利用的能。由于只要有太阳光和植物光合作用，产物就可以不断产生，因此生物质能是世界上最广泛的一种可再生能源，据科学家估算，地球上每年经光合作用生成的生物质能总量约为 144 000～180 000 Mt，大约等于目前能源消耗总量的 10 倍。

生物质能包括各种农作物秸秆、薪柴、水生植物、有机肥、生物垃圾和沼气等。我国是农业大国，每年产出大量生物质，其中可供利用的废弃纤维物 5 亿～6 亿 t，相当 2 亿 t 标准煤；林产加工废料 3 000 万 t，还有废甘庶渣 1 000 万 t。目前多采用直接燃烧法加以利用，约占农村总能源消费的 70%，但直接燃烧热能利用率只有 10%左右，如将其气化成气体燃料后再利用，热效率可提高到 30%以上。

以生物质为原料生产酒精在国外已有较成熟的技术，仅把目前当垃圾处理的生物质能充分利用就可生产 2 000 万～3 000 万 t 酒精。还可通过裂解、液化、气化等热化学加工技术生产液体燃料的代用品、固体或浆体燃料、合成气等新型燃料。生物质能由于其可再生性和产生污染物少而引起广泛重视，自 20 世纪 90 年代起西欧、北美等地投入大量资金进行技术开发，美国生物质能源的比例已从 20 世纪 90 年代中期的 5%提高到 2000 年的 13%。巴西芬兰瑞典等国在这方面已走在世界各国的前列，例如巴西可再生能源的开发利用已占全国总能耗的一半以上。

四、调整产品结构

按照清洁生产的概念，工业污染不仅发生在产品的生产过程中，有时更严重的是出现在产品的使用和消费过程中，如低效率工业锅炉、高排放的汽车、塑料制品大量使用所造成的“白色污染”和氟氯化碳类产品的使用所造成的臭氧层破坏都是较为典型的例子。因此，产品的设计和生产不但应遵循经济原则，还要顾及生态效益。要对产品的整个生产周期进行环境影响分析。就是说对于一种产品从设计、生产、流通、消费乃至报废后的处理几个阶段都要进行环境影响分析。对于那些在生产过程物耗能耗高、污染严重的产品，对于那些使用报废后会破坏生态环境的产品，都要尽快调整和停产。同时应大力提倡生产那些物耗、能耗低，对生态环境无害或损害极小，并利于资源的再生和回收的产品，我们常把它们称之为清洁产品，绿色产品或无公害产品，下面举几个例子来加以说明。

1. 可降解塑料

可降解塑料是指能在较短时间内在自然界的条件下能自行分解的塑料品种，它可以分为光降解、生物降解和光-生物降解三类，如图 17-4 所示。

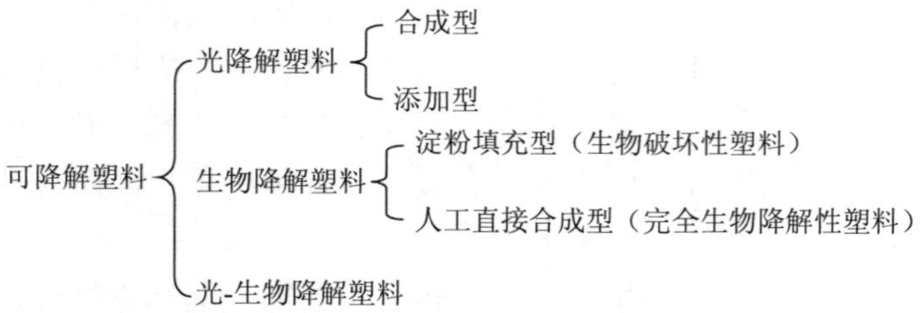

图 17-4 可降解塑料的分类

光降解塑料在太阳的紫外光线作用下由于其氧化作用而导致高分子链断裂，最后再由细菌分解，最终形成无害的二氧化碳和水。

生物降解塑料是指在一定条件下能在微生物酶的作用下可被分解的高分子聚合物，这类塑料可由土壤中的微生物进行降解，最终变为 CO_2。

光-生物降解塑料是利用光降解和生物降解相结合的方法，主要采用光降解母料和生物降解母料配合制成光-生物降解母料而使用。这种可降解塑料的时间可控技术好，是当前研究开发的重点。

可降解塑料的产生和使用对减轻塑料废物对环境的污染起了重要的作用，它必将会逐步取代现有的某些塑料品种而获得广泛应用。

2. 环保汽车

汽车是人类最重要的交通工具之一，但汽车的大量使用所造成的环境污染也是显而易见的。因此，兼顾安全和环保的环保汽车则应运而生，它有以下几方面的特点：

（1）采用铝玻璃纤维、碳纤维或钛镁等贵重金属材料取代高张力钢板做车身底盘，以提高单位功率所负载的重量。

（2）注意材料的回收利用。新的环保汽车在报废以后，旧车上所拆卸的零件大多数可重返车厂或废料处理中心分类处理后再重新使用。美国宝马公司目前所生产的汽车总重量的80%已可重新利用，德国大众公司也已在全国建立了好几个回收利用中心。

（3）开发使用新能源的车辆以达到无污染排放的目的。减少车辆对汽油的依赖性涉及减少使用有限的石油燃料和控制环境污染问题。因此，开发取代汽油的新能源及使用新能源的车辆已引起人们的日益重视。这就要求人们对汽车的动力源技术进行重大变革，其中一个有效途径就是开发以电池或燃料电池为动力的电动汽车。

电动汽车的心脏是电源，铅酸电池目前仍是电动车辆的主要电源，由于电池容量有限，在轿车和大型车辆上的使用受到一定的限制。镍镉电池是比较成熟的电池。具有很高的功率密度，工作寿命长，但成本较高，其他类型的电池也存在同样的问题。如燃料电池车辆虽已达到实用阶段，但由于价格昂贵，成为推广的一大障碍。

电动汽车具有完全无公害、能量效率高、控制性好、耐久性及可靠性好，作为一种无公害产品，预计将会有乐观的发展前景。

3．绿色电脑

计算机应用的迅速发展带动了世界技术革命，推动了人类从工业社会进入信息社会。但是计算机在使用中要消耗巨大的能源，在美国，计算机的用电量已占全部商业用电的5%。另外，对日益增多的废弃电脑的处理也成了亟待解决的环境问题。在美国，每年就有100多万台电脑被淘汰。

鉴于上述情况，美国环保局在1992年提出了“能源之星”计划，要求现在生产的微机尽量降低功耗，并使每台主机或显示屏在不用时能进入“休眠”状态，使功耗降到30 W以下。如果美国全部微机都按此要求进行“绿化”，节省下来的电力至少可少建5座火电厂，全国也可减少10亿美元的电费支出，节省能源的同时也相当于大大减少了CO_2、SO_2等污染物的排放。如果能在全球范围内实现这一计划，给全球环境保护所带来的好处是不可估量的。

绿色电脑的另一个要求是尽量减少对环境的直接污染。在电脑生产过程中，要使用一些有害的化学制剂，运输过程中的包装材料，显示器产生的射线，机械打印机产生的噪声等都会造成污染，这些都有待改进。

绿色电脑的设计者们正致力于精简电脑的部件并使之能够被拆卸和回收，以提高它们的利用价值。例如西门子Nixdor公司1993年推出的绿色电脑PC41由29个零部件组成，仅有2根电缆，而1987年出产的PCD—2则由87个零部件、13根电缆组成。

4．绿色食品

绿色食品是指从生产、收获到加工贮存的全过程无污染、有营养、高质量的食品。也称“无公害食品”、“无污染食品”等。绿色食品的开发与生态农业建设息息相关，没有一个良好的农业生态环境，就不能生产出人们日益需求的绿色食品。这就要求人们在农业生产过程中尽量多用有机肥料，少用和不用化肥；禁用化学农药，采用生物防治的办法来消除病虫害的影响。

在绿色食品的加工过程中，要对产品进行全过程控制，提高资源和能源的利用率，采用新工艺和清洁生产技术，如尽量少用或不用各类添加剂或防腐剂等化学品，把污染消除在生产过程中，而且产品还不会对环境造成潜在的危害。

由于绿色食品不污染环境，因而身价倍增，受到人们的普遍欢迎。专家们预言，21世纪的主导食品将是绿色食品。发展绿色食品，对促进企业推行清洁工艺，合理开发资源，节约能源，消除污染都有重大的推动作用。

五、加强企业清洁生产审计

企业清洁生产审计是推行清洁生产，实行全过程控制的核心，它是推行清洁生产的基础。环境审计要对企业生产全过程的每个环节，每道生产工序可能产生的污染情况进行定量的监测，找出高物耗、高能耗、高污染的原因，然后提出对策，制订方案，加强管理和全过程控制，以防止和减少污染的产生。企业清洁生产的全过程控制的内容如图17-5所示。

在全过程控制中，首先要审查企业产品是否有毒、有害，在生产和使用过程中是否会产生污染。如果有，就应尽可能选择可替代产品，使产品无毒、无害、无污染。其次，应审查企业使用的原料、材料、燃料等是否有毒、有害，是否难于转化为产品，利用率是多少，反应（或加工）剩余物是否能够回收和综合利用等。如果有这方面的问题，则应调整原材料及能源结构，选择无毒、无害、无污染或少污染的原材料及能源。最后还要审查企业的管理情况，通过对工艺、设备、原材料消耗、生产组织调度、环境保护管理情况的全面审查和分析，找出由于管理不善而造成的高能耗、物耗、低效益、高污染的原因，提出解决问题的措施并逐步加以实施，从而达到实现清洁生产的目的。

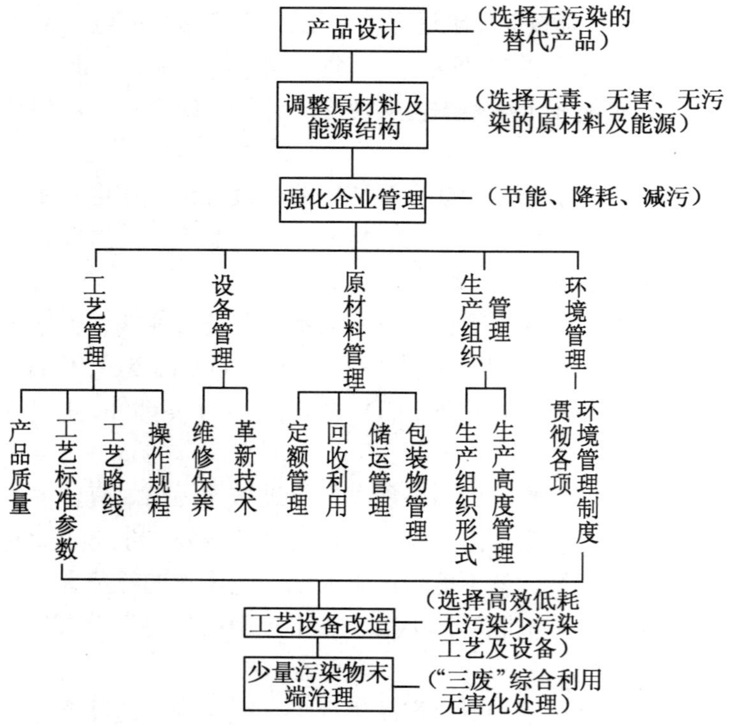

图17-5　清洁生产全过程控制示意图

第三节 清洁生产的实践

本节介绍几个已进入实用阶段的清洁生产工艺。

一、工业酒精生产的全循环无废工艺

阜阳酿酒总厂年产酒精 2.5 万 t，每日要排放出近千立方米的废糟液，严重污染了周围的环境。近几年来该厂在对企业整个系统各个生产环节进行全面分析的基础上，从原料、能源、工艺、技术、管理几个方面入手，力争将污染控制于生产的全过程，以达到无污染物排放的目的，形成了酒精生产全循环无废工艺，其工艺过程如图 17-6 所示。

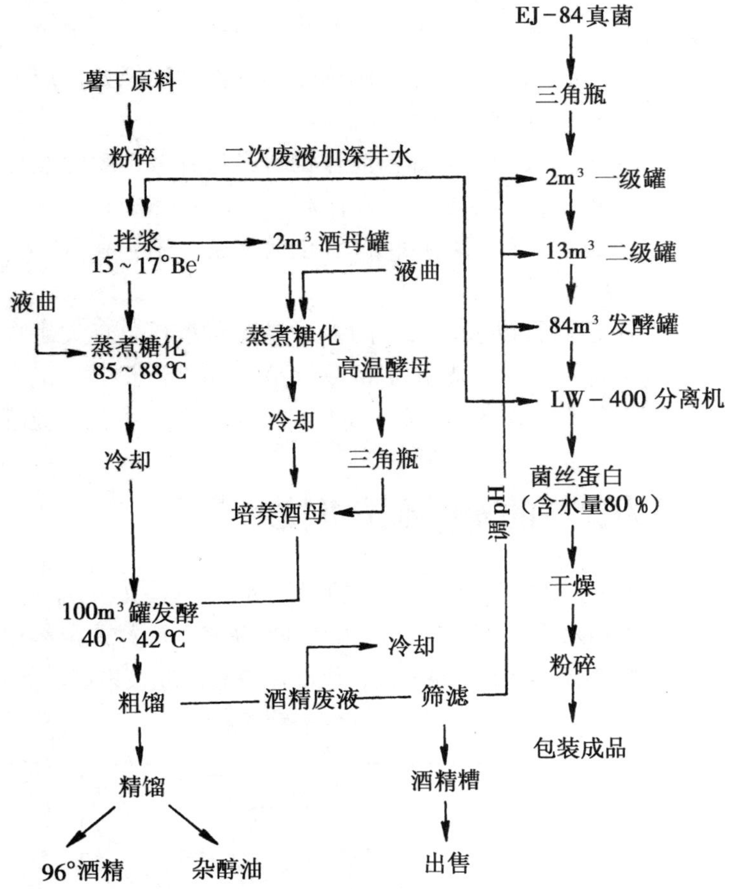

图 17-6 酒精生产的无废工艺

该工艺有如下几个特点：

（1）采用新技术新工艺，减低了能耗和料耗。采用低温蒸煮新工艺，蒸煮温度控制在 85～88℃，拌料加水比为 1∶2.5，浓度 15～17°Be′。该工艺可以浓醪发酵，降低了工业用水消耗量，减少废水排放，并使综合能耗大大降低，年节煤可达 4 000 t。

选用耐高温酒精酵母，使其在 40～42℃的温度下仍能正常发酵，从而缩短了发酵周期，提高了出酒率和设备利用率，节约冷却用水 70%以上。

（2）综合利用酒精废糟液，实现废水的闭路循环。将酒精蒸馏工序粗馏塔底部排出的热糟液冷却到 32℃左右，调整 pH 值为 5～6 以后，分别送入一、二级种子罐内，进行通风培养，然后再接入盛满糟液的大发酵罐内通风培养，控制温度为 30～34℃，培养时间为 6～10 h。培养成熟后分离出含水量 80%的菌丝蛋白，经干燥、粉碎后即可作为饲料出售。分离出来的二次废水全部返回蒸煮工序作为生产拌料用水，实现废水的闭路循环。由于二次废水量不能满足生产拌料用水，还需补充 15%～20%的深井水。实践证明，二次废水的循环使用对酒精的发酵，原料的利用率和产品的质量均无任何不良影响。

（3）改进蒸馏设备。将原先蒸汽及冷却水消耗量较高的常压两塔半蒸馏工艺改为两塔三段蒸馏，年节约冷却水 50 万 t，蒸汽 3.2 万 t。

（4）冷却水循环利用，减少废水排放量。该厂为了节约用水，建立了废水回收池和水循环利用设施，做到一水多用。如发酵、糖化、液体曲、空压机等工序冷却水回用，蒸煮工序真空冷却水用于原料粉碎工序水膜除尘然后再回用搅拌，通过这些措施，年节约用水 30%，而且使废水 COD 排放年减少 214 t。

（5）酒精糟的利用。回收后的固体糟渣作饲料出售具有可观的经济效益且使废液的 COD 值由 52 000 mg/L 降到 32 000 mg/L，年削减 COD 量 4 620 t。

（6）利用酒精糟液发酵产生沼气供生产和生活使用，充分利用了能源，还削减了糟液中 80%～90%的 COD。

酒精生产的无废工艺运行以来，大量削减了能耗和水耗，有效地避免了原材料的损失，按最优方案估算，每年可节省费用 87.4 万元，削减废物酒精糟渣和废水的排放量为 5.4 万 m^3。清洁生产的实施，给该厂带来了良好的环境效益和可观的经济效益。

二、以废纸为原料的无废水造纸技术

常规的造纸技术采用开放水系统，其过程如图 17-7 所示。从主排水渠来的水，经砂滤器入贮槽，送入造纸机用水系统，所有纸机排水都收集在一个排水系统中，然后部分送至碎浆机，部分送至废水贮槽，经沉淀池分离，沉淀泥渣返回制浆系统，其余废水则排出。

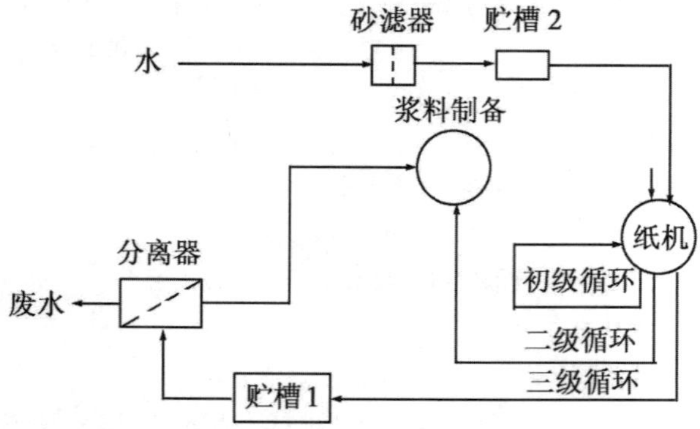

图 17-7 开放水系统的加工过程

德国某公司采用强制水循环系统，以降低废水的排出量，其流程如图 17-8 所示。该系统内包括了砂滤器，使部分废水可经砂滤后返回纸机系统。但仍需排出一定量的废水。特别是由于锥形分离器（沉淀池）负荷过大，常会排出浑浊的水，使砂滤器堵塞，导致排出未净化的废水。

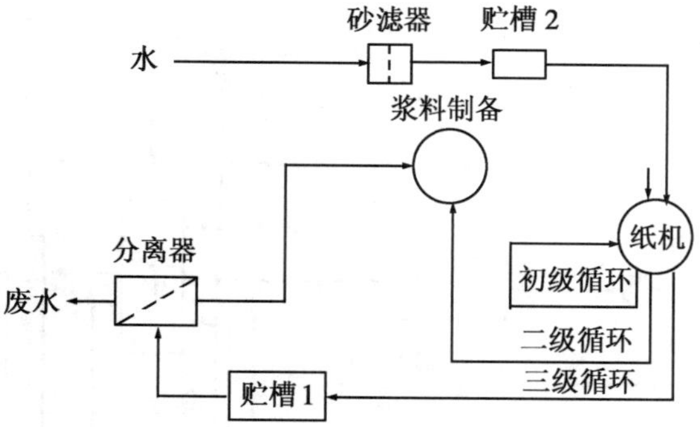

图 17-8　节水系统的加工过程

为了彻底消除废水的排出，某公司又研究出加工用水封闭循环系统，使系统废水排放量为零，其工艺流程如图 17-9 所示。

来自纸机的水和在排水系统收集的水交替流送，经废水收集槽进入锥形沉淀器，该沉淀器的溢流进入 500 m^3 的曝气缓冲槽，该水的流量约为 100 m^3/h，分成两股作进一步处理。40%的水通过三个平行作业的砂滤器进行过滤处理（三个砂滤器交替运行和反冲洗）。60%的水用滴滤池进行生物净化，使废水中的有机物降解。通过滴滤器后的废水再流至水池并送至涡旋式循环器，将生物污泥沉淀分离，使澄清后的溢流水中固体物含量少于 20 mg/L。该净化水再送入曝气净化槽（380 m^3），该槽也同时容纳来自砂滤器的水。来自分离器的纸浆直接进入纸机的初级循环系统，而从涡流循环器回收的生物污泥则送入废渣缓冲槽同时进行曝气以避免厌氧状态发生。在随后的纸机浆槽中，使污泥与造纸用浆混合而得到回用。

补充水加入净水槽，补充量为 5 m^3/h，恰好等于纸机和所有开口容器蒸发和汽化的水量。净化水用压力泵送至细料过滤器，然后再进入纸机系统。

该工艺实现了系统的全封闭过程，达到了污染物的零排放目标。

对该系统中的循环废水所含污染物量进行测量，其数值都明显低于常规的工厂，如表 17-2 所示。

表 17-2　全循环工艺与常规工艺废水污染物含量比较

废水污染物	全循环工艺	其他厂
BOD/（mg/L）	约 2 000	12 000
COD/（mg/L）	约 2 600	22 000
Ca^{2+}/（mg/L）	约 350	360～2 040
H_2S/（mg/L）	约 3	225
总残渣/（mg/L）	约 3 500	4 500～23 000

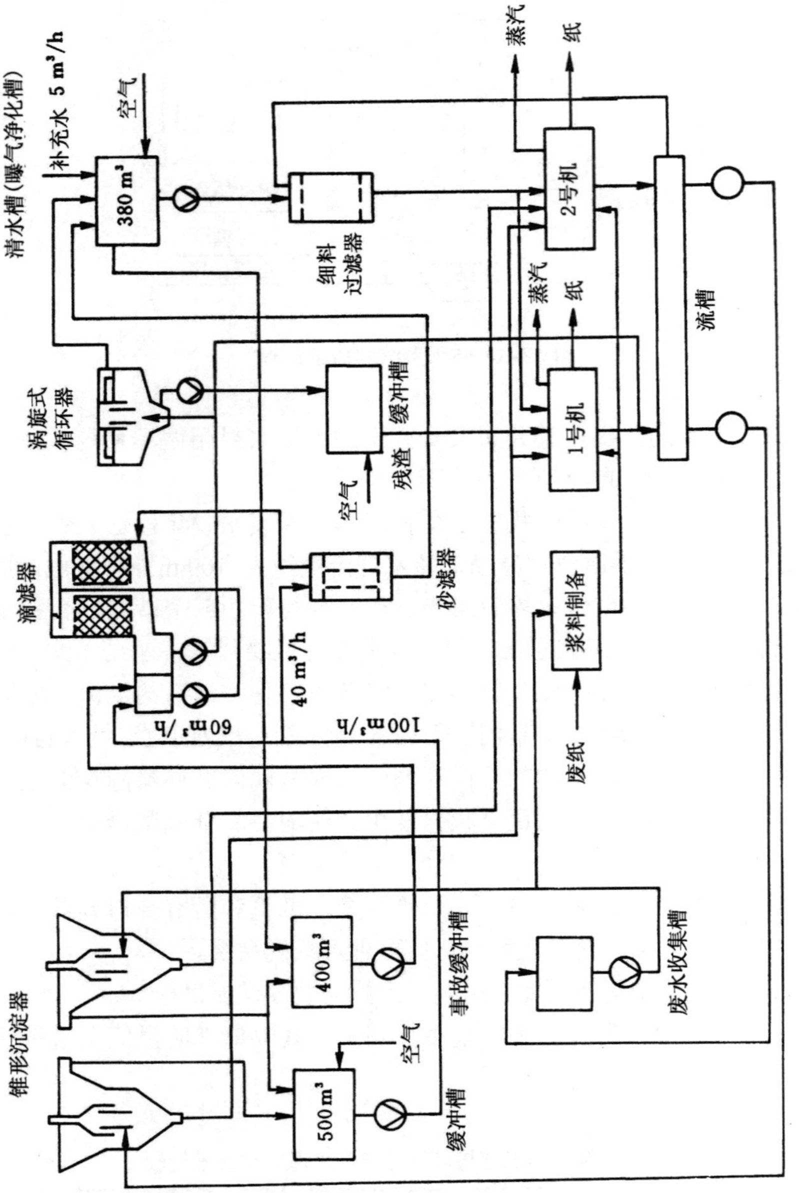

图 17-9 废纸加工用水封闭循环系统

对上述三个生产工艺、能源、物料、消耗和污染物排放量进行了比较，结果如表 17-3 所示。

表 17-3　三种工艺水系统废水的比较

	开放系统	节水系统	封闭系统
废水量/（m^3/t）	27	7.5	0
年废水量/m^3	594 000	172 500	0
BOD/（mg/L）	1 500	2 500	2 000
年 BOD 量/t	891	431	0
COD/（mg/L）	2 000	3 000	2 600
年 COD 量/t	1 188	518	0
吨产品耗水量/m^3	30	9.1	1
吨产品耗能/kW	15	—	38

应该指出，上表中开放系统与封闭系统的能耗比较是不确切的，因为具有开放系统的装置在今天必须建立终端的废水处理装置，该装置所消耗的能源也应计入开放系统的能耗上。

三、电镀工业的清洁生产

电镀工业是污染严重的行业，以往对电镀行业的污染多侧重于单纯的末端净化处理，并不能从根本上解决问题。控制电镀污染物的排放，要从原料、能源、工艺和管理的各方面综合考虑，实行清洁生产，这才是防治电镀污染的根本出路。

1．改变原料结构

在电镀生产中，尽可能不用或少用有毒、有害物质为原料，以防止污染的产生。同时，还要注意生产中所使用原料的质量，防止劣质化学品加入工作槽，延长槽液的使用时间，减少排污量。

2．减少能耗和选用清洁能源

电镀行业是耗能大户，除了消耗大量的电能以外，有些工序还需用工业锅炉产生的蒸汽加热。燃煤锅炉又是污染较重的污染源。因此要尽量选用节能技术，如常温磷化、低温发黑、常温除油等不需加热的工艺过程。同时，还要尽可能选择清洁能源加热技术，如红外线加热，电热膜加热技术来取代蒸汽加热。

3．改革生产工艺

（1）电镀工艺的改革　采用无氰电镀、低铬镀铬、低铬钝化、低氰电镀、以锡锌代镉等工艺，以减少剧毒性物质氰、铬、镉的排放。

采用无污染防护工艺来替代电镀，如物理沉积金属层或喷塑防护层等也可达到上述目的。

（2）漂洗工序的改革　在满足洗净镀件带出槽液的前提下，应尽量减少漂洗水量，常用的方法有：

①采用逆流漂洗代替长流水的并联清洗可大大减少清洗水量，而二槽逆流漂洗可比

单槽洗减少九成用水量，若采用三槽逆流串联，效果更佳。

②采用反喷淋法、气雾法代替简单逆流漂洗，可更进一步减少清洗水量，提高了回收镀液的效果。

③在漂洗槽内设置空气扰动装置，提高清洗效率，也能达到减少漂洗水的目的。

④根据生产线情况，在生产线上综合利用漂洗水，作到一水多用，也可减少漂洗水的排放；

（3）采用气雾抑制剂 采用气雾抑制剂可抑制电镀生产过程中（尤其是加温的槽液）有害气体的排放，节约了原材料和处理费用。

（4）实行清污分流 清污分流是循环使用的前提和减污的重要措施。混合排放使得多种物质相混，造成相互干扰并扩大污染面，增加了废水处理的复杂性。实行清污分流和不同性质废水的分流（如酸性废水与碱性废水，含油废水和不含油废水的分流）有利于废水和原料的回收及循环使用，也减轻了污染物的处理负荷。

（5）采用物料和水的循环回收技术 这方面的技术很多，如采用常压或减压蒸发技术使第一漂洗槽水浓缩返回镀槽重新使用；采用膜分离技术使漂洗废水中镀液成分与水分离；采用离子交换技术实现低浓度废水的净化和物料的回收；采用电解法或化学法回收废水中有价值的金属如金、银、铜、镍等。

四、加强生产过程中的环境管理

1. 电镀厂点变分散为集中

电镀厂点过于分散会增加污染物的排放量。实行集中电镀，集中供热、供水、供电，可以节能降耗减污。

2. 科学组织生产调度

通过及时全面了解生产情况，均衡组织生产，使生产各环节协调进行，加强环境保护工作调度，做好突发事故时防止污染的应急措施，使生产过程的污染物排放达到最低限度。

3. 加强物资管理

加强物资管理实行无害保管、无害运输、限额发放、控制消耗定额、保证原材料质量也会对减少排污量起一定作用。

4. 修改不合理的操作规程

操作规程的正确、合理与否对排污量的影响也很大，例如，镀件从镀槽移出的速度和在槽上方停留的时间都会影响镀件上带出的槽液量；另外改进镀件吊挂方式，也可减少排污量。

5. 管好用好设备

合理使用设备，加强对设备的维护和修理，改造设备的结构，杜绝设备和管道的跑、冒、滴、漏现象，都可防止有害物质的泄漏。

复习思考题

1．论述清洁生产的定义。

2．清洁生产的目标和主要内容是什么？

3．为什么说清洁生产是实现可持续发展战略的关键？

4．实现清洁生产的途径包括哪些方面？

5．什么是清洁产品？举例说明。

6．考查学校或家乡所在地的某个企业，并就在该企业内如何实现清洁生产提出你的设想。

参考文献

[1] 林肇信等主编．环境保护概论（修订版）．北京：高等教育出版社，1999．
[2] 刘培桐主编．环境学概论（第二版）．北京：高等教育出版社，1995．
[3] 何强等编著．环境学导论（第二版）．北京：清华大学出版社，1994．
[4] 李家瑞主编．工业企业环境保护．北京：冶金工业出版社，1992．
[5] 蒋展鹏主编．环境工程学．北京：高等教育出版社，1992．
[6] 王兆熊主编．化工环境保护和三废治理技术．北京：化学工业出版社，1984．
[7] 王宝贞主编．水污染控制工程．北京：高等教育出版社，1990．
[8] 高廷耀主编．水污染控制工程（下册）．北京：高等教育出版社，1989．
[9] 许保玖编著．当代给水与废水处理原理．北京：高等教育出版社，1991．
[10] 林肇信主编．大气污染控制工程．北京：高等教育出版社，1991．
[11] 北京市环境保护科学研究所编．大气污染防治手册．上海：上海科学技术出版社，1987．
[12] 彭定一，林少宁编著．大气污染及其控制．北京：中国环境科学出版社，1991．
[13] 罗杰·巴斯顿，小詹姆斯 E．史密斯，戴维·威尔逊编．马鸿昌等译．有害废物的安全处置．北京：中国环境科学出版社，1993．
[14] 王振成主编．固体废物处理及利用．西安：西安交通大学出版社，1987．
[15] 芈振明，祁梦兰，高忠爱，吴天宝合编．固体废物的处理与处置．北京：高等教育出版社，1993．
[16] 甘智和主编．工业废渣建筑材料．北京：中国环境科学出版社，1992．
[17] 郭秀兰主编．工业噪声治理技术．北京：中国环境科学出版社，1993．
[18] 张沛商、姜亢编著．噪声控制工程．北京：北京经济学院出版社，1991．
[19] [美]YEN—HSIUNG KIANG AMIR A．METRY 著．承伯兴等译．有害废物的处理技术．北京：中国环境科学出版社，1993．
[20] 王俊，张义生主编．化学污染物与生态效应．北京：中国环境科学出版社，1993．
[21] [日]都留信也编著．吴锦，刘洪岐，吴淑岱译．环境与微生物．北京：中国环境科学出版社，1987．
[22] [美]E．J．米德尔布鲁克斯等著．杨文进，张选墀译．废水稳定塘的设计和运行．北京：中国建筑工业出版社．
[23] 张淑群主编．化学工业废水治理．北京：中国环境科学出版社，1991．
[24] 胡名操主编．环境保护实用数据手册．北京：机械工业出版社，1990．
[25] [美]斯坦利·E．马纳亨著．黄志桂，解怀宁编译．环境化学原理．成都：西南师范大学出版社，1989．
[26] 《环保工作者实用手册》编写组．环保工作者实用手册．北京：冶金工业出版社，1984．
[27] 陈敏恒，丛德滋，方图南，齐鸣斋编.化工原理（第二版 上、下册）．北京：化学工业出版社，1999．
[28] 上海师范大学，福建师范大学编．化工基础（第三版 上、下册）．北京：高等教育出版社，2001．
[29] 国家环境保护局译．21 世纪议程．北京：中国环境科学出版社，1993．
[30] 叶栾森等译．联邦德国的清洁工艺．北京：中国环境科学出版社，1990．
[31] M．J．小佩尔扎等编著．武汉大学生物学系微生物学教研室译．微生物学．北京：科学出版社，1987．
[32] 陈兴杰，朱广金．酒精生产无废工艺．环境保护，1992，(7)：45．

[33] 彭希仁，陈士明．电镀行业实行清洁生产途径的探讨．环境与开发，1995，(10)：9-11．

[34] 时钧，汪家鼎，余国琮，陈敏恒主编．化学工程手册（第二版）上、下卷．北京：化学工业出版社，1996．

[35] 林肇信，刘天齐，刘逸农主编．环境保护概论（修订版）．北京：高等教育出版社，1999．

[36] 刘天齐主编．环境保护（第二版）．北京：化学工业出版社，2000．

[37] 北京水环境技术与设备研究中心等主编．三废处理工程技术手册（废水卷）．北京：化学工业出版社，2000．

[38] 聂永丰主编．三废处理工程技术手册（固体废物卷）．北京：化学工业出版社，2000．

[39] 郑铭主编．环保设备——原理．设计．应用．北京：化学工业出版社，2001．

[40] 国家环保总局污染控制司，城市固体废物管理与处置技术．北京：中国石化出版社，1999．

[41] 关伯仁主编．环境科学基础教程．北京：中国环境科学出版社，1997．

[42] 盛连喜主编．现代环境科学导论．北京：化学工业出版社，2000．

[43] 孙胜龙等编著．环境污染与控制．北京：化学工业出版社，2000．

[44] 陆柱，陈中兴，蔡兰坤，黄光团编著．水处理技术．上海：华东理工大学出版社，2000．

[45] 邵刚编著．膜法水处理技术（第二版）．北京：冶金工业出版社，2000．

[46] 朱慎林，赵毅红，周中平编著．清洁生产导论．北京：化学工业出版社，2000．

[47] 钱易，唐孝炎主编．环境保护与可持续发展．北京：高等教育出版社，2000．

[48] 莫斯塔法．卡．托尔巴著，朱跃强等译．论持续发展——约束和机会．北京：中国环境科学出版社，1990．

[49] 邓南圣，吴峰编著．环境光化学.北京：化学工业出版社，2003．

[50] 联合国环境规划署． 全球环境展望年鉴——我们变化中的环境综述 2007．北京：中国环境科学出版社，2007．

[51] Mackenzie L. Davis Susan J. Masten 著，王建龙译．环境科学与工程原理．北京：清华大学出版社，2007．

[52] 刘爱玲主编．绿色科学技术与可持续发展．北京：科学出版社，2006．

教师反馈卡

尊敬的老师：您好！

谢谢您购买本书。为了进一步加强我们与老师之间的联系与沟通，请您协助填妥下表，以便定期向您寄送最新的出版信息，您还有机会获得我们免费寄送的样书及相关的教辅材料；同时我们还会为您的教学工作以及论著或译著的出版提供尽可能的帮助。欢迎您对我们的产品和服务提出宝贵意见，非常感谢您的大力支持与帮助。

姓名：________年龄：________职务：________职称：________

系别：________学院：________学校：________

通信地址：________邮编：________

电话（办）：________（家）：________E-mail：________

学历：________毕业学校：________

国外进修或讲学经历：________

	教授课程	学生水平	学生人数/年	开课时间
1.				
2.				
3.				

您的研究领域：________

您现在授课使用的教材名称：________

您使用的教材的出版社：________

您是否已经采用本书作为教材：□是；□没有。

采用人数：________

您使用的教材的购买渠道：□教材科；□出版社；□书店；□其他。

您需要以下教辅：□教师手册；□学生手册；□PPT；□习题集；□其他________

（我们将为选择本教材的老师提供现有教辅产品）

您对本书的意见：________

您是否有翻译意向：□有；□没有

您的翻译方向：________

您是否计划或正在编著专著：□是；□没有。

您编著的专著的方向：________

您还希望获得的服务：________

填妥后请选择以下任何一种方式将此表返回（如方便请赐名片）：

地址：北京市崇文区广渠门内大街16号　中国环境科学出版社第七图书出版中心

邮编：100062　　电话（传真）：（010）67113412

E-mail：shenjian1960@126.com　　网址：http://www.cesp.cn